건설안전기사 실기 산업기사

| 김희연 지음 |

INDUSTRIAL
ENGINEER
CONSTRUCTION
SAFETY

KB014318

BM (주)도서출판 성안당

■ 도서 A/S 안내

성안당에서 발행하는 모든 도서는 저자와 출판사, 그리고 독자가 함께 만들어 나갑니다.

좋은 책을 펴내기 위해 많은 노력을 기울이고 있습니다. 혹시라도 내용상의 오류나 오탈자 등이 발견되면 **"좋은 책은 나라의 보배"**로서 우리 모두가 함께 만들어 간다는 마음으로 연락주시기 바랍니다. 수정 보완하여 더 나은 책이 되도록 최선을 다하겠습니다.

성안당은 늘 독자 여러분들의 소중한 의견을 기다리고 있습니다. 좋은 의견을 보내주시는 분께는 성안당 쇼핑몰의 포인트(3,000포인트)를 적립해 드립니다.

잘못 만들어진 책이나 부록 등이 파손된 경우에는 교환해 드립니다.

본서 기획자 e-mail : coh@cyber.co.kr(최옥현)

홈페이지 : http://www.cyber.co.kr

전화 : 031) 950-6300

preface

우리가 생활하는 산업 사회는 점점 다양하고 복잡한 양상으로 변모해가고 있다. 그리고 산업 현장에는 산업 재해라는 위험 요인이 항상 함께 하고 있다.

재해에 의하여 생명과 단란한 가정까지 위협을 받고 있는 현실에서 보다 폭 넓은 안전에 대한 욕구와 지식이 필요함을 정부에서도 실감하여 보다 강도 높은 제재를 가하고 각 사업장마다 안전 관리자의 배치를 의무화하고 있는 가운데 수험생들에게 충분한 만족을 줄 수 있는 자료의 부족 등을 겪고 있다는 것을 필자는 다년간의 강의와 경험에 의하여 많이 보아 왔다.

본서는 이러한 어려움 속에서도 건설 안전 분야의 수험 준비를 하고 있는 수험생들에게 합격의 도움을 드리고자 개정된 출제 기준에 맞추어 다음과 같이 구성하였다.

1. 개정된 출제 기준에 의거, 체계적으로 구성하였다.
2. 개정된 법령을 바탕으로 이에 부합되는 문제를 수록하였다.
3. 최근의 기출 문제에 대한 정확한 분석 및 해설을 하였다.
4. 각 단원별 요점 정리를 통해 이해도를 높였다.
5. 출제 경향에 맞추어 불필요한 부분을 과감히 삭제하여 짧은 시간에 효과를 얻을 수 있게 하였다.

이와 같은 정확한 수험 정보로 인하여 수험생을 합격의 길로 인도하리라 확신한다. 부족한 부분은 앞으로 독자 제위의 지적과 조언을 바탕으로 보다 완벽한 수험서가 되도록 할 것을 약속드린다.

끝으로 본서의 출간에 도움과 성원을 보내주신 도서출판 성안당 임직원 여러분께 머리숙여 감사드린다.

저자 씀

출제 기준

자격 종목 : 건설안전기사(실기)

• 적용 시점 : 2016.1.1.~2020.12.31.

시험 과목	주요 항목	세부 항목
건설 안전 실무	1. 안전 관리	① 안전 관리 조직 이해하기 ② 안전 관리 계획 수립하기 ③ 산업 재해 발생 및 재해 조사 분석하기 ④ 재해 예방 대책 수립하기 ⑤ 개인 보호구 선정하기 ⑥ 안전 시설물 설치하기 ⑦ 안전 보건 교육 계획하기 ⑧ 안전 보건 교육 실시하기
	2. 건설 공사 안전	① 건설 공사 특수성 분석하기 ② 가설 공사 안전을 이해하기 ③ 토공사 안전을 이해하기 ④ 구조물 공사 안전을 이해하기 ⑤ 마감 공사 안전을 이해하기 ⑥ 건설 기계·기구 안전을 이해하기 ⑦ 사고 형태별 안전을 이해하기
	3. 안전 기준	① 건설 안전 관련 법규 적용하기 ② 안전 기준에 관한 규칙 및 기술 지침 적용하기

자격 종목 : 건설안전산업기사(실기)

• 적용 시점 : 2016.1.1.~2020.12.31.

시험 과목	주요 항목	세부 항목
건설 안전 실무	1. 안전 관리	① 안전 관리 조직 이해하기 ② 안전 관리 계획 수립하기 ③ 산업 재해 발생 및 재해 조사 분석하기 ④ 재해 예방 대책 수립하기 ⑤ 개인 보호구 선정하기 ⑥ 안전 시설물 설치하기 ⑦ 안전 보건 교육 계획하기 ⑧ 안전 보건 교육 실시하기
	2. 건설 공사 안전	① 건설 공사 특수성 분석하기 ② 가설 공사 안전을 이해하기 ③ 토공사 안전을 이해하기 ④ 구조물 공사 안전을 이해하기 ⑤ 마감 공사 안전을 이해하기 ⑥ 건설 기계·기구 안전을 이해하기 ⑦ 사고 형태별 안전을 이해하기
	3. 안전 기준	① 건설 안전 관련 법규 적용하기 ② 안전 기준에 관한 규칙 및 기술 지침 적용하기

Contents

Part 01 안전 관리

Part 02 안전 교육 및 산업 심리

Part 03 인간 공학 및 시스템 안전 공학

Part 04 건설 안전

Part 05 건설 작업 안전

Contents

부록 Ⅲ 작업형 문제

부록 Ⅳ 과년도 출제 문제

Part 1

안전 관리

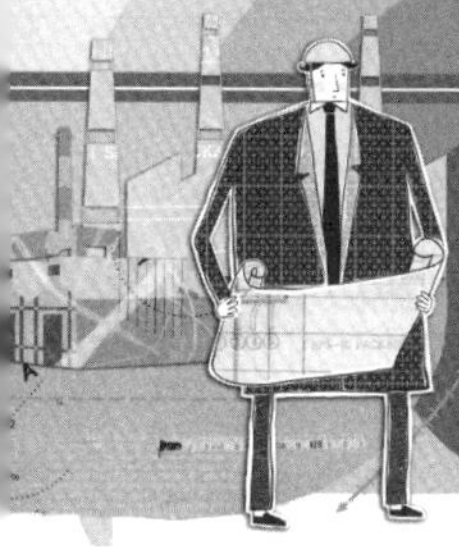

Chapter 01 안전 관리 조직

1.1 안전 조직의 유형

| 표 1-1 | 안전 조직

조 직	특 성	장 점	단 점
line형(직계형) 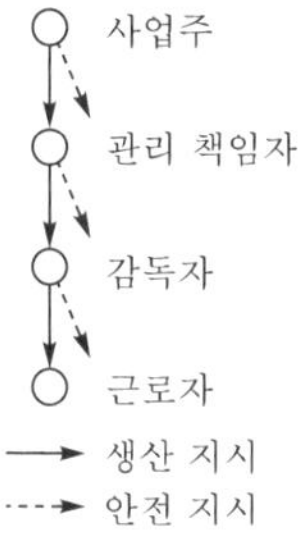	• 100명 이하의 소규모 작업장에 적합하다. • 안전에 대한 책임이 생산 라인에 주어지므로 안전에 대한 전문 부서가 없어 조직적이고 전문적인 대책을 강구할 수 없다.	안전에 대한 업무가 라인을 통하여 시행되기 때문에 안전에 대한 지시나 명령이 신속 정확하게 하달될 수 있다.	각 라인의 관리 감독자가 안전에 대한 전문 지식이 없기 때문에 사업장에 유효 적절한 안전 대책을 강구할 수 없다.
staff형(참모형) 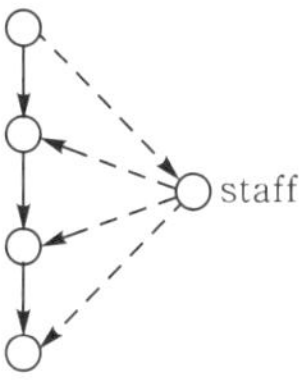	• 1,000명 미만의 사업장에 적합한 조직 유형으로 안전 업무를 담당하는 staff를 두고 안전에 관한 계획, 조사, 보고 등을 행하도록 한다. • staff는 생산 라인의 업무를 행하는 것이 아니라 안전 계획 작성, 보고 등을 관장한다.	사업장의 특수성에 적절한 안전 시책을 강구할 수 있으며 안전에 관한 전문 지식 및 기술의 축적이 용이하다.	• 생산과 안전에 관한 명령이 두 가지의 계통을 통해 하달되므로 안전에 관한 계획 및 명령이 신속, 정확하지 않다. • 안전과 생산을 별개로 취급하기 쉽다. • 생산 부문은 안전에 대한 책임과 권한이 없다.
line–staff형 (직계 참모형) 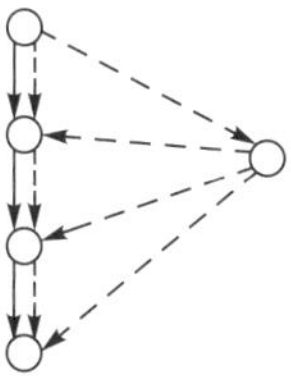	• 1,000명 이상의 사업장에 적합하다. • 안전에 관한 각종 계획의 수립은 staff에서 행한다. • 수립된 각종 계획은 라인에서 실시한다.	전 종업원을 안전 요원화할 수 있는 이상적인 조직이다.	

1.2 법상 안전 보건 조직 체계

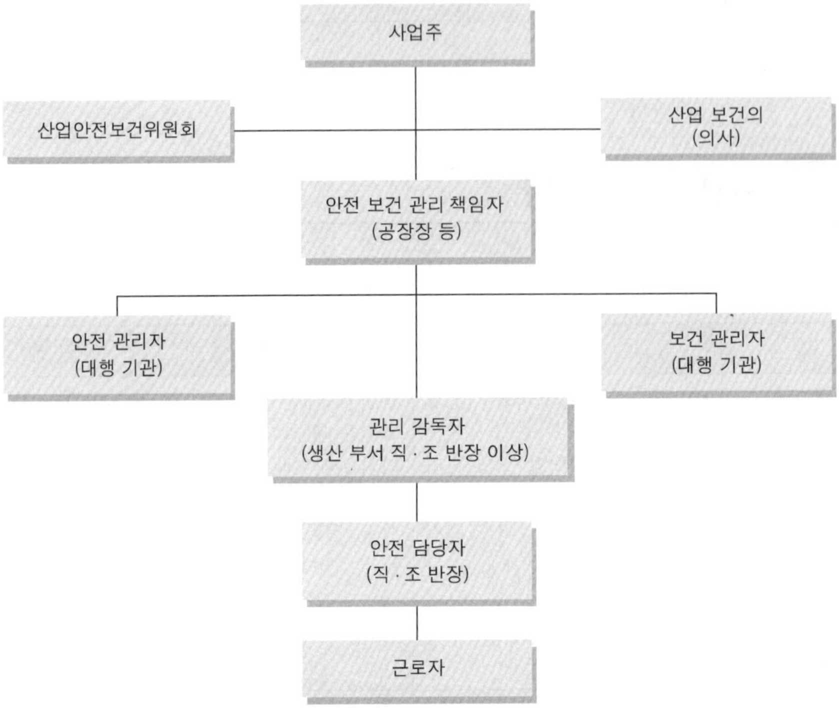

| 그림 1-1 | **법상 안전 보건 조직 체계**

1.3 법상 안전 조직의 업무

(1) 안전 관리자

① 산업안전보건위원회 또는 안전 보건에 관한 노사협의체에서 심의, 의결한 직무와 해당 사업장의 안전 보건 관리 규정 및 취업 규칙에서 정한 직무

② 안전 인증 대상 기계, 기구 등과 자율 안전 확인 대상 기계, 기구 등 구입 시 적격품 선정에 관한 보좌 및 조언 · 지도

③ 해당 사업장 안전 교육 계획의 수립 및 실시에 관한 보좌 및 조언 · 지도

④ 사업장 순회 점검 · 지도 및 조치의 건의

⑤ 산업 재해 발생의 원인 조사 및 재발 방지를 위한 기술적 보좌 및 조언 · 지도

⑥ 산업 재해에 관한 통계의 유지, 관리 분석을 위한 보좌 및 조언 · 지도

⑦ 법 또는 법에 따른 명령으로 정한 안전에 관한 사항의 이행에 관한 보좌 및 조언 · 지도

⑧ 업무 수행 내용의 기록 · 유지
⑨ 그 밖에 안전에 관한 사항으로서 고용노동부 장관이 정하는 사항

(2) 안전 관리자를 두어야 할 사업

사업의 종류	규 모	안전 관리자의 수	안전 관리자의 선임 방법
① 토사석 광업 ② 식료품 제조업, 음료 제조업 ③ 목재 및 나무 제품 제조 ; 가구 제외 ④ 펄프, 종이 및 종이 제품 제조업 ⑤ 코크스, 연탄 및 석유 정제품 제조업 ⑥ 화학 물질 및 화학 제품 제조업 ; 의약품 제외 ⑦ 의료용 물질 및 의약품 제조업 ⑧ 고무 및 플라스틱 제품 제조업 ⑨ 비금속 광물 제품 제조업 ⑩ 1차 금속 제조업 ⑪ 금속 가공 제품 제조업 ; 기계 및 가구 제외 ⑫ 전자 부품, 컴퓨터, 영상, 음향 및 통신 장비 제조업 ⑬ 의료, 정밀, 광학 기기 및 시계 제조업 ⑭ 전기 장비 제조업 ⑮ 기타 기계 및 장비 제조업 ⑯ 자동차 및 트레일러 제조업 ⑰ 기타 운송 장비 제조업 ⑱ 가구 제조업 ⑲ 기타 제품 제조업 ⑳ 서적, 잡지 및 기타 인쇄물 출판업 ㉑ 해체, 선별 및 원료 재생업 ㉒ 자동차 종합 수리업, 자동차 전문 수리업 ㉓ 발전업	상시 근로자 500명 이상	2명 이상	[별표 4] 각 호의 어느 하나에 해당하는 사람([별표 4] 제9호 · 제12호 및 제13호에 해당하는 사람은 제외한다)을 선임하되, [별표 4] 제1호 · 제2호 또는 제6호의 어느 하나에 해당하는 사람 1명 이상이 포함되어야 한다.
	상시 근로자 50명 이상 500명 미만	1명 이상	[별표 4] 각 호의 어느 하나에 해당하는 사람([별표 4] 제4호 · 제5호 · 제9호 · 제12호 및 제13호에 해당하는 사람은 제외한다)을 선임하여야 한다.
㉔ 농업, 임업 및 어업 ㉕ 제2호부터 제19호까지의 사업을 제외한 제조업 ㉖ 전기, 가스, 증기 및 공기 조절 공급업 ㉗ 수도, 하수 및 폐기물 처리, 원료 재생업 ㉘ 운수 및 창고업 ㉙ 도매 및 소매업 ㉚ 숙박 및 음식점업 ㉛ 영상 · 오디오 기록물 제작 및 배급업	상시 근로자 1,000명 이상	2명 이상	[별표 4] 각 호의 어느 하나에 해당하는 사람([별표 4] 제9호에 해당하는 사람은 제외한다)을 선임하되, [별표 4] 제1호부터 제3호까지, 제6호 또는 제7호 중 어느 하나에 해당하는 사람 1명 이상이 포함되어야 한다.

사업의 종류	규 모	안전 관리자의 수	안전 관리자의 선임 방법
㉜ 방송업 ㉝ 우편 및 통신업 ㉞ 부동산업 ㉟ 임대업 ; 부동산 제외 ㊱ 연구 개발업 ㊲ 사진 처리업 ㊳ 사업 시설 관리 및 조경 서비스업 ㊴ 청소년 수련시설 운영업 ㊵ 보건업 ㊶ 예술, 스포츠 및 여가 관련 서비스업 ㊷ 개인 및 소비용품 수리업(제㉒호에 해당하는 사업은 제외한다) ㊸ 기타 개인 서비스업 ㊹ 공공행정(청소, 시설관리, 조리 등 현업업무에 종사하는 사람으로서 고용노동부장관이 정하여 고시하는 사람으로 한정한다) ㊺ 교육서비스업 중 초등 · 중등 · 고등 교육기관, 특수학교 · 외국인학교 및 대안학교(청소, 시설관리, 조리 등 현업업무에 종사하는 사람으로서 고용노동부장관이 정하여 고시하는 사람으로 한정한다)	상시 근로자 50명 이상 1,000명 미만(다만, 제㉝호의 부동산업 및 임대업(부동산 관리업은 제외한다)과 제㉟호의 사진처리업의 경우에는 상시 근로자 100명 이상 1,000명 미만으로 한다.	1명 이상	[별표 4] 각 호의 어느 하나에 해당하는 사람([별표 4] 제4호 · 제5호 · 제12호 및 제13호에 해당하는 사람은 제외한다. 다만, 제23호 · 제25호 · 제26호 및 제28호부터 제40호까지의 사업의 경우 [별표 4] 제4호 및 제5호에 해당하는 사람에 대해서는 그러하지 아니하다)을 선임하여야 한다.
㊻ 건설업	공사금액 50억원 이상(관계수급인은 100억원 이상) 120억원 미만(「건설산업기본법 시행령」 [별표 1]의 종합공사를 시공하는 업종의 건설업종란 제1호에 따른 토목공사업의 경우에는 150억원 미만)	1명 이상	[별표 4] 제1호부터 제7호까지 또는 제10호에 해당하는 사람을 선임해야 한다.
	공사금액 120억원 이상(「건설산업기본법 시행령」 [별표 1]의 종합공사를 시공하는 업종의 건설업종란 제1호에 따른 토목공사업의 경우에는 150억원 이상) 800억원 미만		

사업의 종류	규 모	안전 관리자의 수	안전 관리자의 선임 방법
㊻ 건설업	공사금액 800억원 이상 1,500억원 미만	2명 이상. 다만, 전체 공사기간을 100으로 할 때 공사 시작에서 15에 해당하는 기간과 공사 종료 전의 15에 해당하는 기간(이하 "전체 공사기간 중 전 · 후 15에 해당하는 기간"이라 한다) 동안은 1명 이상으로 한다.	[별표 4] 제1호부터 제7호까지 또는 제10호에 해당하는 사람을 선임하되, 같은 표 제1호부터 제3호까지의 어느 하나에 해당하는 사람이 1명 이상 포함되어야 한다.
	공사금액 800억원 이상 1,500억원 미만	2명 이상. 다만, 전체 공사기간을 100으로 할 때 공사 시작에서 15에 해당하는 기간과 공사 종료 전의 15에 해당하는 기간(이하 "전체 공사기간 중 전 · 후 15에 해당하는 기간"이라 한다) 동안은 1명 이상으로 한다.	[별표 4] 제1호부터 제7호까지 또는 제10호에 해당하는 사람을 선임하되, 같은 표 제1호부터 제3호까지의 어느 하나에 해당하는 사람이 1명 이상 포함되어야 한다.
	공사금액 1,500억원 이상 2,200억원 미만	3명 이상. 다만, 전체 공사기간 중 전 · 후 15에 해당하는 기간은 2명 이상으로 한다.	[별표 4] 제1호부터 제7호까지의 어느 하나에 해당하는 사람을 선임하되, 같은 표 제1호 또는 「국가기술자격법」에 따른 건설안전기술사(건설안전기사 또는 산업안전기사의 자격을 취득한 후 7년 이상 건설안전 업무를 수행한 사람이거나 건설안전산업기사 또는 산업안전산업기사의 자격을 취득한 후 10년 이상 건설안전 업무를 수행한 사람을 포함한다) 자격을 취득한 사람(이하 "산업안전지도사 등"이라 한다)이 1명 이상 포함되어야 한다.
	공사금액 2,200억원 이상 3천억원 미만	4명 이상. 다만, 전체 공사기간 중 전 · 후 15에 해당하는 기간은 2명 이상으로 한다.	
	공사금액 3천억원 이상 3,900억원 미만	5명 이상. 다만, 전체 공사기간 중 전 · 후 15에 해당하는 기간은 3명 이상으로 한다.	[별표 4] 제1호부터 제7호까지의 어느 하나에 해당하는 사람을 선임하되, 산업안전지도사 등이 2명 이상 포함되어야 한다. 다만, 전체 공사기간 중 전 · 후 15에 해당하는 기간에는 산업안전지도사 등이 1명 이상 포함되어야 한다.
	공사금액 3,900억원 이상 4,900억원 미만	6명 이상. 다만, 전체 공사기간 중 전 · 후 15에 해당하는 기간은 3명 이상으로 한다.	

사업의 종류	규 모	안전 관리자의 수	안전 관리자의 선임 방법
㊻ 건설업	공사금액 4,900억원 이상 6천억원 미만	7명 이상. 다만, 전체 공사기간 중 전 · 후 15에 해당하는 기간은 4명 이상으로 한다.	[별표 4] 제1호부터 제7호까지의 어느 하나에 해당하는 사람을 선임하되, 산업안전지도사 등이 2명 이상 포함되어야 한다. 다만, 전체 공사기간 중 전 · 후 15에 해당하는 기간에는 산업안전지도사 등이 2명 이상 포함되어야 한다.
	공사금액 6천억원 이상 7,200억원 미만	8명 이상. 다만, 전체 공사기간 중 전 · 후 15에 해당하는 기간은 4명 이상으로 한다.	
	공사금액 7,200억원 이상 8,500억원 미만	9명 이상. 다만, 전체 공사기간 중 전 · 후 15에 해당하는 기간은 5명 이상으로 한다.	[별표 4] 제1호부터 제7호까지의 어느 하나에 해당하는 사람을 선임하되, 산업안전지도사 등이 3명 이상 포함되어야 한다. 다만, 전체 공사기간 중 전 · 후 15에 해당하는 기간에는 산업안전지도사 등이 3명 이상 포함되어야 한다.
	공사금액 8,500억원 이상 1조원 미만	10명 이상. 다만, 전체 공사기간 중 전 · 후 15에 해당하는 기간은 5명 이상으로 한다.	
	1조원 이상	11명 이상[매 2천억원(2조원 이상부터는 매 3천억원)마다 1명씩 추가한다]. 다만, 전체 공사기간 중 전 · 후 15에 해당하는 기간은 선임 대상 안전관리자 수의 2분의 1(소수점 이하는 올림한다) 이상으로 한다.	

[비고]

1. 철거공사가 포함된 건설공사의 경우 철거공사만 이루어지는 기간은 전체 공사기간에는 산입되나 전체 공사기간 중 전 · 후 15에 해당하는 기간에는 산입되지 않는다. 이 경우 전체 공사기간 중 전 · 후 15에 해당하는 기간은 철거공사만 이루어지는 기간을 제외한 공사기간을 기준으로 산정한다.
2. 철거공사만 이루어지는 기간에는 공사금액별로 선임해야 하는 최소 안전관리자 수 이상으로 안전관리자를 선임해야 한다.

(3) 안전 관리자의 증원, 교체 임명

① 해당 사업장의 연간 재해율이 같은 업종의 평균 재해율의 2배 이상인 경우

② 중대 재해가 연간 2건 이상 발생한 경우

③ 관리자가 질병이나 그 밖에 기타의 사유로 3개월 이상 직무를 수행할 수 없게 된 경우

④ 화학적 인자로 인한 직업성 질병자가 연간 3명 이상 발생한 경우

(4) 보건 관리자를 두어야 할 사업장

① 광업(광업 지원 서비스업 제외)

② 섬유 제품 염색, 정리 및 마무리 가공업
③ 모피 가공 및 모피 제품 제조업
④ 신발 및 신발 부분품 제조업
⑤ 코크스, 연탄 및 석유 정제품 제조업
⑥ 화학 물질 및 화학 제품 제조업(의약품 제외), 의료용 물질 및 의약품 제조업, 마그네틱 및 광학 매체 제조업
⑦ 고무 제품 및 플라스틱 제품 제조업
⑧ 비금속 광물 제품 제조업
⑨ 1차 금속 제조업
⑩ 금속 가공 제품 제조업(기계 및 가구 제외)
⑪ 기타 기계 및 장비 제조업
⑫ 컴퓨터 및 주변 장치 제조업, 전자 접속 카드 제조업
⑬ 전기 장비 제조업, 전자 코일, 변성기 및 기타 전자 유도자 제조업, 유선 통신 장비 제조업
⑭ 자동차 및 트레일러 제조업
⑮ 기타 운송 장비 제조업
⑯ 가구 제조업
⑰ 금속 및 비금속 원료 재생업
⑱ 자동차 종합 수리업, 자동차 전문 수리업
⑲ 이 영 제30조 각 호의 어느 하나에 해당하는 유해 물질을 사용하는 사업 중 고용노동부 장관이 특히 보건 관리를 할 필요가 있다고 인정하여 고시하는 사업
⑳ 제조업('②'부터 '⑲'까지 사업은 제외한다.)

(5) 보건 관리자의 직무

① 산업안전보건위원회에서 심의·의결한 직무와 안전 보건 관리 규정 및 취업 규칙에서 정한 직무
② 건강 장해를 예방하기 위한 작업 관리
③ 안전 인증 대상 기계, 기구 등과 자율 안전 확인 대상 기계, 기구 등 중 보건에 관련되는 보호구의 구입 시 적격품의 선정에 관한 보좌 및 조언·지도
④ 물질 안전 보건 자료의 게시 또는 비치에 관한 보좌 및 조언·지도
⑤ 산업 보건의의 직무
⑥ 해당 사업장 안전 보건 교육 계획의 수립 및 보건 교육 실시에 관한 보좌 및 조언·지도
⑦ 해당 사업장의 근로자 보호를 위한 다음의 조치에 해당하는 의료 행위
㉠ 외상 등 흔히 볼 수 있는 환자의 치료
㉡ 응급 처치가 필요한 사람에 대한 처치
㉢ 부상, 질병의 악화를 방지하기 위한 처치

㉣ 건강 진단 결과 발견된 질병자의 요양 지도 및 관리
㉤ '㉠' 내지 '㉣'의 의료 행위에 따르는 의약품의 투여

⑧ 작업장 내에서 사용되는 전체 환기 장치 및 국소 배기 장치 등에 관한 설비의 점검과 작업 방법의 공학적 개선에 관한 보좌 및 조언 · 지도
⑨ 사업장 순회 점검, 지도 및 조치의 건의
⑩ 산업 재해 발생의 원인 조사, 분석 및 재발 방지를 위한 기술적 보좌 및 조언 · 지도
⑪ 산업 재해에 관한 통계의 유지, 관리 분석을 위한 보좌 및 조언 · 지도
⑫ 법 또는 법에 따른 명령으로 정한 보건에 관한 사항의 이행에 관한 보좌 및 조언 · 지도
⑬ 업무 수행 내용의 기록 · 유지
⑭ 그 밖에 작업 관리 및 작업 환경 관리에 관한 사항

(6) 안전 보건 총괄 책임자 지정 대상 사업

관계수급인에게 고용된 근로자를 포함한 상시 근로자가 100명(선박 및 보트 건조업, 1차 금속 제조업 및 토사석 광업의 경우 50명) 이상인 사업이나 관계수급인의 공사금액을 포함한 해당 공사의 총 공사금액이 20억 이상인 건설업

(7) 안전 보건 총괄 책임자의 직무 수행

① 작업 중지
② 도급 사업 시의 산업 재해 예방 조치
③ 산업 안전 보건 관리비의 관계수급인간의 사용에 관한 협의 · 조정 및 그 집행의 감독
④ 안전 인증 대상 기계 등과 자율 안전 확인 대상 기계 등의 사용 여부 확인
⑤ 위험성 평가의 실시에 관한 사항

(8) 안전 보건 관리 책임자

1) 안전 보건 관리 책임자의 직무

① 사업장의 산업 재해 예방 계획의 수립에 관한 사항
② 안전 보건 관리 규정의 작성 및 변경에 관한 사항
③ 안전 · 보건 교육에 관한 사항
④ 작업 환경 측정 등 작업 환경의 점검 및 개선에 관한 사항
⑤ 근로자의 건강 진단 등 건강 관리에 관한 사항
⑥ 산업 재해의 원인 조사 및 재발 방지대책 수립에 관한 사항
⑦ 산업 재해에 관한 통계의 기록 및 유지에 관한 사항
⑧ 안전 장치 및 보호구 구입 시의 적격품 여부 확인에 관한 사항
⑨ 그 밖에 근로자의 유해 · 위험 예방 조치에 관한 사항으로서 고용노동부령으로 정하는 사항

2) 안전 보건 관리 책임자를 두어야 하는 사업의 종류 및 사업장의 상시근로자 수

사업의 종류	사업장의 상시근로자 수
① 토사석 광업 ② 식료품 제조업, 음료 제조업 ③ 목재 및 나무제품 제조업; 가구 제외 ④ 펄프, 종이 및 종이제품 제조업 ⑤ 코크스, 연탄 및 석유정제품 제조업 ⑥ 화학물질 및 화학제품 제조업; 의약품 제외 ⑦ 의료용 물질 및 의약품 제조업 ⑧ 고무 및 플라스틱제품 제조업 ⑨ 비금속 광물제품 제조업 ⑩ 1차 금속 제조업 ⑪ 금속가공제품 제조업; 기계 및 가구 제외 ⑫ 전자부품, 컴퓨터, 영상, 음향 및 통신장비 제조업 ⑬ 의료, 정밀, 광학기기 및 시계 제조업 ⑭ 전기장비 제조업 ⑮ 기타 기계 및 장비 제조업 ⑯ 자동차 및 트레일러 제조업 ⑰ 기타 운송장비 제조업 ⑱ 가구 제조업 ⑲ 기타 제품 제조업 ⑳ 서적, 잡지 및 기타 인쇄물 출판업 ㉑ 해체, 선별 및 원료 재생업 ㉒ 자동차 종합 수리업, 자동차 전문 수리업	상시근로자 50명 이상
㉓ 농업 ㉔ 어업 ㉕ 소프트웨어 개발 및 공급업 ㉖ 컴퓨터 프로그래밍, 시스템 통합 및 관리업 ㉗ 정보서비스업 ㉘ 금융 및 보험업 ㉙ 임대업; 부동산 제외 ㉚ 전문, 과학 및 기술 서비스업(연구개발업은 제외한다) ㉛ 사업지원 서비스업 ㉜ 사회복지 서비스업	상시근로자 300명 이상
㉝ 건설업	공사금액 20억원 이상
㉞ ①부터 ㉝까지의 사업을 제외한 사업	상시근로자 100명 이상

(9) 관리 감독자의 업무 내용

① 사업장 내 관리 감독자가 지휘 · 감독하는 작업과 관련되는 기계, 기구 또는 설비의 안전, 보건 점검 및 이상 유무의 확인
② 관리 감독자에게 소속된 근로자의 작업복, 보호구 및 방호 장치의 점검과 그 착용, 사용에 관한 교육, 지도
③ 해당 작업에서 발생한 산업 재해에 관한 보고 및 이에 대한 응급 조치
④ 해당 작업의 작업장의 정리 정돈 및 통로 확보의 확인 · 감독
⑤ 해당 사업장의 산업 보건의, 안전 관리자 및 보건 관리자, 안전 보건 관리 담당자의 지도 · 조언에 대한 협조
⑥ 위험성 평가에 관한 다음 업무
㉠ 유해 위험 요인의 파악에 대한 참여
㉡ 개선 조치의 시행에 대한 참여
⑦ 그 밖에 해당 작업의 안전, 보건에 관한 사항으로서 고용노동부 장관이 정하는 사항

(10) 안전 보건 관리 담당자의 선임

다음의 어느 하나에 해당하는 사업의 사업주는 상시 근로자 20명 이상 50명 미만인 사업장에 안전 보건 관리 담당자를 1명 이상 선임하여야 한다.
① 제조업
② 임업
③ 하수 · 폐수 및 분뇨처리업
④ 폐기물 수집, 운반 및 원재료 재생업
⑤ 환경정화 및 복원업

(11) 안전 보건 관리 담당자의 업무

안전 보건 관리 담당자의 업무는 다음과 같다.
① 안전 · 보건 교육 실시에 관한 보좌 및 조언 · 지도
② 위험성 평가에 관한 보좌 및 조언 · 지도
③ 작업 환경 측정 및 개선에 관한 보좌 및 조언 · 지도
④ 건강진단에 관한 보좌 및 조언 · 지도
⑤ 산업재해 발생의 원인 조사, 산업재해 통계의 기록 및 유지를 위한 보좌 및 조언 · 지도
⑥ 산업 안전 · 보건과 관련된 안전 장치 및 보호구 구입 시 적격품 선정에 관한 보좌 및 조언 · 지도

1.4 산업안전보건위원회

(1) 산업안전보건위원회 설치 대상 사업장

사업의 종류	규 모
① 토사석 광업 ② 목재 및 나무제품 제조업 ; 가구 제외 ③ 화학 물질 및 화학 제품 제조업 ; 의약품 제외(세제, 화장품 및 광택제 제조업과 화학 섬유 제조업은 제외한다) ④ 비금속 광물 제품 제조업 ⑤ 1차 금속 제조업 ⑥ 금속 가공 제품 제조업 ; 기계 및 가구 제외 ⑦ 자동차 및 트레일러 제조업 ⑧ 기타 기계 및 장비 제조업(사무용 기계 및 장비 제조업은 제외한다) ⑨ 기타 운송 장비 제조업(전투용 차량 제조업은 제외한다)	상시근로자 50명 이상
⑩ 농업 ⑪ 어업 ⑫ 소프트웨어 개발 및 공급업 ⑬ 컴퓨터 프로그래밍, 시스템 통합 및 관리업 ⑭ 정보 서비스업 ⑮ 금융 및 보험업 ⑯ 임대업 ; 부동산 제외 ⑰ 전문, 과학 및 기술 서비스업(연구 개발업은 제외한다) ⑱ 사업 지원 서비스업 ⑲ 사회 복지 서비스업	상시근로자 300명 이상
⑳ 건설업	공사금액 120억원 이상(「건설산업기본법 시행령」 [별표 1]에 따른 토목 공사업에 해당하는 공사의 경우에는 150억원 이상)
㉑ ①부터 ⑳까지의 사업을 제외한 사업	상시근로자 100명 이상

(2) 산업안전보건위원회의 구성

1) 근로자 위원

① 근로자 대표
② 명예 산업 안전 감독관이 위촉되어 있는 사업장의 경우 근로자 대표가 지명하는 1명 이상의 명예 감독관
③ 근로자 대표가 지명하는 9명 이내의 해당 사업장의 근로자

2) 사용자 위원

① 해당 사업의 대표자
② 안전 관리자 1명
③ 보건 관리자 1명

④ 산업 보건의
⑤ 해당 사업의 대표자가 지명하는 9명 이내의 해당 사업장 부서의 장

3) 위원회 운영

위원회는 3개월마다 정기 회의를 개최하여야 하며 필요한 경우 임시 회의 개최

4) 유의 사항

① 대상자 전원 참석
② 근무 시간 내에 회의 개최
③ 부의 사항은 토의에 의해 결정
④ 회의 관계 자료의 사전 배포
⑤ 결정된 사항은 신속히 실행하되 실행 사항은 차기 회의 시 보고

5) 회의 결과 주지 사항

① 사내 방송에 의한 방법
② 사보에 게재하는 방법
③ 자체 정례 조회 시 집합 교육에 의한 방법
④ 그 밖의 적절한 방법으로 근로자들이 해당 회의 결과를 알 수 있는 방법

6) 회의록 작성 · 비치 사항

① 개최 일시 및 장소
② 출석 위원
③ 심의 내용 및 의결, 결정 사항
④ 그 밖의 토의 사항

1.5 도급 사업에서의 안전 보건 조치

(1) 도급 사업에 있어서의 사업주의 안전 보건 조치

① 안전 보건에 관한 협의체 구성 및 운영
㉠ 작업의 시작 시간
㉡ 작업 또는 작업장간의 연락 방법
㉢ 재해 발생 위험 시의 대피 방법
㉣ 작업장에서의 위험성 평가의 실시에 관한 사항
㉤ 사업주와 수급인 또는 수급인 상호간의 연락 방법
협의체는 매월 1회 이상 정기적으로 회의를 개최하고 그 결과를 기록 · 보존해야 한다.
② 작업장 순회 점검 등 안전 보건 관리
다음의 경우 2일에 1회 이상 순회 점검

㉠ 건설업
㉡ 제조업
㉢ 토사석 광업
㉣ 서적, 잡지 및 기타 인쇄물 출판업
㉤ 음악 및 기타 오디오물 출판업
㉥ 금속 및 비금속원료 재생업
위 사업을 제외한 사업의 경우 1주일 1회 이상 순회 점검

③ 관계수급인이 근로자에게 하는 안전 보건 교육을 위한 장소 및 자료 제공 등의 지원
④ 관계수급인이 근로자에게 하는 안전 보건 교육의 실시 확인
⑤ 위생시설 등 고용노동부령으로 정하는 시설의 설치 등을 위하여 필요한 장소의 제공 또는 도급인이 설치한 위생시설의 이용 협조
⑥ 경보 체계 운영과 대피 방법 훈련

(2) 도급 사업 중 산업 재해 발생 위험이 있는 장소에서 작업 시 고용노동부령이 정하는 산업 재해 예방을 위하여 필요한 조치를 해야 할 장소

① 토사, 구축물, 인공 구조물 등이 붕괴될 우려가 있는 장소
② 기계, 기구 등이 넘어지거나 무너질 우려가 있는 장소
③ 안전 난간의 설치가 필요한 장소
④ 비계 또는 거푸집을 설치하거나 해체하는 장소
⑤ 건설용 리프트를 운행하는 장소
⑥ 지반을 굴착하거나 발파 작업을 하는 장소
⑦ 엘리베이터 홀 등 근로자가 추락할 위험이 있는 장소
⑧ 화재·폭발 우려가 있는 다음 작업을 하는 장소
㉠ 선박 내부에서의 용접, 용단 작업
㉡ 특수 화학 설비에서의 용접, 용단 작업
㉢ 인화성 물질을 취급, 저장하는 설비 및 용기에서의 용접, 용단 작업
㉣ 가연물이 있는 곳에서의 용접 용단 및 금속의 가열 등 화기를 사용하는 작업이나 연삭 숫돌에 의한 건식 연마 작업 등 불꽃이 튈 위험이 있는 장소
⑨ 석면이 붙어 있는 물질을 파쇄 또는 해체하는 작업을 하는 장소
⑩ 위험 물질을 제조하거나 취급하는 장소
⑪ 유기 화합물 취급 특별 장소
⑫ 공중 전선에 가까운 장소로서 시설물의 설치, 해체, 점검 및 수리 등의 작업을 할 때 감전의 위험이 있는 작업 장소
⑬ 물체가 떨어지거나 날아올 위험이 있는 장소
⑭ 프레스 또는 전단기를 사용하여 작업을 하는 장소
⑮ 화학 설비 및 그 부속 설비에 대한 정비·보수 작업이 이루어지는 장소
⑯ 방사선 업무를 하는 장소

⑰ 차량계 하역 운반 기계 또는 차량계 건설 기계를 사용하여 작업하는 장소
⑱ 전기 기계, 기구를 사용하여 감전의 위험이 있는 작업을 하는 장소
⑲ 양중기에 의한 충돌 또는 협착의 위험이 있는 작업을 하는 장소
⑳ 철도 차량에 의한 충돌 또는 협착의 위험이 있는 작업을 하는 장소

(3) 도급 사업에서의 합동 안전 보건 점검 시 점검반

1) 점검반 편성

① 도급인인 사업주
② 수급인인 사업주
③ 도급인 및 관계수급인의 근로자 각 1인

2) 정기 안전 보건 점검 실시 횟수

① 건설업, 선박 및 보트 건조업 : 2월 1회 이상
② ①의 사업을 제외한 사업 : 분기별 1회 이상

3) 도급 사업장에서의 경보 통일

① 작업 장소에서의 발파 작업을 하는 경우
② 작업 장소에서 화재, 폭발, 토사, 구축물 등의 붕괴 또는 지진이 발생한 경우

4) 안전하고 위생적인 작업 수행 저해 조건

건설 공사 등의 사업을 타인에게 도급하는 자는 그 시공 방법, 공기 등에 관하여 안전하고 위생적인 작업 수행을 저해할 우려가 있는 조건을 붙여서는 안 된다. 그 저해할 조건은 다음과 같다.

① 설계도서 등에 의하여 산정된 공사 기간을 단축하지 아니할 것
② 공사비를 줄이기 위하여 위험성이 있는 공법을 사용하거나 정당한 사유 없이 공법을 변경하지 아니할 것

5) 도급 금지 대상 작업

① 도금 작업
② 수은, 납, 카드뮴 등 중금속을 제련, 주입, 가공 및 가열하는 작업
③ 허가를 받아야 하는 물질을 제조하거나 사용하는 작업
④ 그 밖에 유해하거나 위험한 작업으로서 정책심의위원회의 심의를 거쳐 고용노동부 장관이 정하는 사항

6) 안전 보건 정보 제공

① 화학 설비 및 그 부속 설비에서 제조 · 사용 · 운반 또는 저장하는 위험 물질 및 관리 대상 유해 물질의 명칭과 그 유해성 · 위험성
② 안전 보건상 유해하거나 위험한 작업에 대한 안전 · 보건상 주의 사항
③ 안전 보건상 유해하거나 위험한 물질의 유출 등 사고가 발생한 경우에 필요한 조치의 내용

7) 위생 시설의 설치

① 휴게 시설
② 세면 목욕 시설
③ 세탁 시설
④ 탈의 시설
⑤ 수면 시설

(4) 안전 보건에 관한 협의체 구성 및 운영

1) 노사협의체 설치 대상

공사 금액이 120억원(토목 공사업은 150억원) 이상인 건설업

2) 노사협의체 구성

① 근로자 위원
㉠ 도급 또는 하도급 사업을 포함한 전체 사업의 근로자 대표
㉡ 근로자 대표가 지명하는 명예 감독관 1명. 다만, 명예 감독관이 위촉되어 있지 아니한 경우에는 근로자 대표가 지명하는 해당 사업장 근로자 1명
㉢ 공사 금액이 20억원 이상인 도급 또는 하도급 사업의 근로자 대표

② 사용자 위원
㉠ 해당 사업의 대표자
㉡ 안전 관리자 1명
㉢ 공사 금액이 20억원 이상인 도급 또는 하도급 사업의 사업주

3) 노사협의체 운영

노사협의체 회의는 정기 회의와 임시 회의로 구분하되, 정기 회의는 2개월마다 노사협의체 위원장이 소집하며, 임시 회의는 필요 시 소집

4) 노사협의체 협의 사항

① 산업 재해 예방 방법 및 산업 재해가 발생한 경우의 대피 방법
② 작업의 시작 시간 및 작업장간의 연락 방법
③ 그 밖의 산업 재해 예방과 관련된 사항

(5) 설계 변경

건설 공사의 수급인은 건설 공사 중에 가설구조물의 붕괴 등 재해 발생의 위험이 높다고 판단되는 경우 전문가의 의견을 들어 건설 공사를 발주한 도급인에게 설계 변경을 할 수 있다.

1) 설계 변경 요청 대상

① 높이 31m 이상인 비계
② 작업 발판 일체형 거푸집 또는 높이 60m 이상인 거푸집 동바리

③ 터널 지보공 또는 높이 2m 이상인 흙막이 지보공
④ 동력을 이용하여 움직이는 가설 구조물

2) 설계 변경 요청 방법

① 설계 변경 요청 대상 공사의 도면
② 당초 설계의 문제점 및 변경 요청 이유서
③ 가설 구조물의 구조 계산서 등 당초 설계의 안전성에 관한 전문가의 검토 의견서 및 그 전문가의 자격증 사본
④ 그 밖에 재해 발생의 위험성이 높아 설계 변경이 필요함을 증명할 수 있는 서류

3) 공사 기간 연장 요청 등

건설 공사를 타인에게, 도급하는 자는 다음의 어느 하나에 해당하는 사유로 공사가 지연되어 그의 수급인이 산업재해 예방을 위하여 공사 기간 연장을 요청하는 경우 특별한 사유가 없으면 공사 기간 연장 조치를 하여야 한다.

① 태풍·홍수 등 악천후, 전쟁 또는 사변, 지진, 화재, 전염병, 폭동, 그 밖에 계약 당사자의 통제 범위를 초월하는 사태의 발생 등 불가항력의 사유에 의한 경우
② 도급하는 자의 책임으로 착공이 지연되거나 시공이 중단된 경우

(6) 안전 보건 조정자

①「건설산업기본법」발주자로서 다음의 공사, 다음의 공사와 그 밖의 건설 공사, 다음의 어느 하나에 해당하는 공사와 그 밖의 건설 공사를 함께 발주하는 자는 그 각 공사가 같은 장소에서 행하여지는 경우 그에 따른 작업의 혼재로 인하여 발생할 수 있는 산업재해를 예방하기 위하여 건설 공사 현장에 안전 보건 조정자를 두어야 한다.
　㉠「전기공사업법」제11조에 따라 분리 발주하여야 하는 전기 공사
　㉡「정보통신공사업법」제25조에 따라 분리하여 도급하여야 하는 정보 통신 공사
② 안전 보건 조정자를 두어야 하는 건설 공사의 규모와 안전 보건 조정자의 자격·업무, 선임 방법, 그 밖에 필요한 사항은 대통령령으로 정한다.

(7) 안전 보건 조정자의 업무

① 안건 보건 조정자의 업무는 다음과 같다.
　㉠ 같은 장소에서 행하여지는 각각의 공사 간에 혼재된 작업의 파악
　㉡ 제1호에 따른 혼재된 작업으로 인한 산업재해 발생의 위험성 파악
　㉢ 제1호에 따른 혼재된 작업으로 인한 산업재해를 예방하기 위한 작업의 시기·내용 및 안전 보건 조치 등의 조정
　㉣ 각각의 공사 도급인의 관리 책임자 간 작업 내용에 관한 정보 공유 여부의 확인
② 안전 보건 조정자는 제1항의 업무를 수행하기 위하여 필요한 경우 해당 공사의 도급인과 수급인에게 자료의 제출을 요구할 수 있다.

(8) 산업 재해 발생 건수 등의 공표

1) 공표대상 사업장

① 다음의 어느 하나에 해당하는 사업장을 말한다.

㉠ 산업 재해로 인한 사망자가 연간 2명 이상 발생한 사업장

㉡ 사망만인율(死亡萬人率: 연간 상시근로자 1만명당 발생하는 사망재해자 수의 비율을 말한다)이 규모별 같은 업종의 평균 사망만인율 이상인 사업장

㉢ 중대산업사고가 발생한 사업장

㉣ 산업 재해 발생 사실을 은폐한 사업장

㉤ 산업 재해의 발생에 관한 보고를 최근 3년 이내 2회 이상 하지 않은 사업장

2) 도급인과 관계수급인의 통합 산업 재해 관련 자료 제출

① 지방고용노동관서의 장은 도급인의 산업 재해 발생 건수, 재해율 또는 그 순위 등에 관계수급인의 산업 재해 발생 건수 등을 포함하여 공표하기 위하여 필요하면 제조업, 철도운송업, 도시철도운송업, 전기업의 어느 하나에 해당하는 사업이 이루어지는 사업장으로서 해당 사업장의 상시근로자 수가 500명 이상인 사업장의 도급인에게 도급인의 사업장(도급인이 제공하거나 지정한 경우로서 도급인이 지배 · 관리하는 장소를 포함한다.)에서 작업하는 관계수급인 근로자의 산업 재해 발생에 관한 자료를 제출하도록 공표의 대상이 되는 연도의 다음 연도 3월 15일까지 요청해야 한다. 도급인이 제공하거나 지정한 경우로서 도급인이 지배 · 관리하는 장소는 다음과 같다.

㉠ 토사(土砂) · 구축물 · 인공구조물 등이 붕괴될 우려가 있는 장소

㉡ 기계 · 기구 등이 넘어지거나 무너질 우려가 있는 장소

㉢ 안전난간의 설치가 필요한 장소

㉣ 비계(飛階) 또는 거푸집을 설치하거나 해체하는 장소

㉤ 건설용 리프트를 운행하는 장소

㉥ 지반(地盤)을 굴착하거나 발파작업을 하는 장소

㉦ 엘리베이터홀 등 근로자가 추락할 위험이 있는 장소

㉧ 석면이 붙어 있는 물질을 파쇄하거나 해체하는 작업을 하는 장소

㉨ 공중 전선에 가까운 장소로서 시설물의 설치 · 해체 · 점검 및 수리 등의 작업을 할 때 감전의 위험이 있는 장소

㉩ 물체가 떨어지거나 날아올 위험이 있는 장소

㉪ 프레스 또는 전단기(剪斷機)를 사용하여 작업을 하는 장소

㉫ 차량계(車輛系) 하역운반기계 또는 차량계 건설기계를 사용하여 작업하는 장소

㉬ 전기 기계 · 기구를 사용하여 감전의 위험이 있는 작업을 하는 장소

㉭ 「철도산업발전기본법」에 따른 철도차량(「도시철도법」에 따른 도시철도차량을 포함한다)에 의한 충돌 또는 협착의 위험이 있는 작업을 하는 장소

㉠-1 그 밖에 화재 · 폭발 등 사고발생 위험이 높은 장소로서 고용노동부령으로 정하는 장소

② 제1항에 따라 자료의 제출을 요청받은 도급인은 그 해 4월 30일까지 별지 제1호서식의 통합 산업 재해 현황 조사표를 작성하여 지방고용노동관서의 장에게 제출(전자문서로 제출하는 것을 포함한다)해야 한다.

3) 통합공표 대상 사업장 등

다음의 어느 하나에 해당하는 사업이 이루어지는 사업장으로서 도급인이 사용하는 상시근로자 수가 500명 이상이고 도급인 사업장의 사고사망만인율(질병으로 인한 사망재해자를 제외하고 산출한 사망만인율을 말한다.)보다 관계수급인의 근로자를 포함하여 산출한 사고사망만인율이 높은 사업장을 말한다.

① 제조업

② 철도운송업

③ 도시철도운송업

④ 전기업

Chapter 02

안전 관리 계획 수립 및 운용

2.1 안전 보건 관리 규정

(1) 안전 보건 관리 규정 작성상 유의 사항

① 규정된 기준은 법정 기준을 상회하도록 한다.
② 관리자층의 직무와 권한 및 근로자에게 강제 또는 요청한 부분을 명확히 한다.
③ 관계 법령의 제정, 개정에 따라 즉시 개정한다.
④ 작성 또는 개정 시에 현장의 의견을 충분히 반영한다.
⑤ 규정된 내용은 정상 시는 물론 이상 시 즉, 사고 및 재해 발생 시의 조치에 관해서도 규정한다.

(2) 내용

① 안전 보건 관리 조직과 그 직무에 관한 사항
② 안전 보건 교육에 관한 사항
③ 작업장 안전 관리에 관한 사항
④ 작업장 보건 관리에 관한 사항
⑤ 사고 조사 및 대책 수립에 관한 사항
⑥ 그 밖에 안전 보건에 관한 사항

2.2 안전 보건 개선 계획

(1) 안전 보건 개선 계획 수립 대상 사업장(60일 이내 관할 지방 고용노동관서의 장)

① 산업 재해율이 같은 업종의 규모별 평균 산업 재해율보다 높은 사업장
② 사업주가 필요한 안전 조치 또는 보건 조치를 이행하지 아니하여 중대 재해가 발생한 사업장
③ 유해 인자의 노출 기준을 초과한 사업장
④ 대통령령으로 정하는 수 이상의 직업성 질병자가 발생한 사업장

(2) 안전 보건 진단을 받아 안전 보건 개선 계획을 수립 제출해야 하는 대상 사업장

① 중대 재해 발생 사업장
② 산업 재해율이 같은 업종 평균 산업 재해율의 2배 이상인 사업장
③ 직업성 질병자가 연간 2명 이상(상시 근로자 100명 이상 사업장의 경우 3명 이상) 발생한 사업장
④ 작업 환경 불량 · 화재 · 폭발 또는 누출 사고 등으로 사업장 주변까지 피해가 확산된 사업장으로서 고용노동부령으로 정하는 사업장

(3) 안전 보건 개선 계획서 작성 시 반드시 포함되어야 할 사항

① 시설
② 안전 보건 교육
③ 안전 보건 관리 체제
④ 산업 재해 예방 및 작업 환경 개선을 위하여 필요한 사항

(4) 안전 보건 개선 계획의 작성 서류

① 공정별 유해 위험 분포도
② 재해 발생 현황
③ 사고 다발 원인 및 재해 유형 분석
④ 교육 및 점검 계획
⑤ 유해 위험 부서 및 근로자 수
⑥ 개선 계획(공통 사항, 중점 개선 사항)
⑦ 안전 보건 관리 예산

(5) 공통 사항에 포함되는 항목

① 안전 보건 관리 조직
② 안전 보건 표지 부착
③ 보호구 착용
④ 건강 진단 실시

(6) 중점 개선 계획을 필요로 하는 항목

① 시설 : 비상 통로, 출구, 계단, 소방 시설, 작업 설비, 배기 시설 등의 시설물
② 기계 장치 : 기계별 안전 장치, 전기 장치, 동력 전도 장치 등
③ 원료, 재료 : 인화물, 발화물, 유해 물질, 생산 원료 등의 취급, 적재 보관 방법 등
④ 작업 방법 : 안전 기준, 작업 표준, 보호구 관리 상태 등
⑤ 작업 환경 : 정리 정돈, 청소 상태, 채광, 조명, 소음, 색채, 환기 등
⑥ 기타 : 안전 조건 기준상 조치 사항

(7) 안전 보건 개선 계획서상 작업 공정별 유해 위험 요소

① 작업 공정명
② 주요 기계 및 설비명
③ 유해 위험 요소
④ 재해 발생 현황
⑤ 근로자 수
⑥ 안전 대책

(8) 안전 보건 개선 계획서상 유해 위험 작업 부서

① 고온 물체 및 저온 물체 취급 작업
② 소음, 진동 및 분진 작업 부서
③ 이상 기압하의 작업 및 초음파를 수반하는 작업
④ 납, 4알킬납 제조 취급 부서
⑤ 유기 용제 및 특정 화학 물질의 제조 취급 부서
⑥ 중량물 취급 작업

Chapter 03

산업 재해 발생 및 재해 조사 분석

3.1 재해의 발생 원리

(1) 재해 발생 메커니즘

1) 하인리히(W.H. Heinrich)의 도미노 이론

① 사회적 환경과 유전적 요소　② 개인적 결함
③ 불안전 상태 및 불안전 행동　④ 사고
⑤ 상해

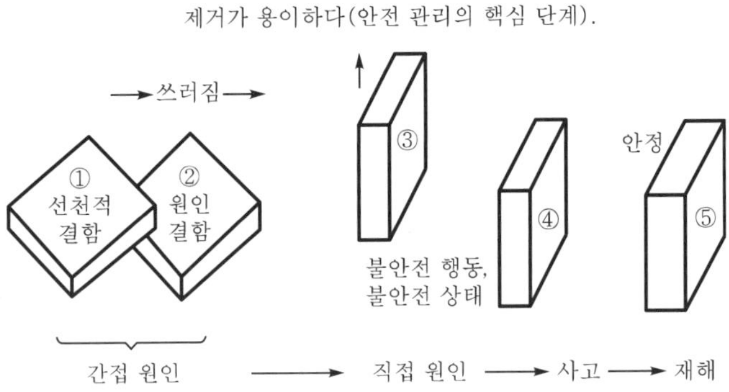

|그림 1-2|　재해 발생 과정

2) 버드(Bird)의 최신 연쇄성 이론

① 관리 부족(제어 부족)　② 기본 원인(기원)
③ 직접 원인(징후)　④ 사고(접촉)
⑤ 상해(손해, 손실)

3) 아담스의 재해 연쇄성 이론

① 관리 구조　② 작전적 에러
③ 전술적 에러　④ 사고
⑤ 상해

4) 재해 발생 비율

① 하인리히의 1 : 29 : 300 원칙

㉠ 중상해(휴업 8일 이상~사망) : 0.3%(1)

㉡ 경상해(휴업 1일 이상~7일 미만) : 8.8%(29)

㉢ 무상해(휴업 1일 미만) : 90.9%(300)

② 재해 비율

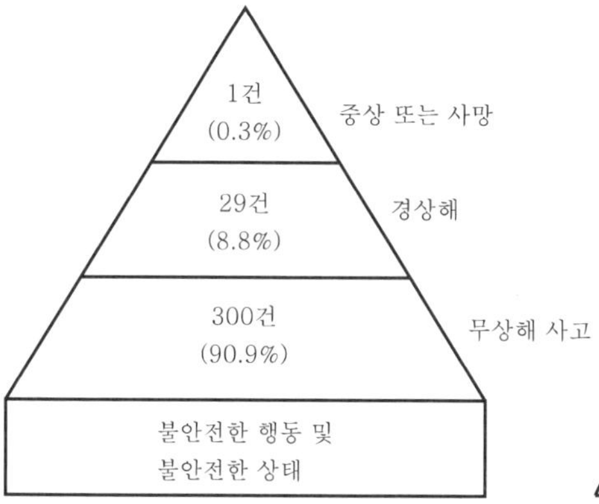

| 그림 1-3 | 하인리히의 재해 비율

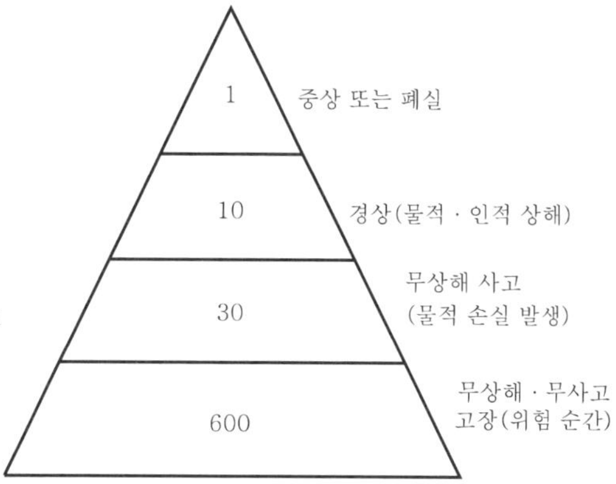

| 그림 1-4 | 버드의 재해 비율

(2) 재해 빈발자설

1) 기회설

사업장에서 재해가 빈발하는 이유는 그 원인이 작업자 자신에게 있는 것이 아니라 작업 자체가 위험하기 때문이다.

2) 암시설

한 번 재해를 당한 사람은 겁쟁이가 되거나 신경의 과민으로 인하여 또 다른 재해를 발생시키게 된다.

3) 재해 빈발 경향자설

한 번 재해를 일으킨 사람은 다시 재해를 일으킬 확률이 훨씬 많다는 것으로 일종의 소질적 결함을 말한다.

4) 재해 누발자 유형

① 상황성 누발자

② 미숙성 누발자

③ 습관성 누발자

④ 소질성 누발자

참고 상황성 누발자

① 작업 자체가 어렵기 때문에
② 기계, 설비에 결함이 있기 때문에
③ 심신에 근심이 있기 때문에
④ 환경상 주의력 집중이 곤란하기 때문에

(3) 하인리히의 재해 예방 원리

1) 재해 예방 원리

| 표 1-2 | 재해 예방 원리

제1단계 안전 관리 조직	제2단계 사실의 발견	제3단계 분석(분석 평가)	제4단계 시정 방법의 선정	제5단계 시정책의 적용
• 경영층의 참여 • 안전 관리자의 임명 및 line 조직 구성 • 안전 활동 방침 및 안전 계획 수립 • 조직을 통한 안전 활동	• 사고 및 활동 기록 검토 • 사고 조사 • 각종 안전 회의 및 토의회 • 근로자의 제안 및 여론 조사 • 안전 점검 및 안전 진단 • 안전 순찰 • 과거의 기록 검토	• 사고 보고서 및 현장 조사 분석 • 사고 기록 및 관계 자료 분석 • 인적, 물적, 환경적 조건 분석 • 작업 공정 분석 • 교육 및 훈련 분석 • 배치 사항 분석 • 안전 수칙 및 작업 표준 분석 • 보호 장비 적부 등의 분석	• 기술적 개선 • 배치 조정 • 교육 및 훈련 개선 • 안전 행정의 개선 • 규정 및 수칙, 작업 표준 제도의 개선 • 안전 운동의 전개	• 3E 적용 • 3S 적용 • 후속 조치

2) 재해 예방 4원칙

① 예방 가능의 원칙
② 손실 우연의 원칙
③ 원인 계기의 원칙
④ 대책 선정의 원칙

3) 사고의 본질적 특성

① 사고의 시간성
② 우연성
③ 필연성 중 우연성
④ 사고의 재현 불가능성

3.2 재해 조사

(1) 재해 조사 목적

재해의 발생 원인과 결함을 규명하고 예방 자료를 수집하여 동종 재해 및 유사 재해의 재발 방지 대책을 강구하는 데 목적이 있다.

(2) 재해 조사 방법 및 유의 사항

1) 재해 조사 방법

① 재해 발생 직후에 행한다.
② 현장의 물리적 흔적 즉, 물적 증거를 수집한다.
③ 재해 현장은 사진 등을 촬영하여 보관, 기록한다.
④ 목격자, 현장 감독자 등 많은 사람으로부터 사고 시의 상황을 듣는다.
⑤ 재해 피해자로부터 재해 발생 직전의 상황을 듣는다.
⑥ 판단이 곤란한 특수한 재해 또는 중대 재해는 전문가에게 조사를 의뢰한다.

2) 재해 조사 시 유의 사항

① 사실을 수집
② 조사는 신속히 실시하고 2차 재해 방지
③ 사람, 설비 양면의 재해 요인 적출
④ 재해 조사는 2인 이상이 실시
⑤ 사실 이외 추측의 말은 참고로 활용

(3) 재해 사례 연구 순서

① 전제 조건 : 재해 상황 파악(상해 부위, 상해 성질, 상해 정도)
② 제1단계 : 사실의 확인(사람, 물건, 관리, 재해 발생 경과)
③ 제2단계 : 문제점의 발견
④ 제3단계 : 근본 문제점의 결정
⑤ 제4단계 : 대책 수립

(4) 재해 발생 시 조치 사항

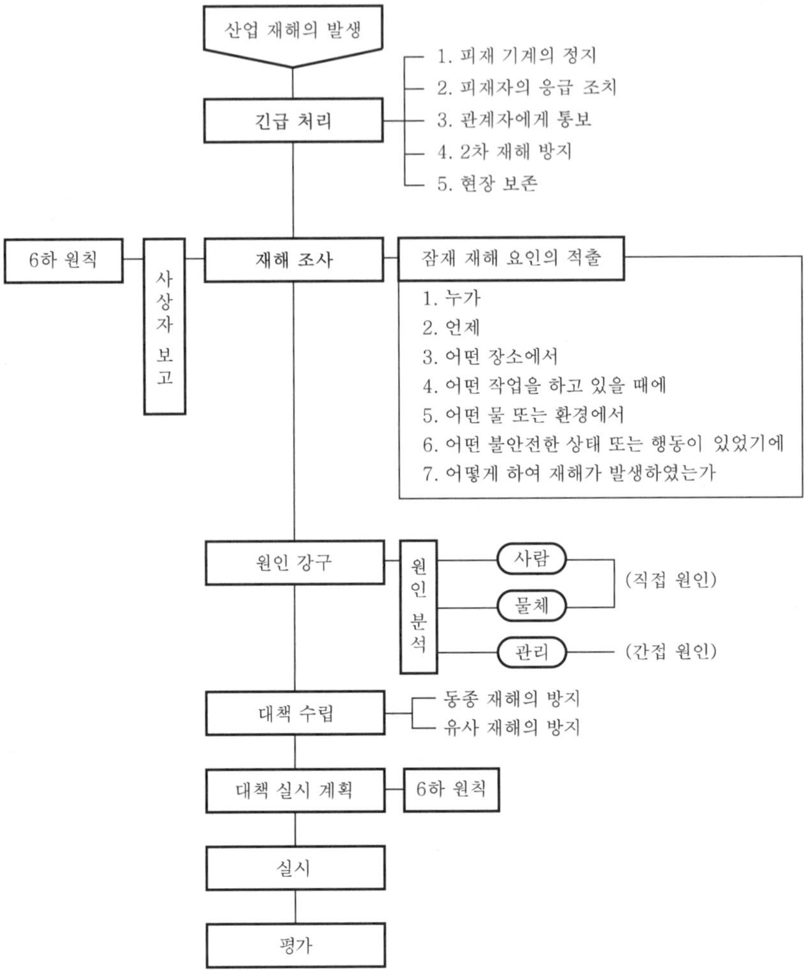

|그림 1-5| **재해 발생 시 조치 사항**

(5) 산업 재해 발생 보고

1) 산업 재해 발생 시 전화, 구두, 팩스 등으로 긴급히 보고해야 할 사항

① 발생 개요 및 피해 상황
② 조치 및 전망
③ 그 밖의 중요한 사항

2) 산업 재해 발생 시 기록, 보존해야 할 사항

① 사업장의 개요 및 근로자의 인적 사항
② 재해 발생의 일시 및 장소
③ 재해 발생의 원인 및 과정
④ 재해 재발 방지 계획

3) 고용노동부 중대 재해 조사반이 조사할 수 있는 중대 재해

① 신종 재해로서 예방 대책이 전국적으로 필요한 재해
② 동일 사업장에서 반복되는 동종 재해
③ 사회적 물의가 예상되는 재해
④ 해당 사업장의 연평균 재해율이 업종별, 지역별 연평균 재해율 이상인 사업체의 재해

(6) 중대 재해의 범위

① 사망자가 1명 이상 발생한 재해
② 3개월 이상의 요양이 필요한 부상자가 동시에 2명 이상 발생한 재해
③ 부상자 또는 직업성 질병자가 동시에 10명 이상 발생한 재해

3.3 재해 발생 원인에 따른 분류

(1) 직접 원인

1) 물적 원인(불안전 상태)

① 물자체 결함
② 안전 방호 장치의 결함
③ 복장, 보호구의 결함
④ 물의 배치 및 작업 장소 불량
⑤ 작업 환경의 결함
⑥ 생산 공정의 결함
⑦ 경계 표시, 설비의 결함 등

2) 인적 원인(불안전 행동)

① 위험 장소 접근
② 안전 장치 기능 제거
③ 복장, 보호구의 잘못 사용
④ 기계, 기구의 잘못 사용
⑤ 운전중인 기계 장치 손질
⑥ 불안전한 속도 조작
⑦ 위험물 취급 부주의
⑧ 불안전한 상태 방치
⑨ 불안전한 자세, 동작
⑩ 감독 및 연락 불충분 등

(2) 간접 원인

1) 기술적 원인

기계, 기구 설비 등 방호 설비, 경계 설비, 보호구 정비 등의 기술적 결함

① 건물, 기계 장치 설계 불량
② 구조 재료의 부적합
③ 생산 방법의 부적당
④ 점검 정비 보존 불량 등

2) 교육적 원인

무지, 경시, 몰이해, 훈련 미숙, 나쁜 습관 등

① 안전 지식 부족
② 안전 수칙의 오해
③ 경험 훈련의 미숙
④ 작업 방법의 교육 불충분
⑤ 위해, 위험 작업의 교육 불충분

3) 신체적 원인

각종 질병, 스트레스, 피로, 수면 부족 등

① 피로
② 시력 및 청각 기능 이상
③ 근육 운동의 부적합
④ 육체적 능력 초과

4) 정신적 원인

태만, 반항, 불만, 초조, 긴장, 공포 등(정신 상태 불량으로 일어나는 안전 사고 요인)

① 안전 의식의 부족
② 주의력의 부족
③ 방심 및 공상
④ 개성적 결함 요소
⑤ 판단력 부족 또는 그릇된 판단

5) 관리적 요인

책임감 부족, 부적절한 인사 배치, 작업 기준의 불명확, 점검·보건 제도의 결함, 근로 의욕 침체 등

① 안전 관리 조직 결함
② 안전 수칙의 미제정
③ 작업 준비 불충분
④ 인원 배치 부적당
⑤ 작업 지시 부적당

(3) 재해 요소와 발생 모델

재해의 다발 유형 분석에는 관리상 결함, 직접 원인, 기인물, 재해 발생 형태로 구분할 수 있다.

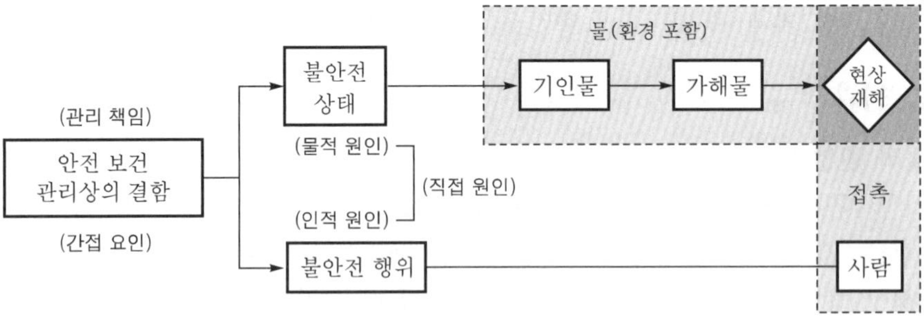

| 그림 1-6 | 재해 발생 모델

(4) 상해의 종류 및 재해 발생의 형태

1) 상해의 종류별 분류

| 표 1-3 | 상해 종류별 분류

분류 번호	분류 항목	세부 항목
(1)	골절	뼈가 부러진 상해
(2)	동상	저온물 접촉으로 생긴 동상 상해
(3)	부종	국부의 혈액 순환 이상으로 몸이 퉁퉁 부어오르는 상해
(4)	찔림(자상)	칼날 등 날카로운 물건에 찔린 상해
(5)	타박상(좌상)	타박, 충돌, 추락 등으로 피부 표면보다는 피하 조직 또는 근육부를 다친 상해(삔 것 포함)
(6)	절상(베임)	신체 부위가 절단된 상해
(7)	중독, 질식	음식, 약물, 가스 등에 의한 중독이나 질식된 상해
(8)	찰과상	스치거나 문질러서 벗겨진 상해
(9)	창상	창, 칼 등에 베인 상해
(10)	화상	화재 또는 고온물 접촉으로 인한 상해
(11)	청력 장애	청력이 감퇴 또는 난청이 된 상해
(12)	시력 장애	시력이 감퇴 또는 실명된 상해
(13)	뇌진탕	
(14)	익사	
(15)	피부병	

2) 재해 발생의 형태별 분류

| 표 1-4 | 재해 발생 형태별 분류

분류 번호	분류 항목	세부 항목
(1)	추락	사람이 건축물, 비계, 기계, 사다리, 계단, 경사면, 나무 등에서 떨어지는 것
(2)	전도	사람이 평면상으로 넘어졌을 때를 말함(과속, 미끄러짐 포함)
(3)	충돌	사람이 정지물에 부딪힌 경우
(4)	낙하, 비래	물건이 주체가 되어 사람이 맞는 경우
(5)	붕괴, 도괴	적재물, 비계, 건축물이 무너진 경우
(6)	협착	물건에 끼인 상태, 말려든 상태
(7)	감전	전기 접촉이나 방전에 의해 사람이 충격을 받은 경우
(8)	폭발	압력의 급격한 발생 또는 개방으로 폭음을 수반한 팽창이 일어난 경우
(9)	파열	용기 또는 장치가 물리적인 압력에 의해 파열한 경우
(10)	화재	화재로 인한 경우를 말하며 관련 물체는 발화물을 기재
(11)	무리한 동작	무거운 물건을 들다 허리를 삐거나 부자연스러운 자세 또는 동작의 반동으로 상해를 입은 경우
(12)	이상 온도 접촉	고온이나 저온에 접촉한 경우
(13)	유해물 접촉	유해물 접촉으로 중독되거나 질식된 경우
(14)	기타	(1)~(13)항으로 구분 불능 시 발생 형태를 기재할 것

산업 재해 조사표

(앞쪽)

※ 뒷면의 작성 요령을 읽고, 위의 각 항목에 적거나 해당 항목의 '[ ]'란에 '[✔]' 표시를 합니다. (제1쪽)

관리(산재) 번호				
사업체	사업장명			사업 개시 번호
	공사 현장명			지사명
	업종			근로자 수
	소재지			
	생산품			
	사업장 구분	[ ]원 · 도급 [ ]1차 수급 [ ]2차 수급 [ ]그 밖의 사항( )		
	건설업만 기재	원 · 도급업체명		공사 종류
		공정률	%	공사 금액 백만원
재해 발생 개요	발생 일시			재해 발생 지역(부서)
재해 발생 피해	인적 피해 사망 ( )명, 부상 ( )명			물적 피해 천원
	조업정지일			
재해 발생 과정 및 원인	재해 원인 물체 · 물질			
	재해 유발 공정 및 내용			
	재해 발생 과정 및 원인의 기록	※ 재해 관련 취급 설비, 작업 공정의 운전 또는 상황과 당시 작업자(또는 재해자)의 행동 및 사고 발생 과정 등을 기록함. – 육하원칙(언제, 누가, 어디서, 무엇을, 어떻게, 왜)에 따라 작성함.		
재발 방지 계획				

※ 아래 항목은 재해자별로 각각 작성하되, 같은 재해로 재해자가 여러 명이 발생된 경우 별도 서식에 추가로 적습니다.

재해자	성명		생년월일	
	국적		직업(직위)	성별 [ ]남 [ ]여
	입사일 년 월 일		같은 종류업무 근속기간 년 월	
	고용 형태	[ ]상용 [ ]임시 [ ]일용 [ ]시간제 [ ]가족 [ ]파견직 [ ]자영업자 [ ]그 밖의 사항( )		
	근무 형태	[ ]정상 [ ]2교대 [ ]3교대 [ ]그 밖의 사항( )		
산업재해 내용	발생 시점	[ ]정규 작업 [ ]식사 · 휴식 [ ]작업 전 [ ]출 · 퇴근 [ ]휴일 근무 [ ]시간 외 근무 [ ]그 밖의 사항( )		
	수행 작업 공정 · 내용	평상시		
		재해 당시		
	발생 형태	가해물	상해 종류(질병명)	상해 부위(질병 부위)
	작업 형태 [ ]단독 [ ]복수 (명)	방호 설비 [ ]대상 [ ]비대상 (설비 :)	개인 보호장비 [ ]대상 [ ]비대상 (설비 :)	
	근로손실	[ ]사망 [ ]부상	[ ]재해 당일 계속 작업	[ ]재해 당일 작업 불가
		출근하지 못한 일수	작업 제한을 받은 일수	

사업주 (서명 또는 인)

근로자 대표(재해자) (서명 또는 인)

210mm×297mm[일반용지 60g/m^2(재활용품)]

(뒤쪽)

〈작성 방법〉

1. 근로자 수 : 정규직, 일용직・임시직 근로자, 가족근로자, 훈련생 등 급여를 받은 전년도 모든 근로자 수의 월평균을 적습니다.
2. 원・도급 업체명 : 재해자가 소속되거나 관리되고 있는 사업장이 수급업체인 경우에만 적습니다.
3. 공사 종류, 공정률 : 수급 받은 단위 공사에 대한 현황이 아닌 도급(원청) 업체의 공사 현황을 적습니다.
   가. 공사 종류 : 재해 당시 진행 중인 공사 종류를 말합니다. 【예 : 아파트, 다리, 터널, 지하철・전철, 도로, 석유화학플랜트, 댐・제방 등】
   나. 공정률 : 재해 당시 건설 현장의 공사 진척도로 전체 공정을 적습니다(단위 공정률이 아님).
4. 재해 발생 지역(부서) : 재해가 최초로 발생된 지역・장소(부서)를 적습니다.
   ※ 근접 작업장의 사고로 인한 경우 재해자의 작업 장소와 일치하지 않을 수 있으며, 이 경우 사고 발생 근접 작업장을 적습니다.
5. 인적 피해, 물적 피해, 조업 정지 : 하나의 재해로 피해가 발생된 해당 사업장의 현황을 적습니다(동시에 피해가 발생된 다른 사업장 현황은 제외).
6. 방호 설비, 개인 보호 장비 : 재해 및 작업과 관련되어 그 재해를 예방하거나 감소시키는 데 기여할 수 있는 경우에는 "대상", 그렇지 않은 경우에는 "비대상"으로 표시하고 "대상"인 경우는 해당 설비・장비를 적습니다.
7. 작업 형태 : 2명이 1조인 작업의 경우에도 재해자의 작업 장소가 단독 작업 장소가 될 수 있습니다.
   【예 : 2명이 1조로 승강기를 이용하여 운반 작업을 할 때 1명은 1층에서 화물을 적재하고, 1명은 5층에서 하역작업을 하는 경우】
8. 재해 원인 물체・물질 : 재해 발생에 직접적인 원인이 된 설비, 시설, 물질 등을 말합니다.
   【예 : 프레스, 크레인, 벨트컨베이어, 분쇄기, 롤러기, 수공구, 바닥, 지붕, 산화에틸렌, 신나, 사람, 개 등】
9. 발생 형태 : 재해가 발생한 형태 또는 근로자에게 상해를 입힌 재해 원인 물체・물질과 관련된 현상을 말합니다.
   【예 : 추락, 낙하・비래, 협착, 전도・전복, 충돌・접촉, 이상온도에의 노출, 유해・위험 물질에의 노출, 화재・폭발, 감전 등】
10. 재해 유발 공정 및 내용
    가. 작업 공정 : 재해 발생에 근본적 원인이 된 작업공정(재해자 작업 공정이 아닌 동료 작업 공정일 수 있음)을 적습니다.
       【예 : 용해 공정, 용접 공정, 성형 공정, 절단 공정, 운반 공정, 반응 공정, 기계・건축물의 설치・보수 공정 등】
    나. 작업 내용 : 재해가 발생한 작업 공정에서 직접적인 원인이 된 작업 수행 내용 또는 행위를 적습니다.
       【예 : 재료 가공물의 투입・취출, 조립・연결・해체, 기계・차량 등 운전・조작, 상역・하역, 적재, 휴식, 단순 이동중 등】
11. 같은 종류 업무 근속 기간 : 과거 다른 회사의 경력부터 현직 경력(동일・유사 업무 근무 경력)까지 합하여 적습니다(질병의 경우 관련 작업 근무 기간).
12. 고용 형태 : 근로자가 사업장 또는 타인과 명시적, 내재적으로 체결한 고용 계약 형태로 그 의미는 다음과 같다.
    가. 상용 : 고용 계약 기간을 정하지 않았거나 고용 계약 기간이 1년 이상인 사람
    나. 임시 : 고용 계약 기간을 정하여 고용된 사람으로서 고용 계약 기간이 1개월 이상 1년 미만인 사람(계절제 등 단기 계약직)
    다. 일용 : 임금 또는 봉급을 받고 고용되어 있으나 고용계약기간이 1개월 미만인 사람 또는 일정한 사업장 없이 떠돌아다니면서 일을 하고 대가를 받는 사람
    라. 시간제 : 일당이 아닌 시간제로 급여를 받는 사람
    마. 가족 : 사업주의 가족으로 임금을 받지 않는 사람
    바. 파견직 : 파견근로에 관한 법의 파견사업주를 통해 고용되나 사용자의 사업장에서 근로하는 사람
    사. 자영업자 : 혼자 혹은 그 동업자로서 근로자를 고용하지 않은 사람
    아. 그 밖의 사항 : 교육・훈련생, 파견근로자 등
13. 근무 형태 : 평소 근로자의 작업 수행 시간 등 업무를 수행하는 형태를 말합니다(재해 당시 근무 상황이 아님).
    가. 정상 : 오전 9시 전후에 출근하여 오후 6시 전후에 퇴근하는 것을 말합니다.
    나. 2교대, 3교대 : 같은 작업에 2개 조, 3개 조로 순환되는 형태를 말합니다.(1개월 이상을 주기로 근무가 변경되는 경우 제외)
    다. 그 밖의 사항 : 고정적인 심야(야간) 근무 등을 말합니다.
14. 근로 손실 : 재해 당일을 포함하고 작업장에 복귀 또는 작업 제한을 받은 전날까지 산정하여 적고, 만약, 조사 당일까지 복귀되지 않았거나 작업 제한을 받은 경우에는 복귀 예정일 등을 추정하여 적습니다(추정 시 의사의 진단 소견을 참조).
    ※ 근로 손실의 개념은 사업장의 작업 여부에 관계없이 재해자의 근로 능력 손실을 기준으로 판단합니다.
    가. 출근 하지 못한 일수 : 결근 등 작업 불능일수를 말합니다.(재해 후 작업 개시 전까지 작업이 불가능했던 일수, 공휴일 포함 산정)
    나. 작업 제한을 받은 일수 : 통원치료 또는 요양으로 정상적인 작업이 이루어지지 못한 일수. 즉, 작업 제한은 업무량 감소, 작업 시간 단축, 작업 전환이 된 경우를 말합니다.
15. 직업(직위) : 재해 당시 수행하던 업무 등을 적지 말고 평소에 수행하는 정규 직업(직종)과 직위를 적습니다.
    가. 직업(직종) : 사무원, 전기공, 배관공, 벽돌공, 미장공, 단열공, 철근・콘크리트공, 목공, 용접공, 기계설비・조립공, 조경원, 지게차 운전 기사, 건물관리원, 청소 관련 단순노무자, 무용가, 요리사 등
    나. 직위 : 사원, 주임, 반장, 대리, 직장, 과장, 차장 등
16. 상해 종류(질병명) : 재해로 발생된 신체적 특성 또는 상해 형태를 적습니다.
    【예 : 골절, 절단, 타박상, 찰과상, 중독・질식, 화상, 감전, 뇌진탕, 고혈압, 뇌졸중, 피부염, 진폐, 수근관증후군 등】
17. 상해 부위(질병 부위) : 재해로 피해가 발생된 신체 부위를 적습니다.
    【예 : 머리, 눈, 목, 어깨, 팔, 손, 손가락, 등, 척추, 몸통, 다리, 발, 발가락, 전신, 신체 내부 기관(소화・신경・순환・호흡 배설) 등】
    ※ 상해 종류 및 상해 부위가 둘 이상이면 상해 정도가 심한 것부터 적습니다.
18. 가해물 : 재해자에게 직접적으로 상해를 입힌 기계, 물체 또는 물질을 말합니다(재해 원인 물체・물질 "예" 참조).
19. 평상시 수행 작업공정・내용 : 재해자가 평소에 맡고 있거나 수행하던 업무 및 작업 공정을 적습니다.
    ※ 운전, 공사 등 이동을 수반하는 업무나 변경이 잦은 불특정한 장소에서의 업무라도 그 업무 형태가 정규적인 경우 평소 업무로 규정합니다.
20. 재해 당시 수행 작업공정・내용 : 재해 당시 재해자가 직접 수행하고 있던 업무 또는 상태를 적습니다.
    ※ 동료 또는 다른 작업자에 의한 작업으로 재해가 발생될 수 있으므로, 재해유발 작업 공정・내용이 아닐 수 있습니다.

3) 상해 정도별 분류

① **사망** : 안전 사고로 죽거나 사고 시 입은 부상의 결과로 일정 기간 이내에 생명을 잃는 것

② **영구 전노동 불능 상해** : 부상의 결과로 근로의 기능을 완전히 잃는 상해 정도(신체 장애 등급 1급~3급)

③ **영구 일부노동 불능 상해** : 부상의 결과로 신체의 일부가 영구적으로 노동 기능을 상실한 상해 정도(신체 장애 등급 4급~14급)

④ **일시 전노동 불능 상해** : 의사의 진단으로 일정 기간 정규 노동에 종사할 수 없는 상해 정도(완치 후 노동력 회복)

⑤ **일시 일부노동 불능 상해** : 의사의 진단으로 일정 기간 정규 노동에는 종사할 수 없으나, 휴무 상태가 아닌 일시 가벼운 노동에 종사할 수 있는 상해 정도

⑥ **응급 조치 상해** : 응급 처치 또는 자가 치료(1일 미만)를 받고 정상 작업에 임할 수 있는 상해 정도

4) I.L.O(국제노동기구)의 재해 분류

① 사망

② 영구 전노동 불능 상해

③ 영구 일부노동 불능 상해

④ 일시 전노동 불능 상해

⑤ 일시 일부노동 불능 상해

(5) 재해에 따른 손실비

1) 하인리히의 방법

① 총 재해 cost=직접비+간접비

② 직접비 : 산재 보상비

㉠ 휴업 보상비, ㉡ 장애 보상비, ㉢ 요양비, ㉣ 장의비, ㉤ 유족 보상비

③ 간접비 : 인적 손실, 물적 손실, 생산 손실

④ 직접비 : 간접비의 비율은 1 : 4이다.

2) 시몬즈(Simonds)의 방법

① 총 재해 cost=보험 cost+비보험 cost

② 비보험 cost=A×휴업 상해 건수+
B×통원 상해 건수+
C×구급 조치 건수+
D×무상해 사고 건수

③ 시몬즈의 방식에서 별도 산입해야 하는 상해로는 사망과 영구 전노동 불능 상해이다.

(6) 재해 분석 시 통계적 분석의 방법

① 팔레토도 ② 관리도
③ 클로즈 분석 ④ 특성 요인도

(7) 재해율

1) 연천인율

1년간 평균 근로자 1,000명당 재해자 수를 나타내는 통계

$$연천인율 = \frac{재해자\ 수}{연평균\ 근로자\ 수} \times 1,000$$

예제

연평균 근로자 수가 200명인 어느 사업장에서 1년간 4명의 재해자가 발생하였다면 연천인율은?

풀이

$$연천인율 = \frac{재해자\ 수}{연평균\ 근로자\ 수} \times 1,000 = \frac{4}{200} \times 1,000 = 20.00$$

즉, 연천인율이 20.00이란 1년간 근로자 1,000명당 20명의 재해자가 발생하였다는 뜻이다.

2) 빈도율(도수율)

100만인시당 재해 발생 건수를 나타내는 통계

$$도수율 = \frac{재해\ 발생\ 건수}{연평균\ 근로\ 총\ 시간수} \times 1,000,000$$

예제

연간 400명의 근로자가 근무하고 있는 어느 사업장에서 1년에 10건의 재해가 발생하였다면 도수율은?

풀이

$$도수율 = \frac{재해\ 발생\ 건수}{연평균\ 근로\ 총\ 시간수} \times 1,000,000$$

연평균 근로 총 시간수 = 400명 × 8시간 × 300일 = 960,000시간

$$\therefore \frac{10}{960,000} \times 10^6 = 10.42 \quad 즉,\ \frac{10}{400 \times 8 \times 300} \times 10^6 = 10.42$$

즉, 도수율이 10.42란 100만인시당 10.42건의 재해가 발생하였다는 뜻이다.

연구 **연천인율과 도수율의 상관 관계**

- 연천인율 = 도수율 × 2.4
- $\text{도수율} = \dfrac{\text{연천인율}}{2.4}$

3) 강도율

1,000인시당 산업 재해로 인한 근로 손실 일수를 나타내는 통계

$$\text{강도율} = \frac{\text{근로 손실 일수}}{\text{근로 총 시간수}} \times 1{,}000$$

근로 손실 일수는 장애 등급별 손실 일수+비장애 등급 손실 일수$\times \dfrac{300}{365}$으로 환산하며 장애 등급별 근로 손실 일수는 다음과 같다.

| 표 1-5 | 장애 등급별 손실 일수

신체 장애 등급	1~3	4	5	6	7	8	9	10	11	12	13	14
손실 일수	7,500	5,500	4,000	3,000	2,200	1,500	1,000	600	400	200	100	50

예제

연평균 200명의 근로자가 작업하는 사업장에서 연간 3건의 재해가 발생하여 사망 1명, 30일 가료 1명, 20일 가료 1명이 발생하였다. 이때 강도율은?

풀이

$$\text{강도율} = \frac{\text{근로 손실 일수}}{\text{근로 총 시간수}} \times 1{,}000 = \frac{7{,}500 + 50 \times \dfrac{300}{365}}{200 \times 8 \times 300} \times 1{,}000 = 15.71$$

즉, 강도율이 15.71이란 1,000인시당 산재로 인한 근로 손실 일수가 15.71일이라는 뜻이다.

4) 환산 강도율 및 환산 도수율

어느 사업장에서 한 근로자가 평생을 근무한다면 산업 재해로 인하여 몇 건의 재해와 며칠의 근로 손실을 당하겠는가를 나타내는 통계이다.

예제

도수율이 10.41인 사업장에서 어느 작업자가 평생 근무한다면 몇 건의 재해를 당하겠는가?

풀이 $10.41 \times \frac{100,000}{1,000,000} = 1.04$건

예제

강도율이 15.71인 사업장에서 어느 작업자가 평생 근무한다면 며칠의 근로 손실을 당하겠는가?

풀이 $15.71 \times \frac{100,000}{1,000} = 1,571$일

연구 평생 근로 시간 산출

40년×8년×300일+잔업 4,000시간 = 100,000시간

5) 종합 재해 지수

$$\text{종합 재해 지수} = \sqrt{\text{빈도율} \times \text{강도율}}$$

6) safe-T-score

과거와 현재의 안전 성적을 비교 평가하는 것으로서 단위가 없으며 계산 결과 +이면 나쁜 결과, −이면 좋은 결과를 나타낸다.

$$\text{safe-T-score} = \frac{\text{현재 빈도율} - \text{과거 빈도율}}{\sqrt{\frac{\text{과거 빈도율}}{\text{근로 총 시간수(현재)}} \times 10^6}}$$

판정 ① +2.00 이상 : 과거보다 심각하게 나빠졌다.

② +2.00~−2.00 : 과거에 비해 심각한 차이가 없다.

③ −2.00 이하 : 과거보다 좋아졌다.

7) 안전 활동률

$$\text{안전 활동률} = \frac{\text{안전 활동 건수}}{\text{근로 총 시간수}} \times 1,000,000$$

안전 활동 건수에는 다음의 사항이 있다.
① 기간에 실시한 안전 개선 권고수
② 안전 조치한 불안전 작업의 건수
③ 적발된 불안전 행동 건수
④ 불안전 상태 건수
⑤ 안전 회의 건수
⑥ 안전 교육, 안전 홍보 건수 등

8) 건설업체 산업 재해 발생률 및 산업 재해 발생 보고 의무 위반 건수 산정 기준과 방법

① 산업 재해 발생률 및 산업 재해 발생 보고 의무 위반에 따른 가감점 부여 대상이 되는 건설업체는 매년 「건설산업기본법」 제23조에 따라 국토교통부 장관이 시공 능력을 고려하여 공시하는 건설업체 중 고용노동부 장관이 정하는 업체로 한다.

② 건설업체의 산업 재해 발생률은 다음의 계산식에 따른 사고사망만인율로 산출하되, 소수점 셋째 자리에서 반올림한다.

$$\text{사고사망만인율}(‱) = \frac{\text{사고사망자 수}}{\text{상시 근로자 수}} \times 10,000$$

③ '②'의 계산식에서 사고사망자 수는 다음과 같은 기준과 방법에 따라 산출한다.

㉠ 사고사망자 수는 사고사망만인율 산정 대상 연도의 1월 1일부터 12월 31일까지의 기간 동안 해당 업체가 시공하는 국내의 건설 현장(자체 사업의 건설 현장을 포함한다. 이하 같다)에서 사고사망 재해를 입은 근로자 수를 합산하여 산출한다. 다만, 이상 기온에 기인한 질병 사망자를 포함한다.

- 「건설산업기본법」 제8조에 따른 종합 공사를 시공하는 업체의 경우에는 해당 업체의 소속 사고사망자 수에 그 업체가 시공하는 건설 현장에서 그 업체로부터 도급을 받은 업체(그 도급을 받은 업체의 하수급인을 포함한다. 이하 같다.)의 사고사망자 수를 합산하여 산출한다.
- 「건설산업기본법」 제29조 제3항에 따라 종합 공사를 시공하는 업체(A)가 발주자의 승인을 받아 종합 공사를 시공하는 업체(B)에 도급을 준 경우에는 해당 도급을 받은 종합 공사를 시공하는 업체(B)의 사고사망자 수와 그 업체로부터 도급을 받은 업체(C)의 사고사망자 수를 도급을 한 종합 공사를 시공하는 업체(A)와 도급을 받은 종합 공사를 시공하는 업체(B)에 반으로 나누어 각각 합산한다. 다만, 그 산업 재해와 관련하여 법원의 판결이 있는 경우에는 산업 재해에 책임이 있는 종합 공사를 시공하는 업체의 사고사망자 수에 합산한다.
- 제4조 제1항에 따른 산업 재해 조사표를 제출하지 않아 고용노동부 장관이 산업 재해 발생 연도 이후에 산업 재해가 발생한 사실을 알게 된 경우에는 그 알게 된 연도의 사고사망자 수로 산정한다.

㉡ 둘 이상의 업체가 「국가를 당사자로 하는 계약에 관한 법률」 제25조에 따라 공동

계약을 체결하여 공사를 공동 이행 방식으로 시행하는 경우 해당 현장에서 발생하는 사고사망자 수는 공동 수급업체의 출자 비율에 따라 분배한다.

㉢ 건설 공사를 하는 자(도급인, 자체 사업을 하는 자 및 그의 수급인을 포함한다.)와 설치, 해체, 장비 임대 및 물품 납품 등에 관한 계약을 체결한 사업주의 소속 근로자가 그 건설 공사와 관련된 업무를 수행하는 중 사고사망을 입은 경우에는 건설 공사를 하는 자의 사고사망자 수로 산정한다.

㉣ 사고사망자 중 다음의 어느 하나에 해당하는 경우로서 사업주의 법 위반으로 인한 것이 아닌 재해에 의한 사고사망자는 사고사망자 수 산정에서 제외한다.

- 방화, 근로자간 또는 타인간의 폭행에 의한 경우
- 「도로교통법」에 따라 도로에서 발생한 교통 사고에 의한 경우(해당 공사의 공사용 차량·장비에 의한 사고는 제외한다.)
- 태풍·홍수·지진·눈사태 등 천재지변에 의한 불가항력적인 재해의 경우
- 작업과 관련이 없는 제3자의 과실에 의한 경우(해당 목적물 완성을 위한 작업자간의 과실은 제외한다.)
- 그 밖에 야유회, 체육행사, 취침·휴식 중의 사고 등 건설 작업과 직접 관련이 없는 경우

㉤ 재해 발생 시기와 사망 시기의 연도가 다른 경우에는 재해 발생 연도의 다음 연도 3월 31일 이전에 사망한 경우에만 산정 대상 연도의 사고사망자 수로 산정한다.

④ '②'의 계산식에서 상시 근로자 수는 다음과 같이 산출한다.

$$\text{상시 근로자 수} = \frac{\text{연간 국내 공사 실적액} \times \text{노무 비율}}{\text{건설업 월평균 임금} \times 12}$$

㉠ '연간 국내 공사 실적액'은 「건설산업기본법」에 따라 설립된 건설업자의 단체, 「전기공사업법」에 따라 설립된 공사업자 단체, 「정보통신공사업법」에 따라 설립된 정보통신공사협회, 「소방시설공사업법」에 따라 설립된 한국소방시설협회에서 산정한 업체별 실적액을 합산하여 산정한다.

㉡ '노무 비율'은 「고용 보험 및 산업 재해 보상 보험의 보험료 징수 등에 관한 법률 시행령」 제11조 제1항에 따라 고용노동부 장관이 고시하는 일반 건설 공사의 노무 비율(하도급 노무 비율은 제외한다.)을 적용한다.

㉢ '건설업 월평균 임금'은 「고용 보험 및 산업 재해 보상 보험의 보험료 징수 등에 관한 법률 시행령」 제2조 제1항 제3호 가목에 따라 고용노동부 장관이 고시하는 건설업 월평균 임금을 적용한다.

⑤ 고용노동부 장관은 제3호 라목 및 마목에 따른 가중치 부여 여부 및 재해자 수 산정 여부 등을 심사하기 위하여 다음의 어느 하나에 해당하는 사람 각 1명 이상으로 심사단을 구성·운영할 수 있다.

㉠ 전문대학 이상의 학교에서 건설 안전 관련 분야를 전공하는 조교수 이상인 사람

㉡ 공단의 전문직 2급 이상 임직원
㉢ 건설안전기술사 또는 산업안전지도사(건설 안전 분야에만 해당한다.) 등 건설 안전 분야에 학식과 경험이 있는 사람

⑥ 산업 재해 발생 보고 의무 위반 건수는 다음에서 정하는 바에 따라 산정한다.
㉠ 건설업체의 산업 재해 발생 보고 의무 위반 건수는 국내의 건설 현장에서 발생한 산업 재해의 경우 법 제10조에 따른 보고 의무를 위반(제4조 제1항에 따른 보고 기한을 넘겨 보고 의무를 위반한 경우는 제외한다.)하여 과태료 처분을 받은 경우만 해당한다.
㉡ 「건설산업기본법」 제8조에 따른 종합 공사를 시공하는 업체의 산업 재해 발생 보고 의무 위반 건수에는 해당 업체로부터 도급 받은 업체(그 도급을 받은 업체의 하수급인은 포함한다.)의 산업 재해 발생 보고 의무 위반 건수를 합산한다.
㉢ 「건설산업기본법」 제29조 제3항에 따라 종합 공사를 시공하는 업체(A)가 발주자의 승인을 받아 종합 공사를 시공하는 업체(B)에 도급을 준 경우에는 해당 도급을 받은 종합 공사를 시공하는 업체(B)의 산업 재해 발생 보고 의무 위반 건수와 그 업체로부터 도급을 받은 업체(C)의 산업 재해 발생 보고 의무 위반 건수를 도급을 준 종합 공사를 시공하는 업체(A)와 도급을 받은 종합 공사를 시공하는 업체(B)에 반으로 나누어 각각 합산한다.
㉣ 둘 이상의 건설업체가 「국가를 당사자로 하는 계약에 관한 법률」 제25조에 따라 공동 계약을 체결하여 공사를 공동 이행 방식으로 시행하는 경우 산업 재해 발생 보고 의무 위반 건수는 공동 수급업체의 출자 비율에 따라 분배한다.

Chapter 04 안전 점검 및 안전 진단

4.1 안전 점검 및 진단

(1) 안전 점검

안전 점검은 안전 확보를 위해 실태를 파악하여 설비의 불안전한 상태나 인간의 불안전한 행동에서 생기는 결함을 발견하고 안전 대책의 이행 상태를 확인하는 행동이다.

- 기계 설비의 설계, 제조, 운전, 보전, 수리 등 각 과정에서 인간의 착오 등에 의한 요인의 잠재
- 운전 중인 기계 설비나 작업 환경도 수시로 변화함

1) 안전 점검의 목적

① 설비의 안전 확보
② 설비의 안전 상태 유지
③ 인적인 안전 행동 상태 유지
④ 합리적인 생산 관리

연구 안전의 5요소

안전 기준과의 적합성 여부를 확인하기 위하여 안전의 5요소를 빠짐없이 점검하여야 한다.

① man(사람)
② machine(도구, 기계, 장비)
③ material(원재료)
④ method(방법)
⑤ environment(환경)

2) 안전 점검의 종류

① **정기 점검** : 정해진 기간으로 주, 월, 분기 등 정기적으로 실시하는 점검이다.
② **수시 점검(일상 점검)** : 작업 전, 작업 중, 작업 후에 수시로 실시하는 점검이다.
③ **임시 점검** : 이상 발견 시 또는 재해 발생 시 임시로 실시하는 점검이다.
④ **특별 점검** : 기계, 기구 등의 신설, 변경 시 및 고장, 수리 등에 의해 부정기적으로 실시하는 점검으로 강조 기간 등에 실시한다.

3) 점검표(checklist)

① 점검표 작성 시 유의 사항

㉠ 점검표의 내용은 구체적이고 재해 방지에 효과가 있어야 한다.
㉡ 중점도 순위로 작성한다.
㉢ 점검 항목을 이해하기 쉽게 구체적으로 표현할 수 있어야 한다.
㉣ 점검 항목을 폭넓게 검토할 수 있어야 한다.

② 점검표에 포함해야 할 사항

㉠ 점검 부분
㉡ 점검 방법
㉢ 점검 항목
㉣ 판정 기준
㉤ 점검 시기
㉥ 판정
㉦ 조치

4) 안전 보건 진단

① 안전 보건 진단 대상 사업장

㉠ 중대 재해 발생 사업장. 다만, 그 사업장의 연간 산업 재해율이 같은 업종의 규모별 평균 산업 재해율을 2년간 초과하지 아니한 사업장은 제외한다.
㉡ 안전 보건 개선 계획 수립 및 시행 명령을 받은 사업장
㉢ 추락, 폭발, 붕괴 등 재해 발생 위험이 현저히 높은 사업장으로서 지방노동관서의 장이 안전, 보건 진단이 필요하다고 인정하는 사업장

② 안전 보건 진단의 종류

㉠ 종합 진단
㉡ 안전 기술 진단
㉢ 보건 기술 진단

5) 공정 안전 보고서

① 공정 안전 보고서 제출 대상 사업

㉠ 원유 정제 처리업
㉡ 기타 석유 정제물 재처리업
㉢ 석유 화학계 기초 화학물 또는 합성수지 및 기타 플라스틱 물질 제조업
㉣ 질소화합물, 질소, 인산 및 칼리질 비료 제조업 중 질소질 비료 제조
㉤ 복합 비료 및 기타 화학비료 제조업 중 복합 비료 제조
㉥ 화학 살균, 살충제 및 농업용 약제 제조업
㉦ 화약 및 불꽃 제품 제조업

② 공정 안전 보고서 내용

㉠ 공정 안전 자료

ⓛ 공정 위험성 평가서
ⓒ 안전 운전 계획
ⓔ 비상 조치 계획
ⓜ 그 밖에 공정상의 안전과 관련하여 고용노동부 장관이 필요하다고 인정하여 고시하는 사항

③ 공정 안전 보고서 제출 제외 대상 설비

다음의 설비는 유해·위험 설비로 보지 아니한다.

㉠ 원자력 설비
㉡ 군사 시설
㉢ 사업주가 해당 사업장 내에서 직접 사용하기 위한 난방용 연료의 저장 설비 및 사용 설비
㉣ 도매·소매 시설
㉤ 차량 등의 운송 설비
㉥ 「액화석유가스의 안전관리 및 사업법」에 따른 액화석유가스의 충전·저장 시설
㉦ 「도시가스사업법」에 따른 가스 공급 시설
㉧ 그 밖에 고용노동부 장관이 누출·화재·폭발 등으로 인한 피해의 정도가 크지 않다고 인정하여 고시하는 설비

6) 유해 물질의 표시

① 관리 대상 유해 물질을 취급하는 작업장에 게시해야 할 사항

㉠ 명칭
㉡ 인체에 미치는 영향
㉢ 취급상 주의 사항
㉣ 착용하여야 할 보호구
㉤ 응급 조치 및 긴급 방재 요령

② 물질 안전 보건 자료의 작성, 비치

㉠ 화학 물질의 명칭, 성분 및 함유량
㉡ 안전 보건상의 취급 주의 사항
㉢ 인체 및 환경에 미치는 영향
㉣ 그 밖에 고용노동부령으로 정하는 사항

③ 물질 안전 보건 자료의 기재 사항

㉠ 물리·화학적 특성
㉡ 독성에 관한 정보
㉢ 폭발, 화재 시의 대처 방법
㉣ 응급 조치 요령
㉤ 그 밖에 고용노동부 장관이 정하는 사항

4.2. 안전 인증 및 안전 검사

(1) 안전 인증

유해하거나 위험한 기계 · 기구 · 설비 및 방호 장치의 안전성을 평가하기 위하여 안전 인증 대상 기계 · 기구 등의 안전에 관한 성능과 제조자의 기술 능력, 생산 체계 등에 관한 안전 인증

1) 안전 인증의 면제

① 연구 · 개발을 목적으로 제조 · 수입하거나 수출을 목적으로 제조하는 경우
② 「건설기계관리법」에 따른 검사를 받은 경우 또는 형식승인을 받거나 형식신고를 한 경우
③ 「고압가스 안전관리법」에 따른 검사를 받은 경우
④ 「광산안전법」에 따른 검사 중 광업시설의 설치공사 또는 변경공사가 완료되었을 때에 받는 검사를 받은 경우
⑤ 「방위사업법」에 따른 품질보증을 받은 경우
⑥ 「선박안전법」에 따른 검사를 받은 경우
⑦ 「에너지이용 합리화법」에 따른 검사를 받은 경우
⑧ 「원자력안전법」에 따른 검사를 받은 경우
⑨ 「위험물안전관리법」에 따른 검사를 받은 경우
⑩ 「전기사업법」에 따른 검사를 받은 경우
⑪ 「항만법」에 따른 검사를 받은 경우
⑫ 「화재예방, 소방시설 설치 · 유지 및 안전관리에 관한 법률」에 따른 검사를 받은 경우

2) 안전 인증의 취소

① 거짓이나 그 밖의 부정한 방법으로 안전 인증을 받은 경우
② 안전 인증을 받은 안전 인증 대상 기계 · 기구 등의 안전에 관한 성능 등이 안전 인증 기준에 맞지 아니하게 된 경우
③ 정당한 사유 없이 안전 인증을 받은 제조자가 안전 인증 기준 준수 여부 확인을 거부, 기피 또는 방해하는 경우

3) 안전 인증 대상 기계 · 기구

① 안전 인증 대상 기계 · 기구 · 설비
㉠ 프레스
㉡ 전단기 및 절곡기
㉢ 크레인
㉣ 리프트

㉤ 압력 용기
㉥ 롤러기
㉦ 사출 성형기
㉧ 고소 작업대
㉨ 곤돌라

② 안전 인증 대상 방호 장치

㉠ 프레스 및 전단기 방호 장치
㉡ 양중기용 과부하 방지 장치
㉢ 보일러 압력 방출용 안전밸브
㉣ 압력 용기 압력 방출용 안전밸브
㉤ 압력 용기 압력 방출용 파열판
㉥ 절연용 방호구 및 활선 작업용 기구
㉦ 방폭 구조 전기 기계·기구 및 부품
㉧ 추락·낙하 및 붕괴 등의 위험 방호에 필요한 가설 기자재로서 고용노동부 장관이 정하여 고시하는 것
㉨ 충돌·협착 등의 위험 방지에 필요한 산업용 로봇 방호 장치로서 고용노동부 장관이 정하여 고시하는 것

③ 안전 인증 대상 보호구

㉠ 추락 및 감전 위험 방지용 안전모
㉡ 안전화
㉢ 안전 장갑
㉣ 방진 마스크
㉤ 방독 마스크
㉥ 송기 마스크
㉦ 전동식 호흡 보호구
㉧ 보호복
㉨ 안전대
㉩ 차광 및 비산물 위험 방지용 보안경
㉪ 용접용 보안면
㉫ 방음용 귀마개 또는 귀덮개

4) 안전 인증 심사의 종류 및 방법

① 안전 인증 심사의 종류

㉠ 예비 심사 : 기계·기구 및 방호 장치·보호구가 안전 인증 대상 기계·기구 등인지를 확인하는 심사(안전 인증을 신청한 경우만 해당한다.)
㉡ 서면 심사 : 안전 인증 대상 기계·기구 등의 종류별 또는 형식별로 설계 도면 등

안전 인증 대상 기계 · 기구 등의 제품 기술과 관련된 문서가 안전 인증 기준에 적합한지 여부에 대한 심사

㉢ 기술 능력 및 생산 체계 심사 : 안전 인증 대상 기계 · 기구 등의 안전 성능을 지속적으로 유지 · 보증하기 위하여 사업장에서 갖추어야 할 기술 능력과 생산 체계가 안전 인증 기준에 적합한지에 대한 심사. 다만, 수입자가 안전 인증을 받거나 개별 제품 심사를 하는 경우에는 기술 능력 및 생산 체계 심사를 생략한다.

㉣ 제품 심사 : 안전 인증 대상 기계 · 기구 등의 안전에 관한 성능이 안전 인증 기준에 적합한지에 대한 심사(다음 심사는 안전 인증 대상 기계 · 기구 등별로 고용노동부 장관이 정하여 고시하는 기준에 따라 어느 하나만을 받는다.)

- 개별 제품 심사 : 서면 심사 결과가 안전 인증 기준에 적합할 경우에 하는 안전 인증 대상 기계 · 기구 등 모두에 대하여 하는 심사(안전 인증을 받으려는 자가 서면 심사와 개별 제품 심사를 동시에 할 것을 요청하는 경우 병행하여 할 수 있다.)
- 형식별 제품 심사 : 서면 심사와 기술 능력 및 생산 체계 심사 결과가 안전 인증 기준에 적합할 경우에 하는 안전 인증 대상 기계 · 기구 등의 형식별로 표본을 추출하여 하는 심사(안전 인증을 받으려는 자가 서면 심사, 기술 능력 및 생산 체계 심사와 형식별 제품 심사를 동시에 할 것을 요청하는 경우 병행하여 할 수 있다.)

② 안전 인증 심사의 기간

㉠ 예비 심사 : 7일

㉡ 서면 심사 : 15일(외국에서 제조한 경우는 30일)

㉢ 기술 능력 및 생산 체계 심사 : 30일(외국에서 제조한 경우는 45일)

㉣ 제품 심사

- 개별 제품 심사 : 15일
- 형식별 제품 심사 : 30일(방폭 구조 전기 기계 · 기구 및 부품의 방호 장치와 일부의 보호구는 60일)

5) 안전 인증 기관의 확인 방법 및 주기

① 안전 인증서에 적힌 제조 사업장에서 해당 안전 인증 대상 기계 · 기구 등을 생산하고 있는지 여부

② 안전 인증을 받은 안전 인증 대상 기계 · 기구 등이 안전 인증 기준에 적합한지 여부

③ 제조자가 안전 인증을 받을 당시의 기술 능력 · 생산 체계를 지속적으로 유지하고 있는지 여부

④ 안전 인증 대상 기계 · 기구 등이 서면 심사 내용과 같은 수준 이상의 재료 및 부품을 사용하고 있는지 여부

⑤ 안전 인증 기관은 안전 인증을 받은 자가 안전 인정 기준을 지키고 있는지를 매년 확인

6) 안전 인증 취소 시 공고 사항

① 유해·위험한 기계·기구·설비 등의 명칭 및 형식 번호
② 안전 인증 번호
③ 제조자(수입자)명 및 대표자
④ 사업장 소재지
⑤ 취소 일자 및 취소 사유

7) 설치, 이전하거나 구조 부분 변경 시 안전 인증 대상 기계·기구

① 설치, 이전하는 경우 안전 인증을 받아야 하는 기계·기구
㉠ 크레인
㉡ 리프트
㉢ 곤돌라
② 주요 구조 부분 변경 시 안전 인증을 받아야 하는 기계·기구
㉠ 프레스
㉡ 절단기 및 절곡기
㉢ 크레인
㉣ 리프트
㉤ 압력 용기
㉥ 롤러기
㉦ 사출 성형기
㉧ 고소 작업대
㉨ 곤돌라

(2) 자율 안전 확인 대상 기계·기구

1) 자율 안전 확인 대상 기계·기구·설비

① 연삭기 또는 연마기(휴대형은 제외한다.)
② 산업용 로봇
③ 혼합기
④ 파쇄기 또는 분쇄기
⑤ 식품 가공용 기계(파쇄·절단·혼합·제면기만 해당한다.)
⑥ 컨베이어
⑦ 자동차 정비용 리프트
⑧ 공작 기계(선반, 드릴기, 평삭·형삭기, 밀링만 해당한다.)
⑨ 고정형 목재 가공용 기계(둥근톱, 대패, 루타기, 띠톱, 모떼기 기계만 해당한다.)
⑩ 인쇄기

2) 자율 안전 확인 대상 방호 장치

① 아세틸렌 용접 장치용 또는 가스 집합 용접 장치용 안전기
② 교류 아크 용접기용 자동 전격 방지기
③ 롤러기 급정지 장치
④ 연삭기 덮개
⑤ 목재 가공용 둥근톱 반발 예방 장치 및 날 접촉 예방 장치
⑥ 동력식 수동 대패용 칼날 접촉 방지 장치
⑦ 추락 · 낙하 및 붕괴 등의 위험 방호에 필요한 가설 기자재로서 고용노동부 장관이 정하여 고시하는 것

3) 자율 안전 확인 대상 보호구

① 안전모(의무 안전 인증 대상 안전모는 제외한다.)
② 보안경(의무 안전 인증 대상 보안경은 제외한다.)
③ 보안면(의무 안전 인증 대상 보안면은 제외한다.)

4) 자율 검사 프로그램의 인정 조건

① 자율 안전 검사원 자격을 가진 검사원을 고용하고 있을 것
② 고용노동부 장관이 정하여 고시하는 바에 따라 검사를 실시할 수 있는 장비를 갖추고 이를 유지 · 관리할 수 있을 것
③ 안전 검사 주기에 따른 검사 주기의 2분의 1에 해당하는 주기(크레인 중 건설 현장 외에서 사용하는 크레인의 경우에는 6개월)마다 검사를 실시할 것
④ 자율 검사 프로그램의 검사 기준이 안전 검사 기준을 충족할 것

(3) 안전 인증의 표시 방법

1) 의무 안전 인증 대상 기계 · 기구 등의 안전 인증 및 자율 안전 확인의 표시와 표시 방법

① 표시

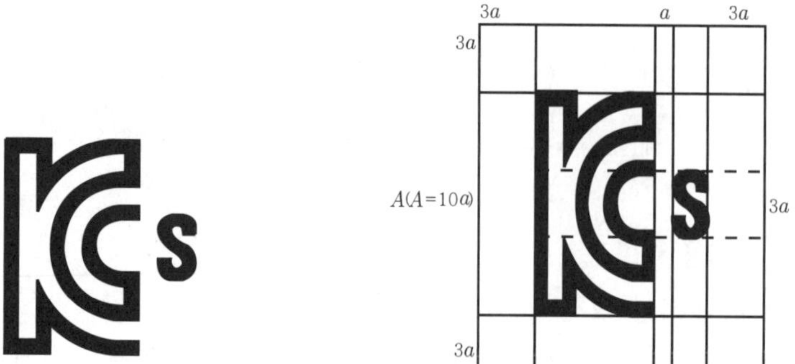

| 그림 1-7 | 안전 인증 표시 Ⅰ(의무 안전 인증 대상 기계 · 기구 등)

② 표시 방법

㉠ 표시의 크기는 대상 기계·기구 등의 크기에 따라 조정할 수 있으나 인증 마크의 세로(높이)를 5밀리미터 미만으로 사용할 수 없다.

㉡ 표시의 표상을 명백히 하기 위하여 필요한 때에는 표시 주위에 표시 사항을 국·영문 등의 글자로 덧붙여 적을 수 있다.

㉢ 표시는 대상 기계·기구 등이나 이를 담은 용기 또는 포장지의 적당한 곳에 붙이거나 인쇄 또는 새기는 등의 방법으로 표시하여야 한다.

㉣ 국가 통합 인증 마크의 기본 모형의 색상 명칭을 “KC Dark Blue”로 하고, 별색으로 인쇄할 경우에는 PANTONE 288C 색상을 사용하며, 4원색으로 인쇄할 경우에는 C : 100%, M : 80%, Y : 0%, K : 30%로 인쇄한다.

㉤ 특수한 효과를 위하여 금색과 은색을 사용할 수 있으며 색상을 사용할 수 없는 경우는 검정색을 사용할 수 있다. 별색으로 인쇄할 경우에는 PANTONE 색상(Gold (PANTONE 874C), Silver(PANTONE 877C), Black(PANTONE Black 6C))을 사용할 수 있다.

㉥ 표시를 하는 경우에 인체에 상해를 줄 우려가 있는 재질이나 표면이 거친 재질을 사용해서는 아니된다.

2) 의무 안전 인증 대상 기계·기구 등이 아닌 안전 인증 대상 기계·기구 등 안전 인증의 표시와 표시 방법

① 표시

| 그림 1-8 | 안전 인증 표시 Ⅱ(의무 안전 인증 대상 기계·기구 등이 아닌 것)

② 표시 방법

㉠ 표시의 크기는 대상 기계·기구 등의 크기에 따라 조정할 수 있다.

㉡ 표시의 표상을 명백히 하기 위하여 필요한 때에는 표시 주위에 표시 사항을 국·영문 등의 글자로 덧붙여 적을 수 있다.

㉢ 표시는 대상 기계·기구 등이나 이를 담은 용기 또는 포장지의 적당한 곳에 붙이거나 인쇄 또는 새기는 등의 방법으로 표시하여야 한다.

㉣ 표시의 색상은 테두리와 문자를 파란색, 그 밖의 부분을 흰색으로 표현하는 것을 원칙으로 하되, 안전 인증 표시의 바탕색 등을 고려하여 테두리와 문자를 흰색, 그 밖의 부분을 파란색으로 할 수 있다. 이 경우 파란색의 색도는 2.5PB 4/10로,

흰색의 색도는 N9.5로 한다.(색도 기준은 한국산업규격 색의 3속성에 의한 표시 방법(KS A 0062)에 따른다.)

ⓓ 표시를 하는 경우에 인체에 상해를 줄 우려가 있는 재질이나 표면이 거친 재질을 사용해서는 아니된다.

3) 안전 검사

① 안전 검사 대상 유해, 위험 기계

㉠ 프레스

㉡ 전단기

㉢ 크레인(정격 하중 2톤 미만인 것은 제외한다.)

㉣ 리프트

㉤ 압력 용기

㉥ 곤돌라

㉦ 국소 배기 장치(이동식은 제외한다.)

㉧ 원심기(산업용에 한정한다.)

㉨ 롤러기(밀폐형 구조는 제외한다.)

㉩ 사출 성형기(형체 결력 294킬로뉴턴(kN) 미만은 제외한다.)

㉪ 고소 작업대[「자동차관리법」 화물 자동차 또는 특수 자동차에 탑재한 고소 작업대(高所作業臺)로 한정한다.]

㉫ 컨베이어

㉬ 산업용 로봇

② 안전 검사의 주기

안전 검사 대상 유해 위험 기계 등의 검사 주기는 다음과 같다.

㉠ 크레인(이동식 크레인은 제외한다), 리프트(이삿짐 운반용 리프트는 제외한다) 및 곤돌라 : 사업장에 설치가 끝난 날부터 3년 이내에 최초 안전 검사를 실시하되, 그 이후부터 2년마다(건설 현장에서 사용하는 것은 최초로 설치한 날부터 6개월마다)

㉡ 이동식 크레인, 이삿짐 운반용 리프트 및 고소 작업대 : 신규 등록 이후 3년 이내에 최초 안전 검사를 실시하되, 그 이후부터 2년마다

㉢ 프레스, 전단기, 압력 용기, 국소 배기 장치, 원심기, 화학 설비 및 그 부속 설비, 건조 설비 및 그 부속 설비, 롤러기, 사출 성형기, 컨베이어 및 산업용 로봇 : 사업장에 설치가 끝난 날부터 3년 이내에 최초 안전 검사를 실시하되, 그 이후부터 2년마다(공정안전보고서를 제출하여 확인을 받은 압력 용기는 4년마다)

③ 사용 금지 대상 유해, 위험 기계 · 기구

㉠ 안전 검사를 받지 아니한 유해 위험 기계 · 기구

㉡ 안전 검사에 불합격한 유해 위험 기계 · 기구

④ 합격 표시

안전 검사 합격 증명서	
① 검사 대상 유해·위험 기계명	
② 신청인	
③ 형식 번호(기호)	
④ 합격 번호	
⑤ 검사 유효 기간	
⑥ 검사원	검사 기관명 : ○ ○ ○ 서명
	고용노동부 장관 직인

참고 안전 검사와 자율 검사 프로그램 인정

1. "안전 검사"란 「산업안전보건법」에 따른 안전 검사 대상 유해, 위험 기계 등의 안전성이 안전 검사 기준에 적합한지 여부를 현장 검사를 통하여 확인하는 것을 말한다.
2. "자율 검사 프로그램 인정"이란 사업주가 근로자 대표와 협의하여 검사 기준·검사 방법 및 검사 주기 등을 정한 프로그램을 마련하여 고용노동부 장관으로부터 인정을 받는 것을 말한다.

참고 비파괴 검사의 종류

① 육안 검사
② 자기 검사
③ 누설 검사
④ 초음파 투과 검사
⑤ X선 투과 검사
⑥ 내압 검사
⑦ 와류 검사

4) 위험성 평가

건설물, 기계·기구, 설비, 원재료, 가스, 증기, 분진 등에 의하거나 작업 행동 그 밖의 업무에 기인하는 유해, 위험 요인을 찾아내어 위험성을 결정하고 근로자의 건강 장해를 방지하기 위한 조치

① 위험성 평가의 실시 내용 및 결과의 기록·보존
㉠ 위험성 평가 대상의 유해·위험 요인
㉡ 위험성 결정의 내용
㉢ 위험성 결정에 따른 조치의 내용
㉣ 그 밖에 위험성 평가의 실시 내용을 확인하기 위하여 필요한 사항으로서 고용노동부 장관이 정하여 고시하는 사항
위 자료는 3년간 보존하여야 한다.

4.3 안전 인증 대상 기계 · 기구 등의 규격 및 형식별 적용 범위

<table>
<tr><th>번 호</th><th>기계 · 기구</th><th>규격 및 형식별 적용 범위</th></tr>
<tr><td>1</td><td>프레스</td><td rowspan="2">• 동력으로 구동되는 프레스 및 전단기 중 다음의 어느 하나에 해당하는 프레스 또는 전단기는 제외한다.
가. 열간 단조 프레스, 단조용 해머, 목재 등의 접착을 위한 압착 프레스, 분말 압축 성형기, 사출기 · 압출기 및 절곡기, 고무 및 모래 등의 가압 성형기, 자동 터릿 펀칭 프레스, 다목적 작업을 위한 가공기(Ironworker), 다이스포팅 프레스, 교정용 프레스
나. 스트로크가 6mm 이하로서 위험 한계 내에 신체의 일부가 들어갈 수 없는 구조의 프레스
다. 원형 회전날에 의한 회전 전단기, 니블러, 코일 슬리터, 형강 및 봉강 전용의 전단기 및 노칭기</td></tr>
<tr><td>2</td><td>전단기</td></tr>
<tr><td>3</td><td>크레인</td><td>• 동력으로 구동되는 정격 하중 0.5톤 이상의 크레인(호이스트 및 차량 탑재용 크레인 포함). 다만, 「건설기계관리법」의 적용을 받는 기중기는 제외한다.</td></tr>
<tr><td>4</td><td>리프트</td><td>• 적재 하중이 0.5톤 이상인 리프트(단, 이삿짐 운반용 리프트는 적재 하중이 0.1톤 이상인 것에 대하여 적용). 다만, 승강로의 최대 높이가 3m 이하인 일반 작업용 리프트, 자동 이송 설비에 의하여 화물을 자동으로 반출입하는 자동화 설비의 일부로 사람이 접근할 우려가 없는 전용 설비, 간이 리프트는 적용하지 아니 한다.</td></tr>
<tr><td>5</td><td>압력 용기</td><td>가. 화학 공정 유체 취급 용기로서 설계 압력이 게이지 압력으로 0.2MPa 이상인 경우
나. 그 밖의 공정에 사용하는 용기(공기 및 질소 저장 탱크)로서 설계 압력이 게이지 압력으로 0.2MPa 이상이고 사용 압력(단위 : MPa)과 용기 내용적(단위 : m^3)의 곱이 0.1 이상인 경우
다. 용기의 검사 범위는 다음과 같이 한다.
1) 용접 접속으로 외부 배관과 연결된 경우 첫 번째 원주 방향 용접 이음까지
2) 나사 접속으로 외부 배관과 연결된 경우 첫 번째 나사 이음까지
3) 플랜지 접속으로 외부 배관과 연결된 경우 첫 번째 플랜지면까지
4) 부착물을 직접 내압부에 용접하는 경우 그 용접 이음부까지
5) 맨홀, 핸드홀 등의 압력을 받는 덮개판, 용접 이음, 볼트 · 너트 및 개스킷을 포함한다.
※ 1. 압력 용기 중 원자력 용기, 수냉식 관형 응축기(다만, 동체측에 냉각수가 흐르고 관측의 사용 압력이 동체측의 사용 압력보다 낮은 경우), 사용 온도 60℃ 이하의 물만을 취급하는 용기, 판형 열 교환기, 판형 공기 냉각기, 축압기(accumulator), 유압 실린더 및 수압 실린더, 프레스 · 공기 압축기 등 기계 · 기구와 일체형인 압력 용기 등은 제외한다.
2. 화학 공정 유체 취급 용기는 증발 · 흡수 · 증류 · 건조 · 흡착 등의 화학 공정에 필요한 유체를 저장 · 분리 · 이송 · 혼합 등에 사용되는 설비로서 탑류(증류탑, 흡수탑, 추출탑 및 감압탑 등), 반응기 및 혼합조류, 열 교환기류(가열기, 냉각기, 증발기 및 응축기 등) 및 저장 용기 등을 말한다.</td></tr>
</table>

<table>
<tr><th>번 호</th><th>기계 · 기구</th><th colspan="3">규격 및 형식별 적용 범위</th></tr>
<tr><td>6</td><td>롤러기</td><td colspan="3">• 롤러의 압력에 따라 고무 · 고무화합물 또는 합성수지를 소성 변형시키거나 연화시키는 롤러기로서 동력에 의하여 구동되는 롤러기에 대하여 적용. 다만, 작업자가 접근할 수 없는 밀폐형 구조로 된 롤러기는 제외한다.</td></tr>
<tr><td>7</td><td>사출 성형기</td><td colspan="3">• 플라스틱 또는 고무 등을 성형하는 사출 성형기로서 동력에 의하여 구동되는 사출 성형기. 다만, 다음의 어느 하나에 해당하는 사출 성형기는 적용하지 아니 한다.
가. 반응형 사출 성형기
나. 압축 · 이송형 사출 성형기
다. 장화 제조용 사출 성형기</td></tr>
<tr><td>8</td><td>고소 작업대</td><td colspan="3">• 동력에 의해 사람이 탑승한 작업대를 작업 위치로 이동시키기 위한 모든 종류와 크기의 고소 작업대에 대하여 적용(차량 탑재용 포함). 다만, 다음의 어느 하나에 해당하는 경우 제외한다.
가. 지정된 높이까지 실어 나르는 영구 설치형 승용 승강기
나. 승강 장치에 매달린 가드 없는 케이지
다. 레일 의존형 저장 및 회수 장치 상의 승강 조작대
라. 테일 리프트(tail lift)
마. 마스트 승강 작업대
바. 승강 높이 2m 이하의 승강대
사. 승용 및 화물용 건설 권상기</td></tr>
<tr><td rowspan="8">9</td><td rowspan="8">프레스 및 전단기 방호 장치</td><th>종 류</th><th>분 류</th><th>기 능</th></tr>
<tr><td rowspan="2">광전자식</td><td>A−1</td><td>신체의 일부가 광선을 차단하면 기계를 급정지시키는 방호 장치</td></tr>
<tr><td>A−2</td><td>급정지 기능이 없는 프레스의 클러치 개조를 통해 광선 차단 시 급정지시킬 수 있도록 한 방호 장치</td></tr>
<tr><td rowspan="2">양수 조작식</td><td>B−1
(유 · 공압 밸브식)</td><td rowspan="2">양손으로 동시에 조작하지 않으면 기계가 동작하지 않으며, 한 손이라도 떼어내면 기계를 정지시키는 방호 장치</td></tr>
<tr><td>B−2
(전기 버튼식)</td></tr>
<tr><td>가드식</td><td>C</td><td>가드가 열려 있는 상태에서는 기계의 위험 부분이 동작되지 않고 기계가 위험한 상태일 때에는 가드를 열 수 없도록 한 방호 장치</td></tr>
<tr><td>손쳐 내기식</td><td>D</td><td>슬라이드의 작동에 연동시켜 위험 상태로 되기 전에 손을 위험 영역에서 밀어내거나 쳐내는 방호 장치</td></tr>
<tr><td>수인식</td><td>E</td><td>슬라이드와 작업자의 손을 끈으로 연결하여 슬라이드 하강 시 작업자의 손을 당겨 위험 영역에서 빼낼 수 있도록 한 방호 장치</td></tr>
</table>

<table>
<tr><th>번 호</th><th>기계 · 기구</th><th>규격 및 형식별 적용 범위</th></tr>
<tr><td>10</td><td>양중기용
과부하 방지 장치</td><td>• 크레인, 리프트, 곤돌라, 승강기 및 고소 작업대의 과부하 발생 시 자동적으로 정지시키는 과부하 방지 장치</td></tr>
<tr><td>11</td><td>보일러
압력 방출용
안전밸브</td><td rowspan="2">• 보일러 또는 압력 용기에 사용하는 압력 방출 장치로서 스프링에 의해 작동되는 안전밸브. 다만, 다음의 어느 하나에 해당하는 안전밸브는 제외한다.
가. 액체의 압력을 개방하는 용도로 사용하는 것
나. 설정 압력이 0.1MPa 미만인 것
다. 압력 조정에 사용하는 언로더에 속하는 것</td></tr>
<tr><td>12</td><td>압력 용기
압력 방출용
안전밸브</td></tr>
<tr><td>13</td><td>압력 용기
압력 방출용
파열판</td><td>• 가스 또는 증기에 따른 과압이나 과진공으로부터 압력 용기를 보호하는 데 쓰이는 파열판. 다만, 다음의 어느 하나에 해당하는 파열판은 제외한다.
가. 액체의 압력을 개방하는 용도로 사용하는 것
나. 설정 파열 압력이 0.1MPa 미만인 것</td></tr>
<tr><td>14</td><td>절연용 방호구 및
활선 작업용 기구</td><td>• 절연관, 절연 시트, 절연 커버, 애자 후드, 완금 커버 및 고무 블랭킷 등 충전 부분을 덮을 수 있는 절연용 방호구와 활선 작업용 기구 중 절연봉에 대하여 적용</td></tr>
<tr><td>15</td><td>방폭 구조
전기 기계 · 기구
및 부품</td><td>• 폭발성 분위기에서 사용하는 방폭 구조 전기 기계 · 기구 및 방폭 부품으로서 다음의 어느 하나에 해당하는 것
가. 내압 방폭 구조　　나. 압력 방폭 구조
다. 안전증 방폭 구조　　라. 유입 방폭 구조
마. 본질 안전 방폭 구조　　바. 비점화 방폭 구조
사. 몰드 방폭 구조　　아. 충전(充塡) 방폭 구조
자. 특수 방폭 구조　　차. 분진 방폭 구조</td></tr>
<tr><td>16</td><td>추락 · 낙하 및
붕괴 등의 위험
방호에 필요한
가설 기자재</td><td>
<table>
<tr><th colspan="2">분 류</th><th>기 능</th></tr>
<tr><td colspan="2">파이프 서포트</td><td>• 건설 공사에서 타설된 콘크리트가 소정의 강도를 얻기까지 거푸집을 지지하기 위하여 설치하는 파이프 서포트(단, 압축 강도 180kN 이상의 대구경 강관 동바리는 제외)</td></tr>
<tr><td rowspan="3">강관틀
비계용
부재</td><td>주틀</td><td>• 강관틀 비계를 구성하는 주틀은 기둥재, 횡가새 및 보강재가 일체화된 강관틀로서 비계에 작용하는 수직 하중을 지지하기 위한 주틀</td></tr>
<tr><td>교차
가새</td><td>• 평행하게 배열되는 주틀과 주틀을 핀으로 체결하는 X형태의 가새재로서 비계에 작용하는 수평 방향의 압축 · 인장력을 지지하는 교차 가새</td></tr>
<tr><td>띠장틀</td><td>• 수직으로 조립되는 주틀의 5단 이내마다 주틀의 횡가새에 결합되어 강관틀 비계를 지지하기 위한 띠장틀</td></tr>
<tr><td colspan="2">작업대</td><td>• 건설 공사에서 설치되는 비계에서 작업자의 통로 및 작업 발판의 바닥재로 사용하는 작업대</td></tr>
</table>
</td></tr>
</table>

번 호	기계 · 기구	규격 및 형식별 적용 범위		
		분 류		기 능
16	추락 · 낙하 및 붕괴 등의 위험 방호에 필요한 가설 기자재	이동식 비계용 부재	주틀 및 각륜	• 이동식 비계를 구성하기 위해 수직으로 조립되는 주틀과 최하단 주틀의 기둥재에 삽입되는 발바퀴의 각륜
			난간틀	• 이동식 비계 등의 작업 발판에서 작업자가 추락하지 않도록 설치하는 난간틀
		벽 연결용 철물		• 비계와 구조체를 연결함으로써 풍하중, 충격 등의 수평 및 수직 하중에 의한 인장 및 압축 하중을 지지하는 벽 연결용 철물
		주틀의 연결핀		• 강관틀 비계 및 이동식 비계의 주틀과 주틀을 상 · 하로 연결하고 주틀의 이탈을 방지하기 위해 사용하는 연결핀
		강관 조인트		• 강관과 강관을 연결하기 위해 사용하는 강관 조인트
		클램프		• 비계용 강관 또는 동바리 등을 조립 · 해체하기 위해 강관과 강관, 강관과 형강의 체결에 사용하는 클램프
		조절형 받침 철물		• 비계 또는 동바리 기둥의 상 · 하부에 사용하여 수직 및 수평을 유지하도록 하는 데 사용하는 조절형 받침 철물
		수직 보호망		• 건설 공사 현장에서 가설 구조물의 바깥면에 설치하여 낙하물 및 먼지의 비산 등을 방지하기 위하여 수직으로 설치하는 수직 보호망
		안전 난간 기둥		• 추락의 우려가 있는 장소에 임시로 설치하는 수평 난간대의 고정을 위한 난간 기둥(본체와 설치부로 구성된)으로서 통로, 작업 발판의 가장자리, 개구부 주변 등에 설치하여 사용하는 안전 난간 기둥에 적용한다. 다만, 수평 난간대와 안전 난간 기둥이 일체식으로 구성된 안전 난간은 대상에서 제외한다.
		통로용 작업 발판		• 건설 공사의 수행에 필요한 가설 통로, 작업 발판 등의 바닥재로 사용하는 통로용 작업 발판
		철골용 클램프		• 주로 H형강 등의 강재에 작업 발판 등을 부착하기 위하여 사용하는 철골 작업용 클램프
		추락방호망		• 건설 공사 현장에서 고소 작업 중 작업자의 추락 또는 물체의 낙하를 방지하기 위하여 수평으로 설치하는 추락방호망(단, 낙하물 방지망은 그물코가 20mm 이하이어야 한다.)
		피벗형 받침 철물		• 건축물 등의 공사에서 경사진 부분의 비계 및 동바리의 상부에 연결하여 사용하며 높이 조절이 가능한 피벗형 받침 철물

<table>
<tr><th>번 호</th><th>기계 · 기구</th><th>규격 및 형식별 적용 범위</th></tr>
<tr><td>17</td><td>추락 및 감전 위험 방지용 안전모</td><td>• 물체의 낙하 · 비래 및 추락에 따른 위험을 방지 또는 경감하거나 감전에 의한 위험을 방지하기 위하여 사용하는 안전모. 다만, 물체의 낙하 · 비래에 의한 위험만을 방지 또는 경감하기 위해 사용하는 안전모는 제외한다.</td></tr>
<tr><td>18</td><td>안전화</td><td>• 물체의 낙하 · 충격 또는 날카로운 물체에 의한 위험으로부터 발 또는 발등을 보호하거나 물 · 기름 · 화학약품 등으로부터 발을 보호하기 위하여 사용하는 안전화
• 전기로 인한 감전 또는 정전기의 인체 대전을 방지하기 위하여 사용하는 안전화</td></tr>
<tr><td>19</td><td>안전 장갑</td><td>• 전기에 따른 감전을 방지하기 위한 내전압용 안전 장갑
• 액체 상태의 유기화합물이 피부를 통하여 인체에 흡수되는 것을 방지하기 위하여 사용하는 유기화합물용 안전 장갑</td></tr>
<tr><td>20</td><td>방진 마스크</td><td>• 분진, 미스트 또는 흄이 호흡기를 통하여 체내에 유입되는 것을 방지하기 위하여 사용되는 방진 마스크</td></tr>
<tr><td>21</td><td>방독 마스크</td><td>• 유해 물질 등에 노출되는 것을 막기 위하여 착용하는 방독 마스크</td></tr>
<tr><td>22</td><td>송기 마스크</td><td>• 산소 결핍 장소 또는 가스 · 증기 · 분진 흡입 등에 의한 근로자의 건강 장해의 예방을 위해 사용하는 송기 마스크</td></tr>
<tr><td>23</td><td>전동식 호흡 보호구</td><td>• 분진 또는 유해 물질이 호흡기를 통하여 체내에 유입되는 것을 방지하기 위하여 착용하는 전동식 호흡용 보호구
<table>
<tr><th>분 류</th><th>기 능</th></tr>
<tr><td>전동식 방진 마스크</td><td>분진 등이 호흡기를 통하여 체내에 유입되는 것을 방지하기 위하여 고효율 여과재를 전동 장치에 부착하여 사용하는 것</td></tr>
<tr><td>전동식 방독 마스크</td><td>분진 또는 유해 물질 등이 호흡기를 통하여 체내에 유입되는 것을 방지하기 위하여 고효율 정화통 및 여과재를 전동 장치에 부착하여 사용하는 것</td></tr>
<tr><td>전동식 후드 및 전동식 보안면</td><td>분진 또는 유해 물질 등이 호흡기를 통하여 체내에 유입되는 것을 방지하기 위하여 고효율 정화통 및 여과재를 전동 장치에 부착하여 사용함과 동시에 머리, 안면부, 목, 어깨 부분까지 보호하기 위해 사용하는 것</td></tr>
</table></td></tr>
<tr><td>24</td><td>보호복</td><td>• 고열 작업에 의한 화상과 열중증을 방지하기 위해 사용하는 방열복
• 액체 상태의 유기화합물이 피부를 통하여 인체에 흡수되는 것을 방지하기 위하여 사용하는 유기화합물용 보호복</td></tr>
<tr><td>25</td><td>안전대</td><td>• 추락을 방지하기 위하여 사용하는 안전대</td></tr>
<tr><td>26</td><td>차광 및 비산물 위험 방지용 보안경</td><td>• 눈에 해로운 자외선, 적외선 또는 강렬한 가시광선으로부터 근로자의 눈을 보호하기 위하여 사용하는 보안경</td></tr>
</table>

번 호	기계 · 기구	규격 및 형식별 적용 범위
27	용접용 보안면	• 용접 시에 발생하는 유해한 자외선, 강렬한 가시광선 또는 적외선으로부터 눈을 보호하고, 열에 의한 화상 또는 용접 파편에 의한 위험으로부터 용접자의 안면, 머리부 및 목 부분 등을 보호하기 위한 보안면
28	귀마개 또는 귀덮개	• 근로자의 청력을 보호하기 위하여 사용하는 귀마개 또는 귀덮개

4.4. 자율 안전 확인 대상 기계 · 기구 등의 규격 및 형식별 적용 범위

번 호	기계 · 기구	규격 및 형식별 적용 범위
1	원심기	• 액체 또는 고체 사이에서의 분리 또는 이물질들 중 최소 2개를 분리하기 위한 목적으로 쓰이는 동력에 의해 작동되는 원심기. 다만, 다음의 어느 하나에 해당하는 원심기는 적용하지 아니 한다. 가. 회전체의 회전 운동 에너지가 750J 이하인 것 나. 최고 회전 속도가 300m/s를 초과하는 원심기 다. 원자력 에너지 제품 공정에만 사용되는 원심기
2	공기 압축기	• 동력에 의해 구동되고 다음의 어느 하나에 해당되는 공기 압축기. 다만, 「건설기계관리법」의 적용을 받는 공기 압축기는 제외한다. 가. 토출 압력이 0.2MPa 이상으로서 몸통 내경이 200mm 이상인 것 또는 그 길이가 1,000mm 이상인 것 나. 토출 압력이 0.2MPa 이상으로서 토출량이 매 분당 $1m^3$ 이상인 것
3	곤돌라	• 동력에 의해 구동되는 곤돌라. 다만, 크레인에 설치된 곤돌라, 동력으로 엔진 구동 방식을 사용하는 곤돌라, 무선 조작 시스템 사용 곤돌라 및 지면에서 각도가 45° 이하로 설치된 곤돌라는 제외한다.
4	아세틸렌 용접 장치 및 가스 집합 용접 장치용 안전기	• 아세틸렌 또는 가스 집합 용접 장치에 사용하는 역화 방지기
5	교류 아크 용접기용 자동 전격 방지기	• 교류 아크 용접기(엔진 구동형 포함)에 사용하는 자동 전격 방지기에 대하여 적용한다.
6	롤러기 급정지 장치	• 고무, 고무화합물 또는 합성수지를 연화하는 롤러기에 사용하는 급정지 장치
7	연삭기 덮개	• 연삭 숫돌의 덮개. 다만, 연삭 숫돌의 직경이 50mm 미만인 연삭기의 덮개는 제외한다.
8	목재 가공용 둥근톱 반발 예방 장치 및 날 접촉 예방 장치	• 목재 가공용 둥근톱에 부착하는 반발 예방 장치 또는 날 접촉 예방 장치

<table>
<tr><th>번 호</th><th>기계 · 기구</th><th>규격 및 형식별 적용 범위</th></tr>
<tr><td>9</td><td>동력식 수동 대패용 칼날 접촉 방지 장치</td><td>• 동력식 수동 대패기에 사용하는 칼날 접촉 방지 장치</td></tr>
<tr><td>10</td><td>산업용 로봇 안전 매트</td><td>• 복합 동작을 할 수 있는 산업용 로봇의 작업에 사용하는 압력 감지형 안전 매트</td></tr>
<tr><td>11</td><td>추락 · 낙하 및 붕괴 등의 위험 방호에 필요한 가설 기자재</td><td>
<table>
<tr><th colspan="2">분 류</th><th>기 능</th></tr>
<tr><td colspan="2">선반 지주</td><td>• 비계 기둥에 부착하여 작업 발판을 설치하기 위해 사용하는 선반 지주</td></tr>
<tr><td colspan="2">단관 비계용 강관</td><td>• 건설 현장에서 조립하여 설치하는 강관 비계 및 가설 울타리에 사용되는 단관 비계용 강관</td></tr>
<tr><td colspan="2">고정형 받침 철물</td><td>• 강관 비계 기둥의 하부에 설치하여 비계의 미끄러짐과 침하를 방지하기 위해 사용하는 고정형 받침 철물</td></tr>
<tr><td rowspan="2">달비계용 부재</td><td>달기 체인</td><td>• 바닥에서부터 외부 비계 설치가 곤란한 높은 곳에 달비계를 설치하기 위한 체인 형식의 금속제 인장 부재인 달기 체인</td></tr>
<tr><td>달기틀</td><td>• 작업 공간 확보가 곤란한 고소 작업 장소의 작업에 필요한 작업 발판의 설치를 위하여 철골보 등의 구조물에 매달아 사용하는 달기틀</td></tr>
<tr><td colspan="2">방호 선반</td><td>• 비계 또는 구조물의 외측면에 설치하여 낙하물로부터 작업자나 보행자의 상해를 방지하기 위하여 설치하는 선반</td></tr>
<tr><td colspan="2">엘리베이터 개구부용 난간틀</td><td>• 작업자가 작업 중 엘리베이터 개구부로 추락하는 것을 방지하기 위하여 설치하는 엘리베이터 개구부용 난간틀</td></tr>
<tr><td colspan="2">측벽용 브래킷</td><td>• 공동주택 공사의 측벽 등에 강관 비계 조립을 목적으로 본 구조물에 볼트 등으로 부착하는 쌍줄용 브래킷</td></tr>
</table>
</td></tr>
<tr><td>12</td><td>안전모</td><td>• 물체의 낙하 · 비래에 의한 위험을 방지 또는 경감하기 위하여 사용하는 안전모</td></tr>
<tr><td>13</td><td>보안경</td><td>• 날아오는 물체에 의한 위험 또는 위험 물질의 비산에 의한 위험으로부터 눈을 보호하기 위하여 사용하는 보안경</td></tr>
<tr><td>14</td><td>보안면</td><td>• 날아오는 물체에 의한 위험 또는 위험 물질의 비산에 의한 위험으로부터 안면부를 보호하기 위하여 사용하는 보안면</td></tr>
</table>

4.5 안전 검사 대상 유해, 위험 기계·기구 등의 규격 및 형식별 적용 범위

<table>
<tr><th>번 호</th><th>기계·기구</th><th>규격 및 형식별 적용 범위</th></tr>
<tr><td>1</td><td>프레스</td><td rowspan="2">• 동력으로 구동되는 프레스 및 전단기로서 압력 능력이 3톤 이상인 것에 대하여 적용한다. 다만, 다음의 어느 하나에 해당하는 기계는 적용을 제외한다.
가. 열간 단조 프레스, 단조용 해머, 목재 등의 접착을 위한 압착 프레스, 분말 압축 성형기, 사출기·압출기 및 절곡기, 고무 및 모래 등의 가압 성형기, 자동 터릿 펀칭 프레스, 다목적 작업을 위한 가공기(Ironworker), 다이스포팅 프레스, 교정용 프레스
나. 스트로크가 6mm 이하로서 위험 한계 내에 신체의 일부가 들어갈 수 없는 구조의 프레스
다. 원형 회전날에 의한 회전 전단기, 니블러, 코일 슬리터, 형강 및 봉강 전용의 전단기 및 노칭기</td></tr>
<tr><td>2</td><td>전단기</td></tr>
<tr><td>3</td><td>크레인</td><td>• 동력으로 구동되는 것으로서 정격 하중이 2톤 이상인 것에 대하여 적용한다. 단, 이동식 크레인은 제외한다.</td></tr>
<tr><td>4</td><td>리프트</td><td>• 적재 하중이 0.5톤 이상인 리프트에 적용한다. 단, 이삿짐 운반용 리프트는 적재 하중이 0.1톤 이상인 것에 대하여 적용. 다만, 승강로의 최대 높이가 3m 이하인 일반 작업용 리프트, 자동 이송 설비에 의하여 화물을 자동으로 반출입하는 자동화 설비의 일부로 사람이 접근할 우려가 없는 전용 설비, 간이 리프트는 적용을 제외한다.</td></tr>
<tr><td>5</td><td>압력 용기</td><td>가. 화학 공정 유체 취급 용기로서 설계 압력이 게이지 압력으로 0.2MPa 이상인 경우
나. 그 밖의 공정에 사용하는 용기(공기 및 질소 저장 탱크)로서 설계 압력이 게이지 압력으로 0.2MPa 이상이고 사용 압력(단위 : MPa)과 용기 내용적(단위 : m^3)의 곱이 0.1 이상인 경우
다. 용기의 검사 범위는 다음과 같이 한다.
1) 용접 접속으로 외부 배관과 연결된 경우 첫 번째 원주 방향 용접 이음까지
2) 나사 접속으로 외부 배관과 연결된 경우 첫 번째 나사 이음까지
3) 플랜지 접속으로 외부 배관과 연결된 경우 첫 번째 플랜지면까지
4) 부착물을 직접 내압부에 용접하는 경우 그 용접 이음부까지
5) 맨홀, 핸드홀 등의 압력을 받는 덮개판, 용접 이음, 볼트·너트 및 개스킷을 포함한다.
※ 1. 압력 용기 중 원자력 용기, 수냉식 관형 응축기(다만, 동체측에 냉각수가 흐르고 관측의 사용 압력이 동체측의 사용 압력보다 낮은 경우), 산업용 이외에서 사용하는 밀폐형 팽창 탱크, 사용 온도 60℃ 이하의 물만을 취급하는 용기, 판형 열 교환기, 판형 공기 냉각기, 축압기(accumulator), 유압 실린더 및 수압 실린더, 프레스·공기 압축기 등 기계·기구와 일체형인 압력 용기 등은 제외한다.</td></tr>
</table>

<table>
<tr><th>번 호</th><th>기계 · 기구</th><th>규격 및 형식별 적용 범위</th></tr>
<tr><td>5</td><td>압력 용기</td><td>2. 화학 공정 유체 취급 용기는 증발 · 흡수 · 증류 · 건조 · 흡착 등의 화학 공정에 필요한 유체를 저장 · 분리 · 이송 · 혼합 등에 사용되는 설비로서 탑류(증류탑, 흡수탑, 추출탑 및 감압탑 등), 반응기 및 혼합조류, 열 교환기류(가열기, 냉각기, 증발기 및 응축기 등) 및 저장 용기 등을 말한다.</td></tr>
<tr><td>6</td><td>곤돌라</td><td>• 동력으로 구동되는 곤돌라에 한해 적용. 다만, 크레인에 설치된 곤돌라, 동력으로 엔진 구동 방식을 사용하는 곤돌라, 무선 조작 시스템 사용 곤돌라 및 지면에서 각도가 45° 이하로 설치된 곤돌라는 적용에서 제외한다.</td></tr>
<tr><td>7</td><td>국소 배기 장치</td><td>• 다음의 어느 하나에 해당하는 유해 물질에 따른 건강 장해를 예방하기 위하여 설치한 국소 배기 장치에 한하여 적용한다. 다만, 최근 2년 동안 작업 환경 측정 결과가 노출 기준 50% 미만인 경우에는 적용에서 제외한다.
<table>
<tr><th>번 호</th><th>물질명</th></tr>
<tr><td>1</td><td>디아니시딘과 그 염</td></tr>
<tr><td>2</td><td>디클로로벤지딘과 그 염</td></tr>
<tr><td>3</td><td>베릴륨</td></tr>
<tr><td>4</td><td>벤조트리클로리드</td></tr>
<tr><td>5</td><td>비소 및 그 무기화합물</td></tr>
<tr><td>6</td><td>석면</td></tr>
<tr><td>7</td><td>알파-나프틸아민과 그 염</td></tr>
<tr><td>8</td><td>염화비닐</td></tr>
<tr><td>9</td><td>오로토-톨리딘과 그 염</td></tr>
<tr><td>10</td><td>크롬광</td></tr>
<tr><td>11</td><td>크롬산아연</td></tr>
<tr><td>12</td><td>황화니켈</td></tr>
<tr><td>13</td><td>휘발성 콜타르피치</td></tr>
<tr><td>14</td><td>2-브로모프로판</td></tr>
<tr><td>15</td><td>6가 크롬화합물</td></tr>
<tr><td>16</td><td>납 및 그 무기화합물</td></tr>
<tr><td>17</td><td>노말헥산</td></tr>
<tr><td>18</td><td>니켈(불용성 무기화합물)</td></tr>
<tr><td>19</td><td>디메틸포름아미드</td></tr>
<tr><td>20</td><td>벤젠</td></tr>
<tr><td>21</td><td>이황화탄소</td></tr>
<tr><td>22</td><td>카드뮴 및 그 화합물</td></tr>
</table></td></tr>
</table>

<table>
<tr><th>번 호</th><th>기계 · 기구</th><th colspan="2">규격 및 형식별 적용 범위</th></tr>
<tr><td rowspan="28">7</td><td rowspan="28">국소 배기 장치</td><th>번 호</th><th>물질명</th></tr>
<tr><td>23</td><td>톨루엔-2, 4-디이소시아네이트</td></tr>
<tr><td>24</td><td>트리클로로에틸렌</td></tr>
<tr><td>25</td><td>포름알데히드</td></tr>
<tr><td>26</td><td>메틸클로로포름(1, 1, 1-트리클로로에탄)</td></tr>
<tr><td>27</td><td>곡물 분진</td></tr>
<tr><td>28</td><td>망간</td></tr>
<tr><td>29</td><td>메틸렌디페닐디이소시아네이트(MDI)</td></tr>
<tr><td>30</td><td>무수프탈산</td></tr>
<tr><td>31</td><td>브롬화메틸</td></tr>
<tr><td>32</td><td>수은</td></tr>
<tr><td>33</td><td>스티렌</td></tr>
<tr><td>34</td><td>시클로헥사논</td></tr>
<tr><td>35</td><td>아닐린</td></tr>
<tr><td>36</td><td>아세토니트릴</td></tr>
<tr><td>37</td><td>아연(산화아연)</td></tr>
<tr><td>38</td><td>아크릴로니트릴</td></tr>
<tr><td>39</td><td>아크릴아미드</td></tr>
<tr><td>40</td><td>알루미늄</td></tr>
<tr><td>41</td><td>디클로로메탄(염화메틸렌)</td></tr>
<tr><td>42</td><td>용접 흄</td></tr>
<tr><td>43</td><td>유리규산</td></tr>
<tr><td>44</td><td>코발트</td></tr>
<tr><td>45</td><td>크롬</td></tr>
<tr><td>46</td><td>탈크(활석)</td></tr>
<tr><td>47</td><td>톨루엔</td></tr>
<tr><td>48</td><td>황산알루미늄</td></tr>
<tr><td>49</td><td>황화수소</td></tr>
</table>

번 호	기계 · 기구	규격 및 형식별 적용 범위
8	원심기	• 액체 · 고체 사이에서의 분리 또는 이물질들 중 최소 2개를 분리하기 위한 목적으로 쓰이는 동력에 의해 작동되는 산업용 원심기에 대하여 적용. 다만, 다음의 어느 하나에 해당하는 원심기는 적용하지 아니 한다. 가. 회전체의 회전 운동 에너지가 750J 이하인 것 나. 최고 회전 속도가 300m/s를 초과하는 원심기 다. 원자력 에너지 제품 공정에만 사용되는 원심기 라. 자동 조작 설비로 연속 공정 과정에 사용되는 원심기 마. 화학 설비에 해당되는 원심기
9	화학 설비 및 그 부속 설비	• 「안전규칙」 제292조 "특수화학설비"로 단위 공정[기계 · 기구 및 설비를 중심으로 제품 또는 중간 제품(다른 제품의 원료)을 생산하는데 필요한 원료 처리 공정에서부터 제품(중간 제품)의 생산 · 이송 · 저장(부산물 포함)까지의 일괄 공정을 이루는 설비] 과정 중에 저장되는 양을 포함하여 최대로 제조 또는 취급할 수 있는 양이 안전규칙 [별표 1]의 위험 물질 안전규칙 [별표 3]의 3 기준량 이상인 경우(법 제49조의 2에 따른 공정 안전 보고서 제출 대상 설비 등은 면제한다.)
10	건조 설비 및 그 부속 설비	• 건조 설비는 건조 기본체, 가열 장치, 환기 장치 등을 포함하여 열원 기준으로 연료의 최대 사용량이 매 시간당 50kg 이상이고, 전열의 경우 매 시간당 50kW 이상인 경우로 다음의 어느 하나에 해당할 것(법 제49조의 2에 따른 공정 안전 보고서 제출 대상 설비 등은 면제한다.) 가. 열원을 이용하여 건조물에 포함되는 수분, 용제를 건조하는 설비 나. 열원을 이용하여 도료, 피막제의 도포 코팅 등 표면을 개선하여 가연성 가스를 발생하는 설비 다. 열원을 이용하여 가연성 분말 등을 만들어 건조하는 설비로 분진이 발생하는 설비
11	롤러기	• 롤러의 압력에 의하여 고무, 고무화합물 또는 합성수지를 소성 변형시키거나 연화시키는 롤러기로서 동력에 의하여 구동되는 롤러기에 대하여 적용. 다만, 작업자가 접근할 수 없는 밀폐형 구조로 된 롤러기는 제외한다.
12	사출 성형기	• 플라스틱 또는 고무 등을 성형하는 사출 성형기로서 동력에 의하여 구동되는 사출 성형기에 적용. 다만, 다음의 어느 하나에 해당하는 사출 성형기는 적용하지 아니 한다. 가. 클램핑 장치를 인력으로 작동시키는 사출 성형기 나. 반응형 사출 성형기 다. 압축 · 이송형 사출 성형기 라. 장화 제조용 사출 성형기 마. 형체 결력이 294kN 미만인 사출 성형기

| 표 1-6 | 작업 시작 전 점검 사항

작업의 종류	점검 내용
① 프레스 등을 사용하여 작업을 하는 때	㉠ 클러치 및 브레이크의 기능 ㉡ 크랭크축·플라이 휠·슬라이드·연결봉 및 연결 나사의 풀림 유무 ㉢ 1행정 1정지 기구·급정지 장치 및 비상 정지 장치의 기능 ㉣ 슬라이드 또는 칼날에 의한 위험 방지 기구의 기능 ㉤ 프레스의 금형 및 고정 볼트 상태 ㉥ 방호 장치의 기능 ㉦ 전단기(剪斷機)의 칼날 및 테이블의 상태
② 로봇의 작동 범위 내에서 그 로봇에 관하여 교시 등(로봇의 동력원을 차단하고 행하는 것을 제외한다)의 작업을 하는 때	㉠ 외부 전선의 피복 또는 외장의 손상 유무 ㉡ 매니퓰레이터(manipulator) 작동의 이상 유무 ㉢ 제동 장치 및 비상 정지 장치의 기능
③ 공기 압축기를 가동하는 때	㉠ 공기 저장 압력 용기의 외관 상태 ㉡ 드레인 밸브의 조작 및 배수 ㉢ 압력 방출 장치의 기능 ㉣ 언로드 밸브의 기능 ㉤ 윤활유의 상태 ㉥ 회전부의 덮개 또는 울 ㉦ 그 밖의 연결 부위의 이상 유무
④ 크레인을 사용하여 작업을 하는 때	㉠ 권과 방지 장치·브레이크·클러치 및 운전 장치의 기능 ㉡ 주행로의 상측 및 트롤리가 횡행(横行)하는 레일의 상태 ㉢ 와이어 로프가 통하고 있는 곳의 상태
⑤ 이동식 크레인을 사용하여 작업을 하는 때	㉠ 권과 방지 장치, 그 밖의 경보 장치의 기능 ㉡ 브레이크·클러치 및 조정 장치의 기능 ㉢ 와이어 로프가 통하고 있는 곳 및 작업 장소의 지반 상태
⑥ 리프트(간이 리프트를 포함한다)를 사용하여 작업을 하는 때	㉠ 방호 장치·브레이크 및 클러치의 기능 ㉡ 와이어 로프가 통하고 있는 곳의 상태
⑦ 곤돌라를 사용하여 작업을 하는 때	㉠ 방호 장치·브레이크의 기능 ㉡ 와이어 로프·슬링 와이어 등의 상태
⑧ 양중기의 와이어 로프·달기 체인·섬유 로프·섬유 벨트 또는 훅·섀클·링 등의 철구(이하 "와이어 로프 등"이라 한다)를 사용하여 고리걸이 작업을 하는 때	와이어 로프 등의 이상 유무
⑨ 지게차를 사용하여 작업을 하는 때	㉠ 제동 장치 및 조종 장치 기능의 이상 유무 ㉡ 하역 장치 및 유압 장치 기능의 이상 유무 ㉢ 바퀴의 이상 유무 ㉣ 전조등·후미등·방향 지시기 및 경보 장치 기능의 이상 유무

작업의 종류	점검 내용
⑩ 구내 운반차를 사용하여 작업을 하는 때	㉠ 제동 장치 및 조종 장치 기능의 이상 유무 ㉡ 하역 장치 및 유압 장치 기능의 이상 유무 ㉢ 바퀴의 이상 유무 ㉣ 전조등 · 후미등 · 방향 지시기 및 경음기 기능의 이상 유무 ㉤ 충전 장치를 포함한 홀더 등의 결합 상태의 이상 유무
⑪ 고소 작업대를 사용하여 작업을 하는 때	㉠ 비상 정지 장치 및 비상 하강 방지 장치 기능의 이상 유무 ㉡ 과부하 방지 장치의 작동 유무(와이어 로프 또는 체인 구동 방식의 경우) ㉢ 아웃트리거 또는 바퀴의 이상 유무 ㉣ 작업면의 기울기 또는 요철 유무 ㉤ 활선작업용 장치의 경우 흠, 균열, 파손 등 그 밖의 손상 유무
⑫ 화물 자동차를 사용하여 작업을 하는 때	㉠ 제동 장치 및 조종 장치의 기능 ㉡ 하역 장치 및 유압 장치의 기능 ㉢ 바퀴의 이상 유무
⑬ 컨베이어 등을 사용하여 작업을 하는 때	㉠ 원동기 및 풀리 기능의 이상 유무 ㉡ 이탈 등의 방지 장치 기능의 이상 유무 ㉢ 비상 정지 장치 기능의 이상 유무 ㉣ 원동기 · 회전축 · 기어 및 풀리 등의 덮개 또는 울 등의 이상 유무
⑭ 차량계 건설 기계를 사용하여 작업을 하는 때	브레이크 및 클러치 등의 기능
⑭의 2. 용접 · 용단 작업 등의 화재위험작업을 할 때	㉠ 작업 준비 및 작업 절차 수립 여부 ㉡ 화기작업에 따른 인근 가연성 물질에 대한 방호조치 및 소화기구 비치 여부 ㉢ 용접불티 비산방지덮개 또는 용접방화포 등 불꽃 · 불티 등의 비산을 방지하기 위한 조치 여부 ㉣ 인화성 액체의 증기 또는 인화성 가스가 남아 있지 않도록 하는 환기 조치 여부 ㉤ 작업근로자에 대한 화재예방 및 피난교육 등 비상조치 여부
⑮ 이동식 방폭 구조 전기 기계 · 기구를 사용하여 작업을 하는 때	전선 및 접속부 상태
⑯ 근로자가 반복하여 계속적으로 중량물을 취급하는 작업을 하는 때	㉠ 중량물 취급의 올바른 자세 및 복장 ㉡ 위험물의 날아 흩어짐에 따른 보호구의 착용 ㉢ 카바이드 · 생석회 등과 같이 온도 상승이나 습기에 의하여 위험성이 존재하는 중량물의 취급 방법 ㉣ 그 밖의 하역 운반 기계 등의 적절한 사용 방법
⑰ 양화 장치를 사용하여 화물을 싣고 내리는 작업을 하는 때	㉠ 양화 장치(揚貨裝置)의 작동 상태 ㉡ 양화 장치에 제한 하중을 초과하는 하중을 실었는지 여부
⑱ 슬링 등을 사용하여 작업을 하는 때	㉠ 훅이 붙어 있는 슬링 · 와이어 슬링 등의 매달린 상태 ㉡ 슬링 · 와이어 슬링 등의 상태(작업 시작 전 및 작업 중 수시로 점검)

| 표 1-7 | 관리 감독자의 유해·위험 방지 업무

작업의 종류	점검 내용
① 프레스 등을 사용하는 작업	㉠ 프레스 등 및 그 방호 장치를 점검하는 일 ㉡ 프레스 등 및 그 방호 장치에 이상이 발견되면 즉시 필요한 조치를 하는 일 ㉢ 프레스 등 및 그 방호 장치에 전환 스위치를 설치했을 때 그 전환 스위치의 열쇠를 관리하는 일 ㉣ 금형의 부착·해체 또는 조정 작업을 직접 지휘하는 일
② 목재 가공용 기계를 취급하는 작업	㉠ 목재 가공용 기계를 취급하는 작업을 지휘하는 일 ㉡ 목재 가공용 기계 및 그 방호 장치를 점검하는 일 ㉢ 목재 가공용 기계 및 그 방호 장치에 이상이 발견된 즉시 보고 및 필요한 조치를 하는 일 ㉣ 작업 중 지그 및 공구 등의 사용 상황을 감독하는 일
③ 크레인을 사용하는 작업	㉠ 작업 방법과 근로자의 배치를 결정하고 그 작업을 지휘하는 일 ㉡ 재료의 결함 유무 또는 기구 및 공구의 기능을 점검하고 불량품을 제거하는 일 ㉢ 작업 중 안전대 또는 안전모의 착용 상황을 감시하는 일
④ 위험물을 제조하거나 취급하는 작업	㉠ 그 작업을 지휘하는 일 ㉡ 위험물을 제조하거나 취급하는 설비 및 그 설비의 부속 설비가 있는 장소의 온도·습도·차광 및 환기 상태 등을 수시로 점검하고 이상을 발견하면 즉시 필요한 조치를 하는 일 ㉢ '㉡'의 규정에 따라 행한 조치를 기록하고 보관하는 일
⑤ 건조 설비를 사용하는 작업	㉠ 건조 설비를 처음으로 사용하거나 건조 방법 또는 건조물의 종류를 변경한 때에는 근로자에게 미리 그 작업 방법을 교육하고 작업을 직접 지휘하는 일 ㉡ 건조 설비가 있는 장소를 항상 정리정돈하고 그 장소에 가연성 물질을 두지 않도록 하는 일
⑥ 아세틸렌 용접 장치를 사용하는 금속의 용접·용단 또는 가열 작업	㉠ 작업 방법을 결정하고 작업을 지휘하는 일 ㉡ 아세틸렌 용접 장치의 취급에 종사하는 근로자로 하여금 다음의 작업 요령을 준수하도록 하는 일 • 사용 중인 발생기에 불꽃을 발생시킬 우려가 있는 공구를 사용하거나 그 발생기에 충격을 가하지 않도록 할 것 • 아세틸렌 용접 장치의 가스 누출을 점검할 때에는 비눗물을 사용하는 등 안전한 방법으로 할 것 • 발생기실의 출입구의 문을 열어 두지 않도록 할 것 • 이동식 아세틸렌 용접 장치의 발생기에 카바이드를 교환하는 때에는 옥외의 안전한 장소에서 할 것 ㉢ 아세틸렌 용섭 작업을 시작하는 때에는 아세틸렌 용접 장치를 점검하고 발생기 내부로부터 공기와 아세틸렌의 혼합 가스를 배제하는 일

작업의 종류	점검 내용
⑥ 아세틸렌 용접 장치를 사용하는 금속의 용접 · 용단 또는 가열 작업	㉣ 안전기는 작업 중 그 수위를 쉽게 확인할 수 있는 장소에 놓고 1일 1회 이상 점검하는 일 ㉤ 아세틸렌 용접 장치 내의 물이 동결되는 것을 방지하기 위하여 보온하거나 가열하는 때에는 온수나 증기를 사용하는 등 안전한 방법에 의하도록 하는 일 ㉥ 발생기의 사용을 중지하였을 때에는 물과 잔류 카바이드가 접촉하지 않은 상태로 유지하는 일 ㉦ 발생기를 수리 · 가공 · 운반 또는 보관할 때에는 아세틸렌 및 카바이드에 접촉하지 아니한 상태로 유지하는 일 ㉧ 작업에 종사하는 근로자의 보안경 및 안전장갑의 착용 상황을 감시하는 일
⑦ 가스 집합 용접 장치의 취급 작업	㉠ 작업 방법을 결정하고 작업을 직접 지휘하는 일 ㉡ 가스 집합 장치의 취급에 종사하는 근로자로 하여금 다음의 작업 요령을 준수하도록 하는 일 • 부착할 가스 용기의 마개 및 배관 연결부에 붙어 있는 유류 · 찌꺼기 등을 제거할 것 • 가스 용기를 교환할 때에는 그 용기의 마개 및 배관 연결부 부분의 가스 누출을 점검하고 배관 내의 가스가 공기와 혼합되지 않도록 할 것 • 가스 누출 점검은 비눗물을 사용하는 등 안전한 방법에 의할 것 • 밸브 또는 콕은 서서히 열고 닫을 것 ㉢ 가스 용기의 교환 작업을 감시하는 일 ㉣ 그 작업을 시작할 때에는 호스 · 취관 · 호스 밴드 등의 기구를 점검하고 손상 · 마모 등으로 인하여 가스 또는 산소가 누출될 우려가 있다고 인정하는 때에는 보수하거나 교환하는 일 ㉤ 안전기는 작업 중 그 기능을 쉽게 확인할 수 있는 장소에 두고 1일 1회 이상 점검하는 일 ㉥ 그 작업에 종사하는 근로자의 보안경 및 안전장갑의 착용 상황을 감시하는 일
⑧ 거푸집 동바리의 고정 · 조립 또는 해체 작업, 지반의 굴착 작업, 흙막이 지보공의 고정 · 조립 또는 해체 작업, 터널의 굴착 작업, 건물 등의 해체 작업	㉠ 안전한 작업 방법을 결정하고 작업을 지휘하는 일 ㉡ 재료 · 기구의 결함 유무를 점검하고 불량품을 제거하는 일 ㉢ 작업 중 안전대 및 안전모 등 보호구 착용 상황을 감시하는 일
⑨ 달비계 또는 높이 5m 이상의 비계를 조립 · 해체하거나 변경하는 작업(해체 작업의 경우 '㉠'의 규정 적용 제외)	㉠ 재료의 결함 유무를 점검하고 불량품을 제거하는 일 ㉡ 기구 · 공구 · 안전대 및 안전모 등의 기능을 점검하고 불량품을 제거하는 일 ㉢ 작업 방법 및 근로자의 배치를 결정하고 작업 진행 상태를 감시하는 일 ㉣ 안전대 및 안전모 등의 착용 상황을 감시하는 일

작업의 종류	직무 수행 내용
⑩ 발파 작업	㉠ 점화 전에 점화 작업에 종사하는 근로자가 아닌 사람에게 대피를 지시하는 일 ㉡ 점화 작업에 종사하는 근로자에게 대피 장소 및 경로를 지시하는 일 ㉢ 점화 전에 위험 구역 내에서 근로자가 대피한 것을 확인하는 일 ㉣ 점화 순서 및 방법에 대하여 지시하는 일 ㉤ 점화 신호를 하는 일 ㉥ 점화 작업에 종사하는 근로자에게 대피 신호를 하는 일 ㉦ 발파 후 터지지 아니한 장약이나 남은 장약의 유무, 용수의 유무 및 암석·토사의 낙하 여부 등을 점검하는 일 ㉧ 점화하는 사람을 정하는 일 ㉨ 공기 압축기의 안전밸브 작동 유무를 감시하는 일 ㉩ 안전모 등 보호구의 착용 상황을 감시하는 일
⑪ 채석을 위한 굴착 작업	㉠ 대피 방법을 미리 교육하는 일 ㉡ 작업을 시작하기 전 또는 폭우가 내린 후에는 암석·토사의 낙하·균열의 유무 또는 함수(含水)·용수 및 동결의 상태를 점검하는 일 ㉢ 발파한 후에는 발파 장소 및 그 주변의 암석·토사의 낙하·균열의 유무를 점검하는 일
⑫ 화물 취급 작업	㉠ 작업 방법 및 순서를 결정하고 작업을 지휘하는 일 ㉡ 기구 및 공구를 점검하고 불량품을 제거하는 일 ㉢ 그 작업 장소에는 관계 근로자 외의 자의 출입을 금지시키는 일 ㉣ 로프 등의 해체 작업을 하는 때에는 하대(荷臺) 위의 화물의 낙하 위험 유무를 확인하고 그 작업의 착수를 지시하는 일
⑬ 부두 및 선박에서의 하역 작업	㉠ 작업 방법을 결정하고 작업을 지휘하는 일 ㉡ 통행 설비·하역 기계·보호구 및 기구·공구를 점검·정비하고 이들의 사용 상황을 감시하는 일 ㉢ 주변 작업자간의 연락 조정을 행하는 일
⑭ 전로 등 전기 작업 또는 그 지지물의 설치, 점검, 수리 및 도장 등의 작업	㉠ 작업 구간 내의 충전 전로 등 모든 충전 시설을 점검하는 일 ㉡ 작업 방법 및 그 순서를 결정(근로자 교육 포함)하고 작업을 지휘하는 일 ㉢ 작업 근로자의 보호구 또는 절연용 보호구 착용 상황을 감시하고 감전 재해 요소를 제거하는 일 ㉣ 작업 공구, 절연용 방호구 등의 결함 여부와 기능을 점검하고 불량품을 제거하는 일 ㉤ 작업 장소에 관계 근로자 외에는 출입을 금지하고 주변 작업자와의 연락을 조정하며 도로 작업 시 차량 및 통행인 등에 대한 교통 통제 등 작업 전반에 대해 지휘·감시하는 일 ㉥ 활선 작업용 기구를 사용하여 작업할 때 안전 거리가 유지되는지 감시하는 일 ㉦ 감전 재해를 비롯한 각종 산업 재해에 따른 신속한 응급 처치를 할 수 있도록 근로자들을 교육하는 일

작업의 종류	직무 수행 내용
⑮ 관리 대상 유해 물질을 취급하는 작업	㉠ 관리 대상 유해 물질을 취급하는 근로자가 물질에 오염되지 않도록 작업 방법을 결정하고 작업을 지휘하는 업무 ㉡ 관리 대상 유해 물질을 취급하는 장소나 설비를 매월 1회 이상 순회 점검하고 국소 배기 장치 등 환기 설비에 대해서는 다음 각 호의 사항을 점검하여 필요한 조치를 하는 업무. 단, 환기 설비를 점검하는 경우에는 다음의 사항을 점검 ㉮ 후드(hood)나 덕트(duct)의 마모·부식, 그 밖의 손상 여부 및 정도 ㉯ 송풍기와 배풍기의 주유 및 청결 상태 ㉰ 덕트 접속부가 헐거워졌는지 여부 ㉱ 전동기와 배풍기를 연결하는 벨트의 작동 상태 ㉲ 흡기 및 배기 능력 상태 ㉢ 보호구의 착용 상황을 감시하는 업무 ㉣ 근로자가 탱크 내부에서 관리 대상 유해 물질을 취급하는 경우에 다음의 조치를 했는지 확인하는 업무 ㉮ 관리 대상 유해 물질에 관하여 필요한 지식을 가진 사람이 해당 작업을 지휘 ㉯ 관리 대상 유해 물질이 들어올 우려가 없는 경우에는 작업을 하는 설비의 개구부를 모두 개방 ㉰ 근로자의 신체가 관리 대상 유해 물질에 의하여 오염되었거나 작업이 끝난 경우에는 즉시 몸을 씻는 조치 ㉱ 비상시에 작업 설비 내부의 근로자를 즉시 대피시키거나 구조하기 위한 기구와 그 밖의 설비를 갖추는 조치 ㉲ 작업을 하는 설비의 내부에 대하여 작업 전에 관리 대상 유해 물질의 농도를 측정하거나 그 밖의 방법으로 근로자가 건강에 장해를 입을 우려가 있는지를 확인하는 조치 ㉳ '㉲'에 따른 설비 내부에 관리 대상 유해 물질이 있는 경우에는 설비 내부를 충분히 환기하는 조치 ㉴ 유기화합물을 넣었던 탱크에 대하여 '㉮'부터 '㉳'까지의 조치 외에 다음의 조치 • 유기화합물이 탱크로부터 배출된 후 탱크 내부에 재유입되지 않도록 조치 • 물이나 수증기 등으로 탱크 내부를 씻은 후 그 씻은 물이나 수증기 등을 탱크로부터 배출 • 탱크 용적의 3배 이상의 공기를 채웠다가 내보내거나 탱크에 물을 가득 채웠다가 내보내거나 탱크에 물을 가득 채웠다가 배출 ㉤ '㉡'에 따른 점검 및 조치 결과를 기록·관리하는 업무
⑯ 허가 대상 유해 물질 취급 작업	㉠ 근로자가 허가 대상 유해 물질을 들이마시거나 허가 대상 유해 물질에 오염되지 않도록 작업 수칙을 정하고 지휘하는 업무 ㉡ 작업장에 설치되어 있는 국소 배기 장치나 그 밖에 근로자의 건강 장해 예방을 위한 장치 등을 매월 1회 이상 점검하는 업무 ㉢ 근로자의 보호구 착용 상황을 점검하는 업무

작업의 종류	직무 수행 내용
⑰ 석면 해체·제거 작업	㉠ 근로자가 석면 분진을 들이마시거나 석면 분진에 오염되지 않도록 작업 방법을 정하고 지휘하는 업무 ㉡ 작업장에 설치되어 있는 석면 분진 포집 장치, 음압기 등의 장비의 이상 유무를 점검하고 필요한 조치를 하는 업무 ㉢ 근로자의 보호구 착용 상황을 점검하는 업무
⑱ 고압 작업	㉠ 작업 방법을 결정하여 고압 작업자를 직접 지휘하는 업무 ㉡ 유해 가스의 농도를 측정하는 기구를 점검하는 업무 ㉢ 고압 작업자가 작업실에 입실하거나 퇴실하는 경우에 고압 작업자의 수를 점검하는 업무 ㉣ 작업실에서 공기 조절을 하기 위한 밸브나 콕을 조작하는 사람과 연락하여 작업실 내부의 압력을 적정한 상태로 유지하도록 하는 업무 ㉤ 공기를 기압 조절실로 보내거나 기압 조절실에서 내보내기 위한 밸브나 콕을 조작하는 사람과 연락하여 고압 작업자에 대하여 가압이나 감압을 다음과 같이 따르도록 조치하는 업무 • 가압을 하는 경우 1분에 제곱센티미터당 0.8킬로그램 이하의 속도로 함 • 감압을 하는 경우에는 고용노동부 장관이 정하여 고시하는 기준에 맞도록 함 ㉥ 작업실 및 기압 조절실 내 고압 작업자의 건강에 이상이 발생한 경우 필요한 조치를 하는 업무
⑲ 밀폐 공간 작업(탑승의 제한) - 사업주는 크레인을 사용하여 근로자를 운반하거나 근로자를 달아올린 상태에서 작업에 종사시켜서는 아니된다. 다만, 크레인에 전용 탑승 설비를 설치하고 추락 위험을 방지하기 위하여 다음 각 호의 조치를 한 경우에는 그러하지 아니하다.	㉠ 산소가 결핍된 공기나 유해 가스에 노출되지 않도록 작업 시작 전에 해당 근로자의 작업을 지휘하는 업무 ㉡ 작업을 하는 장소의 공기가 적절한지를 작업 시작 전에 측정하는 업무 ㉢ 측정 장비·환기 장치 또는 송기 마스크 등을 작업 시작 전에 점검하는 업무 ㉣ 근로자에게 송기 마스크 등의 착용을 지도하고 착용 상황을 점검하는 업무

연구 서류 보존 기간

1. 3년간 보존
   ① 관리 책임자, 안전 관리자, 보건 관리자, 산업 보건의 선임에 관한 서류
   ② 화학 물질의 유해성 조사에 관한 서류
   ③ 작업 환경 측정에 관한 서류
   ④ 건강진단에 관한 서류
   ⑤ 산업 재해 발생 기록에 관한 서류
   ⑥ 석면 조사 결과에 관한 서류

2. 2년간 보존
① 안전보건위원회 회의록에 관련된 서류
② 자율 안전 기준에 맞는 것임을 증명하는 서류
③ 자율 검사 프로그램에 따라 실시하는 검사 결과를 기록하는 서류
④ 도급 사업 시 안전, 보건 협의체 회의록에 관한 서류
3. 30년간 보존
석면 해체, 제거업자는 석면 해체, 제거 업무에 관한 서류

4.6 사전 조사 및 작업 계획서 작성

1) 다음의 작업을 하는 경우 근로자의 위험을 방지하기 위하여 해당 작업, 작업장의 지형 · 지반 및 지층 상태 등에 대한 사전 조사를 하고 그 결과를 기록 · 보존하여야 하며, 조사 결과를 고려하여 작업 계획서를 작성하고 그 계획에 따라 작업을 하도록 하여야 한다.
① 타워 크레인을 설치 · 조립 · 해체하는 작업
② 차량계 하역 운반 기계 등을 사용하는 작업(화물 자동차를 사용하는 도로상의 주행 작업은 제외한다. 이하 같다.)
③ 차량계 건설 기계를 사용하는 작업
④ 화학 설비와 그 부속 설비를 사용하는 작업
⑤ 전기 작업(해당 전압이 50볼트를 넘거나 전기 에너지가 250볼트암페어를 넘는 경우로 한정한다.)
⑥ 굴착면의 높이가 2미터 이상이 되는 지반의 굴착 작업
⑦ 터널 굴착 작업
⑧ 교량(상부 구조가 금속 또는 콘크리트로 구성되는 교량으로서 그 높이가 5미터 이상이거나 교량의 최대 지간 길이가 30미터 이상인 교량으로 한정한다)의 설치 · 해체 또는 변경 작업
⑨ 채석 작업
⑩ 건물 등의 해체 작업
⑪ 중량물의 취급 작업
⑫ 궤도나 그 밖의 관련 설비의 보수 · 점검 작업
⑬ 열차의 교환 · 연결 또는 분리 작업

2) 작성한 작업 계획서의 내용을 해당 근로자에게 알려야 한다.

3) 항타기나 항발기를 조립 · 해체 · 변경 또는 이동하는 작업을 하는 경우 그 작업 방법과 절차를 정하여 근로자에게 주지시켜야 한다.

4) 작업에 모터 카(motor car), 멀티플 타이 탬퍼(multiple tie tamper), 밸러스트 콤팩터(ballast compactor), 궤도 안정기 등의 작업 차량을 사용하는 경우 미리 그 구간을 운행하는 열차의 운행 관계자와 협의하여야 한다.

| 표 1-8 | 사전 조사 및 작업 계획서 내용

작업명	사전 조사 내용	작업 계획서 내용
① 타워 크레인을 설치·조립·해체하는 작업	–	㉠ 타워 크레인의 종류 및 형식 ㉡ 설치·조립 및 해체 순서 ㉢ 작업 도구·장비·가설 설비(假設設備) 및 방호 설비 ㉣ 작업 인원의 구성 및 작업 근로자의 역할 범위 ㉤ 제142조에 따른 지지 방법
② 차량계 하역 운반 기계 등을 사용하는 작업	–	㉠ 해당 작업에 따른 추락·낙하·전도·협착 및 붕괴 등의 위험 예방 대책 ㉡ 차량계 하역 운반 기계 등의 운행 경로 및 작업 방법
③ 차량계 건설 기계를 사용하는 작업	해당 기계의 굴러떨어짐(轉落), 지반의 붕괴 등으로 인한 근로자의 위험을 방지하기 위한 해당 작업 장소의 지형 및 지반상태	㉠ 사용하는 차량계 건설 기계의 종류 및 성능 ㉡ 차량계 건설 기계의 운행 경로 ㉢ 차량계 건설 기계에 의한 작업 방법
④ 화학 설비와 그 부속 설비 사용 작업	–	㉠ 밸브·콕 등의 조작(해당 화학 설비에 원재료를 공급하거나 해당 화학 설비에서 제품 등을 꺼내는 경우만 해당한다) ㉡ 냉각 장치·가열 장치·교반 장치(攪拌裝置) 및 압축 장치의 조작 ㉢ 계측 장치 및 제어 장치의 감시 및 조정 ㉣ 안전 밸브, 긴급 차단 장치, 그 밖의 방호 장치 및 자동 경보 장치의 조정 ㉤ 덮개판·플랜지(flange)·밸브·콕 등의 접합부에서 위험물 등의 누출 여부에 대한 점검 ㉥ 시료의 채취 ㉦ 화학 설비에서는 그 운전이 일시적 또는 부분적으로 중단된 경우의 작업 방법 또는 운전 재개 시의 작업 방법 ㉧ 이상 상태가 발생한 경우의 응급 조치 ㉨ 위험물 누출 시의 조치 ㉩ 그 밖에 폭발·화재를 방지하기 위하여 필요한 조치

작업명	사전 조사 내용	작업 계획서 내용
⑤ 전기 작업	–	㉠ 전기 작업의 목적 및 내용 ㉡ 전기 작업 근로자의 자격 및 적정 인원 ㉢ 작업 범위, 작업 책임자 임명, 전격 · 아크 섬광 · 아크 폭발 등 전기 위험 요인 파악, 접근 한계 거리, 활선 접근 경보 장치 휴대 등 작업 시작 전에 필요한 사항 ㉣ 제328조의 전로 차단에 관한 작업 계획 및 전원(電源) 재투입 절차 등 작업 상황에 필요한 안전 작업 요령 ㉤ 절연용 보호구 및 방호구, 활선 작업용 기구 · 장치 등의 준비 · 점검 · 착용 · 사용 등에 관한 사항 ㉥ 점검 · 시운전을 위한 일시 운전, 작업 중단 등에 관한 사항 ㉦ 교대 근무 시 근무 인계(引繼)에 관한 사항 ㉧ 전기 작업 장소에 대한 관계 근로자가 아닌 사람의 출입 금지에 관한 사항 ㉨ 전기 안전 작업 계획서를 해당 근로자에게 교육할 수 있는 방법과 작성된 전기 안전 작업 계획서의 평가 · 관리 계획 ㉩ 전기 도면, 기기 세부 사항 등 작업과 관련되는 자료
⑥ 굴착 작업	㉠ 형상 · 지질 및 지층의 상태 ㉡ 균열 · 함수(含水) · 용수 및 동결의 유무 또는 상태 ㉢ 매설물 등의 유무 또는 상태 ㉣ 지반의 지하수위 상태	㉠ 굴착 방법 및 순서, 토사 반출 방법 ㉡ 필요한 인원 및 장비 사용 계획 ㉢ 매설물 등에 대한 이설 · 보호 대책 ㉣ 사업장 내 연락 방법 및 신호 방법 ㉤ 흙막이 지보공 설치 방법 및 계측 계획 ㉥ 작업 지휘자의 배치 계획 ㉦ 그 밖에 안전 · 보건에 관련된 사항
⑦ 터널 굴착 작업	보링(boring) 등 적절한 방법으로 낙반 · 출수(出水) 및 가스 폭발 등으로 인한 근로자의 위험을 방지하기 위하여 미리 지형 · 지질 및 지층 상태를 조사	㉠ 굴착의 방법 ㉡ 터널 지보공 및 복공(覆工)의 시공 방법과 용수(湧水)의 처리 방법 ㉢ 환기 또는 조명 시설을 설치할 때에는 그 방법
⑧ 교량 작업	–	㉠ 작업 방법 및 순서 ㉡ 부재(部材)의 낙하 · 전도 또는 붕괴를 방지하기 위한 방법 ㉢ 작업에 종사하는 근로자의 추락 위험을 방지하기 위한 안전 조치 방법 ㉣ 공사에 사용되는 가설 철구조물 등의 설치 · 사용 · 해체 시 안전성 검토 방법 ㉤ 사용하는 기계 등의 종류 및 성능, 작업 방법 ㉥ 작업 지휘자 배치 계획 ㉦ 그 밖에 안전 · 보건에 관련된 사항

작업명	사전 조사 내용	작업 계획서 내용
⑨ 채석 작업	지반의 붕괴・굴착 기계의 굴러떨어짐(轉落) 등에 의한 근로자에게 발생할 위험을 방지하기 위한 해당 작업장의 지형・지질 및 지층의 상태	㉠ 노천 굴착과 갱내 굴착의 구별 및 채석 방법 ㉡ 굴착면의 높이와 기울기 ㉢ 굴착면 소단(小段)의 위치와 넓이 ㉣ 갱내에서의 낙반 및 붕괴 방지 방법 ㉤ 발파 방법 ㉥ 암석의 분할 방법 ㉦ 암석의 가공 장소 ㉧ 사용하는 굴착 기계・분할 기계・적재 기계 또는 운반 기계(이하 "굴착 기계 등"이라 한다)의 종류 및 성능 ㉨ 토석 또는 암석의 적재 및 운반 방법과 운반 경로 ㉩ 표토 또는 용수(湧水)의 처리 방법
⑩ 건물 등의 해체 작업	해체 건물 등의 구조, 주변 상황 등	㉠ 해체의 방법 및 해체 순서 도면 ㉡ 가설 설비・방호 설비・환기 설비 및 살수・방화 설비 등의 방법 ㉢ 사업장 내 연락 방법 ㉣ 해체물의 처분 계획 ㉤ 해체 작업용 기계・기구 등의 작업 계획서 ㉥ 해체 작업용 화약류 등의 사용 계획서 ㉦ 그 밖에 안전・보건에 관련된 사항
⑪ 중량물의 취급 작업	–	㉠ 추락 위험을 예방할 수 있는 안전 대책 ㉡ 낙하 위험을 예방할 수 있는 안전 대책 ㉢ 전도 위험을 예방할 수 있는 안전 대책 ㉣ 협착 위험을 예방할 수 있는 안전 대책 ㉤ 붕괴 위험을 예방할 수 있는 안전 대책
⑫ 궤도와 그 밖의 관련 설비의 보수・점검 작업 ⑬ 입환 작업(入換作業)	–	㉠ 적절한 작업 인원 ㉡ 작업량 ㉢ 작업 순서 ㉣ 작업 방법 및 위험 요인에 대한 안전 조치 방법 등

Chapter 05

보호구 및 안전 표지

5.1 보호구

(1) 보호구의 정의

보호구를 착용하는 목적은 사고의 결과로 오는 상해의 정도를 최소화하기 위하여 작업자가 신체 일부에 부착·착용하는 소극적인 안전 대책이다.

1) 보호구 선택 시 유의 사항

① 사용 목적에 알맞는 보호구를 선택
② 산업 규격에 합격하고 보호 성능이 보장되는 것을 선택
③ 작업 행동에 방해되지 않는 것을 선택
④ 착용이 용이하고 크기 등이 사용자에게 편리한 것을 선택

2) 보호구의 선정 조건

① 종류
② 형상
③ 성능
④ 수량
⑤ 강도

3) 안전 인증 대상 보호구

① 추락 및 감전 방지용 안전모
② 안전대
③ 방진 마스크
④ 방독 마스크
⑤ 차광 및 비산물 위험 방지용 보안경
⑥ 용접용 보안면
⑦ 안전화
⑧ 안전 장갑
⑨ 방음용 귀마개 또는 귀덮개

⑩ 송기 마스크
⑪ 보호복
⑫ 전동식 호흡 보호구

4) 자율 안전 확인 대상 보호구

① 안전모(의무 안전 인증 대상 안전모는 제외한다.)
② 보안경(의무 안전 인증 대상 보안경은 제외한다.)
③ 보안면(의무 안전 인증 대상 보안면은 제외한다.)
④ 잠수기(잠수 헬멧 및 잠수 마스크를 포함한다.)

참고 **안전 인증 제품의 표시 사항**

1. 안전 인증 대상 보호구
   ① 형식 또는 모델명
   ② 규격 또는 등급 등
   ③ 제조자명
   ④ 제조 번호 및 제조 연월
   ⑤ 안전 인증 번호
2. 자율 안전 확인 대상 보호구
   ① 형식 또는 모델명
   ② 규격 또는 등급 등
   ③ 제조자명
   ④ 제조 번호 및 제조 연월
   ⑤ 자율 안전 확인 번호

5.2 각종 보호구

(1) 안전모

1) 안전모의 종류

| 표 1-9 | 안전모의 종류

종 류(기호)	사용 구분	비 고
AB	물체의 낙하 또는 비래와 추락에 의한 위험 방지 또는 경감시키기 위해 사용	
AE	물체의 낙하 또는 비래와 머리 부분의 감전 위험을 방지 또는 경감시키기 위해 사용	내전압성
ABE	물체의 낙하 또는 비래와 추락, 머리 부분의 감전 위험을 방지 또는 경감시키기 위해 사용	내전압성

2) 안전모의 각 부품에 사용하는 재료의 구비 조건

① 쉽게 부식하지 않는 것
② 피부에 해로운 영향을 주지 않는 것
③ 사용 목적에 따라 내열성, 내한성 및 내수성을 가질 것
④ 충분한 강도를 가질 것
⑤ 모체의 표면 색은 밝고 선명한 것(빛의 반사율이 가장 큰 백색이 가장 좋으나 청결 유지 등의 문제점이 있어 황색이 많이 쓰임)
⑥ 안전모의 모체, 흡수 라이너 및 착장체의 무게는 0.44kg을 초과하지 않을 것

3) 안전모의 성능 시험

| 표 1-10 | 안전모의 성능 시험

항 목	성 능
내관통성	종류 AE, ABE종 안전모는 관통 거리가 9.5mm 이하, 종류 AB종 안전모는 관통 거리가 11.1mm 이하이어야 한다.
충격 흡수성	최고 전달 충격력이 4,450N을 초과해서는 안 되며, 모체와 착장체의 기능이 상실되지 않아야 한다.
내전압성	종류 AE, ABE종 안전모는 교류 20kV에서 1분간 절연 파괴없이 견뎌야 하고, 이때 누설되는 충전 전류가 10mA 이하이어야 한다.
내수성	종류 AE, ABE종 안전모는 질량 증가율이 1% 미만이어야 한다.
난연성	불꽃을 내며 5초 이상 연소되지 않아야 한다.
턱끈 풀림	150N 이상 250N 이하에서 턱끈이 풀려야 한다.

(2) 안전대

1) 안전대의 종류

| 표 1-11 | 안전대의 종류

종 류	사용 구분
벨트식, 안전 그네식	• U자 걸이 전용 • 1개 걸이 전용 • 안전 블록 • 추락 방지대

2) 안전대 착용 대상 작업

① 2m 이상의 고소 작업
② 산소 결핍 위험 작업
③ 슬레이트 지붕 위 작업
④ 비계 조립, 해체 작업
⑤ 분쇄기, 혼합기 개구부 작업

3) 안전대용 로프의 구비 조건

① 부드럽고 되도록 매끄럽지 않을 것
② 충격에 견디는 충분한 인장 강도를 가질 것
③ 완충성이 높을 것
④ 내마모성이 클 것
⑤ 습기나 약품류에 잘 손상되지 않을 것
⑥ 내열성이 높을 것

4) 안전대의 착용 방법

① 벨트는 추락 시 작업자에게 충격을 최소한으로 하고 추락 저지 시 발쪽으로 빠지지 않도록 요골 근처에 확실하게 착용하도록 하여야 한다.
② 버클을 바르게 사용하고 벨트 끝이 벨트 통로를 확실하게 통과하도록 하여야 한다.
③ 신축 조절기를 사용할 때 각 링에 바르게 걸어야 하며 벨트 끝이나 작업복이 말려들어가지 않도록 주의하여야 한다.
④ U자 걸이를 사용할 때 훅을 각 링이나 D링 이외의 것에 잘못 거는 일이 없도록 벨트의 D링이나 각 링부에는 훅이 걸릴 수 있는 물건은 부착하지 말아야 한다.
⑤ 착용 후 지상에서 각각의 사용 상태에 맞는 체중을 걸고 각 부품의 이상 유무를 확인한 후 사용하도록 하여야 한다.
⑥ 안전대를 지지하는 대상물을 로프의 이동에 의해 로프가 벗겨지거나 빠질 우려가 없는 구조로 충격에 충분히 견딜 수 있어야 한다.

⑦ 안전대를 지지하는 대상물에 추락 시 로프를 절단할 위험이 있는 예리한 각이 있는 경우에 로프가 예리한 각에 접촉하지 않도록 충분한 조치를 하여야 한다.

(3) 호흡용 보호구

1) 방진 마스크(dust mask)

① 종류

| 표 1-12 | 방진 마스크의 종류

종 류	분리식		안면부 여과식	사용 조건
	격리식	직결식		
형태	• 전면형 • 반면형	• 전면형 • 반면형	• 반면형	산소 농도 18% 이상인 장소에서 사용하여야 한다.

② 종류별 구조 : 방진 마스크의 종류별 구조는 다음과 같다.

| 표 1-13 | 등급 및 사용 장소

등 급	특 급	1급	2급
사용 장소	• 베릴륨 등과 같이 독성이 강한 물질을 함유한 분진 등 발생 장소 • 석면 취급 장소	• 특급 마스크 착용 장소를 제외한 분진 등 발생 장소 • 금속 흄 등과 같이 열적으로 생기는 분진 등 발생 장소 • 기계적으로 생기는 분진 등 발생 장소(규소 등과 같이 2급 마스크를 착용하여도 무방한 경우는 제외한다.)	• 특급 및 1급 마스크 착용 장소를 제외한 분진 등 발생 장소

※ 배기 밸브가 없는 안면부 여과식 마스크는 특급 및 1급 마스크 착용 장소에서 사용하여서는 아니된다.

| 표 1-14 | 종류별 구조

종 류	분리식		안면부 여과식
	격리식	직결식	
구조	안면부, 여과재, 연결관, 흡기 밸브, 배기 밸브 및 머리끈으로 구성되며 여과재에 의해 분진이 제거된 깨끗한 공기가 연결관을 통하여 흡기 밸브로 흡입되고 체내의 공기는 배기 밸브를 통하여 외기 중으로 배출하게 되는 것으로 부품을 자유롭게 교환할 수 있는 것을 말한다.	안면부, 여과재, 흡기 밸브, 배기 밸브 및 머리끈으로 구성되며 여과재에 의해 분진이 제거된 깨끗한 공기가 흡기 밸브를 통하여 흡입되고 체내의 공기는 배기 밸브를 통하여 외기 중으로 배출하게 되는 것으로 부품을 자유롭게 교환할 수 있는 것을 말한다.	여과재로 된 안면부와 머리끈으로 구성되며 여과재인 안면부에 의해 분진을 여과한 깨끗한 공기가 흡입되고 체내의 공기는 여과재인 안면부를 통해 외기 중으로 배출되는 것으로(배기 밸브가 있는 것은 배기 밸브를 통하여 배출) 부품이 교환될 수 없는 것을 말한다.

③ **재료** : 방진 마스크의 재료는 다음의 조건에 적합한 것이어야 한다.

㉠ 안면에 밀착하는 부분은 피부에 장해를 주지 않아야 한다.

㉡ 여과재는 여과 성능이 우수하고 인체에 장해를 주지 않아야 한다.

㉢ 방진 마스크에 사용하는 금속 부품은 부식되지 않아야 한다.

㉣ 전면형의 경우 사용할 때 충격을 받을 수 있는 부품은, 충격 시에 마찰 스파크가 발생되어 가연성의 가스 혼합물을 점화시킬 수 있는 알루미늄, 마그네슘, 티타늄 또는 이의 합금으로 만들어서는 안 된다.

㉤ 반면형의 경우 사용할 때 충격을 받을 수 있는 부품은, 충격 시에 마찰 스파크가 발생되어 가연성의 가스 혼합물을 점화시킬 수 있는 알루미늄, 마그네슘, 티타늄 또는 이의 합금을 최소한 사용하여 만들어야 한다.

④ **크기**

㉠ 방진 마스크의 일반 구조는 다음의 조건에 적합한 것이어야 한다.

- 착용 시 이상한 압박감 또는 고통을 주지 않아야 한다.
- 전면형은 호흡 시에 투시부가 흐려지지 않아야 한다.
- 분리식 마스크에 있어서는 여과재, 흡기 밸브, 배기 밸브 및 머리끈을 쉽게 교환할 수 있고 착용자 자신이 안면과 분리식 마스크의 안면부와의 밀착성 여부를 수시로 검사할 수 있어야 한다.
- 안면부 여과식 마스크에 있어서는 여과재로 된 안면부가 사용 기간 중 심하게 변형되지 않아야 한다.
- 안면부 여과식 마스크에 있어서는 여과재를 안면에 적합하게 밀착시킬 수 있어야 한다.

㉡ 방진 마스크의 각 부의 구조는 다음의 조건에 적합한 것이어야 한다.

- 방진 마스크는 쉽게 착용되어야 하고, 착용하였을 때 안면부가 안면에 밀착되어 공기가 새지 않아야 한다.
- 흡기 밸브는 미약한 호흡에 대하여 확실하고 예민하게 작동하여야 한다.
- 배기 밸브는 방진 마스크의 내부와 외부의 압력이 같을 경우 항상 닫혀 있어야 한다. 또한 미약한 호흡에 대하여 확실하고 예민하게 작동하여야 하며 외부의 힘에 의하여 손상되지 않도록 덮개 등으로 보호되어 있어야 한다.
- 연결관(격리식에 한한다.)은 신축성이 좋아야 하고 여러 모양이 구부러진 상태에서도 통기에 지장이 없어야 한다. 또한 턱이나 팔의 압박이 있는 경우에도 통기의 지장이 없어야 하며 목의 운동에 지장을 주지 않을 정도의 길이를 가져야 한다.
- 머리끈은 적당한 길이 및 탄력성을 갖고 길이를 쉽게 조설할 수 있는 것이어야 한다.

⑤ 성능 기준 : 방진 마스크의 항목별 성능 기준은 다음과 같다.

| 표 1-15 | 항목별 성능 기준

항 목	기 준			
안면부 흡기 저항	종 류	형태 또는 등급	유 량(l/min)	차 압(Pa)
	분리식	전면형	160	250 이하
			30	50 이하
			95	150 이하
		반면형	160	200 이하
			30	50 이하
			95	130 이하
	안면부 여과식	특급	30	100 이하
		1급		70 이하
		2급		60 이하
		특급	95	300 이하
		1급		240 이하
		2급		210 이하
여과재 분진 등 포집 효율	종 류	등 급	염화나트륨(NaCl) 및 파라핀 오일(Paraffin oil) 시험(%)	
	분리식	특급	99.95 이상	
		1급	94.0 이상	
		2급	80.0 이상	
	안면부 여과식	특급	99.0 이상	
		1급	94.0 이상	
		2급	80.0 이상	
안면부 배기 저항	종 류	유 량(l/min)	차 압(Pa)	
	분리식	160	300 이하	
	안면부 여과식	160	300 이하	

<table>
<tr><th>항 목</th><th>기 준</th></tr>
<tr><td>안면부
누설률</td><td>
<table>
<tr><th>종 류</th><th>형태 또는 등급</th><th>누설률(%)</th></tr>
<tr><td rowspan="2">분리식</td><td>전면형</td><td>0.05 이하</td></tr>
<tr><td>반면형</td><td>5 이하</td></tr>
<tr><td rowspan="3">안면부
여과식</td><td>특급</td><td>5 이하</td></tr>
<tr><td>1급</td><td>11 이하</td></tr>
<tr><td>2급</td><td>25 이하</td></tr>
</table>
</td></tr>
<tr><td>배기 밸브
작동</td><td>정확하게 작동할 것</td></tr>
<tr><td>시야</td><td>
<table>
<tr><th rowspan="2">종 류</th><th rowspan="2">부 품</th><th colspan="2">시 야(%)</th></tr>
<tr><th>유효 시야</th><th>겹침 시야</th></tr>
<tr><td rowspan="2">전면형</td><td>1안식</td><td>70 이상</td><td>80 이상</td></tr>
<tr><td>2안식</td><td>70 이상</td><td>20 이상</td></tr>
</table>
</td></tr>
<tr><td>강도, 신장률
및 영구
변형률</td><td>
<table>
<tr><th>종류 및
형태</th><th>부 품</th><th>강도 기준</th><th>신장률
기준(%)</th><th>영구 변형률
기준(%)</th></tr>
<tr><td rowspan="4">분리식
전면형</td><td>머리끈과 안면부의 연결부</td><td>찢어짐 또는
끊어짐이 없을 것</td><td>–</td><td>–</td></tr>
<tr><td>머리끈</td><td>–</td><td>100 이하</td><td>5 이하</td></tr>
<tr><td>안면부와 나사 연결부</td><td>찢어짐 또는
끊어짐이 없을 것</td><td>–</td><td>–</td></tr>
<tr><td>배기 밸브 덮개</td><td>이탈되지 않을 것</td><td>–</td><td>–</td></tr>
<tr><td rowspan="3">분리식
반면형</td><td>머리끈과 안면부의 연결부</td><td>찢어짐 또는
끊어짐이 없을 것</td><td>–</td><td>–</td></tr>
<tr><td>안면부와 여과재의 연결부</td><td>찢어짐 또는
끊어짐이 없을 것</td><td>–</td><td>–</td></tr>
<tr><td>배기 밸브 덮개</td><td>이탈되지 않을 것</td><td>–</td><td>–</td></tr>
<tr><td>안면부
여과식</td><td>배기 밸브 덮개</td><td>이탈되지 않을 것</td><td>–</td><td>–</td></tr>
<tr><td>분리식</td><td>음성 전달판의 조립부</td><td>이탈되지 않을 것</td><td>–</td><td>–</td></tr>
</table>
</td></tr>
</table>

<table>
<tr><th>항 목</th><th colspan="4">기 준</th></tr>
<tr><td>불연성</td><td colspan="4">불꽃을 제거했을 때 계속적으로 타지 않을 것</td></tr>
<tr><td>음성
전달판</td><td colspan="4">찢어지거나 변형이 없을 것</td></tr>
<tr><td>투시부
내충격성</td><td colspan="4">이탈, 균열, 깨어짐 및 갈라짐이 없을 것</td></tr>
<tr><td rowspan="3">여과재
질량</td><td colspan="2">형 태</td><td colspan="2">질 량(g)</td></tr>
<tr><td rowspan="2">분리식</td><td>전면형</td><td colspan="2">500 이하</td></tr>
<tr><td>반면형</td><td colspan="2">300 이하</td></tr>
<tr><td rowspan="7">여과재
호흡 저항</td><td colspan="2">종류 및 등급</td><td>유 량(l/min)</td><td>차 압(Pa)</td></tr>
<tr><td rowspan="6">분리식</td><td rowspan="2">특급</td><td>30</td><td>120 이하</td></tr>
<tr><td>95</td><td>420 이하</td></tr>
<tr><td rowspan="2">1급</td><td>30</td><td>70 이하</td></tr>
<tr><td>95</td><td>240 이하</td></tr>
<tr><td rowspan="2">2급</td><td>30</td><td>60 이하</td></tr>
<tr><td>95</td><td>210 이하</td></tr>
</table>

⑥ 방진 마스크의 구비 조건

㉠ 여과 효율이 좋을 것

㉡ 흡 · 배기 저항이 낮을 것

㉢ 사용적이 적을 것

㉣ 중량이 가벼울 것

㉤ 시야가 넓을 것(하방 시야 70° 이상)

㉥ 안면 밀착성이 좋을 것

㉦ 피부 접촉 부위의 고무질이 좋을 것

연구 **여과재의 분진 등 포집 효율 시험**

$$P(\%) = \frac{C_1 - C_2}{C_1} \times 100$$

여기서, P : 여과재의 분진 등 포집 효율(%)

C_1 : 여과재의 통과 전 농도(mg/m^3)

C_2 : 여과재의 통과 후 농도(mg/m^3)

2) 방독 마스크

① 종류 및 등급

| 표 1-16 | 방독 마스크의 종류

종 류	시험 가스
유기 화합물용	시클로헥산(C_6H_{12})
할로겐용	염소가스 또는 증기(Cl_2)
황화수소용	황화수소가스(H_2S)
시안화수소용	시안화수소가스(HCN)
아황산용	아황산가스(SO_2)
암모니아용	암모니아가스(NH_3)

| 표 1-17 | 방독 마스크의 등급

등 급	사용 장소
고농도	가스 또는 증기의 농도가 100분의 2(암모니아에 있어서는 100분의 3) 이하의 대기 중에서 사용하는 것
중농도	가스 또는 증기의 농도가 100분의 1(암모니아에 있어서는 100분의 1.5) 이하의 대기 중에서 사용하는 것
저농도 및 최저 농도	가스 또는 증기의 농도가 100분의 0.1 이하의 대기 중에서 사용하는 것으로서 긴급용이 아닌 것
[비고] 방독 마스크는 산소 농도가 18% 이상인 장소에서 사용하여야 하고, 고농도와 중농도에서 사용하는 방독 마스크는 전면형(격리식, 직결식)을 사용해야 한다.	

② 종류에 따른 형상 및 사용 범위 : 방독 마스크의 종류는 다음과 같다.

| 표 1-18 | 종류에 따른 형상 및 사용 범위

종 류	형상 및 사용 범위
격리식	정화통, 연결관, 흡기 밸브, 안면부, 배기 밸브 및 머리끈으로 구성되고, 정화통에 의해 가스 또는 증기를 여과한 청정공기를 연결관을 통하여 흡입하고 배기는 배기 밸브를 통하여 외기 중으로 배출하는 것으로서 가스 또는 증기의 농도가 2%(암모니아에 있어서는 3%) 이하의 대기 중에서 사용하는 것
직결식	정화통, 흡기 밸브, 안면부, 배기 밸브 및 머리끈으로 구성되고, 정화통에 의해 가스 또는 증기를 여과한 청정공기를 흡기 밸브를 통하여 흡입하고 배기는 배기 밸브를 통하여 외기 중으로 배출하는 것으로서 가스 또는 증기의 농도가 1%(암모니아에 있어서는 1.5%) 이하의 대기 중에서 사용하는 것
직결식 소형	정화통, 흡기 밸브, 안면부, 배기 밸브 및 머리끈으로 구성되고, 정화통에 의해 가스 또는 증기를 여과한 청정공기를 흡기 밸브를 통하여 흡입하고 배기 밸브를 통하여 외기 중으로 배출하는 것으로서 가스 또는 증기의 농도가 0.1% 이하의 대기 중에서 사용하는 것으로서 긴급용이 아닌 것

③ 표시 등

㉠ 정화통에는 제조자명, 제조 연월일, 검정 합격 번호 및 규격을 표시하여야 한다.

㉡ 정화통에는 다음 사항을 기재하거나 기재한 인쇄물이 첨부되어야 한다.

- 정화통의 외부 측면의 표시색
- 사용상의 주의 사항
- 파과 곡선도
- 사용 시간 기록 카드

| 표 1-19 | 정화통 외부 측면의 표시색

종 류	표시색
유기 화합물용 정화통	갈색
할로겐용 정화통	회색
황화수소용 정화통	
시안화수소용 정화통	
아황산용 정화통	노란색
암모니아용 정화통	녹색
복합용 및 겸용의 정화통	• 복합용의 경우 : 해당 가스 모두 표시(2층 분리) • 겸용의 경우 : 백색과 해당 가스 모두 표시(2층 분리)

| 표 1-20 | 시험 가스의 조건 및 파과 농도, 파과 시간 등

종류 및 등급		시험 가스의 조건		파과 농도 (ppm, ±20%)	파과 시간 (분)	분진 포집 효율(%)
		시험 가스	농 도(%) (±10%)			
유기 화합물용	고농도	시클로헥산	0.8	10.0	65 이상	** 특급 : 99.95 1급 : 94.0 2급 : 80.0
	중농도		0.5		35 이상	
	저농도		0.1		70 이상	
	최저 농도		0.1		20 이상	
할로겐용	고농도	염소가스	1.0	0.5	30 이상	
	중농도		0.5		20 이상	
	저농도		0.1		20 이상	
황화수소용	고농도	황화수소가스	1.0	10.0	60 이상	
	중농도		0.5		40 이상	
	저농도		0.1		40 이상	

종류 및 등급		시험 가스의 조건		파과 농도 (ppm, ±20%)	파과 시간 (분)	분진 포집 효율(%)
		시험 가스	농 도(%) (±10%)			
시안화수소용	고농도	시안화수소가스	1.0	10.0*	35 이상	
	중농도		0.5		25 이상	
	저농도		0.1		25 이상	
아황산용	고농도	아황산가스	1.0	5.0	30 이상	
	중농도		0.5		20 이상	
	저농도		0.1		20 이상	
암모니아용	고농도	암모니아가스	1.0	25.0	60 이상	
	중농도		0.5		40 이상	
	저농도		0.1		50 이상	

주 * 시안화수소가스에 의한 제독 능력 시험 시 시아노겐(C_2N_2)은 시험 가스에 포함될 수 있다. (C_2N_2+HCN)를 포함한 파과 농도는 10ppm을 초과할 수 없다.

** 겸용의 경우 정화통과 여과재가 장착된 상태에서 분진 포집 효율 시험을 하였을 때 등급에 따른 기준치 이상일 것

3) 송기 마스크

① 종류 및 등급

㉠ 송기 마스크의 종류 및 등급은 다음과 같다.

| 표 1-21 | 종류 및 등급

종 류	등 급		구 분
호스 마스크	폐력 흡인형		안면부
	송풍기형	전동	안면부, 페이스 실드, 후드
		수동	안면부
에어라인 마스크	일정 유량형		안면부, 페이스 실드, 후드
	디멘드형		안면부
	압력 디멘드형		안면부
복합식 에어라인 마스크	디멘드형		안면부
	압력 디멘드형		안면부

㉡ 송기 마스크의 종류에 따른 형상 및 사용 범위는 다음과 같다.

| 표 1-22 | 종류에 따른 형상 및 사용 범위

종 류	등 급	형상 및 사용 범위
호스 마스크	폐력 흡인형	호스의 끝을 신선한 공기 중에 고정시키고 호스, 안면부를 통하여 착용자가 자신의 폐력으로 공기를 흡입하는 구조로서, 호스는 원칙적으로 안지름 19mm 이상, 길이 10m 이하일 것
	송풍기형	전동 또는 수동의 송풍기를 신선한 공기 중에 고정시키고 호스, 안면부 등을 통하여 송기하는 구조로서, 송기 풍량의 조절을 위한 유량 조절 장치(수동 송풍기를 사용하는 경우는 공기 조절 주머니도 가능) 및 송풍기에는 교환이 가능한 필터를 구비하여야 하며, 안면부를 통해 송기하는 것은 송풍기가 사고로 정지된 경우에도 착용자가 자기 폐력으로 호흡할 수 있는 것
에어라인 마스크	일정 유량형	압축 공기관, 고압 공기 용기 및 공기 압축기 등으로부터 중압 호스, 안면부 등을 통하여 압축 공기를 착용자에게 송기하는 구조로서, 중간에 송기 풍량을 조절하기 위한 유량 조절 장치를 갖추고 압축 공기 중의 분진, 기름 미스트 등을 여과하기 위한 여과 장치를 구비한 것
	디멘드형 및 압력 디멘드형	일정 유량형과 같은 구조로서 공급 밸브를 갖추고 착용자의 호흡량에 따라 안면부 내로 송기하는 것
복합식 에어라인 마스크	디멘드형 및 압력 디멘드형	보통의 상태에서는 디멘드형 또는 압력 디멘드형으로 사용할 수 있으며, 급기의 중단 등 긴급 시 또는 작업상 필요 시에는 보유한 고압 공기 용기에서 급기를 받아 공기 호흡기로서 사용할 수 있는 구조로서, 고압 공기 용기 등은 KS P 8155(공기 호흡기)의 규정에 의한 것

② 성능 기준 : 송기 마스크의 성능 기준은 다음과 같다.

| 표 1-23 | 성능 기준

항 목	성 능			
	종 류	등 급		누설률(%)
안면부의 누설률(%)	호스 마스크	폐력 흡인형		0.05 이하
		송풍기형	전동	2 이하
			수동	2 이하
	에어라인 마스크	일정 유량형		3 미만
		디멘드형		0.05 이하
		압력 디멘드형		0.05 이하
	복합식 에어라인 마스크	디멘드형		0.05 이하
		압력 디멘드형		0.05 이하

<table>
<tr><th>항 목</th><th>성 능</th></tr>
<tr><td>페이스 실드 또는 후드를 사용한 송기 마스크의 방호율(%)</td><td>5 이하</td></tr>
<tr><td>저압부의 기밀성</td><td>공기 누설이 없을 것</td></tr>
<tr><td>배기 밸브의 작동 기밀성</td><td>1. 공기를 흡인하였을 때 바로 내부가 감압될 것
2. 내외의 압력차가 $10mmH_2O$가 될 때까지의 시간이 15초 이상일 것</td></tr>
<tr><td>안면부 내의 압력(mmH_2O)</td><td>
<table>
<tr><th>종 류</th><th>흡기량(l/min)</th><th>압 력(Pa)</th></tr>
<tr><td rowspan="2">디멘드형</td><td>30</td><td>−245 이상 0 이하</td></tr>
<tr><td>150</td><td>−685 이상 0 이하</td></tr>
<tr><td rowspan="2">압력 디멘드형</td><td>0</td><td>98 이상 588 이하</td></tr>
<tr><td>0 초과 200 이하</td><td>0 이상</td></tr>
</table>
</td></tr>
<tr><td>통기 저항(mmH_2O)</td><td>
<table>
<tr><th colspan="2">종 류</th><th>흡·배기량(l/min)</th><th>저 항(Pa)</th></tr>
<tr><td colspan="2" rowspan="2">폐력 흡인형 호스 마스크의 흡기 저항</td><td>30</td><td>148 이하</td></tr>
<tr><td>85</td><td>588 이하</td></tr>
<tr><td rowspan="7">안면부를 가진 송기 마스크의 배기 저항</td><td>폐력 흡인형 호스 마스크</td><td>85</td><td>196 이하</td></tr>
<tr><td>송풍기형 호스 마스크 및 일정 유량형 에어라인 마스크</td><td>135</td><td>343 이하</td></tr>
<tr><td rowspan="2">디멘드형 AL 마스크</td><td>30</td><td>69 이하</td></tr>
<tr><td>150</td><td>490 이하</td></tr>
<tr><td rowspan="2">압력 디멘드형 AL 마스크</td><td>30</td><td>686 이하</td></tr>
<tr><td>150</td><td>980 이하</td></tr>
</table>
</td></tr>
<tr><td>호스 및 중압 호스</td><td>
<table>
<tr><th>수압 시험</th><td>파열, 누설, 국부적인 부풀음 등의 이상이 없을 것</td></tr>
<tr><th>변형 시험</th><td>심한 변형이 없고 또한 통기에 지장이 없을 것</td></tr>
<tr><th>구부림 시험</th><td>통기에 지장이 없을 것</td></tr>
</table>
</td></tr>
<tr><td>호스 및 중압 호스 연결부</td><td>
<table>
<tr><th>인장 시험</th><td>이상이 없고 분리되지 않을 것</td></tr>
<tr><th>누출 시험</th><td>공기 누출이 없을 것</td></tr>
</table>
</td></tr>
<tr><td>송풍기</td><td>1. 안면부 등의 흡입구에서는 풍량이 50l/min 이상이고 베어링 등 작동부에 이상이 없으며, 수동 송풍기의 송풍기 1개당 소비 에너지는 150W를 초과하지 않을 것
2. 송기구 1개당의 풍량이 100l/min 이상, 압력이 127.5kPa 이상일 것</td></tr>
<tr><td>송풍기형 호스 마스크의 분진 포집 효율(%)</td><td>
<table>
<tr><th>등 급</th><th>효 율</th></tr>
<tr><td>전동</td><td>99.8 이상</td></tr>
<tr><td>수동</td><td>95 이상</td></tr>
</table>
</td></tr>
<tr><td>일정 유량형 에어라인 마스크의 공기 공급량(l/min)</td><td>
<table>
<tr><th>등급별 구분</th><th>공기 공급량</th></tr>
<tr><td>안면부</td><td>85 이상</td></tr>
<tr><td>페이스 실드 및 후드</td><td>120 이상</td></tr>
</table>
</td></tr>
<tr><td>기타의 구조</td><td>제143조의 규정에 적합할 것</td></tr>
</table>

(4) 차광 보안경

1) 차광 보안경의 종류

| 표 1-24 | 사용 구분에 따른 차광 보안경의 종류

종 류	사용 구분
자외선용	자외선이 발생하는 장소
적외선용	적외선이 발생하는 장소
복합용	자외선 및 적외선이 발생하는 장소
용접용	산소 용접 작업 등과 같이 자외선, 적외선 및 강렬한 가시광선이 발생하는 장소

2) 보안경의 일반 조건

| 표 1-25 | 보안경의 일반 조건

<table>
<tr><th>조 건</th><th>내 용</th></tr>
<tr><td>일반 구조</td><td>차광 보안경의 일반 구조는 다음과 같이 한다.
1. 차광 보안경에는 돌출 부분, 날카로운 모서리 혹은 사용 도중 불편하거나 상해를 줄 수 있는 결함이 없어야 한다.
2. 착용자와 접촉하는 차광 보안경의 모든 부분에는 피부 자극을 유발하지 않는 재질을 사용해야 한다.
3. 머리띠를 착용하는 경우, 착용자의 머리와 접촉하는 모든 부분의 폭이 최소한 10mm 이상 되어야 하며, 머리띠는 조절이 가능해야 한다.</td></tr>
<tr><td>시야 범위</td><td>수평 22.0mm, 수직 20.0mm 이상이어야 한다.</td></tr>
<tr><td>표면</td><td>표면에 기포, 발포, 반점, 성형 자국, 구멍, 침전물 등이 없어야 한다.</td></tr>
<tr><td>내노후성</td><td>내노후성은 다음과 같이 한다.
1. 고온 안정성 시험 후 보안경의 변형이 없어야 한다.
2. 자외선 조사 후 시감 투과율 차이가 적합해야 한다.
[비고] 유리 보안경 제외</td></tr>
<tr><td>내충격성</td><td>필터에 파손이나 변형이 없어야 한다.</td></tr>
<tr><td>굴절력</td><td>
<table>
<tr><th rowspan="3">성능 수준 (Class)</th><th rowspan="3">구면 굴절력 (m^{-1})</th><th rowspan="3">난시 굴절력 (m^{-1})</th><th colspan="3">각주 굴절력(cm/m)</th></tr>
<tr><th colspan="2">수 평</th><th rowspan="2">수 직</th></tr>
<tr><th>기저 외부</th><th>기저 내부</th></tr>
<tr><td>1</td><td>±0.06</td><td>0.06</td><td>0.75</td><td>0.25</td><td>0.25</td></tr>
<tr><td>2</td><td>±0.12</td><td>0.12</td><td>1.00</td><td>0.25</td><td>0.25</td></tr>
<tr><td>3</td><td>+0.12/
−0.25</td><td>0.25</td><td>1.00</td><td>0.25</td><td>0.25</td></tr>
</table>
</td></tr>
<tr><td>차광 능력</td><td>차광 능력치에 적합해야 한다.</td></tr>
</table>

조 건	내 용			
	시감 투과율		투과율 차이(최대 : %)	
	미만(%)	최대(%)	P_1, P_2	P_3
시감 투과율 차이(%)	100	17.8	5	5
	17.8	0.44	10	10
	0.44	0.023	15	15
	0.023	0.0012	20	20
	0.0012	0.000023	30	20
내식성	부식이 없어야 한다.			
내발화성	발화 또는 적열이 없어야 한다.			

(5) 안전화

1) 안전화의 종류

| 표 1-26 | 종류 및 성능 구분

종 류	성능 구분
가죽제 안전화	물체의 낙하, 충격 및 바닥으로부터의 날카로운 물체에 의한 찔림 위험으로부터 발을 보호하기 위한 것
고무제 안전화	물체의 낙하, 충격 또는 날카로운 물체에 의한 찔림 위험으로부터 발을 보호하고 또는 내화학성을 겸한 것
정전기 안전화	물체의 낙하, 충격 또는 날카로운 물체에 의한 찔림 위험으로부터 발을 보호하고 정전기의 인체 대전을 방지하기 위한 것
발등 안전화	물체의 낙하, 충격 또는 날카로운 물체에 의한 찔림 위험으로부터 발 및 발등을 보호하기 위한 것
절연화	물체의 낙하, 충격 또는 날카로운 물체에 의한 찔림 위험으로부터 발을 보호하고 저압의 전기에 의한 감전을 방지하기 위한 것
절연 장화	고압에 의한 감전을 방지 및 방수를 겸한 것

2) 등급

안전화의 등급은 겉창 재질 및 사용 장소에 따라 다음과 같이 구분한다. 단, 선심이 없는 안전화는 제외한다.

| 표 1-27 | 등급 및 사용 장소

작업 구분	등 급(기호)		사용 장소
	고 무	PU	
중작업용	H	-	광업, 건설업 및 철광업에서 원료 취급, 가공, 강재 취급 및 강재 운반, 건설업 등에서 중량물 운반 작업, 가공 대상물의 중량이 큰 물체를 취급하는 작업장으로서 날카로운 물체에 찔릴 우려가 있는 장소
보통 작업용	S	PU-S	기계 공업, 금속 가공업, 운반, 건축업 등 공구 가공품을 손으로 취급하는 작업 및 차량 사업장, 기계 등을 운전 조작하는 일반 작업장으로서 날카로운 물체에 찔릴 우려가 있는 장소
경작업용	L	PU-L	금속선별, 전기 제품 조립, 화학품 선별, 반응 장치 운전, 식품 가공업 등 비교적 경량의 물체를 취급하는 작업장으로서 날카로운 물체에 찔릴 우려가 있는 장소

※ PU란 고무 원료인 탄성체인 주사슬에 탄소, 산소 및 질소를 가진 우레탄고무(U분류)를 겉창으로 사용한 안전화를 말하며 용접, 고열 또는 화기 취급 작업장에서는 사용을 피해야 한다.

3) 성능 기준

안전화의 성능 기준은 다음과 같다.

| 표 1-28 | 성능 기준

항 목	기 준
내압박성 및 내충격성	• 중작업용, 보통 작업용 및 경작업용 : 15mm 이상 • 시험 후 선심의 높이 : 22mm 이상
박리 저항	• 중작업용 및 보통 작업용 : 0.4kgf/mm 이상 • 경작업용 : 0.3kgf/mm 이상
내답발성	• 중작업용 및 보통 작업용 : 철못에 관통하지 않을 것

4) 안전화의 일반적 구조

① 제조하는 과정에서 발가락 끝부분에 선심을 넣어 압박 및 충격에 대하여 착용자의 발가락을 보호할 수 있을 것

② 착용감이 좋고 작업에 편리할 것

③ 견고하게 제작되어야 하며 부분품의 마무리가 확실하고 형상은 균형이 있을 것

④ 선심의 내측은 헝겊, 가죽, 고무 또는 플라스틱 등으로 감싸고 특히 후단부의 내측은 보강되어야 한다.

5) 고무제 안전화

① **구분 및 사용 장소** : 고무제 안전화(이하 "안전화"라 한다.)는 그 사용 장소에 따라 다음과 같이 구분한다.

|표 1-29| 구분 및 사용 장소

구 분	사용 장소
일반용	일반 작업장
내유용	탄화수소류의 윤활유 등을 취급하는 작업장
내산용	무기산을 취급하는 작업장
내알칼리용	알칼리를 취급하는 작업장
내산 · 알칼리 겸용	무기산 및 알칼리를 취급하는 작업장

② **일반 구조** : 안전화의 일반 구조는 다음에서 규정하는 조건을 만족하여야 한다.

㉠ 안전화는 방수 또는 내화학성의 재료(고무, 합성수지 등)를 사용하여 견고하게 만들어지고 가벼우며 또한 착용하기에 편안하고, 활동하기 쉬워야 한다.

㉡ 안전화는 물, 산 또는 알칼리 등이 안전화 내부로 쉽게 들어가지 않도록 되어 있어야 하며, 또한 겉창, 뒷굽, 테이프, 기타 부분의 접착이 양호하여 물, 기름, 산 또는 알칼리 등이 새어들지 않도록 하여야 한다.

㉢ 안전화 내부에 부착하는 안감, 안창포 및 심지포(이하 "안감 및 기타 포"라 한다.)에 사용되는 메리야스, 융 등은 사용 목적에 따라 적합한 조직의 재료를 사용하고 견고하게 제조하여 모양이 균일하도록 할 것. 다만, 분진 발생 및 고온 작업 장소에서 사용되는 안전화는 안감 및 기타 포를 부착하지 아니할 수 있다.

㉣ 겉창(굽 포함), 몸통, 신울, 기타 접합 부분 또는 부착 부분은 밀착이 양호하며, 물이 새지 않고 고무 및 포에 부착된 박리고무의 부풀음 등 흠이 없도록 할 것

㉤ 선심의 안쪽은 포, 고무 또는 플라스틱 등으로 붙이고 특히, 선심 뒷부분의 안쪽은 보강되도록 할 것

㉥ 안쪽과 골씌움이 안전하도록 할 것

㉦ 부속품의 접착은 견고하도록 할 것

㉧ 에나멜을 칠한 것은 에나멜이 벗겨지지 않아야 하고 건조가 충분하여야 하며 몸통과 신울에 칠한 면이 대체로 평활하고, 칠한 면을 겉으로 하여 180°로 구부렸을 때, 에나멜을 칠한 면에 균열이 생기지 않도록 할 것

㉨ 안전화의 각 부분의 재료 및 외관은 위험한 홈, 균열, 기공, 기포, 이물 혼입, 기타 유사한 결점이 없도록 할 것

참고

작업 조건에 적합한 보호구를 동시에 작업하는 근로자 수 이상으로 지급하고 이를 착용하도록 하여야 한다.
1. 물체가 떨어지거나 날아올 위험 또는 근로자가 감전되거나 추락할 위험이 있는 작업 : 안전모
2. 높이 또는 깊이 2미터 이상의 추락할 위험이 있는 장소에서의 작업 : 안전대
3. 물체의 낙하 · 충격, 물체에의 끼임, 감전 또는 정전기의 대전에 의한 위험이 있는 작업 : 안전화
4. 물체가 날아 흩어질 위험이 있는 작업 : 보안경
5. 용접 시 불꽃 또는 물체가 날아 흩어질 위험이 있는 작업 : 보안면
6. 감전의 위험이 있는 작업 : 안전장갑
7. 고열에 의한 화상 등의 위험이 있는 작업 : 방열복
8. 선창 등에서 분진(粉塵)이 심하게 발생하는 하역 작업 : 방진 마스크
9. 섭씨 영하 18도 이하인 급냉동 어창에서 하는 하역작업 : 방한모 · 방한복 · 방한화 · 방한장갑
10. 물건을 운반하거나 수거 · 배달하기 위하여 「자동차관리법」 제3조 제1항 제5호에 따른 이륜자동차(이하 "이륜자동차"라 한다)를 운행하는 작업 : 「도로교통법 시행규칙」 제32조 제1항 각 호의 기준에 적합한 승차용 안전모

5.3 안전 표지

(1) 안전 표지의 목적

안전 표지는 유해하고 위험한 기계, 기구나 장소, 자재의 직접적인 위험성을 경고함으로서 작업 환경을 통제하여 예상되는 재해를 사전에 예방하는 것으로, 시각적 자극으로 주의력을 키워 인간의 불안전한 행동을 배제하고 재해를 예방, 안전한 상태를 유지하기 위해 부착한다.

(2) 안전 표지의 구성

① 모양(형상)
② 색깔
③ 내용(부호 · 그림 · 문자 등)

(3) 안전 표지의 종류

① 금지 표지(8종) : 적색 원형 모양에 흑색 부호(지시, 일종의 명령)
② 경고 표지(15종) : 황색 삼각형 모양에 흑색 부호
③ 지시 표지(9종) : 청색 원형 바탕에 백색 부호(지시, 일종의 명령)
④ 안내 표지(7종) : 녹색 사각형 바탕에 백색 부호
⑤ 출입 금지 표지(3종) : 흰색 바탕에 흑색, 적색 글자

(4) 안전 보건 표지의 색채 · 색도 기준 및 용도

| 표 1-30 |　안전 · 보건 표지의 색채, 색도 기준 및 용도

색 채	색도 기준	용 도	사용 예
빨간색	7.5R 4/14	금지	정지 신호, 소화 설비 및 그 장소, 유해 행위의 금지
		경고	화학 물질 취급 장소에서의 유해 · 위험 경고
노란색	5Y 8.5/12	경고	화학 물질 취급 장소에서의 유해 · 위험 경고, 그 밖의 위험 경고, 주의 표지 또는 기계 방호물
파란색	2.5PB 4/10	지시	특정 행위의 지시 및 사실의 고지
녹색	2.5G 4/10	안내	비상구 및 피난소, 사람 또는 차량의 통행 표지
흰색	N9.5		파란색 또는 녹색에 대한 보조색
검정색	N0.5		문자 및 빨간색 또는 노란색에 대한 보조색

참고

1. 허용 오차 범위 : H = ±2, V = ±0.3, C = ±1(H는 색상, V는 명도, C는 채도를 말한다.)
2. 위의 색도 기준은 한국산업규격(KS)에 따른 색의 3속성에 의한 표시 방법(KS A 0062 기술표준원 고시 제2008-0759)에 따른다.

(5) 안전 보건 표지의 종류와 형태

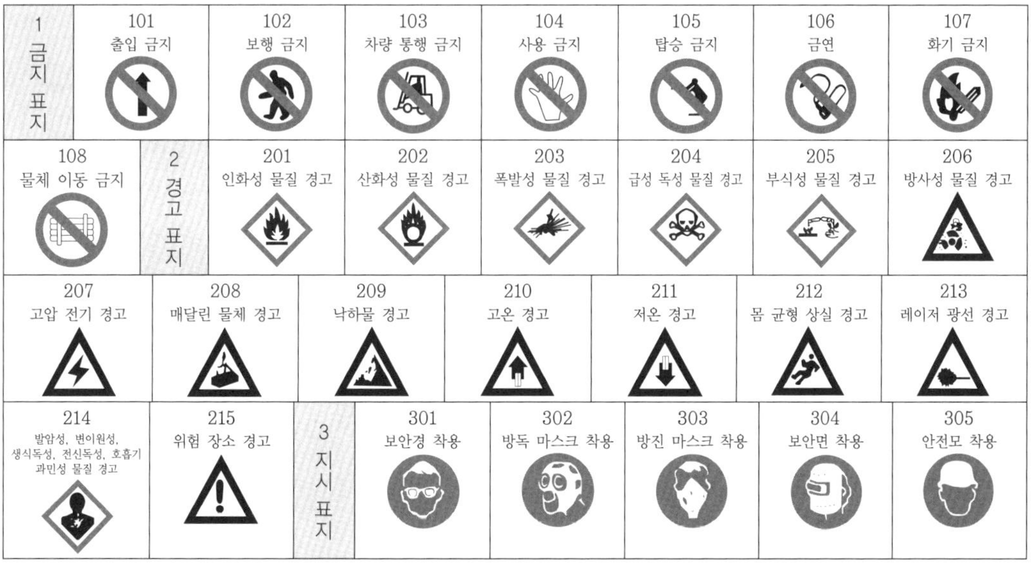

306 귀마개 착용 	307 안전화 착용 	308 안전장갑 착용 	309 안전복 착용 	4 안내 표지	401 녹십자 표시 	402 응급 구호 표시 	403 들것 
404 세안 장치 	405 비상용기구 	406 비상구 		5 출입금지 표지	501 허가 대상 물질 작업 관계자 외 출입금지 (허가 물질 명칭) 제조/사용/보관 중 보호구/보호복 착용 흡연 및 음식물 섭취 금지	502 석면 취급/해체 작업장 관계자 외 출입금지 석면 취급/해체 중 보호구/보호복 착용 흡연 및 음식물 섭취 금지	501 금지 대상 물질의 취급 실험실 등 관계자 외 출입금지 발암 물질 취급 중 보호구/보호복 착용 흡연 및 음식물 섭취 금지
6 문자 추가 시 예시문							

▶ 내 자신의 건강과 복지를 위하여 안전을 늘 생각한다.
▶ 내 가정의 행복과 화목을 위하여 안전을 늘 생각한다.
▶ 내 자신의 실수로서 동료를 해치지 않도록 하기 위하여 안전을 늘 생각한다.
▶ 내 자신이 일으킨 사고로서 오는 회사의 재산과 과실을 방지하기 위하여 안전을 늘 생각한다.
▶ 내 자신의 방심과 불안전한 행동이 조국의 번영에 장애가 되지 않도록 하기 위하여 안전을 늘 생각한다.

| 그림 1-9 | 안전 · 보건 표지의 종류와 형태

(6) 녹십자 표지 부착 위치

1) 녹십자 표지를 부착하는 곳

① 작업복 또는 보호의의 우측 어깨
② 안전모의 좌 · 우면
③ 안전 완장

2) 안전 완장 착용자

① 안전 보건 관리 책임자
② 안전 관리자
③ 관리 감독자

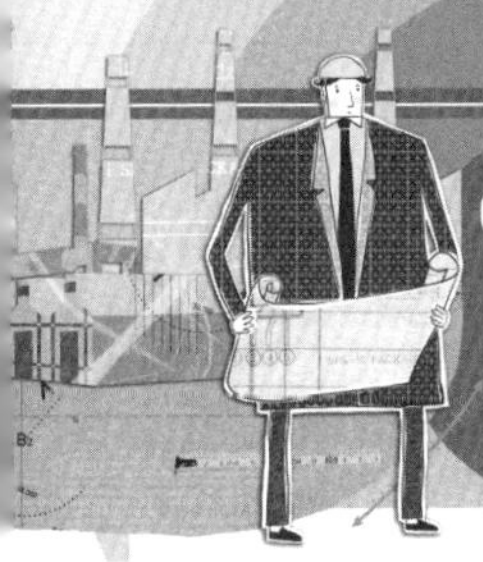

Chapter 06

무재해 운동 등 안전 활동 기법

6.1 무재해 운동

(1) 무재해란?

근로자가 업무에 기인하여 사망 또는 3일 이상 요양을 요하는 부상 또는 질병에 이환되지 않는 경우를 말한다. 다만, 500만원 이상의 물적 손실을 초래한 산업 사고와 직업병으로 판명된 경우 재해로 본다.

(2) 재해 범위

① **산업 재해** : 사망 또는 3일 이상의 요양을 요하는 부상이나 질병에 이환되는 경우

② **산업 사고** : 산업 재해를 수반하지 아니한 경우라 할지라도 사고당 500만원 이상의 재산적 손실이 발생한 경우

(3) 무재해 운동 실시 대상 사업장

① 안전 관리자를 선임해야 할 대상 사업장

② 건설 공사의 경우 도급 금액 10억원 이상인 건설 현장

③ 해외 건설 공사의 경우 상시 근로자 500인 이상이거나 도급 금액 1억불 이상인 건설 현장

(4) 무재해 시간 산정

① 무재해 시간은 운동 개시 보고 후 재해 발생 전일까지의 실근무자 수에 실근로 시간수를 곱한 시간수를 말한다. 다만, 기간 달성 목표 부여 사업장에 대해서는 무재해 운동 개시 보고 후 재해 발생 전일까지의 일수를 말한다.

② 실근로 시간수 산정에 있어서 사무직(생산직이라 할지라도 과장급 이상은 사무직으로 간주한다.)은 1일 8시간으로 산정한다.

(5) 무재해 운동 실천

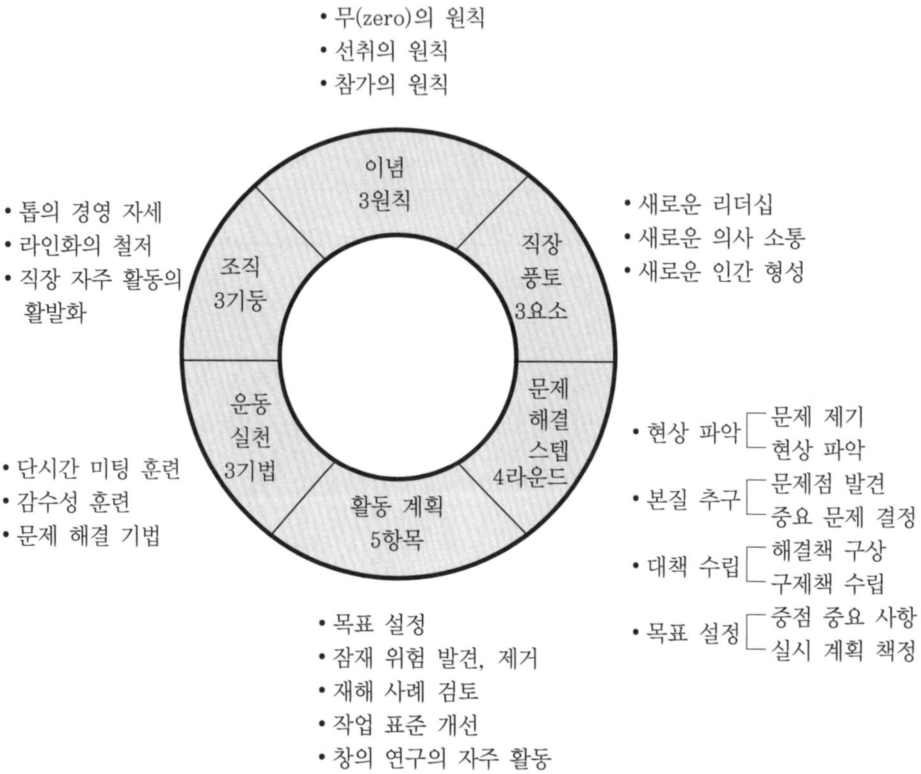

| 그림 1-10 | 무재해 운동 실시 체계 시안

(6) 브레인 스토밍(Brain Stormming) 4원칙

① 비평 금지
② 자유 분방
③ 대량 발언(양적 추구)
④ 수정 발언

(7) 위험 예지 훈련(문제 해결 훈련)

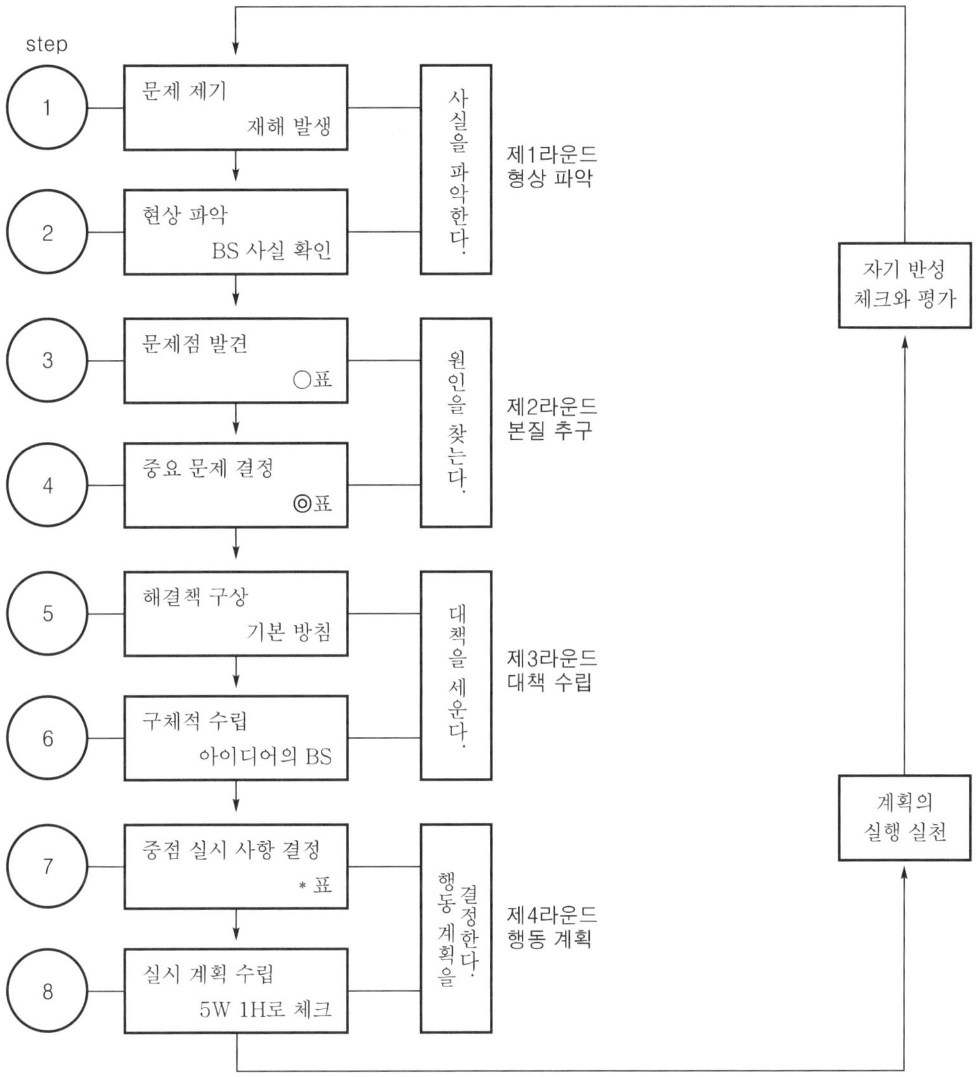

| 그림 1-11 | 문제 해결의 4Round 8단계

|표 1-31| 위험 예지 훈련 진행 방법

준 비		서브팀 편성	팀 분할(3, 4명), 역할 분담, 서브팀 리더 지명
도 입		리더 인사	정렬, 구령, 건강 확인 등
1인 위험 예지 • 리더 • 사회 진행 • 시간 관리	1R	현상 파악 어떤 위험이 잠재하고 있는가?	혼자 도해에 △와 기호 메모 기입 삼각 위험 예지 훈련의 요령
	2R	본질 추구 이것이 위험의 포인트다.(합의 요약)	위험의 포인트→◎표(1항목만) 지적 확인(~해서 ~된다.)
	3R	대책 수립 당신이라면 어떻게 하겠는가?	◎표→구체적으로 도모해 메모한다. (2, 3 항목)
	4R	목표 설정 우리는 이렇게 한다.	구체적=중점 실시 항목(1항목 결정) 행동 목표→지적 확인 (~을 ~하여 ~하자. 좋아.)
발표와 보고 (리더 사회)		1인 위험 예지 훈련 결과 보고 (발표)	◎표의 항목 *표의 중점 실시 항목 행동 목표 원 포인트 지적 확인 항목
확 인		서브팀 내 반성	터치 앤드 콜 무재해로 나가자. 좋아.

(8) TBM(Tool Box Meeting)

TBM이란 직장에서 행하는 안전 미팅으로서, 사고의 직접 원인(불안전한 상태 및 불안전한 행동) 중에서 주로 불안전한 행동을 근절시키기 위해 5, 6인 소집단으로 편성하여 작업장 내에서 적당한 장소를(회의가 아니므로 회의실은 필요없다) 정하여 실시하는 단시간 미팅이다.

1) 미팅 시간

① 아침 작업 개시 전 : 5~15분(통상 이용하는 방법)
② 중식 후 작업 개시 전 : 5~15분
③ 작업 종료 시 : 3~5분(짧은 시간 동안)

2) TBM 5단계

① 제1단계 : 도입-직장 체조, 무재해기 게양, 인사, 안전 연설(1분 연설), 목표 제창
② 제2단계 : 점검·정비-건강, 복장, 공구, 보호구, 사용 기기, 재료 등에 대하여
③ 제3단계 : 작업 지시
④ 제4단계 : 위험 예측-당일 작업에 관한 위험 예측 활동과 위험 예지 훈련 실시
⑤ 제5단계 : 확인-위험에 대한 대책과 팀 목표의 확인, touch and call 실시

Part 01 실·전·문·제

01 법상 안전 보건 표지란 무엇을 뜻하는지 간략히 설명하시오.

해답 근로자의 안전 및 보건을 확보하기 위하여 위험 장소 또는 위험 물질에 대한 경고, 비상시에 대처하기 위한 지시 또는 안내, 기타 근로자의 안전 보건 의식을 고취하기 위한 사항 등을 그림, 기호 및 글자 등으로 표시하여 근로자의 판단이나 행동의 착오로 인하여 산업재해를 일으킬 우려가 있는 작업장의 특정 장소, 시설 또는 물체에 설치 또는 부착하는 표지를 말한다.

02 법에 의한 안전 보건 진단이란?

해답 산업 재해를 예방하기 위하여 잠재적 위험성의 발견과 그 개선 대책의 수립을 목적으로 고용노동부 장관이 지정하는 자가 실시하는 조사, 평가를 말한다.

03 사업장에서 원활한 안전 업무를 추진하기 위하여 안전 관리 cycle이 필요하다. 그 순서는?

해답 1. 계획 2. 실시 3. 검토 4. 조치

04 사업주가 중대 재해가 발생한 때에 법에 의하여 즉시 전화, 모사 전송, 기타 적절한 방법에 의하여 관할 지방 노동관서의 장에게 보고해야 할 사항 5가지는?

해답 1. 발생 개요 및 피해 상황
2. 조치 및 전망
3. 사업장, 재해 유발자, 재해자 개요
4. 발생 경위
5. 기타 재해와 관련되는 주요 사항

05 사업주가 안전 보건 진단을 받아 안전 보건 개선 계획서를 제출해야 하는 대상 사업장을 쓰시오.

해답 1. 중대 재해 발생 사업장
2. 산업 재해 발생률이 같은 업종 평균 산업 재해 발생률의 2배 이상인 사업장
3. 직업성 질병자가 연간 2명 이상 발생한 사업장
4. 작업 환경 불량, 폭발 또는 누출 사고 등으로 사업장 주변까지 피해가 확산된 사업장으로서 고용노동부령으로 정하는 사업장

06 안전 관리 조직을 유효하게 활용하기 위한 안전 평가 시에 활용되는 분석 방법의 3가지 유형은?

해답
1. 안전 활동 분석(직무 분석)
2. 권한 분석(계층별 책임 분석)
3. 관계 분석(부서간 연락 조정 분석)

07 연간 사상 건수 17건, 노동 손실 일수 420일, 노동 총 시간수 237,600시간, 1일 평균 근로자 수 751명일 때 종합 재해 지수는?

해답
빈도율 = (17 / 237,600) × 1,000,000 = 71.5488

강도율 = (420 / 237,600) × 1,000 = 1.7677

$\therefore$ 종합 재해 지수 $= \sqrt{\text{빈도율} \times \text{강도율}} = \sqrt{71.5488 \times 1.7677} = 11.25$

08 다음 물음에 답하시오.

1) 하인리히가 말한 사고 방지에 대한 5단계는?
2) 안전 점검에 있어서 어떤 기간을 두고서 행하는 정밀 점검을 무엇이라 하는가?
3) 페일 세이프란 무엇인가?

해답
1) 1단계 : 안전 관리 조직
   2단계 : 사실의 발견
   3단계 : 분석
   4단계 : 시정 방법의 선정
   5단계 : 시정책의 적용
2) 정기 점검
3) 인간 또는 기계에 과오나 동작상의 실수가 있어도 사고를 발생시키지 않도록 2중, 3중으로 통제를 가하는 것을 말한다.

09 근로자 500명인 사업장에서 3건의 재해가 발생하여 1명이 사망하고 2명이 110일과 30일의 휴업 상해를 당했을 때 연천인율과 강도율을 구하시오. (단, 1일 10시간, 300일 근무)

해답
∴ 연천인율 = (재해자 수/연평균 근로자 수)×111,000 = (3/500)×1,000 = 6.00

강도율 = (근로 손실 일수/근로 총 시간수)×1,000

$$= \frac{7{,}500 + 140 \times (300/365)}{500 \times 10 \times 300} \times 1{,}000 = 5.0767 = 5.08$$

10 신입 사원 A가 롤러기 청소 작업 중 걸레를 쥔 손이 말려 들어가 손이 절단되었다. 다음을 분석하시오.

1) 발생 형태　2) 기인물　3) 기해물
4) 불안전 상태　5) 불안전 행동　6) 가해 부위
7) 상해 부위　8) 상해 종류

해답
1) 협착　2) 롤러기　3) 롤러
4) 방호 장치 미설치　5) 운전 중 청소　6) 협착점(롤러기 맞물림점)
7) 손　8) 절상

11 작업장에서 통계 분석에 의한 재해 분석 방법을 4가지 쓰시오.

해답
1. 팔레토도
2. 관리도
3. 특성 요인도
4. 클로즈 분석

12 보호구를 인체에 대한 에너지 전달의 종류에 따라 분류하면 급성적 장해를 주는 에너지에 대한 방호 방식과 만성적 장해를 주는 에너지에 대한 방호 방식으로 나눌 수 있다. 급성적 에너지에 대한 방호 방식을 4가지만 제시하고 각각에 적합한 보호구를 한 가지씩 쓰시오.

해답
1. 가스, 증기 오염원 : 자급식 호흡 장치, 송풍기 부착 호스 마스크
2. 입자상 오염원 : 자급식 호흡 장치, 송풍기 부착 마스크
3. 가스, 증기, 입자상 물질이 복합적인 경우 : 자급식 호흡 장치, 송풍기 부착 호스 마스크
4. 산소 결핍 : 자급식 호흡 장치, 송풍기 부착 호스 마스크

13 A사의 근로자는 1,000명인데 연간 재해 건수는 53건이며 작년에 납부된 산재 보험료는 18,000,000원이며, 산재 보험금은 1,265,000원을 받았다. A사의 재해 건수 중 휴업 재해는 10건, 통원 상해 건수는 15건, 구급 조치 상해는 8건, 무상해 사고 건수는 20건일 때 A사의 재해 손실 비용을 Heinrich 법칙과 Simonds 법칙에 따라 구하시오. (단, 상해 정도별 평균 손실액은 A : 90,000원, B : 290,000원, C : 150,000원, D : 200,000원이다.)

해답
1. Heinrich 방식 : 직접비+간접비(직접비 : 간접비 = 1 : 4)

총 cost = 1,265,000 + 50,600,000 = 51,865,000원

2. Simonds 방식 : 보험 cost + 비보험 cost

총 cost = 18,000,000 + (90,000×10) + (290,000×15) + (150,000×8) + (200,000×20)
= 28,450,000원

14 작업자 고군이 난방용 증기(스팀) 배관 트랩 가까이에서 배관 수리 작업을 하고 있을 때 김 직장이 스팀 밸브를 열라고 지시하여 스팀 밸브를 열었다. 이때 트랩 연결 불량 부분에서 스팀이 유출되어 고군이 머리에 화상을 입었다. 이 사례에서 상해와 사고를 육하 원칙에 의해 분석하시오.

해답 1. 상해 : 화상
2. 재해 분석
① 누가 : 고군이
② 언제 : 배관 수리 작업을 하고 있을 때
③ 어떻게 : 김직장이 스팀 밸브를 열라고 지시하여
④ 왜 : 스팀 밸브를 열어
⑤ 어디에서 : 트랩 연결 불량 부분에서
⑥ 무엇이 : 스팀 유출

15 사업장에서 안전 보건 관리 책임자의 업무 사항을 5가지 쓰시오.

해답 1. 사업장 산업 재해 예방 계획의 수립에 관한 사항
2. 안전 보건 관리 규정의 작성 및 변경에 관한 사항
3. 안전 보건 교육에 관한 사항
4. 작업 환경 측정 등 작업 환경의 점검 및 개선에 관한 사항
5. 근로자의 건강 진단 등 건강 관리에 관한 사항
6. 산업 재해 원인 조사 및 재발 방지 대책의 수립에 관한 사항
7. 산업 재해에 관한 통계의 기록, 유지에 관한 사항
8. 안전 장치 및 보호구 구입 시의 적격품 여부 확인에 관한 사항

16 사업장 안전 관리 계획서 작성의 계획 내용에 들어가야 할 주된 항목 5가지를 쓰시오.

해답 1. 실시 사항
2. 실시 시기
3. 실시 부문 및 실시 담당자
4. 실시상 유의점
5. 실시 결과의 보고 및 확인

17 근로자 수가 1,500명인 사업장에서 1일 8시간 작업하고 300일 가동하였으며 이 기간 중 75건의 재해가 발생하였다. 이 사업장의 도수율은?

해답 $$\text{도수율} = \frac{75}{1,500 \times 8 \times 300} \times 1,000,000 = 20.83$$

18 법상 산업 재해란 무엇을 뜻하는가?

해답 근로자가 업무에 관계되는 건설물, 설비, 원재료, 가스, 증기, 분진 등에 의하거나 작업, 기타 업무에 기인하여 사망 또는 부상하거나 질병에 이환되는 것을 말한다.

19 작업장에서 실시하는 작업 환경 측정을 위한 시료의 채취 방법 5가지 중 3가지를 쓰시오.

해답
1. 고체 포집법
2. 액체 포집법
3. 여과 포집법
4. 직접 포집법
5. 냉각 응축 포집법

20 사업장에서 사용하는 공기 압축기의 작업 시작 전 점검 사항 5가지를 쓰시오.

해답
1. 공기 저장 압력 용기의 외관 상태
2. 드레인 밸브의 조작 및 배수
3. 압력 방출 장치의 기능
4. 언로드 밸브의 기능
5. 윤활유의 상태
6. 회전부의 덮개 또는 울
7. 그 밖의 연결 부위의 이상 유무

21 90dB의 소음이 발생되는 장소에서 30kg의 중량물을 산소 아세틸렌 용접 불똥이 튀는 곳을 지나 운반하고자 한다. 이때 작업자의 안전을 위해 본인이 안전 관리자라면 지급해야 할 보호구는?

해답 귀마개 및 귀덮개, 안전모, 안전 장갑, 안전화, 앞치마, 보안경 등

22 법상 안전 인증 대상 기계, 기구, 설비를 쓰시오.

해답
1. 프레스
2. 전단기
3. 크레인
4. 리프트
5. 압력 용기
6. 롤러기
7. 사출 성형기
8. 고소 작업대

23 지방 노동관서의 장에게 보고해야 할 재해의 범위를 쓰시오.

해답 근로자가 업무에 기인하여 사망 또는 3일 이상의 요양을 요하는 부상 또는 질병에 이환된 경우. 단, 중대 재해 발생 시에는 지체없이 보고 할 것

24 다음 보기와 같이 작업장에서 사용하는 안전 보건 표지의 종류에 따른 색을 명시하시오.

보기
금지 – 빨강

해답 1. 경고 표지 – 황색 2. 지시 표지 – 청색 3. 안내 표지 – 녹색

25 안전 보건 관리 조직의 유형 중 line-staff 혼합형의 단점을 3가지 쓰시오.

해답 1. 지도, 조언, 권고 등에서 혼동 초래
2. 안전 staff의 line에 대한 월권 행위의 우려
3. line의 staff에 대한 의존도가 높다.

26 법상 고용노동부 장관은 사업장의 재해 빈발 시에는 그 해당 사업장의 안전 관리자를 증원하거나 교체 임명을 명할 수 있다. 그 사유가 되는 경우 2가지를 쓰시오.

해답 1. 해당 사업장의 연간 재해율이 같은 업종의 평균 재해율의 2배 이상일 경우
2. 중대 재해가 연간 2건 이상 발생할 경우
3. 관리자가 질병이나 그 밖의 사유로 3월 이상 정상 직무를 수행할 수 없게 된 경우
4. 화학적 인자로 인한 직업성 질병자가 연간 3명 이상 발생한 경우

27 사업주는 법에 의하여 상시 근로자가 100인 미만일 때에도 사업장에 안전보건위원회를 설치 운영하여야 한다. 그 사유가 되는 대상 사업장을 쓰시오.

해답 1. 토사석 광업
2. 목재 및 나무 제품 제조업
3. 화합물 및 화학 제품 제조업
4. 1차 금속 산업
5. 조립 금속 제품 제조업
6. 자동차 및 트레일러 제조업

28 사업장 안전 보건 개선 계획서 작성 시 반드시 포함해야 할 사항 5가지를 쓰시오.

해답 1. 시설
2. 안전 보건 교육
3. 안전 보건 관리 체제
4. 산업 재해 예방을 위해 필요한 사항
5. 작업 환경 개선을 위해 필요한 사항

29 안전 보건 개선 계획서 작성 시 공정별 유해 위험 분포도에 관한 사항을 명시해야만 한다. 공정별 유해 위험 분포도 작성 시 위험의 중요 핵심 point는?

해답
1. 각 공정 속에 숨어있는 유해 위험 요소의 발견
2. 각 공정별 종사하는 종사자 파악
3. 각 공정간 표준 작업 실태
4. 공정에서 발생된 재해 및 사고 분석
5. 공정상 기계, 재료, 도구의 공학적 결함 유무
6. 작업 조건 및 작업 방법 개선 또는 안전화 대책

30 무재해 운동 추진을 위한 위험 예지 훈련의 일환으로 작업자가 작업 반장을 중심으로 둘러앉아 작업 절차, 방법, 문제가 있는 작업 등에 대해 단시간 내에 의논하는 기법은?

해답 T.B.M 위험 예지

31 어떤 사업장에서 산재 피해자에게 산재 보상비 1천만원을 지급하였다면 산재로 인한 사업장의 간접 손실비는 얼마인가? (단, H.W. Heinrich(하인리히) 이론 적용)

해답 총 cost = 직접비 + 간접비(직접비 : 간접비 = 1 : 4)

∴ 간접비 = 1천만원×4 = 4천만원

32 사고는 여러 가지 원인으로 일어나는데 그 각각의 원인을 요인이라 한다. 이 요인들 사이의 관계는 그 배열과 가치로 구분하며, 요인 배열의 형태는 사슬형, 집중형, 혼합형 등이 있다. 요인을 ○, 사고를 ×표로 나타낼 때 다음 그림의 형태를 쓰시오.

1)

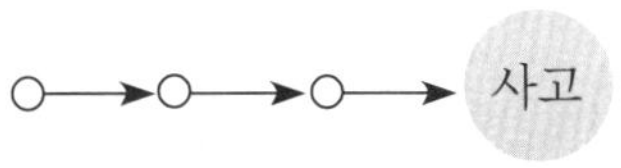

2)

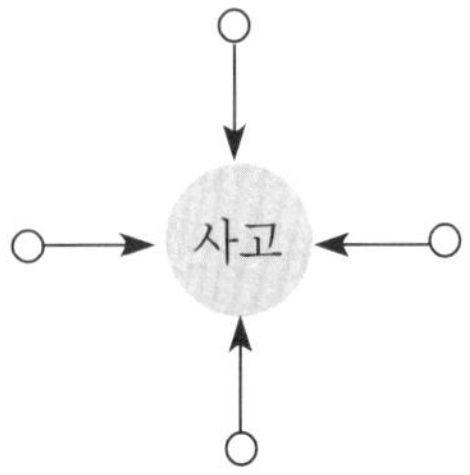

3)

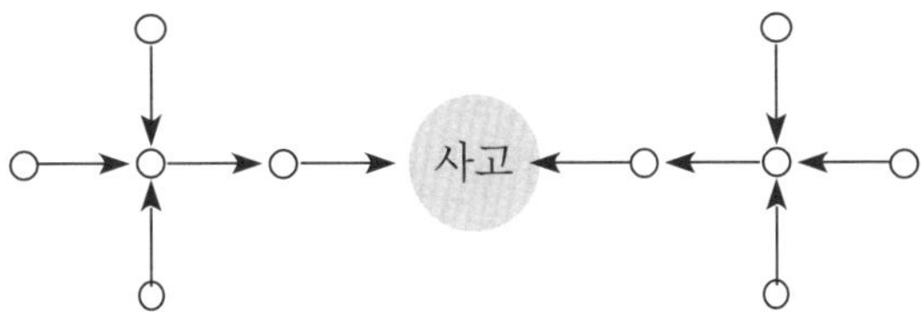

해답 1) 사슬형　　2) 집중형　　3) 복합형

33 안전 점검의 종류를 3가지 쓰시오.

해답 1. 정기 점검　　2. 임시 점검　　3. 수시 점검

34 다음 사항에 의거 강도율을 계산하시오. (단, 연근로 일수는 300일이다.)

① 근로자 수 800명
② 연근로 시간수 1주 (48시간)×50주
③ 연재해 건수 50건 (손실 일수 1,200일)
④ 사망 재해 2건 (단, 사망자의 연령은 각각 30세이다.)

해답

$$\text{강도율}=\frac{\text{근로 손실 일수}}{\text{근로 총 시간수}}\times 1,000 = 8.33$$

(∴ 근로 총 시간수 $= 800\times48\times50 = 1,920,000$시간

$$\text{근로 손실 일수} = 7,500\times 2 + \left(1,200\times\frac{300}{365}\right) = 15986.30\text{일})$$

35 방진 마스크 제조업체 산양에서는 석영 분진을 가지고 방진 마스크의 분진 포집 성능 시험을 한 결과 분진 농도 30mg/m^{3}의 분진이 마스크를 통과한 후에 0.5mg/m^{3}의 분진 농도가 되었다. 방진 마스크의 포집 효율과 방진 마스크의 등급을 기술하시오.

해답

$$1.\ \text{분진 포집 효율}=\frac{\text{통과 전 석영 분진 농도}-\text{통과 후 석영 분진 농도}}{\text{통과 전 석영 분진 농도}}\times 100$$

$$=\frac{30-0.5}{30}\times 100 = 98.33\%$$

2. 방진 마스크 등급 = 1등급

36 과곡이라는 회사에서는 산업 재해 보상비가 2천만원일 때 하인리히 이론으로 보아 이 사업체의 총 재해 손실비는?

해답 하인리히 총 재해 cost = 직접비 + 간접비(직접비 : 간접비 = 1 : 4)

= 2천만원 + 8천만원 = 1억원

37 부암이라는 회사는 공장 건물의 높이가 6m이고 작업장 바닥의 가로가 15m, 세로가 35m이다. 이 회사에서는 몇 명의 근로자까지 근무할 수 있겠는가?

해답 작업장의 기적 : $4\times15\times35 = 2,100\text{m}^3$

∴ 작업자 수 $= 2,100\div10 = 210$명까지

38 A회사에서 500명의 근로자가 일주일에 48시간씩 연간 50주를 근무하면서 1년에 60건의 재해를 발생하였다. 60건의 재해 중 사망 사고가 1건, 기타 사고의 근로 손실 일수는 1,200일이었다. 이 회사의 강도율은?

해답

$$강도율 = \frac{1 \times 7{,}500 + 1{,}200}{500 \times 48 \times 50} \times 1{,}000 = 7.25$$

39 어느 기업체에서 400명의 근로자가 1주일에 48시간, 연간 50주 작업을 하는데 1년에 60건의 재해가 발생하였다. 이 가운데 근로자들의 질병 및 기타의 사유로 인하여 총 근로 시간 중 3%를 결근하였다. 도수율은?

해답

$$도수율 = \frac{60}{400 \times 48 \times 50 \times 0.97} \times 1{,}000{,}000 = 64.4329 = 64.43$$

40 사업장에서 사용하는 안전모의 성능 시험 방법 5가지 중 4가지를 쓰시오.

해답
1. 내관통성 시험
2. 충격 흡수성 시험
3. 내전압성 시험
4. 내수성 시험
5. 턱끈 풀림 시험

41 건설 구조물의 안전성 평가를 위하여 실시하는 비파괴 검사의 종류를 아는 대로 쓰시오.

해답
1. 육안 검사
2. 초음파 투과 검사
3. 자기 검사
4. 누설 검사
5. 내압 검사
6. 와류 검사
7. X선 투과 검사

42 사업체에서 발생되는 산업 재해의 조사 과정에서 야기되는 관리적 원인 분석상 3가지를 쓰시오.

해답
1. 기술적 원인
2. 교육적 원인
3. 작업 관리상 원인

43 사업장에서는 무재해 목표를 달성하기 위하여 위험 예지 훈련을 시행하고 있다. 이 훈련의 대화 방법 중 Brain Storming 4원칙을 설명하시오.

해답
1. 자유 분방
2. 대량 발언
3. 비평 금지
4. 수정 발언

44 작업자가 비계 발판에서 작업 중 바닥으로 떨어져 재해를 당하였다. 다음 재해를 분석하시오.

해답 1. 사고 형태 : 추락
2. 기인물 : 비계 발판
3. 가해물 : 바닥

45 어느 사업장의 연천인율이 18, 도수율이 22.5이다. 이는 무엇을 뜻하는가?

해답 1. 연천인율 18이란 연간 근로자 1,000명당 18명의 재해자가 발생되었다는 통계이다.
2. 도수율 22.5란 1,000,000인시당 22.5건의 재해가 발생되었다는 뜻이다.

46 하인리히의 재해 도미노 이론을 순서대로 쓰고 가장 중요한 단계를 구분하여 명시하시오.

해답 1. 하인리히 재해 도미노 이론
① 사회적 환경 및 유전적 요인
② 개인적 결함
③ 불안전 행동 및 불안전 상태
④ 사고
⑤ 상해
2. 가장 중요한 단계 : 3단계인 불안전 행동과 불안전 상태

47 과곡이라는 회사에서 3월 300명, 6월 320명, 9월 260명, 12월 270명의 작업자가 작업을 하였다면 이 사업장의 연천인율은? (단, 기간 중 재해자는 15명이 발생되었다.)

해답
$$\text{연천인율} = \frac{15}{\frac{300+320+260+270}{4}} \times 1,000 = 52.08$$

48 재해의 발생 요인에는 직접 원인과 간접 원인이 있다. 이 중 직접 원인 2가지와 각각 그 예를 3가지씩 쓰시오.

해답 1. 불안전 행동
① 안전 방호 장치 기능 제거
② 복장, 보호구 잘못 사용
③ 위험 장소 접근
2. 불안전 상태
① 물자체 결함
② 안전 방호 장치 결함
③ 복장 보호구 결함

49 개선 계획서상 재해 다발 원인 및 유형 분석표에 포함되어야 할 사항 4가지를 기술하시오.

해답
1. 관리적 원인
2. 직접 원인
3. 기인물
4. 발생 형태

50 작업장에서 사용하는 안전대의 종류를 쓰고, 각각 그 사용 예를 간단히 기술하시오.

해답

종 류	사용 구분
벨트식, 안전 그네식	U자 걸이 전용 1개 걸이 전용 안전 블록 추락 방지대

51 다음 괄호 안에 알맞은 내용을 쓰시오.

> 사업장에서는 산업 재해가 발생 시 발생한 날로부터 (①) 이내에, 중대 재해가 발생한 경우 (②) 노동관서의 장에게 전화, 팩스, 기타의 적절한 방법으로 보고하여야 한다.

해답 ① 1월 ② 즉시

52 A공장의 총 근로자는 100명이다. 이 가운데 사무직이 15명, 생산 과장급이 5명이며 나머지 80명은 생산직 근무자이다. 오늘 하루 2시간의 잔업을 했다면 이 사업장의 오늘 하루 동안의 실제 무재해 시간은?

해답 무재해 시간 $= 20 \times 8 + 80 \times 10 = 960$시간

53 안전 점검표에 의한 안전 점검이 FTA나 ETA에 비해 어떠한 장점과 단점을 가지고 있는지를 각각 2가지씩 나열하시오.

해답
1. 장점
   ① 중요도 순으로 점검할 수 있다.
   ② 정성적 평가에 유효하다.
   ③ 시간적 기술이 가능하다.(점검 시기별 점검이 가능)
2. 단점
   ① 재해 발생의 원인과 결과에 이르는 제사상의 관계가 명확하지 않다.
   ② 원인을 정량적으로 다룰 수 없다.
   ③ 점검자의 주관에 의존이 많이 되므로 타당도가 결여될 우려가 있다.

54 안전 보건 관리 조직의 유형 중 경영자나 공장장에게 안전 보건 관리에 대한 상담, 조언, 기술 지도 등을 받지만 생산 업무의 안전 문제에 대해서는 책임을 지지 않는 안전 보건 관리 조직의 형태를 무엇이라 하는가?

해답 staff형 안전 관리 조직

55 어떤 사업장이 안전 보건 개선 계획을 수립 시행할 것을 고용노동부 장관으로부터 명 받았을 경우 이 계획을 수립하면서 사업주는 자체의 어떤 조직이나 사람들로부터 의견을 청취해야만 하는가?

해답 1. 안전보건위원회　　2. 근로자 대표

56 사업장 재해 예방 대책의 일환으로 흔히 적용되는 3S와 3E에 대하여 간단히 기술하시오.

해답 1. 3S : Standardization(표준화), Simplification(단순화), Specilization(전문화)
2. 3E : Education(교육), Engineering(기술), Enforcement(규제, 독려)

57 사고의 발생 시 가해물이란 무엇을 뜻하며, 그 예를 들어 간략히 설명하시오.

해답 1. 가해물이란 사고 발생 시 사람에게 직접 상해를 주는 물건을 말한다.
2. 예 : 복도에서 넘어져 바닥에 머리를 부딪혀 머리에 상해를 입은 경우 가해물은 바닥이다.

58 방독 마스크란 유독 가스가 존재할 때 착용하게 되며 산소 농도가 16% 미만일 경우에는 착용을 할 수가 없다. 방독 마스크 종류에 따른 시험 가스의 종류 5가지를 쓰시오.

해답

종 류	시험 구분
유기 화합물용	시클로헥산(C_6H_{12})
할로겐용	염소가스 또는 증기(Cl_2)
황화수소용	황화수소가스(H_2S)
시안화수소용	시안화수소가스(HCN)
아황산용	아황산가스(SO_2)
암모니아용	암모니아가스(NH_3)

59 시몬즈의 재해 cost 산출에 있어서 보험 cost와 비보험 cost로서 산출에 포함되지 않는 경우 2가지는?

해답 1. 사망　　2. 영구 전노동 불능 상해

60 산소 결핍 위험 작업(밀폐 공간 작업) 시 그 위험 방지 대책을 쓰시오.

해답 1. 산소 농도가 18% 이상 유지되도록 환기
2. 안전대 또는 구명 밧줄 사용
3. 출입 금지
4. 인원 점검
5. 공기 호흡기 또는 호스 마스크 사용
6. 연락 설비 설치 및 대피용 기구 비치
7. 밀폐 공간 보건 작업 프로그램 수립·시행
8. 구출 시 송기 마스크 착용

61 버드의 최신 재해 연쇄성 이론 즉, 도미노 이론을 순서대로 쓰시오.

해답 1. 통제 부족(관리 부족)
2. 기본 원인(기원)
3. 직접 원인(징후)
4. 사고(접촉)
5. 상해(손해, 손실)

62 재해에는 인적 사고와 물적 사고로 대별할 수 있다. 인적 사고라 함은 사고의 발생이 직접 사람에게 상해를 주는 것을 뜻하게 된다. 인적 사고를 3가지 구분하시오.

해답 1. 사람의 동작에 의한 사고
2. 물건의 운동에 의한 사고
3. 접촉·흡수에 의한 사고

63 사업주는 사업장의 원활한 안전 업무를 추진하기 위해 안전 조직을 구성하게 된다. 사업주가 안전 조직 구성 시 고려 사항 중 가장 중요한 2가지는?

해답 1. 각급 감독자의 책임과 권한을 명확히 할 것
2. 생산 계통과 밀착된 조직이 되도록 할 것

64 사업장에서 추진하고 있는 각종 안전 활동을 평가할 때 선택되어지는 안전 활동의 주요 평가 종류 4가지는?

해답 1. 상대 척도
2. 도수 척도
3. 평정 척도
4. 절대 척도

65 사업장의 안전 점검을 시행하고자 한다. 안전 검검 시 유의 사항 5가지를 쓰시오.

해답 1. 여러 가지 점검 방법을 병용하여 실시할 것
2. 점검자의 능력에 상응하는 점검을 실시할 것
3. 과거의 재해 발생 부분은 그 원인이 배제되었는지를 확인할 것
4. 점검 중 불량 부분이 발견되었을 경우에는 다른 동종 설비도 함께 점검할 것
5. 발견된 불량 부분은 그 원인을 조사하고 필요한 대책을 강구할 것

66 **재해 조사의 주목적을 2가지로 분류하여 명시하시오.**

해답 1. 동종 재해 및 유사 재해의 재발 방지 대책 강구
2. 원인과 결함을 규명하여 예방 자료 수집

67 **사업장에서 재해 발생 시에는 그 처리 순서에 의하여 원인 및 대책을 강구하여야 한다. 재해 조사 과정을 3단계로 간략히 명시하시오.**

해답 1. 현장 보존
2. 사실 수집
3. 목격자, 감독자, 피해자 진술

68 **재해 발생 원인에는 불안전 행동과 불안전 상태로 대별할 수 있다. 불안전 행동을 유발시키는 원인 4가지를 쓰시오.**

해답 1. 생리적 원인 2. 심리적 원인 3. 교육적 원인 4. 환경적 원인

69 **J.H. Harvey는 재해 예방을 위해서는 3E가 충족되어야 한다고 주장하였다. 3E 가운데 기술적 대책에 해당하는 사항 3가지를 쓰시오.**

해답 안전한 설계, 안전 기준 설정, 작업 환경 설비의 개선, 점검, 정비 보존의 확립

참고 규제, 독려의 대책으로는 적합한 기준 설정, 각종 규칙과 수칙의 준수 경영자 및 관리자층의 솔선수범 동기 부여 및 근로 의욕 향상

70 **재해 사례 연구는 산업 재해의 사례를 중심으로 그 사고와 배경을 체계적으로 파악하고 파악된 문제점을 바탕으로 재해 방지 대책을 세우기 위함이다. 사례 연구의 전제 조건인 재해 상황 파악에 관한 세부 항목을 5가지 쓰시오.**

해답 1. 재해의 발생 일시 및 장소
2. 사업의 업종 및 규모
3. 상해의 상황(상해 정도, 상해 성질, 상해 부위)
4. 물적인 피해 상황
5. 사고의 형태
6. 기인물(재해 원인, 물체, 물질)
7. 가해물

71 **안전 점검 및 진단의 순서를 순서대로 명시하시오.**

해답 1. 실상 파악 2. 결함 발견 3. 대책 수립 4. 대책 실시

72 안전 보건에 관련되는 서류로서 3년 이상 보존해야 할 서류를 3가지 쓰시오.

해답 1. 관리 책임자, 안전 관리자, 보건 관리자, 산업 보건의 선임에 관한 서류
2. 화학 물질 유해성 조사에 관한 서류
3. 작업 환경에 관한 서류
4. 건강 진단에 관한 서류

참고 석면 해체, 제거업자는 석면 해체, 제거 업무에 관한 서류는 30년간 보존

73 안전 점검을 실시하고자 할 때 점검표(check list)에 포함되어야 할 사항 5가지를 쓰시오.

해답 1. 점검 부분 2. 점검 방법 3. 점검 항목 4. 판정 기준
5. 점검 시기 6. 판정 7. 조치

74 A사업장에서 연간 근로 시간이 120,000시간 작업 시 3건의 휴업 재해가 발생하여 휴업 총 일수가 219일이었다. 이 사업장의 근로 손실 일수와 강도율은?

해답

1. 근로 손실 일수 $= 219 \times \dfrac{300}{365} = 180$일

2. 강도율 $= \dfrac{180}{120{,}000} \times 1{,}000 = 1.50$

75 재해 발생 시 처리 순서의 전체 순서 중에서 긴급 처리의 단계에서 응급히 처리해야 할 사항을 쓰시오.

해답 1. 피재 기계 정지 2. 피재자 응급 조치 3. 관계자에게 통보
4. 2차 재해 방지 5. 현장 보존

76 무재해 운동 실시 대상 사업장에서 무재해 운동을 실시하고자 한다. 무재해 추진 3요소를 쓰시오.

해답 1. Top의 엄격한 경영 자세
2. 라인화의 철저
3. 직장 자주 활동의 활성화

77 A회사에서 연간 15건의 재해가 발생하여 3급 장애자가 1명, 의사 진단에 의한 요양 일수가 365일이었다. 이 회사의 도수율이 10이었다고 한다면 연천인율은 얼마인가?

해답 연천인율＝도수율×2.4＝10×2.4＝24.00

78 법에 의하여 벤젠 등을 함유한 제제 및 기타 근로자의 보건상 해로운 물질을 저장하고자 할 때 그 용기 또는 포장에 표기해야 할 사항은?

해답
1. 명칭
2. 인체에 미치는 영향
3. 성분 및 함유량
4. 저장 또는 취급상 주의 사항 및 긴급 방재 요령
5. 기타 표시자의 성명 및 주소

79 사업장에서 산업 재해 발생 시 처리 순서를 순서대로 쓰시오.

해답
1. 산업 재해 발생
2. 긴급 처리
3. 재해 조사
4. 원인 강구
5. 대책 수립
6. 대책 실시 계획
7. 실시
8. 평가

80 방진 마스크의 성능 시험 방법 5가지를 쓰시오.

해답
1. 안면부 흡기 저항 시험
2. 여과재 분진 등 포집 효율 시험
3. 안면부 배기 저항 시험
4. 안면부 누설률 시험
5. 배기 밸브 작동 시험
6. 여과재 호흡 저항 시험
7. 강도 · 신장률 및 영구 변형률 시험

81 방진 마스크의 선택 시 구비 조건 5가지를 쓰시오.

해답
1. 여과 효율이 좋을 것
2. 흡 · 배기 저항이 낮을 것
3. 사용적이 적을 것
4. 시야가 넓을 것
5. 중량이 가벼울 것
6. 안면 밀착성이 좋을 것
7. 피부 접촉 부위 고무질이 좋을 것

82 재해 사례 연구 순서에서 사실의 확인 시 확인해야 할 사항 4가지는?

해답
1. 사람
2. 물건
3. 관리
4. 재해 발생 경과

83 재해 누발자의 유형 4가지를 쓰시오.

해답 1. 미숙성 누발자
2. 상황성 누발자
3. 습관성 누발자
4. 소질성 누발자

84 법상 안전 인증 대상 보호구의 종류를 쓰시오.

해답 1. 추락 및 감전 위험 방지용 안전모
2. 안전화
3. 안전 장갑
4. 방진 마스크
5. 방독 마스크
6. 송기 마스크
7. 전동식 호흡 보호구
8. 보호복
9. 안전대
10. 차광 및 비산물 위험 방지용 보안경
11. 용접용 보안면
12. 방음용 귀마개 또는 귀덮개

85 공기 압축기를 사용하기 전 점검하여야 한다. 점검해야 할 사항 5가지를 쓰시오.

해답 1. 공기 저장 압력 용기 외관 상태
2. 드레인 밸브의 조작 및 배수
3. 압력 방출 장치의 기능
4. 언로드 밸브의 기능
5. 윤활유의 상태
6. 회전부의 덮개 또는 울
7. 그 밖의 연결 부위 이상 유무

86 안전 보건 관리 조직에서 line형 및 staff형의 장·단점을 각각 2가지씩 쓰시오.

해답 1. line형
- 장점 : ① 안전에 관한 명령이나 지시가 신속하고 정확하게 전달된다.
  ② 안전에 관한 명령, 지시가 간단명료하다.
- 단점 : ① 안전에 관한 전문 지식의 측정이 곤란하다.
  ② 사업장의 특수성에 적합한 전문 지식이나 정보를 몸에 익힐 수 없다.

2. staff형
- 장점 : ① 사업장의 안전 기술 및 전문성의 확보에 유리하다.
  ② 안전 업무만을 전담하는 전문 부서가 있어 효과적인 안전 업무가 가능하다.
- 단점 : ① 생산 라인과 안전 staff의 긴밀한 협조 체계 구축이 곤란하다.
  (마찰의 우려가 있다.)
  ② 생산 라인에 대한 안전 지시 및 명령이 철저하지 못하다.

87 **다음 안전 보건 표지의 색채·색도 기준 및 용도에서 빈 칸에 알맞은 내용을 쓰시오.**

색 채	색도 기준	용 도	사용 예
빨간색	7.5R 4/14	금지	정지 신호, 소화 설비 및 그 장소, 유해 행위의 금지
		경고	화학 물질 취급 장소에서의 유해·위험 경고
노란색	(①)	경고	화학 물질 취급 장소에서의 유해·위험 경고, 그 밖의 위험 경고, 주의 표지 또는 기계 방호물
파란색	2.5PB 4/10	(③)	특정 행위의 지시 및 사실의 고지
녹색	2.5G 4/10	안내	비상구 및 피난소, 사람 또는 차량의 통행 표시
흰색	(②)		(④) 또는 (⑤)에 대한 보조색
검정색	N0.5		문자 및 (⑥) 또는 (⑦)에 대한 보조색

참고 1. 허용 오차 범위 : H = ±2, V = ±0.3, C = ±1(H는 색상, V는 명도, C는 채도를 말한다.)
2. 위의 색도 기준은 한국산업규격(KS)에 따른 색의 3속성에 의한 표시 방법(KS A 0062 기술표준원 고시 제2008-0759)에 따른다.

해답 ① 5Y 8.5/12 ② N9.5 ③ 지시 ④ 파란색
⑤ 녹색 ⑥ 빨간색 ⑦ 노란색

88 **산양이라는 사업장에서는 연평균 근로자 500명이 작업하는 동안에 7건의 재해가 발생하여 사망이 1명, 14급 2명과 의사 진단 결과 30일 요양 환자가 2명이 발생하였으며, 이 사업장의 연간 작업은 48시간씩 50주였다. 다음 물음에 답하시오. (단, 결근율은 5% 였으며, 잔업의 총 시간은 500시간, 지각, 조퇴가 150시간이었다.)**

1) 도수율
2) 연천인율
3) 강도율
4) 종합 재해 지수
5) 평생 근무 시 몇 건의 재해를 당하겠는가?

해답
1) $\text{도수율} = \dfrac{7}{500\times48\times50\times0.95+500-150}\times1{,}000{,}000 = 6.14$

2) $\text{연천인율} = \dfrac{5}{500}\times1{,}000 = 10.00$

3) $\text{강도율} = \dfrac{7{,}500+50\times2+60\times\dfrac{300}{365}}{500\times48\times50\times0.95+500-150}\times1{,}000 = 6.71$

4) $\text{종합 재해 지수} = \sqrt{\text{도수율}\times\text{강도율}} = 6.42$

5) $6.14\times\dfrac{100{,}000}{1{,}000{,}000} = 0.61$건

89 무재해 운동에서 문제 해결 운동 4라운드와 8단계법을 순서대로 명시하시오.

(해답) 1. 문제 해결 4라운드

① 현상 파악　② 본질 추구

③ 대책 수립　④ 행동 목표 설정

2. 문제 해결 8단계법

① 문제 제기　② 현상 파악

③ 문제점 발견　④ 중요 문제 결정

⑤ 해결책 구상　⑥ 구체적 대책 수립

⑦ 중점 실시 사항 결정　⑧ 실시 계획 수립

90 법상 안전 검사 대상 유해 위험 기계의 종류를 쓰시오.

(해답) 1. 프레스

2. 전단기

3. 크레인(정격 하중 2톤 미만인 것은 제외한다.)

4. 리프트

5. 압력 용기

6. 곤돌라

7. 국소 배기 장치(이동식은 제외한다.)

8. 원심기(산업용에 한정한다.)

9. 롤러기(밀폐형 구조는 제외한다.)

10. 사출 성형기(형체 결력 294킬로뉴턴(kN) 미만은 제외한다.)

91 다음 작업 시 작업 조건에 따라 착용해야 할 보호구를 물음에 따라 쓰시오.

1) 물체가 떨어지거나 날아올 위험 또는 근로자가 감전되거나 추락할 위험이 있는 작업

2) 높이 또는 깊이가 2m 이상의 추락할 위험이 있는 장소에서의 작업

3) 물체의 낙하, 충격, 물체에의 끼임, 감전 또는 정전기의 대전에 의한 위험이 있는 작업

4) 물체가 날아 흩어질 위험이 있는 작업

5) 용접 시 불꽃 또는 물체가 날아 흩어질 위험이 있는 작업

6) 감전의 위험이 있는 작업

7) 고열에 의한 화상 등의 위험이 있는 작업

(해답) 1) 안전모　2) 안전대　3) 안전화

4) 보안경　5) 보안면　6) 안전장갑

7) 방열복

MEMO

Part 2

안전 교육 및 산업 심리

Chapter 01 안전 교육

1.1 교육의 개념

(1) 교육의 3요소

① 교육의 주체
② 교육의 객체
③ 교육의 매개체

(2) 교육 계획에 포함해야 할 사항

① 교육의 목표
② 교육 대상
③ 강사
④ 교육 방법
⑤ 교육 시간과 시기
⑥ 교육 장소

(3) 교육의 추진 순서 및 학습의 성과 선정

1) 교육의 추진 순서

① 교육의 필요점 발견
② 교육 대상, 내용, 방법 설정
③ 교육 준비
④ 교육 실시
⑤ 교육 성과 평가

2) 학습의 성과 선정 시 유의 사항

① 학습의 주제와 정도가 포함될 것
② 학습의 목적에 타당할 것
③ 구체적 서술
④ 수강자 입장에서 기술

참고 학습의 목적에 포함해야 할 사항과 학습의 정도

1. 학습의 목적에 포함해야 할 사항
   ① 목표 ② 주제 ③ 정도
2. 학습의 정도
   ① 인지(to quait) ② 지각(to known) ③ 이해(to understand) ④ 적용(to apply)

3) 강의 계획의 4단계

① 학습 목적과 학습 성과의 설정
② 학습 자료의 수집 및 체계화
③ 교수 방법의 선정
④ 강의안 작성

(4) 학습의 전개 과정

① 학습의 주제를 쉬운 것부터 어려운 것으로 실시한다.
② 학습의 주제를 과거에서 현재, 미래의 순으로 실시한다.
③ 학습의 주제를 많이 사용하는 것에서 적게 사용하는 순으로 실시한다.
④ 학습의 주제를 간단한 것에서 복잡한 것으로 실시한다.
⑤ 학습의 주제를 전체에서 부분으로 진행한다.

(5) 학습 지도의 기본 원리

① 자발성의 원리(자기 활동의 원리)
② 통합의 원리(동시 학습 원리)
③ 직관의 원리
④ 개별화의 원리
⑤ 사회화의 원리

(6) 지도 교육의 8원칙

① 피교육자 중심 교육
② 동기 부여(motivation)
③ 쉬운 것에서 어려운 것으로(level up)
④ 반복
⑤ 한 번에 하나씩(step by step)
⑥ 인상의 강화
⑦ 5관의 활용
⑧ 기능적 이해

1.2 안전 교육

(1) 안전 교육의 기본 방향

① 사고 사례 중심의 안전 교육
② 표준 작업(안전 작업)을 위한 안전 교육
③ 안전 의식 향상을 위한 안전 교육

(2) 안전 교육의 3단계

① 제1단계 : 지식 교육(전달 기능)
강의 및 시청각 교육을 통한 전달과 이해
② 제2단계 : 기능 교육(적응 기능)
시범, 견학, 실습, 현장 실습 등을 통한 경험의 체득과 이해
③ 제3단계 : 태도 교육(생활화)
작업 동작 지도, 생활 지도 등을 통한 안전의 습관화, 생활화

(3) 지식 교육의 4단계

① 제1단계 : 도입(준비)
② 제2단계 : 제시(설명)
③ 제3단계 : 적용(응용)
④ 제4단계 : 확인(총괄, 평가)

(4) 기능 교육의 3원칙

① 준비
② 위험 작업의 규제
③ 안전 작업의 표준화

(5) 태도 교육의 기본 과정

① 청취한다.
② 이해, 납득시킨다.
③ 모범을 보인다.
④ 권장한다.
⑤ 칭찬한다.
⑥ 벌을 준다.

참고 태도 교육의 4원칙(4단계)

① 청취한다.(hearing)
② 이해, 납득시킨다.(understand)
③ 모범을 보인다.(example)
④ 평가한다.(evaluation)

1.3 안전 교육의 종류 및 내용

(1) 교육의 종류

1) 산업 안전·보건 관련 교육 과정별 교육 시간

<table>
<tr><th>교육 과정</th><th colspan="2">교육 대상</th><th>교육 시간</th></tr>
<tr><td rowspan="4">① 정기 교육</td><td colspan="2">사무직 종사 근로자</td><td>매 분기 3시간 이상</td></tr>
<tr><td rowspan="2">사무직 종사 근로자 외의 근로자</td><td>판매 업무에 직접 종사하는 근로자</td><td>매 분기 3시간 이상</td></tr>
<tr><td>판매 업무에 직접 종사하는 근로자 외의 근로자</td><td>매 분기 6시간 이상</td></tr>
<tr><td colspan="2">관리 감독자의 지위에 있는 사람</td><td>연간 16시간 이상</td></tr>
<tr><td rowspan="2">② 채용 시의 교육</td><td colspan="2">일용 근로자</td><td>1시간 이상</td></tr>
<tr><td colspan="2">일용 근로자를 제외한 근로자</td><td>8시간 이상</td></tr>
<tr><td rowspan="2">③ 작업 내용 변경 시의 교육</td><td colspan="2">일용 근로자</td><td>1시간 이상</td></tr>
<tr><td colspan="2">일용 근로자를 제외한 근로자</td><td>2시간 이상</td></tr>
<tr><td rowspan="3">④ 특별 교육</td><td colspan="2">특별 안전 보건 교육 대상 작업의 어느 하나에 해당하는 작업에 종사하는 일용 근로자</td><td>2시간 이상</td></tr>
<tr><td colspan="2">타워 크레인 신호에 종사하는 일용 근로자</td><td>8시간 이상</td></tr>
<tr><td colspan="2">특별 안전 보건 교육 대상 작업의 어느 하나에 해당하는 작업에 종사하는 일용 근로자를 제외한 근로자</td><td>• 16시간 이상(최초 작업에 종사하기 전 4시간 이상 실시하고 12시간은 3개월 이내에서 분할하여 실시 가능)
• 단기간 작업 또는 간헐적 작업인 경우에는 2시간 이상</td></tr>
<tr><td>⑤ 건설업 기초 안전·보건 교육</td><td colspan="2">건설 일용 근로자</td><td>4시간</td></tr>
</table>

(2) 교육의 내용

1) 근로자 정기 안전·보건 교육

① 산업 안전 및 사고 예방에 관한 사항
② 산업 보건 및 직업병 예방에 관한 사항

③ 건강 증진 및 질병 예방에 관한 사항
④ 유해·위험 작업 환경 관리에 관한 사항
⑤ 산업안전보선법령 및 일반 관리에 관한 사항
⑥ 산업재해 보상보험제도에 관한 사항
⑦ 직무 스트레스 예방 및 관리에 관한 사항

2) 관리 감독자 정기 안전·보건 교육

① 작업 공정의 유해·위험과 재해 예방 대책에 관한 사항
② 표준 안전 작업 방법 및 지도 요령에 관한 사항
③ 관리 감독자의 역할과 임무에 관한 사항
④ 산업 보건 및 직업병 예방에 관한 사항
⑤ 유해·위험 작업 환경 관리에 관한 사항
⑥ 산업안전보건법령 및 일반 관리에 관한 사항
⑦ 직무 스트레스 예방 및 관리에 관한 사항
⑧ 산재보상보험제도에 관한 사항
⑨ 안전 보건 교육 능력 배양에 관한 사항
- 현장 근로자와의 의사 소통 능력 향상, 강의 능력 향상, 기타 안전 보건 교육 능력 배양 등에 관한 사항

※ 안전 보건 능력 배양 내용은 관리감독자 교육시간의 1/3 이하에서 할 수 있다.

3) 채용 시의 교육 및 작업 내용 변경 시의 교육

① 기계·기구의 위험성과 작업의 순서 및 동선에 관한 사항
② 작업 개시 전 점검에 관한 사항
③ 정리정돈 및 청소에 관한 사항
④ 사고 발생 시 긴급 조치에 관한 사항
⑤ 산업 보건 및 직업병 예방에 관한 사항
⑥ 물질 안전 보건 자료에 관한 사항
⑦ 산업안전보건법령 및 일반 관리에 관한 사항
⑧ 직무 스트레스 예방 및 관리에 관한 사항

4) 건설업 기초 안전·보건 교육에 대한 내용 및 시간

구 분	교육 내용	시 간
공통	산업안전보건법 주요 내용(건설 일용 근로자 관련 부분)	1시간
	안전 의식 제고에 관한 사항	1시간
교육 대상별	작업별 위험 요인과 안전 작업 방법(재해 사례 및 예방 대책)	2시간
	건설 직종별 건강 장해 위험 요인과 건강 관리	1시간

5) 특별 안전 · 보건 교육 대상별 · 작업별 교육 내용

| 표 2-1 | 특별 안전·보건 교육 대상 작업별 교육 내용

작업명	교육 내용
1. 고압실 내 작업(잠함 공법, 그 밖의 압기 공법에 의하여 대기압을 넘는 기압인 작업실 또는 수갱 내부에서 하는 작업만 해당한다.)	• 고기압 장해의 인체에 미치는 영향에 관한 사항 • 작업 시간 · 작업 방법 및 절차에 관한 사항 • 압기 공법에 관한 기초 지식 및 보호구 착용에 관한 사항 • 이상 발생 시 응급 조치에 관한 사항 • 그 밖에 안전 · 보건 관리에 필요한 사항
2. 아세틸렌 용접 장치 또는 가스 집합 용접 장치를 사용하는 금속의 용접 · 용단 또는 가열 작업(발생기 · 도관 등에 의하여 구성되는 용접 장치만 해당한다.)	• 용접 흄, 분진 및 유해 광선 등의 유해성에 관한 사항 • 가스 용접기, 압력 조정기, 호스 및 취관두 등의 기기 점검에 관한 사항 • 작업 방법 · 순서 및 응급 처치에 관한 사항 • 안전기 및 보호구 취급에 관한 사항 • 그 밖에 안전 보건 관리에 필요한 사항
3. 밀폐된 장소(탱크 내 또는 환기가 극히 불량한 좁은 장소를 말한다.)에서 하는 용접 작업 또는 습한 장소에서 하는 전기 용접 장치	• 작업 순서, 안전 작업 방법 및 수칙에 관한 사항 • 환기 설비에 관한 사항 • 전격 방지 및 보호구 착용에 관한 사항 • 질식 시 응급 조치에 관한 사항 • 작업 환경 점검에 관한 사항 • 그 밖에 안전 · 보건 관리에 필요한 사항
4. 폭발성 · 물반응성 · 자기반응성 · 자기발열성 물질, 자연발화성 액체 · 고체 및 인화성 액체의 제조 또는 취급 작업(시험 연구를 위한 취급 작업은 제외한다.)	• 폭발성 · 물반응성 · 자기반응성 · 자기발열성 물질, 자연발화성 액체 · 고체 및 인화성 액체의 성질이나 상태에 관한 사항 • 폭발 한계점, 발화점 및 인화점 등에 관한 사항 • 취급 방법 및 안전 수칙에 관한 사항 • 이상 발견 시의 응급 처치 및 대피 요령에 관한 사항 • 화기 · 정전기 · 충격 및 자연 발화 등의 위험 방지에 관한 사항 • 작업 순서, 취급 주의 사항 및 방호 거리 등에 관한 사항 • 그 밖에 안전 · 보건 관리에 필요한 사항
5. 액화 석유가스 · 수소가스 등 인화성 가스 또는 폭발성 물질 중 가스의 발생 장치 취급 작업	• 취급 가스의 상태 및 성질에 관한 사항 • 발생 장치 등의 위험 방지에 관한 사항 • 고압 가스 저장 설비 및 안전 취급 방법에 관한 사항 • 설비 및 기구의 점검 요령에 관한 사항 • 그 밖에 안전 · 보건 관리에 필요한 사항
6. 화학 설비 중 반응기, 교반기, 추출기의 사용 및 세척 작업	• 각 계측 장치의 취급 및 주의에 관한 사항 • 투시창 · 수위 및 유량계 등의 점검 및 밸브의 조작 주의에 관한 사항 • 세척액의 유해 및 인체에 미치는 영향에 관한 사항 • 작업 절차에 관한 사항 • 그 밖에 안전 · 보건 관리에 필요한 사항

작업명	교육 내용
7. 화학 설비의 탱크 내 작업	• 차단 장치 · 정지 장치 및 밸브 개폐 장치 점검에 관한 사항 • 탱크 내의 산소 농도 측정 및 작업 환경에 관한 사항 • 안전 보호구 및 이상 발생 시 응급 조치에 관한 사항 • 작업 절차 · 방법 및 유해 · 위험에 관한 사항 • 그 밖에 안전 · 보건 관리에 필요한 사항
8. 분말 · 원재료 등을 담은 호퍼, 저장 창고 등 저장 탱크의 내부 작업	• 분말 원재료의 인체에 미치는 영향에 관한 사항 • 저장 탱크 내부 작업 및 복장, 보호구 착용에 관한 사항 • 작업의 지정 · 방법 · 순서 및 작업 환경 점검에 관한 사항 • 팬 · 풍기 조작 및 취급에 관한 사항 • 분진 폭발에 관한 사항 • 그 밖에 안전 보건 관리에 필요한 사항
9. 다음의 각 목에 정하는 설비에 의한 물건의 가열 · 건조 작업 가. 건조 설비 중 위험물 등에 관계되는 설비로 속 부피가 $1m^3$ 이상인 것 나. 건조 설비 중 가목의 위험물 등의 물질에 관계되는 설비로서, 연료를 열원으로 사용하는 것(그 최대 연소 소비량이 매 시간당 10kg 이상인 것에 해당한다.) 또는 전력을 열원으로 사용하는 것(정격 소비 전력이 10kW 이상인 것에 한한다.)	• 건조 설비 내 · 외면 및 기기 기능의 점검에 관한 사항 • 복장, 보호구 착용에 관한 사항 • 건조 시 유해 가스 및 고열 등이 인체에 미치는 영향에 관한 사항 • 건조 설비에 의한 화재 · 폭발 예방에 관한 사항
10. 다음 각 목에 해당하는 집재 장치(집재기 · 가선 · 운반 기구 · 지주 및 이들에 부속하는 물건으로 구성되고 동력을 사용하여 원목 또는 장작과 숯을 담아 올리거나 또한 공중에서 운반하는 설비를 말한다.)의 조립, 해체, 변경 또는 수리 작업 및 이들 설비에 의한 집재 또는 운반 작업 가. 원동기의 정격 출력이 7.5kW를 넘는 것 나. 지간의 경사 거리 합계가 350m 이상인 것 다. 최대 사용 하중이 200kg 이상인 것	• 기계의 브레이크 비상 정지 장치 및 운반 경로, 각종 기능 점검에 관한 사항 • 작업 시작 전 준비 사항 및 작업 방법에 관한 사항 • 취급물의 유해 · 위험에 관한 사항 • 구조상의 이상 시 응급 처치에 관한 사항 • 그 밖에 안전 · 보건 관리에 필요한 사항
11. 동력에 의하여 작동되는 프레스 기계를 5대 이상 보유한 사업장에서 해당 기계에 하는 작업	• 프레스의 특성과 위험성에 관한 사항 • 방호 장치의 종류와 취급에 관한 사항 • 안전 작업 방법에 관한 사항 • 프레스 안전 기준에 관한 사항 • 그 밖에 안전 · 보건 관리에 필요한 사항

작업명	교육 내용
12. 목재 가공용 기계(둥근톱 기계, 띠톱 기계, 대패 기계, 모떼기 기계 및 라우터만 해당하며, 휴대용은 제외한다.)를 5대 이상 보유한 사업장에서 해당 기계에 하는 작업	• 목재 가공용 기계의 특성과 위험성에 관한 사항 • 방호 장치의 종류와 구조 및 취급에 관한 사항 • 안전 기준에 관한 사항 • 안전 작업 방법 및 목재 취급에 관한 사항 • 그 밖에 안전 · 보건 관리에 필요한 사항
13. 운반 등 하역 기계를 5대 이상 보유한 사업장에서의 해당 기계에 의한 작업	• 운반 하역 기계 및 부속 설비의 점검에 관한 사항 • 작업 순서와 방법에 관한 사항 • 안전 운전 방법에 관한 사항 • 화물의 취급 및 작업 신호에 관한 사항 • 그 밖에 안전 · 보건 관리에 필요한 사항
14. 1톤 이상의 크레인을 사용하는 작업 또는 1톤 미만의 크레인 또는 호이스트를 5대 이상 보유한 사업장에서 해당 기계에 하는 작업	• 방호 장치의 종류, 기능 및 취급에 관한 사항 • 갈고리, 와이어로프 및 비상 정지 장치 등의 기계 · 기구 점검에 관한 사항 • 화물의 취급 및 작업 방법에 관한 사항 • 신호 방법 및 공동 작업에 관한 사항 • 그 밖에 안전 · 보건 관리에 필요한 사항
15. 건설용 리프트, 곤돌라를 이용한 작업	• 방호 장치의 기능 및 사용에 관한 사항 • 기계, 기구, 달기 체인 및 와이어 등의 점검에 관한 사항 • 화물의 권상 · 권하 작업 방법 및 안전 작업 지도에 관한 사항 • 기계 · 기구의 특성 및 동작 원리에 관한 사항 • 신호 방법 및 공동 작업에 관한 사항 • 그 밖에 안전 · 보건 관리에 필요한 사항
16. 주물 및 단조 작업	• 고열물의 재료 및 작업 환경에 관한 사항 • 출탕 · 주조 및 고열물의 취급과 안전 작업 방법에 관한 사항 • 고열 작업의 유해 · 위험 및 보호구 착용에 관한 사항 • 안전 기준 및 중량물 취급에 관한 사항 • 그 밖에 안전 · 보건 관리에 필요한 사항
17. 전압기 75볼트 이상인 정전 및 활선 작업	• 전기의 위험성 및 전격 방지에 관한 사항 • 해당 설비의 보수 및 점검에 관한 사항 • 정전 작업 · 활선 작업 시의 안전 작업 방법 및 순서에 관한 사항 • 절연용 보호구 및 활선 작업용 기구 등의 사용에 관한 사항 • 그 밖에 안전 · 보건 관리에 필요한 사항
18. 콘크리트 파쇄기를 사용하여 행하는 파쇄 작업(2m 이상인 구축물의 파쇄 작업만 해당한다.)	• 콘크리트 해체 요령과 방호 거리에 관한 사항 • 작업 안전 조치 및 안전 기준에 관한 사항 • 파쇄기의 조작 및 공통 작업 신호에 관한 사항 • 보호구 및 방호 장비 등에 관한 사항 • 그 밖에 안전 · 보건 관리에 필요한 사항

작업명	교육 내용
19. 굴착면의 높이가 2m 이상이 되는 지반 굴착(터널 및 수직갱 외의 갱 굴착은 제외한다.) 작업	• 지반의 형태, 구조 및 굴착 요령에 관한 사항 • 시반의 붕괴 재해 예방에 관한 사항 • 붕괴 방지용 구조물 설치 및 작업 방법에 관한 사항 • 보호구의 종류 및 사용에 관한 사항 • 그 밖에 안전·보건 관리에 필요한 사항
20. 흙막이 지보공의 보강 또는 동바리의 설치 또는 해체 작업	• 작업 안전 점검 요령과 방법에 관한 사항 • 동바리의 운반·취급 및 설치 시의 안전 작업에 관한 사항 • 해체 작업 순서와 안전 기준에 관한 사항 • 보호구 취급 및 사용에 관한 사항 • 그 밖에 안전·보건 관리에 필요한 사항
21. 터널 안에서의 굴착 작업(굴착용 기계를 사용하여 하는 굴착 작업 중 근로자가 칼날 밑에 접근하지 않고 하는 작업은 제외한다.) 또는 같은 작업에서의 터널 거푸집 지보공의 조립 또는 콘크리트 작업	• 작업 환경의 점검 요령과 방법에 관한 사항 • 붕괴 방지용 구조물 설치 및 안전 작업 방법에 관한 사항 • 재료의 운반 및 취급·설치의 안전 기준에 관한 사항 • 보호구의 종류 및 사용에 관한 사항 • 소화 설비의 설치 장소 및 사용 방법에 관한 사항 • 그 밖에 안전·보건 관리에 필요한 사항
22. 굴착면의 높이가 2m 이상이 되는 암석의 굴착 작업	• 폭발물 취급 요령과 대피 요령에 관한 사항 • 안전 거리 및 안전 기준에 관한 사항 • 방호물의 설치 및 기준에 관한 사항 • 보호구 및 작업 신호 등에 관한 사항 • 그 밖에 안전·보건 관리에 필요한 사항
23. 높이가 2m 이상인 물건을 쌓거나 무너뜨리는 작업(하역 기계로만 하는 작업은 제외한다.)	• 원, 부재료의 취급 방법 및 요령에 관한 사항 • 물건의 위험성·낙하 및 붕괴 재해 예방에 관한 사항 • 적재 방법 및 전도 방지에 관한 사항 • 보호구 착용에 관한 사항 • 그 밖에 안전·보건 관리에 필요한 사항
24. 선박에 짐을 쌓거나 부리거나 이동시키는 작업	• 하역 기계·기구의 운전 방법에 관한 사항 • 운반·이송 경로의 안전 작업 방법 및 기준에 관한 사항 • 중량물 취급 요령과 신호 요령에 관한 사항 • 작업 안전 점검과 보호구 취급에 관한 사항 • 그 밖에 안전·보건 관리에 필요한 사항
25. 거푸집 동바리의 조립 또는 해체 작업	• 동바리의 조립 방법 및 작업 절차에 관한 사항 • 조립 재료의 취급 방법 및 설치 기준에 관한 사항 • 조립 해체 시의 사고 예방에 관한 사항 • 보호구 착용 및 점검에 관한 사항 • 그 밖에 안전·보건 관리에 필요한 사항

작업명	교육 내용
26. 비계의 조립, 해체 또는 변경 작업	• 비계의 조립 순서 방법에 관한 사항 • 비계 작업의 재료 취급 및 설치에 관한 사항 • 추락 재해 방지에 관한 사항 • 보호구 착용에 관한 사항 • 비계 상부 작업 시 최대 적재 하중에 관한 사항 • 그 밖에 안전 · 보건 관리에 필요한 사항
27. 건축물의 골조, 다리의 상부 구조 또는 탑의 금속제의 부재로 구성되는 것(5m 이상인 것만 해당한다.)의 조립, 해체 또는 변경 작업	• 건립 및 버팀대의 설치 순서에 관한 사항 • 조립 해체 시의 추락 재해 및 위험 요인에 관한 사항 • 건립용 기계의 조작 및 작업 신호에 관한 사항 • 안전 장비 착용 및 해체 순서에 관한 사항 • 그 밖에 안전 · 보건 관리에 필요한 사항
28. 처마 높이가 5m 이상인 목조 건축물의 구조 부재의 조립이나 건축물의 지붕 또는 외벽 밑에서의 설치 작업	• 붕괴 · 추락 및 재해 방지에 관한 사항 • 부재의 강도 · 재질 및 특성에 관한 사항 • 조립 · 설치 순서 및 안전 작업 방법에 관한 사항 • 보호구 착용 및 작업 점검에 관한 사항 • 그 밖에 안전 · 보건 관리에 필요한 사항
29. 콘크리트 인공 구조물(그 높이가 2m 이상인 것만 해당한다.)의 해체 또는 파괴 작업	• 콘크리트 해체 기계의 점검에 관한 사항 • 파괴 시의 안전 거리 및 대피 요령에 관한 사항 • 작업 방법 · 순서 및 신호 요령에 관한 사항 • 해체 · 파괴 시의 작업 안전 기준 및 보호구에 관한 사항 • 그 밖에 안전 · 보건 관리에 필요한 사항
30. 타워 크레인을 설치(상승 작업을 포함한다.) · 해체하는 작업	• 붕괴 · 추락 및 재해 방지에 관한 사항 • 설치 · 해체 순서 및 안전 작업 방법에 관한 사항 • 부재의 구조 · 재질 및 특성에 관한 사항 • 신호 방법 및 요령에 관한 사항 • 이상 발생 시 응급 조치에 관한 사항 • 그 밖에 안전 · 보건 관리에 필요한 사항
31. 보일러(소형 보일러 및 다음 각 목에서 정하는 보일러는 제외한다.)의 설치 및 취급 작업 가. 물통 반지름이 750mm 이하이고 그 길이가 1,300mm 이하인 증기 보일러 나. 전열 면적이 $3m^2$ 이하인 증기 보일러 다. 전열 면적이 $14m^2$ 이하인 온수 보일러 라. 전열 면적이 $30m^2$ 이하인 관류 보일러	• 기계 및 기기 점화 장치 계측기의 점검에 관한 사항 • 열 관리 및 방호 장치에 관한 사항 • 작업 순서 및 방법에 관한 사항 • 그 밖에 안전 · 보건 관리에 필요한 사항

작업명	교육 내용
32. 게이지 압력을 m^2당 1kg 이상으로 사용하는 압력 용기의 설치 및 취급 작업	• 안전 시설 및 안전 기준에 관한 사항 • 압력 용기의 위험성에 관한 사항 • 용기 취급 및 설치 기준에 관한 사항 • 작업의 안전·점검 방법 및 요령에 관한 사항 • 그 밖에 안전·보건 관리에 필요한 사항
33. 방사선 업무에 관계되는 작업(의료 및 실험용은 제외한다.)	• 방사선의 유해·위험 및 인체에 미치는 영향에 관한 사항 • 방사선의 측정 기기 기능의 점검에 관한 사항 • 방호 거리·방호벽 및 방사선 물질의 취급 요령에 관한 사항 • 응급 처치 및 보호구 착용에 관한 사항 • 그 밖에 안전·보건 관리에 필요한 사항
34. 맨홀 작업	• 장비·설비 및 시설 등의 안전 점검에 관한 사항 • 산소 농도 측정 및 작업 환경에 관한 사항 • 작업 내용·안전 작업 방법 및 절차에 관한 사항 • 보호구 착용 및 보호 장치 사용에 관한 사항 • 그 밖에 안전·보건 관리에 필요한 사항
35. 밀폐 공간에서의 작업	• 산소 농도 측정 및 작업 환경에 관한 사항 • 사고 시의 응급 처치 및 비상시의 구출에 관한 사항 • 보호구 착용 및 사용 방법에 관한 사항 • 밀폐 공간 작업의 안전 작업 방법에 관한 사항 • 그 밖에 안전 작업 방법에 필요한 사항
36. 허가 및 관리 대상 유해 물질의 제조 또는 취급 작업	• 취급 물질의 성질 및 상태에 관한 사항 • 유해 물질이 인체에 미치는 영향에 관한 사항 • 국소 배기 장치 및 안전 설비에 관한 사항 • 안전 작업 방법 및 보호구 사용에 관한 사항 • 그 밖에 안전·보건 관리에 필요한 사항
37. 로봇 작업	• 로봇의 기본 원리·구조 및 작업 방법에 관한 사항 • 이상 발생 시 응급 조치에 관한 사항 • 안전 시설 및 안전 기준에 관한 사항 • 조작 방법 및 작업 순서에 관한 사항
38. 석면 해체·제거 작업	• 석면의 특성과 위험성 • 석면 해체·제거의 작업 방법에 관한 사항 • 장비 및 보호구 사용에 관한 사항 • 그 밖에 안전·보건 관리에 필요한 사항

6) 안전 보건 관리 책임자 등에 대한 교육

교육 대상	교육 시간	
	신규 교육	보수 교육
가. 안전 보건 관리 책임자	6시간 이상	6시간 이상
나. 안전 관리자, 안전 관리 전문 기관의 종사자	34시간 이상	24시간 이상
다. 보건 관리자, 보건 관리 전문 기관의 종사자	34시간 이상	24시간 이상
라. 건설 재해 예방 전문 지도 기관의 종사자	34시간 이상	24시간 이상
마. 석면 조사 기관의 종사자	34시간 이상	24시간 이상
바. 안전 보건 관리 담당자	-	8시간 이상
사. 안전 검사 기관, 자율 안전 검사 기관의 종사자	34시간 이상	24시간 이상

7) 특수 형태 근로 종사자에 대한 안전 보건 교육

교육 과정	교육 시간
가. 최초 노무 제공 시 교육	2시간 이상(단기간 작업 또는 간헐적 작업에 노무를 제공하는 경우에는 1시간 이상 실시하고, 특별교육을 실시한 경우는 면제)
나. 특별 교육	16시간 이상(최초 작업에 종사하기 전 4시간 이상 실시하고 12시간은 3개월 이내에서 분할하여 실시 가능)
	단기간 작업 또는 간헐적 작업인 경우에는 2시간 이상

8) 검사원 성능 검사 교육

교육 과정	교육 대상	교육 시간
성능 검사 교육	-	28시간 이상

9) 물질 안전 보건 자료에 관한 교육 내용

교육 내용
• 대상 화학 물질의 명칭(또는 제품명) • 물리적 위험성 및 건강 유해성 • 취급 시 주의사항 • 물질 안전 보건 자료 및 경고 표지를 이해하는 방법 • 적절한 보호구 • 응급 조치 요령 및 사고 시 대처 방법

1.4 교육 방법

(1) O.J.T(On the Job Training)

사업장 내에서 직속 상사가 강사가 되어 실시하는 개별 교육의 형태로서, 일상 업무를 통해 지식과 기능, 문제 해결 능력 등을 배양시키는 교육이다.

① 개개인에게 적절한 지도 훈련이 가능하다.
② 직장의 실정에 맞게 실제적 훈련이 가능하다.
③ 즉시 업무에 연결되는 관계로 몸과 관련이 있다.
④ 훈련에 필요한 업무의 계속성이 끊어지지 않는다.
⑤ 효과가 곧 업무에 나타나며 훈련의 좋고 나쁨에 따라 개선이 쉽다.
⑥ 훈련 효과를 보고 상호 신뢰 이해도가 높아지는 것이 가능하다.

(2) Off J.T(Off the Job Training)

사업장 외에서 실시하는 교육으로서, 일정 장소에 다수의 근로자를 집합시켜 실시하는 보다 체계적인 집체 교육 방식이다.

① 다수의 근로자들에게 조직적 훈련을 행하는 것이 가능하다.
② 훈련에만 전념하게 된다.
③ 각각의 전문가를 강사로 초청하는 것이 가능하다.
④ 특별 설비 기구를 이용하는 것이 가능하다.
⑤ 각 직장의 근로자가 많은 지식이나 경험을 교류할 수 있다.
⑥ 교육 훈련 목표에 대하여 집단적 노력이 흐트러질 수도 있다.

(3) TWI(Training Within Industry)

① J.M.T(Job Method Training) : 작업 방법 훈련
② J.I.T(Job Instruction Training) : 작업 지도 훈련
③ J.R.T(Job Relations Training) : 인간 관계 훈련
④ J.S.T(Job Safety Training) : 작업 안전 훈련

(4) MTP(Management Training Program)

TWI 보다 약간 높은 관리자 계층을 대상으로 관리 문제에 중점을 두는 교육이다.

1) 교육 내용

① 관리 기능
② 조직의 원칙
③ 조직의 운영

④ 시간 관리
⑤ 훈련 관리
⑥ 회의의 주관
⑦ 안전 작업
⑧ 과업 관리 및 사기 앙양
⑨ 신입 및 대행자 육성 요령

2) 교육 인원 및 시간

한 클래스(class)당 10~15명으로서 1회 2시간씩 20회에 걸쳐 40시간 실시

(5) ATP(Administration Training Program)

1) 교육 내용

① 정책 수립
② 조직(경영 부분, 조직 형태, 구조 등)
③ 통제(조직 통제의 적용, 품질 관리, 원가 통제의 적용)
④ 운영(운영 조직, 협조에 의한 회사 운영)

2) 교육 인원 및 시간

매주 4일, 1회 4시간씩 8주간 총 128시간 실시

(6) 학습 평가의 기준

① 타당도
② 신뢰도
③ 객관도
④ 실용도

Chapter 02

산업 심리

2.1 인간의 특성과 안전의 관계

2.1.1 주의와 부주의

(1) 주의 특징

① 선택성 : 다종의 자극을 지각할 때 소수의 특정 자극에 선택적으로 주의를 기울이는 기능

② 방향성 : 주시점(시선이 가는 쪽)만 인지하는 기능

③ 변동성 : 주의 집중 시 주기적으로 부주의의 리듬이 존재

(2) 주의의 특성

① 주의는 동시에 두 개 방향에 집중할 수 없다.(선택성)

② 고도의 주의는 장시간 지속할 수 없다.(변동성)

③ 한 지점에 주의를 집중하면 다른 곳에는 약해진다.(방향성)

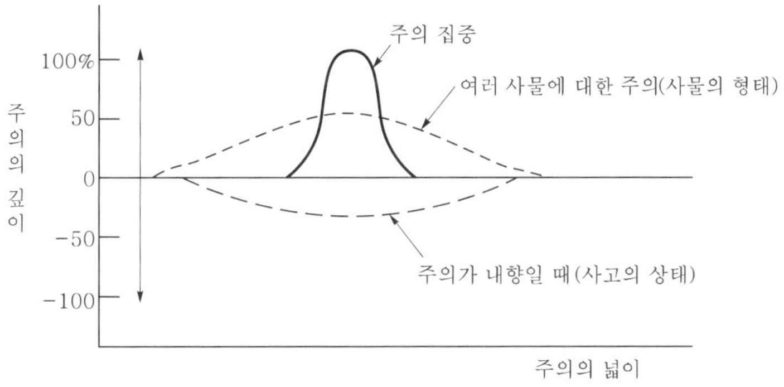

| 그림 2-1 | 주의의 특성

(3) 주의 수준(긴장 수준 : tension level)

1) 0(zero) level

① 수면중

② 자극에 의한 반응 시간 내

2) 중간 level
① 다른 곳에 주의를 기울이고 있을 때
② 가시 시야 내 부분
③ 일상과 같은 조건일 경우

3) 고(高) level
① 주시(注視) 부분
② 예기 레벨이 높은 때(예측하고 있을 때)

(4) 부주의의 발생 원인과 대책

1) 외적 원인
① 작업 환경 조건 불량 : 환경 정비
② 작업 순서에 부적당 : 작업 순서 정비

2) 내적 원인
① 소질적 문제 : 적성 배치
② 의식의 우회 : 카운슬링
③ 경험과 미경험 : 교육, 훈련

(5) 부주의에 의한 사고 방지 대책

1) 정신적 대책
① 주의력 집중 훈련
② 스트레스 해소 대책
③ 안전 의식의 재고
④ 작업 의욕의 고취

2) 기능 및 작업 측면의 대책
① 표준 작업의 습관화
② 안전 작업 방법 습득
③ 작업 조건의 개선
④ 적성 배치

3) 설비 및 환경 측면의 대책
① 표준 작업 제도 도입
② 작업 환경과 설비의 안전화
③ 긴급 시 안전 작업 대책 수립

(6) 인간의 주의 특성과 신뢰도

| 표 2-2 | 인간 의식의 특성

페이즈	의식의 모드	의식의 작용	행동 레벨	신뢰성
Ⅳ	과긴장 흥분	주의의 치우침	당황하여 행동	낮다
Ⅲ	정상(분명한 의식)	적극적	판단을 동반한 행동	매우 높다
Ⅱ	정상(느긋한 기분)	수동적	정해진 안정된 행동	다소 높다
Ⅰ	의식 몽롱	불활발	과로, 단조로움으로 졸다	낮다
0	무의식 실신	제로	수면, 뇌발작	제로

(7) 인간의 안전 심리

① 개성 : 인간의 성격, 기질, 능력 등 개인적 특징으로 장시간에 걸친 지속적인 생활 환경에 의해 결정된다.
② 동기 : 특정 목표 수행을 위해 야기되는 욕구, 동인 등을 말한다.
③ 감정 : 감정은 안전과 밀접한 관계를 가진다.
④ 습성 : 행동의 경향성을 말하는 개인적 특성이다.
⑤ 습관 : 규칙적인 행동을 말하며 후천적 소질에 의해 형성된다.

(8) 인간 욕구와 동기 유발

1) 매슬로우(Maslow)의 욕구 5단계

① 제1단계 : 생리적 욕구
② 제2단계 : 안전 욕구
③ 제3단계 : 사회적 욕구(친화의 욕구)
④ 제4단계 : 인정 받으려는 욕구(승인의 욕구)
⑤ 제5단계 : 자아 실현의 욕구(성취의 욕구)

2) 허즈버그(Frederick Herzberg)

① 위생 요인 : 불만족의 욕구로서 인간의 동물적 욕구에 해당하는 저차적 욕구
② 동기 부여 이론 : 만족의 욕구로서 인간이 자아 실현을 하려는 독특한 경향

3) 맥그리거(Douglas McGreger)의 X, Y 이론

| 표 2-3 | X, Y 이론

X이론	Y이론
인간 불신감	상호 신뢰감
성악설	성선설
인간은 본래 게으르고 태만, 수동적, 남의 지배받기를 즐긴다.	인간은 본래 부지런하고 근면, 적극적, 스스로 일을 자기책임하에 자주적이다.
저차적 욕구(물질 욕구)	고차적 욕구(정신 욕구)
명령, 통제에 의한 관리	목표 통합과 자기 통제에 의한 관리
저개발국형	선진국형

4) 데이비스(K. Davis)의 동기 부여 이론(등식)

인간의 성과 × 물질적 성과=경영의 성과

① 지식(knowledge) × 기능(skill)=능력(ability)

② 상황(situation) × 태도(attitude)=동기 유발(motivation)

③ 능력 × 동기 유발=인간의 성과(human performance)

5) ERG 이론(Alderfer)

① 생존(존재) 욕구(existence)

② 관계(relatedness) 욕구

③ 성장(growh) 욕구

2.2 노동과 피로

(1) 피로(fatigue)

작업자의 몸에 생기는 변화, 스스로 느끼는 권태감 및 외부에서 보아 알 수 있는 작업 능률의 저하 등을 총칭하는 말로서, 정신적 피로와 육체적 피로로 구분된다.

① 정신적 피로(精神的 變化) : 작업 동작 경로, 작업 태도, 자세, 사고 활동, 정의(情意) 등의 변화

② 육체적 피로(生理的 變化) : 감각 기능, 순환 기능, 반사 기능, 대사 기능, 대사물의 질량 능의 변화

(2) 피로의 표지

① 주관적 피로 ② 객관적 피로
③ 생리적 피로

(3) 피로에 영향을 주는 기계측 인자

① 기계의 종류
② 기계의 색
③ 조작 부분의 배치
④ 조작 부분의 감촉(촉감)

(4) 피로에 영향을 주는 인적 요인

① 정신의 상태 ② 신체적 상태
③ 작업의 시간 ④ 작업의 내용
⑤ 사회적 환경 ⑥ 바이오 리듬

(5) 휴식 시간 산출

작업에 대한 평균 에너지값을 4kcal/분(1일 보통 사람 소비 에너지 4,300cal/day에서 여가 에너지 2,300kcal/분이 나온다. 이것을 8시간(480분)으로 나누면 4kcal/분이 나온다.)일 때 휴식 시간을 삽입하여 초과분을 보상해 주어야 한다.

휴식 시간(분) $R = \dfrac{60(E-4)}{E-1.5}$

여기서, R : 휴식 시간(분)
E : 작업 시 평균 에너지 소비량(kcal/분)
60(분) : 총 작업 시간
1.5(kcal/분) : 휴식 시간 중의 에너지 소비량

(6) 피로의 측정 방법

① 생리적 방법 ② 생화학적 방법
③ 심리학적 방법

(7) 피로의 원인

① 개체의 조건 ② 작업 조건
③ 환경 조건 ④ 생활 조건
⑤ 사회적 환경

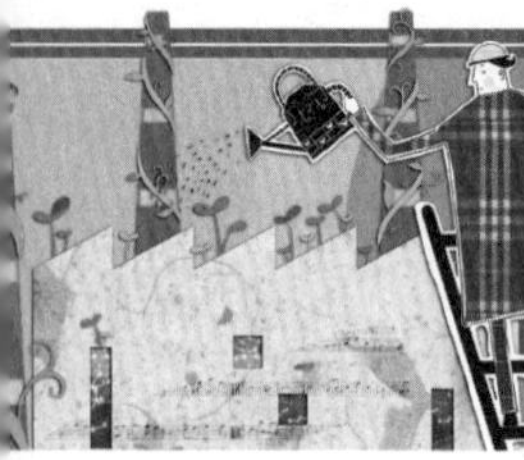

Part 02 실·전·문·제

01 **사업장에서 실시하는 안전 교육 계획 작성 시 고려해야 할 사항은?**

해답 1. 교육의 목적과 목표 설정
2. 계획 작성에 필요한 준비 자료의 수집
3. 준비 자료의 검토와 현장 조사 및 시범, 실습 자재 확보 대책
4. 본계획 작성, 확정

02 **안전 보건 교육을 하기 위한 강의안(학습 지도안)은 교과목을 효과적으로 구분하여 지도 단계에 따라 실시하기 쉽도록 계획하는 것이다. 일반적으로 강의안을 구성하는 4단계를 순서대로 쓰시오.**

해답 1. 강의 제목 2. 학습 목적 3. 학습 성과 4. 강의 보조 자료

03 **부주의의 심리적 특성을 쓰시오.**

해답 1. 부주의에는 원인이 있다.
2. 부주의는 결과를 표현한다.
3. 부주의는 불안전 행동뿐 아니라 불안전 상태에도 통용된다.

04 **T.W.I 교육의 5가지 기본 요건을 간단히 쓰시오.**

해답 1. 직무의 지식
2. 직책의 지식
3. 작업을 가르치는 능력
4. 작업 방법을 개선하는 기능
5. 사람을 다루는 기능

05 **안전 보건 교육의 종류를 5가지 쓰시오.**

해답 1. 신규 채용 시 안전 보건 교육
2. 작업 내용 변경 시 안전 보건 교육
3. 특별 안전 보건 교육
4. 관리 감독자 정기 안전 보건 교육
5. 근로자 정기 안전 보건 교육

06 안전 교육의 단계법에 의한 교육에서 교육 방법의 4단계를 쓰시오.

해답 1. 도입　　2. 제시　　3. 적용　　4. 확인

07 O.J.T 교육과 Off.J.T 교육을 간략히 설명하시오.

해답
1. O.J.T 교육은 현장에서 실시하는 교육을 뜻하는 것으로서 개개인에게 적합한 개별 교육으로 직장의 실정에 맞게 교육 훈련을 실시할 수 있고 교육의 계속성이 있으며 교육에 의하여 상호 신뢰 및 이해도가 높아진다.
2. Off.J.T 교육은 집합 교육으로서 다수의 근로자들에게 조직적이며 체계적인 교육 훈련이 가능하게 되며 교육 훈련에만 전념할 수 있게 되어 전문 강사진에 의한 교육으로 많은 지식이나 경험을 토대로 효과적인 교육이 가능하다.

08 인간의 의식 수준과 설비 상태와의 상호 관계는 함수 관계를 가지고 있다. 아래 도표를 보고 안전, 불안전 상태를 명시하시오.

인간의 주의력 ⋛ 설비 상태	안전 수준	대응 상태
높은 수준>불안 상태	①	인간측 고수준에 기대
높은 수준≦불안 상태	불안전	②
낮은 수준<본질적 안전화	③	설비의 fail safe

해답
① 안전
② 사고 발생 가능
③ 안전

09 사업장에서 신입 사원을 채용했을 경우에는 신규 채용 시 교육을 실시하여야 한다. 그 교육의 시간과 내용을 명시하시오.

해답
1. 교육 시간 : 일용 근로자 1시간 이상, 일용 근로자를 제외한 근로자 8시간 이상
2. 교육 내용
   ① 기계・기구의 위험성과 작업의 순서 및 동선에 관한 사항
   ② 작업 개시 전 점검에 관한 사항
   ③ 정리정돈 및 청소에 관한 사항
   ④ 사고 발생 시 긴급 조치에 관한 사항
   ⑤ 산업 보건 및 직업병 예방에 관한 사항
   ⑥ 물질 안전 보건 자료에 관한 사항
   ⑦ 산업안전보건법령 및 일반 관리에 관한 사항
   ⑧ 직무 스트레스 예방 및 관리에 관한 사항

10 산소 결핍 장소(밀폐 공간)에 있어서의 특별 안전 교육 시간, 방법, 내용을 각각 구분하여 명시하시오.

해답 1. 교육 시간 : 16시간 이상
2. 교육 방법 : 실기 및 시청각 병행
3. 교육 내용
① 산소 농도 측정 및 작업 환경에 관한 사항
② 사고 시 응급 처치 및 비상 시 구출에 관한 사항
③ 보호구 착용 및 사용 방법에 관한 사항
④ 밀폐 공간 작업의 안전 작업 방법에 관한 사항
⑤ 그 밖에 안전 보건 관리에 필요한 사항

11 안전 교육 3단계 중 태도 교육 실시의 4단계를 명시하시오.

해답 1. 청취한다.
2. 이해, 납득시킨다.
3. 모범을 보인다.
4. 평가한다.

12 안전 지식 교육의 전달 매체로 활용할 수 있는 방법을 5가지 쓰시오.

해답 1. 강의 2. 교재 3. 차트
4. 슬라이드 5. 시청각 교재(비디오 등)

13 매슬로우의 인간 욕구 5단계를 순서대로 쓰시오.

해답 1. 생리적 욕구 2. 안전의 욕구 3. 사회적 욕구
4. 인정받으려는 욕구 5. 자아 실현의 욕구

14 안전 교육 계획 수립 시 포함해야 할 사항을 3가지 쓰시오.

해답 1. 교육 목표 2. 교육 대상 3. 교육 방법
4. 교육 시간과 시기 5. 강사 6. 교육 장소

15 안전 교육의 3단계를 쓰시오.

해답 1. 지식 교육 2. 기능 교육 3. 태도 교육

16 허가 및 관리 대상 유해 물질의 제조 또는 취급 작업 시 특별 안전 보건 교육의 내용을 쓰시오.

해답 1. 취급 물질의 성상 및 성질에 관한 사항
2. 유해 물질의 인체에 미치는 영향
3. 국소 배기 장치 및 안전 설비에 관한 사항
4. 안전 작업 방법 및 보호구 사용에 관한 사항
5. 그 밖에 안전 보건 관리에 필요한 사항

17 카운슬링의 효과를 3가지 쓰시오.

해답 1. 정신적 스트레스 해소 효과
2. 안전 동기 부여 효과
3. 안전 태도 형성 효과

18 강의 방식은 일방적 의사 전달 방법과 쌍방적 의사 전달 방법으로 크게 대별할 수 있다. 이 중 쌍방적 의사 전달 방법의 교육 종류를 3가지 쓰시오.

해답 1. 문제 제시법(problem method)
2. 사례 연구법(case study)
3. Forum
4. Panel discussion
5. Symposium
6. Buzz session

19 일의 난이도에 대응하는 인간의 정보 처리 채널 5단계는?

해답 1. 반사 작업
2. 주시하지 않아도 되는 작업
3. 루틴 작업
4. 동적 의지 결정
5. 문제 해결 능력

20 인간이 가지고 있는 심리적 특성 3가지는?

해답 1. 간결성의 원리
2. 리스크 테이킹
3. 주의의 일점 집중 현상

21 인간이 가지는 부주의의 현상 4가지를 쓰시오.

해답 1. 의식의 단절
2. 의식의 우회
3. 의식의 과잉
4. 의식의 수준 저하

22 S.Rosenzwig의 인간 욕구 저지 상황 요인 6가지는?

해답 1. 외적 결여　2. 외적 상실　3. 외적 갈등
4. 내적 결여　5. 내적 상실　6. 내적 갈등

23 "작업장에서 근무하는 작업자들의 안전 의식 향상을 위하여 하인리히의 재해 도미노 이론을 이해한다"에서 학습의 목적에 따라 분류하시오.

해답 1. 학습 목표 : 작업자들의 안전 의식 향상
2. 학습 주제 : 하인리히의 재해 도미노 이론
3. 학습 정도 : 이해한다.

24 작업 표준이란 작업 현장의 표준 생산 또는 생산의 표준화를 말하는 것으로 작업 표준의 목적을 3가지 쓰시오.

해답 1. 위험 요인 제거　2. 손실 요인 제거　3. 작업의 효율화

25 사업장의 안전 진단을 실시해야 할 시기는?

해답 1. 중대 재해 발생 시
2. 안전 보건 개선 계획 수립 시행을 명 받았을 때
3. 그 밖에 지방 노동관서장이 안전 보건 진단이 필요하다고 인정할 때

26 방진 마스크의 고무 시험편을 yang 비중계에 매달고 공기 중과 수중에서의 중량을 측정함으로써 고무 비중 시험을 한 결과 공기 중에서 중량이 4g, 수중에서의 중량이 1.2g이었다. 고무의 비중을 산출하고 재료 시험의 합격 여부를 쓰시오.

해답
1. $\text{비중} = \dfrac{\text{공기 중에서 시험편 중량}}{\text{공기 중 시험편 중량} - \text{수중에서의 시험편 중량}} = \dfrac{4}{4-1.2} = 1.428$
2. 합격 여부 = 불합격(1.4 이하 시 합격)

27 법상 산소 결핍(밀폐 공간 작업)으로 인한 위험 장소에 대해서는 관리 감독자를 선임하여야 한다. 관리 감독자의 직무 3가지를 쓰시오.

해답 1. 산소가 결핍된 공기나 유해 가스에 노출되지 아니하도록 작업 시작 전에 작업 방법을 결정하고 이에 따라 해당 근로자의 작업을 지휘하는 일
2. 작업을 행하는 장소의 공기가 적정한지 여부를 작업 시작 전에 확인하는 일
3. 측정 장비, 환기 장치 또는 송기 마스크 등을 작업 시작 전에 점검하는 일
4. 근로자에게 송기 마스크 등의 착용을 지도하고 착용 상황을 점검하는 일

28 법에 의한 작업 환경 측정 대상 유해 인자는? (단, 작업 환경 측정 대상 유해 인자에 노출되는 근로자가 있는 작업장)

해답 1. 화학적 인자

① 유기 화합물 ② 금속류
③ 산 및 알칼리류 ④ 가스상 물질류
⑤ 허가 대상 유해 물질 ⑥ 분진
⑦ 금속 가공류

2. 물리적 인자

① 8시간 시간 가중 평균 80dB 이상의 소음
② 고열

참고 작업 환경 측정 제외 대상 작업
① 임시 작업 및 단시간 작업을 행하는 작업장
② 관리 대상 유해 물질의 허용 소비량을 초과하지 아니하는 작업장
③ 분진 작업의 적용 제외 작업장

29 인간의 실수 및 과오의 원인 3가지를 쓰시오.

해답 1. 능력 부족
2. 주의 부족
3. 환경 조건 부적당

30 임시 건강 진단을 실시해야 하는 경우는?

해답 1. 동일 부서에 근무하는 근로자 또는 동일한 유해 인자에 노출되는 근로자에게 유사한 질병의 자각 및 타각 증상이 발생한 경우
2. 직업병 유소견자가 발생하거나 다수 발생할 우려가 있는 경우
3. 기타 지방 노동관서의 장이 필요하다고 판단하는 경우

31 인간의 주의력을 집중하게 되는 외적 요인 3가지는?

해답 1. 자극의 신기성 2. 자극의 운동성 3. 자극의 반복성

32 법에 의하여 근로자가 지켜야 할 의무 사항을 쓰시오.

해답 1. 대피 2. 출입 금지 3. 보호구 착용
4. 안전 규칙 준수 5. 작업 중지

33 동력에 의하여 작동되는 프레스 기계를 5대 이상 보유한 사업장에서의 프레스기에 대한 특별 안전 보건 교육 내용 5가지를 쓰시오.

해답 1. 프레스의 특성과 위험성에 관한 사항
2. 방호 장치의 종류와 취급에 관한 사항
3. 안전 작업 방법에 관한 사항
4. 프레스 안전 기준에 관한 사항
5. 그 밖에 안전 보건 관리에 필요한 사항

34 지식 교육의 4단계를 순서대로 쓰시오.

해답 1. 제1단계 : 도입
2. 제2단계 : 제시
3. 제3단계 : 적용
4. 제4단계 : 확인

35 태도 교육의 4단계를 순서대로 쓰시오.

해답 1. 제1단계 : 청취한다.
2. 제2단계 : 이해, 납득시킨다.
3. 제3단계 : 모범을 보인다.
4. 제4단계 : 평가한다.

36 Super의 역할 이론을 4가지 쓰시오.

해답 1. 역할 연기 2. 역할 기대 3. 역할 갈등 4. 역할 형성

37 작업장에서 근로자가 작업 시 분당 에너지 소모가 5.5kcal라면 휴식 시간은 얼마인가?

해답 휴식 시간(분)$= \dfrac{60(E-4)}{E-1.5} = \dfrac{60(5.5-4)}{5.5-1.5} = 22.5$ 분

38 재해 누발자 유형을 쓰시오.

해답 1. 상황성 누발자 2. 미숙성 누발자
3. 소질성 누발자 4. 습관성 누발자

39 재해 누발 경향자설 3가지를 쓰시오.

해답 1. 기회설 2. 암시설 3. 재해 누발 경향자설

40 동작 경제의 원칙은 3가지로 구분할 수 있다. 이 원칙을 쓰시오.

해답 1. 동작능 활용의 원칙　　2. 동작량 절약의 원칙　　3. 동작 개선의 원칙

41 산양이라는 작업장의 작업 시 분당 에너지 소모량이 6kcal였다면 이 작업장의 휴식 시간은? (단, 분당 에너지 소모량의 기준은 5kcal로 한다.)

해답 휴식 시간(분)$= \frac{60(E-4)}{E-1.5} = \frac{60(6-5)}{6-1.5} = 13.33$ 분

42 재해 누발자 유형 가운데 상황성 누발자는 어떠한 경우에 재해를 일으키게 되는지 그 원인을 4가지 쓰시오.

해답 1. 작업이 어렵기 때문에
2. 심신에 근심이 있기 때문에
3. 환경상 주의력 집중이 곤란하기 때문에
4. 기계·기구에 결함이 있기 때문에

43 적성 배치는 생산 현장의 생산성 향상과 재해 방지에 최대한 기여할 수 있는 근로자를 적재적소에 배치하는 것을 말한다. 적성 배치를 위한 작업자의 특성을 파악하고자 할 때 고려해야 할 사항은?

해답 1. 지적 능력　　2. 기능
3. 성격　　4. 신체적 특성
5. 연령적 특성　　6. 업무 수행 능력

44 인간의 심리적 특징 3가지를 쓰시오.

해답 1. 간결성의 원리　　2. 리스크 테이킹　　3. 주의의 일점 집중 현상

45 리더십은 오늘날 경영 활동의 측면에서 중요한 역할을 담당하게 된다. 업무의 특성과 활용의 효율성을 달성하기 위한 리더십의 3가지 기술은?

해답 1. 전문 기술　　2. 인간 기술　　3. 경영 기술

46 Herzberg의 정신적 성장 6단계설을 순서대로 쓰시오.

해답 1. 보다 많은 지식 흡수　　2. 지식 결부 증가
3. 창조성　　4. 불분명함의 배제
5. 개성의 유지　　6. 현실적 성장

47 학습 효과를 최대한 높이기 위하여 지도 방법의 근거로 삼는 학습 지도 원리를 쓰시오.

해답
1. 자발성의 원리
2. 사회화의 원리
3. 직관의 원리
4. 통합의 원리
5. 개별화의 원리

48 강의식 교육의 장점을 4가지 쓰시오.

해답
1. 시간, 장소 등의 제한이 없다.
2. 강사가 강의의 강도를 조절할 수 있으며 시간 등을 조절할 수 있다.
3. 보다 많은 수강자를 동시에 교육할 수 있다.
4. 여러 가지의 수업 매체 및 방법을 활용할 수 있다.

49 타워 크레인을 설치 · 해체하는 작업 시 특별 안전 보건 교육의 종류를 쓰시오.

해답
1. 붕괴 · 추락 및 재해 방지에 관한 사항
2. 설치 · 해체 순서 및 안전 작업 방법에 관한 사항
3. 부재의 구조 · 재질 및 특성에 관한 사항
4. 신호 방법 및 요령에 관한 사항
5. 이상 시 응급 조치에 관한 사항
6. 그 밖에 안전 보건 관리에 관한 사항

50 허즈버그의 동기 이론 중 위생 이론에 관한 사항의 종류를 쓰시오.

해답
1. 감독
2. 임금
3. 보수
4. 작업 조건
5. 직위
6. 개인 상호간의 관계
7. 회사 정책과 관리

참고 동기 요인 : 성취감, 책임감, 안정감, 성장과 발전, 도전감 및 그 자체

Part 3

인간 공학 및 시스템 안전 공학

Chapter 01

인간 공학

1.1 인간과 기계의 기능

(1) 인간과 기계의 기능 비교

1) 인간이 현존하는 기계를 능가하는 기능

① 어떤 종류의 매우 낮은 수준의 시각, 청각, 촉각, 후각, 미각적인 자극을 감지한다.

② 수신 상태가 나쁜 음극 선관(CRT)에 나타나는 영상과 같이 배경 '잡음'이 심한 경우에도 자극(신호)을 인지한다.

③ 항공 사진의 복사체나 말소리처럼 상황에 따라 변화하는 복잡한 자극의 형태를 식별한다.

④ 주위의 이상하거나 예기치 못한 사건들을 감지한다.

⑤ 많은 양의 정보를 오랜 기간 동안 보관(기억)한다.(방대한 양의 상세 정보보다는 원칙이나 전략을 더 잘 기억한다.)

⑥ 보관되어 있는 적절한 정보를 회수(상기)하며, 흔히 관련 있는 수많은 정보 항목들을 회수한다. 그러나 회수(상기)의 신뢰도는 낮다.

⑦ 다양한 경험을 토대로 하여 의사 결정을 한다. 상황적 요구에 따라 적응적인 결정을 한다. 비상 사태에 대처하여 임기 응변할 수 있다.(모든 상황에 대한 사전 '프로그래밍'이 필요하지 않다.)

⑧ 어떤 운용 방법(mode of operation)이 실패할 경우 다른 방법을 선택한다.

⑨ 관찰을 통해서 일반화하여 귀납적으로 추리한다.

⑩ 원칙을 적용하여 다양한 문제를 해결한다.

⑪ 주관적으로 추산하고 평가한다.

⑫ 완전히 새로운 해결책을 찾아낸다.

⑬ 과부하(overload) 상황에서 불가피한 경우에는 중요한 활동에만 전심 전력한다.

⑭ 다양한 운용상의 요건에 맞추어(무리 없는 한도 내에서) 신체적인 반응을 적응시킨다.

2) 현존하는 기계가 인간을 능가하는 기능

① X선, 레이더파나 초음파같이 인간의 정상적인 감지 범위 밖에 있는 자극을 감지한다.
② 자극이 일반적으로 분류한 어떤 급에 속하는가를 판별하는 것 같이(급의 특성은 명시되어야 하지만) 연역적으로 추리한다.
③ 사전에 명시된 사상(event), 특히 드물게 발생하는 사상을 감시한다.(그러나 기계는 예기치 못한 형태의 사상이 발생한 경우에는 임기 응변할 수가 없다.)
④ 암호화(coded)된 정보를 신속하고 또 대량으로 보관한다.(예를 들어, 수많은 수치들을 매우 빠르게 기억시켜 보관할 수 있다.)
⑤ 구체적인 요청이 있을 때 암호화 된 정보를 신속하고 정확하게 회수한다.(물론 상기될 정보의 형태에 관한 구체적인 지시가 있어야 한다.)
⑥ 명시된 프로그램에 따라 정량적인 정보 처리를 한다.
⑦ 입력 신호에 대해 신속하고 일관성 있는 반응을 한다.
⑧ 반복적인 작업을 신뢰성 있게 수행한다.
⑨ 상당히 큰 물리적인 힘을 규율 있게 발휘한다.
⑩ 긴 기간에 걸쳐 작업 수행을 한다.(기계는 통상 사람처럼 빨리 '피로' 해지지 않는다.)
⑪ 물리적인 양을 계수하거나 측정한다.
⑫ 여러 개의 프로그램 활동을 동시에 수행한다.
⑬ 큰 부하가 걸린 상황에서도 효율적으로 작동한다.(인간은 비교적 한정된 경로 용량(channel capacity)을 갖는다.)
⑭ 주위가 소란하여도 효율적으로 작동한다.

(2) 인간 기계 체계의 기본 기능

1) 인간 기계 기능 체계

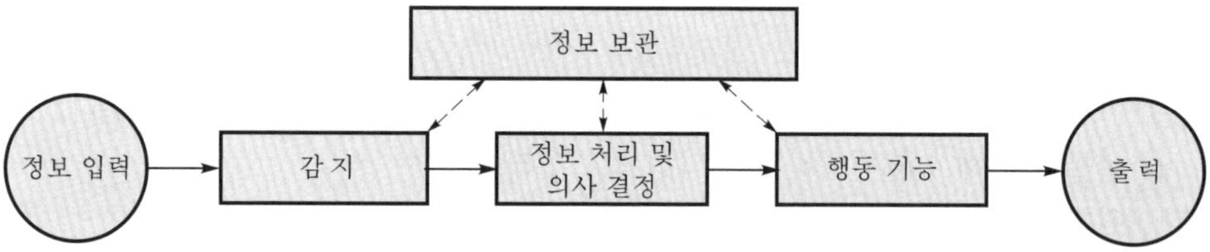

| 그림 3-1 | 인간 기계 통합 체계

① **감지 기능** : 인간에 의한 감지에는 시각, 청각, 촉각 등의 감각 기관이 사용되며, 기계에 의한 감지에는 전자 장치, 사진, 기계적인 장치 등이 이용된다.
② **정보 보관 기능** : 인간이 학습 과정을 통해 축적한 기억을 말하며, 기계는 자기 테이프, 문서, 기록 등으로 보관된다.

③ 정보 처리 및 의사 결정 기능 : 입력된 정보를 가지고 여러 종류의 조작을 가하는 것을 말하며, 인간의 경우에는 항상 결심이 뒤따른다. 기계의 정보 처리는 미리 프로그램화 된 것에 한정된다.

④ 행동 기능 : 의사 결정의 결과에 따라 수행되는 조작 행위를 말하는데, 물리적 조종 행위와 통신 행위로 구분된다.

참고 인간의 심리적 정보 처리 단계

① 회상(recall) ② 인식(recognition) ③ 정리, 집적(retention)

2) 인간 기계 통합 체계 유형

① 수동 체계 : 수공구, 기타 보조물(신체적인 힘이 동력원)이다.

② 기계화 체계 : 반자동 체계, 수동식 동력 제어 장치가 공작 기계와 같이 고도로 통합된 부품으로 구성한다.

③ 자동화 체계 : 기계 자체가 감지, 정보 처리 및 의사 결정 행동을 포함한 모든 업무를 수행(monitor)한다.

1.2 인간 요소와 휴먼 에러(human error)

(1) 인간 과오의 분류

1) 심리적 분류(Swain)

① omission error(생략적 과오) : 필요한 직무 또는 절차를 수행하지 않는 데서 일어나는 과오

② commission error(수행적 과오) : 필요한 직무 또는 절차의 불확실한 수행으로 인한 과오

③ time error(시간적 과오) : 필요한 직무 또는 절차의 수행 지연으로 인한 과오

④ sequential error(순서적 과오) : 필요한 직무 또는 절차의 순서 잘못 이해로 인한 과오

⑤ extraneous error(불필요한 과오) : 불필요한 직무 또는 절차를 수행함으로써 일어나는 과오

2) 원인의 level적 분류

① primary error : 작업자 자신으로부터 발생한 에러

② secondary error : 작업 형태나 작업 조건 중에서 문제가 생겨 그 때문에 필요한 사항을 실행할 수 없는 에러. 어떤 결함으로부터 파생하여 발생

③ command error : 요구된 것을 실행하고자 하여도 필요한 물건, 정보, 에너지 등의 공급이 없는 것처럼 작업자가 움직이려 해도 움직일 수 없으므로 발생하는 에러

(2) 인간 과오의 배후 요인(4M)

① Man : 자기 자신 이외의 다른 사람을 나타낸다.

② Machine : 기계, 기구, 장치 등의 물적인 요인을 말한다.

③ Media : 인간과 기계를 연결시키는 매개체로서 작업의 방법, 작업 순서, 정보, 환경, 정리 정돈 등을 포함하게 된다.

④ Management : 안전에 관한 법규의 준수, 단속, 점검, 관리, 감독, 교육 훈련 등을 말한다.

1.3 설비의 신뢰성

(1) 신뢰도(reliability)

1) 인간의 신뢰성 요인

① 주의력 : 인간의 주의력에는 넓이와 깊이가 있다.

② 긴장 수준(tension level) : 인간의 긴장 수준을 측정하는 방법에는 RMR, 체내 수분 손실량 측정 등이 있다.

③ 의식 수준 : 인간의 의식 수준은 다음의 요소들에 의존하게 된다.

㉠ 경험 연수　　㉡ 지식 수준　　㉢ 기술 수준

2) 기계의 신뢰성 요인

① 재질

② 기능

③ 조작 방법

3) 신뢰도

① 직렬 연결 : 자동화 운전

$$R_s = r_1 \times r_2 \times r_3 \times \cdots\cdots \times r_n = \sum_{i=1}^{n} R_i$$

② 병렬 연결

$$R_p = 1 - \{(1-r_1)(1-r_2)\cdots\cdots(1-r_n)\} = 1 - \sum_{i=1}^{n}(1-R_i)$$

③ 인간 – 기계 system 신뢰성 : 인간과 기계가 병렬로 작업하게 되면 신뢰도는 기계 단독이나 직렬보다 높다.

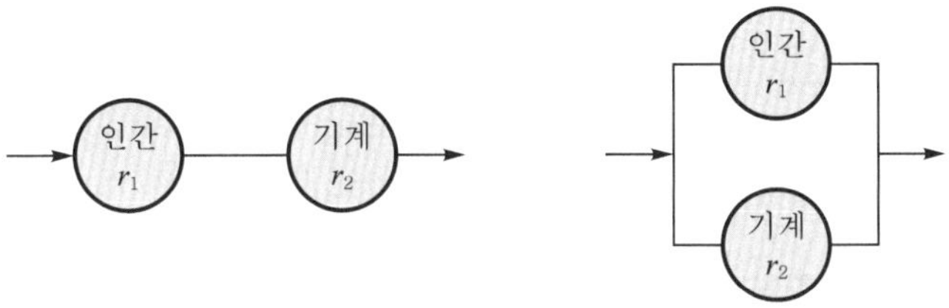

| 그림 3-2 | 인간–기계 system 신뢰성

㉠ 직렬 연결

- 제어계가 roll의 요소로 연결
- 각 요소의 고장이 독립적으로 발생
- 요소의 고장으로 제어계의 기능을 잃은 상태

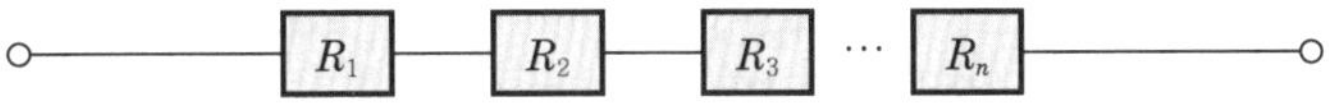

| 그림 3-3 | 직렬 연결

$$R = R_1,\ R_2,\ R_3,\ \cdots,\ R_n = \sum_{i=1}^{n}$$

㉡ 병렬 연결

- 항공기나 열차의 제어 장치처럼 한 부분의 결함이 중대한 사고를 일으킬 염려가 있는 경우에 적용하는 system
- 결함이 생긴 부품의 기능을 대체시킬 수 있는 장치를 중복 부착시켜 주는 system

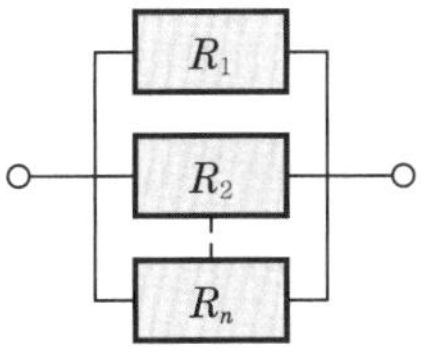

| 그림 3-4 | 병렬 연결

$$R = 1 - (1-R_1)(1-R_2)\cdots(1-R_n) = 1 - \sum_{i=1}^{n}(1-R_i)$$

㉢ 요소의 병렬

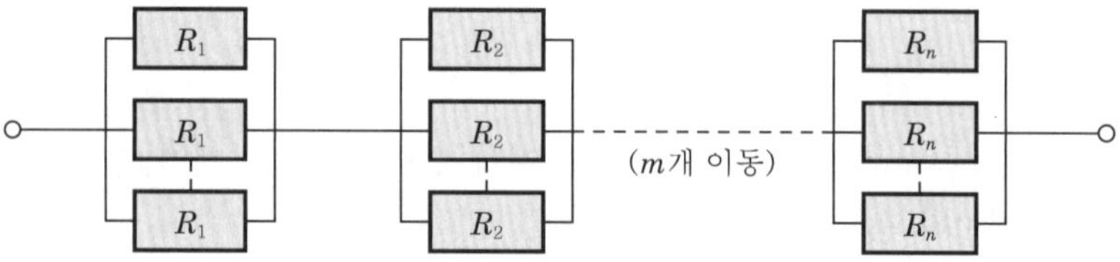

| 그림 3-5 | 요소의 병렬

$$R = \sum_{i=0}^{n}(1-(1-R_i)^n)$$

㉣ system 병렬 : 항공기의 조정 장치는 엔진 가동, 유압 펌프계와 교류 전동기 가동 유압 펌프계의 고장을 일으켰을 경우 응급용으로 수용 장치의 3단 fail safe 방법이 사용된다.

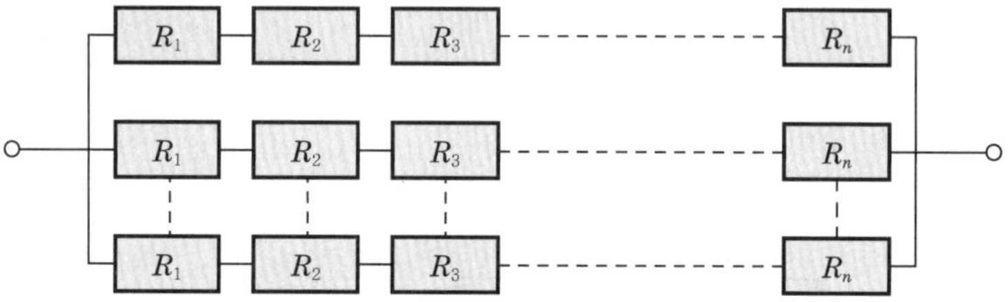

| 그림 3-6 | system 병렬

$$R = 1-(1-\sum_{i=1}^{n}R_i)^m$$

(2) 고 장

1) 고장의 유형

① **초기 고장** : 초기 고장은 결함을 찾아내 고장률을 안정시키는 기간이라고 하며, 디버깅(debugging) 기간, 번 인(burn in) 기간이라고도 한다. 제작 과정에서 일어날 수 있는 고장으로 점검, 시운전 등으로 사전에 예방이 가능하다.

② **우발 고장** : 실제 사용하는 상태에서 발생하는 고장으로 예측할 수 없는 때에 일어나는 고장이다.

③ **마모 고장** : 부품 등의 일부가 수명이 다 되어 일어나는 고장으로 안전 진단, 적정한 보수 등에 의해 방지가 가능하다.

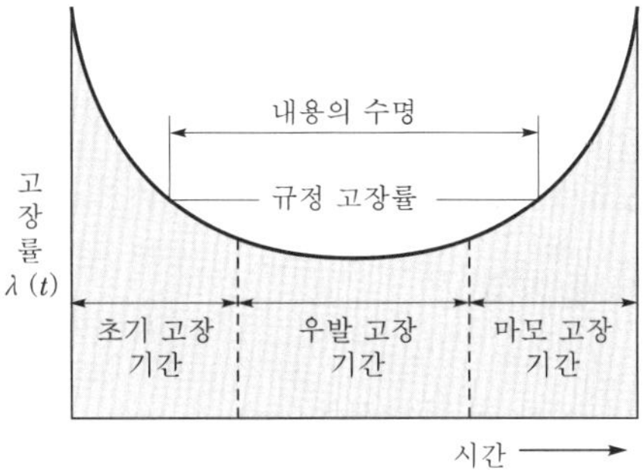

| 그림 3-7 | 고장의 발생 상황

2) 고장률과 MTBF

① 고장률(λ)= $\dfrac{\text{고장 건수}(\gamma)}{\text{총 가동 시간}(t)}$

② MTBF= $\dfrac{1}{\lambda}$

3) 병렬 model과 중복 설계

① 리던던시(redundancy) : 리던던시는 일부에 고장이 나더라도 전체가 고장나지 않도록 기능적으로 여력인 부분을 부가해서 신뢰도를 향상시키려는 중복 설계를 의미한다.

② 리던던시 방식

㉠ 병렬 리던던시

㉡ 대기 리던던시

㉢ M out of N 리던던시(N개 중 M개 동작 시 계는 정상)

㉣ 스페어에 의한 교환

㉤ 페일 세이프(fail safe)

(3) 인간 기계의 신뢰도 유지

1) lock system

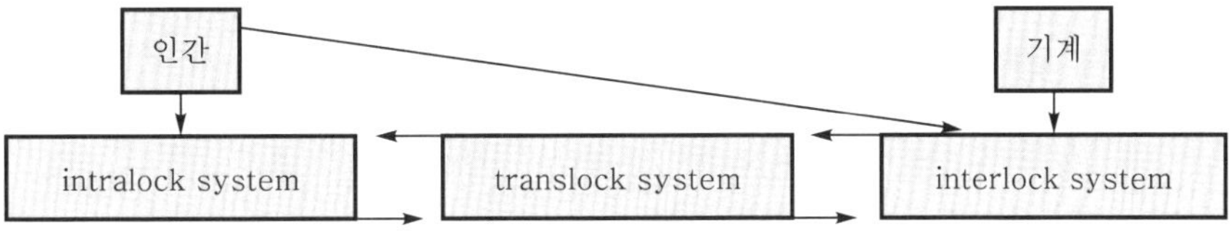

| 그림 3-8 | lock system

① 구성
㉠ interlock system
㉡ translock system
㉢ intralock system

2) 인간에 대한 monitoring 방법

① self-monitoring
㉠ 감각으로 자신의 상태를 파악하는 것
㉡ 자극, 고통, 피로, 권태, 이상 등의 지각에 의해 자신의 상태를 알고 행동하는 감시 방법
② 생리학적 monitoring : 맥박, 호흡 속도, 체온, 뇌파
③ visual monitoring : 동작자의 태도를 보고 동작자의 상태를 파악(예 졸음)
④ 반응에 의한 monitoring : 인간에게 어떤 종류의 자극을 가해 이에 대한 반응을 보고 정상, 비정상을 판단하는 방법(예 청각, 시각)
⑤ 환경의 monitoring : 간접적인 감시 방법인데, 환경 조건의 개선으로 인체의 안락과 기분을 좋게 해 정상 작업을 할 수 있도록 하는 방법

3) 안전 설정

① 페일 세이프티(fail safety) : 인간 또는 기계에 과오나 동작상의 실수가 있어도 사고를 발생 시키지 않도록 2중, 3중으로 통제를 가하는 것을 말한다.
② fail safety의 종류
㉠ 다경로 하중 구조
㉡ 하중 경감 구조
㉢ 교대 구조
㉣ 중복 구조
③ fail safe의 기능면에서 분류
㉠ fail passive : 일방적인 기계의 방식으로, 성분의 고장 시 기계 장치는 정지 상태로 된다.
㉡ fail operational : 병렬 요소의 구성을 한 것으로 성분의 고장이 있어도 다음 정기 점검 시까지의 운전이 가능하다.
㉢ fail active : 성분의 고장 시 기계 장치는 경보를 나타내며 단시간에 역전된다.
④ fool proof : 인간이 위험 구역에 접근하지 못하게 하는 것으로서 다음과 같은 것이 있다.
㉠ 격리(cover)
㉡ 기계화
㉢ lock(시건 장치)

1.4 작업 환경

(1) 감각 온도(effective temperature, 체감 온도, 실효 온도)

온도, 습도 및 공기 유동이 인체에 미치는 열효과를 하나의 수치로 통합한 경험적 감각 지수이다.

1) 감각 온도에 영향을 주는 요인

온도, 습도, 기류(공기 유동)

2) 허용 한계

① 정신(사무) 작업 : E.T. 60~65
② 경작업 : E.T. 55~60
③ 중작업 : E.T. 50~55

3) Oxford 지수(WD, 습건 지수)

습구 및 건구 온도의 가중 평균치로서 다음과 같이 구한다.

WD=0.85W(습구 온도)+0.15D(건구 온도)

(2) 온도의 영향

① 최적 온도 : 18~21℃
② 갱내 기온 상황 : 37℃
③ 손가락에 영향을 주는 한계 온도 : 13~15.5℃
④ 체온의 안전 한계와 최고 한계 온도 : 38℃, 41℃

(3) 불쾌 지수

↓ 섭씨(건구 온도+습구 온도)×0.72+40.6
△ 화씨(건구 온도+습구 온도)×0.4+15
① 70 이상 : 불쾌를 느끼기 시작한다.
② 70 이하 : 모든 사람이 불쾌를 느끼지 않는다.
③ 80 이상 : 모든 사람이 불쾌를 느낀다.

(4) 환 기

① 갱내 CO_2 허용 한계 : 1.5%
② 작업장의 이상적인 습도 : 25~50%까지

(5) 조 명

1) 조도

물체의 표면에 도달하는 빛의 밀도

$$\text{소요 조명}(f_c) = \frac{\text{소요 광속 발산도}(f_L)}{\text{반사율}(\%)} \times 100$$

2) 반사율(%)

단위 면적당 표면에서 반사 또는 방출되는 빛의 양

$$\text{반사율}(\%) = \frac{\text{광속 발산도}(f_L)}{\text{소요 조명}(f_c)} \times 100$$

3) 옥내 최적 반사율

① 천장 : 80~90%
② 벽 : 40~60%
③ 가구 : 25~45%
④ 바닥 : 20~40%

4) 법상 조명 기준

① 초정밀 작업 : 750lux 이상
② 정밀 작업 : 300lux 이상
③ 보통 작업 : 150lux 이상
④ 기타 작업 : 75lux 이상

(6) 에너지 대사율(RMR : Relative Metabolic Rate)

1) 에너지 대사율(RMR)

작업 강도 단위로서 산소 호흡량으로 측정한다.

2) 계산식

$$\text{RMR} = \frac{\text{작업 시 소비 에너지} - \text{안정 시 소비 에너지}}{\text{기초 대사량}} = \frac{\text{작업 대사량}}{\text{기초 대사량}}$$

3) 작업 강도

① 초중 작업 : 7RMR 이상
② 중(重) 작업 : 4~7RMR
③ 중(中) 작업 : 2~4RMR
④ 경(輕) 작업 : 0~2RMR
(예 6kg 해머 사용 못박기 : 3.6RMR, 100m/분 보행 : 4.7RMR)

4) 보통 사람의 산소 소모량 : 50ml/분

기초 대사량 $A = H^{0.725} \times W^{0.425} \times 72.46$

여기서, A : 몸의 표면적(cm^2), H : 신장(cm), W : 체중(kg)

5) 생리적 부담 측정

작업 수행 시 산소 소비량을 알아내는 방법으로서 다음 식에 의해서 구한다.

흡기량 × 79% = 배기량 × N_2(%)

$$\therefore \text{흡기량} = \text{배기량} \times \frac{100 - O_2(\%) - CO_2(\%)}{79}$$

O_2 소비량 = 흡기량 × 21% − 배기량 × O_2(%)

(7) 밀폐 공간 작업

1) 밀폐 공간에서 작업 시 관리 감독자 직무 사항

① 산소가 결핍된 공기나 유해 가스에 노출되지 않도록 작업 시작 전에 작업 방법을 결정하고 이에 따라 해당 근로자의 작업을 지휘하는 업무

② 작업을 하는 장소의 공기가 적정한지를 작업 시작 전에 확인하는 업무

③ 측정 장비 · 장치 또는 송기 마스크 등을 작업 시작 전에 점검하는 업무

④ 근로자에게 송기 마스크 등의 착용을 지도하고 착용 상황을 점검하는 업무

참고

관리 감독자가 측정 또는 점검 결과 이상을 발견하여 보고한 때에는 즉시 환기 · 보호구 지급 · 설비의 보수, 그 밖의 필요한 조치를 하여야 한다.

2) 안전한 작업 방법 등의 주지

밀폐 공간에 근로자를 종사하도록 하는 때에는 매 작업 시작 전에 다음의 사항에 대하여 작업 근로자에게 널리 알려야 한다.

① 산소 및 유해 가스 농도 측정에 관한 사항

② 사고 시의 응급 조치 요령

③ 환기 설비 등 안전한 작업 방법에 관한 사항

④ 보호구 착용 및 사용 방법에 관한 사항

⑤ 구조용 장비 사용 등 비상시 구출에 관한 사항

3) 산소 농도 등의 측정

밀폐 공간에 근로자를 종사하도록 하는 때에는 미리 다음에 해당하는 자로 하여금 산소 농도 등을 측정하게 하고, 적정한 공기가 유지되고 있는지 여부를 평가하게 하여야 한다.

① 관리 감독자
② 안전 관리자 및 보건 관리자
③ 안전 관리 대행 기관
④ 지정 측정 기관

참고

산소 농도 등의 결과가 적정한 공기가 유지되지 아니하는 경우에는 작업장의 환기, 송기 마스크의 지급·착용 등 근로자 건강 장해 예방을 위하여 적절한 조치를 하여야 한다.

(8) 소음 및 진동 작업

1) 정의

① "소음 작업"이라 함은 1일 8시간 작업을 기준으로 85데시벨 이상의 소음이 발생하는 작업을 말한다.
② "강렬한 소음 작업"이라 함은 다음 각 목에 해당하는 작업을 말한다.
㉠ 90데시벨 이상의 소음이 1일 8시간 이상 발생되는 작업
㉡ 95데시벨 이상의 소음이 1일 4시간 이상 발생되는 작업
㉢ 100데시벨 이상의 소음이 1일 2시간 이상 발생되는 작업
㉣ 105데시벨 이상의 소음이 1일 1시간 이상 발생되는 작업
㉤ 110데시벨 이상의 소음이 1일 30분 이상 발생되는 작업
㉥ 115데시벨 이상의 소음이 1일 15분 이상 발생되는 작업
③ "충격 소음 작업"이라 함은 소음이 1초 이상의 간격으로 발생하는 작업으로서 다음에 해당하는 작업을 말한다.
㉠ 120데시벨을 초과하는 소음이 1일 1만회 이상 발생되는 작업
㉡ 130데시벨을 초과하는 소음이 1일 1천회 이상 발생되는 작업
㉢ 140데시벨을 초과하는 소음이 1일 1백회 이상 발생되는 작업
④ "진동 작업"이라 함은 다음에 해당하는 기계·기구를 사용하는 작업을 말한다.
㉠ 착암기
㉡ 동력을 이용한 해머
㉢ 체인톱
㉣ 엔진 커터
㉤ 동력을 이용한 연삭기
㉥ 임팩트 렌치
㉦ 그 밖에 진동으로 인하여 건강 장해를 유발할 수 있는 기계·기구

⑤ "청력 보존 프로그램"이라 함은 소음 노출 평가, 노출 기준 초과에 따른 공학적 대책, 청력 보호구의 지급 및 착용, 소음의 유해성과 예방에 관한 교육, 정기적 청력검사, 기록·관리 등이 포함된 소음성 난청을 예방 관리하기 위한 종합적인 계획을 말한다.

2) 소음 수준의 주지

소음 작업·강렬한 소음 작업 또는 충격 소음 작업에 근로자를 종사하도록 하는 때에는 다음에 관한 사항을 근로자에게 널리 알려야 한다.

① 해당 작업 장소의 소음 수준
② 인체에 미치는 영향 및 증상
③ 보호구의 선정 및 착용 방법
④ 그 밖에 소음 건강 장해 방지에 필요한 사항

3) 난청 발생에 따른 조치

소음으로 인하여 근로자에게 소음성 난청 등의 건강 장해가 발생하였거나 발생할 우려가 있는 경우에는 다음의 조치를 하여야 한다.

① 해당 작업장의 소음성 난청 발생 원인 조사
② 청력 손실을 감소시키고 청력 손실의 재발을 방지하기 위한 대책 마련
③ 제2호의 규정에 의한 대책의 이행 여부 확인
④ 작업 전환 등 의사의 소견에 따른 조치

Chapter 02

시스템 안전 공학

2.1 시스템 안전 분석 기법

(1) 분석 시 수리적 방법에 따른 분류

① 정성적 분석　　② 정량적 분석

(2) 논리적 방법에 따른 분류

① 귀납적 방법　　② 연역적 방법(FTA)

(3) 분석 기법

1) 예비 위험 분석(Preliminary Hazard Analysis : PHA)

모든 시스템 안전 프로그램에서의 최초 단계의 해석으로 시스템 내의 위험 요소가 어느 상태에 있는가를 정성적으로 평가하여 위험 수준을 결정하는 것

① 위험성 분류

㉠ category Ⅰ : 파국적(catastrophic), 인원의 사망 또는 중상, 시스템에 손상을 주는 것

㉡ category Ⅱ : 중대, 위험성(critical), 인원의 손상, 주요 시스템의 손해 또는 인원이나 시스템의 생존을 위해 즉시 시정 조치하는 것

㉢ category Ⅲ : 한계적(marginal), 인원의 상해나 주요 시스템의 손해가 생기는 일 없이 배제 또는 제어할 수 있는 것

㉣ category Ⅳ : 무시(negligible), 인원의 손상 또는 시스템의 손해에 이르지 않는 것

2) 운용 위험성 분석(Operating Hazard Analysis : OS)

시스템의 모든 사용 단계에서 생산, 보전, 시험, 운반, 저장, 운전, 구조, 훈련, 비상탈출 및 폐기 등에 사용되는 인원 및 설비 등에 관하여 위험을 제어하고 안전 요건을 결정하는 것을 말한다.

3) 고장 형태 및 영향 분석(Failure Modes and Effects Analysis : FMEA)

전형적인 귀납적, 정성적 분석 방법으로 시스템에 영향을 미칠 수 있는 고장을 형태별로 해석하며, 정량화를 기하기 위해 CA법을 함께 활용한다.

① 위험성 분류

㉠ category Ⅰ : 생명 또는 가옥의 상실

㉡ category Ⅱ : 사명 수행의 실패

㉢ category Ⅲ : 활동 지연

㉣ category Ⅳ : 영향 없음

② 고장의 영향에 의한 분류

| 표 3-1 | 고장 영향 분류

영 향	발생 확률(β)	영 향	발생 확률(β)
실제의 손실 예상하는 손실	$\beta = 1.00$ $0.10 \leq \beta 1.00$	가능한 손실 영향 없음	$0 < \beta \leq 0.10$ $\beta = 0$

4) ETA(Event Tree Analysis)

FTA와 정반대의 위험 분석 방법으로 ETA의 작성은 통상 좌에서 우로 진행되며 설비의 설계 단계에서부터 사용 단계까지의 전 과정을 6, 7단계로 구분하여 귀납적, 정량적 분석을 한다. 각 분기마다 발생 확률이 표시되고 각각의 제곱의 합으로 표기되며, 각 사상의 확률 합은 항상 1이다.

5) 인간 과오율 예측법(Technique for Human Error Rate Prediction : THERP)

확률론적으로 인간의 과오율을 정량적으로 평가하는 것으로서 man-machine system의 국부적인 상세 분석 등에 적합하다.

6) MORT법(Management Oversight and Risk Tree)

FTA와 동일한 논리 방법을 사용하여 관리, 설계, 생산, 보전 등의 넓은 범위에 걸쳐 안전 확보를 위하여 활용하는 방법이며 1970년 이후 Johnson에 의해 개발된 시스템 안전 프로그램으로 원자력 산업 등 첨단 과학 분야에서 이용된다.

(4) FTA의 작성 순서

① 대상이 되는 시스템의 범위를 결정한다.

② 대상 시스템에 관계되는 자료를 정비해 둔다.

③ 상사하고 결정하는 사고의 명제(트리의 정상 사상이 되는 것)를 결정한다.

④ 원인 추구의 전제 조건을 미리 생각해 둔다.

⑤ 정상 사상에서 시작하여 순차적으로 생각되는 원인의 사상(중간 사상 및 말단 사상)을 논리 기호(논리 게이트)로 이어간다.

⑥ 먼저 골격이 될 수 있는 대충의 트리를 만든다. 트리에 나타나는 사상의 중요성에 따라 보다 세밀한 부분의 트리로 전개한다.

⑦ 각각의 사상에 번호를 붙이면 정리하기 쉽다.

2.2 FTA에 의한 재해 사례 연구 순서

(1) top 사상의 선정
(2) 사상의 재해 원인 규명
(3) FT 작성
(4) 개선 계획 작성

2.3 tree의 간략화

(1) AND gate

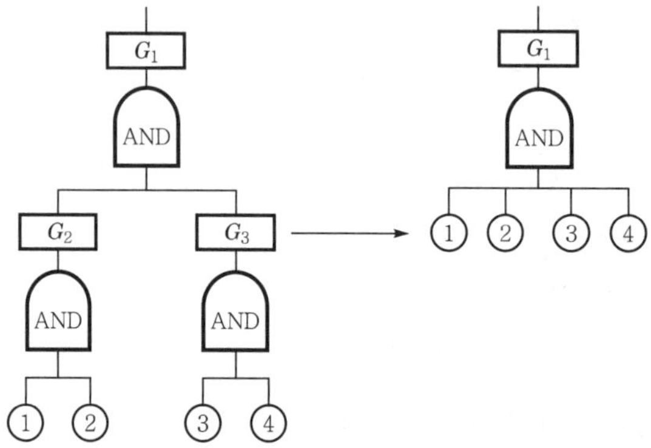

| 그림 3-9 | AND gate

(2) OR gate

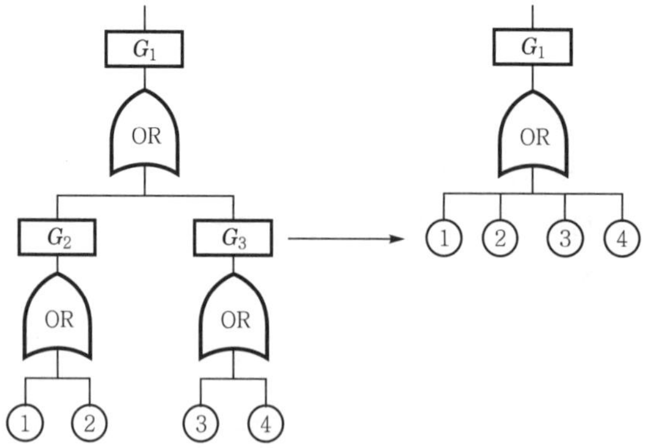

| 그림 3-10 | OR gate

2.4 컷 셋(cut sets)과 패스 셋(path sets)

(1) cut sets

시스템 내에 포함되어 있는 모든 기본 사상이 일어났을 때 top 사상을 일으키는 기본 집합을 cut sets이라 하며, 컷 가운데 그 부분 집합만으로 top 사상을 일으키기 위한 최소의 컷을 미니멀 컷 셋(minimal cut sets)이라 한다. 즉, minimal cut sets은 고장 또는 에러가 생기면 재해를 일으키는 것으로서 시스템의 위험성을 나타낸다.
다음의 FT도에서 cut sets을 구하면 다음과 같다.

T
↓
$A_1 \cdot A_2$ → And gate는 가로로 표기한다.
↓
$X_1 \cdot X_2 \cdot A_2$
↓
$X_1 \cdot X_2 \cdot X_3$ → OR gate는 세로로 표시한다.
$X_1 \cdot X_2 \cdot X_4$

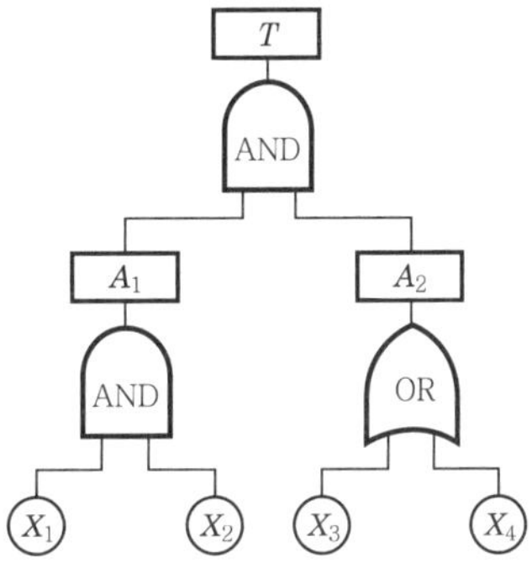

┃그림 3-11┃ cut sets

즉, 위 FT도에서는 cut sets이 $X_1 \cdot X_2 \cdot X_3$와 $X_1 \cdot X_2 \cdot X_4$의 2개의 조로 나타나며, minimal cut sets은 $X_1 \cdot X_2$가 된다.

(2) path sets

시스템 내에 포함되는 모든 기본 사상이 일어나지 않았을 때 top 사상을 일으키지 않는 기본 집합으로서 어느 고장이나 error를 일으키지 않으면 재해, 고장이 일어나지 않는 것. 즉, 시스템의 신뢰성을 나타낸다.
FT도에 의한 path sets을 구하면 다음과 같다.

T
↓
A_1
A_2
↓
X_1
X_2
A_2
↓
X_1
X_2
$X_3 \cdot X_4$

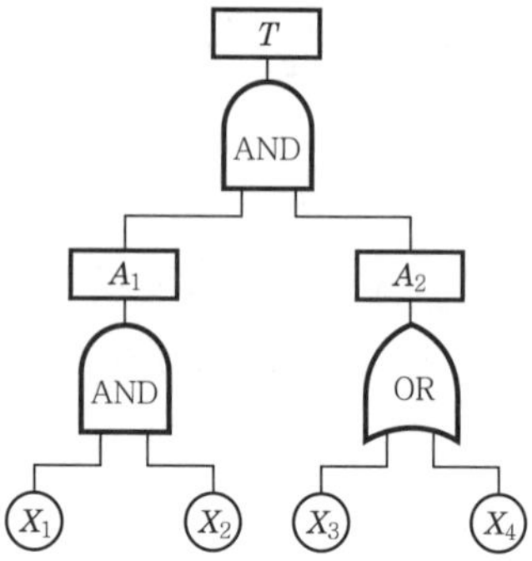

| 그림 3-12 | path sets

위와 같이 path sets을 구하면, $X_1 \cdot X_2$, $(X_3 \cdot X_4)$의 3개 조로서 나타나게 된다.

2.5 공장 설비의 유지 관리

(1) 안전 평가

1) 안전 평가의 기법

① 체크 리스트(check list)에 의한 평가
② 위험의 예측 평가(layout의 검토)
③ 고장형 영향 분석(FMEA법)
④ FTA법

2) 위험 예측 평가(layout)

① 작업 공정 검토
② 기계, 설비 주위의 충분한 간격 유지
③ 공장 내외의 안전 통로 확보
④ 원재료, 제품 등의 저장소 넓이를 충분히 확보
⑤ 기계, 설비의 보수 점검을 용이하게 할 수 있도록 할 것
⑥ 장래의 확장을 고려한 배치를 할 것

(2) 안전성 평가(safety assessment) 단계

① 제1단계 : 관계 자료의 작성 준비
② 제2단계 : 정성적 평가

③ 제3단계 : 정량적 평가
④ 제4단계 : 안전 대책 수립
⑤ 제5단계 : 재해 정보에 의한 재평가
⑥ 제6단계 : FTA에 의한 재평가

1) 유해 위험 방지 계획서

① **유해 위험 방지 계획서 제출 대상 사업장** : 대상 사업장 중 제품 생산 공정과 직접적으로 관련된 건설물, 기계, 기구 및 설비 등 일체를 설치, 이전하거나 그 주요 구조 부분을 변경할 때 또는 전기사용 설비의 정격 용량의 합이 300kW 이상인 사업장

㉠ 금속 가공 제품(기계 및 가구는 제외한다.) 제조업
㉡ 비금속 광물 제품 제조업
㉢ 기타 기계 및 장비 제조업
㉣ 자동차 및 트레일러 제조업
㉤ 식료품 제조업
㉥ 고무 제품 및 플라스틱 제품 제조업
㉦ 목재 및 나무 제품 제조업
㉧ 기타 제품 제조업
㉨ 1차 금속 제조업
㉩ 가구 제조업
㉪ 화학 물질 및 화학 제품 제조업
㉫ 반도체 제조업
㉬ 전자부품 제조업

② **유해 위험 방지 계획서 제출 대상 기계 기구**

㉠ 금속이나 그 밖의 광물의 용해로
㉡ 화학 설비
㉢ 건조 설비
㉣ 가스 집합 용접 장치
㉤ 허가 대상, 제조 금지 물질 관련 설비
㉥ 분진 작업 관련 설비

2) 건설 공사

건설 공사를 착공하고자 할 때에는 반드시 공사 착공 전일까지 유해 위험 방지 계획서를 고용노동부 장관에게 제출하여야 한다.

① 다음의 어느 하나에 해당하는 건축물 또는 시설 등의 건설·개조 또는 해체 공사

㉠ 지상높이가 31미터 이상인 건축물 또는 인공구조물
㉡ 연면적 3만제곱미터 이상인 건축물
㉢ 연면적 5천제곱미터 이상인 시설로서 다음의 어느 하나에 해당하는 시설

- 문화 및 집회시설(전시장 및 동물원 · 식물원은 제외한다)
- 판매시설, 운수시설(고속철도의 역사 및 집배송시설은 제외한다)
- 종교시설
- 의료시설 중 종합병원
- 숙박시설 중 관광숙박시설
- 지하도상가
- 냉동 · 냉장 창고시설

② 연면적 5천m^2 이상의 냉동 · 냉장 창고 시설의 설비 공사 및 단열 공사
③ 최대지간 길이가 50m 이상인 교량 건설 등 공사
④ 터널 건설 등의 공사
⑤ 다목적 댐, 발전용 댐 및 저수 용량 2천만톤 이상의 용수 전용 댐, 지방 상수도 전용 댐 건설 등의 공사
⑥ 깊이 10m 이상인 굴착 공사

3) 제출 서류

유해 · 위험 방지 계획서에 다음 사항을 첨부하여 작업 시작 15일 전까지 산업안전보건공단에 2부를 제출하여야 한다.

① 건축물 각 층의 평면도
② 기계 · 설비의 개요를 나타내는 서류
③ 기계 · 설비의 배치 도면
④ 원재료 및 제품의 취급, 제조 등의 작업 방법의 개요
⑤ 그 밖에 고용노동부 장관이 정하는 도면 및 서류

| 표 3-2 | 유해 · 위험 방지 계획서 첨부 서류

1. 공사 개요 및 안전 보건 관리 계획
   가. 공사 개요서
   나. 공사 현장의 주변 현황 및 주변과의 관계를 나타내는 도면(매설물 현황 포함)
   다. 건설물 · 사용 기계 설비 등의 배치를 나타내는 도면 및 서류
   라. 전체 공정표
   마. 산업 안전 보건 관리비 사용 계획
   바. 안전 관리 조직표
   사. 재해 발생 위험 시 연락 및 대피 방법
2. 안전 보건 관리 계획
   가. 산업 안전 보건 관리비 사용 계획
   나. 안전 관리 조직표 · 안전 보건 교육 계획
   다. 개인 보호구 지급 계획
   라. 재해 발생 위험 시 연락 및 대피 방법

3. 작업 공사 종류별 유해·위험 방지 계획

대상 공사	작업 공사 종류	주요 작성 대상	첨부 서류
지상 높이 31m 이상인 건축물 또는 인공 구조물의 건축물 또는 시설 등의 건설·개조 또는 해체	1. 가설공사 2. 구조물공사 3. 마감공사 4. 기계 설비공사 5. 해체공사	가. 비계 조립 및 해체 작업(외부비계 및 높이 3미터 이상 내부비계만 해당한다) 나. 높이 4미터를 초과하는 거푸집동바리[동바리가 없는 공법(무지주공법으로 데크플레이트, 호리빔 등)과 옹벽 등 벽체를 포함한다] 조립 및 해체 작업 또는 비탈면 슬래브(판 형상의 구조부재로서 구조물의 바닥이나 천장)의 거푸집동바리 조립 및 해체 작업 다. 작업발판 일체형 거푸집 조립 및 해체 작업 라. 철골 및 PC(Precast Concrete) 조립 작업 마. 양중기 설치·연장·해체 작업 및 천공·항타 작업 바. 밀폐공간 내 작업 사. 해체 작업 아. 우레탄폼 등 단열재 작업[취급장소와 인접한 장소에서 이루어지는 화기(火器) 작업을 포함한다] 자. 같은 장소(출입구를 공동으로 이용하는 장소를 말한다)에서 둘 이상의 공정이 동시에 진행되는 작업	1. 해당 작업공사 종류별 작업개요 및 재해예방 계획 2. 위험물질의 종류별 사용량과 저장·보관 및 사용 시의 안전작업계획 [비고] 1. 바목의 작업에 대한 유해·위험 방지 계획에는 질식·화재 및 폭발 예방 계획이 포함되어야 한다. 2. 각 목의 작업과정에서 통풍이나 환기가 충분하지 않거나 가연성 물질이 있는 건축물 내부나 설비 내부에서 단열재 취급·용접·용단 등과 같은 화기작업이 포함되어 있는 경우에는 세부계획이 포함되어야 한다.
냉동·냉장 창고 시설의 설비공사 및 단열공사	1. 가설공사 2. 단열공사 3. 기계 설비공사	가. 밀폐공간 내 작업 나. 우레탄폼 등 단열재 작업(취급장소와 인접한 곳에서 이루어지는 화기 작업을 포함한다) 다. 설비 작업 라. 같은 장소(출입구를 공동으로 이용하는 장소를 말한다)에서 둘 이상의 공정이 동시에 진행되는 작업	1. 해당 작업공사 종류별 작업개요 및 재해예방 계획 2. 위험물질의 종류별 사용량과 저장·보관 및 사용 시의 안전작업계획 [비고] 1. 가목의 작업에 대한 유해·위험 방지 계획에는 질식·화재 및 폭발 예방계획이 포함되어야 한다. 2. 각 목의 작업과정에서 통풍이나 환기가 충분하지 않거나 가연성 물질이 있는 건축물 내부나 설비 내부에서 단열재 취급·용접·용단 등과 같은 화기작업이 포함되어 있는 경우에는 세부계획이 포함되어야 한다.

대상 공사	작업 공사 종류	주요 작성 대상	첨부 서류
최대지간 길이가 50m 이상인 다리 건설 등의 공사	1. 가설공사 2. 다리 하부(하부공) 공사 3. 다리 상부(상부공) 공사	가. 하부공 작업 1) 작업발판 일체형 거푸집 조립 및 해체 작업 2) 양중기 설치·연장·해체 작업 및 천공·항타 작업 3) 교대·교각 기초 및 벽체 철근조립 작업 4) 해상·하상 굴착 및 기초 작업 나. 상부공 작업 1) 상부공 가설작업[압출공법(ILM), 캔틸레버공법(FCM), 동바리설치공법(FSM), 이동지보공법(MSS), 프리캐스트 세그먼트 가설공법(PSM) 등을 포함한다] 2) 양중기 설치·연장·해체 작업 3) 상부슬라브 거푸집동바리 조립 및 해체(특수작업대를 포함한다) 작업	1. 해당 작업공사 종류별 작업개요 및 재해예방 계획 2. 위험물질의 종류별 사용량과 저장·보관 및 사용 시의 안전작업계획
터널 건설 등의 공사	1. 가설공사 2. 굴착 및 발파 공사 3. 구조물공사	가. 터널굴진(掘進)공법(NATM) 1) 굴진(갱구부, 본선, 수직갱,수직구 등을 말한다) 및 막장 내 붕괴·낙석 방지 계획 2) 화약 취급 및 발파 작업 3) 환기 작업 4) 작업대(굴진, 방수, 철근, 콘크리트 타설을 포함한다) 사용 작업 나. 기타 터널공법[TBM 공법, 실드(Shield) 공법, 추진(Front Jacking)공법, 침매 공법 등을 포함한다] 1) 환기 작업 2) 막장 내 기계·설비 유지·보수 작업	1. 해당 작업공사 종류별 작업개요 및 재해예방 계획 2. 위험물질의 종류별 사용량과 저장·보관 및 사용 시의 안전작업계획 [비고] 1. 나목의 작업에 대한 유해·위험 방지 계획에는 굴진(갱구부, 본선, 수직갱, 수직구 등을 말한다) 및 막장 내 붕괴·낙석 방지 계획이 포함되어야 한다.
댐 건설 등의 공사	1. 가설공사 2. 굴착 및 발파 공사 3. 댐 축조공사	가. 굴착 및 발파 작업 나. 댐 축조[가(假)체절 작업을 포함한다] 작업 1) 기초처리 작업 2) 둑 비탈면 처리 작업 3) 본체 축조 관련 장비 작업(흙쌓기 및 다짐만 해당한다) 4) 작업발판 일체형 거푸집 조립 및 해체 작업(콘크리트 댐만 해당한다)	1. 해당 작업공사 종류별 작업개요 및 재해예방 계획 2. 위험물질의 종류별 사용량과 저장·보관 및 사용 시의 안전작업계획
굴착공사	1. 가설공사 2. 굴착 및 발파 공사 3. 흙막이 지보공(支保工)공사	가. 흙막이 가시설 조립 및 해체 작업(복공작업을 포함한다) 나. 굴착 및 발파 작업 다. 양중기 설치·연장·해체 작업 및 천공·항타 작업	1. 해당 작업공사 종류별 작업개요 및 재해예방 계획 2. 위험물질의 종류별 사용량과 저장·보관 및 사용 시의 안전작업계획

[비고]

작업공사 종류란의 공사에서 이루어지는 작업으로서 주요 작성대상란에 포함되지 않은 작업에 대해서도 유해·위험 방지 계획서를 작성하고, 첨부 서류란의 해당 서류를 첨부해야 한다.

■ 산업안전보건법 시행규칙 [별지 제17호서식]

건설공사 유해위험방지계획서

접수번호	접수일자	처리일자	처리기간 15일

계획서 내용 등	공사종류		
	대상공사		
	발주처	공사도급 금액	
	공사착공 예정일	공사준공 예정일	
	공사개요		
	본사소재지		
	예정 총동원 근로자 수	참여 예정 협력업체 수	참여 예정 협력업체 근로자 수
계획서 작성자	성명		
	작성자 주요경력		
계획서 검토자	성명		(서명 또는 인)
	검토자 주요경력		

「산업안전보건법」 제42조 및 같은 법 시행규칙 제42조 제3항에 따라 건설공사 유해위험방지계획서를 제출합니다.

년 월 일

제출자(사업주 또는 대표자) (서명 또는 인)

한국산업안전보건공단 이사장 귀하

첨부서류	「산업안전보건법 시행규칙」 별표 10에 따른 서류	수수료 고용노동부장관이 정하는 수수료 참조

공지사항

본 민원의 처리결과에 대한 만족도 조사 및 관련 제도 개선에 필요한 의견 조사를 위해 귀하의 전화번호(휴대전화)로 전화조사를 실시할 수 있습니다.

처리절차 [한국산업안전보건공단(지역본부, 지도원)]

계획서 제출	→	접 수	→	검토 · 확인	→	결 재	→	결과 통지
제출자		문서접수 담당부서		유해위험방지계획서 업무 담당부서		지역본부 · 지도원장		문서발송 담당부서

210mm×297mm[일반용지 60g/㎡(재활용품)]

Part 03

실·전·문·제

01 유해 위험 방지 계획서를 산업안전보건공단이 심사한 후 심사 결과를 구분, 판정하여야 한다. 판정 구분 3가지를 쓰시오.

해답
1. 적정
2. 조건부 적정
3. 부적정

02 건설업 중 유해 위험 방지 계획서 제출 시 첨부 서류 항목 가운데 각 공사별 첨부 서류는 별도로 구분 명시하고 있다. 냉동, 냉장 창고 시설의 설비 공사 및 단열 공사 시 유해 위험 방지 계획서에 포함해야 할 공사의 종류를 쓰시오.

해답
1. 가설 공사
2. 단열 공사
3. 기계 설비 공사

03 법상 양도, 대여, 설치, 사용이 제한되는 기계 · 기구 5가지를 쓰시오.

해답
1. 프레스 또는 전단기
2. 아세틸렌 용접 장치 또는 가스 집합 용접 장치
3. 방폭용 전기 기계 · 기구
4. 교류 아크 용접기
5. 크레인
6. 승강기
7. 곤돌라
8. 압력 용기

04 설치 · 이전 변경 시 유해 위험 방지 계획서 제출 대상 기계 · 기구는?

해답
1. 금속이나 그 밖의 광해물의 용해로
2. 화학 설비
3. 건조 설비
4. 가스 집합 용접 장치
5. 허가 대상 · 제조 금지 물질
6. 분진 작업 관련 설비

05 안전성 평가 제2단계인 정성적 평가 항목 5가지를 쓰시오.

해답 1. 입지 조건
2. 공장 내 배치
3. 공정 기기
4. 건조물
5. 소방 설비
6. 공정
7. 수송 및 저장
8. 원재료, 중간체 제품

06 안전성 평가 제2단계 정성적 평가 항목 가운데 입지 조건 선정 시 고려 사항 5가지를 쓰시오.

해답 1. 지형은 적절한가?, 지반은 연약하지 않은가?, 배수는 적당한가?
2. 지진, 태풍 등에 대한 준비는 충분한가?
3. 물, 전기, 가스 등의 사용 설비는 충분히 확보되어 있는가?
4. 철도, 공항, 시가지, 공공 시설에 관한 안전을 고려하고 있는가?
5. 긴급 시 소방서, 병원 등의 방재 구급 기관의 지원 체제는 확보되어 있는가?

07 인간 기계의 정보 처리 단계를 순서대로 쓰시오.

해답 1. 감지 기능
2. 정보 저장 기능
3. 정보 처리 및 결심 기능
4. 행동 기능

08 기계가 스스로 통제할 수 있는 통제 기능 3가지는?

해답 1. 개폐에 의한 통제
2. 양의 조절에 의한 통제
3. 반응에 의한 통제

09 인간 공학에 의한 인체 계측의 응용 3원칙을 쓰시오.

해답 1. 최대 치수와 최소 치수
2. 조절 범위(조절식)
3. 평균치를 기준으로 한 설계

10 법에 의하면 작업에 따라 조명 기준을 달리 명시하고 있다. 그 기준을 명시하시오.

해답 1. 초정밀 작업 : 750lux 이상
2. 정밀 작업 : 300lux 이상
3. 보통 작업 : 150lux 이상
4. 기타 작업 : 75lux 이상

11 작업장 색의 선택 조건을 쓰시오.

해답 1. 차분하고 밝은 색을 선택할 것
2. 안정삼을 낼 수 있는 색을 선택할 것
3. 악센트를 줄 것
4. 순백색은 피할 것
5. 자극이 강한 색은 피할 것

12 인간의 신뢰성 요인 3가지를 쓰시오.

해답 1. 주의력 2. 긴장 수준 3. 의식 수준

13 동작 경제의 3원칙을 쓰시오.

해답 1. 동작능 활용의 원칙 2. 동작량 절약의 원칙 3. 동작 개선의 원칙

14 어떤 작업을 수행하는 작업자에게 Doulas백을 사용하여 5분간 수집한 배기 가스를 가스 분석기로 성분을 조사하니 다음과 같았다. 분당 산소 소비량과 에너지가는 얼마인가? (단, 1l의 산소는 5kcal의 에너지와 같다.)

보기

O_2 : 16%, CO_2 : 4%, N_2 : 80%, 총 배기량 : 90l

해답 흡기량×79% = 배기량×N_2(%)

$$\therefore \text{ 흡기량} = \text{배기량} \times \frac{100 - O_2\% - CO_2(\%)}{79}$$

O_2 소비량 = 흡기량×21%−배기량×O_2(%)

그러므로

$$\text{흡기량} = 18 \times \frac{100-16-4}{79} = 18.23l/\text{min}$$

$$O_2 \text{ 소비량} = 18.23 \times 21\% - 18 \times 16\% = 0.9483l/\text{min}$$

$$\text{에너지 소비량} = 0.9483 \times 5 = 4.74\text{kcal}$$

15 페일 세이프티(fail-safety)의 정의를 쓰고, 그에 따른 종류를 4가지 쓰시오.

해답 1. 정의 : 인간 또는 기계에 과오나 동작상의 실수가 있어도 사고를 발생 시키기 않도록 2중 또는 3중으로 통제를 가하는 것을 뜻한다.

2. 종류
   - ① 다경로 하중 구조
   - ② 하중 경감 구조
   - ③ 대기 구조(교대 구조)
   - ④ 중복 구조(분할 구조)

16 작업장의 건구 시 온도가 25℃이고, 습구 시 온도가 27℃일 때 이 작업장의 불쾌 지수는 얼마인가?

해답 (25℃ + 27℃) × 0.72 + 40.6 = 78.04

17 작업장에서 발생되는 소음의 통제 대책을 5가지 쓰시오.

해답 1. 소음 발생 방지 2. 격벽 설치 등 격리 3. 방음과 묵음
4. 보호구 착용 5. B.G.M.

참고 법상 소음으로 인하여 근로자에게 소음성 난청 등 건강 장해가 발생하였거나 발생할 우려가 있는 경우 조치해야 할 사항

① 해당 작업장의 소음성 난청 발생 원인 조사
② 청력 손실 감소 및 재발 방지 대책 마련
③ 제2호의 규정에 의한 대책의 이행 여부
④ 작업 전환 등 의사의 소견에 대한 조치

※ 법상 소음 작업이란 1일 8시간 작업 기준으로 85dB 이상의 소음이 발생하는 작업을 뜻한다.

18 safety-assessment 6단계 과정을 순서대로 쓰시오.

해답
1. 제1단계 : 관계 자료의 작성 준비
2. 제2단계 : 정성적 평가
3. 제3단계 : 정량적 평가
4. 제4단계 : 안전 대책 수립
5. 제5단계 : 재해 정보에 의한 재평가
6. 제6단계 : FTA에 의한 재평가

19 system 안전 분석의 방법 중 PHA, FMEA를 간략히 설명하시오.

해답
1. PHA : 모든 시스템 안전 프로그램에서 최초 단계의 위험 해석으로 시스템 내의 위험 요소가 어느 상태에 있는가를 정성적으로 평가하여 위험 수준을 결정하는 것이다.
2. FMEA : 고장 형태 및 영향 분석법으로 전형적인 귀납적, 정성적 분석 방법으로 시스템에 영향을 미칠 수 있는 고장을 형태별로 해석하는 것으로서 이를 정량화하기 위하여 CA법을 병용하기도 한다.

20 화학 설비 사전 안정성 평가 중 정량적 평가에 활용되는 5가지 항목을 쓰시오.

해답
1. 물질
2. 화학 설비 용량
3. 온도
4. 압력
5. 조작

21 작업장에서 30(f_L)의 광속 발산도를 요하는 시작업 대상물의 반사율이 40%일 때 이 작업장의 소요 조명은?

해답 소요 조명$=\frac{30}{40}\times 100=75(f_c)$

22 수평 작업대에서 정상 작업 영역과 최대 작업 영역을 간략히 설명하시오.

해답
1. 정상 작업 영역 : 상완을 자연스럽게 수직으로 늘어뜨린 상태에서 전완만으로 편하게 뻗어 파악할 수 있는 34~45cm 정도의 한계
2. 최대 작업 영역 : 전완과 상완을 곧게 펴서 파악할 수 있는 영역으로 약 55~65cm 정도의 한계

23 인간과 기계의 기능 비교에서 인간이 기계를 능가하는 조건 5가지를 쓰시오.

해답
1. 인간은 감각 기관에 의하여 상황을 예측할 수 있다.
2. 많은 양의 정보를 오랜 기간 보관할 수 있다.
3. 관찰을 통해서 일반화하여 귀납적 추리를 한다.
4. 주관적으로 추산하고 평가한다.
5. 다양한 경험을 토대로 의사 결정을 한다.

24 FTA에 사용되는 사상 기호 5가지를 도시하고 명칭을 쓰시오.

해답

① 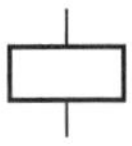 : 결함 사상

②  : 기본 사상

③  : 이하 생략

④  : 통상 사상

⑤  : 전이 기호

25 먼지와 분진이 발생되고 110dB의 소음이 발생하며, 유해 광선이 존재하는 작업장에서 착용해야 할 보호구의 종류를 아는 대로 쓰시오.

해답
1. 방진 마스크
2. 귀마개
3. 귀덮개
4. 보안경
5. 안전화

26 인간의 신뢰도가 65%이고 기계의 신뢰도가 80%일 때 시스템의 신뢰도를 구하시오. (단, 직결식인 경우)

해답 $0.65 \times 0.80 = 0.52$

$\therefore$ 52%

27 가공 기계에 적용되는 fool-proof의 기구 3가지를 쓰시오.

해답 1. 가드
2. 록 기구
3. 밀어내기 기구
4. 트립 기구
5. 오버런 기구

28 양립성에 대하여 간략히 설명하시오.

해답 자극-반응 조합에서 공간, 운동 혹은 개념적 관계가 인간의 기대와 모순되지 않는 성질을 뜻한다.

29 위험성 분류의 표시 방법을 4가지 등급에 의하여 분류하시오.

해답 1. category Ⅰ : 파국적(catastrophic)
2. category Ⅱ : 중대, 위험성(critical)
3. category Ⅲ : 한계적(marginal)
4. category Ⅳ : 무시(negligible)

30 위험 및 운전성 평가(Hazop)에서 사용되는 지칭어(유인어)를 종류에 따라 간략히 설명하시오.

해답 1. NO, NOT : 검토하고자 하는 개념이 존재하지 않음
2. MORELESS : 양적인 증가 또는 감소
3. AS WELL AS : 성질적 증가
4. PART OFF : 성질적 감소
5. REVERSE : 검토하고자 하는 개념과 논리적인 역, 역반응
6. OTHER THAN : 완전한 교체(대체)

31 다음 신뢰도를 구하시오. (단, A : 0.9, B : 0.9, C : 0.9이다.)

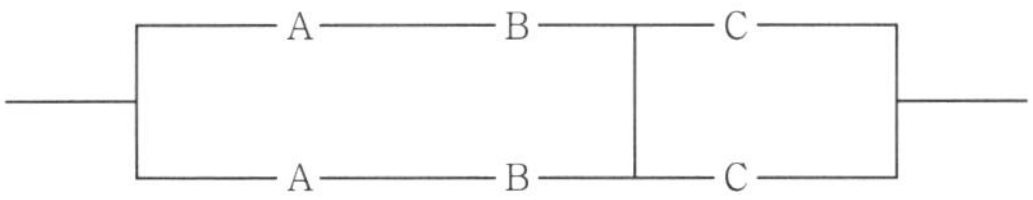

해답 $\{1-(1-0.9\times0.9)(1-0.9\times0.9)\}\times\{1-(1-0.9)\times(1-0.9)\}=0.95426$

$\therefore$ 95.43%

32 다음 FT도서 cut sets을 구하시오

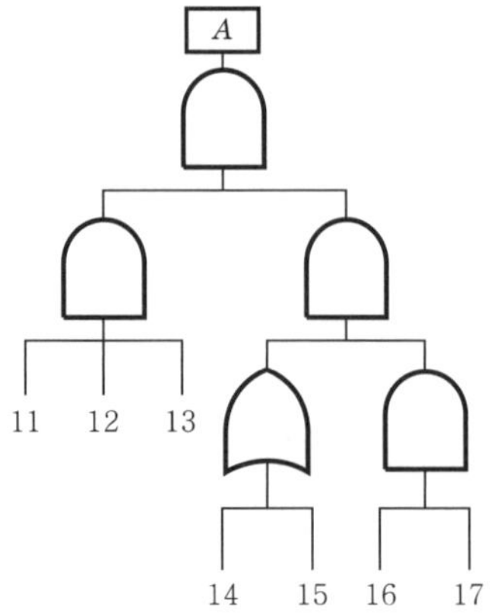

해답 11, 12, 13, 14, 16, 17
11, 12, 13, 15, 16, 17

33 다음의 체계에서 시스템상 신뢰도를 구하시오.

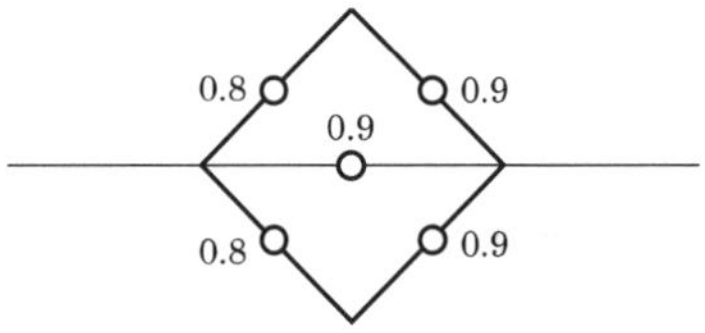

해답 $\{1-(1-0.8\times0.9)(1-0.9)(1-0.8\times0.9)\}=0.99216$
$\therefore$ 99.22%

34 다음 FT도에서 사상 A의 고장 발생 확률을 구하시오. (단, ①=0.1, ②=0.02, ③=0.1, ④=0.02)

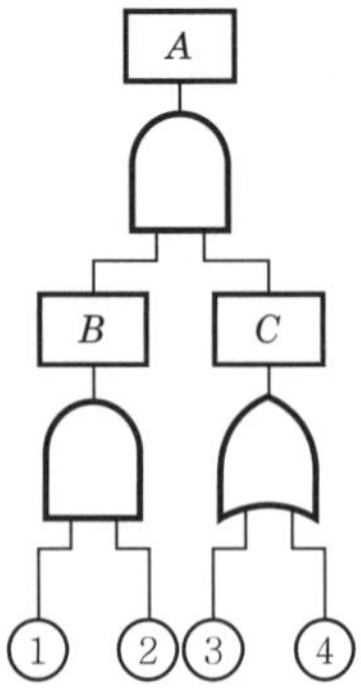

해답 $A=B\times C$, $B=$①×②, $C=1-(1-$③$)(1-$④$)$
$\therefore 0.1\times0.02\times\{1-(1-0.1)(1-0.02)\}=0.000236$

35 시스템 안전 분석으로 사실의 발견 방법에 따른 안전 진단의 방법은 어떠한 것이 있는지 4가지를 쓰시오.

해답 1. FTA　2. FMEA　3. ETA
4. THERP　5. MORT

36 시스템 안전 진단 시 안전 분석의 기법을 4가지 쓰시오.

해답 1. 위험 예측 평가
2. 체크 리스트에 의한 평가
3. FTA법
4. FMEA법

37 시스템 분석의 종류 중 ETA와 THERP에 대하여 간략히 설명하시오.

해답 1. ETA : ETA는 FTA와 정반대의 위험 분석 방법으로 통상 좌에서 우로 진행되며 설계에서부터 사용 단계를 6, 7단계로 구분하여 귀납적, 정량적인 방법으로 분석한다. 각 분기마다 발생 확률을 표기하고 각 사상의 확률 합은 항상 1이다.
2. THERP : 확률론적으로 인간의 과오율을 정량적으로 평가하는 것으로서 man－machine system의 국부적인 상세 분석 등에 이용된다.

38 FTA에서 분석에 사용되는 cut sets와 path sets을 간략히 설명하시오.

해답 1. cut sets : 시스템 내에 포함되어 있는 모든 기본 사상이 일어났을 때 top 사상을 일으키는 기본 집합을 cut sets이라 하며, 컷 가운데 그 부분 집합만으로 top 사상을 일으키기 위한 최소의 컷을 미니멀 컷 셋(minimal cut sets)이라 한다.
2. path sets : 시스템 내에 포함되는 모든 기본 사상이 일어나지 않았을 때 top 사상을 일으키지 않는 기본 집합으로서 어느 고장이나 error를 일으키지 않으면 재해, 고장이 일어나지 않는 것. 즉, 시스템의 신뢰성을 나타낸다.

39 법상 유해 위험 방지 계획서 제출 시 제출 서류를 쓰시오.

해답 1. 건축물 각 층의 평면도
2. 기계·설비의 개요를 나타내는 서류
3. 기계·설비의 배치 도면
4. 원재료 및 제품의 취급, 제조 등의 작업 방법의 개요
5. 그 밖에 고용노동부 장관이 정하는 도면 및 서류

40 건설 공사를 착공하고자 하는 때에는 반드시 공사 착공 전일까지 유해 위험 방지 계획서를 제출하여야 하는 건설 공사의 종류는?

해답 1. 다음의 어느 하나에 해당하는 건축물 또는 시설 등의 건설 · 개조 또는 해체 공사
① 지상높이가 31미터 이상인 건축물 또는 인공구조물
② 연면적 3만제곱미터 이상인 건축물
③ 연면적 5천제곱미터 이상인 시설로서 다음의 어느 하나에 해당하는 시설
- 문화 및 집회시설(전시장 및 동물원 · 식물원은 제외한다)
- 판매시설, 운수시설(고속철도의 역사 및 집배송시설은 제외한다)
- 종교시설
- 의료시설 중 종합병원
- 숙박시설 중 관광숙박시설
- 지하도상가
- 냉동 · 냉장 창고시설

2. 연면적 5,000m^2 이상의 냉동 · 냉장 창고 시설의 설비 공사 및 단열 공사
3. 최대지간 길이가 50m 이상인 교량 건설 등 공사
4. 터널 건설 등의 공사
5. 다목적 댐, 발전용 댐 및 저수 용량 2천만톤 이상의 용수 전용 댐, 지방 상수도 전용 댐 건설 등의 공사
6. 깊이 10m 이상인 굴착 공사

41 유해 위험 방지 계획서 제출 대상 사업장을 쓰시오.

해답 1. 금속 가공 제품(기계 및 가구는 제외한다.) 제조업
2. 비금속 광물 제품 제조업
3. 기타 기계 및 장비 제조업
4. 자동차 및 트레일러 제조업
5. 식료품 제조업
6. 고무 제품 및 플라스틱 제품 제조업
7. 목재 및 나무 제품 제조업
8. 기타 제품 제조업
9. 1차 금속 제조업
10. 가구 제조업

42 색채 조절 순서를 순서대로 쓰시오.

해답 1. 명도 결정　　2. 채도 결정　　3. 색상 결정

43 다음 그림을 보고 cut sets 값과 minimal cut sets 값을 구하시오.

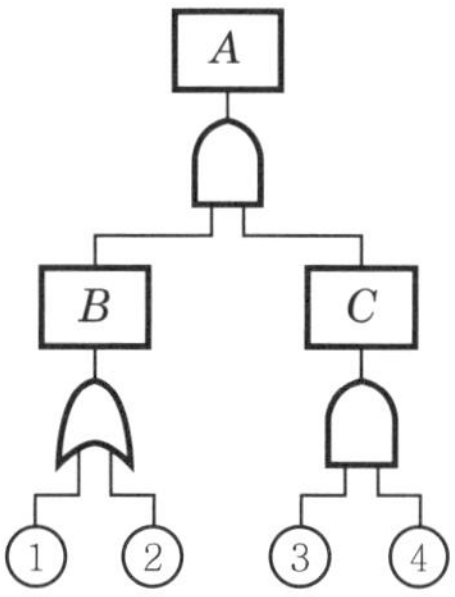

해답 $A=B\times C$, $B=$①C, $C=$①③④, ②③④

1. cut sets = ①③④, ②③④　　2. minimal cut sets = ③④

44 작업의 강도에 따른 에너지 대사율을 쓰시오.

해답 1. 초중 작업 : 7RMR
2. 중(重) 작업 : 4~7RMR
3. 중(中) 작업 : 2~4RMR
4. 경(輕) 작업 : 0~2RMR

45 Swain의 심리적 분류를 나열하고 설명하시오.

해답 1. omission error : 필요한 직무 또는 절차를 수행하지 않는 데서 일어나는 과오
2. commission error : 필요한 직무 또는 절차의 불확실한 수행으로 인한 과오
3. time error : 필요한 직무 또는 절차의 수행 지연으로 인한 과오
4. sequential error : 필요한 직무 또는 절차의 순서 잘못 이해로 인한 과오
5. extraneous error : 불필요한 직무 또는 절차를 수행함으로써 일어나는 과오

46 작업 공간 포락면과 파악 한계에 대해 설명하시오.

해답 1. 작업 공간 포락면 : 한 장소에 앉아서 작업을 수행하는 과정에서 근로자가 작업을 하는 데 필요한 공간을 말한다.
2. 파악 한계 : 앉아서 수행하는 작업자가 특정한 수작업 기능을 원활히 수행할 수 있는 공간을 말한다.

47 인간의 심리적 정보 처리 단계를 쓰시오.

해답 1. 회상　　2. 인식　　3. 정리 · 집적

48 용장도를 간략히 설명하시오.

해답 용장도란 redundancy로서 일부에 고장이 나더라도 전체가 고장나지 않도록 기능적으로 여력인 부분을 부가해서 신뢰도를 향상시키려는 중복 설계를 의미한다.

49 어느 부품 10,000개를 10,000시간 가동 시 5개의 불량품이 발생하였다면 고장률과 MTBF는?

해답 1. 고장률$=\dfrac{5}{10,000\times10,000}=5\times10^{-8}$건/시간

2. MTBF$=\dfrac{1}{5\times10^{-8}}=2\times10^{7}$시간

50 인간이 기계의 위험 부위에 접근하지 못하게 하는 종류는?

해답 1. 격리
2. 기계화
3. lock(시건 구조)

51 인간에 대한 monitoring 방법의 종류를 5가지 쓰시오.

해답 1. self-monitoring
2. 생리학적 monitoring
3. visual monitoring
4. 반응에 의한 monitoring
5. 환경에 의한 monitoring

52 일반 성인은 하루에 600g 정도를 무강증발하게 된다. 열 손실률을 산정하시오.

해답 열 손실률$(R)=\dfrac{\text{증발 에너지}}{\text{증발 시간}}=\dfrac{600\times2,410}{24\times60\times60}=16.74$Watt

53 감각 온도를 간략히 설명하시오.

해답 온도, 습도, 공기 유동이 인체에 미치는 열 효과를 하나의 수치로 통합한 경험적 감각 지수이다.

54 병사의 호 주위의 잡초들의 반사율은 50%, 위장망의 반사율은 60%라면 위장망과 주위의 대비는?

해답 대비$= \frac{50-60}{50} \times 100 = -20\%$

55 인간 과오의 배후 요인이 되는 4가지 요소를 쓰시오.

해답
1. man
2. machine
3. media
4. management

56 인간의 신뢰성 요인 3가지와 기계의 신뢰성 요인 3가지를 각각 구분하여 쓰시오.

해답
1. 인간의 신뢰성 요인
   ① 주의력 ② 긴장 수준 ③ 의식 수준
2. 기계의 신뢰성 요인
   ① 재질 ② 기능 ③ 조작 방법

57 반사율의 공식을 쓰시오.

해답 반사율(%)$= \frac{\text{광속 발산도}}{\text{소요 조명}} \times 100$

58 FTA의 작성 순서를 7단계로 구분하여 쓰시오.

해답
1. 대상이 되는 시스템의 범위를 결정한다.
2. 대상 시스템에 관계되는 자료를 정비해 둔다.
3. 상상하고 결정하는 사고의 명제를 결정한다.
4. 원인 추구의 전제 조건을 미리 생각해 둔다.
5. 정상 사상에서 시작하여 순차적으로 생각되는 원인의 사상을 논리 기호로 이어간다.
6. 먼저 골격이 될 수 있는 대충의 트리를 만든다. 트리에 나타나는 사상의 주요성에 따라 보다 세밀한 부분의 트리로 전개한다.
7. 각각의 사상에 번호를 붙이면 정리하기 쉽다.

59 작업 개선 4단계를 쓰시오.

해답
1. 작업 분해
2. 세부 내용 검토
3. 작업 분석
4. 새로운 방법 적용

60 건설 공사에 관계되는 공법, 기계 설비 등이 공사를 진행하는 도중에 나타날 수 있는 위험성에 대하여 기초 조사 및 설계 단계나 시공, 착수 이전에 정성적, 정량적으로 평가하고 그 대책을 강구하는 것을 무엇이라 말하는가?

해답 안전성 평가

61 리스크(risk)의 처리 순서를 차례대로 쓰시오.

해답 1. 회피
2. 경감
3. 전가
4. 보류

62 다음의 신뢰도를 구하시오.

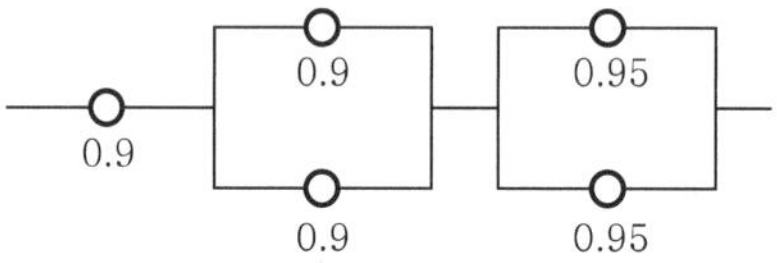

해답 $0.9 \times \{1-(1-0.9)(1-0.9)\} \times \{(1-0.95)(1-0.95)\} = 0.888$

$\therefore$ 88.88%

63 다음 FT도에서 G_1이 일어날 확률을 계산하시오. (단, A가 일어날 확률은 0.3, B, C, D는 0.9이다.)

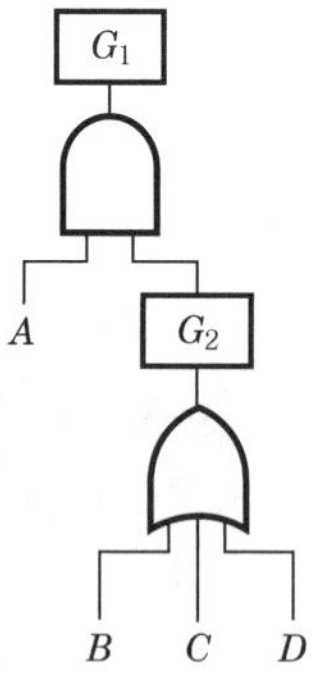

해답 $G_1 = A \times G_2$

$G_2 = 1(1-B)(1-C)(1-D)$

$\therefore\ 0.3 \times \{1-(1-0.9)(1-0.9)(1-0.9)\} = 0.2997$

Part 4

건설 안전

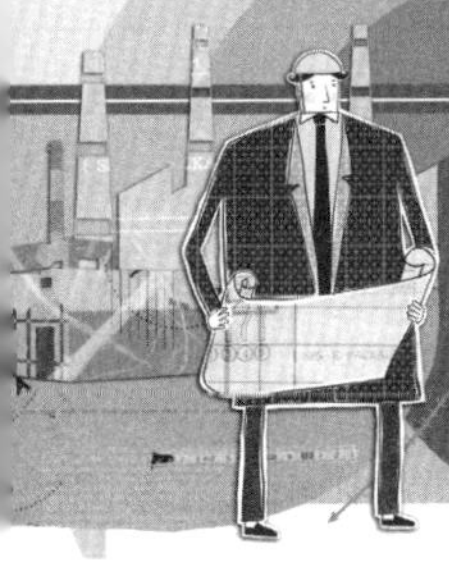

Chapter 01

건설 장비

1.1 차량계 건설 기계

법상 차량계 건설 기계의 종류는 다음과 같다.

1) 도저형 건설 기계(불도저, 스트레이트 도저, 틸트 도저, 앵글 도저, 버킷 도저 등)
2) 모터 그레이더
3) 로더(포크 등 부착물 종류에 따른 용도 변경 형식을 포함한다.)
4) 스크레이퍼
5) 크레인형 굴착 기계(클램셸, 드래그라인 등)
6) 굴삭기(브레이커, 크러셔, 드릴 등 부착물 종류에 따른 용도 변경 형식을 포함한다.)
7) 항타기 및 항발기
8) 천공용 건설 기계(어스 드릴, 어스 오거, 크롤러 드릴, 점보 드릴 등)
9) 지반 압밀 침하용 건설 기계(샌드 드레인 머신, 페이퍼 드레인 머신, 팩 드레인 머신 등)
10) 지반 다짐용 건설 기계(타이어 롤러, 매커덤 롤러, 탠덤 롤러 등)
11) 준설용 건설 기계(버킷 준설선, 그래브 준설선, 펌프 준설선 등)
12) 콘크리트 펌프카
13) 덤프 트럭
14) 콘크리트 믹서 트럭
15) 도로 포장용 건설 기계(아스팔트 살포기, 콘크리트 살포기, 아스팔트 피니셔, 콘크리트 피니셔 등)
16) 1)부터 15)까지와 유사한 구조 또는 기능을 갖는 건설 기계로서 건설 작업에 사용하는 것

(1) 헤드 가드

사업주는 암석의 낙하 등에 의하여 근로자에게 위험이 발생할 우려가 있는 장소에서 차량계 건설 기계(불도저, 트랙터, 쇼벨, 로더, 파워 쇼벨 및 드래그 쇼벨에 한한다.)를 사용할 때 해당 차량계 건설 기계에 견고한 헤드 가드를 갖추어야 한다.

(2) 작업 계획의 작성

① 사업주는 차량계 건설 기계를 사용하여 작업을 할 때 미리 위의 규정에 의한 조사 결과를 고려하여 작업 계획을 작성하고 그 작업 계획에 따라 작업을 실시하여야 한다.

② 작업 계획에는 다음 사항이 포함되어야 한다.

㉠ 사용하는 차량계 건설 기계의 종류 및 능력

㉡ 차량계 건설 기계의 운행 경로

㉢ 차량계 건설 기계에 의한 작업 방법

③ 사업주는 작업 계획을 수립할 때 작업 계획의 내용을 해당 근로자에게 주지시켜야 한다.

(3) 전도 등의 방지

차량계 건설 기계를 사용하는 작업을 함에 있어서 그 기계가 넘어지거나 굴러떨어짐으로써 근로자에게 위험을 미칠 우려가 있는 때에는 유도자를 배치하고 지반의 부동 침하 방지, 갓길의 붕괴 방지 및 도로 폭의 유지 등 필요한 조치를 하여야 한다.

(4) 신호

① 사업주는 다음의 작업을 하는 경우 일정한 신호 방법을 정하여 신호하도록 하여야 하며, 운전자는 그 신호에 따라야 한다.

㉠ 양중기(揚重機)를 사용하는 작업

㉡ 차량계 하역 운반 기계 전도 등의 방지에 따라 유도자를 배치하는 작업

㉢ 차량계 건설 기계의 접촉 방지에 따라 유도자를 배치하는 작업

㉣ 항타기 또는 항발기의 운전 작업

㉤ 중량물을 2명 이상의 근로자가 취급하거나 운반하는 작업

㉥ 양화 장치를 사용하는 작업

㉦ 궤도 작업 차량에 따라 유도자를 배치하는 작업

㉧ 입환 작업(入換作業)

② 운전자나 근로자는 제1항에 따른 신호 방법이 정해진 경우 이를 준수하여야 한다.

(5) 운전 위치의 이탈 금지

① 사업주는 다음의 기계를 운전하는 경우 운전자가 운전 위치를 이탈하게 해서는 아니된다.

㉠ 양중기

㉡ 항타기 또는 항발기(권상 장치에 하중을 건 상태)

㉢ 양화 장치(화물을 적재한 상태)

② 제1항에 따른 운전자는 운전 중에 운전 위치를 이탈해서는 아니된다.

(6) 운전 위치 이탈 시의 조치

사업주는 차량계 하역 운반 기계 등, 차량계 건설 기계의 운전자가 운전 위치를 이탈하는 경우 해당 운전자에게 다음 각 호의 사항을 준수하도록 하여야 한다.

① 포크, 버킷, 디퍼 등의 장치를 가장 낮은 위치 또는 지면에 내려 둘 것

② 원동기를 정지시키고 브레이크를 확실히 거는 등 갑작스러운 주행이나 이탈을 방지하기 위한 조치를 할 것

③ 운전석을 이탈하는 경우에는 시동 키를 운전대에서 분리시킬 것. 다만, 운전석에 잠금 장치를 하는 등 운전자가 아닌 사람이 운전하지 못하도록 조치한 경우에는 그러하지 아니하다.

(7) 차량계 건설 기계의 이송

사업주는 차량계 건설 기계를 이송하기 위하여 조치 또는 견인에 의하여 화물 자동차 등에 싣거나 내리는 작업에 있어서 발판, 성토 등을 사용할 때 해당 차량계 건설 기계의 전도 또는 굴러떨어짐에 의한 위험을 방지하기 위하여 다음 사항을 준수하여야 한다.

① 싣거나 내리는 작업은 평탄하고 견고한 장소에서 할 것

② 발판을 사용하는 때에 충분한 길이, 폭 및 강도를 가진 것을 사용하고 적당한 경사를 유지하기 위하여 견고하게 설치할 것

③ 마대, 가설대 등을 사용할 때에는 충분한 폭 및 강도와 적당한 경사를 확보할 것

1.2 항타기 및 항발기

(1) 강도 등

사업주는 동력을 사용하는 항타기 및 항발기(불특정 장소에서 사용하는 자주식을 제외한다.)의 본체, 부속 장치 및 부속품은 다음에 해당하는 것을 사용하여야 한다.

① 적합한 강도를 가질 것

② 심한 손상, 마모, 변형 또는 부식이 없을 것

(2) 무너짐의 방지

사업주는 동력을 사용하는 항타기 또는 항발기의 무너짐을 방지하기 위하여 다음 사항을 준수하여야 한다.

① 연약한 지반에 설치하는 때에는 각 부 또는 가대의 침하를 방지하기 위하여 깔판, 깔목 등을 사용할 것
② 시설 또는 가설물 등에 설치하는 때에는 그 내력을 확인하고 내력이 부족한 때에는 보강할 것
③ 각 부 또는 가대가 미끄러질 우려가 있는 때에는 말뚝 또는 쐐기 등을 사용하여 각 부 또는 가대를 고정시킬 것
④ 궤도 또는 차로 이동하는 항타기 또는 항발기에 대하여는 불시에 이동하는 것을 방지하기 위하여 레일 클램프 및 쐐기 등으로 고정시킬 것
⑤ 버팀대만으로 상단 부분을 안정시킬 때에는 버팀대를 3개 이상으로 하고 그 하단 부분은 견고한 버팀이나 말뚝 또는 철골 등으로 고정시킬 것
⑥ 버팀줄만으로 상단 부분을 안정시키는 때에는 버팀줄을 3개 이상으로 하고 같은 간격으로 배치할 것
⑦ 평형추를 사용하여 안정시키는 때에는 평형추의 이동을 방지하기 위하여 가대에 견고하게 부착시킬 것

(3) 부적격한 권상용 와이어 로프의 사용 금지

사업주는 항타기 또는 항발기의 권상용 와이어 로프로 다음에 해당하는 것을 사용하여서는 아니된다.
① 이음매가 있는 것
② 와이어 로프의 한 꼬임(스트랜드(strand)를 말한다.)에서 끊어진 소선(素線)(필러(pillar)선은 제외한다.)의 수가 10퍼센트 이상(비자전 로프의 경우에는 끊어진 소선의 수가 와이어 로프 호칭 지름의 6배 길이 이내에서 4개 이상이거나 호칭 지름 30배 길이 이내에서 8개 이상)인 것
③ 지름의 감소가 공칭 지름의 7퍼센트를 초과하는 것
④ 꼬인 것
⑤ 심하게 변형되거나 부식된 것
⑥ 열과 전기 충격에 의해 손상된 것

(4) 권상용 와이어 로프의 안전 계수

사업주는 항타기 또는 항발기의 권상용 와이어 로프의 안전 계수(와이어 로프의 절단 하중의 값을 그 와이어 로프에 걸리는 하중의 최대값으로 나눈 값을 말한다.)가 5 이상이 아니면 이를 사용하여서는 아니된다.

(5) 권상용 와이어 로프의 길이

사업주는 항타기 또는 항발기에 권상용 와이어 로프를 사용하는 때에는 다음 사항을 준수하여야 한다.

① 권상용 와이어 로프는 추 또는 해머가 최저의 위치에 있는 때 또는 널말뚝을 빼어내기 시작한 때를 기준으로 하여 권상 장치의 드럼에 적어도 2회 감기고 남을 수 있는 충분한 길이일 것
② 권상용 와이어 로프는 권상 장치의 드럼에 클램프, 클립 등을 사용하여 견고하게 고정할 것
③ 항타기의 권상용 와이어 로프에 있어서 추, 해머 등과의 연결은 클램프, 클립 등을 사용하여 견고하게 할 것

(6) 조립 시 점검

사업주는 항타기 또는 항발기를 조립하는 때에는 다음 사항을 점검하여야 한다.
① 본체 연결부의 풀림 또는 손상의 유무
② 권상용 와이어 로프, 드럼 및 도르래의 부착 상태의 이상 유무
③ 권상 장치의 브레이크 및 쐐기 장치 기능의 이상 유무
④ 권상기의 설치 상태의 이상 유무
⑤ 버팀의 방법 및 고정 상태의 이상 유무

1.3 양중기

양중기란 다음의 기계를 말한다.

1) 크레인(호이스트(hoist)를 포함한다.)
2) 이동식 크레인
3) 리프트(이삿짐 운반용 리프트의 경우에는 적재 하중이 0.1톤 이상인 것으로 한정한다.)
4) 곤돌라
5) 승강기

(1) 방호 장치의 조정

① 다음의 양중기에 과부하 방지 장치, 권과 방지 장치(捲過防止裝置), 비상 정지 장치 및 제동 장치, 그 밖의 방호 장치(승강기의 파이널 리밋 스위치(final limit switch), 조속기(調速機), 출입문 인터 록(inter lock) 등을 말한다.)가 정상적으로 작동될 수 있도록 미리 조정해 두어야 한다.
㉠ 크레인
㉡ 이동식 크레인
㉢ 리프트
㉣ 곤돌라
㉤ 승강기

② 크레인·이동식 크레인의 양중기에 대한 권과 방지 장치는 훅·버킷 등 달기구의 윗면(그 달기구에 권상용 도르래가 설치된 경우에는 권상용 도르래의 윗면)이 드럼, 상부 도르래, 트롤리 프레임 등 권상 장치의 아랫면과 접촉할 우려가 있는 경우에 그 간격이 0.25미터 이상(직동식(直動式) 권과 방지 장치는 0.05미터 이상으로 한다.)이 되도록 조정하여야 한다.

③ 제2항의 권과 방지 장치를 설치하지 않은 크레인에 대해서는 권상용 와이어 로프에 위험 표시를 하고 경보 장치를 설치하는 등 권상용 와이어 로프가 지나치게 감겨서 근로자가 위험해질 상황을 방지하기 위한 조치를 하여야 한다.

(2) 탑승의 제한

① 사업주는 크레인을 사용하여 근로자를 운반하거나 근로자를 달아 올린 상태에서 작업에 종사시켜서는 아니된다. 다만, 크레인에 전용 탑승 설비를 설치하고 추락 위험을 방지하기 위하여 다음의 조치를 한 경우에는 그러하지 아니하다.

㉠ 탑승 설비가 뒤집히거나 떨어지지 않도록 필요한 조치를 할 것

㉡ 안전대나 구명줄을 설치하고, 안전 난간을 설치할 수 있는 구조이면 안전 난간을 설치할 것

㉢ 탑승 설비를 하강시킬 때에는 동력 하강 방법으로 할 것

② 사업주는 이동식 크레인을 사용하여 근로자를 운반하거나 근로자를 달아 올린 상태에서 작업에 종사시켜서는 아니된다.

③ 사업주는 내부에 비상 정지 장치·조작 스위치 등 탑승 조작 장치가 설치되어 있지 아니한 리프트의 운반구에 근로자를 탑승시켜서는 아니된다. 다만, 리프트의 수리·조정 및 점검 등의 작업을 하는 경우로서 그 작업에 종사하는 근로자가 추락할 위험이 없도록 조치를 한 경우에는 그러하지 아니하다.

④ 사업주는 자동차 정비용 리프트에 근로자를 탑승시켜서는 아니된다. 다만, 자동차 정비용 리프트의 수리·조정 및 점검 등의 작업을 할 때에 그 작업에 종사하는 근로자가 위험해질 우려가 없도록 조치한 경우에는 그러하지 아니하다.

⑤ 사업주는 곤돌라의 운반구에 근로자를 탑승시켜서는 아니된다. 다만, 추락 위험을 방지하기 위하여 다음의 조치를 한 경우에는 그러하지 아니하다.

㉠ 운반구가 뒤집히거나 떨어지지 않도록 필요한 조치를 할 것

㉡ 안전대나 구명줄을 설치하고, 안전 난간을 설치할 수 있는 구조인 경우이면 안전 난간을 설치할 것

⑥ 사업주는 소형 화물용 엘리베이터에 근로자를 탑승시켜서는 아니된다. 다만, 엘리베이터의 수리·조정 및 점검 등의 작업을 하는 경우에는 그러하지 아니하다.

⑦ 사업주는 차량계 하역 운반 기계(화물 자동차는 제외한다)를 사용하여 작업을 하는 경우 승차석이 아닌 위치에 근로자를 탑승시켜서는 아니된다. 다만, 추락 등의 위험을 방지하기 위한 조치를 한 경우에는 그러하지 아니하다.

⑧ 사업주는 화물 자동차 적재함에 근로자를 탑승시켜서는 아니된다. 다만, 화물 자동차에 울 등을 설치하여 추락을 방지하는 조치를 한 경우에는 그러하지 아니하다.

⑨ 사업주는 운전 중인 컨베이어 등에 근로자를 탑승시켜서는 아니된다. 다만, 근로자를 운반할 수 있는 구조를 갖춘 컨베이어 등으로서 추락·접촉 등에 의한 위험을 방지할 수 있는 조치를 한 경우에는 그러하지 아니하다.

⑩ 사업주는 이삿짐 운반용 리프트 운반구에 근로자를 탑승시켜서는 아니된다. 다만, 이삿짐 운반용 리프트의 수리·조정 및 점검 등의 작업을 할 때에 그 작업에 종사하는 근로자가 추락할 위험이 없도록 조치한 경우에는 그러하지 아니하다.

1.4 크레인

(1) 조립 등의 작업

① 사업주는 크레인의 조립 또는 해체 작업을 할 때 다음의 조치를 하여야 한다.

㉠ 작업을 할 구역에 관계 근로자 외의 자의 출입을 금지시키고 그 취지를 보기 쉬운 곳에 표시할 것

㉡ 비, 눈, 그 밖의 기상 상태의 불안정으로 인하여 날씨가 몹시 나쁠 때에는 그 작업을 중지시킬 것

㉢ 작업 순서를 정하고 그 순서에 의하여 작업을 실시할 것

㉣ 작업 장소는 안전한 작업이 이루어 질 수 있도록 충분한 공간을 확보하고 장애물이 없도록 할 것

㉤ 들어올리거나 내리는 기자재는 균형을 유지하면서 작업을 실시하도록 할 것

㉥ 크레인의 능력, 사용 조건 등에 따라 충분한 응력을 갖는 구조로 기초를 설치하고 침하 등이 일어나지 않도록 할 것

㉦ 규격품인 조립용 볼트를 사용하고 대칭되는 곳을 순차적으로 결합하고 분해할 것

② 사업주는 크레인을 사용하는 작업을 하는 때에는 관리 감독자로 하여금 다음 사항을 이행하도록 하여야 한다.

㉠ 작업 방법과 근로자의 배치를 결정하고, 그 작업을 지휘하는 일

㉡ 재료의 결함 유무 또는 기구 및 공구의 기능을 점검하고 불량품을 제거하는 일

㉢ 작업 중 안전대 또는 안전모의 착용 상황을 감시하는 일

(2) 작업 시작 전의 점검

사업주는 근로자가 크레인을 사용하여 작업하는 때에는 해당 작업 시작 전에 다음 사항을 점검하여야 한다.

① 권과 방지 장치, 브레이크, 클러치 및 운전 장치의 기능

② 주행로의 상측 및 트롤리가 횡행하는 레일의 상태

③ 와이어 로프가 통하고 있는 곳의 상태

(3) 타워크레인의 지지

① 사업주는 타워크레인을 자립고(自立高) 이상의 높이로 설치하는 경우 건축물 등의 벽체에 지지하도록 하여야 한다. 다만, 지지할 벽체가 없는 등 부득이한 경우에는 와이어 로프에 의하여 지지할 수 있다.

② 사업주는 타워크레인을 벽체에 지지하는 경우 다음의 사항을 준수하여야 한다.

㉠ 서면심사에 관한 서류(「건설기계관리법」 제18조에 따른 형식승인서류를 포함한다) 또는 제조사의 설치 작업 설명서 등에 따라 설치할 것

㉡ '㉠'의 서면 심사 서류 등이 없거나 명확하지 아니한 경우에는 「국가기술자격법」에 따른 건축 구조 · 건설 기계 · 기계 안전 · 건설 안전 기술사 또는 건설 안전 분야 산업 안전 지도사의 확인을 받아 설치하거나 기종별 · 모델별 공인된 표준 방법으로 설치할 것

㉢ 콘크리트 구조물에 고정시키는 경우에는 매립이나 관통 또는 이와 같은 수준 이상의 방법으로 충분히 지지되도록 할 것

㉣ 건축 중인 시설물에 지지하는 경우에는 그 시설물의 구조적 안정성에 영향이 없도록 할 것

③ 사업주는 타워크레인을 와이어 로프로 지지하는 경우 다음의 사항을 준수하여야 한다.

㉠ 제2항 '㉠' 또는 '㉡'의 조치를 취할 것

㉡ 와이어 로프를 고정하기 위한 전용 지지 프레임을 사용할 것

㉢ 와이어 로프 설치 각도는 수평면에서 60도 이내로 하되, 지지점은 4개소 이상으로 하고, 같은 각도로 설치할 것

㉣ 와이어 로프와 그 고정 부위는 충분한 강도와 장력을 갖도록 설치하고, 와이어 로프를 클립 · 섀클(shackle, 연결 고리) 등의 고정기구를 사용하여 견고하게 고정시켜 풀리지 아니하도록 하며, 사용 중에는 충분한 강도와 장력을 유지하도록 할 것

㉤ 와이어 로프가 가공전선(架空電線)에 근접하지 않도록 할 것

1.5 승강기

(1) 조립 등의 작업

① 사업주는 옥외에 설치되어 있는 승강기의 설치, 수리, 점검, 조립 또는 해체 작업을 할 때 다음 조치를 하여야 한다.

㉠ 작업을 지휘하는 사람을 선임하여 그 사람의 지휘하에 작업을 실시할 것

㉡ 작업을 할 구역에 관계 근로자 외의 자의 출입을 금지시키고 그 취지를 보기 쉬운 장소에 표시할 것

㉢ 비, 눈, 그 밖의 기상 상태의 불안정으로 인하여 날씨가 몹시 나쁠 때에는 그 작업을 중지시킬 것

② 사업주는 작업을 지휘하는 자로 하여금 다음 사항을 이행하도록 하여야 한다.

㉠ 작업 방법과 근로자의 배치를 결정하고 해당 작업을 지휘하는 일

㉡ 재료의 결함 유무 또는 기구 및 공구의 기능을 점검하고 불량품을 제거하는 일

㉢ 작업 중 안전대 등 보호구의 착용 상황을 감시하는 일

(2) 폭풍 등으로 인한 이상 유무 점검

사업주는 순간 풍속이 초당 30m를 초과하는 바람이 불어온 후에 옥외에 설치되어 있는 승강기를 사용하여 작업할 때 미리 그 승강기 각 부위의 이상 유무를 점검하여야 한다.

(3) 이음매가 있는 와이어 로프의 사용 금지

사업주는 권상용 와이어 로프로 다음에 해당하는 것을 사용하여서는 아니된다.

① 이음매가 있는 것

② 와이어 로프의 한 꼬임(스트랜드(strand)를 말한다. 이하 같다.)에서 끊어진 소선(素線)(필러(pillar)선은 제외한다.)의 수가 10퍼센트 이상(비자전 로프의 경우에는 끊어진 소선의 수가 와이어 로프 호칭 지름의 6배 길이 이내에서 4개 이상이거나 호칭 지름 30배 길이 이내에서 8개 이상)인 것

③ 지름의 감소가 공칭 지름의 7퍼센트를 초과하는 것

④ 꼬인 것

⑤ 심하게 변형되거나 부식된 것

⑥ 열과 전기 충격에 의해 손상된 것

(4) 부적격한 달기 체인의 사용 금지

사업주는 달기 체인이 다음에 해당하는 때에는 이를 양중기에 사용하여서는 아니된다.

① 달기 체인의 길이의 증가가 그 달기 체인이 제조된 때의 길이의 5%를 초과한 것
② 링의 단면 지름의 감소가 그 달기 체인이 제조된 때의 해당 링 지름의 10%를 초과한 때
③ 균열이 있거나 심하게 변형된 것

(5) 꼬임이 끊어진 섬유 로프의 사용 금지

사업주는 다음에 해당하는 때에는 섬유 로프 또는 섬유 벨트를 양중기에 사용하여서는 아니된다.

① 꼬임이 끊어진 것
② 심하게 손상 또는 부식된 것

1.6 이삿짐 운반용 리프트

사업주는 이삿짐 운반용 리프트를 사용하는 작업을 하는 경우 이삿짐 운반용 리프트의 전도를 방지하기 위하여 다음을 준수하여야 한다.

1) 아우트리거가 정해진 작동 위치 또는 최대 전개 위치에 있지 않는 경우(아우트리거 발이 닿지 않는 경우를 포함한다.)에는 사다리 붐 조립체를 펼친 상태에서 화물 운반 작업을 하지 않을 것
2) 사다리 붐 조립체를 펼친 상태에서 이삿짐 운반용 리프트를 이동시키지 않을 것
3) 지반의 부동 침하 방지 조치를 할 것

1.7 차량계 하역 운반 기계

(1) 화물 적재 시의 조치

① 사업주는 차량계 하역 운반 기계에 화물을 적재하는 때에는 다음 사항을 준수하여야 한다.
  ㉠ 하중이 한쪽으로 치우치지 않도록 적재할 것
  ㉡ 구내 운반차 또는 화물 자동차에 있어서 화물의 붕괴 또는 낙하로 인한 근로자의 위험을 방지하기 위하여 화물에 로프를 거는 등 필요한 조치를 할 것
  ㉢ 운전자의 시야를 가리지 않도록 화물을 적재할 것
② 구내 운반차, 화물 자동차를 사용할 때에는 최대 적재량을 초과하여서는 아니된다.

(2) 운전 위치 이탈 시의 조치

① 사업주는 차량계 하역 운반 기계의 운전자가 운전 위치를 이탈할 때에는 해당 운전자로 하여금 다음 사항을 준수하도록 하여야 한다.
   ㉠ 포크, 버킷, 디퍼 등의 장치를 가장 낮은 위치 또는 지면에 둘 것
   ㉡ 원동기를 정지시키고 브레이크를 확실히 거는 등 갑작스러운 주행이나 이탈을 방지하기 위한 조치를 할 것
   ㉢ 운전석을 이탈할 경우 시동키를 운전대에서 분리시킬 것

1.8 지게차

(1) 헤드 가드

사업주는 다음 규정에 적합한 헤드 가드를 갖추지 아니한 지게차를 사용하여서는 아니된다. 다만, 화물의 낙하에 의하여 지게차의 운전자에게 위험이 미칠 우려가 없는 때에는 사용할 수 있다.

① 강도는 지게차의 최대 하중의 2배의 값(그 값이 4톤을 넘는 것에 대하여서는 4톤으로 한다.)의 등분포 정하중에 견딜 수 있는 것일 것
② 상부틀의 각 개구의 폭 또는 길이가 16cm 미만일 것
③ 운전자가 앉아서 조작하는 지게차의 헤드 가드는 한국산업표준에서 정하는 높이 이상일 것
④ 지게차에 의한 하역 운반 작업에 사용하는 팔레트(pallet) 또는 스키드(skid)는 다음에 해당하는 것을 사용하여야 한다.
   ㉠ 적재하는 화물의 중량에 따른 충분한 강도를 가질 것
   ㉡ 심한 손상·변형 또는 부식이 없을 것

(2) 작업 시작 전 점검

사업주는 지게차를 사용하여 작업을 할 때 해당 작업 시작 전에 다음 사항을 점검하여야 한다.

① 제동 장치 및 조종 장치 기능의 이상 유무
② 하역 장치 및 유압 장치 기능의 이상 유무
③ 바퀴의 이상 유무
④ 전조등, 후미등, 방향 지시기 및 경보 장치 기능의 이상 유무

1.9 특정 건설 기계

건설 기계 가운데 특정 건설 기계는 다음과 같다.

(1) 크레인

(2) 이동식 크레인

(3) 데릭

(4) 건설용 리프트

(5) 간이 리프트

(6) 화물용 승강기

연구 건설 기계의 작업

① 파워 셔블 : 작업 위치보다 높은 산이나 절벽의 굴착 시 이용
② 백 호(back hoe) : 작업 위치보다 낮은 곳의 굴착에 용이(하천, 기초 굴착 시도 이용)
③ 클램셸(clamshell) : 수중 굴착 등 일정한 장소에서의 흙의 굴착
④ 드래그 라인(drag line) : 작업 위치보다 낮은 굴착에 적합하며 작업 반경이 크고 수중 굴착도 가능

1.10 악천후 및 강풍 시 작업 중지

(1) 사업주는 비 · 눈 · 바람 또는 그 밖의 기상상태의 불안정으로 인하여 근로자가 위험해질 우려가 있는 경우 작업을 중지하여야 한다. 다만, 태풍 등으로 위험이 예상되거나 발생되어 긴급 복구 작업을 필요로 하는 경우에는 그러하지 아니하다.

(2) 사업주는 순간풍속이 초당 10m를 초과하는 경우 타워크레인의 설치 · 수리 · 점검 또는 해체 작업을 중지하여야 하며, 순간풍속이 초당 15m를 초과하는 경우에는 타워크레인의 운전 작업을 중지하여야 한다.

1.11 출입 금지

다음의 작업 또는 장소에 방책을 설치하는 등 관계 근로자가 아닌 사람의 출입을 금지하여야 한다. 다만, 제2호 및 제7호의 장소에서 수리 또는 점검 등을 위하여 그 암(arm) 등의 움직임에 의한 하중을 충분히 견딜 수 있는 안전 지주(安全支柱) 또는 안전 블록 등을 사용하도록 한 경우에는 그러하지 아니하다.

① 추락에 의하여 근로자에게 위험을 미칠 우려가 있는 장소
② 유압(流壓), 체인 또는 로프 등에 의하여 지탱되어 있는 기계·기구의 덤프, 램(ram), 리프트, 포크(fork) 및 암 등이 갑자기 작동함으로써 근로자에게 위험을 미칠 우려가 있는 장소
③ 케이블 크레인을 사용하여 작업을 하는 경우에는 권상용(卷上用) 와이어 로프 또는 횡행용(橫行用) 와이어 로프가 통하고 있는 도르래 또는 그 부착부의 파손에 의하여 위험을 발생시킬 우려가 있는 그 와이어 로프의 내각측(內角側)에 속하는 장소
④ 인양 전자석(引揚電磁石) 부착 크레인을 사용하여 작업을 하는 경우에는 달아 올려진 화물의 아래쪽 장소
⑤ 인양 전자석 부착 이동식 크레인을 사용하여 작업을 하는 경우에는 달아 올려진 화물의 아래쪽 장소
⑥ 리프트를 사용하여 작업을 하는 다음의 장소
㉠ 리프트 운반구가 오르내리다가 근로자에게 위험을 미칠 우려가 있는 장소
㉡ 리프트의 권상용 와이어 로프 내각측에 그 와이어 로프가 통하고 있는 도르래 또는 그 부착부가 떨어져 나감으로써 근로자에게 위험을 미칠 우려가 있는 장소
⑦ 지게차·구내 운반차·화물 자동차 등의 차량계 하역 운반 기계 및 고소(高所) 작업대(이하 "차량계 하역 운반 기계 등"이라 한다.)의 포크·버킷(bucket)·암 또는 이들에 의하여 지탱되어 있는 화물의 밑에 있는 장소. 다만, 구조상 갑작스러운 하강을 방지하는 장치가 있는 것은 제외한다.
⑧ 운전 중인 항타기(杭打機) 또는 항발기(杭拔機)의 권상용 와이어 로프 등의 부착 부분의 파손에 의하여 와이어 로프가 벗겨지거나 드럼(drum), 도르래 뭉치 등이 떨어져 근로자에게 위험을 미칠 우려가 있는 장소
⑨ 화재 또는 폭발의 위험이 있는 장소
⑩ 낙반(落磐) 등의 위험이 있는 다음의 장소
㉠ 부석의 낙하에 의하여 근로자에게 위험을 미칠 우려가 있는 장소
㉡ 터널 지보공(支保工)의 보강 작업 또는 보수 작업을 하고 있는 장소로서 낙반 또는 낙석 등에 의하여 근로자에게 위험을 미칠 우려가 있는 장소
⑪ 토석(土石)이 떨어져 근로자에게 위험을 미칠 우려가 있는 채석 작업을 하는 굴착 작업장의 아래 장소
⑫ 암석 채취를 위한 굴착 작업, 채석에서 암석을 분할 가공하거나 운반하는 작업, 그 밖에 이러한 작업에 수반(隨伴)한 작업(이하 "채석 작업"이라 한다.)을 하는 경우에는 운전 중인 굴착 기계·분할 기계·적재 기계 또는 운반 기계(이하 "굴착 기계 등"이라 한다.)에 접촉함으로써 근로자에게 위험을 미칠 우려가 있는 장소
⑬ 해체 작업을 하는 장소

⑭ 하역 작업을 하는 경우에는 쌓아놓은 화물이 무너지거나 화물이 떨어져 근로자에게 위험을 미칠 우려가 있는 장소
⑮ 다음의 항만 하역 작업 장소
㉠ 해치 커버(해치 보드(hatch board) 및 해치 빔(hatch beam)을 포함한다.)의 개폐 · 설치 또는 해체 작업을 하고 있어 해치 보드 또는 해치 빔 등이 떨어져 근로자에게 위험을 미칠 우려가 있는 장소
㉡ 양화 장치(揚貨裝置) 붐(boom)이 넘어짐으로써 근로자에게 위험을 미칠 우려가 있는 장소
㉢ 양화 장치, 데릭(derrick), 크레인, 이동식 크레인(이하 "양화 장치 등"이라 한다.)에 매달린 화물이 떨어져 근로자에게 위험을 미칠 우려가 있는 장소
⑯ 벌목, 목재의 집하 또는 운반 등의 작업을 하는 경우에는 벌목한 목재 등이 아래 방향으로 굴러 떨어지는 등의 위험이 발생할 우려가 있는 장소
⑰ 양화 장치 등을 사용하여 화물의 적하(부두 위의 화물에 훅(hook)을 걸어 선(船) 내에 적재하기까지의 작업을 말한다.) 또는 양하(선 내의 화물을 부두 위에 내려 놓고 훅을 풀기까지의 작업을 말한다.)를 하는 경우에는 통행하는 근로자에게 화물이 떨어지거나 충돌할 우려가 있는 장소

Chapter 02 건설 작업 안전 시설 및 설비

2.1 추락에 의한 위험 방지

(1) 추락의 방지

① 사업주는 근로자가 추락하거나 넘어질 위험이 있는 장소(작업 발판의 끝 · 개구부(開口部) 등을 제외한다.) 또는 기계 · 설비 · 선박 블록 등에서 작업을 할 때에 근로자가 위험해질 우려가 있는 경우 비계(飛階)를 조립하는 등의 방법으로 작업 발판을 설치하여야 한다.

② 사업주는 작업 발판을 설치하기 곤란한 경우 다음의 기준에 맞는 추락방호망을 설치하여야 한다. 다만, 추락방호망을 설치하기 곤란한 경우에는 근로자에게 안전대를 착용하도록 하는 등 추락 위험을 방지하기 위하여 필요한 조치를 하여야 한다.

㉠ 추락방호망의 설치 위치는 가능하면 작업면으로부터 가까운 지점에 설치하여야 하며, 작업면으로부터 망의 설치 지점까지의 수직 거리는 10미터를 초과하지 아니할 것

㉡ 추락방호망은 수평으로 설치하고, 망의 처짐은 짧은 변 길이의 12퍼센트 이상이 되도록 할 것

㉢ 건축물 등의 바깥쪽으로 설치하는 경우 추락방호망의 내민 길이는 벽면으로부터 3미터 이상 되도록 할 것. 다만, 그물코가 20밀리미터 이하인 추락방호망을 사용한 경우에는 낙하물 방지망을 설치한 것으로 본다.

③ 사업주는 추락방호망을 설치하는 경우에는 「산업표준화법」에 따른 한국산업표준에서 정하는 성능기준에 적합한 추락방호망을 사용하여야 한다.

(2) 개구부 등의 방호 조치

① 사업주는 작업 발판 및 통로의 끝이나 개구부로서 근로자가 추락할 위험이 있는 장소에는 안전 난간, 울타리, 수직형 추락방망 또는 덮개 등(이하 "난간 등"이라 한다.)의 방호 조치를 충분한 강도를 가진 구조로 튼튼하게 설치하여야 하며, 덮개를 설치하는 경우에는 뒤집히거나 떨어지지 않도록 설치하여야 한다. 이 경우 어두운 장소에서도 알아볼 수 있도록 개구부임을 표시해야 하며 수직형 추락방망은 한국 산업 표준에서 정하는 성능 기준에 적합한 것을 사용해야 한다.

② 사업주는 난간 등을 설치하는 것이 매우 곤란하거나 작업의 필요상 임시로 난간 등을 해체하여야 하는 경우 기준에 맞는 추락방호망을 설치하여야 한다. 다만, 추락방호망을 설치하기 곤란한 경우에는 근로자에게 안전대를 착용하도록 하는 등 추락할 위험을 방지하기 위하여 필요한 조치를 하여야 한다.

(3) 지붕 위에서의 위험 방지

사업주는 슬레이트, 선라이트(sunlight) 등 강도가 약한 재료로 덮은 지붕 위에서 작업을 할 때에 발이 빠지는 등 근로자가 위험해질 우려가 있는 경우 폭 30cm 이상의 발판을 설치하거나 추락방호망을 치는 등 위험을 방지하기 위하여 필요한 조치를 하여야 한다.

(4) 낙하물 방지망의 설치 기준

① 첫단 망의 설치 높이는 지상으로부터 8m 이내여야 한다.
② 설치 간격은 망의 첫단 높이 위치에서 매 10m 기준으로 바닥 외측에 설치하여야 한다.
③ 낙하물 방지망이 수평면과 이루는 각도는 20～30° 정도로 하여야 한다.
④ 내민 길이는 비계 외측으로부터 3m 이상이어야 한다.
⑤ 방망의 가장자리는 테두리 로프를 그물코마다 엮어 단과 비계 등에 긴결하여야 한다.
⑥ 낙하물 방지망을 지지하는 긴결재의 강도는 100kg 이상의 외력에 견딜 수 있는 철물이나 로프를 사용하여야 한다.

(5) 방호 선반의 설치 기준

① 방호 선반은 풍압, 진동, 충격 등으로 탈락하지 않도록 견고하게 설치하여야 한다.
② 방호 선반의 깔판은 틈새가 없도록 설치하여야 한다.
③ 방호 선반의 내민 길이는 구조체의 외측에서 3m 이상 돌출되도록 설치하여야 한다.
④ 수평으로 설치하는 방호 선반의 경우 선반 끝단에는 수평면으로부터 높이 60cm 이상의 난간을 설치하여야 한다.
⑤ 난간은 낙하물이 방호 선반에 낙하하여 선반 외부로 튀겨 나감을 방지할 수 있는 구조이어야 한다.
⑥ 경사지게 설치하는 방호 선반이 수평면과 이루는 각도는 20° 이상 30° 이내로 설치하여야 한다.
⑦ 방호 선반의 설치 높이는 지상으로부터 8m 이내에 설치하여야 한다.

(6) 추락 방지용 안전대의 착용 방법

① 벨트는 추락 시 작업자에게 충격을 최소한으로 하고 추락 저지 시 발쪽으로 빠지지 않도록 요골 근처에 확실하게 착용하도록 하여야 한다.
② 버클을 바르게 사용하고 벨트 끝이 벨트 통로를 확실하게 통과하도록 하여야 한다.

③ 신축 조절기를 사용할 때 각 링에 바르게 걸어야 하며 벨트 끝이나 작업복이 말려 들어가지 않도록 주의하여야 한다.

④ U자걸이 사용 시 훅을 각 링이나 D링 이외의 것에 잘못 거는 일이 없도록 벨트의 링이나 각 링부에는 훅이 걸릴 수 있는 물건은 부착하지 말아야 한다.

⑤ 착용 후 지상에서 각각의 사용 상태에서 체중을 걸고 각 부품의 이상 유무를 확인한 후 사용하도록 하여야 한다.

⑥ 안전대를 지지하는 대상물은 로프의 이동에 의해 로프가 벗겨지거나 빠질 우려가 없는 구조로 충격에 충분히 견딜 수 있어야 한다.

⑦ 안전대를 지지하는 대상물에 추락 시 로프를 절단할 위험이 있는 예리한 각에 접촉하지 않도록 충분한 조치를 하여야 한다.

2.2 고소 작업대

(1) 고소 작업대 설치 등의 조치

① 고소 작업대를 설치하는 경우에는 다음에 해당하는 것을 설치하여야 한다.

㉠ 작업대를 와이어 로프 또는 체인으로 올리거나 내릴 경우에는 와이어 로프 또는 체인이 끊어져 작업대가 떨어지지 아니하는 구조여야 하며, 와이어 로프 또는 체인의 안전율은 5 이상일 것

㉡ 작업대를 유압에 의해 올리거나 내릴 경우에는 작업대를 일정한 위치에 유지할 수 있는 장치를 갖추고 압력의 이상 저하를 방지할 수 있는 구조일 것

㉢ 권과 방지 장치를 갖추거나 압력의 이상 상승을 방지할 수 있는 구조일 것

㉣ 붐의 최대 지면 경사각을 초과 운전하여 전도되지 않도록 할 것

㉤ 작업대에 정격 하중(안전율 5 이상)을 표시할 것

㉥ 작업대에 끼임·충돌 등 재해를 예방하기 위한 가드 또는 과상승 방지 장치를 설치할 것

㉦ 조작반의 스위치는 눈으로 확인할 수 있도록 명칭 및 방향 표시를 유지할 것

② 고소 작업대를 설치하는 경우에는 다음의 사항을 준수하여야 한다.

㉠ 바닥과 고소 작업대는 가능하면 수평을 유지하도록 할 것

㉡ 갑작스러운 이동을 방지하기 위하여 아우트리거 또는 브레이크 등을 확실히 사용할 것

③ 고소 작업대를 이동하는 경우에는 다음의 사항을 준수하여야 한다.

㉠ 작업대를 가장 낮게 내릴 것

㉡ 작업대를 올린 상태에서 작업자를 태우고 이동하지 말 것. 다만, 이동 중 전도 등

의 위험 예방을 위하여 유도하는 사람을 배치하고 짧은 구간을 이동하는 경우에는 그러하지 아니하다.

㉢ 이동 통로의 요철 상태 또는 장애물의 유무 등을 확인할 것

④ 고소 작업대를 사용하는 경우에는 다음의 사항을 준수하여야 한다.

㉠ 작업자가 안전모·안전대 등의 보호구를 착용하도록 할 것

㉡ 관계자가 아닌 사람이 작업 구역에 들어오는 것을 방지하기 위하여 필요한 조치를 할 것

㉢ 안전한 작업을 위하여 적정 수준의 조도를 유지할 것

㉣ 전로(電路)에 근접하여 작업을 하는 경우에는 작업 감시자를 배치하는 등 감전 사고를 방지하기 위하여 필요한 조치를 할 것

㉤ 작업대를 정기적으로 점검하고 붐·작업대 등 각 부위의 이상 유무를 확인할 것

㉥ 전환 스위치는 다른 물체를 이용하여 고정하지 말 것

㉦ 작업대는 정격 하중을 초과하여 물건을 싣거나 탑승하지 말 것

㉧ 작업대의 붐대를 상승시킨 상태에서 탑승자는 작업대를 벗어나지 말 것. 다만, 작업대에 안전대 부착 설비를 설치하고 안전대를 연결하였을 때에는 그러하지 아니하다.

(2) 악천후 시 작업 중지

사업주는 비, 눈, 그 밖의 기상 상태의 불안정으로 인하여 날씨가 몹시 나쁠 때에 10m 이상의 높이에서 고소 작업대를 사용함에 있어 근로자에게 위험을 미칠 우려가 있는 때에는 작업을 중지하여야 한다.

2.3 붕괴에 의한 위험 방지

(1) 붕괴, 낙하에 의한 방지

사업주는 지반의 붕괴, 구축물의 붕괴 또는 토석의 낙하 등에 의하여 근로자에게 위험을 미칠 우려가 있는 때에는 해당 위험을 방지하기 위하여 다음 조치를 하여야 한다.

① 지반은 안전한 경사로 하고 낙하의 위험이 있는 토석을 제거하거나 옹벽, 흙막이 지보공 등을 설치할 것

② 지반의 붕괴 또는 토석의 낙하 원인이 되는 빗물이나 지하수 등을 배제할 것

③ 갱 내의 낙반, 측벽 붕괴의 위험이 있는 경우에는 지보공을 설치하고 부석을 제거하는 등 필요한 조치를 할 것

(2) 구축물 또는 이와 유사한 시설물 등의 안전 유지

사업주는 구축물 또는 이와 유사한 시설물이 자중·적재 하중·적설·풍압·지진이나 진동 및 충격 등에 의하여 붕괴·전도·도괴·폭발하는 등의 위험을 예방하기 위하여 다음의 조치를 하여야 한다.

① 설계 도서에 따라 시공했는지 확인
② 건설 공사 시방서에 따라 시공했는지 여부 확인
③ 건축물의 구조 기준 등에 관한 규칙에 따른 구조 기준을 준수했는지 확인

(3) 구축물 또는 이와 유사한 시설물의 안전성 평가

사업주는 구축물 또는 이와 유사한 시설물이 다음의 하나에 해당하는 경우에는 안전 진단 등 안전성 평가를 실시하여 근로자에게 미칠 위험성을 미리 제거하여야 한다.

① 구축물 또는 이와 유사한 시설물의 인근에서 굴착·항타 작업 등으로 침하·균열 등이 발생하여 붕괴의 위험이 예상될 경우
② 구축물 또는 이와 유사한 시설물에 지진·동해·부동 침하 등으로 균열·비틀림 등이 발생하였을 경우
③ 구조물, 건축물, 그 밖의 시설물이 그 자체의 무게·전선·풍압 또는 그 밖에 부가되는 하중 등으로 붕괴 등의 위험이 있을 경우
④ 화재 등으로 구축물 또는 이와 유사한 시설물의 내력이 현저히 저하된 경우
⑤ 오랜 기간 사용하지 아니하던 구축물 또는 이와 유사한 시설물을 재사용하게 되어 안전성을 검토하여야 할 경우
⑥ 그 밖의 잠재적 위험이 예상될 경우

(4) 낙반, 붕괴에 의한 위험 방지

사업주는 갱 내에서의 낙반 또는 측벽의 붕괴에 의하여 근로자에게 위험을 미칠 우려가 있는 때에는 지보공을 설치하고 부석을 제거하는 등 해당 위험을 방지하기 위하여 필요한 조치를 하여야 한다.

(5) 계측 장치의 설치

사업주는 터널 등의 건설 작업에 있어서 붕괴 등에 의하여 근로자에게 위험을 미칠 우려가 있거나 또는 유해, 위험 방지 계획서 심사 시 계측 시공을 지시받은 때에는 그에 필요한 계측 장치 등을 설치하여 위험을 방지하기 위한 조치를 하여야 한다.

(6) 투하 설비

사업주는 높이가 3m 이상인 장소로부터 물체를 투하하는 때에는 적당한 투하 설비를 설치하거나 감시인을 배치하는 등 위험 방지를 위하여 필요한 조치를 하여야 한다.

(7) 낙하, 비래에 의한 위험 방지

물체가 낙하 또는 비래할 위험이 있는 때에는 낙하물 방지망, 수직 방호망 또는 방호 선반의 설치, 출입 금지 구역의 설정, 보호구의 착용 등 위험 방지를 위한 조치를 하여야 하며 낙하물 방지망 설치 시 준수 사항은 다음과 같다.

① 설치 높이는 10m 이내마다 설치하고 내민 길이는 벽면으로부터 2m 이상으로 할 것

② 수평면과의 각도는 20~30°를 유지할 것

Chapter 03 건설 작업 안전

3.1 유해 위험 방지 계획서

건설업 중 다음 사업을 착공하려고 하는 사업주는 유해 위험 방지 계획서를 공사 착공 전에 고용노동부 장관에게 제출하여야 한다.

(1) 해당 사업

① 다음의 어느 하나에 해당하는 건축물 또는 시설 등의 건설·개조 또는 해체 공사
  ㉠ 지상높이가 31미터 이상인 건축물 또는 인공구조물
  ㉡ 연면적 3만제곱미터 이상인 건축물
  ㉢ 연면적 5천제곱미터 이상인 시설로서 다음의 어느 하나에 해당하는 시설
   • 문화 및 집회시설(전시장 및 동물원·식물원은 제외한다)
   • 판매시설, 운수시설(고속철도의 역사 및 집배송시설은 제외한다)
   • 종교시설
   • 의료시설 중 종합병원
   • 숙박시설 중 관광숙박시설
   • 지하도상가
   • 냉동·냉장 창고시설
② 연면적 5천m^2 이상의 냉동·냉장 창고 시설의 설비 공사 및 단열 공사
③ 최대지간 길이가 50m 이상인 교량 건설 등 공사
④ 터널 건설 등의 공사
⑤ 다목적 댐, 발전용 댐 및 저수 용량 2천만톤 이상의 용수 전용 댐, 지방 상수도 전용 댐 건설 등의 공사
⑥ 깊이 10m 이상인 굴착 공사

(2) 심사 결과의 구분

① **적정** : 근로자의 안전과 보건상 필요한 조치가 구체적으로 확보되었다고 인정될 때
② **조건부 적정** : 근로자의 안전과 보선을 확보하기 위하여 일부 개선이 필요하다고 인정될 때
③ **부적정** : 기계·설비 또는 건설물이 심사 기준에 위반되어 공사 착공 시 중대한 위험 발생의 우려가 있거나 계획에 근본적 결함이 있다고 인정될 때

(3) 유해 위험 방지 계획서를 제출한 사업주는 고용노동부 장관의 확인을 받아야 한다.

① 유해 위험 방지 계획서의 내용과 실제 공사 내용과의 부합 여부
② 유해 위험 방지 계획서의 변경 내용의 적정성
③ 추가적인 유해, 위험 요인의 존재 여부

3.2 건설업 산업안전보건관리비 계상 및 사용 기준

2020.1.23 고시

제1장 총 칙

제1조(목적) 이 고시는 「산업안전보건법」(이하 "법"이라 한다) 제72조, 같은 법 시행령(이하 "영"이라 한다) 제59조 및 제60조와 같은 법 시행규칙(이하 "규칙"이라 한다) 제89조에 따라 건설업의 산업안전보건관리비 계상 및 사용 기준을 정함을 목적으로 한다.

제2조(정의) ① 이 고시에서 사용하는 용어의 정의는 다음과 같다.

1. "건설업 산업안전보건관리비"(이하 "안전관리비"라 한다)란 건설사업장과 제7조 제4항에서 정하는 본사 안전 전담 부서에서 산업 재해의 예방을 위하여 법령에 규정된 사항의 이행에 필요한 비용을 말한다.
2. "안전관리비 대상액"(이하 "대상액"이라 한다)이란 「예정가격 작성준칙」(기획재정부 계약예규) 및 「지방자치단체 입찰 및 계약집행기준」(행정자치부 예규) 등 관련 규정에서 정하는 공사 원가 계산서 구성 항목 중 직접 재료비, 간접 재료비와 직접 노무비를 합한 금액(발주자가 재료를 제공할 경우에는 해당 재료비를 포함한다)을 말한다.
3. "근로자"란 건설사업장 소속 근로자 및 본사 안전 전담 부서 소속 근로자를 말한다.

② 그 밖에 이 고시에서 사용하는 용어의 정의는 이 고시에 특별한 규정이 없으면 「산업안전보건법」 법 · 시행령 · 같은 법 시행규칙 · 예산 회계 법령 및 건설 관계 법령에서 정하는 바에 따른다.

제3조(적용 범위) 이 고시는 「산업재해보상보험법」 제6조에 따라 「산업재해보상보험법」의 적용을 받는 공사 중 총 공사 금액 2천만원 이상인 공사에 적용한다. 다만, 다음의 어느 하나에 해당되는 공사 중 단가 계약에 의하여 행하는 공사에 대하여는 총 계약 금액을 기준으로 이를 적용한다.

1. 「전기공사업법」 제2조에 따른 전기 공사로서 저압 · 고압 또는 특별 고압 작업으로 이루어지는 공사
2. 「정보통신공사업법」 제2조에 따른 정보 통신 공사

제2장 안전관리비의 계상 및 사용

제4조(계상 기준) ① 건설 공사 발주자와 건설 공사의 시공을 주도하여 총괄・관리하는 자는 안전관리비를 다음 각 호와 같이 계상하여야 한다. 다만, 발주자가 재료를 제공하거나 물품이 완제품의 형태로 제작 또는 납품되어 설치되는 경우에 해당 재료비 또는 완제품의 가액을 대상액에 포함시킬 경우의 안전관리비는 해당 재료비 또는 완제품의 가액을 포함시키지 않은 대상액을 기준으로 계상한 안전관리비의 1.2배를 초과할 수 없다.

1. 대상액이 5억원 미만 또는 50억원 이상일 경우에는 대상액에 [별표 1]에서 정한 비율을 곱한 금액
2. 대상액이 5억원 이상 50억원 미만일 때에는 대상액에 [별표 1]에서 정한 비율을 곱한 금액에 기초액을 합한 금액

② [별표 1]의 공사의 종류는 [별표 5]의 건설 공사의 종류 예시표에 따른다. 다만, 하나의 사업장 내에 건설 공사 종류가 둘 이상인 경우(분리 발주한 경우를 제외한다)에는 공사 금액이 가장 큰 공사 종류를 적용한다.

③ 발주자 또는 자기공사자는 설계 변경 등으로 대상액의 변동이 있는 경우에 지체없이 안전관리비를 조정 계상하여야 한다.

제5조(계상 시기 등) ① 발주자는 원가 계산에 의한 예정 가격 작성 시 제4조에 따라 안전관리비를 계상하여야 한다.

② 자기공사자는 원가 계산에 의한 예정 가격을 작성하거나 자체 사업 계획을 수립하는 경우에 제4조에 따라 안전관리비를 계상하여야 한다.

③ 대상액이 구분되어 있지 않은 공사는 도급 계약 또는 자체 사업 계획상의 총 공사 금액의 70퍼센트를 대상액으로 하여 제4조에 따라 안전관리비를 계상하여야 한다.

④ 발주자와 제1항 또는 제3항에 따라 계상된 안전관리비를 입찰 공고를 통해 입찰에 참가하고자 하는 자에게 알려야 한다.

⑤ 발주자와 수급인은 공사 계약을 체결할 경우 제1항 또는 제3항에 따라 계상된 안전보건 관리비를 공사 도급 계약서에 별도로 표시해야 한다.

제6조(수급인 등의 의무) <삭제>

제7조(사용 기준) ① 수급인 또는 자기공사자는 안전관리비를 다음의 항목별 사용기준에 따라 건설사업장에서 근무하는 근로자의 산업 재해 및 건강 장해 예방을 위한 목적으로만 사용하여야 한다.

1. 안전관리자 등의 인건비 및 각종 업무 수당 등

가. 전담 안전・보건관리자의 인건비, 업무수행 출장비(지방고용노동관서에 선임 보고한 날 이후 발생한 비용에 한정한다) 및 건설용 리프트의 운전자 인건비. 다만, 유해・위험방지계획서 대상으로 공사금액이 50억원 이상 120억원 미만(「건설산업기본법 시행령」 [별표 1]에 따른 토목공사업에 속하는 공사의 경우 150억원 미만)인 공사현장에 선임된 안전관리자가 겸직하는 경우 해당 안전관리자 인건비의 50퍼센트를 초과하지 않는 범위 내에서 사용 가능

나. 공사장 내에서 양중기 · 건설기계 등의 움직임으로 인한 위험으로부터 주변 작업자를 보호하기 위한 유도자 또는 신호자의 인건비나 비계 설치 또는 해체, 고소작업대 작업 시 낙하물 위험예방을 위한 하부통제, 화기작업 시 화재감시 등 공사현장의 특성에 따라 근로자 보호만을 목적으로 배치된 유도자 및 신호자 또는 감시자의 인건비

다. [별표 1]의 2에 해당하는 작업을 직접 지휘 · 감독하는 직 · 조 · 반장 등 관리감독자의 직위에 있는 자가 영 제10조 제1항에서 정하는 업무를 수행하는 경우에 지급하는 업무수당(월 급여액의 10퍼센트 이내)

2. 안전시설비 등 : 법 · 영 · 규칙 및 고시에서 규정하거나 그에 준하여 필요로 하는 각종 안전표지 · 경보 및 유도시설, 감시 시설, 방호장치, 안전 · 보건시설 및 그 설치비용(시설의 설치 · 보수 · 해체 시 발생하는 인건비 등 경비를 포함한다)

3. 개인보호구 및 안전장구 구입비 등 : 각종 개인 보호장구의 구입 · 수리 · 관리 등에 소요되는 비용, 안전보건 관계자 식별용 의복 및 제1호의 안전 · 보건관리자 및 안전보건보조원 전용 업무용 기기에 소요되는 비용(근로자가 작업에 필요한 안전화 · 안전대 · 안전모를 직접 구입 · 사용하는 경우 지급하는 보상금을 포함한다)

4. 사업장의 안전 · 보건진단비 등 : 법 · 영 · 규칙 및 고시에서 규정하거나 자율적으로 외부전문가 또는 전문기관을 활용하여 실시하는 각종 진단, 검사, 심사, 시험, 자문, 작업환경측정, 유해 · 위험방지계획서의 작성 · 심사 · 확인에 소요되는 비용, 자체적으로 실시하기 위한 작업환경 측정장비 등의 구입 · 수리 · 관리 등에 소요되는 비용과 전담 안전 · 보건관리자용 안전순찰차량의 유류비 · 수리비 · 보험료 등의 비용

5. 안전보건교육비 및 행사비 등 : 법 · 영 · 규칙 및 고시에서 규정하거나 그에 준하여 필요로 하는 각종 안전보건교육에 소요되는 비용(현장내 교육장 설치비용을 포함한다), 안전보건관계자의 교육비, 자료 수집비 및 안전기원제 · 안전보건행사에 소요되는 비용(기초안전보건교육에 소요되는 교육비 · 출장비 · 수당을 포함한다. 단, 수당은 교육에 소요되는 시간의 임금을 초과할 수 없다)

6. 근로자의 건강관리비 등 : 법 · 영 · 규칙 및 고시에서 규정하거나 그에 준하여 필요로 하는 각종 근로자의 건강관리에 소요되는 비용(중대 재해 목격에 따른 심리 치료 비용을 포함한다) 및 작업의 특성에 따라 근로자 건강보호를 위해 소요되는 비용

7. 기술지도비 : 재해예방전문지도기관에 지급하는 기술지도 비용

8. 본사 사용비 : 안전만을 전담으로 하는 별도 조직(이하 "안전전담부서"라 한다)을 갖춘 건설업체의 본사에서 사용하는 제1호부터 제7호까지의 사용항목과 본사 안전전담부서의 안전전담직원 인건비 · 업무수행 출장비(계상된 안전관리비의 5퍼센트를 초과할 수 없다)

② 제1항에도 불구하고 사용하고자 하는 항목이 다음 각 호의 어느 하나에 해당하거나 [별표 2]의 사용불가 내역에 해당하는 경우에는 사용할 수 없다.

1. 공사 도급내역서 상에 반영되어 있는 경우

2. 다른 법령에서 의무사항으로 규정하고 있는 경우. 다만, 화재예방, 소방시설 설치 · 유지 및 안전관리에 관한 법률에 따른 소화기 구매에 소요되는 비용은 사용할 수 있다.

3. 작업방법 변경, 시설 설치 등이 근로자의 안전·보건을 일부 향상시킬 수 있는 경우라도 시공이나 작업을 용이하게 하기 위한 목적이 포함된 경우
4. 환경관리, 민원 또는 수방대비 등 다른 목적이 포함된 경우
5. 근로자의 근무여건 개선, 복리·후생 증진, 사기진작 등의 목적이 포함된 경우

③ 수급인 또는 자기공사자는 [별표 3]에서 정하는 기준에 따라 안전관리비를 사용하되, 발주자 또는 감리원은 해당 공사의 특성 등을 고려하여 사용기준을 달리 정할 수 있다.

④ 제1항 제8호에 따른 안전전담부서는 영 제14조에 따른 안전관리자의 자격을 갖춘 사람(영 [별표 4] 제10호와 제11호에 해당하는 사람을 제외한다) 1명 이상을 포함하여 3명 이상의 안전전담직원으로 구성된 안전만을 전담하는 과 또는 팀 이상의 별도조직을 말하며, 본사에서 안전관리비를 사용하는 경우 1년간(1.1~12.31) 본사 안전관리비 실행예산과 사용금액은 전년도 미사용금액을 합하여 5억원을 초과할 수 없다.

⑤ 수급인 또는 자기공사자는 사업의 일부를 타인에게 도급한 경우 그의 수급인이 제1항의 기준에 따라 사용한 비용을 산업안전보건관리비 범위에서 적정하게 지급할 수 있다.

제8조(목적 외 사용 금액에 대한 감액 등) 발주자는 수급인이 법 제72조 제2항에 위반하여 다른 목적으로 사용하거나 사용하지 않은 안전관리비에 대하여 이를 계약 금액에서 감액 조정하거나 반환을 요구할 수 있다.

제9조(확인) ① 수급인 또는 자기공사자는 안전관리비 사용 내역에 대하여 공사 시작 후 6개월마다 1회 이상 발주자 또는 감리원의 확인을 받아야 한다. 다만, 6개월 이내에 공사가 종료되는 경우에는 종료 시 확인을 받아야 한다.

② 제1항에도 불구하고 발주자 또는 고용노동부 관계 공무원은 안전관리비 사용 내역을 수시 확인할 수 있으며, 수급인 또는 자기공사자는 이에 따라야 한다.

③ 발주자 또는 감리원은 제1항에 따른 안전관리비 사용내역 확인 시 기술지도 계약 체결여부, 기술지도 실시 및 개선여부 등을 확인하여야 한다

제10조(안전관리비 실행 예산의 작성·집행 및 서류 관리 등) ① 수급인 또는 자기공사자는 공사 실행 예산을 작성하는 경우에 해당 공사에 사용하여야 할 안전관리비의 실행 예산을 계상된 안전관리비 총액 이상으로 별도 편성해야 하며, 이에 따라 안전관리비를 사용하고 별지 제1호 서식의 안전관리비 사용 내역서를 해당 공사 현장에 갖추어 두어야 한다.

② 사업주는 제1항에 따른 안전관리비 실행 예산을 작성하고 집행하는 경우에 법 제17조와 영 제16조에 따라 선임된 해당 사업장의 안전 관리자가 참여토록 하여야 한다.

③ 제7조에 따라 안전관리비를 본사에서 사용하는 수급인 또는 자기공사자는 별지 제2호 서식에 따른 본사 안전관리비 사용 내역서와 안전 전담 부서의 직원이 안전 관리 업무를 전담하고 있음을 증명할 수 있는 인사 명령서, 업무 일지 등 관계 서류를 본사에 갖추어 두어야 한다.

제3장 재해 예방 기술 지도 등

제11조(기술 지도 횟수 등) ① 기술 지도는 공사 기간 중 월 2회 이상 실시하여야 한다.
② 건설 재해 예방 기술 지도비가 제5조에 따라 계상된 안전관리비 총액의 20%를 초과하는 경우에는 그 이내에서 기술 지도 횟수를 조정할 수 있다.

[별표 1] 공사 종류 및 규모별 안전관리비 계상 기준표 (단위 : 원)

구분 / 공사 종류	대상액 5억원 미만	대상액 5억원 이상 50억원 미만		대상액 50억원 이상인 경우 적용비율(%)	영 [별표 5]에 따른 보건관리자 선임대상 건설공사의 적용비율(%)
		비율(%)	기초액		
일반 건설 공사(갑)	2.93%	1.86%	5,349,000원	1.97%	2.15%
일반 건설 공사(을)	3.09%	1.99%	5,499,000원	2.10%	2.29%
중건설 공사	3.43%	2.35%	5,400,000원	2.44%	2.66%
철도・궤도 신설 공사	2.45%	1.57%	4,411,000원	1.66%	1.81%
특수 및 기타 건설 공사	1.85%	1.20%	3,250,000원	1.27%	1.38%

[별표 1의 2] 관리 감독자 안전 보건 업무 수행 시 수당 지급 작업

1. 건설용 리프트・곤돌라를 이용한 작업
2. 콘크리트 파쇄기를 사용하여 행하는 파쇄작업(2미터 이상인 구축물 파쇄에 한정한다)
3. 굴착 깊이가 2미터 이상인 지반의 굴착작업
4. 흙막이지보공의 보강, 동바리 설치 또는 해체 작업
5. 터널 안에서의 굴착작업, 터널거푸집의 조립 또는 콘크리트 작업
6. 굴착면의 깊이가 2미터 이상인 암석 굴착 작업
7. 거푸집지보공의 조립 또는 해체 작업
8. 비계의 조립, 해체 또는 변경 작업
9. 건축물의 골조, 교량의 상부 구조 또는 탑의 금속제의 부재에 의하여 구성되는 것(5미터 이상에 한정한다)의 조립, 해체 또는 변경 작업
10. 콘크리트 공작물(높이 2미터 이상에 한정한다)의 해체 또는 파괴 작업
11. 전압이 75볼트 이상인 정전 및 활선 작업
12. 맨홀 작업, 산소 결핍 장소에서의 작업
13. 도로에 인접하여 관로, 케이블 등을 매설하거나 철거하는 작업
14. 전주 또는 통신주에서의 케이블 공중 가설 작업

[별표 1의 3] 설계 변경 시 안전 관리비 조정·계상 방법

1. 설계 변경에 따른 안전 관리비는 다음 계산식에 따라 산정한다.
   - 설계 변경에 따른 안전 관리비=설계 변경 전의 안전 관리비+설계 변경으로 인한 안전 관리비 증감액
2. 제1호의 계산식에서 설계 변경으로 인한 안전 관리비 증감액은 다음 계산식에 따라 산정한다.
   - 설계 변경으로 인한 안전 관리비 증감액=설계 변경 전의 안전 관리비×대상액의 증감 비율
3. 제2호의 계산식에서 대상액의 증감 비율은 다음 계산식에 따라 산정한다. 이 경우, 대상액은 예정가격 작성 시의 대상액이 아닌 설계 변경 전후의 도급 계약서상의 대상액을 말한다.
   - 대상액의 증감 비율=[(설계 변경 후 대상액－설계 변경 전 대상액) / 설계 변경 전 대상액]×100%

[별표 2] 안전관리비의 항목별 사용 불가 내역

항 목	사용 불가 내역
1. 안전관리자 등의 인건비 및 각종 업무 수당 등 (제7조 제1항 제1호 관련)	• 안전·보건관리자의 인건비 등 1) 안전·보건관리자의 업무를 전담하지 않는 경우(영 [별표 3] 제41호에 따라 유해·위험방지계획서 제출 대상 건설공사에 배치하는 안전관리자가 다른 업무와 겸직하는 경우의 인건비는 제외한다) 2) 지방고용노동관서에 선임 신고하지 아니한 경우 3) 영 제17조의 자격을 갖추지 아니한 경우 ※ 선임의무가 없는 경우에도 실제 선임·신고한 경우에는 사용할 수 있음(법상 의무 선임자 수를 초과하여 선임·신고한 경우, 도급인이 선임하였으나 하도급 업체에서 추가 선임·신고한 경우, 재해예방전문기관의 기술지도를 받고 있으면서 추가 선임·신고한 경우를 포함한다) • 유도자 또는 신호자의 인건비 1) 시공, 민원, 교통, 환경관리 등 다른 목적을 포함하는 등 아래 세목의 인건비 가) 공사 도급내역서에 유도자 또는 신호자 인건비가 반영된 경우 나) 타워크레인 등 양중기를 사용할 경우 유도 신호 업무만을 전담하지 않는 경우 다) 원활한 공사수행을 위하여 사업장 주변 교통정리, 민원 및 환경 관리 등의 목적이 포함되어 있는 경우 ※ 도로 확·포장 공사 등에서 차량의 원활한 흐름을 위한 유도자 또는 신호자, 공사현장 진·출입로 등에서 차량의 원활한 흐름 또는 교통 통제를 위한 교통정리 신호수 등 • 안전·보건보조원의 인건비 1) 전담 안전·보건관리자가 선임되지 아니한 현장의 경우 2) 보조원이 안전·보건관리업무 외의 업무를 겸임하는 경우 3) 경비원, 청소원, 폐자재 처리원 등 산업안전·보건과 무관하거나 사무보조원(안전보건관리자의 사무를 보조하는 경우를 포함한다)의 인건비
2. 안전시설비 등 (제7조 제1항 제2호 관련)	원활한 공사수행을 위해 공사현장에 설치하는 시설물, 장치, 자재, 안내·주의·경고 표지 등과 공사 수행 도구·시설이 안전장치와 일체형인 경우 등에 해당하는 경우 그에 소요되는 구입·수리 및 설치·해체 비용 등 • 원활한 공사수행을 위한 가설시설, 장치, 도구, 자재 등 1) 외부인 출입금지, 공사장 경계표시를 위한 가설울타리 2) 각종 비계, 작업발판, 가설계단·통로, 사다리 등 ※ 안전발판, 안전통로, 안전계단 등과 같이 명칭에 관계없이 공사 수행에 필요한 가시설들은 사용 불가 – 다만, 비계·통로·계단에 추가 설치하는 추락방지용 안전난간, 사다리 전도방지장치, 틀비계에 별도로 설치하는 안전난간·사다리, 통로의 낙하물방호선반 등은 사용 가능함 3) 절토부 및 성토부 등의 토사유실 방지를 위한 설비 4) 작업장 간 상호 연락, 작업 상황 파악 등 통신수단으로 활용되는 통신시설·설비 5) 공사 목적물의 품질 확보 또는 건설장비 자체의 운행 감시, 공사 진척상황 확인, 방범 등의 목적을 가진 CCTV 등 감시용 장비 ※ 다만, 근로자의 재해예방을 위한 목적으로만 사용하는 CCTV에 소요되는 비용은 사용 가능함

항 목	사용 불가 내역
2. 안전시설비 등 (제7조 제1항 제2호 관련)	• 소음 · 환경관련 민원예방, 교통통제 등을 위한 각종 시설물, 표지 1) 건설현장 소음방지를 위한 방음시설, 분진망 등 먼지 · 분진 비산 방지시설 등 2) 도로 확 · 포장공사, 관로공사, 도심지 공사 등에서 공사차량 외의 차량유도, 안내 · 주의 · 경고 등을 목적으로 하는 교통안전시설물 ※ 공사안내 · 경고 표지판, 차량유도등 · 점멸등, 라바콘, 현장경계휀스, PE드럼 등 • 기계 · 기구 등과 일체형 안전장치의 구입비용 ※ 기성제품에 부착된 안전장치 고장 시 수리 및 교체비용은 사용 가능. 1) 기성제품에 부착된 안전장치 ※ 톱날과 일체식으로 제작된 목재가공용 둥근톱의 톱날접촉예방장치, 플러그와 접지 시설이 일체식으로 제작된 접지형플러그 등 2) 공사수행용 시설과 일체형인 안전시설 • 동일 시공업체 소속의 타 현장에서 사용한 안전시설물을 전용하여 사용할 때의 자재비(운반비는 안전관리비로 사용할 수 있다)
3. 개인보호구 및 안전장구 구입비 등(제7조 제1항 제3호 관련)	근로자 재해나 건강장해 예방 목적이 아닌 근로자 식별, 복리 · 후생적 근무여건 개선 · 향상, 사기 진작, 원활한 공사수행을 목적으로 하는 다음 장구의 구입 · 수리 · 관리 등에 소요되는 비용 • 안전 · 보건관리자가 선임되지 않은 현장에서 안전 · 보건업무를 담당하는 현장관계자용 무전기, 카메라, 컴퓨터, 프린터 등 업무용 기기 • 근로자 보호 목적으로 보기 어려운 피복, 장구, 용품 등 1) 작업복, 방한복, 면장갑, 코팅장갑 등 ※ 다만, 근로자의 건강 장해 예방을 위해 사용하는 미세 먼지 마스크, 쿨 토시, 아이스 조끼, 핫팩, 발열 조끼 등은 사용 가능함 2) 감리원이나 외부에서 방문하는 인사에게 지급하는 보호구
4. 사업장의 안전진단비 (제7조 제1항 제4호 관련)	다른 법 적용사항이거나 건축물 등의 구조안전, 품질관리 등을 목적으로 하는 등의 다음과 같은 점검 등에 소요되는 비용 • 「건설기술진흥법」, 「건설기계관리법」 등 다른 법령에 따른 가설구조물 등의 구조검토, 안전점검 및 검사, 차량계 건설기계의 신규등록 · 정기 · 구조변경 · 수시 · 확인검사 등 • 「전기사업법」에 따른 전기안전대행 등 • 「환경법」에 따른 외부 환경 소음 및 분진 측정 등 • 민원 처리 목적의 소음 및 분진 측정 등 소요비용 • 매설물 탐지, 계측, 지하수 개발, 지질조사, 구조안전검토 비용 등 공사 수행 또는 건축물 등의 안전 등을 주된 목적으로 하는 경우 • 공사도급내역서에 포함된 진단비용 • 안전순찰차량(자전거, 오토바이를 포함한다) 구입 · 임차 비용 ※ 안전 · 보건관리자를 선임 · 신고하지 않은 사업장에서 사용하는 안전순찰차량의 유류비, 수리비, 보험료 또한 사용할 수 없음
5. 안전보건교육비 및 행사비 등 (제7조 제1항 제5호 관련)	산업안전보건법령에 따른 안전보건교육, 안전의식 고취를 위한 행사와 무관한 다음과 같은 항목에 소요되는 비용 • 해당 현장과 별개 지역의 장소에 설치하는 교육장의 설치 · 해체 · 운영비용 ※ 다만, 교육장소 부족, 교육환경 열악 등의 부득이한 사유로 해당 현장 내에 교육장 설치 등이 곤란하여 현장 인근지역의 교육장 설치 등에 소요되는 비용은 사용 가능 • 교육장 대지 구입비용 • 교육장 운영과 관련이 없는 태극기, 회사기, 전화기, 냉장고 등 비품 구입비

항 목	사용 불가 내역
5. 안전보건교육비 및 행사비 등 (제7조 제1항 제5호 관련)	• 안전관리 활동 기여도와 관계없이 지급하는 다음과 같은 포상금(품) 1) 일정 인원에 대한 할당 또는 순번제 방식으로 지급하는 경우 2) 단순히 근로자가 일정기간 사고를 당하지 아니하였다는 이유로 지급하는 경우 3) 무재해 달성만을 이유로 전 근로자에게 일률적으로 지급하는 경우 4) 안전관리 활동 기여도와 무관하게 관리사원 등 특정 근로자, 직원에게만 지급하는 경우 • 근로자 재해예방 등과 직접 관련이 없는 안전정보 교류 및 자료수집 등에 소요되는 비용 1) 신문 구독 비용 ※ 다만, 안전보건 등 산업재해 예방에 관한 전문적, 기술적 정보를 60% 이상 제공하는 간행물 구독에 소요되는 비용은 사용 가능 2) 안전관리 활동을 홍보하기 위한 광고비용 3) 정보교류를 위한 모임의 참가회비가 적립의 성격을 가지는 경우 • 사회통념에 맞지 않는 안전보건 행사비, 안전기원제 행사비 1) 현장 외부에서 진행하는 안전기원제 2) 사회통념상 과도하게 지급되는 의식 행사비(기도비용 등을 말한다) 3) 준공식 등 무재해 기원과 관계없는 행사 4) 산업안전보건의식 고취와 무관한 회식비 • 「산업안전보건법」에 따른 안전보건교육 강사 자격을 갖추지 않은 자가 실시한 산업안전보건 교육비용
6. 근로자의 건강관리비 등 (제7조 제1항 제6호 관련)	근무여건 개선, 복리·후생 증진 등의 목적을 가지는 다음과 같은 항목에 소요되는 비용 • 복리후생 등 목적의 시설·기구·약품 등 1) 간식·중식 등 휴식 시간에 사용하는 휴게시설, 탈의실, 이동식 화장실, 세면·샤워시설 ※ 분진·유해물질사용·석면해체제거 작업장에 설치하는 탈의실, 세면·샤워시설 설치비용은 사용 가능 2) 근로자를 위한 급수시설, 정수기·제빙기, 자외선차단용품(로션, 토시 등을 말한다) ※ 작업장 방역 및 소독비, 방충비 및 근로자 탈수방지를 위한 소금정제 비용은 6월~10월에 사용하는 제빙기 임대 비용은 사용 가능 3) 혹서·혹한기에 근로자 건강 증진을 위한 보양식·보약 구입비용 ※ 작업 중 혹한·혹서 등으로부터 근로자를 보호하기 위한 간이 휴게시설 설치·해체·유지비용은 사용 가능 4) 체력단련을 위한 시설 및 운동 기구 등 5) 병·의원 등에 지불하는 진료비, 암 검사비, 국민건강보험 제공비용 등 ※ 다만, 해열제, 소화제 등 구급약품 및 구급용구 등의 구입비용은 사용 가능 • 파상풍, 독감 등 예방을 위한 접종 및 약품(신종플루 예방접종 비용을 포함한다) • 기숙사 또는 현장사무실 내의 휴게시설 설치·해체·유지비, 기숙사 방역 및 소독·방충비용 • 다른 법에 따라 의무적으로 실시해야하는 건강검진 비용 등
7. 건설재해예방 기술지도비	–
8. 본사 사용비 (제7조 제1항 제6호 관련)	• 본사에 제7조 제4항의 기준에 따른 안전보건관리만을 전담하는 부서가 조직되어 있지 않은 경우 • 전담부서에 소속된 직원이 안전보건관리 외의 다른 업무를 병행하는 경우

※ 장기 계속 계약 공사에 있어서는 총 공사 금액에 의해 계상된 안전관리비를 기준으로 사용한다.

[별표 3] 공사 진척에 따른 안전 관리비 사용 기준

공정률	50퍼센트 이상 70퍼센트 미만	70퍼센트 이상 90퍼센트 미만	90퍼센트 이상
사용 기준	50퍼센트 이상	70퍼센트 이상	90퍼센트 이상

※ 공정률은 기성 공정률을 기준으로 한다.

[별표 4] 삭제

[별표 5] 건설 공사의 종류 예시표

공사 종류	내용 예시
1. 일반 건설 공사(갑)	ㅁ 중건설 공사, 철도 또는 궤도 건설 공사, 기계 장치 공사 이외의 건축 건설, 도로 신설 등 공사와 이에 부대하여 해당 공사를 현장 내에서 행하는 공사 1. 건축물 등의 건설 공사 • 건축 건설 공사와 이에 부대하여 해당 공사 현장 내에서 행하여지는 공사 • 목조, 연와조, 블록조, 석조, 철근 콘크리트조 등의 건물 건설 공사 – 건축물의 신설 공사와 그의 보수 및 파괴 공사 또는 이에 부대하여 행하여지는 건설 공사 • 주택, 축사, 가건물, 창고, 학교, 강당, 체육관, 사무소, 백화점, 점포, 공장, 발전소, 특수 공장, 연구소, 병원, 기념탑, 기념 건물, 역사 등을 신축, 개축, 보수, 파괴, 해체하는 건설 공사 • 철골, 철근 및 철근 콘크리트조 가옥을 이축하는 공사 • 구입한 철파이프를 절단, 벤딩(구부림), 조립하여 축사 등을 건설하는 공사 • 건축물 설비 공사 – 해당 건축물 내 · 외에서 행하는 설비 또는 부대 공사 · 해당 건축물 내 · 외의 전기, 전등, 전신기 등의 설비 공사 · 해당 건축물 내 · 외의 송 · 배전 선로, 전기 배선, 전화 선로, 네온 장치 등의 부설 공사 · 해당 건축물 내 · 외의 급수 및 급탕 등의 설비 공사 · 해당 건축물 내 · 외의 안전 및 소화 등의 설비 공사 · 해당 건축물 내 · 외의 난방, 냉방, 환기, 건조, 온 · 습도 조절 등의 설비 공사 · 해당 건축물의 도장 공사 및 시멘트 취부 방수 공사 · 해당 건축물의 설비를 위한 석축, 타일, 기와, 슬레이트 등을 부설하는 건설 공사 · 해당 건축물 내의 냉동기의 부설에 일관하여 행하여지는 난방 및 냉동 등의 시설에 관한 공사 · 건물 내의 아이스 스케이팅 설비에 관한 공사 · 그 밖의 건축물의 설비 공사 – 내장, 유리 등의 기타 전문 제공사 • 교량 건설 공사 – 일반 교량의 신설 공사와 이에 부대하여 해당 공사장 내에서 행하는 건설 공사 – 기설 교량의 보수와 개수에 관한 공사, 교량에 교각, 교대 등의 기초 긴설 공사, 기타 교량의 보수 공사 – 선창의 건설 공사

공사 종류	내용 예시
1. 일반 건설 공사(갑)	2. 도로 신설 공사 • 도로 신설에 관한 공사와 이에 부대하여 행하여지는 공사 – 도로 또는 광장의 신설 공사 – 기설 도로의 변경, 굴곡의 제거 및 확장 공사 – 도로 및 광장의 포장 공사(사리살포 공사 포함) 3. 기타 건설 공사 • 중건설 공사, 철도 또는 궤도 신설 공사(다만, 철도 또는 궤도의 신설 공사에 단순히 노무 용역과 건설 기술만을 제공하는 사업 제외), 건축 건설 공사, 도로 신설 공사, 기계 장치 공사 이외의 기타 건설 공사와 이에 부대하여 해당 공사 현장 내에서 행하는 건설 공사 – 수력 발전 시설 및 댐 시설 이외의 제방 건설 공사 – 기설 터널의 보수 및 복구 공사 – 기설의 도로 등의 개수, 복구 또는 유지・관리의 공사 – 구내에서 인입선 공사, 증선 공사 등 – 옹벽 축조의 건설 공사 – 기설 도로 또는 플랫폼 등의 포장 공사(사리살포, 잔디붙이기 공사 등 포함) – 공작물의 해체, 이동, 제거 또는 철거의 공사 – 철골조, 철근조, 철근 콘크리트조 등의 고가 철도의 신설 공사와 이에 부대하여 해당 공사 현장 내에서 행하는 건설 공사 – 지반으로부터 10m 이내의 지하에 복개식으로 시공하는 지하도, 지하철도, 지하상가 또는 통신 선로 등의 인입 통신구의 신설 공사와 이에 부대하여 해당 공사 현장 내에서 행하는 건설 공사 – 하천의 연제(연제 : 제방 도로), 제방 수문, 통문, 갑문 등의 신설 개수에 관한 공사 – 관개용수로, 그 밖의 각종 수로의 신설 개수, 유지에 관한 공사 – 운하 및 수로 또는 이의 부속 건물의 건설 공사 – 저수지, 광독 침전지 수영장 등의 건설 공사 – 사방 설비의 건설 공사 – 해안 또는 항만의 방파제, 안벽 등의 건설 공사(중건설 공사의 고제방(댐) 등 신설 공사 이외의 공사) – 호반, 하천 또는 해면의 준설, 간척 또는 매립 등의 공사 – 비행장, 골프장, 경마장 또는 경기장의 조성에 관한 공사 – 개간, 경지 정리, 부지 또는 광장의 조성 공사 – 지하에 구축하는 각종 물탱크의 건설 공사(기초 공사 포함) – 철관, 콘크리트관, 케이블류, 가스관, 흄관, 지중선, 동재 등의 매설 공사 – 침몰된 공작물의 인양 공사 – 수중 오물 수거 작업 공사 – 그 밖의 각종 건설 공사(건설 공사를 위한 시추 공사를 포함하나 광업 시추 및 시굴 공사는 제외) – 각종 운동장 스탠드 건설 공사 – 체토사(쌓여서 막힌 흙과 모래)의 붕괴 및 낙석 등의 방지벽 건설 공사와 이와 부대하여 해당 공사장 내에서 행하는 각종 공사 – 과선교(구름다리)의 건설 공사 – 철탑, 연돌(굴뚝), 풍동 등의 건설 공사 – 광고탑, 탱크 등의 건설 공사

공사 종류	내용 예시
1. 일반 건설 공사(갑)	–문, 담장, 축대, 정원 등의 건설 공사 –용광로의 건설 공사 –전차 궤도의 송전 가선의 건설 공사와 그 보수 공사 –송전 선로, 통신 선로 또는 철관의 건설 공사 및 기계 장치의 산세정 공사 –신호기의 건설 공사 –하수도관 세척 공사 –무대 세트 제작, 조립, 도색, 도배, 철거 공사 –그 밖의 각종 건설 공사 –일반 경상 보수의 용역 사업은 이에 분류 • 일반 건설 공사(을), 중건설 공사, 철도 · 궤도 신설 공사, 특수 및 기타 건설 공사의 사업에 직접적으로 관련하여 행하지 않는다고 인정되는 건설 공사로서 다른 것에 분류하지 아니한 건설 공사
2. 일반 건설 공사(을)	□ 각종 기계 · 기구 장치 등을 설치하는 공사 1. 기계 장치 공사 • 각종 기계 · 기구 장치를 위한 조립 및 부설 공사와 이에 부대하여 행하여지는 건설 공사 –각종의 기계 및 기구 장치를 위한 기초 처리 공사 –기계 및 기구 장치를 위한 기계대 건설 공사 –보일러, 기중기, 양중기 등의 조립 및 부설 공사 –전기 수진기, 공기 압축기, 건조기, 각종 운반기 등의 조립 및 부설 공사 –석유 정제 장치, 펌프 제조 장치 등과 같은 기계 · 기구의 조립 또는 부설 공사 –삭도 건설 공사 –화력 및 원자력 발전 시설의 설치 공사 –변전소 설치 및 수리 공사 –그 밖의 각종 기계 및 기구의 설치 공사 또는 해체 공사 –기계 장치의 수리 공사 –승강기 및 에스컬레이터의 설치 공사 –화력, 원자력 및 수력 발전소의 수리 공사(단, 산세정 공사 제외) –공해 방지 시설 및 폐수 처리 시설 공사 –도시 가스 제조 및 공급 설비 공사 –통신 장비(컴퓨터 통신 장비 포함)의 설치, 이전, 철거 공사
3. 중건설 공사	□ 고제방(댐), 수력 발전 시설, 터널 등을 신설하는 공사 1. 고제방(댐) 등 신설 공사 • 제방의 기초 지반(터파기 밑나비가 10m 이상인 경우에는 그 최심부 : 기초 지반의 최심부는 말뚝 선단의 위치임. 다만, 잔교식 공법의 경우는 제외)에서 그 정상까지의 높이가 20m 이상되는 제방 및 해안 또는 항만의 방파제, 안벽 등의 신설에 관한 공사와 이에 부대하여 해당 공사장 내에서 행하여지는 건설 공사 –제방의 신설에 관한 가설 공사 또는 기초 공사 –제방의 신설 공사장 내에서 시공하는 제방체, 배사구(쌓인 모래를 내보내는 출구), 가제방, 골재 채취, 송전 선로, 철탑, 발전소, 변전소 등의 시설 공사 –제방 공사용 자재의 운반을 하기 위한 도로, 철도 또는 궤도의 건설 공사 –제방의 신설에 따른 취수구, 배수로, 가배수로, 여수로, 하수구의 복개, 물탱크 등의 취수 시설에 관한 공사 –제방의 신설에 따른 수력 발전 시설용의 터널 또는 토석 제방 등의 신설에 관한 공사

공사 종류	내용 예시
3. 중건설 공사	–제방의 신설에 따른 기설의 수력 발전소의 수로를 이용하여 유수량의 조절 등을 목적으로 시공하는 저수지의 신설 공사 –제방의 신설에 따른 수력 발전 시설의 신설 공사용의 각종 기계의 철관의 조립 또는 그 부설 공사 –제방의 신설에 따른 홍수 조절 관개용수로 또는 발전 등의 사업에 이용하기 위한 다목적댐 건설 공사 –제방의 신설 공사를 건설하기 위하여 해당 건설업자의 사무소, 종업원의 숙사, 취사장 등을 건설하는 공사 –해안 또는 항만의 방파제, 안벽 등의 건설 공사와 이에 부대하여 해당 공사장에서 시행하는 건설 공사 2. 수력 발전 시설 설비 공사 • 이 분야에서 수력 발전 시설 신설 공사, 고제방(댐) 신설 공사 및 터널 신설 공사 등과 이 공사에 부대하여 해당 공사 현장 내에서 행하여지는 공사 –수력 발전 시설의 신설 공사에 관한 가설 공사 또는 기초 공사 –수력 발전 시설의 신설 공사장 내에서 시공하는 제방체, 배사구, 가제방, 골재 채취, 송전 선로, 철탑, 발전소, 변전소 등의 건설 공사 –수력 발전 시설의 신설 공사용 자재의 운반을 하기 위한 도로, 철도 또는 궤도의 건설 공사 –수력 발전 시설의 신설에 따른 취수구, 배수로, 가배수로, 여수로, 하수구의 복개, 물탱크 등의 취수 시설에 관한 공사 –수력 발전 시설용의 터널 또는 토목 제방 등의 신설에 관한 공사 –기설의 수력 발전소의 수로를 이용하여 유출량의 조절 등을 목적으로 시공되는 수력 발전 조절지(저수지)의 신설 공사 –수력 발전 시설의 신설 공사용 배치 플랜트, 시멘트 사일로, 골재 운반용의 벨트, 컨베이어 등의 기계와 철관의 조립 또는 부설 공사 –수력 발전 시설에 따른 홍수 조절 관개용수 보급 또는 발전 등의 사업에 이용하기 위한 다목적댐 시설 공사 –수력 발전의 신설 공사를 위하여 해당 건설업자의 사무소, 종업원의 숙사, 취사장 등을 건설하는 공사 –그 밖의 삭도 건설 공사 3. 터널 신설 공사 • 터널 신설에 관한 건설 공사와 이에 부대하여 행하는 내면 설비 공사 –터널 신설 공사 현장에서 시공하는 가설 공사, 갱도 굴착 공사, 토사 및 암괴지(바위 지역)의 운반 처리 공사, 배수 시설 공사 또는 터널 내면 설비 공사 –터널 신설 공사 현장에서 시공하는 노면 포장, 사리의 살포, 궤도의 신설, 건축물의 건설, 전선의 가설, 전등 및 전화의 가설 등의 건설 공사 • 지반에서 10m 이상의 지하까지 복개식으로 시공하는 지하철도, 지하도, 지하상가 및 통신 선로 등의 인입 통신구 신설 공사와 이에 부대하여 해당 사업장 내에서 행하는 건설 공사 • 굴착식으로 시공하는 지하철도 및 지하도 신설 공사와 이에 부대하여 해당 공사장에서 행하는 건설 공사

공사 종류	내용 예시
4. 철도 또는 궤도 신설 공사	ㅁ 철도 또는 궤도 등을 신설하는 공사 1. 철도 또는 궤도 신설 공사 • 철도 또는 궤도 신설에 관한 공사와 이에 부대하여 행하는 공사(기설 노반 또는 구조물에서 행하는 철도 · 궤도 신설 공사에 한한다.) – 철도 및 궤도의 건설용 기계의 조립 또는 부설 공사 – 철도 및 궤도 신설 공사에 따른 역사 · 과선교, 송전 선로 등의 건설 공사 ※ 이 공사에서 신설이란 신설선의 건설, 단선을 복선으로 하는 경우 등 신설 형태로 시공되는 것을 말한다.
5. 특수 및 기타 건설 공사	ㅁ 타 공사와 분리 발주되어 시간 · 장소적으로 독립하여 행하는 다음의 공사(타 공사와 병행하여 행하는 경우에는 일반 건설 공사(갑)으로 분류) • 건설산업기본법에 의한 준설 공사, 조경 공사, 택지 조성 공사(경지 정리 공사 포함), 포장 공사 • 전기공사업법에 의한 전기 공사 • 정보통신공사업법에 의한 정보 통신 공사

3.3 재해 예방 기술 지도

(1) 재해 예방 전문 지도 기관의 지도 분야

건설업의 재해 예방 전문 지도 기관(이하 '건설 재해 예방 지도 기관'이라 한다.)이 법 제30조 제4항의 규정에 의하여 사업장에 대하여 실시하는 지도(이하 '기술 지도'라 한다.)는 공사의 종류에 따라 건설 공사 지도 분야와 전기 및 정보 통신 공사 지도 분야로 구분한다.

(2) 기술 지도 계약

① 건설 재해 예방 지도 기관의 기술 지도를 받아야 하는 수급인은 공사 착공 후 14일 이내에 건설 재해 예방 지도 기관과 기술 지도 계약을 별지 제42호 서식에 따라 체결하고 그 증빙 서류를 비치하여야 한다.

② 건설 재해 예방 지도 기관의 기술 지도를 받아야 하는 자체 사업을 행하는 자는 공사 착공 후 14일 이내에 건설 재해 예방 지도 기관과 기술 지도 계약을 별지 제42호 서식에 따라 체결하고 그 증빙 서류를 비치하여야 한다.

③ 기술 지도 계약을 체결하지 아니한 수급인에 대하여 발주자는 법 제30조 제1항의 규정에 의하여 계상한 산업 안전 보건 관리비의 20%에 해당하는 금액을 지급하지 아니하거나 환수할 수 있다.

④ 발주자는 수급인이 기술 지도 계약을 지연체결하여 기술 지도 대가가 조정된 경우에는 조정된 금액만큼 산업 안전 보건 관리비를 지급하지 아니하거나 환수할 수 있다.

(3) 기술 지도 횟수 및 수수료

① 기술 지도는 공사 금액에 따라 고용노동부 장관이 정하는 지도 횟수 이상 실시하되, 공사 금액이 40억원 이상인 공사는 [별표 6]의 2 제1호 및 제2호 중 각 지도 분야에 따라 해당 인력란의 각 호의 1에 해당하는 자가 매 4회 중 1회 이상 방문 지도를 하여야 한다.

② 기술 지도 대가는 고용노동부 장관이 정하는 금액을 초과할 수 없다.

(4) 기술 지도 한계 및 지도 지역

① 해당 기관의 사업장 지도 담당 요원 1인당 사업장 수는 30개소로 하되, 이 경우 총 공사 금액이 3억원 미만인 사업장은 3개소를 1개소로, 3억원 이상 40억원 미만인 사업장은 2개소를 1개소로 계산한다.

② 건설 재해 예방 지도 기관의 지도 지역은 건설 재해 예방 지도 기관으로 지정을 받은 지방 노동청 및 지방 노동청의 소속 사무소 관할 지역으로 한다.

(5) 기술 지도 범위 및 준수 의무

① 건설 재해 예방 지도 기관이 기술 지도를 함에 있어서는 공사의 종류, 공사 규모, 담당 사업 장소 등을 고려하여 담당 요원을 지정하여야 하고 담당 요원은 해당 사업주에게 산업 안전 보건 관리비 집행 및 산업 재해 예방을 위하여 필요한 사항을 권고하여야 한다.

② 건설 재해 예방 지도 기관이 해당 사업주에게 권고를 함에 있어서 법, 영, 규칙, 산업 안전 기준에 관한 규칙, 산업 보건 기준에 관한 규칙, 법 제27조의 규정에 의한 기술상의 지침, 영 제26조의 2 제2항 제3호의 규정에 의하여 고용노동부 장관이 고시하는 건설 공사 표준 안전 시방서를 고려하여야 한다.

③ 건설 재해 예방 지도 기관의 개선 권고를 받은 사업주는 그 사항을 이행하여야 한다.

④ 건설 재해 예방 지도 기관의 장은 사업주가 기술 지도 결과 권고 사항을 2회 이상 이행하지 아니하거나 추락·붕괴 등 중대 위험 요인이 발견된 경우에는 즉시 관할 지방 노동관서의 장에게 보고하여야 한다.

⑤ 건설 재해 예방 지도 기관의 장으로부터 '④'의 규정에 의한 보고를 받은 지방 노동관서의 장은 지체없이 사실 여부를 확인하고 필요한 조치를 하여야 한다.

(6) 기술 지도 결과의 기록

① 건설 재해 예방 지도 기관은 기술 지도를 실시하고 기술 지도 결과 보고서 2부를 작성하여 공사 관계자의 확인을 받은 후 1부는 해당 사업장에 교부하고 1부는 비치하여야 한다.

② 건설 재해 예방 지도 기관은 별지 제44호 서식의 사업장 관리 카드를 작성, 비치하여야 한다. 이 경우 사업장 안전 시설 개선 권고 사항에 대하여는 사진 등의 근거를 사업장 관리 카드에 첨부하여야 한다.

(7) 기술 지도 관련 서류의 보존

건설 재해 예방 지도 기관은 기술 지도 계약서, 기술 지도 결과 보고서, 사업장 관리 카드 및 기타 기술 지도 업무 수행에 관한 서류를 기술 지도 종료 후 3년간 보존하여야 한다.

(8) 전담 기술 지도 또는 정기 기술 지도 제외 대상

① 공사 기간이 1개월 미만인 공사
② 육지와 연결되지 아니한 섬 지역(제주특별자치도를 제외한다.)에서 이루어지는 공사
③ 안전 관리자 자격을 가진 자를 선임하여 안전 관리자의 직무만을 전담하도록 하는 공사
④ 유해 · 위험 방지 계획서를 제출하여야 하는 공사

3.4 지반의 안전성

(1) 토석 붕괴의 원인 및 형태

1) 토석 붕괴의 원인

토석이 붕괴되는 원인은 다음과 같으므로 굴착 작업 전 · 중 · 후에 항상 유념하여 토석이 붕괴되지 않도록 조치를 취해야 한다.

① 외적 요인
㉠ 사면, 법면의 경사 및 구배의 증가
㉡ 절토 및 성토 높이의 증가
㉢ 공사에 의한 진동 및 반복 하중의 증가
㉣ 지표수 및 지하수의 침투에 의한 토사 중량의 증가
㉤ 지진, 차량, 구조물의 중량
㉥ 토사 및 암석의 혼합층 두께

② 내적 요인
㉠ 절토 사면의 토질, 암질
㉡ 성토 사면의 토질 구성 및 분포
㉢ 토석의 강도 저하

2) 붕괴의 형태

① 미끄러져 내림(sliding)
② 절토면의 붕괴
③ 얕은 표층의 붕괴
④ 깊은 절토 법면의 붕괴
⑤ 성토면의 붕괴

3) 붕괴 방지 공법

① 활동할 가능성이 있는 토석은 제거하여야 한다.

② 비탈면 또는 법면의 하단을 다져서 활동이 안 되도록 저항을 만들어야 한다.

③ 지표수가 침투되지 않도록 배수를 시키고 지하수위를 낮추기 위하여 수평 보링(boring)을 하여 배수시켜야 한다.

④ 말뚝(강관, H형 강, 철근 콘크리트)을 박아 지반을 강화시킨다.

4) 점검 사항

① 전 표면의 답사

② 법면의 지층 변화부 상황 확인

③ 부석의 상황 변화 확인

④ 용수의 발생 유무 또는 용수량의 변화 확인

⑤ 결빙과 해빙에 대한 상황의 확인

⑥ 각종 법면 보호공의 변화 유무

⑦ 점검 시기

㉠ 작업 전후

㉡ 비온 후

㉢ 인접 작업 구역에서 발파한 경우

(2) 주요 지반 조사 방법

1) 터파보기(trial pit test pit, 시굴)

생땅의 깊이 또는 얕은 지층의 토질, 지하수위 등을 알기 위하여 삽으로 구멍을 파보는 것으로 주택 공사 등에 흔히 사용된다. 구멍은 거리 간격 5~10m, 크기는 60~90cm, 깊이는 1.5~3.0m 정도까지 가능하다.

2) 탐사간(sound rod)

지름 9mm 정도의 철봉을 땅 속에 인력으로 회전하여 꽂거나 때려 박아보고, 그 꽂히는 속도, 내려 박히는 손짐작으로 지반의 단단함을 판단한다. 주로 얕은 지층, 생땅을 파는 데 사용된다.

3) 물리적 탐사법(geophysical exploration)

터파보기나 탐사간법은 지반의 구성층을 파악하는 데는 편리하나 흙의 공학적 성질을 판별하기는 곤란하므로 필요한 곳에 보링과 병행을 하면 지층 변화와 심도를 파악하는 데 편리하다.

전기 저항식과 탄성파식 및 강제 진동식 탐사법이 있으니 전기 지항식 지하 탐사법이 많이 사용된다.

4) 베인 시험(vane test)

보링 구멍을 이용하여 +자 날개형의 vane tester를 지반에 박아 회전시켜서 그 회전력에 의해 진흙의 점착력을 판별하는 방법으로서 깊이 10m 이상이면 부정확하다. 진단 강도(S_v)는 다음의 식으로 구한다.

$$S_v = \frac{M_{max}}{\frac{\pi D^2}{6}(3H + D)}$$

여기서, S : 점토의 점착력, D : 날개의 폭

H : 날개의 연직 높이, M_{max} : 최대 비틀림 모멘트

5) 표준 관입 시험(standard penetration test)

표준 관입 시험용 샘플러를 중량 63.5kg의 추로 75cm 높이에서 자유 낙하시켜 충격에 의해 30cm 관입시키는 데 필요한 타격 횟수 N값이 클수록 밀실한 토질이다.

| 표 7-1 | 30cm 관입에 필요한 타격 횟수 N

N값	모래의 상대 밀도
0~5	몹시 느슨하다.
5~10	느슨하다.(연약한 지반)
10~30	보통
50 이상	다진 상태(밀실한 상태)

6) 딘 웰 샘플링(Thin Wall sampling)

연약한 점토의 채취에 적당하며, 굳은 진흙층이나 사질 지층이라도 튜브가 파괴되지 아니하면 이 방법이 좋다.

7) 히빙(heaving)에 의한 파괴

점성토 지반 또는 연약 점토 지반 굴착 시, 어느 정도 깊이까지 굴착을 해 흙막이 벽 뒤쪽의 흙 중량이 굴착부 바닥 지지력 이상이 되면 지지력이 약해져서 흙막이 벽 근입 부분의 지반이 부풀어 올라오는 현상을 말하며, 연약한 점토 지반의 굴착 공사에서는 흙막이의 전면 파괴를 일으키게 되므로 특히 주의해야 한다.

※ **히빙(heaving)의 방지 대책**

1. 흙막이 판은 강성이 높은 것을 사용한다.
2. 지반 개량을 한다.
3. 흙막이 벽의 전면 굴착을 남겨 두어 흙의 중량에 대항하게 한다.
4. 흙막이 벽의 뒷면 지반에 약액을 주입하거나 탈수 공법으로 지반 개량을 실시하여 흙의 전단 강도를 높인다.
5. 굴착 예정 부분을 부분 굴착하여 기초 콘크리트로 고정시킨다.

6. 흙막이 벽의 근입 깊이를 깊게 한다.
7. 설계 계획을 변경한다.

8) 보일링(boiling) 현상

지하수위가 높은 모래 지반(사질토)과 같은, 투수성이 좋은 지반에서 지하수위보다 낮게 굴착하는 경우, 부근의 피압수에 의해 널말뚝 아래를 침투해 올라오는 물 때문에 토사가 굴착한 곳으로 밀려나와 굴착한 부분을 다시 메우는 현상을 말한다.

※ 보일링(boiling) 현상의 방지 대책

1. 굴착 저면 아래까지 지하수위를 낮춘다.(가장 좋은 방법)
2. 흙막이 벽을 깊이 설치하여 지하수의 흐름을 막는다.

9) 흙의 동상 방지 대책

① 배수구를 설치하여 지하수위를 낮춘다.
② 지하수 상승을 방지하기 위해 차단층(콘크리트, 아스팔트, 모래 등)을 설치한다.
③ 흙속에 단열 재료를 넣는다.
④ 동결 심도 상부의 흙을 비동결 흙으로 치환한다.(비동결 흙 : 자갈, 석탄재 등)
⑤ 흙을 화학 약품으로 처리하여 동결 온도를 내린다.(약품 : $CaCl_2$, $MgCl_2$, NaCl)

Chapter 04

가설 공사

4.1 통 로

(1) 옥내 통로

① 사업주는 옥내에 통로를 설치하는 때에는 걸려 넘어지거나 미끄러지는 등의 위험이 없도록 하여야 한다.

② 통로에 대하여는 통로면으로부터 높이 2m 이내에 장애물이 없도록 한다.

(2) 가설 통로의 구조

① 사업주는 가설 통로를 설치하는 때에는 다음 사항을 준수하여야 한다.

㉠ 견고한 구조로 할 것

㉡ 경사는 30° 이하로 할 것(계단을 설치하거나 높이 2m 미만의 가설 통로로서 튼튼한 손잡이를 설치한 때에는 그러하지 아니하다.)

㉢ 경사가 15°를 초과하는 때에는 미끄러지지 아니하는 구조로 할 것

㉣ 추락의 위험이 있는 장소에는 안전 난간을 설치할 것(작업상 부득이한 때에는 필요한 부분에 한하여 임시로 이를 해체할 수 있다.)

㉤ 수직 갱에 가설될 통로의 길이가 15m 이상인 때에는 10m 이내마다 계단참을 설치할 것

㉥ 건설 공사에 사용하는 높이 8m 이상인 비계 다리에는 7m 이내마다 계단참을 설치할 것

② 안전 난간의 구조 및 설치 요건

사업주는 근로자의 추락 등에 의한 위험을 방지하기 위하여 안전 난간을 설치하는 때에는 다음에 적합한 구조로 설치하여야 한다.

㉠ 상부 난간대, 중간 난간대, 발끝막이판 및 난간 기둥으로 구성할 것. 다만, 중간 난간대, 발끝막이판 및 난간 기둥은 이와 비슷한 구조와 성능을 가진 것으로 대체할 수 있다.

㉡ 상부 난간대는 바닥면·발판 또는 경사로의 표면으로부터 90센티미터 이상 지점에 설치하고, 상부 난간대를 120센티미터 이하에 설치하는 경우에는 중간 난간대는 상부 난간대와 바닥면 등의 중간에 설치하여야 하며, 120센티미터 이상 지점

에 설치하는 경우에는 중간 난간대를 2단 이상으로 균등하게 설치하고 난간의 상하 간격은 60센티미터 이하가 되도록 할 것

㉢ 발끝막이판은 바닥면 등으로부터 10센티미터 이상의 높이를 유지할 것. 다만, 물체가 떨어지거나 날아올 위험이 없거나 그 위험을 방지할 수 있는 망을 설치하는 등 필요한 예방 조치를 한 장소는 제외한다.

㉣ 난간 기둥은 상부 난간대와 중간 난간대를 견고하게 떠받칠 수 있도록 적정한 간격을 유지할 것

㉤ 상부 난간대와 중간 난간대는 난간 길이 전체에 걸쳐 바닥면 등과 평행을 유지할 것

㉥ 난간대는 지름 2.7센티미터 이상의 금속제 파이프나 그 이상의 강도가 있는 재료일 것

㉦ 안전 난간은 구조적으로 가장 취약한 지점에서 가장 취약한 방향으로 작용하는 100킬로그램 이상의 하중에 견딜 수 있는 튼튼한 구조일 것

(3) 사다리식 통로의 구조

사업주는 사다리식 통로를 설치하는 때에는 다음 사항을 준수하여야 한다.

① 견고한 구조로 할 것
② 심한 손상·부식 등이 없는 재료를 사용할 것
③ 발판의 간격은 일정하게 할 것
④ 발판과 벽과의 사이는 15센티미터 이상의 간격을 유지할 것
⑤ 폭은 30센티미터 이상으로 할 것
⑥ 사다리가 넘어지거나 미끄러지는 것을 방지하기 위한 조치를 할 것
⑦ 사다리의 상단은 걸쳐놓은 지점으로부터 60센티미터 이상 올라가도록 할 것
⑧ 사다리식 통로의 길이가 10미터 이상인 경우에는 5미터 이내마다 계단참을 설치할 것
⑨ 사다리식 통로의 기울기는 75도 이하로 할 것. 다만, 고정식 사다리식 통로의 기울기는 90도 이하로 하고, 그 높이가 7미터 이상인 경우에는 바닥으로부터 높이가 2.5미터 되는 지점부터 등받이 울을 설치할 것
⑩ 접이식 사다리 기둥은 사용 시 접혀지거나 펼쳐지지 않도록 철물 등을 사용하여 견고하게 조치할 것

(4) 이동식 사다리의 구조

사업주는 이동식 사다리를 조립하는 때에는 다음 사항을 준수하여야 한다.

① 견고한 구조로 할 것
② 재료는 심한 손상, 부식 등이 없는 것으로 할 것
③ 폭은 30cm 이상으로 할 것
④ 다리 부분에는 미끄럼 방지 장치를 설치하는 등 미끄러지거나 넘어지는 것을 방지하기 위한 필요한 조치를 할 것
⑤ 발판의 간격은 동일하게 할 것

(5) 사다리 기둥의 기능

사업주는 사다리 기둥을 설치하는 때에는 다음 사항을 준수하여야 한다.
① 견고한 구조로 할 것
② 재료는 심한 손상, 부식 등이 없는 것으로 할 것
③ 기둥과 수평면과의 각도는 75° 이하로 하고, 접는식 사다리 기둥은 철물 등을 사용하여 기둥과 수평면과의 각도가 충분히 유지되도록 할 것
④ 바닥 면적은 작업을 안전하게 하기 위하여 필요한 면적이 유지되도록 할 것

4.2 비 계

(1) 달비계의 안전 계수

① 달기 와이어 로프 및 달기 강선의 안전 계수 10 이상
② 달기 체인 및 달기 훅의 안전 계수 5 이상
③ 달기 강대와 달비계의 하부 및 상부 지점의 안전 계수는 강재의 경우 2.5 이상, 목재의 경우 5 이상

(2) 작업 발판의 구조

① 발판 재료는 작업할 때 하중치를 견딜 수 있도록 견고한 것으로 할 것
② 작업 발판의 폭은 40cm 이상으로 하고 발판 재료 간의 틈은 3cm 이하로 할 것
③ '②'에도 불구하고 선박 및 보트 건조 작업의 경우 선박 블록 또는 엔진실 등의 좁은 작업 공간에 작업 발판을 설치하기 위하여 필요하면 작업 발판의 폭을 30cm 이상으로 할 수 있고, 걸침 비계의 경우 강관 기둥 때문에 발판 재료 간의 틈을 3cm 이하로 유지하기 곤란하면 5cm 이하로 할 수 있다. 이 경우 그 틈사이로 물체 등이 떨어질 우려가 있는 곳에는 출입 금지 등의 조치를 하여야 한다.
④ 추락의 위험이 있는 장소에는 안전 난간을 설치할 것. 다만, 작업의 성질상 안전 난간을 설치하는 것이 곤란한 경우, 작업의 필요상 임시로 안전 난간을 해체할 때에 추락방호망을 설치하거나 근로자로 하여금 안전대를 사용하도록 하는 등 추락 위험 방지 조치를 한 경우에는 그러하지 아니하다.

⑤ 작업 발판의 지지물은 하중에 의하여 파괴될 우려가 없는 것을 사용할 것
⑥ 발판 재료는 뒤집히거나 떨어지지 않도록 2 이상의 지지물에 부착시킬 것
⑦ 작업 발판을 작업에 따라 이동시킬 때에는 위험 방지에 필요한 조치를 할 것

4.3 조 립

(1) 달비계 등의 조립, 해체 및 변경

1) 비계 등의 조립, 해체 및 변경

사업주는 달비계 또는 높이 5m 이상의 비계를 조립 또는 해체하거나 변경하는 작업을 하는 때에는 다음 사항을 준수하여야 한다.

① 근로자가 관리 감독자의 지휘에 따라 작업하도록 할 것
② 조립, 해체 또는 변경의 시기, 범위 및 절차를 그 작업에 종사하는 근로자에게 교육할 것
③ 조립, 해체 또는 변경 작업 구역 내에는 해당 작업에 종사하는 근로자 외의 자의 출입을 금지시키고 그 내용을 보기 쉬운 장소에 게시할 것
④ 비, 눈, 그 밖의 기상 상태의 불안정으로 인하여 날씨가 몹시 나쁠 때에는 그 작업을 중지시킬 것
⑤ 비계 재료의 연결, 해체 작업을 하는 때에는 폭 20cm 이상의 발판을 설치하고 근로자로 하여금 안전대를 사용하도록 하는 등 근로자의 추락 방지를 위한 조치를 할 것
⑥ 재료, 기구 또는 공구 등을 올리거나 내리는 때에는 근로자로 하여금 달줄 또는 달포대 등을 사용하도록 할 것

2) 관리 감독자의 직무

사업주는 달비계 또는 높이 5m 이상의 비계를 조립・해체하거나 변경 작업을 하는 때에는 관리 감독자로 하여금 다음 사항을 이행하도록 하여야 한다.

① 재료의 결함 유무를 점검하고 불량품을 제거하는 일
② 기구, 공구, 안전대 및 안전모 등의 기능을 점검하고 불량품을 제거하는 일
③ 작업 방법 및 근로자의 배치를 결정하고 작업 진행 상태를 감시하는 일
④ 안전대 및 안전모 등의 착용 상황을 감시하는 일

3) 비계의 점검 보수

사업주는 비, 눈, 그 밖의 기상 상태의 불안정으로 인하여 날씨가 몹시 나빠서 작업을 중지시킨 후 비계를 조립, 해체하거나 변경한 후 그 비계에서 작업을 하는 때에는 해당 작업 시작 전에 다음 사항을 점검하고 이상을 발견한 때에는 즉시 보수하여야 한다.

① 발판 재료의 손상 여부 및 부착 또는 걸림 상태

② 해당 비계의 연결부 또는 접속부의 풀림 상태
③ 연결 재료 및 연결 철물의 손상 또는 부식 상태
④ 손잡이의 탈락 여부
⑤ 기둥의 침하, 변형, 변위 또는 흔들림 상태
⑥ 로프의 부착 상태 및 매단 장치의 흔들림 상태

(2) 통나무 비계

사업주는 통나무 비계를 조립하는 때에는 다음 사항을 준수하여야 한다.

① 비계 기둥의 간격은 2.5m 이하로 하고 지상으로부터 첫번째 띠장은 3m 이하의 위치에 설치할 것
② 비계 기둥의 미끄러지거나 침하하는 것을 방지하기 위하여 비계 기둥의 하단부를 묻고, 밑둥잡이를 설치하거나 깔판을 사용하는 등의 조치를 할 것
③ 비계 기둥의 이음이 겹침 이음인 때에는 이음 부분에서 1m 이상을 서로 겹쳐서 2개소 이상을 묶고, 비계 기둥의 이음이 맞댄 이음인 때에는 비계 기둥을 쌍기둥틀로 하거나 1.8m 이상의 덧댐목을 사용하여 4개소 이상을 묶을 것
④ 비계 기둥, 띠장, 장선 등의 접속부 및 교차부는 철선, 그 밖의 튼튼한 재료로 견고하게 묶을 것
⑤ 교차 가새로 보강할 것
⑥ 외줄 비계, 쌍줄 비계 또는 돌출 비계는 다음 정하는 바에 의하여 벽이음 및 버팀을 설치할 것
  ㉠ 간격은 수직 방향에서는 5.5m 이하, 수평 방향에서는 7.5m 이하로 할 것
  ㉡ 강관, 통나무 등의 재료를 사용하여 견고한 것으로 할 것
  ㉢ 인장재와 압축재로 구성되어 있는 때에는 인장재와 압축재의 간격을 1m 이내로 할 것

(3) 강관 비계 및 강관틀 비계

1) 강관 비계 조립 시의 준수 사항

사업주는 강관 비계를 조립하는 때에는 다음의 사항을 준수하여야 한다.

① 비계 기둥에는 미끄러지거나 침하하는 것을 방지하기 위하여 밑받침 철물을 사용하거나 깔판 · 깔목 등을 사용하여 밑둥잡이를 설치하는 등의 조치를 할 것
② 강관의 접속부 또는 교차부는 적합한 부속 철물을 사용하여 접속하거나 단단히 묶을 것
③ 교차 가새로 보강할 것
④ 외줄 비계 · 쌍줄 비계 또는 돌출 비계에 대하여는 다음의 정하는 바에 따라 벽이음 및 버팀을 설치할 것
  ㉠ 강관 비계의 조립 간격은 [별표 5]의 기준에 적합하도록 할 것
  ㉡ 강관 · 통나무 등의 재료를 사용하여 견고한 것으로 할 것
  ㉢ 인장재와 압축재로 구성되어 있는 때에는 인장재와 압축재의 간격을 1m 이내로 할 것

⑤ 가공 전로에 근접하여 비계를 설치하는 때에는 가공 전로를 이설하거나 가공 전로에 절연용 방호구를 장착하는 등 가공 전로와의 접촉을 방지하기 위한 조치를 할 것

2) 강관 비계의 구조

사업주는 강관을 사용하여 비계를 구성하는 때에는 다음의 사항을 준수하여야 한다.

① 비계 기둥의 간격은 띠장 방향에서는 1.85m 이상, 장선(長線) 방향에서는 1.5m 이하로 할 것. 다만, 선박 및 보트 건조 작업의 경우 안전성에 대한 구조 검토를 실시하고 조립도를 작성하면 띠장 방향 및 장선 방향으로 각각 2.7m 이하로 할 수 있다.

② 띠장 간격은 2m 이하로 할 것. 다만, 작업의 성질상 이를 준수하기가 곤란하여 쌍기둥틀 등에 의하여 해당 부분을 보강한 경우에는 그러하지 아니하다.

③ 비계 기둥의 제일 윗부분으로부터 31m 되는 지점 밑부분의 비계 기둥은 2개의 강관으로 묶어 세울 것. 다만, 브래킷 등으로 보강하여 2개 이상의 강관으로 묶을 경우 그 이상의 강도가 유지되는 경우에는 그러하지 아니하다.

④ 비계 기둥 간의 적재 하중은 400kg을 초과하지 아니하도록 할 것

3) 강관틀 비계

사업주는 강관틀 비계를 조립하여 사용할 때에는 다음의 사항을 준수하여야 한다.

① 비계 기둥의 밑둥에는 밑받침 철물을 사용하여야 하며 밑받침에는 고저차가 있는 경우에는 조절형 밑받침 철물을 사용하여 각각의 강관틀 비계가 항상 수평 및 수직을 유지하도록 할 것

② 높이가 20m를 초과하거나 중량물의 적재를 수반하는 작업을 할 경우에는 주틀 간의 간격을 1.8m 이하로 할 것

③ 주틀 간에 교차 가새를 설치하고 최상층 및 5층 이내마다 수평재를 설치할 것

④ 수직 방향으로 6m, 수평 방향으로 8m 이내마다 벽이음을 할 것

⑤ 길이가 띠장 방향으로 4m 이하이고 높이가 10m를 초과하는 경우에는 10m 이내마다 띠장 방향으로 버팀 기둥을 설치할 것

4) 이동식 비계

사업주는 이동식 비계를 조립하여 작업을 할 때에는 다음의 사항을 준수하여야 한다.

① 이동식 비계의 바퀴에는 뜻밖의 갑작스러운 이동 또는 전도를 방지하기 위하여 브레이크·쐐기 등으로 바퀴를 고정시킨 다음 비계의 일부를 견고한 시설물에 고정하거나 아웃트리거를 설치하는 등의 조치를 할 것

② 승강용 사다리는 견고하게 설치할 것

③ 비계의 최상부에서 작업을 할 때에는 안전 난간을 설치할 것

④ 작업 발판은 항상 수평을 유지하고 작업 발판 위에서 안전 난간을 딛고 작업을 하거나 받침대 또는 사다리를 사용하여 작업하지 않도록 할 것

⑤ 작업 발판의 최대 적재 하중은 250kg을 초과하지 않도록 할 것

5) 시스템 비계

① **시스템 비계의 구조** : 사업주는 시스템 비계를 사용하여 비계를 구성하는 경우에 다음의 사항을 준수하여야 한다.

㉠ 수직재 · 수평재 · 가새재를 견고하게 연결하는 구조가 되도록 할 것
㉡ 비계 밑단의 수직재와 받침 철물은 밀착되도록 설치하고, 수직재와 받침 철물의 연결부의 겹침 길이는 받침 철물 전체 길이의 3분의 1 이상이 되도록 할 것
㉢ 수평재는 수직재와 직각으로 설치하여야 하며, 체결 후 흔들림이 없도록 견고하게 설치할 것
㉣ 수직재와 수직재의 연결 철물은 이탈되지 않도록 견고한 구조로 할 것
㉤ 벽 연결재의 설치 간격은 제조사가 정한 기준에 따라 설치할 것

② **시스템 비계의 조립 작업 시 준수 사항** : 사업주는 시스템 비계를 조립 작업하는 경우 다음의 사항을 준수하여야 한다.

㉠ 비계 기둥의 밑둥에는 밑받침 철물을 사용하여야 하며, 밑받침에 고저차가 있는 경우에는 조절형 밑받침 철물을 사용하여 시스템 비계가 항상 수평 및 수직을 유지하도록 할 것
㉡ 경사진 바닥에 설치하는 경우에는 피벗형 받침 철물 또는 쐐기 등을 사용하여 밑받침 철물의 바닥면이 수평을 유지하도록 할 것
㉢ 가공 전로에 근접하여 비계를 설치하는 경우에는 가공 전로를 이설하거나 가공 전로에 절연용 방호구를 설치하는 등 가공 전로와의 접촉을 방지하기 위하여 필요한 조치를 할 것
㉣ 비계 내에서 근로자가 상하 또는 좌우로 이동하는 경우에는 반드시 지정된 통로를 이용하도록 주지시킬 것
㉤ 비계 작업 근로자는 같은 수직면상의 위와 아래 동시 작업을 금지할 것
㉥ 작업 발판에는 제조사가 정한 최대 적재 하중을 초과하여 적재해서는 아니되며, 최대 적재 하중이 표기된 표지판을 부착하고 근로자에게 주지시키도록 할 것

4.4 굴착 공사

(1) 작업 장소 등의 조사

사업주는 지반의 굴착 작업에 있어서 지반의 붕괴 또는 매설물, 기타 지하 공작물의 손괴 등에 의하여 근로자에게 위험을 미칠 우려가 있는 때에는 미리 작업 장소 및 그 주변의 지반에 대하여 보링 등 적절한 방법으로 다음 사항을 조사하여 굴착 시기와 작업 순서를 정하여야 한다.

① 형상, 지질 및 지층의 상태
② 균열, 함수, 용수 및 동결의 유무 또는 상태
③ 매설물 등의 유무 또는 상태
④ 지반의 지하수위 상태

(2) 흙막이 지보공 및 터널 작업

1) 흙막이 지보공 붕괴 등의 위험 방지

사업주는 흙막이 지보공을 설치한 때에는 정기적으로 다음 사항을 점검하고 이상을 발견한 때에는 즉시 보수하여야 한다.

① 부재의 손상, 변형, 부식, 변위 및 탈락의 유무와 상태
② 버팀대의 긴압의 정도
③ 부재의 접속부, 부착부 및 교차부의 상태
④ 침하의 정도

2) 터널 작업

① **지형 등의 조사** : 사업주는 터널 굴착 작업을 하는 때에는 낙반·출수(出水) 및 가스 폭발 등에 의한 근로자의 위험을 방지하기 위하여 미리 지형·지질 및 지층 상태를 보링 등 적절한 방법으로 조사하여 그 결과를 기록·보존하여야 한다.

② **시공 계획의 작성** : 시공 계획에는 다음의 사항이 포함되어야 한다.
㉠ 굴착의 방법
㉡ 터널 지보공 및 복공의 시공 방법과 용수의 처리 방법
㉢ 환기 또는 조명 시설을 하는 때에는 그 방법

③ **터널 지보공의 위험 방지** : 사업주는 터널 지보공을 조립하는 때에는 다음의 사항을 조치하여야 한다.
㉠ 기둥에는 침하를 방지하기 위하여 받침목을 사용하는 등의 조치를 할 것
㉡ 강(鋼)아치 지보공의 조립은 다음의 정하는 바에 의할 것
ⓐ 조립 간격은 조립도에 의할 것
ⓑ 주재(主材)가 아치 작용을 충분히 할 수 있도록 쐐기를 박는 등 필요한 조치를 할 것
ⓒ 연결 볼트 및 띠장 등을 사용하여 주재 상호간을 튼튼하게 연결할 것
ⓓ 터널 등의 출입구 부분에는 받침대를 설치할 것
ⓔ 낙하물에 의하여 근로자에게 위험을 미칠 우려가 있는 때에는 널판 등을 설치할 것
㉢ 목재 지주식 지보공은 다음의 정하는 바에 의할 것
ⓐ 주기둥은 변위를 방지하기 위하여 쐐기 등을 사용하여 지반에 고정시킬 것
ⓑ 양끝에는 받침대를 설치할 것

ⓒ 목재 지주식 지보공에 터널 등의 세로 방향의 하중이 걸림으로써 넘어지거나 비틀어질 우려가 있는 때에는 양끝 외의 부분에도 받침대를 설치할 것

ⓓ 부재의 접속부는 꺾쇠 등으로 고정시킬 것

㉣ 강아치 지보공 및 목재 지주식 지보공 외의 터널 지보공에 대하여는 터널 등의 출입구 부분에 받침대를 설치할 것

④ **자동 경보 장치** : 자동 경보 장치에 대하여 당일의 작업 시작 전 다음의 사항을 점검하고 이상을 발견한 때에는 즉시 보수하여야 한다.

㉠ 계기의 이상 유무

㉡ 검지부의 이상 유무

㉢ 경보 장치의 작동 상태

⑤ **터널 지보공 정기 점검 사항**

㉠ 부재의 손상, 변형, 부식, 변위 탈락의 유무 및 상태

㉡ 부재의 긴압의 정도

㉢ 부재의 접속부 및 교차부의 상태

㉣ 기둥 침하의 유무 및 상태

3) 잠함 등 내부에서의 작업

① **급격한 침하로 인한 위험 방지** : 사업주는 잠함 또는 우물통의 내부에서 근로자가 굴착 작업을 하는 때에는 잠함 또는 우물통의 급격한 침하에 의한 위험을 방지하기 위하여 다음의 사항을 준수하여야 한다.

㉠ 침하 관계도에 따라 굴착 방법 및 재하량(載荷量) 등을 정할 것

㉡ 바닥으로부터 천장 또는 보까지의 높이는 1.8m 이상으로 할 것

② 사업주는 잠함, 우물통, 수직갱, 기타 이와 유사한 건설물 또는 설비의 내부에서 굴착 작업을 하는 때에는 다음 사항을 준수하여야 한다.

㉠ 산소 결핍의 우려가 있는 때에는 산소의 농도를 측정하는 자를 지명하여 측정하도록 할 것

㉡ 근로자가 안전하게 승강하기 위한 설비를 설치할 것

㉢ 굴착 깊이가 20m를 초과하는 때에는 해당 작업 장소와 외부와의 연락을 위한 통신 설비 등을 설치할 것

4) 공사용 가설 도로 설치 시 준수 사항

① 도로는 장비와 차량이 안전하게 운행할 수 있도록 견고하게 설치할 것

② 도로와 작업장이 접하여 있을 경우에는 울타리 등을 설치할 것

③ 도로는 배수를 위하여 경사지게 설치하거나 배수 시설을 설치할 것

④ 차량의 속도 제한 표지를 부착할 것

4.5 거푸집 동바리 및 거푸집

(1) 거푸집 동바리 등의 안전 조치

사업주는 거푸집 동바리 등을 조립하는 때에는 다음 사항을 준수하여야 한다.

① 깔목의 사용, 콘크리트 타설, 말뚝박기 등 동바리의 침하를 방지하기 위한 조치를 할 것

② 개구부 상부에 동바리를 설치하는 때에는 상부 하중을 견딜 수 있는 견고한 받침대를 설치할 것

③ 동바리의 상하 고정 및 미끄러짐 방지 조치를 하고, 하중의 지지 상태를 유지할 것

④ 동바리의 이음은 맞댄 이음 또는 장부 이음으로 하고 같은 품질의 재료를 사용할 것

⑤ 강재와 강재와의 접속부 및 교차부는 볼트, 클램프 등 전용 철물을 사용하여 단단히 연결할 것

⑥ 거푸집이 곡면인 때에는 버팀대의 부착 등 그 거푸집의 부상을 방지하기 위한 조치를 할 것

⑦ 동바리로 사용하는 강관(파이프 서포트를 제외한다.)에 대하여는 다음 정하는 바에 의할 것

㉠ 높이 2m 이내마다 수평 연결재를 2개 방향으로 만들고 수평 연결재의 변위를 방지할 것

㉡ 멍에 등을 상단에 올릴 때에는 해당 상단에 강재의 단판을 붙여 멍에 등을 고정시킬 것

⑧ 동바리로 사용하는 파이프 서포트에 대하여는 다음의 정하는 바에 의할 것

㉠ 파이프 서포트를 3개 이상 이어서 사용하지 아니하도록 할 것

㉡ 파이프 서포트를 이어서 사용할 때에는 4개 이상의 볼트 또는 전용 철물을 사용하여 이을 것

㉢ 높이가 3.5m를 초과할 때에는 위 '⑦'의 '㉠'의 조치를 할 것

⑨ 동바리로 사용하는 강관틀에 대하여는 다음의 정하는 바에 의할 것

㉠ 강관틀과 강관틀과의 사이에 교차 가새를 설치할 것

㉡ 최상층 및 5층 이내마다 거푸집 동바리의 측면과 틀면의 방향 및 교차 가새의 방향에서 5개 이내마다 수평 연결재를 설치하고 수평 연결재의 변위를 방지할 것

㉢ 최상층 및 5층 이내마다 거푸집 동바리의 틀면의 방향에서 양단 및 5개틀 이내마다의 장소에 교차 가새의 방향으로 띠장틀을 설치할 것

㉣ '⑦'의 '㉡'의 조치를 할 것

⑩ 동바리로 사용하는 조립 강주에 대하여는 다음의 정하는 바에 의할 것

㉠ '⑦'의 'ⓛ'의 조치를 할 것
ⓛ 높이가 4m를 초과할 때에는 높이 4m 이내마다 수평 연결재를 2개 방향으로 설치하고 수평 연결재의 변위를 방지할 것

⑪ 동바리로 사용하는 목재에 대하여는 다음의 정하는 바에 의할 것
㉠ '⑦'의 '㉠'의 조치를 할 것
ⓛ 목재를 이어서 사용할 때에는 2개 이상의 덧댐목을 대고 4군데 이상 견고하게 묶은 후 상단을 보 또는 멍에에 고정시킬 것

⑫ 보로 구성된 것은 다음의 정하는 바에 의할 것
㉠ 보의 양끝을 지지물로 고정시켜 보의 미끄러짐 및 탈락을 방지할 것
ⓛ 보와 보의 사이에 수평 연결재를 설치하여 보가 옆으로 넘어지지 아니하도록 견고하게 할 것

⑬ 거푸집을 조립하는 때에는 거푸집이 넘어지지 아니하도록 버팀대를 설치하는 등 필요한 조치를 할 것

⑭ 시스템 동바리(규격화·부품화된 수직재, 수평재 및 가새재 등의 부재를 현장에서 조립하여 거푸집으로 지지하는 동바리 형식을 말한다.)는 다음의 방법에 따라 설치할 것
㉠ 수평재는 수직재와 직각으로 설치하여야 하며, 흔들리지 않도록 견고하게 설치할 것
ⓛ 연결 철물을 사용하여 수직재를 견고하게 연결하고, 연결 부위가 탈락 또는 꺾어지지 않도록 할 것
ⓒ 수직 및 수평 하중에 의한 동바리 본체의 변위가 발생하지 않도록 각각의 단위 수직재 및 수평재에는 가새재를 견고하게 설치하도록 할 것
㉣ 동바리 최상단과 최하단의 수직재와 받침 철물은 서로 밀착되도록 설치하고 수직재와 받침 철물의 연결부의 겹침 길이는 받침 철물 전체 길이의 3분의 1 이상 되도록 할 것

(2) 계단 형상으로 조립하는 거푸집 지보공

사업주는 깔판 및 깔목 등을 끼워서 단상으로 조립하는 거푸집 동바리에 대하여는 다음 사항을 준수하여야 한다.

① 거푸집의 형상에 따른 부득이한 경우를 제외하고는 깔판, 깔목 등을 2단 이상 끼우지 아니하도록 할 것
② 깔판, 깔목 등을 이어서 사용할 때에는 해당 깔판, 깔목 등을 단단히 연결할 것
③ 동바리는 상·하부의 동바리가 동일 수직선 상에 위치하도록 하여 깔판, 깔목 등에 고정시킬 것

(3) 거푸집 동바리 조립 또는 해체 작업 시 준수 사항

① 해당 작업을 하는 구역에는 관계 근로자 외의 자의 출입을 금지시킬 것
② 비, 눈, 그 밖의 기상 상태의 불안정으로 인하여 날씨가 몹시 나쁠 때에는 그 작업을 중지시킬 것
③ 재료, 기구 또는 공구 등을 올리거나 내릴 때에는 근로자로 하여금 달줄·달포대 등을 사용하도록 할 것
④ 낙하, 충격에 의한 돌발적 재해를 방지하기 위하여 버팀목을 설치하고 거푸집 동바리 등을 인양 장비에 매단 후에 작업을 하도록 하는 등 필요한 조치를 할 것

(4) 계단 형상으로 조립하는 거푸집 동바리

깔판 및 깔목 등을 끼워서 계단 형상으로 조립하는 거푸집 동바리에 대하여 다음의 사항을 준수하여야 한다.

① 거푸집의 형상에 따른 부득이한 경우를 제외하고는 깔판·깔목 등을 2단 이상 끼우지 않도록 할 것
② 깔판·깔목 등을 이어서 사용하는 경우에는 그 깔판·깔목 등을 단단히 연결할 것
③ 동바리는 상·하부의 동바리가 동일 수직선상에 위치하도록 하여 깔판·깔목 등에 고정시킬 것

(5) 작업 발판 일체형 거푸집의 안전 조치

① "작업 발판 일체형 거푸집"이란 거푸집의 설치·해체, 철근 조립, 콘크리트 타설, 콘크리트 면처리 작업 등을 위하여 거푸집을 작업 발판과 일체로 제작하여 사용하는 거푸집으로서 다음의 거푸집을 말한다.
　㉠ 갱 폼(gang form)
　㉡ 슬립 폼(slip form)
　㉢ 클라이밍 폼(climbing form)
　㉣ 터널 라이닝 폼(tunnel lining form)
　㉤ 그 밖에 거푸집과 작업 발판이 일체로 제작된 거푸집 등
② 제1항 제1호의 갱 폼의 조립·이동·양중·해체 작업을 하는 경우에는 다음의 사항을 준수하여야 한다.
　㉠ 조립 등의 범위 및 작업 절차를 미리 그 작업에 종사하는 근로자에게 주지시킬 것
　㉡ 근로자가 안전하게 구조물 내부에서 갱 폼의 작업 발판으로 출입할 수 있는 이동 통로를 설치할 것
　㉢ 갱 폼의 지지 또는 고정 철물의 이상 유무를 수시 점검하고 이상이 발견된 경우에는 교체하도록 할 것

ⓔ 갱 폼을 조립하거나 해체하는 경우에는 갱 폼을 인양 장비에 매단 후에 작업을 실시하도록 하고, 인양 장비에 매달기 전에 지지 또는 고정 철물을 미리 해체하지 않도록 할 것

ⓜ 갱 폼 인양 시 작업 발판용 케이지에 근로자가 탑승한 상태에서 갱 폼의 인양 작업을 하지 아니할 것

③ 제1항 제2호부터 제5호까지의 조립 등의 작업을 하는 경우에는 다음의 사항을 준수하여야 한다.

㉠ 조립 등 작업 시 거푸집 부재의 변형 여부와 연결 및 지지재의 이상 유무를 확인할 것

㉡ 조립 등 작업과 관련한 이동·양중·운반 장비의 고장·오조작 등으로 인해 근로자에게 위험을 미칠 우려가 있는 장소에는 근로자의 출입을 금지하는 등 위험 방지 조치를 할 것

㉢ 거푸집이 콘크리트면에 지지될 때에 콘크리트의 굳기 정도와 거푸집의 무게, 풍압 등의 영향으로 거푸집의 갑작스런 이탈 또는 낙하로 인해 근로자가 위험해질 우려가 있는 경우에는 설계 도서에서 정한 콘크리트의 양생 기간을 준수하거나 콘크리트면에 견고하게 지지하는 등 필요한 조치를 할 것

㉣ 연결 또는 지지 형식으로 조립된 부재의 조립 등 작업을 하는 경우에는 거푸집을 인양 장비에 매단 후에 작업을 하도록 하는 등 낙하·붕괴·전도의 위험 방지를 위하여 필요한 조치를 할 것

(6) 교량 작업

교량의 설치·해체 또는 변경 작업을 하는 경우에는 다음의 사항을 준수하여야 한다.

① 작업을 하는 구역에는 관계 근로자가 아닌 사람의 출입을 금지할 것

② 재료, 기구 또는 공구 등을 올리거나 내릴 경우에는 근로자로 하여금 달줄, 달포대 등을 사용하도록 할 것

③ 중량물 부재를 크레인 등으로 인양하는 경우에는 부재에 인양용 고리를 견고하게 설치하고, 인양용 로프는 부재에 두 군데 이상 결속하여 인양하여야 하며, 중량물이 안전하게 거치되기 전까지는 걸이 로프를 해제시키지 아니할 것

④ 자재나 부재의 낙하·전도 또는 붕괴 등에 의하여 근로자에게 위험을 미칠 우려가 있을 경우에는 출입 금지 구역의 설정, 자재 또는 가설 시설의 좌굴(挫屈) 또는 변형 방지를 위한 보강재 부착 등의 조치를 할 것

4.6 발파 작업의 위험 방지

(1) 발파의 작업 기준

사업주는 발파 작업에 종사하는 근로자로 하여금 다음의 사항을 준수하도록 하여야 한다.

① 얼어붙은 다이너마이트는 화기에 접근시키거나 기타의 고열물에 직접 접촉시키는 등 위험한 방법으로 융해하지 아니하도록 할 것

② 화약 또는 폭약을 장진하는 때에는 그 부근에서 화기의 사용 또는 흡연을 하지 아니하도록 할 것

③ 장전구(裝塡具)는 마찰·충격·정전기 등에 의한 폭발이 발생할 위험이 없는 안전한 것을 사용할 것

④ 발파공의 충진 재료는 점토·모래 등 발화성 또는 인화성의 위험이 없는 재료를 사용할 것

⑤ 점화 후 장진된 화약류가 폭발하지 아니한 때 또는 장진된 화약류의 폭발 여부를 확인하기 곤란한 때에는 다음의 정하는 바에 따를 것

㉠ 전기 뇌관에 의한 때에는 발파 모선을 점화기에서 떼어 그 끝을 단락시켜 놓는 등 재 점화되지 아니하도록 조치하고 그때부터 5분 이상 경과한 후가 아니면 화약류의 장진 장소에 접근시키지 아니하도록 할 것

㉡ 전기 뇌관 외의 것에 의한 때에는 점화한 때부터 15분 이상 경과한 후가 아니면 화약류의 장진 장소에 접근시키지 아니하도록 할 것

⑥ 전기 뇌관에 의한 발파의 경우 점화하기 전에 화약류를 장진한 장소로부터 30m 이상 떨어진 안전한 장소에서 전선에 대하여 저항 측정 및 도통(導通) 시험을 하고 그 결과를 기록·관리하도록 할 것

(2) 발파 작업 시 관리 감독자의 직무 사항

① 점화 전에 점화 작업에 종사하는 근로자 외의 자의 대피를 지시하는 일

② 점화 작업에 종사하는 근로자에 대하여는 대피 장소 및 경로를 지시하는 일

③ 점화 전에 위험 구역 내에서 근로자가 대피한 것을 확인하는 일

④ 점화 순서 및 방법에 대하여 지시하는 일

⑤ 점화 신호를 하는 일

⑥ 점화 작업에 종사하는 근로자에 대하여 대피 신호를 하는 일

⑦ 발파 후 터지지 아니한 장약이나 남은 장약의 유무, 용수의 유무 및 암석·토사의 낙하 여부 등을 점검하는 일

⑧ 점화하는 자를 정하는 일

⑨ 공기 압축기의 안전 밸브 작동 유무를 점검하는 일

⑩ 안전모 등 보호구의 착용 상황을 감시하는 일

4.7 채석 작업

(1) 조사 및 기록

사업주는 암석 채취를 위한 굴착 작업 · 채석장에서의 암석의 분할 가공 및 운반 작업 등(이하 "채석 작업"이라 한다.)을 하는 때에는 지반의 붕괴 · 굴착 기계의 전락 등에 의한 근로자의 위험을 방지하기 위하여 미리 해당 작업장의 지형 · 지질 및 지층의 상태를 조사하고 그 결과를 기록 · 보존하여야 한다.

(2) 작업 계획의 작성

사업주는 채석 작업을 하는 때에는 채석 작업 계획을 작성하고 그 계획에 의하여 작업을 실시하도록 하여야 한다. 채석 작업 계획에는 다음의 사항이 포함되어야 한다.

① 노천 굴착과 갱내 굴착의 구별 및 채석 방법
② 굴착면의 높이와 기울기
③ 굴착면의 소단(小段)의 위치와 넓이
④ 갱내에서의 낙반 및 붕괴 방지의 방법
⑤ 발파 방법
⑥ 암석의 분할 방법
⑦ 암석의 가공 장소
⑧ 사용하는 굴착 기계 · 분할 기계 · 적재 기계 또는 운반 기계(이하 "굴착 기계 등"이라 한다.)의 종류 및 능력
⑨ 토석 또는 암석의 적재 및 운반 방법과 운반 경로
⑩ 표토 또는 용수의 처리 방법

(3) 지반 붕괴 위험 방지

사업주는 채석 작업을 하는 때에는 지반의 붕괴 또는 토석의 낙하에 의한 근로자의 위험을 방지하기 위하여 다음의 조치를 하여야 한다.

① 점검자를 지명하고 작업 장소 및 그 주변의 지반에 대하여 당일의 작업을 시작하기 전에 부석과 균열의 유무와 상태, 함수 · 용수 및 동결 상태의 변화를 점검할 것
② 점검자는 발파를 행한 후 해당 발파를 행한 장소와 그 주변의 부석과 균열의 유무 및 상태를 점검할 것

(4) 인접 채석장과의 연락

사업주는 지반의 붕괴, 토석의 비래 등에 의한 근로자의 위험을 방지하기 위하여 인접한 채석장에서의 발파 시기 · 부석 제거의 방법 등 필요한 사항에 관하여 해당 채석장과 연락을 유지하여야 한다.

(5) 붕괴 등에 의한 위험 방지

사업주는 재석 작업(갱내에서의 작업을 제외한다)에 있어서 붕괴 또는 낙하에 의하여 근로자에게 위험을 미칠 우려가 있는 토석 · 입목 등에 대하여는 미리 해당 물건을 제거하거나 방호망을 설치하는 등 해당 위험을 방지하기 위하여 필요한 조치를 하여야 한다.

(6) 낙반 등에 의한 위험 방지

사업주는 갱내에서 채석 작업을 하는 경우로서 암석 · 토사의 낙하 또는 측벽의 붕괴에 의하여 근로자에게 위험이 미칠 우려가 있는 때에는 동바리 또는 버팀대를 설치한 후 천장을 아치형으로 하는 등 해당 위험을 방지하기 위한 조치를 하여야 한다.

4.8 해체 작업

(1) 해체 건물 등의 조사

사업주는 해체 작업을 하는 때에는 해체 건물 등의 구조, 주변 상황 등을 조사하여 그 결과를 기록 · 보전하여야 한다.

(2) 해체 계획의 작성

사업주는 해체 작업을 하는 때에는 미리 해체 건물의 조사 결과에 따른 해체 계획을 작성하고 그 해체 계획에 의하여 작업하도록 하여야 한다. 해체 계획에는 다음의 사항이 포함되어야 한다.

① 해체의 방법 및 해체 순서 도면
② 가설 설비 · 방호 설비 · 환기 설비 및 살수 · 방화 설비 등의 방법
③ 사업장 내 연락 방법
④ 해체물의 처분 계획
⑤ 해체 작업용 기계 · 기구 등의 작업 계획서
⑥ 해체 작업용 화약류 등의 사용 계획서
⑦ 기타 안전 · 보건에 관련된 사항

(3) 작업 구역 내 근로자의 출입 금지 등

사업주는 해체 작업을 하는 때에는 다음의 사항을 조치하여야 한다.

① 작업 구역 내에는 관계 근로자 외의 자의 출입을 금지시킬 것
② 비 · 눈, 그 밖의 기상 상태의 불안정으로 인하여 날씨가 몹시 나쁠 때에는 그 작업을 중지시킬 것

(4) 보호구의 착용

사업주는 해체 작업에 종사하는 근로자로 하여금 안전모 등의 보호구를 착용하도록 하여야 한다.

(5) 작업 계획의 작성

사업주는 중량물을 취급하는 작업을 하는 때에는 다음의 사항이 포함된 작업 계획서를 작성하고 이를 준수하여야 한다.
① 중량물의 종류 및 형상
② 취급 방법 및 순서
③ 작업 장소의 넓이 및 지형

4.9. 사전 조사 및 작업 계획서의 작성 등

다음의 작업을 하는 경우 근로자의 위험을 방지하기 위하여 해당 작업, 작업장의 지형 · 지반 및 지층 상태 등에 대한 사전 조사를 하고 그 결과를 기록 · 보존하여야 하며, 조사 결과를 고려하여 작업 계획서를 작성하고 그 계획에 따라 작업을 하도록 하여야 한다.
① 타워 크레인을 설치 · 조립 · 해체하는 작업
② 차량계 하역 운반 기계 등을 사용하는 작업(화물 자동차를 사용하는 도로상의 주행 작업은 제외한다.)
③ 차량계 건설 기계를 사용하는 작업
④ 화학 설비와 그 부속 설비를 사용하는 작업
⑤ 제318조에 따른 전기 작업(해당 전압이 50볼트를 넘거나 전기 에너지가 250볼트암페어를 넘는 경우로 한정한다.)
⑥ 굴착면의 높이가 2미터 이상이 되는 지반의 굴착 작업
⑦ 터널 굴착 작업
⑧ 교량(상부 구조가 금속 또는 콘크리트로 구성되는 교량으로서 그 높이가 5미터 이상이거나 교량의 최대 지간 길이가 30미터 이상인 교량으로 한정한다.)의 설치 · 해체 또는 변경 작업
⑨ 채석 작업
⑩ 건물 등의 해체 작업
⑪ 중량물의 취급 작업
⑫ 궤도나 그 밖의 관련 설비의 보수 · 점검 작업
⑬ 열차의 교환 · 연결 또는 분리 작업

Part 04

실·전·문·제

01 **위험물을 제조, 취급하는 작업장 및 해당 작업장이 있는 건축물에 대하여는 안전한 장소로 대피할 수 있는 비상구를 설치하여야 하는데 그 수는 몇 개인가?**

해답 출입문 외에 1개 이상의 비상구

02 **법에 의한 옥내 통로의 기준 2가지를 쓰시오.**

해답 1. 옥내에 통로를 설치하는 때에는 걸려 넘어지거나 미끄러지는 등의 위험이 없도록 하여야 한다.
2. 통로면으로부터 높이 2m 이내에는 장애물이 없도록 하여야 한다.

03 **법상 가설 통로 설치 시 준수 사항 5가지를 쓰시오.**

해답 1. 견고한 구조로 할 것
2. 경사는 30° 이하로 할 것
3. 경사가 15°를 초과하는 때에는 미끄러지지 아니하는 구조로 할 것
4. 추락의 위험이 있는 장소에는 안전 난간을 설치할 것
5. 수직갱에 가설된 통로의 길이가 15m 이상인 때에는 10m 이내마다 계단참을 설치할 것
6. 건설 공사에 사용하는 높이 8m 이상인 비계 다리에는 7m 이내마다 계단참을 설치할 것

04 **안전 난간은 목재, 강재 등 견고한 재질로서 3가지의 구성 부품으로 구성이 되어 있다. 그 구성 부품 3가지는?**

해답 1. 상부 난간대
2. 중간 난간대
3. 난간 기둥
4. 발끝막이판

05 **법에 의한 안전 난간의 구비 조건 3가지를 쓰시오.**

해답 1. 상부 난간대, 중간 난간대, 발끝막이판 및 난간 기둥으로 구성할 것. 다만, 중간 난간대·발끝막이판 및 난간 기둥은 이와 비슷한 구조 및 성능을 가진 것으로 대체할 수 있다.
2. 상부 난간대는 바닥면, 발판 또는 경사로의 표면으로부터 90cm 이상 지점의 중간에 설치하고, 상부 난간대를 120cm 이하에 설치하는 경우에는 중간 난간대는 상부 난간대와

바닥면 등의 중간에 설치하여야 하며 120cm 이상 지점에 설치하는 경우에는 중간 난간대를 2단 이상으로 균등하게 설치하고 난간의 상하 간격은 60cm 이하가 되도록 할 것
3. 발끝막이판은 바닥면 등으로부터 10cm 이상의 높이를 유지할 것. 다만, 물체가 떨어지거나 날아올 위험이 없거나 그 위험을 방지할 수 있는 망을 설치하는 등 필요한 예방 조치를 한 장소는 제외한다.
4. 난간 기둥은 상부 난간대와 중간 난간대를 견고하게 떠받칠 수 있도록 적정 간격을 유지할 것
5. 상부 난간대와 중간 난간대는 난간 길이 전체에 걸쳐 바닥면 등과 평행을 유지할 것
6. 난간대는 지름 2.7cm 이상의 금속제 파이프나 그 이상의 강도를 가진 재료일 것
7. 안전 난간은 구조적으로 가장 취약한 지점에서 가장 취약한 방향으로 작용하는 100kg 이상의 하중에 견딜 수 있는 튼튼한 구조일 것

06 법에 의한 사다리식 통로의 구조 5가지를 쓰시오.

해답
1. 견고한 구조로 할 것
2. 발판의 간격은 일정하게 할 것
3. 발판과 벽과의 사이는 15cm 이상의 간격을 유지할 것
4. 사다리가 넘어지거나 미끄러지는 것을 방지하기 위한 조치를 할 것
5. 사다리의 상단은 걸쳐놓은 지점으로부터 60cm 이상 올라가도록 할 것
6. 사다리식 통로의 길이가 10m 이상인 때에는 5m 이내마다 계단참을 설치할 것
7. 사다리식 통로의 기울기는 75° 이하로 할 것. 다만, 고정식 사다리식 통로의 기울기는 90° 이하로 하고 그 높이가 7m 이상인 경우에는 바닥으로부터 2.5m 되는 지점부터 등받이 울을 설치할 것

07 법에 의하여 4단 이상인 계단의 개방된 측면에 대하여는 계단에 난간을 설치하여야 한다. 난간의 구비 조건을 쓰시오.

해답
1. 상부 난간대, 중간 난간대, 발끝막이판 및 난간 기둥으로 구성할 것(중간 난간대 · 발끝막이판 및 난간 기둥은 이와 비슷한 구조 및 성능을 가진 것으로 대체할 수 있다.)
2. 상부 난간대는 바닥면, 발판 또는 경사로의 표면으로부터 90cm 이상 지점의 중간에 설치하고, 상부 난간대를 120cm 이하에 설치하는 경우에는 중간 난간대는 상부 난간대와 바닥면 등의 중간에 설치하여야 하며 120cm 이상 지점에 설치하는 경우에는 중간 난간대를 2단 이상으로 균등하게 설치하고 난간의 상하 간격은 60cm 이하가 되도록 할 것
3. 발끝막이판은 바닥면 등으로부터 10cm 이상의 높이를 유지할 것(물체가 떨어지거나 날아올 위험이 없거나 그 위험을 방지할 수 있는 망을 설치하는 등 필요한 예방 조치를 한 장소는 제외한다.)
4. 난간 기둥은 상부 난간대와 중간 난간대를 견고하게 떠받칠 수 있도록 적정 간격을 유지할 것

5. 상부 난간대와 중간 난간대는 난간 길이 전체에 걸쳐 바닥면 등과 평행을 유지할 것
6. 난간대는 지름 2.7cm 이상의 금속제 파이프나 그 이상의 강도를 가진 재료일 것
7. 안전 난간은 구조적으로 가장 취약한 지점에서 가장 취약한 방향으로 작용하는 100kg 이상의 하중에 견딜 수 있는 튼튼한 구조일 것

08 법상 유해 위험 작업에 대한 근로 시간을 제한해야 되는 작업의 종류를 쓰시오. (단, 1일 6시간, 1주 34시간 초과 금지 대상)

해답
1. 갱내에서 행하는 작업
2. 다량의 고열 물체를 취급하는 작업과 현저히 덥고 뜨거운 장소에서 행하는 작업
3. 다량의 저온 물체를 취급하는 작업과 현저히 춥고 차가운 장소에서 행하는 작업
4. 라듐방사선・엑스선 그 밖의 유해 방사선을 취급하는 작업
5. 유리・흙・광물의 먼지가 심하게 날리는 장소에서 행하는 작업
6. 강렬한 소음을 발하는 장소에서 행하는 작업
7. 착암기 등에 의하여 신체에 강렬한 진동을 주는 작업
8. 인력에 의하여 중량물을 취급하는 작업
9. 납・수은・크롬・망간・카드뮴 등의 중금속 또는 이황화탄소・유기용제, 그 밖에 고용노동부령으로 정하는 특정 화학 물질의 먼지・증기 또는 가스를 많이 발생하는 장소에서 행하는 작업

09 크레인에 부착해야 하는 방호 장치의 종류를 쓰시오.

해답
1. 과부하 방지 장치
2. 권과 방지 장치
3. 비상 정지 장치
4. 브레이크

10 크레인의 조립 또는 해체 작업 시 사업주가 해야 할 조치 사항 7가지를 쓰시오.

해답
1. 작업 순서를 정하고 그 순서에 의하여 작업을 실시할 것
2. 작업을 할 구역에 관계 근로자 외의 자의 출입을 금지시키고 그 취지를 보기 쉬운 곳에 표시할 것
3. 비, 눈, 그 밖의 기상 상태의 불안정으로 인하여 날씨가 몹시 나쁠 때에는 그 작업을 중지시킬 것
4. 작업 장소는 안전한 작업이 이루어질 수 있도록 충분한 공간을 확보하고 장애물이 없도록 할 것
5. 들어 올리거나 내리는 기자재는 균형을 유지하면서 작업을 실시하도록 할 것
6. 크레인의 능력, 사용 조건 등에 따라 충분한 응력을 갖는 구조로 기초를 설치하고 침하 등이 일어나지 않도록 할 것
7. 규격품인 조립용 볼트를 사용하고 대칭되는 곳을 순차적으로 결합하고 분해할 것

11 크레인을 이용한 작업에서 관리 감독자의 직무 사항 3가지를 쓰시오.

해답
1. 작업 방법과 근로자의 배치를 결정하고, 그 작업을 지휘하는 일
2. 재료의 결함 유무 또는 기구 및 공구의 기능을 점검하고 불량품을 제거하는 일
3. 작업중 안전대 또는 안전모의 착용 상황을 감시하는 일

12 승강기의 설치, 조립 또는 해체 작업을 하는 때에 사업주가 취해야 할 조치 사항 3가지를 쓰시오.

해답
1. 작업을 지휘하는 사람을 선임하여 그 사람의 지휘하에 작업을 실시할 것
2. 작업을 할 구역에 관계 근로자 외의 자의 출입을 금지시키고 그 취지를 보기 쉬운 장소에 표시할 것
3. 비, 눈, 그 밖의 기상 상태의 불안정으로 인하여 날씨가 몹시 나쁠 때에는 그 작업을 중지시킬 것

13 법에 의한 부적격한 와이어 로프는 사용할 수가 없다. 그 사용 제한이 되는 로프의 조건을 5가지 쓰시오. (단, 이음매가 있는 와이어 로프의 사용 금지 사항)

해답
1. 이음매가 있는 것
2. 와이어 로프의 한 꼬임에서 끊어진 소선의 수가 10% 이상 절단된 것
3. 지름의 감소가 공칭 지름의 7%를 초과하는 것
4. 꼬인 것
5. 심하게 변형 또는 부식된 것
6. 열과 전기 충격에 의해 손상된 것

14 차량계 하역 운반 기계의 운전자가 운전 위치를 이탈하는 때 조치해야 할 사항 2가지를 쓰시오.

해답
1. 포크, 버킷, 디퍼 등의 하역 장치를 가장 낮은 위치 또는 지면에 둘 것
2. 원동기를 정지시키고 브레이크를 확실히 거는 등 불시 주행이나 이탈을 방지하기 위한 조치를 할 것
3. 운전석을 이탈하는 경우 시동키를 운전대에서 분리시킬 것

15 지게차의 작업 시작 전 점검 사항을 쓰시오.

해답
1. 제동 장치 및 조종 장치 기능의 이상 유무
2. 하역 장치 및 유압 장치 기능의 이상 유무
3. 바퀴의 이상 유무
4. 전조등, 후미등, 방향 지시기 및 경보 장치 기능의 이상 유무

16 차량계 건설 기계를 이용하여 작업을 하고자 하는 때에는 미리 법에 의하여 작업 계획을 작성하고 그 계획에 따라 작업을 실시하여야 한다. 작업 계획에 포함되어야 할 사항 3가지를 쓰시오.

해답 1. 사용하는 차량계 건설 기계의 종류 및 능력
2. 차량계 건설 기계의 운행 경로
3. 차량계 건설 기계에 의한 작업 방법

17 차량계 건설 기계를 사용하여 작업을 하는 때에는 해당 기계의 넘어지거나 굴러떨어짐 등에 의한 위험 방지를 위하여 필요한 조치를 하여야 한다. 그 조치 사항 3가지를 쓰시오.

해답 1. 유도자 배치
2. 지반의 부동 침하 방지
3. 갓길 붕괴 방지
4. 도로의 폭 유지

18 차량계 건설 기계의 운전자가 운전 위치 이탈 시 조치 사항 2가지를 쓰시오.

해답 1. 포크, 버킷, 디퍼 등의 하역 장치를 가장 낮은 위치 또는 지면에 둘 것
2. 원동기를 정지시키고 브레이크를 확실히 거는 등 불시 주행이나 이탈을 방지하기 위한 조치를 할 것
3. 운전석을 이탈하는 경우 시동키를 운전대에서 분리시킬 것

19 다음 빈칸에 알맞은 말을 쓰시오.

> 차량계 건설 기계의 붐, 암 등을 올리고 그 밑에서 수리, 점검 작업을 하는 때에는 붐, 암 등이 불시에 하강함으로써 발생하는 위험을 방지하기 위하여 해당 작업에 종사하는 근로자로 하여금 (①) 또는 (②)을 사용하도록 하여야 한다.

해답 ① 안전 지주　② 안전 블록

20 사면 굴착 작업 시 붕괴 재해 방지 대책 2가지를 쓰시오.

해답 1. 붕괴 발생 방지　2. 붕괴 발생의 조기 예측　3. 붕괴 발생 시 재해의 방지

21 히빙 현상의 방지 대책 5가지를 쓰시오.

해답 1. 흙막이판은 강성이 높은 것을 사용한다.
2. 지반 개량을 한다.
3. 흙막이 벽의 전면 굴착을 남겨 두어 흙의 중량에 대항하게 한다.
4. 굴착 예정 부분을 부분 굴착하여 기초 콘크리트로 고정시킨다.
5. 흙막이 벽의 근입 깊이를 깊게 한다.

22 보일링 현상의 방지 대책 2가지를 쓰시오.

해답
1. 굴착 저면 아래까지 지하수위를 낮춘다.
2. 흙막이 벽을 깊이 설치하여 지하수의 흐름을 막는다.

23 절토 법면의 토사 붕괴 예방 점검 시기는 언제인가?

해답
1. 작업 전후
2. 비온 후
3. 인접 구역에서 발파 작업한 후

24 항타기, 항발기의 무너짐 방지를 위한 조치 사항 5가지를 쓰시오.

해답
1. 연약한 지반에 설치하는 때에는 각 부 또는 가대의 침하를 방지하기 위하여 깔판, 깔목 등을 사용할 것
2. 시설 또는 가설물 등에 설치하는 때에는 그 내력을 확인하고 내력이 부족한 때에는 보강할 것
3. 각 부 또는 가대가 미끄러질 우려가 있는 때에는 말뚝 또는 쐐기 등을 사용하여 각 부 또는 가대를 고정시킬 것
4. 궤도 또는 차로 이동하는 항타기 또는 항발기에 대하여는 불시에 이동하는 것을 방지하기 위하여 레일 클램프 및 쐐기 등으로 고정시킬 것
5. 버팀대만으로 상단 부분을 안정시킬 때에는 버팀대를 3개 이상으로 하고 그 하단 부분은 견고한 버팀, 말뚝 또는 철골 등으로 고정시킬 것

25 항타기, 항발기의 이음매가 있는 권상용 와이어 로프의 조건 5가지를 쓰시오.

해답
1. 이음매가 있는 것
2. 와이어 로프의 한 꼬임에서 끊어진 소선 수가 10% 이상 절단된 것
3. 지름의 감소가 호칭 지름의 7%를 초과하는 것
4. 심하게 변형 또는 부식된 것
5. 꼬임, 꺾임, 비틀림 등이 있는 것

26 항타기, 항발기의 사용 전 점검 사항 5가지를 쓰시오.

해답
1. 본체 연결부의 풀림 또는 손상의 유무
2. 권상용 와이어 로프, 드럼 및 도르래의 부착 상태의 이상 유무
3. 권상 장치의 브레이크 및 쐐기 장치 기능의 이상 유무
4. 권상기의 설치 상태의 이상 유무
5. 버팀의 방법 및 고정 상태의 이상 유무

27 다음 ( ) 안에 적당한 말을 쓰시오.

> 거푸집 동바리를 조립하는 때에는 조립도를 작성하고 해당 조립도에 의하여 조립하여야 하며 조립도에는 동바리, 멍에 등 (①) 및 (②)이 명시되어야 한다.

해답 ① 부재의 재질 ② 단면 규격

참고 조립도에는 동바리, 멍에 등 부재의 재질, 단면 규격, 설치 간격 및 이음 방법 등을 명시하여야 한다.

28 거푸집 동바리를 조립 시 사업주가 해야 할 안전상 준수 사항을 5가지 쓰시오.

해답 1. 깔목의 사용, 콘크리트 타설, 말뚝박기 등 동바리의 침하를 방지하기 위한 조치를 할 것
2. 개구부 상부에 동바리를 설치하는 때에는 상부 하중을 견딜 수 있는 견고한 받침대를 설치할 것
3. 동바리의 상하 고정 및 미끄러짐 방지 조치를 하고, 하중의 지지 상태를 유지할 것
4. 동바리의 이음은 맞댄 이음 또는 장부 이음으로 하고 같은 품질의 재료를 사용할 것
5. 강재와 강재와의 접속부 및 교차부는 볼트, 클램프 등 전용 철물을 사용하여 단단히 연결할 것
6. 거푸집이 곡면인 때에는 버팀대의 부착 등 그 거푸집의 부상을 방지하기 위한 조치를 할 것

29 거푸집 동바리 조립 시 지주로 사용하는 파이프 서포트에 대하여 준수해야 할 사항 3가지를 쓰시오.

해답 1. 파이프 서포트를 3본 이상 이어서 사용하지 아니하도록 할 것
2. 파이프 서포트를 이어서 사용할 때에는 4개 이상의 볼트 또는 전용 철물을 사용하여 이을 것
3. 높이가 3.5m를 초과할 때에는 높이 2m 이내마다 수평 연결재를 2개 방향으로 만들고 수평 연결재의 변위를 방지할 것

30 법에 의하여 단상으로 조립하는 거푸집 동바리의 조립 시 준수 사항 3가지를 쓰시오.

해답 1. 거푸집의 형상에 따른 부득이한 경우를 제외하고는 깔판, 깔목 등을 2단 이상 끼우지 아니하도록 할 것
2. 깔판, 깔목 등을 이어서 사용할 때에는 해당 깔판, 깔목 등을 단단히 연결할 것
3. 동바리는 상・하부의 동바리가 동일 수직선 상에 위치하도록 하여 깔판, 깔목 등에 고정시킬 것

31 **법상 콘크리트 타설 작업 시 준수 사항 4가지를 쓰시오.**

해답 1. 당일의 작업을 시작하기 전에 해당 작업에 관한 거푸집 동바리 등의 변형 · 변위 및 지반의 침하 유무 등을 점검하고 이상을 발견한 때에는 이를 보수할 것
2. 작업중에는 거푸집 동바리 등의 변형 · 변위 및 침하 유무 등을 감시할 수 있는 감시자를 배치하여 이상을 발견한 때에는 작업을 중지시키고 근로자를 대피시킬 것
3. 콘크리트 타설 작업 시 거푸집 붕괴의 위험이 발생할 우려가 있는 때에는 충분한 보강조치를 할 것
4. 설계 도서상의 콘크리트 양생 기간을 준수하여 거푸집 동바리 등을 해체할 것

32 **콘크리트 타설 시 콘크리트 펌프카를 사용할 때의 준수 사항을 쓰시오.**

해답 1. 작업을 시작하기 전에 콘크리트 펌프용 비계를 점검하고 이상을 발견한 때에는 즉시 보수할 것
2. 건축물의 난간 등에서 작업하는 근로자가 호스의 요동 · 선회로 인하여 추락하는 위험을 방지하기 위하여 안전 난간의 설치 등 필요한 조치를 할 것
3. 콘크리트 펌프카의 붐을 조정할 때에는 주변 전선 등에 의한 위험을 예방하기 위한 적절한 조치를 할 것
4. 작업중에 지반의 침하, 아웃트리거의 손상으로 인하여 콘크리트 펌프카의 전도 우려가 있는 때에는 이를 방지하기 위한 적절한 조치를 할 것

33 **법에 의한 거푸집 동바리 조립 또는 해체 작업을 하는 때 사업주가 준수해야 할 사항 4가지를 쓰시오.**

해답 1. 해당 작업을 하는 구역에는 관계 근로자 외의 자의 출입을 금지시킬 것
2. 비, 눈, 그 밖의 기상 상태의 불안정으로 인하여 날씨가 몹시 나쁠 때에는 그 작업을 중지시킬 것
3. 재료, 기구 또는 공구 등을 올리거나 내릴 때에는 근로자로 하여금 달줄 · 달포대 등을 사용하도록 할 것
4. 낙하, 충격에 의한 돌발적 재해를 방지하기 위하여 버팀목을 설치하고 거푸집 동바리 등을 인양 장비에 매단 후에 작업을 하도록 하는 등 필요한 조치를 할 것

34 **건설 현장에서 철근 조립 등의 작업을 하는 때에 사업주가 준수해야 할 사항 2가지를 쓰시오.**

해답 1. 크레인 등 양중기로 철근을 운반할 경우에는 2개소 이상 묶어서 수평으로 운반할 것
2. 작업 위치의 높이가 2m 이상일 경우에는 작업 발판을 설치하거나 안전대를 착용하게 하는 등 위험 방지를 위하여 필요한 조치를 할 것

35 달비계, 달대 비계 및 말비계를 제외한 비계의 높이가 2m 이상인 작업 장소에서 작업 시 작업 발판을 설치하여야 한다. 작업 발판의 구조 5가지를 쓰시오.

해답
1. 발판 재료는 작업 시의 하중을 견딜 수 있노록 견고한 것으로 할 것
2. 작업 발판의 폭은 40cm 이상으로 하고 발판 재료간의 틈은 3cm 이하로 할 것
3. 추락의 위험이 있는 장소에는 안전 난간을 설치할 것
4. 작업 발판의 지지물은 하중에 의하여 파괴될 우려가 없는 것을 사용할 것
5. 발판 재료는 뒤집히거나 떨어지지 않도록 2 이상의 지지물에 부착시킬 것
6. 작업 발판을 작업에 따라 이동시킬 때에는 위험 방지에 필요한 조치를 할 것

36 달비계 또는 높이 5m 이상의 비계를 조립, 해체하거나 변경하는 때 준수하여야 할 사항 5가지를 쓰시오.

해답
1. 근로자가 관리 감독자의 지휘에 따라 작업하도록 할 것
2. 조립, 해체 또는 변경의 시기, 범위 및 절차를 그 작업에 종사하는 근로자에게 교육시킬 것
3. 조립, 해체 또는 변경 작업 구역 내에는 해당 작업에 종사하는 근로자 외의 자의 출입을 금지시키고 그 내용을 보기 쉬운 장소에 게시할 것
4. 비, 눈, 그 밖의 기상 상태의 불안정으로 인하여 날씨가 몹시 나쁠 때에는 그 작업을 중지시킬 것
5. 비계 재료의 연결, 해체 작업을 하는 때에는 폭 20cm 이상의 발판을 설치하고 근로자로 하여금 안전대를 사용하도록 하는 등 근로자의 추락 방지를 위한 조치를 할 것
6. 재료, 기구 또는 공구 등을 올리거나 내리는 때에는 근로자로 하여금 달줄 또는 달포대 등을 사용하도록 할 것

37 비, 눈, 그 밖의 기상 상태의 불안정으로 인하여 작업을 중지시킨 후 또는 변경한 후 그 비계에서 작업을 하는 때에는 해당 작업 시작 전에 이상 발견 시에는 즉시 보수하여야 한다. 비계의 정기 점검 사항 5가지를 쓰시오.

해답
1. 발판 재료의 손상 여부 및 부착 또는 걸림 상태
2. 해당 비계의 연결부 또는 접속부의 풀림 상태
3. 연결 재료 및 연결 철물의 손상 또는 부식 상태
4. 손잡이의 탈락 여부
5. 기둥의 침하, 변형, 변위 또는 흔들림 상태
6. 로프의 부착 상태 및 매단 장치의 흔들림 상태

38 다음 빈칸에 알맞은 말을 쓰시오.

통나무 비계에 있어서 비계 기둥의 이음이 겹침 이음인 때에는 이음 부분에서 (①) 이상을 서로 겹쳐서 (②) 이상을 묶고, 비계 기둥의 이음이 맞댄 이음인 때에는 비계 기둥을 쌍기둥틀로 하거나 (③) 이상의 (④)을 사용하여 (⑤) 이상을 묶어야 한다.

해답 ① 1m ② 2개소 ③ 1.8m ④ 덧댐목 ⑤ 5개소

39 달비계에 사용하는 달기 체인의 사용 제한 조건 3가지를 쓰시오.

해답
1. 달기 체인의 길이의 증가와 그 달기 체인이 제조된 때의 길이의 5%를 초과한 것
2. 링의 단면 지름의 감소가 그 달기 체인이 제조된 때의 해당 링의 지름의 10%를 초과한 것
3. 균열이 있거나 심하게 변형된 것

40 법에 의한 강관 비계의 구조를 4가지 쓰시오.

해답
1. 비계 기둥의 간격은 띠장 방향에서는 1.85m 이상, 장선(長線) 방향에서는 1.5m 이하로 할 것. 다만, 선박 및 보트 건조 작업의 경우 안전성에 대한 구조 검토를 실시하고 조립도를 작성하면 띠장 방향 및 장선 방향으로 각각 2.7m 이하로 할 수 있다.
2. 띠장 간격은 2m 이하로 설치할 것. 다만, 작업의 성질상 이를 준수하기가 곤란하여 쌍기둥틀 등에 의하여 해당 부분을 보강한 경우에는 그러하지 아니하다.
3. 비계 기둥의 최고부로부터 31m되는 지점 밑부분의 비계 기둥은 2개의 강관으로 묶어 세울 것
4. 비계 기둥 간의 적재 하중은 400kg을 초과하지 아니하도록 할 것

41 법에 의하여 사업주가 말비계를 조립하여 사용할 때에 준수해야 할 사항 3가지를 쓰시오.

해답
1. 지주 부재의 하단에는 미끄럼 방지 장치를 하고, 양측 끝부분에 올라서서 작업하지 아니하도록 할 것
2. 지주 부재와 수평면의 기울기를 75° 이하로 하고, 지주 부재와 지주 부재 사이를 고정시키는 보조 부재를 설치할 것
3. 말비계의 높이가 2m를 초과할 경우에는 작업 발판의 폭을 40cm 이상으로 할 것

42 법에 의하여 이동식 비계의 조립 시 준수 사항 3가지를 쓰시오.

해답
1. 이동식 비계의 바퀴에는 뜻밖의 갑작스러운 이동 또는 전도를 방지하기 위하여 브레이크, 쐐기 등으로 바퀴를 고정시킨 다음 비계의 일부를 견고한 시설물에 잡아매는 등의 조치를 할 것
2. 승강용 사다리는 견고하게 설치할 것
3. 비계의 최상부에서 작업을 할 때에는 안전 난간을 설치할 것

43 지반의 굴착 작업에 있어서 지반의 붕괴 또는 매설물, 기타 지하 공작물의 손괴 등에 의하여 근로자에게 위험을 미칠 우려가 있는 때에는 미리 작업 장소 및 그 주변의 지반에 대하여 어떠한 것을 조사하여야 하는지 쓰시오.

해답 1. 형상, 지질 및 지층의 상태
2. 균열, 함수, 용수 및 동결의 유무 또는 상태
3. 매설물 등의 유무 또는 상태
4. 지반의 지하수위 상태

44 다음 ( )에 적당한 말을 쓰시오.

굴착 작업에 있어서 지반의 붕괴 또는 토석의 낙하에 의하여 근로자에게 위험을 미칠 우려가 있을 때에는 (①), (②), (③) 등 위험을 방지하기 위한 필요한 조치를 하여야 한다.

해답 ① 흙막이 지보공 설치 ② 방호망 설치 ③ 근로자 출입 금지

45 흙막이 지보공의 정기 점검 사항 4가지를 쓰시오.

해답 1. 부재의 손상, 변형, 부식, 변위 및 탈락의 유무와 상태
2. 버팀대의 긴압의 정도
3. 부재의 접속부, 부착부 및 교차부의 상태
4. 침하의 정도

46 터널 굴착 작업 시 존재 가능한 위험성 3가지를 쓰시오.

해답 1. 낙반
2. 출수
3. 가스 폭발

47 터널 굴착 작업을 하는 때 조사 결과에 따른 시공 계획서 작성 시 포함해야 할 사항 3가지를 쓰시오.

해답 1. 굴착의 방법
2. 터널 지보공 및 복공의 시공 방법과 용수의 처리 방법
3. 환기 또는 조명 시설을 하는 때에는 그 방법

48 다음 ( )에 적당한 말을 쓰시오.

터널 건설 작업 시 낙반 등에 의하여 근로자에게 위험을 미칠 우려가 있을 때에는 (①), (②), (③) 등 필요한 조치를 하여야 한다.

해답
① 터널 지보공
② 록 볼트 설치
③ 부석 제거

49 터널 지보공의 설치 시 정기 점검 사항 4가지를 쓰시오.

해답
1. 부재의 손상, 변형, 부식, 변위 탈락의 유무 및 상태
2. 부재의 긴압의 정도
3. 부재의 접속부, 부착부 및 교차부의 상태
4. 기둥 침하의 유무 및 상태

50 채석을 위한 굴착 작업 시 관리 감독자의 직무 사항 3가지를 쓰시오.

해답
1. 대피 방법을 미리 교육하는 일
2. 작업을 시작하기 전 또는 폭우가 내린 후에는 암석·토사의 낙하, 균열의 유무 또는 함수·용수 및 동결 상태를 점검하는 일
3. 발파한 후에는 발파 장소 및 그 주변의 암석·토사의 낙하, 균열의 유무를 점검하는 일

51 채석 작업 시 작업 계획서에 포함해야 할 사항 5가지를 쓰시오.

해답
1. 노천 굴착과 갱내 굴착의 구별 및 채석 방법
2. 굴착면의 높이와 기울기
3. 굴착면의 소단의 위치와 넓이
4. 갱내에서의 낙반 및 붕괴 방지의 방법
5. 발파 방법
6. 암석의 분할 방법
7. 암석의 가공 장소
8. 사용하는 굴착 기계·분할 기계·적재 기계 또는 운반 기계의 종류 및 능력
9. 토석 또는 암석의 적재 및 운반 방법과 운반 경로
10. 표토 또는 용수의 처리 방법

52 잠함 또는 우물통, 수직갱, 기타 이와 유사한 장소에서 작업 시 준수해야 할 사항 3가지를 쓰시오.

해답
1. 산소 결핍의 우려가 있는 때에는 산소의 농도를 측정하는 자를 지명하여 측정하도록 할 것
2. 근로자가 안전하게 승강하기 위한 설비를 설치할 것
3. 굴착 깊이가 20m를 초과하는 때에는 해당 작업 장소와 외부와의 연락을 위한 통신 설비 등을 설치할 것

53 법에 의하여 공사용 가설 도로를 설치 시 준수 사항 3가지를 쓰시오.

해답
1. 도로는 장비와 차량이 안전하게 운행할 수 있도록 견고하게 설치할 것
2. 도로와 작업장이 접하여 있을 경우에는 울타리 등을 설치할 것
3. 도로는 배수를 위하여 경사지게 설치하거나 배수 시설을 설치할 것
4. 차량의 속도 제한 표지를 부착할 것

54 높이가 2m 이상인 장소에서 작업 시 근로자에게 추락에 의한 위험을 미칠 우려가 있을 때에는 어떠한 안전 조치를 하여야 하는지 쓰시오.

해답
1. 비계를 조립하는 등 방법에 의한 작업 발판 설치
2. 추락방호망 설치
3. 근로자에게 안전대 착용

55 높이 2m 이상인 작업 발판의 끝이나 개구부로부터 추락에 의한 위험이 있을 때에는 사업주는 어떠한 안전 조치를 하여야 하는지 쓰시오.

해답
1. 안전 난간 설치 2. 수직형 추락방망 설치 3. 덮개 설치

56 슬레이트 등의 재료로 덮은 지붕 위에서 작업 시 발이 빠지는 등 근로자에게 위험을 미칠 우려가 있는 때에 취해야 할 안전 조치를 쓰시오.

해답
1. 폭 30cm 이상의 발판 설치
2. 추락방지망 설치

57 이동식 사다리의 조립 시 준수 사항을 쓰시오.

해답
1. 견고한 구조로 할 것
2. 재료는 심한 손상, 부식 등이 없는 것으로 할 것
3. 폭은 30cm 이상으로 할 것
4. 다리 부분에는 미끄럼 방지 장치를 설치하는 등 미끄러지거나 넘어지는 것을 방지하기 위해 필요한 조치를 할 것

58 **사다리의 기둥을 설치할 때의 준수 사항을 쓰시오.**

해답
1. 견고한 구조로 할 것
2. 재료는 심한 손상, 부식 등이 없는 것으로 할 것
3. 기둥과 수평면과의 각도는 75° 이하로 하고, 접는식 사다리 기둥은 철물 등을 사용하여 기둥과 수평면과의 각도가 충분히 유지되도록 할 것
4. 바닥 면적은 작업을 안전하게 하기 위하여 필요한 면적이 유지되도록 할 것

59 **법에 의하여 건축물 · 교량 · 비계 등의 조립, 해체, 변경 작업 시 추락에 의한 위험이 있을 때의 안전 조치 사항 2가지를 쓰시오.**

해답
1. 관리 감독자를 지정하여 해당 작업을 지휘하도록 할 것
2. 작업 방법 및 절차를 해당 작업에 종사하는 근로자에게 미리 주지시킬 것

60 **갱 내에서 낙반, 측벽의 붕괴에 의하여 근로자에게 위험을 미칠 우려가 있을 때에는 어떠한 안전 조치를 취해야 하는가?**

해답
1. 지보공 설치
2. 부석 제거

61 **높이가 3m 이상인 장소로부터 물체를 투하하는 때에는 위험 방지를 위하여 어떠한 조치를 하여야 하는가?**

해답 투하 설비 설치 및 감시인 배치

62 **작업으로 인하여 물체가 떨어지거나 날아올 위험이 있는 때에는 어떠한 위험 방지 조치를 하여야 하는가?**

해답
1. 낙하물 방지망 설치
2. 방호 선반의 설치
3. 출입 금지 구역의 설정
4. 보호구의 착용
5. 수직 보호망 설치

63 **법상 낙하물 방지망 설치 시 준수 사항 3가지를 쓰시오.**

해답
1. 설치 높이는 10m 이내마다 설치하고 내민 길이는 벽면으로부터 2m 이상으로 할 것
2. 수평면과의 각도는 20~30°를 유지할 것

64 법상 철골 작업을 하는 때에 작업을 중지시켜야 되는 경우 3가지를 쓰시오.

해답 1. 풍속이 초당 10m 이상인 경우
2. 강우량이 시간당 1mm 이상인 경우
3. 강설량이 시간당 1cm 이상인 경우

65 해체 작업 시에는 해체 계획서를 작성한 후 작업을 실시하여야 한다. 해체 작업 계획서에 포함해야 할 사항 5가지를 쓰시오.

해답 1. 해체의 방법 및 해체 순서 도면
2. 가설 설비 · 방호 설비 · 환기 설비 및 살수 · 방화 설비 등의 방법
3. 사업장 내 연락 방법
4. 해체물의 처분 계획
5. 해체 작업용 기계 · 기구 등의 작업 계획서
6. 해체 작업용 화약류 등의 사용 계획서
7. 기타 안전 · 보건에 관련된 사항

66 중량물 취급 시 작업 계획서에 포함해야 할 사항 3가지를 쓰시오.

해답 1. 중량물의 종류 및 형상
2. 취급 방법 및 순서
3. 작업 장소의 넓이 및 지형

67 해체 공사에 있어서 해체물 처리 시에 고려해야 할 사항 3가지를 쓰시오.

해답 1. 해체물 낙하 2. 해체물 적치 3. 해체물 반출

68 해체 공사 시 사용되는 가설 계획서 작성 시 고려해야 할 사항 5가지를 쓰시오.

해답 1. 가설 건물
2. 가설물의 범위
2. 출입구
4. 안전 통로 및 출입 금지 구역 설정
5. 조명 설비
6. 연락 설비
7. 환기 설비
8. 살수 및 방화 설비

69 표준 관입 시험을 간략히 설명하시오.

해답 지중에 파이프 등을 관입하여 흙의 강도를 측정하는 시험으로 표준 관입 시험용 샘플러를 중량 63.5kg의 추로 75cm 높이에서 자유 낙하시켜 충격에 의해 30cm 관입시키는 데 필요한 N값을 구한다.

70 법에 의하여 헤드 가드를 설치해야 할 기계 · 기구를 쓰시오.

해답 1. 불도저 2. 트랙터 3. 로더
4. 파워 셔블 5. 드래그 셔블

71 건설 현장에서 발생된 부상자의 응급 처치를 위한 구급 용구를 쓰시오.

해답 1. 붕대 재료, 탈지면, 핀셋 및 반창고 2. 외상에 의한 소독약
3. 화상약 4. 지혈대, 부목 및 들것

72 콘크리트가 거푸집의 측압에 영향을 주는 요소 5가지를 쓰시오.

해답 1. 콘크리트의 시공연도가 클수록(슬럼프 값) 측압은 크다.
2. 콘크리트의 부어 넣기 속도가 빠를수록 측압은 크다.
3. 온도가 낮을수록 측압은 크다.
4. 콘크리트 다지기가 충분할수록 측압은 크다.
5. 벽 두께가 클수록 측압은 커진다.
6. 철골 또는 철근량이 많을수록 측압은 적다.

73 연화 현상(frost boil)을 간략히 설명하고 연화 현상의 주원인을 쓰시오.

해답 1. 연화 현상 : 흙의 동상과 반대 현상으로서 얼음이 녹으면서 흙속의 수분이 과잉 상태로 존재할 때 발생하는 현상을 말한다.
2. 연화 현상의 주원인
① 지표수의 침투가 발생할 경우
② 지하수위가 상승할 경우
③ 융해수가 배수되지 않고 저류하는 경우

74 연약 지반의 개량 공법을 점성토 지반과 사질토 지반으로 구분하여 분류하시오.

해답 1. 점성토 지반 개량 공법
① 치환 공법 ② 샌드 드레인 공법
③ 페이퍼 드레인 공법 ④ 생석회 기둥 공법
⑤ 고결 공법 ⑥ 전기 침투 공법
2. 사질토 지반의 개량 공법
① 다짐 말뚝 공법 ② 진동 물다짐 공법
③ 전기 충격 공법 ④ 폭파 다짐 공법
⑤ 약액 주입 공법 ⑥ 다짐 모래 말뚝 공법

참고 일시적 지반 개량 공법
① 웰 포인트 공법 ② 진공 공법
③ 전기 침투 공법 ④ 동결 공법

75 다음 표는 지반 등의 인력 굴착 시 기울기 기준을 나타낸 것이다. ①, ②, ③에 적당한 것을 쓰시오.

구 분	지반의 종류	기울기
보통흙	습지	1 : 1~1 : 1.5
	건지	①
암반	풍화암	②
	연암	1 : 0.5
	③	1 : 0.3

해답 ① 1 : 0.5 ~ 1 : 1　　② 1 : 0.8　　③ 경암

76 토석이 붕괴되는 원인을 외적 원인과 내적 원인으로 구분하여 쓰시오.

해답 1. 외적 요인
① 사면, 법면의 경사 및 구배의 증가
② 절토 및 성토 높이의 증가
③ 공사에 의한 진동 및 반복 하중의 증가
④ 지표수 및 지하수의 침투에 의한 토사 중량의 증가
⑤ 지진, 차량, 구조물의 중량
2. 내적 요인
① 절토 사면의 토질, 암질
② 성토 사면의 토질
③ 토석의 강도 저하

77 유해 위험 방지 계획서 제출 대상 건설 공사의 종류를 쓰시오.

해답 1. 다음의 어느 하나에 해당하는 건축물 또는 시설 등의 건설·개조 또는 해체 공사
① 지상높이가 31미터 이상인 건축물 또는 인공구조물
② 연면적 3만제곱미터 이상인 건축물
③ 연면적 5천제곱미터 이상인 시설로서 다음의 어느 하나에 해당하는 시설
- 문화 및 집회시설(전시장 및 동물원·식물원은 제외한다)
- 판매시설, 운수시설(고속철도의 역사 및 집배송시설은 제외한다)
- 종교시설
- 의료시설 중 종합병원
- 숙박시설 중 관광숙박시설
- 지하도상가
- 냉동·냉장 창고시설

2. 연면적 5,000m^2 이상의 냉동·냉장 창고 시설의 설비 공사 및 단열 공사
3. 최대지간 길이가 50m 이상인 교량 건설 등 공사
4. 터널 건설 등의 공사
5. 다목적 댐, 발전용 댐 및 저수 용량 2천만톤 이상의 용수전용 댐·지방 상수도전용 댐 건설 등의 공사
6. 깊이 10m 이상인 굴착 공사

78 **가설 공사용 비계가 갖추어야 할 조건 3가지를 쓰시오.**

해답 1. 안전성　　2. 작업성　　3. 경제성

79 **비계의 도괴 및 파괴 재해의 원인을 4가지 쓰시오.**

해답
1. 비계, 발판 또는 지지재의 파괴
2. 비계, 발판의 탈락 또는 그 지지재의 변위, 변형
3. 풍압에 의한 도괴
4. 지주의 좌굴에 의한 도괴

건설안전 기사 · 산업기사 실기

Part 5

건설 작업 안전

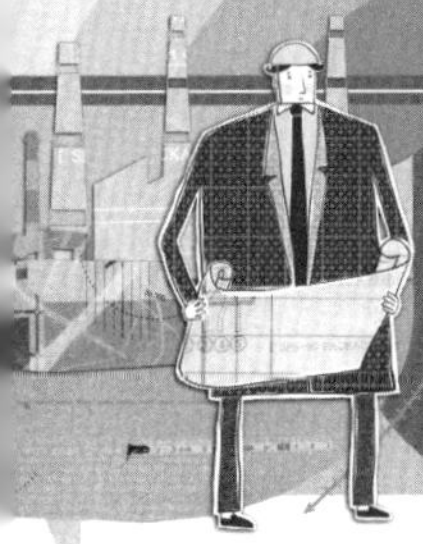

Chapter 01

가설 공사 표준안전작업지침

개정 2020.01.07 고용노동부 고시 제2020-03호

제1장 총 칙

제1조 【목적】 이 지침은 산업안전보건법(이하 "법"이라 한다) 제13조의 규정에 의하여 가설 공사 재해 방지를 위한 비계 작업, 가설 통로, 가설 도로의 설치 · 관리에 있어서 재료와 작업상의 안전에 관하여 사업주에게 지도 · 권고할 기술상의 지침을 규정함을 목적으로 한다.

제2조 【정의】 이 지침에서 사용하는 용어의 정의는 이 지침에 특별한 규정이 있는 경우를 제외하고는 법, 동법 시행령, 동법 시행규칙 및 산업안전기준에 관한 규칙이 정하는 바에 의한다.

제2장 비계 작업

제1절 비계 재료

제3조 【비계 발판】 비계 발판의 재료는 다음 각 호에 규정된 규격에 적합한 것이어야 한다.

1. 비계 발판은 목재 또는 합판을 사용하여야 하며, 기타 자재를 사용할 경우에는 별도의 안전 조치를 하여야 한다.
2. 제재목인 경우에 있어서는 장섬유질의 경사가 ‖그림 1-1‖과 같이 1 : 15 이하이어야 하고 충분히 건조된 것(함수율 15~20% 이내)을 사용하여야 하며 변형, 갈라짐, 부식 등이 있는 자재를 사용해서는 아니된다.
3. 재료의 강도상 결점은 다음 각 목에 따른 검사에 적합하여야 한다.
   가. 발판의 폭과 동일한 길이 내에 있는 결점 치수의 총합이 발판 폭의 1/4을 초과하지 않을 것
   나. 결점 개개의 크기가 발판의 중앙부에 있는 경우 발판 폭의 1/5, 발판의 갓 부분에 있을 때는 발판 폭의 1/7을 초과하지 않을 것
   다. 발판의 갓면에 있을 때는 발판 두께의 1/2을 초과하지 않을 것
   라. 발판의 갈라짐은 발판 폭의 1/2을 초과해서는 아니되며 철선, 띠철로 감아서 보존할 것(‖그림 1-2‖).

4. 비계 발판의 치수는 폭이 두께의 5~6배 이상이어야 하며 발판 폭은 40cm 이상, 두께는 3.5cm 이상, 길이는 3.6m 이내이어야 한다.
5. 비계 발판은 하중과 간격에 따라서 응력의 상태가 달라지므로 ‖표 1-1‖에 의한 허용 응력을 초과하지 않도록 설계하여야 한다.

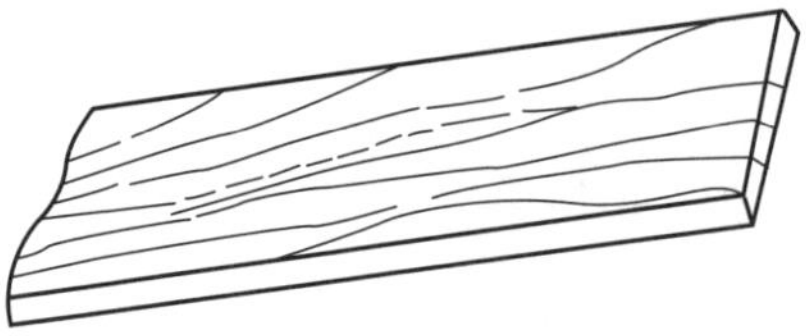

|그림 1-1|

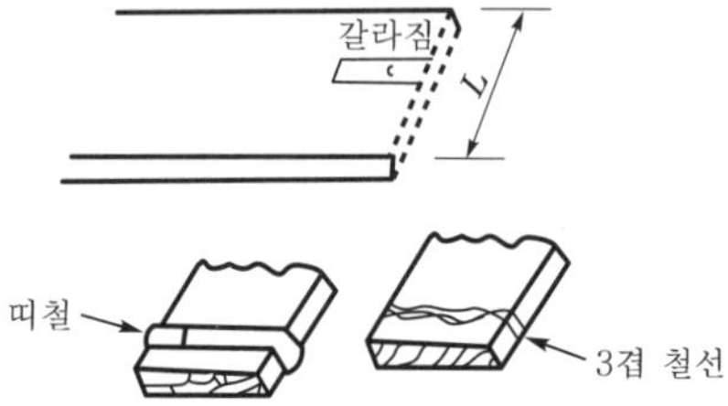

|그림 1-2|

|표 1-1| 비계 발판 작업으로서 목재의 허용 응력

(단위 : kg/cm^2)

허용 응력도 / 목재의 종류	압축	인장 또는 휨	전단
적송, 흑송, 회목	120	135	10.5
삼송, 전나무, 가문비나무	90	105	7.5

제4조 【통나무】 비계용 통나무는 장선을 제외하고 서로 대체 활용할 수 있으므로 압축, 인장 및 휨 등 외력이 작용하여도 충분히 견딜 수 있어야 하며 다음 각 호에 정하는 것에 적합한 것이어야 한다.

1. 형상이 곧고 나뭇결이 바르며 큰 옹이, 부식, 갈라짐 등 흠이 없고 건조된 것으로 썩거나 다른 결점이 없어야 한다.
2. 통나무의 직경은 밑둥에서 1.5m되는 지점에서의 지름이 10cm 이상이고 끝마구리의 지름은 4.5cm 이상이어야 한다.
3. 휨 정도는 길이의 1.5% 이내이어야 한다.
4. 밑둥에서 끝마구리까지의 지름의 감소는 1m당 0.5~0.7cm가 이상적이나 최대 1.5cm를 초과하지 않아야 한다.
5. 결손과 갈라진 길이는 전체 길이의 1/5 이내이고 깊이는 통나무 직경의 1/4을 넘지 않아야 한다.

제5조 【강관 및 강관틀 비계】 비계용 강관 및 강관틀 비계의 재료는 고용노동부 장관이 정하는 가설 기자재 성능 검정 규격에 합격한 것을 사용하여야 한다.

제6조 【결속 재료】 통나무 비계의 결속 재료로 사용되는 철선은 직경 3.4mm의 #10 내지 직경 4.2mm의 #8의 소성 철선(철선 길이 1개소 150cm 이상) 또는 #16 내지 #18의 아연도금 철선(철선 길이 1개소 500cm 이상)을 사용하며, 결속 재료는 모두 새것을 사용하고 재사용은 하지 아니한다.

제2절 비계 조립

제7조【통나무 비계】 사업주는 통나무 비계를 조립하여 사용함에 있어서 다음 각 호의 사항을 준수하여야 한다.

1. 비계 기둥의 밑둥은 호박돌, 잡석, 또는 깔판 등으로 침하 방지 조치를 취하여야 하고 지반이 연약한 경우에는 땅에 매립하여 고정시켜야 한다.
2. 기둥 간격은 띠장 방향에서 1.5m 내지 1.8m 이하, 장선 방향에서는 1.5m 이하이어야 한다.
3. 띠장 방향에서 1.5m 이하로 할 때에는 통나무 지름이 10cm 이상이어야 하며, 띠장 간격은 1.5m 이하로 하여야 하고 지상에서 첫째 띠장은 3m 정도의 높이에 설치하여야 한다.
4. 비계 기둥의 간격은 1.8m 이하로 하고 인접한 비계 기둥의 이음은 동일 높이에 있지 않도록 하여야 한다.
5. 비계 기둥은 겹침 이음을 하는 경우 1m 이상 겹쳐대고 2개소 이상 결속하여야 하며, 맞댄이음을 하는 경우 쌍기둥틀로 하거나 1.8m 이상의 덧댐목을 대고 4개소 이상 결속하여야 한다.
6. 벽 연결은 수직 방향에서 5.5m 이하, 수평 방향에서는 7.5m 이하의 간격으로 연결하여야 한다.
7. 기둥 간격 10m 이내마다 45° 각도의 처마 방향 가새를 비계 기둥 및 띠장에 결속하고, 모든 비계 기둥은 가새에 결속하여야 한다.
8. 작업대에는 표준 안전 난간을 설치하여야 한다.
9. 작업대 위의 공구, 재료 등에 대해서는 낙하물 방지 조치를 취해야 한다.

제8조【강관 비계】 사업주는 강관 비계를 조립하여 사용함에 있어서 다음 각 호의 사항을 준수하여야 한다.

1. 하단부에는 깔판(밑받침 철물), 받침목 등을 사용하고 밑둥잡이를 설치해야 한다.
2. 비계 기둥 간격은 띠장 방향에서는 1.5m 내지 1.8m, 장선 방향에서는 1.5m 이하이어야 하며, 비계 기둥의 최고부로부터 아래 방향으로 31m를 넘는 비계 기둥은 2본의 강관으로 묶어 세워야 한다.
3. 띠장 간격은 1.5m 이하로 설치하여야 하며, 지상에서 첫째 띠장은 높이 2m 이하의 위치에 설치하여야 한다.
4. 장선 간격은 1.5m 이하로 설치하고, 비계 기둥과 띠장의 교차부에서는 비계 기둥에 결속하고, 그 중간 부분에서는 띠장에 결속한다.
5. 비계 기둥 간의 적재 하중은 400kg을 초과하지 아니하도록 하여야 한다.
6. 벽 연결은 수직으로 5m, 수평으로 5m 이내마다 연결하여야 한다.
7. 기둥 간격 10m마다 45° 각도의 처마 방향 가새를 설치해야 하며, 모든 비계 기둥은 가새에 결속하여야 한다.

8. 작업대에는 표준 안전 난간을 설치하여야 한다.
9. 작업대의 구조는 추락 및 낙하물 방지 조치를 설치하여야 한다.
10. 작업 발판 설치가 필요한 경우에는 쌍줄 비계이어야 하며, 연결 및 이음 철물은 가설 기자재 성능검정규격에 규정된 것을 사용하여야 한다.

제9조【강관틀 비계】 사업주는 강관틀 비계를 조립하여 사용함에 있어서 다음 각 호의 사항을 준수하여야 한다.

1. 비계 기둥의 밑둥에는 밑받침 철물을 사용하여야 하며 밑받침에 고저차가 있는 경우 조절형 밑받침 철물을 사용하여, 각각의 강관틀 비계가 항상 수평 · 수직을 유지하여야 한다.
2. 전체 높이는 40m를 초과할 수 없으며, 20m를 초과할 경우 주틀의 높이를 2m 이내로 하고 주틀간의 간격은 1.8m 이하로 하여야 한다.
3. 주틀 간에 교차 가새를 설치하고 최상층 및 5층 이내마다 수평재를 설치하여야 한다.
4. 벽 연결은 구조체와 수직 방향으로 6m, 수평 방향으로 8m 이내마다 연결하여야 한다.
5. 띠장 방향으로 길이가 4m 이하이고 높이 10m를 초과하는 경우 높이 10m 이내마다 띠장 방향으로 버팀 기둥을 설치하여야 한다.
6. 그 외의 다른 사항은 강관 비계에 준한다.

제10조【달비계】 사업주는 달비계를 조립하여 사용함에 있어서 다음 각 호의 사항을 준수하여야 한다.

1. 안전 담당자의 지휘하에 작업을 진행하여야 한다.
2. 와이어 로프 및 강선의 안전 계수는 10 이상이어야 한다.
3. 와이어 로프의 일단은 권양기에 확실히 감겨져 있어야 한다.
4. 와이어 로프를 사용함에 있어 다음 각 목에 정하는 것은 사용할 수 없다.
   가. 와이어 로프 소선이 10% 이상 절단된 것
   나. 지름이 공칭 지름의 7% 이상 감소된 것
   다. 몹시 변형되었거나 비틀어진 것
5. 승강하는 경우 작업대는 수평을 유지하도록 하여야 한다.
6. 허용 하중 이상의 작업원이 타지 않도록 하여야 한다.
7. 권양기에는 제동 장치를 설치하여야 한다.
8. 작업 발판은 40cm 이상의 폭이어야 하며, 움직이지 않게 고정하여야 한다.
9. 발판 위 약 10cm 위까지 발끝막이판을 설치하여야 한다.
10. 난간은 표준 안전 난간을 설치해야 하며, 움직이지 않게 고정하여야 한다.
11. 작업 성질상 표준 안전 난간을 설치하는 것이 곤란하거나 임시로 안전 난간을 해체하여야 하는 경우에는 방망을 치거나 안전대를 착용하여야 한다.
12. 안전모와 안전대를 착용하여야 한다.

13. 달비계 위에서는 각립 사다리 등을 사용해서는 안 된다.
14. 난간 밖에서 작업하지 않도록 하여야 한다.
15. 달비계의 동요 또는 전도를 방지할 수 있는 장치를 하여야 한다.
16. 급작스런 행동으로 인한 비계의 동요, 전도 등을 방지하여야 한다.
17. 추락에 의한 근로자의 위험을 방지하기 위하여 달비계에 구명줄을 설치하여야 한다.

제11조 【달대 비계】 사업주는 달대 비계를 조립하여 사용함에 있어서 다음 각 호의 사항을 준수하여야 한다.

1. 달대 비계를 매다는 철선은 #8 소성 철선을 사용하며 4가닥 정도로 꼬아서 하중에 대한 안전 계수가 8 이상 확보되어야 한다.
2. 철근을 사용할 때에는 19mm 이상을 쓰며 근로자는 반드시 안전모와 안전대를 착용하여야 한다.

제12조 【말비계】 사업주는 말비계를 조립하여 사용함에 있어서 다음 각 호의 사항을 준수하여야 한다.

1. 사다리의 각부는 수평하게 놓아서 상부가 한쪽으로 기울지 않도록 하여야 한다.
2. 각부에는 미끄럼 방지 장치를 하여야 하며, 제일 상단에 올라서서 작업하지 말아야 한다.

제13조 【이동식 비계】 사업주는 이동식 비계를 조립하여 사용함에 있어서 다음 각 호의 사항을 준수하여야 한다.

1. 안전 담당자의 지휘하에 작업을 행하여야 한다.
2. 비계의 최대 높이는 밑변 최소 폭의 4배 이하이어야 한다.
3. 작업대의 발판은 전면에 걸쳐 빈틈없이 깔아야 한다.
4. 비계의 일부를 건물에 체결하여 이동, 전도 등을 방지하여야 한다.
5. 승강용 사다리는 견고하게 부착하여야 한다.
6. 최대 적재 하중을 표시하여야 한다.
7. 부재의 접속부, 교차부는 확실하게 연결하여야 한다.
8. 작업대에는 안전 난간을 설치하여야 하며 낙하물 방지 조치를 설치하여야 한다.
9. 불의의 이동을 방지하기 위한 제동 장치를 반드시 갖추어야 한다.
10. 이동할 때에는 작업원이 없는 상태이어야 한다.
11. 비계의 이동에는 충분한 인원 배치를 하여야 한다.
12. 안전모를 착용하여야 하며 지지 로프를 설치하여야 한다.
13. 재료, 공구의 오르내리기에는 포대, 로프 등을 이용하여야 한다.
14. 작업장 부근에 고압선 등이 있는가를 확인하고 적절한 방호 조치를 취하여야 한다.
15. 상하에서 동시에 작업을 할 때에는 충분한 연락을 취하면서 작업을 하여야 한다.

제3장 가설 통로

제14조 【경사로】 사업주는 경사로를 설치, 사용함에 있어서 다음 각 호의 사항을 준수하여야 한다.

1. 시공 하중 또는 폭풍, 진동 등 외력에 대하여 안전하도록 설계하여야 한다(❙그림 1-3❙ 참조).

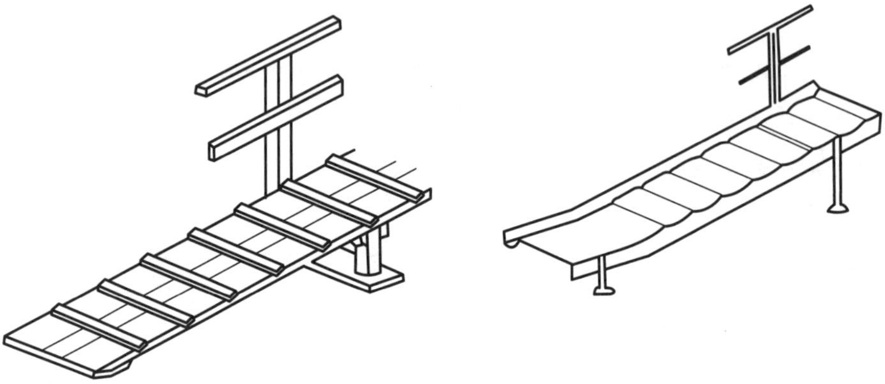

(a) 목재 경사로　　　(b) 철재 경사로

❙그림 1-3❙ 목재 및 철재 경사로의 예

2. 경사로는 항상 정비하고 안전 통로를 확보하여야 한다.
3. 비탈면의 경사각은 30° 이내로 하고 미끄럼막이 간격은 다음 표에 의한다.

경사각	미끄럼막이 간격	경사각	미끄럼막이 간격
30°	30cm	22°	40cm
29°	33cm	19°20′	43cm
27°	35cm	17°	45cm
24°15′	37cm	14°	47cm

4. 경사로의 폭은 최소 90cm 이상이어야 한다.
5. 높이 7m 이내마다 계단참을 설치하여야 한다.
6. 추락 방지용 안전 난간을 설치하여야 한다.
7. 목재는 미송, 육송 또는 그 이상의 재질을 가진 것이어야 한다.
8. 경사로 지지 기둥은 3m 이내마다 설치하여야 한다.
9. 발판은 폭 40cm 이상으로 하고, 틈은 3cm 이내로 설치하여야 한다.
10. 발판이 이탈하거나 한쪽 끝을 밟으면 다른 쪽이 들리지 않게 장선에 결속하여야 한다.
11. 결속용 못이나 철선이 발에 걸리지 않아야 한다.

제15조 【통로 발판】 사업주는 통로 발판을 설치하여 사용함에 있어서 다음 각 호의 사항을 준수하여야 한다.

1. 근로자가 작업 및 이동하기에 충분한 넓이가 확보되어야 한다.
2. 추락의 위험이 있는 곳에는 안전 난간이나 철책을 설치하여야 한다.
3. 발판을 겹쳐 이음하는 경우 장선 위에서 이음을 하고 겹침 길이는 20cm 이상으로 하여야 한다.
4. 발판 1개에 대한 지지물은 2개 이상이어야 한다.
5. 작업 발판의 최대 폭은 1.6m 이내이어야 한다.
6. 작업 발판 위에는 돌출된 못, 옹이, 철선 등이 없어야 한다.
7. 비계 발판의 구조에 따라 최대 적재 하중을 정하고 이를 초과하지 않도록 하여야 한다.

第16조【사다리식 통로의 기울기】 사다리식 통로의 기울기는 80° 이내로 하여야 한다(높이 2.5m를 초과하는 지점부터 등받이울을 설치하는 경우에는 그러하지 아니하다).

第17조【옥외용 사다리】 옥외용 사다리는 철재를 원칙으로 하며, 길이가 10m 이상인 때에는 5m 이내의 간격으로 계단참을 두어야 하고 사다리 전면의 사방 75cm 이내에는 장애물이 없어야 한다.

第18조【목재 사다리】 사업주는 목재 사다리를 설치하여 사용함에 있어서 다음 각 호의 사항을 준수하여야 한다.
1. 재질은 건조된 것으로 옹이, 갈라짐, 흠 등의 결함이 없고 곧은 것이어야 한다.
2. 수직재와 발 받침대는 장부촉 맞춤으로 하고 사개를 파서 제작하여야 한다.
3. 발 받침대의 간격은 25~35cm로 하여야 한다.
4. 이음 또는 맞춤 부분은 보강하여야 한다.
5. 벽면과의 이격 거리는 20cm 이상으로 하여야 한다.

第19조【철재 사다리】 사업주는 철재 사다리를 설치하여 사용함에 있어서 다음 각 호의 사항을 준수하여야 한다.
1. 수직재와 발 받침대는 횡좌굴을 일으키지 않도록 충분한 강도를 가진 것으로 하여야 한다.
2. 발 받침대는 미끄러짐을 방지하기 위한 미끄럼 방지 장치를 하여야 한다.
3. 받침대의 간격은 25~35cm로 하여야 한다.
4. 사다리 몸체 또는 전면에 기름 등과 같은 미끄러운 물질이 묻어 있어서는 아니된다.

第20조【이동식 사다리】 사업주는 이동식 사다리를 설치하여 사용함에 있어서 다음 각 호의 사항을 준수하여야 한다.
1. 길이가 6m를 초과해서는 안 된다.
2. 다리의 벌림은 벽 높이의 1/4 정도가 적당하다.
3. 벽면 상부로부터 최소한 60cm 이상의 연장 길이가 있어야 한다.

第21조【미끄럼 방지 장치】 사업주는 사다리를 설치하여 사용함에 있어서 다음 각 호의 사항을 준수하여야 한다.

1. 사다리 지주의 끝에 고무, 코르크, 가죽, 강스파크 등을 부착시켜 바닥과의 미끄럼을 방지하는 안전 장치가 있어야 한다.
2. 쐐기형 강스파크는 지반이 평탄한 맨땅 위에 세울 때 사용하여야 한다.
3. 미끄럼 방지 판자 및 미끄럼 방지 고정쇠는 돌 마무리 또는 인조석 깔기 마감한 바닥용으로 사용하여야 한다.
4. 미끄럼 방지 발판은 인조 고무 등으로 마감한 실내용을 사용하여야 한다.

제22조【기계 사다리】 사업주는 기계 사다리를 설치하여 사용함에 있어서 다음 각 호의 사항을 준수하여야 한다.

1. 추락 방지용 보호 손잡이 및 발판이 구비되어야 한다.
2. 작업자는 안전대를 착용하여야 한다.
3. 사다리가 움직이는 동안에는 작업자가 움직이지 않도록 사전에 충분한 교육을 시켜야 한다.

제23조【연장 사다리】 사업주는 도르래와 당김줄에 의하여 임의의 길이로 연장 또는 축소시킬 수 있는 연장 사다리를 설치하여 사용함에 있어서 다음 각 호의 사항을 준수하여야 한다.

1. 총 길이는 15m를 초과할 수 없다.
2. 사다리의 길이를 고정시킬 수 있는 잠금쇠와 브래킷을 구비하여야 한다.
3. 도르래 및 로프는 충분한 강도를 가진 것이어야 한다.

제24조【사다리 작업】 사업주는 사다리를 설치하여 사용함에 있어서 다음 각 호의 사항을 준수하여야 한다.

1. 안전하게 수리될 수 없는 사다리는 작업장 외로 반출시켜야 한다.
2. 사다리는 작업장에서 위로 60cm 이상 연장되어 있어야 한다.
3. 상부와 하부가 움직일 염려가 있을 때는 작업자 이외의 감시자가 있어야 한다.
4. 부서지기 쉬운 벽돌 등을 받침대로 사용하여서는 안 된다.
5. 작업자는 복장을 단정히 하여야 하며, 미끄러운 장화나 신발을 신어서는 안 된다.
6. 지나치게 부피가 크거나 무거운 짐을 운반하는 것을 피하여야 한다.
7. 출입문 부근에 사다리를 설치할 경우에는 반드시 감시자가 있어야 한다.
8. 금속 사다리는 전기 설비가 있는 곳에서는 사용하지 말아야 한다.
9. 사다리를 다리처럼 사용하여서는 안 된다.

제4장 가설 도로

제25조【가설 도로】 사업주는 공사용 가설 도로를 설치하여 사용함에 있어서 다음 각 호의 사항을 준수하여야 한다.

1. 도로의 표면은 장비 및 차량이 안전 운행할 수 있도록 유지 · 보수하여야 한다.
2. 장비 사용을 목적으로 하는 진입로, 경사로 등은 주행하는 차량 통행에 지장을 주지 않도록 만들어야 한다.

3. 도로와 작업장 높이에 차가 있을 때는 바리케이드 또는 연석 등을 설치하여 차량의 위험 및 사고를 방지하도록 하여야 한다.
4. 도로는 배수를 위해 도로 중앙부를 약간 높게 하거나 배수 시설을 하여야 한다.
5. 운반로는 장비의 안전 운행에 적합한 도로의 폭을 유지하여야 하며, 또한 모든 커브는 통상적인 도로 폭보다 좀더 넓게 만들고 시계에 장애가 없도록 만들어야 한다.
6. 커브 구간에서는 차량이 가시 거리의 절반 이내에서 정지할 수 있도록 차량의 속도를 제한하여야 한다.
7. 최고 허용 경사도는 부득이한 경우를 제외하고는 10%를 넘어서는 안 된다.
8. 필요한 전기 시설(교통 신호등 포함), 신호수, 표지판, 바리케이드, 노면 표지 등을 교통 안전 운행을 위하여 제공하여야 한다.
9. 안전 운행을 위하여 먼지가 일어나지 않도록 물을 뿌려주고 겨울철에는 눈이 쌓이지 않도록 조치하여야 한다.

第26조 【우회로】 사업주는 우회로를 설치하여 사용함에 있어서 다음 각 호의 사항을 준수하여야 한다.

1. 교통량을 유지시킬 수 있도록 계획되어야 한다.
2. 시공 중인 교량이나 높은 구조물의 밑을 통과해서는 안 되며 부득이 시공 중인 교량이나 높은 구조물의 밑을 통과하여야 할 경우에는 필요한 안전 조치를 하여야 한다.
3. 모든 교통 통제나 신호등은 교통 법규에 적합하도록 하여야 한다.
4. 우회로는 항시 유지 보수되도록 확실한 점검을 실시하여야 하며 필요한 경우에는 가설 등을 설치하여야 한다.
5. 우회로의 사용이 완료되면 모든 것을 원상복구하여야 한다.

第27조 【표지 및 기구】 사업주는 안전 표지 및 기구를 사용함에 있어서 다음 각 호에 적합한 것을 사용하여야 한다.

1. 교통 안전 표지 규칙
2. 방호 장치(반사경, 보호책, 방호 설비)

第28조 【신호수】 신호수는 책임감 있고 임무 숙지는 물론 잘 훈련되고 경험있는 자로 하여야 한다.

Chapter 02

건설업 산업안전보건관리비 계상 및 사용 기준

개정 2020.01.23 고용노동부 고시 제2020-63호

제1장 총 칙

제1조(목적) 이 고시는 「산업안전보건법」(이하 "법"이라 한다) 제72조, 같은 법 시행령(이하 "영"이라 한다) 제59조 및 제60조와 같은 법 시행규칙(이하 "규칙"이라 한다) 제89조에 따라 건설업의 산업안전보건관리비 계상 및 사용 기준을 정함을 목적으로 한다.

제2조(정의) ① 이 고시에서 사용하는 용어의 정의는 다음과 같다.

1. "건설업 산업안전보건관리비"(이하 "안전관리비"라 한다)란 건설사업장과 제7조 제4항에서 정하는 본사 안전 전담 부서에서 산업 재해의 예방을 위하여 법령에 규정된 사항의 이행에 필요한 비용을 말한다.
2. "안전관리비 대상액"(이하 "대상액"이라 한다)이란 「예정가격 작성준칙」(기획재정부 계약예규) 및 「지방자치단체 입찰 및 계약집행기준」(행정자치부 예규) 등 관련 규정에서 정하는 공사 원가 계산서 구성 항목 중 직접 재료비, 간접 재료비와 직접 노무비를 합한 금액(발주자가 재료를 제공할 경우에는 해당 재료비를 포함한다)을 말한다.
3. "근로자"란 건설사업장 소속 근로자 및 본사 안전 전담 부서 소속 근로자를 말한다.

② 그 밖에 이 고시에서 사용하는 용어의 정의는 이 고시에 특별한 규정이 없으면 「산업안전보건법」 법 · 시행령 · 같은 법 시행규칙 · 예산 회계 법령 및 건설 관계 법령에서 정하는 바에 따른다.

제3조(적용 범위) 이 고시는 「산업재해보상보험법」 제6조에 따라 「산업재해보상보험법」의 적용을 받는 공사 중 총 공사 금액 2천만원 이상인 공사에 적용한다. 다만, 다음의 어느 하나에 해당되는 공사 중 단가 계약에 의하여 행하는 공사에 대하여는 총 계약 금액을 기준으로 이를 적용한다.

1. 「전기공사업법」 제2조에 따른 전기 공사로서 저압 · 고압 또는 특별 고압 작업으로 이루어지는 공사
2. 「정보통신공사업법」 제2조에 따른 정보 통신 공사

제2장 안전관리비의 계상 및 사용

제4조(계상 기준) ① 건설 공사 발주자와 건설 공사의 시공을 주도하여 총괄·관리하는 자는 안전관리비를 다음 각 호와 같이 계상하여야 한다. 다만, 발주자가 재료를 제공하거나 물품이 완제품의 형태로 제작 또는 납품되어 설치되는 경우에 해당 재료비 또는 완제품의 가액을 대상액에 포함시킬 경우의 안전관리비는 해당 재료비 또는 완제품의 가액을 포함시키지 않은 대상액을 기준으로 계상한 안전관리비의 1.2배를 초과할 수 없다.

1. 대상액이 5억원 미만 또는 50억원 이상일 경우에는 대상액에 [별표 1]에서 정한 비율을 곱한 금액
2. 대상액이 5억원 이상 50억원 미만일 때에는 대상액에 [별표 1]에서 정한 비율을 곱한 금액에 기초액을 합한 금액

② [별표 1]의 공사의 종류는 [별표 5]의 건설 공사의 종류 예시표에 따른다. 다만, 하나의 사업장 내에 건설 공사 종류가 둘 이상인 경우(분리 발주한 경우를 제외한다)에는 공사 금액이 가장 큰 공사 종류를 적용한다.

③ 발주자 또는 자기공사자는 설계 변경 등으로 대상액의 변동이 있는 경우에 지체없이 안전관리비를 조정 계상하여야 한다.

제5조(계상 시기 등) ① 발주자는 원가 계산에 의한 예정 가격 작성 시 제4조에 따라 안전관리비를 계상하여야 한다.

② 자기공사자는 원가 계산에 의한 예정 가격을 작성하거나 자체 사업 계획을 수립하는 경우에 제4조에 따라 안전관리비를 계상하여야 한다.

③ 대상액이 구분되어 있지 않은 공사는 도급 계약 또는 자체 사업 계획 상의 총 공사 금액의 70퍼센트를 대상액으로 하여 제4조에 따라 안전관리비를 계상하여야 한다.

④ 발주자와 제1항 또는 제3항에 따라 계상된 안전관리비를 입찰 공고를 통해 입찰에 참가하고자 하는 자에게 알려야 한다.

⑤ 발주자와 수급인은 공사계약을 체결할 경우 제1항 또는 제3항에 따라 계상된 안전보건관리비를 공사도급계약서에 별도로 표시해야 한다.

제6조(수급인 등의 의무) <삭제>

제7조(사용 기준) ① 수급인 또는 자기공사자는 안전관리비를 다음의 항목별 사용기준에 따라 건설사업장에서 근무하는 근로자의 산업 재해 및 건강 장해 예방을 위한 목적으로만 사용하여야 한다.

1. 안전관리자 등의 인건비 및 각종 업무 수당 등

가. 전담 안전·보건관리자의 인건비, 업무수행 출장비(지방고용노동관서에 선임 보고한 날 이후 발생한 비용에 한정한다) 및 건설용 리프트의 운전자 인건비. 다만, 유해·위험방지계획서 대상으로 공사금액이 50억원 이상 120억원 미만(「건설산업기본법 시행령」 [별표 1]에 따른 토목공사업에 속하는 공사의 경우 150억원 미만)인 공사현장에 선임된 안전관리자가 겸직하는 경우 해당 안전관리자 인건비의 50퍼센트를 초과하지 않는 범위 내에서 사용 가능

나. 공사장 내에서 양중기·건설기계 등의 움직임으로 인한 위험으로부터 주변 작업자를 보호하기 위한 유도자 또는 신호자의 인건비나 비계 설치 또는 해체, 고소작업대 작업 시 낙하물 위험예방을 위한 하부통제, 화기작업 시 화재감시 등 공사현장의 특성에 따라 근로자 보호만을 목적으로 배치된 유도자 및 신호자 또는 감시자의 인건비

다. [별표 1]의 2에 해당하는 작업을 직접 지휘·감독하는 직·조·반장 등 관리감독자의 직위에 있는 자가 영 제10조 제1항에서 정하는 업무를 수행하는 경우에 지급하는 업무수당(월 급여액의 10퍼센트 이내)

2. 안전시설비 등 : 법·영·규칙 및 고시에서 규정하거나 그에 준하여 필요로 하는 각종 안전표지·경보 및 유도시설, 감시 시설, 방호장치, 안전·보건시설 및 그 설치비용(시설의 설치·보수·해체 시 발생하는 인건비 등 경비를 포함한다)
3. 개인보호구 및 안전장구 구입비 등 : 각종 개인 보호장구의 구입·수리·관리 등에 소요되는 비용, 안전보건 관계자 식별용 의복 및 제1호의 안전·보건관리자 및 안전보건보조원 전용 업무용 기기에 소요되는 비용(근로자가 작업에 필요한 안전화·안전대·안전모를 직접 구입·사용하는 경우 지급하는 보상금을 포함한다)
4. 사업장의 안전·보건진단비 등 : 법·영·규칙 및 고시에서 규정하거나 자율적으로 외부전문가 또는 전문기관을 활용하여 실시하는 각종 진단, 검사, 심사, 시험, 자문, 작업환경측정, 유해·위험방지계획서의 작성·심사·확인에 소요되는 비용, 자체적으로 실시하기 위한 작업환경 측정장비 등의 구입·수리·관리 등에 소요되는 비용과 전담 안전·보건관리자용 안전순찰차량의 유류비·수리비·보험료 등의 비용
5. 안전보건교육비 및 행사비 등 : 법·영·규칙 및 고시에서 규정하거나 그에 준하여 필요로 하는 각종 안전보건교육에 소요되는 비용(현장내 교육장 설치비용을 포함한다), 안전보건관계자의 교육비, 자료 수집비 및 안전기원제·안전보건행사에 소요되는 비용(기초안전보건교육에 소요되는 교육비·출장비·수당을 포함한다. 단, 수당은 교육에 소요되는 시간의 임금을 초과할 수 없다)
6. 근로자의 건강관리비 등 : 법·영·규칙 및 고시에서 규정하거나 그에 준하여 필요로 하는 각종 근로자의 건강관리에 소요되는 비용(중대재해 목격에 따른 심리치료비용을 포함한다) 및 작업의 특성에 따라 근로자 건강보호를 위해 소요되는 비용
7. 기술지도비 : 재해예방전문지도기관에 지급하는 기술지도 비용
8. 본사 사용비 : 안전만을 전담으로 하는 별도 조직(이하 "안전전담부서"라 한다)을 갖춘 건설업체의 본사에서 사용하는 제1호부터 제7호까지의 사용항목과 본사 안전전담부서의 안전전담직원 인건비·업무수행 출장비(계상된 안전관리비의 5퍼센트를 초과할 수 없다)

② 제1항에도 불구하고 사용하고자 하는 항목이 다음 각 호의 어느 하나에 해당하거나 [별표 2]의 사용불가 내역에 해당하는 경우에는 사용할 수 없다. 다만, 화재예방, 소방시설 설치·유지 및 안전관리에 관한 법률에 따른 소화기 구매에 소요되는 비용은 사용할 수 있다.

1. 공사 도급내역서 상에 반영되어 있는 경우
2. 다른 법령에서 의무사항으로 규정하고 있는 경우
3. 작업방법 변경, 시설 설치 등이 근로자의 안전・보건을 일부 향상시킬 수 있는 경우라도 시공이나 작업을 용이하게 하기 위한 목적이 포함된 경우
4. 환경관리, 민원 또는 수방대비 등 다른 목적이 포함된 경우
5. 근로자의 근무여건 개선, 복리・후생 증진, 사기진작 등의 목적이 포함된 경우

③ 수급인 또는 자기공사자는 [별표 3]에서 정하는 기준에 따라 안전관리비를 사용하되, 발주자 또는 감리원은 해당 공사의 특성 등을 고려하여 사용기준을 달리 정할 수 있다.

④ 제1항 제8호에 따른 안전전담부서는 영 제17조에 따른 안전관리자의 자격을 갖춘 사람(영 [별표 4] 제8호와 제9호에 해당하는 사람을 제외한다) 1명 이상을 포함하여 3명 이상의 안전전담직원으로 구성된 안전만을 전담하는 과 또는 팀 이상의 별도조직을 말하며, 본사에서 안전관리비를 사용하는 경우 1년간(1.1~12.31) 본사 안전관리비 실행예산과 사용금액은 전년도 미사용금액을 합하여 5억원을 초과할 수 없다.

⑤ 수급인 또는 자기공사자는 사업의 일부를 타인에게 도급한 경우 그의 수급인이 제1항의 기준에 따라 사용한 비용을 산업안전보건관리비 범위에서 적정하게 지급할 수 있다.

제8조(목적 외 사용 금액에 대한 감액 등) 발주자는 수급인이 법 제72조 제2항에 위반하여 다른 목적으로 사용하거나 사용하지 않은 안전관리비에 대하여 이를 계약 금액에서 감액 조정하거나 반환을 요구할 수 있다.

제9조(확인) ① 수급인 또는 자기공사자는 안전관리비 사용 내역에 대하여 공사 시작 후 6개월마다 1회 이상 발주자 또는 감리원의 확인을 받아야 한다. 다만, 6개월 이내에 공사가 종료되는 경우에는 종료 시 확인을 받아야 한다.

② 제1항에도 불구하고 발주자 또는 고용노동부 관계 공무원은 안전관리비 사용 내역을 수시 확인할 수 있으며, 수급인 또는 자기공사자는 이에 따라야 한다.

③ 발주자 또는 감리원은 제1항에 따른 안전관리비 사용내역 확인 시 기술지도 계약 체결여부, 기술지도 실시 및 개선여부 등을 확인하여야 한다

제10조(안전관리비 실행 예산의 작성・집행 및 서류 관리 등) ① 수급인 또는 자기공사자는 공사 실행 예산을 작성하는 경우에 해당 공사에 사용하여야 할 안전관리비의 실행 예산을 계상된 안전관리비 총액 이상으로 별도 편성해야 하며, 이에 따라 안전관리비를 사용하고 별지 제1호 서식의 안전관리비 사용 내역서를 해당 공사 현장에 갖추어 두어야 한다.

② 사업주는 제1항에 따른 안전관리비 실행 예산을 작성하고 집행하는 경우에 법 제17조와 영 제16조에 따라 선임된 해당 사업장의 안전 관리자가 참여토록 하여야 한다.

③ 제7조에 따라 안전관리비를 본사에서 사용하는 수급인 또는 자기공사자는 별지 제2호 서식에 따른 본사 안전관리비 사용 내역서와 안전 전담 부서의 직원이 안전 관리 업무를 전담하고 있음을 증명할 수 있는 인사 명령서, 업무 일지 등 관계 서류를 본사에 갖추어 두어야 한다.

제3장 재해 예방 기술 지도 등

제11조(기술 지도 횟수 등) ① 기술 지도는 공사 기간 중 월 2회 이상 실시하여야 한다.
② 건설 재해 예방 기술 지도비가 제5조에 따라 계상된 안전관리비 총액의 20%를 초과하는 경우에는 그 이내에서 기술 지도 횟수를 조정할 수 있다.

[별표 1] 공사 종류 및 규모별 안전관리비 계상 기준표 (단위 : 원)

구분 / 공사 종류	대상액 5억원 미만	대상액 5억원 이상 50억원 미만		대상액 50억원 이상인 경우 적용비율(%)	영 [별표 5]에 따른 보건관리자 선임대상 건설공사의 적용비율(%)
		비율(%)	기초액		
일반 건설 공사(갑)	2.93%	1.86%	5,349,000원	1.97%	2.15%
일반 건설 공사(을)	3.09%	1.99%	5,499,000원	2.10%	2.29%
중건설 공사	3.43%	2.35%	5,400,000원	2.44%	2.66%
철도 · 궤도 신설 공사	2.45%	1.57%	4,411,000원	1.66%	1.81%
특수 및 기타 건설 공사	1.85%	1.20%	3,250,000원	1.27%	1.38%

[별표 1의 2] 관리감독자 안전보건업무 수행 시 수당지급 작업

1. 건설용 리프트 · 곤돌라를 이용한 작업
2. 콘크리트 파쇄기를 사용하여 행하는 파쇄작업(2미터 이상인 구축물 파쇄에 한정한다)
3. 굴착 깊이가 2미터 이상인 지반의 굴착작업
4. 흙막이지보공의 보강, 동바리 설치 또는 해체작업
5. 터널 안에서의 굴착작업, 터널거푸집의 조립 또는 콘크리트 작업
6. 굴착면의 깊이가 2미터 이상인 암석 굴착 작업
7. 거푸집지보공의 조립 또는 해체작업
8. 비계의 조립, 해체 또는 변경작업
9. 건축물의 골조, 교량의 상부구조 또는 탑의 금속제의 부재에 의하여 구성되는 것(5미터 이상에 한정한다)의 조립, 해체 또는 변경작업
10. 콘크리트 공작물(높이 2미터 이상에 한정한다)의 해체 또는 파괴 작업
11. 전압이 75볼트 이상인 정전 및 활선작업
12. 맨홀작업, 산소결핍장소에서의 작업
13. 도로에 인접하여 관로, 케이블 등을 매설하거나 철거하는 작업
14. 전주 또는 통신주에서의 케이블 공중가설작업

[별표 1의 3] 설계변경 시 안전관리비 조정 · 계상 방법

1. 설계변경에 따른 안전관리비는 다음 계산식에 따라 산정한다.
   - 설계변경에 따른 안전관리비=설계변경 전의 안전관리비+설계변경으로 인한 안전관리비 증감액
2. 제1호의 계산식에서 설계변경으로 인한 안전관리비 증감액은 다음 계산식에 따라 산정한다.
   - 설계변경으로 인한 안전관리비 증감액=설계변경 전의 안전관리비×대상액의 증감 비율
3. 제2호의 계산식에서 대상액의 증감 비율은 다음 계산식에 따라 산정한다. 이 경우, 대상액은 예정가격 작성시의 대상액이 아닌 설계변경 전후의 도급계약서상의 대상액을 말한다.
   - 대상액의 증감 비율=[(설계변경 후 대상액−설계변경 전 대상액) / 설계변경 전 대상액]×100%

[별표 2] 안전관리비의 항목별 사용 불가 내역

항 목	사용 불가 내역
1. 안전관리자 등의 인건비 및 각종 업무 수당 등 (제7조 제1항 제1호 관련)	• 안전·보건관리자의 인건비 등 1) 안전·보건관리자의 업무를 전담하지 않는 경우(영 [별표 3] 제41호에 따라 유해·위험방지계획서 제출 대상 건설공사에 배치하는 안전관리자가 다른 업무와 겸직하는 경우의 인건비는 제외한다) 2) 지방고용노동관서에 선임 신고하지 아니한 경우 3) 영 제17조의 자격을 갖추지 아니한 경우 ※ 선임의무가 없는 경우에도 실제 선임·신고한 경우에는 사용할 수 있음(법상 의무 선임자 수를 초과하여 선임·신고한 경우, 도급인이 선임하였으나 하도급 업체에서 추가 선임·신고한 경우, 재해예방전문기관의 기술지도를 받고 있으면서 추가 선임·신고한 경우를 포함한다) • 유도자 또는 신호자의 인건비 1) 시공, 민원, 교통, 환경관리 등 다른 목적을 포함하는 등 아래 세목의 인건비 가) 공사 도급내역서에 유도자 또는 신호자 인건비가 반영된 경우 나) 타워크레인 등 양중기를 사용할 경우 유도 신호 업무만을 전담하지 않는 경우 다) 원활한 공사수행을 위하여 사업장 주변 교통정리, 민원 및 환경 관리 등의 목적이 포함되어 있는 경우 ※ 도로 확·포장 공사 등에서 차량의 원활한 흐름을 위한 유도자 또는 신호자, 공사현장 진·출입로 등에서 차량의 원활한 흐름 또는 교통 통제를 위한 교통정리 신호수 등 • 안전·보건보조원의 인건비 1) 전담 안전·보건관리자가 선임되지 아니한 현장의 경우 2) 보조원이 안전·보건관리업무 외의 업무를 겸임하는 경우 3) 경비원, 청소원, 폐자재 처리원 등 산업안전·보건과 무관하거나 사무보조원(안전보건관리자의 사무를 보조하는 경우를 포함한다)의 인건비
2. 안전시설비 등 (제7조 제1항 제2호 관련)	원활한 공사수행을 위해 공사현장에 설치하는 시설물, 장치, 자재, 안내·주의·경고 표지 등과 공사 수행 도구·시설이 안전장치와 일체형인 경우 등에 해당하는 경우 그에 소요되는 구입·수리 및 설치·해체 비용 등 • 원활한 공사수행을 위한 가설시설, 장치, 도구, 자재 등 1) 외부인 출입금지, 공사장 경계표시를 위한 가설울타리 2) 각종 비계, 작업발판, 가설계단·통로, 사다리 등 ※ 안전발판, 안전통로, 안전계단 등과 같이 명칭에 관계없이 공사 수행에 필요한 가시설들은 사용 불가 – 다만, 비계·통로·계단에 추가 설치하는 추락방지용 안전난간, 사다리 전도방지장치, 틀비계에 별도로 설치하는 안전난간·사다리, 통로의 낙하물방호선반 등은 사용 가능함 3) 절토부 및 성토부 등의 토사유실 방지를 위한 설비 4) 작업장 간 상호 연락, 작업 상황 파악 등 통신수단으로 활용되는 통신시설·설비 5) 공사 목적물의 품질 확보 또는 건설장비 자체의 운행 감시, 공사 진척상황 확인, 방법 등의 목적을 가진 CCTV 등 감시용 장비 ※ 다만, 근로자의 재해예방을 위한 목적으로만 사용하는 CCTV에 소요되는 비용은 사용 가능함

항 목	사용 불가 내역
2. 안전시설비 등 (제7조 제1항 제2호 관련)	• 소음 · 환경관련 민원예방, 교통통제 등을 위한 각종 시설물, 표지 1) 건설현장 소음방지를 위한 방음시설, 분진망 등 먼지 · 분진 비산 방지시설 등 2) 도로 확 · 포장공사, 관로공사, 도심지 공사 등에서 공사차량 외의 차량유도, 안내 · 주의 · 경고 등을 목적으로 하는 교통안전시설물 ※ 공사안내 · 경고 표지판, 차량유도등 · 점멸등, 라바콘, 현장경계휀스, PE드럼 등 • 기계 · 기구 등과 일체형 안전장치의 구입비용 ※ 기성제품에 부착된 안전장치 고장 시 수리 및 교체비용은 사용 가능. 1) 기성제품에 부착된 안전장치 ※ 톱날과 일체식으로 제작된 목재가공용 둥근톱의 톱날접촉예방장치, 플러그와 접지 시설이 일체식으로 제작된 접지형플러그 등 2) 공사수행용 시설과 일체형인 안전시설 • 동일 시공업체 소속의 타 현장에서 사용한 안전시설물을 전용하여 사용할 때의 자재비(운반비는 안전관리비로 사용할 수 있다)
3. 개인보호구 및 안전장구 구입비 등(제7조 제1항 제3호 관련)	근로자 재해나 건강장해 예방 목적이 아닌 근로자 식별, 복리 · 후생적 근무여건 개선 · 향상, 사기 진작, 원활한 공사수행을 목적으로 하는 다음 장구의 구입 · 수리 · 관리 등에 소요되는 비용 • 안전 · 보건관리자가 선임되지 않은 현장에서 안전 · 보건업무를 담당하는 현장관계자용 무전기, 카메라, 컴퓨터, 프린터 등 업무용 기기 • 근로자 보호 목적으로 보기 어려운 피복, 장구, 용품 등 1) 작업복, 방한복, 면장갑, 코팅장갑 등 ※ 다만, 근로자의 건강 장해 예방을 위해 사용하는 미세 먼지 마스크, 쿨 토시, 아이스 조끼, 핫팩, 발열 조끼 등은 사용 가능함 2) 감리원이나 외부에서 방문하는 인사에게 지급하는 보호구
4. 사업장의 안전진단비 (제7조 제1항 제4호 관련)	다른 법 적용사항이거나 건축물 등의 구조안전, 품질관리 등을 목적으로 하는 등의 다음과 같은 점검 등에 소요되는 비용 • 「건설기술진흥법」, 「건설기계관리법」 등 다른 법령에 따른 가설구조물 등의 구조검토, 안전점검 및 검사, 차량계 건설기계의 신규등록 · 정기 · 구조변경 · 수시 · 확인검사 등 • 「전기사업법」에 따른 전기안전대행 등 • 「환경법」에 따른 외부 환경 소음 및 분진 측정 등 • 민원 처리 목적의 소음 및 분진 측정 등 소요비용 • 매설물 탐지, 계측, 지하수 개발, 지질조사, 구조안전검토 비용 등 공사 수행 또는 건축물 등의 안전 등을 주된 목적으로 하는 경우 • 공사도급내역서에 포함된 진단비용 • 안전순찰차량(자전거, 오토바이를 포함한다) 구입 · 임차 비용 ※ 안전 · 보건관리자를 선임 · 신고하지 않은 사업장에서 사용하는 안전순찰차량의 유류비, 수리비, 보험료 또한 사용할 수 없음
5. 안전보건교육비 및 행사비 등 (제7조 제1항 제5호 관련)	산업안전보건법령에 따른 안전보건교육, 안전의식 고취를 위한 행사와 무관한 다음과 같은 항목에 소요되는 비용 • 해당 현장과 별개 지역의 장소에 설치하는 교육장의 설치 · 해체 · 운영비용 ※ 다만, 교육장소 부족, 교육환경 열악 등의 부득이한 사유로 해당 현장 내에 교육장 설치 등이 곤란하여 현장 인근지역의 교육장 설치 등에 소요되는 비용은 사용 가능 • 교육장 대지 구입비용 • 교육장 운영과 관련이 없는 태극기, 회사기, 전화기, 냉장고 등 비품 구입비

항 목	사용 불가 내역
5. 안전보건교육비 및 행사비 등 (제7조 제1항 제5호 관련)	• 안전관리 활동 기여도와 관계없이 지급하는 다음과 같은 포상금(품) 1) 일정 인원에 대한 할당 또는 순번제 방식으로 지급하는 경우 2) 단순히 근로자가 일정기간 사고를 당하지 아니하였다는 이유로 지급하는 경우 3) 무재해 달성만을 이유로 전 근로자에게 일률적으로 지급하는 경우 4) 안전관리 활동 기여도와 무관하게 관리사원 등 특정 근로자, 직원에게만 지급하는 경우 • 근로자 재해예방 등과 직접 관련이 없는 안전정보 교류 및 자료수집 등에 소요되는 비용 1) 신문 구독 비용 ※ 다만, 안전보건 등 산업재해 예방에 관한 전문적, 기술적 정보를 60% 이상 제공하는 간행물 구독에 소요되는 비용은 사용 가능 2) 안전관리 활동을 홍보하기 위한 광고비용 3) 정보교류를 위한 모임의 참가회비가 적립의 성격을 가지는 경우 • 사회통념에 맞지 않는 안전보건 행사비, 안전기원제 행사비 1) 현장 외부에서 진행하는 안전기원제 2) 사회통념상 과도하게 지급되는 의식 행사비(기도비용 등을 말한다) 3) 준공식 등 무재해 기원과 관계없는 행사 4) 산업안전보건의식 고취와 무관한 회식비 • 「산업안전보건법」에 따른 안전보건교육 강사 자격을 갖추지 않은 자가 실시한 산업안전보건 교육비용
6. 근로자의 건강관리비 등 (제7조 제1항 제6호 관련)	근무여건 개선, 복리·후생 증진 등의 목적을 가지는 다음과 같은 항목에 소요되는 비용 • 복리후생 등 목적의 시설·기구·약품 등 1) 간식·중식 등 휴식 시간에 사용하는 휴게시설, 탈의실, 이동식 화장실, 세면·샤워시설 ※ 분진·유해물질사용·석면해체제거 작업장에 설치하는 탈의실, 세면·샤워시설 설치비용은 사용 가능 2) 근로자를 위한 급수시설, 정수기·제빙기, 자외선차단용품(로션, 토시 등을 말한다) ※ 작업장 방역 및 소독비, 방충비 및 근로자 탈수방지를 위한 소금정제, 6월~10월에 사용하는 제빙기 임대 비용은 사용 가능 3) 혹서·혹한기에 근로자 건강 증진을 위한 보양식·보약 구입비용 ※ 작업 중 혹한·혹서 등으로부터 근로자를 보호하기 위한 간이 휴게시설 설치·해체·유지비용은 사용 가능 4) 체력단련을 위한 시설 및 운동 기구 등 5) 병·의원 등에 지불하는 진료비, 암 검사비, 국민건강보험 제공비용 등 ※ 다만, 해열제, 소화제 등 구급약품 및 구급용구 등의 구입비용은 사용 가능 • 파상풍, 독감 등 예방을 위한 접종 및 약품(신종플루 예방접종 비용을 포함한다) • 기숙사 또는 현장사무실 내의 휴게시설 설치·해체·유지비, 기숙사 방역 및 소독·방충비용 • 다른 법에 따라 의무적으로 실시해야하는 건강검진 비용 등
7. 건설재해예방 기술지도비	–
8. 본사 사용비 (제7조 제1항 제6호 관련)	• 본사에 제7조 제4항의 기준에 따른 안전보건관리만을 전담하는 부서가 조직되어 있지 않은 경우 • 전담부서에 소속된 직원이 안전보건관리 외의 다른 업무를 병행하는 경우

※ 장기 계속 계약 공사에 있어서는 총 공사 금액에 의해 계상된 안전관리비를 기준으로 사용한다.

[별표 3] 공사 진척에 따른 안전 관리비 사용 기준

공정률	50퍼센트 이상 70퍼센트 미만	70퍼센트 이상 90퍼센트 미만	90퍼센트 이상
사용 기준	50퍼센트 이상	70퍼센트 이상	90퍼센트 이상

※ 공정률은 기성 공정률을 기준으로 한다.

[별표 4] 삭제

[별표 5] 건설 공사의 종류 예시표

공사 종류	내용 예시
1. 일반 건설 공사(갑)	ㅁ 중건설 공사, 철도 또는 궤도 건설 공사, 기계 장치 공사 이외의 건축 건설, 도로 신설 등 공사와 이에 부대하여 해당 공사를 현장 내에서 행하는 공사 1. 건축물 등의 건설 공사 • 건축 건설 공사와 이에 부대하여 해당 공사 현장 내에서 행하여지는 공사 • 목조, 연와조, 블록조, 석조, 철근 콘크리트조 등의 건물 건설 공사 – 건축물의 신설 공사와 그의 보수 및 파괴 공사 또는 이에 부대하여 행하여지는 건설 공사 • 주택, 축사, 가건물, 창고, 학교, 강당, 체육관, 사무소, 백화점, 점포, 공장, 발전소, 특수 공장, 연구소, 병원, 기념탑, 기념 건물, 역사 등을 신축, 개축, 보수, 파괴, 해체하는 건설 공사 • 철골, 철근 및 철근 콘크리트조 가옥을 이축하는 공사 • 구입한 철파이프를 절단, 벤딩(구부림), 조립하여 축사 등을 건설하는 공사 • 건축물 설비 공사 – 해당 건축물 내·외에서 행하는 설비 또는 부대 공사 · 해당 건축물 내·외의 전기, 전등, 전신기 등의 설비 공사 · 해당 건축물 내·외의 송·배전 선로, 전기 배선, 전화 선로, 네온 장치 등의 부설 공사 · 해당 건축물 내·외의 급수 및 급탕 등의 설비 공사 · 해당 건축물 내·외의 안전 및 소화 등의 설비 공사 · 해당 건축물 내·외의 난방, 냉방, 환기, 건조, 온·습도 조절 등의 설비 공사 · 해당 건축물의 도장 공사 및 시멘트 취부 방수 공사 · 해당 건축물의 설비를 위한 석축, 타일, 기와, 슬레이트 등을 부설하는 건설 공사 · 해당 건축물 내의 냉동기의 부설에 일관하여 행하여지는 난방 및 냉동 등의 시설에 관한 공사 · 건물 내의 아이스 스케이팅 설비에 관한 공사 · 그 밖의 건축물의 설비 공사 – 내장, 유리 등의 기타 전문 제공사 • 교량 건설 공사 – 일반 교량의 신설 공사와 이에 부대하여 해당 공사장 내에서 행하는 건설 공사 – 기설 교량의 보수와 개수에 관한 공사, 교량에 교각, 교대 등의 기초 건설 공사, 기타 교량의 보수 공사 – 선창의 건설 공사

공사 종류	내용 예시
1. 일반 건설 공사(갑)	2. 도로 신설 공사 • 도로 신설에 관한 공사와 이에 부대하여 행하어지는 공사 –도로 또는 광장의 신설 공사 –기설 도로의 변경, 굴곡의 제거 및 확장 공사 –도로 및 광장의 포장 공사(사리살포 공사 포함) 3. 기타 건설 공사 • 중건설 공사, 철도 또는 궤도 신설 공사(다만, 철도 또는 궤도의 신설 공사에 단순히 노무 용역과 건설 기술만을 제공하는 사업 제외), 건축 건설 공사, 도로 신설 공사, 기계 장치 공사 이외의 기타 건설 공사와 이에 부대하여 해당 공사 현장 내에서 행하는 건설 공사 –수력 발전 시설 및 댐 시설 이외의 제방 건설 공사 –기설 터널의 보수 및 복구 공사 –기설의 도로 등의 개수, 복구 또는 유지·관리의 공사 –구내에서 인입선 공사, 증선 공사 등 –옹벽 축조의 건설 공사 –기설 도로 또는 플랫폼 등의 포장 공사(사리살포, 잔디붙이기 공사 등 포함) –공작물의 해체, 이동, 제거 또는 철거의 공사 –철골조, 철근조, 철근 콘크리트조 등의 고가 철도의 신설 공사와 이에 부대하여 해당 공사 현장 내에서 행하는 건설 공사 –지반으로부터 10m 이내의 지하에 복개식으로 시공하는 지하도, 지하철도, 지하상가 또는 통신 선로 등의 인입 통신구의 신설 공사와 이에 부대하여 해당 공사 현장 내에서 행하는 건설 공사 –하천의 연제(연제 : 제방 도로), 제방 수문, 통문, 갑문 등의 신설 개수에 관한 공사 –관개용수로, 그 밖의 각종 수로의 신설 개수, 유지에 관한 공사 –운하 및 수로 또는 이의 부속 건물의 건설 공사 –저수지, 광독 침전지 수영장 등의 건설 공사 –사방 설비의 건설 공사 –해안 또는 항만의 방파제, 안벽 등의 건설 공사(중건설 공사의 고제방(댐) 등 신설 공사 이외의 공사) –호반, 하천 또는 해면의 준설, 간척 또는 매립 등의 공사 –비행장, 골프장, 경마장 또는 경기장의 조성에 관한 공사 –개간, 경지 정리, 부지 또는 광장의 조성 공사 –지하에 구축하는 각종 물탱크의 건설 공사(기초 공사 포함) –철관, 콘크리트관, 케이블류, 가스관, 흄관, 지중선, 동재 등의 매설 공사 –침몰된 공작물의 인양 공사 –수중 오물 수거 작업 공사 –그 밖의 각종 건설 공사(건설 공사를 위한 시추 공사를 포함하나 광업 시추 및 시굴 공사는 제외) –각종 운동장 스탠드 건설 공사 –체토사(쌓여서 막힌 흙과 모래)의 붕괴 및 낙석 등의 방지벽 건설 공사와 이와 부대하여 해당 공사장 내에서 행하는 각종 공사 –과선교(구름다리)의 건설 공사 –철탑, 연돌(굴뚝), 풍동 등의 건설 공사 –광고탑, 탱크 등의 건설 공사

공사 종류	내용 예시
1. 일반 건설 공사(갑)	–문, 담장, 축대, 정원 등의 건설 공사 –용광로의 건설 공사 –전차 궤도의 송전 가선의 건설 공사와 그 보수 공사 –송전 선로, 통신 선로 또는 철관의 건설 공사 및 기계 장치의 산세정 공사 –신호기의 건설 공사 –하수도관 세척 공사 –무대 세트 제작, 조립, 도색, 도배, 철거 공사 –그 밖의 각종 건설 공사 –일반 경상 보수의 용역 사업은 이에 분류 • 일반 건설 공사(을), 중건설 공사, 철도 · 궤도 신설 공사, 특수 및 기타 건설 공사의 사업에 직접적으로 관련하여 행하지 않는다고 인정되는 건설 공사로서 다른 것에 분류하지 아니한 건설 공사
2. 일반 건설 공사(을)	□ 각종 기계 · 기구 장치 등을 설치하는 공사 1. 기계 장치 공사 • 각종 기계 · 기구 장치를 위한 조립 및 부설 공사와 이에 부대하여 행하여지는 건설 공사 –각종의 기계 및 기구 장치를 위한 기초 처리 공사 –기계 및 기구 장치를 위한 기계대 건설 공사 –보일러, 기중기, 양중기 등의 조립 및 부설 공사 –전기 수진기, 공기 압축기, 건조기, 각종 운반기 등의 조립 및 부설 공사 –석유 정제 장치, 펌프 제조 장치 등과 같은 기계 · 기구의 조립 또는 부설 공사 –삭도 건설 공사 –화력 및 원자력 발전 시설의 설치 공사 –변전소 설치 및 수리 공사 –그 밖의 각종 기계 및 기구의 설치 공사 또는 해체 공사 –기계 장치의 수리 공사 –승강기 및 에스컬레이터의 설치 공사 –화력, 원자력 및 수력 발전소의 수리 공사(단, 산세정 공사 제외) –공해 방지 시설 및 폐수 처리 시설 공사 –도시 가스 제조 및 공급 설비 공사 –통신 장비(컴퓨터 통신 장비 포함)의 설치, 이전, 철거 공사
3. 중건설 공사	□ 고제방(댐), 수력 발전 시설, 터널 등을 신설하는 공사 1. 고제방(댐) 등 신설 공사 • 제방의 기초 지반(터파기 밑나비가 10m 이상인 경우에는 그 최심부 : 기초 지반의 최심부는 말뚝 선단의 위치임. 다만, 잔교식 공법의 경우는 제외)에서 그 정상까지의 높이가 20m 이상되는 제방 및 해안 또는 항만의 방파제, 안벽 등의 신설에 관한 공사와 이에 부대하여 해당 공사장 내에서 행하여지는 건설 공사 –제방의 신설에 관한 가설 공사 또는 기초 공사 –제방의 신설 공사장 내에서 시공하는 제방체, 배사구(쌓인 모래를 내보내는 출구), 가제방, 골재 채취, 송전 선로, 철탑, 발전소, 변전소 등의 시설 공사 –제방 공사용 자재의 운반을 하기 위한 도로, 철도 또는 궤도의 건설 공사 –제방의 신설에 따른 취수구, 배수로, 가배수로, 여수로, 하수구의 복개, 물탱크 등의 취수 시설에 관한 공사 –제방의 신설에 따른 수력 발전 시설용의 터널 또는 토석 제방 등의 신설에 관한 공사

공사 종류	내용 예시
3. 중건설 공사	–제방의 신설에 따른 기설의 수력 발전소의 수로를 이용하여 유수량의 조절 등을 목적으로 시공하는 저수지의 신설 공사 –제방의 신설에 따른 수력 발전 시설의 신설 공사용의 각종 기계의 철관의 조립 또는 그 부설 공사 –제방의 신설에 따른 홍수 조절 관개용수로 또는 발전 등의 사업에 이용하기 위한 다목적댐 건설 공사 –제방의 신설 공사를 건설하기 위하여 해당 건설업자의 사무소, 종업원의 숙사, 취사장 등을 건설하는 공사 –해안 또는 항만의 방파제, 안벽 등의 건설 공사와 이에 부대하여 해당 공사장에서 시행하는 건설 공사 2. 수력 발전 시설 설비 공사 • 이 분야에서 수력 발전 시설 신설 공사, 고제방(댐) 신설 공사 및 터널 신설 공사 등과 이 공사에 부대하여 해당 공사 현장 내에서 행하여지는 공사 –수력 발전 시설의 신설 공사에 관한 가설 공사 또는 기초 공사 –수력 발전 시설의 신설 공사장 내에서 시공하는 제방체, 배사구, 가제방, 골재 채취, 송전 선로, 철탑, 발전소, 변전소 등의 건설 공사 –수력 발전 시설의 신설 공사용 자재의 운반을 하기 위한 도로, 철도 또는 궤도의 건설 공사 –수력 발전 시설의 신설에 따른 취수구, 배수로, 가배수로, 여수로, 하수구의 복개, 물탱크 등의 취수 시설에 관한 공사 –수력 발전 시설용의 터널 또는 토목 제방 등의 신설에 관한 공사 –기설의 수력 발전소의 수로를 이용하여 유출량의 조절 등을 목적으로 시공되는 수력 발전 조절지(저수지)의 신설 공사 –수력 발전 시설의 신설 공사용 배치 플랜트, 시멘트 사일로, 골재 운반용의 벨트, 컨베이어 등의 기계와 철관의 조립 또는 부설 공사 –수력 발전 시설에 따른 홍수 조절 관개용수 보급 또는 발전 등의 사업에 이용하기 위한 다목적댐 시설 공사 –수력 발전의 신설 공사를 위하여 해당 건설업자의 사무소, 종업원의 숙사, 취사장 등을 건설하는 공사 –그 밖의 삭도 건설 공사 3. 터널 신설 공사 • 터널 신설에 관한 건설 공사와 이에 부대하여 행하는 내면 설비 공사 –터널 신설 공사 현장에서 시공하는 가설 공사, 갱도 굴착 공사, 토사 및 암괴지(바위 지역)의 운반 처리 공사, 배수 시설 공사 또는 터널 내면 설비 공사 –터널 신설 공사 현장에서 시공하는 노면 포장, 사리의 살포, 궤도의 신설, 건축물의 건설, 전선의 가설, 전등 및 전화의 가설 등의 건설 공사 • 지반에서 10m 이상의 지하까지 복개식으로 시공하는 지하철도, 지하도, 지하상가 및 통신 선로 등의 인입 통신구 신설 공사와 이에 부대하여 해당 사업장 내에서 행하는 건설 공사 • 굴착식으로 시공하는 지하철도 및 지하도 신설 공사와 이에 부대하여 해당 공사장에서 행하는 건설 공사

공사 종류	내용 예시
4. 철도 또는 궤도 신설 공사	□ 철도 또는 궤도 등을 신설하는 공사 1. 철도 또는 궤도 신설 공사 • 철도 또는 궤도 신설에 관한 공사와 이에 부대하여 행하는 공사(기설 노반 또는 구조물에서 행하는 철도·궤도 신설 공사에 한한다.) -철도 및 궤도의 건설용 기계의 조립 또는 부설 공사 -철도 및 궤도 신설 공사에 따른 역사·과선교, 송전 선로 등의 건설 공사 ※ 이 공사에서 신설이란 신설선의 건설, 단선을 복선으로 하는 경우 등 신설 형태로 시공되는 것을 말한다.
5. 특수 및 기타 건설 공사	□ 타 공사와 분리 발주되어 시간·장소적으로 독립하여 행하는 다음의 공사(타 공사와 병행하여 행하는 경우에는 일반 건설 공사(갑)으로 분류) • 건설산업기본법에 의한 준설 공사, 조경 공사, 택지 조성 공사(경지 정리 공사 포함), 포장 공사 • 전기공사업법에 의한 전기 공사 • 정보통신공사업법에 의한 정보 통신 공사

Chapter 03

굴착 공사 표준안전작업지침

개정 2020.01.07 고용노동부 고시 제2020-05호

제1장 총 칙

제1조【목적】 이 지침은 산업안전보건법(이하 "법"이라 한다) 제13조의 규정에 의하여 굴착 공사 재해 방지를 위한 작업상의 안전에 관하여 사업주에게 지도 · 권고할 기술상의 지침을 규정함을 목적으로 한다.

제2조【용어의 정의】 이 지침에서 사용되는 용어의 정의는 이 지침에서 정하는 것과 특별한 규정이 있는 경우를 제외하고는 법, 동법 시행령, 동법 시행규칙 및, 산업 안전 기준에 관한 규칙(이하 "안전 규칙"이라 한다)이 정하는 바에 의한다.

제2장 지질 조사 등

제3조【사전 조사】 ① 기본적인 토질에 대한 조사는 다음 각 호에 의한다.

1. 조사 대상은 지형, 지질, 지층, 지하수, 용수, 식생 등으로 한다.
2. 조사 내용은 다음 각 목의 사항을 기준으로 한다.
   가. 주변에 기 절토된 경사면의 실태 조사
   나. 지표, 토질에 대한 답사 및 조사를 함으로써 토질 구성(표토, 토질, 암질), 토질 구조(지층의 경사, 지층, 파쇄대의 분포, 변질대의 분포), 지하수 및 용수의 형상 등의 실태 조사
   다. 사운딩
   라. 시추
   마. 물리 탐사(탄성파 조사)
   바. 토질 시험 등

② 굴착 작업 전 가스관, 상하수도관, 지하 케이블, 건축물의 기초 등 지하 매설물에 대하여 조사하고 굴착 시 이에 대한 안전 조치를 하여야 한다.

제4조【시공 중의 조사】 공사 진행 중 이미 조사된 결과와 상이한 상태가 발생한 경우 제3조의 조사를 보완(정밀 조사) 실시하여야 하며 결과에 따라 작업 계획을 재검토하여야 할 경우에는 공법이 결정될 때까지 공사를 중지하여야 한다.

제3장 굴착 작업

제1절 인력 굴착

제5조【준비】 ① 공사 전 준비로서 다음 각 호의 사항을 준수하여야 한다.

1. 작업 계획, 작업 내용을 충분히 검토하고 이해하여야 한다.
2. 공사 물량 및 공기에 따른 근로자의 소요 인원을 계획하여야 한다.
3. 굴착 예정지의 주변 상황을 조사하여 조사 결과 작업에 지장을 주는 장애물이 있는 경우 이설, 제거, 거치 보전 계획을 수립하여야 한다.
4. 시가지 등에서 공중 재해에 대한 위험이 수반될 경우 예방 대책을 수립하여야 하며, 가스관, 상하수도관, 지하 케이블 등의 지하 매설물에 대한 방호 조치를 하여야 한다.
5. 작업에 필요한 기기, 공구 및 자재의 수량을 검토, 준비하고 반입 방법에 대하여 계획하여야 한다.
6. 예정된 굴착 방법에 적절한 토사 반출 방법을 계획하여야 한다.
7. 관련 작업(굴착 기계·운반 기계 등의 운전자, 흙막이공, 형틀공, 철근공, 배관공 등)의 책임자 상호간의 긴밀한 협조와 연락을 충분히 하여야 하며 수기 신호, 무선 통신, 유선 통신 등의 신호 체제를 확립한 후 작업을 진행시켜야 한다.
8. 지하수 유입에 대한 대책을 수립하여야 한다.

② 일일 준비로서 다음 각 호의 사항을 준수하여야 한다.

1. 작업 전에 반드시 작업 장소의 불안전한 상태 유무를 점검하고 미비점이 있을 경우 즉시 조치하여야 한다.
2. 근로자를 적절히 배치하여야 한다.
3. 사용하는 기기, 공구 등을 근로자에게 확인시켜야 한다.
4. 근로자의 안전모 착용 및 복장 상태, 또 추락의 위험이 있는 고소 작업자는 안전대를 착용하고 있는가 등을 확인하여야 한다.
5. 근로자에게 당일의 작업량, 작업 방법을 설명하고, 작업의 단계별 순서와 안전상의 문제점에 대하여 교육하여야 한다.
6. 작업 장소에는 관계자 이외의 출입을 금하고, 또 위험 장소에는 근로자가 접근하지 않도록 출입 금지 조치를 하여야 한다.
7. 굴착된 흙이 차량으로 운반될 경우 통로를 확보하고 굴착자와 차량 운전자가 상호 연락할 수 있도록 하되, 그 신호는 고용노동부 장관이 고시한 크레인 작업 표준신호지침에서 정하는 바에 의한다.

제6조【작업】 굴착 작업 시 다음 각 호의 사항을 준수하여야 한다.

1. 안전 담당자의 지휘하에 작업하여야 한다.
2. 지반의 종류에 따라서 정해진 굴착면의 높이와 기울기로 진행시켜야 한다.
3. 굴착면 및 흙막이 지보공의 상태를 주의하여 작업을 진행시켜야 한다.
4. 굴착면 및 굴착 심도 기준을 준수하여 작업 중 붕괴를 예방하여야 한다.

5. 굴착 토사나 자재 등을 경사면 및 토류벽 천단부 주변에 쌓아두어서는 안 된다.
6. 매설물, 장애물 등에 항상 주의하고 대책을 강구한 후에 작업을 하여야 한다.
7. 용수 등의 유입수가 있는 경우 반드시 배수 시설을 한 뒤에 작업을 하여야 한다.
8. 수중 펌프나 벨트 컨베이어 등 전동 기기를 사용할 경우에는 누전 차단기를 설치하고 작동 여부를 확인하여야 한다.
9. 산소 결핍의 우려가 있는 작업장은 산업보건기준에 관한 규칙 제618조부터 제645조의 규정을 준수하여야 한다.
10. 도시 가스 누출, 메탄 가스 등의 발생이 우려되는 경우에는 화기를 사용하여서는 안 된다. 또한 이들 유해 가스에 대해서는 제9호를 참고한다.

제7조 【절토】 절토 시에는 다음 각 호의 사항을 준수하여야 한다.

1. 상부에서 붕락 위험이 있는 장소에서의 작업은 금하여야 한다.
2. 상·하부 동시 작업은 금지하여야 하나 부득이한 경우 다음 각 목의 조치를 실시한 후 작업하여야 한다.
   가. 견고한 낙하물 방호 시설 설치
   나. 부석 제거
   다. 작업 장소에 불필요한 기계 등의 방치 금지
   라. 신호수 및 담당자 배치
3. 굴착면이 높은 경우는 계단식으로 굴착하고 소단의 폭은 수평 거리 2m 정도로 하여야 한다.
4. 사면 경사 1 : 1 이하이며 굴착면이 2m 이상일 경우는 안전대 등을 착용하고 작업해야 하며 부석이나 붕괴하기 쉬운 지반은 적절한 보강을 하여야 한다.
5. 급경사에는 사다리 등을 설치하여 통로로 사용하여야 하며 도괴하지 않도록 상·하부를 지지물로 고정시키며 장기간 공사 시에는 비계 등을 설치하여야 한다.
6. 용수가 발생하면 즉시 작업 책임자에게 보고하고 배수 및 작업 방법에 대해서 지시를 받아야 한다.
7. 우천 또는 해빙으로 토사 붕괴가 우려되는 경우에는 작업 전 점검을 실시하여야 하며, 특히 굴착면 천단부 주변에는 중량물의 방치를 금하며 대형 건설 기계 통과 시에는 적절한 조치를 확인하여야 한다.
8. 절토면을 장기간 방치할 경우는 경사면을 가마니 쌓기, 비닐 덮기 등 적절한 보호 조치를 하여야 한다.
9. 발파 암반을 장기간 방치할 경우는 낙석 방지용 방호망을 부착, 모르타르를 주입, 그라우팅, 록볼트 설치 등의 방호 시설을 하여야 한다.
10. 암반이 아닌 경우는 경사면에 도수로, 산마루 측구 등 배수 시설을 설치하여야 하며, 제3자가 근처를 통행할 가능성이 있는 경우는 안전 시설과 안전 표지판을 설치하여야 한다.

11. 벨트 컨베이어를 사용할 경우는 경사를 완만하게 하여 안정된 상태를 유지하도록 하여야 하며, 컨베이어 양단면에 스크린 등의 설치로 토사의 전락을 방지하여야 한다.

제8조 【트렌치 굴착】 굴착 시에는 다음 각 호의 사항을 준수하여야 한다.

1. 통행자가 많은 장소에서 굴착하는 경우 굴착 장소에 방호울 등을 사용하여 접근을 금지시키고, 안전 표지판을 식별이 용이한 장소에 설치하여야 한다.
2. 야간에는 작업장에 충분한 조명 시설을 하여야 하며 가시설물은 형광 벨트의 설치, 경광등 등을 설치하여야 한다.
3. 굴착 시는 원칙적으로 흙막이 지보공을 설치하여야 한다.
4. 흙막이 지보공을 설치하지 않는 경우 굴착 깊이는 1.5m 이하로 하여야 한다.
5. 수분을 많이 포함한 지반의 경우나 뒤채움 지반인 경우 또는 차량이 통행하여 붕괴하기 쉬운 경우에는 반드시 흙막이 지보공을 설치하여야 한다.
6. 굴착 폭은 작업 및 대피가 용이하도록 충분한 넓이를 확보하여야 하며, 굴착 깊이가 2m 이상일 경우에는 1m 이상의 폭으로 한다.
7. 흙막이 널판만을 사용할 경우는 널판 길이의 1/3 이상의 근입장을 확보하여야 한다.
8. 용수가 있는 경우는 펌프로 배수하여야 하며, 흙막이 지보공을 설치하여야 한다.
9. 굴착면 천단부에는 굴착 토사와 자재 등의 적재를 금하며 굴착 깊이 이상 떨어진 장소에 적재토록 하고, 건설 기계가 통행할 가능성이 있는 장소에는 별도의 장비 통로를 설치하여야 한다.
10. 브레이커 등을 이용하여 파쇄하거나 견고한 지반을 분쇄할 경우에는 진동을 방지할 수 있는 장갑을 착용하도록 하여야 한다.
11. 컴프레서는 작업이나 통행에 지장이 없는 장소에 설치하여야 한다.
12. 벨트 컨베이어를 이용하여 굴착토를 반출할 경우는 다음 각 목의 사항을 준수하여야 한다.
    가. 기울기가 완만하도록(표준 30° 이하)하고 안정성이 있으며 비탈면이 붕괴되지 않도록 설치하며 가대 등을 이용하여 가능한 한 굴착면에 가깝도록 설치하며 작업 장소에 따라 조금씩 이동한다.
    나. 벨트 컨베이어를 이동할 경우에는 작업 책임자를 선임하고 지시에 따라 이동해야 하며 전원 스위치, 내연 기관 등은 반드시 단락 조치 후 이동한다.
    다. 회전 부분에 말려들지 않도록 방호 조치를 하여야 하며, 비상 정지 장치가 있어야 한다.
    라. 큰 옥석 등의 석괴는 적재시키지 않아야 하며 부득이 할 경우는 운반 중 낙석, 전락 방지를 위한 컨베이어 양단부에 스크린 등의 방호 조치를 하여야 한다.
13. 가스관, 상 · 하수도관, 케이블 등의 지하 매설물이 발견되면 공사를 중지하고 작업 책임자의 지시에 따라 방호 조치 후 굴착을 실시하며, 매설물을 손상시켜서는 안 된다.
14. 바닥면의 굴착 심도를 확인하면서 작업한다.

15. 굴착 깊이가 1.5m 이상인 경우는 사다리, 계단 등 승강 설비를 설치하여야 한다.
16. 굴착된 도량 내에서 휴식을 취하여서는 안 된다.
17. 매설물을 설치하고 뒤채움을 할 경우에는 30cm 이내마다 충분히 다지고 필요시 물다짐 등 시방을 준수하여야 한다.
18. 작업 도중 굴착된 상태로 작업을 종료할 경우는 방호울, 위험 표지판을 설치하여 제3자의 출입을 금지시켜야 한다.

제9조【기초 굴착】기초 굴착 시에는 다음 각 호의 사항을 준수하여야 한다.

1. 사면 굴착 및 수직면 굴착 등 오픈 컷 공법에 있어 흙막이 벽 또는 지보공 안전 담당자를 필히 선임하여 구조, 특징 및 작업 순서를 충분히 숙지한 후 순서에 의해 작업하여야 한다.
2. 버팀재를 설치하는 구조의 흙막이 지보공에서는 스트럿, 띠장, 사보강재 등을 설치하고 하부 작업을 하여야 한다.
3. 기계 굴착과 병행하여 인력 굴착 작업을 수행할 경우는 작업 분담 구역을 정하고 기계의 작업 반경 내에 근로자가 들어가지 않도록 해야 하며, 담당자 또는 기계 신호수를 배치하여야 한다.
4. 버팀재, 사보강재 위로 통행을 해서는 안 되며, 부득이 통행할 경우에는 폭 40cm 이상의 안전 통로를 설치하고 통로에는 표준 안전 난간을 설치하고 안전대를 사용하여야 한다.
5. 스트럿 위에는 중량물을 놓아서는 안 되며, 부득이한 경우는 지보공으로 충분히 보강하여야 한다.
6. 배수 펌프 등은 용수 시 항상 사용할 수 있도록 정비하여 두고, 이상 용출수가 발생할 경우 작업을 중단하고 즉시 작업 책임자의 지시를 받는다.
7. 지표수 등이 유입되지 않도록 차수 시설을 하고 경사면에서의 추락이나 낙하물에 대한 방호 조치를 하여야 한다.
8. 작업 중에는 흙막이 지보공의 시방을 준수하고 스트럿 또는 흙막이 벽의 이상 상태에 주의하며 이상 토압이 발생하여 지보공 또는 벽에 변형이 발생하면 즉시 작업 책임자에게 보고하고 지시를 받아야 한다.
9. 점토질 및 사질토의 경우에는 히빙 및 보일링 현상에 대비하여 사전 조치를 하여야 한다.

제2절 기계 굴착

제10조【준비】기계에 의한 굴착 작업 시에는 제1절의 사항 외에 다음 각 호의 사항을 준수하여야 한다.

1. 공사의 규모, 주변 환경, 토질, 공사 기간 등의 조건을 고려한 적절한 기계를 선정하여야 한다.
2. 작업 전에 기계의 정비 상태를 정비 기록표 등에 의해 확인하고 다음 각 목의 사항을 점검하여야 한다.
   가. 낙석, 낙하물 등의 위험이 예상되는 작업 시 견고한 헤드 가드 설치 상태

나. 브레이크 및 클러치의 작동 상태
다. 타이어 및 궤도 차륜 상태
라. 경보 장치 작동 상태
마. 부속 장치의 상태

3. 정비 상태가 불량한 기계는 투입해서는 안 된다.
4. 장비의 진입로와 작업장에서의 주행로를 확보하고, 다짐도, 노폭, 경사도 등의 상태를 점검하여야 한다.
5. 굴착된 토사의 운반 통로, 노면의 상태, 노폭, 기울기, 회전 반경 및 교차점, 장비의 운행 시 근로자의 비상 대피처 등에 대해서 조사하여 대책을 강구하여야 한다.
6. 인력 굴착과 기계 굴착을 병행할 경우 각각의 작업 범위와 작업 추진 방향을 명확히 하고 기계의 작업 반경 내에 근로자가 출입하지 않도록 방호 설비를 하거나 감시인을 배치한다.
7. 발파, 붕괴 시 대피 장소가 확보되어야 한다.
8. 장비 연료 및 정비용 기구, 공구 등의 보관 장소가 적절한지를 확인하여야 한다.
9. 운전자가 자격을 갖추었는지를 확인하여야 한다.
10. 굴착된 토사를 덤프 트럭 등을 이용하여 운반할 경우는 유도자와 교통 정리원을 배치하여야 한다.

제11조 【작업】 기계 굴착 작업 시에는 다음 각 호의 사항을 준수하여야 한다.

1. 운전자의 건강 상태를 확인하고 과로시키지 않아야 한다.
2. 운전자 및 근로자는 안전모를 착용시켜야 한다.
3. 운전자 외에는 승차를 금지시켜야 한다.
4. 운전석 승강 장치를 부착하여 사용하여야 한다.
5. 운전을 시작하기 전에 제동 장치 및 클러치 등의 작동 유무를 반드시 확인하여야 한다.
6. 통행인이나 근로자에게 위험이 미칠 우려가 있는 경우는 유도자의 신호에 의해서 운전하여야 한다.
7. 규정된 속도를 지켜 운전해야 한다.
8. 정격 용량을 초과하는 가동은 금지하여야 하며 연약 지반의 노견, 경사면 등의 작업에서는 담당자를 배치하여야 한다.
9. 기계의 주행로는 충분한 폭을 확보해야 하며 노면의 다짐도를 충분하게 하고 배수 조치를 하며 기존 도로를 이용할 경우 청소에 유의하고 필요한 장소에 담당자를 배치한다.
10. 시가지 등 인구 밀집 지역에서는 매설물 등을 확인하기 위하여 줄파기 등 인력 굴착을 선행한 후 기계 굴착을 실시하여야 한다. 또한 매설물이 손상을 입는 경우는 즉시 작업 책임자에게 보고하고 지시를 받아야 한다.
11. 갱이나 지하실 등 환기가 잘 안 되는 장소에서는 환기가 충분히 되도록 조치하여야 한다.

12. 전선이나 구조물 등에 인접하여 붐을 선회해야 될 작업에는 사전에 회전 반경, 높이 제한 등 방호 조치를 강구하고 유도자의 신호에 의하여 작업을 하여야 한다.
13. 비탈면 천단부 주변에는 굴착된 흙이나 재료 등을 적재해서는 안 된다.
14. 위험 장소에는 장비 및 근로자, 통행인이 접근하지 못하도록 표지판을 설치하거나 감시인을 배치하여야 한다.
15. 장비를 차량으로 운반해야 될 경우에는 전용 트레일러를 사용하여야 하며, 널빤지로 된 발판 등을 이용하여 적재할 경우에는 장비가 전도되지 않도록 안전한 기울기, 폭 및 두께를 확보해야 하며 발판 위에서 방향을 바꾸어서는 안 된다.
16. 작업의 종료나 중단 시에는 장비를 평탄한 장소에 두고 버킷 등을 지면에 내려 놓아야 하며 부득이한 경우에는 바퀴에 고임목 등을 받쳐 전락 및 구동을 방지하여야 한다.
17. 장비는 해당 작업 목적 이외에는 사용하여서는 안 된다.
18. 장비에 이상이 발견되면 즉시 수리하고 부속 장치를 교환하거나 수리할 때에는 관리감독자가 점검하여야 한다.
19. 부착물을 들어 올리고 작업할 경우에는 안전 지주, 안전 블록 등을 사용하여야 한다.
20. 작업 종료 시에는 장비 관리 책임자가 열쇠를 보관하여야 한다.
21. 낙석 등의 위험이 있는 장소에서 작업할 경우는 장비에 헤드 가드 등 견고한 방호 장치를 설치하여야 하며 전조등, 경보 장치 등이 부착되지 않은 기계를 운전시켜서는 안 된다.
22. 흙막이 지보공을 설치할 경우는 지보공 부재의 설치 순서에 맞도록 굴착을 진행시켜야 한다.
23. 조립된 부재에 장비의 버킷 등이 닿지 않도록 신호자의 신호에 의해 운전하여야 한다.
24. 상·하 작업을 동시에 할 경우 다음 각 목에 유의하여야 한다.
    가. 상부로부터의 낙하물 방호 설비를 한다.
    나. 굴착면 등에 있는 부석 등을 완전히 제거한 후 작업을 한다.
    다. 사용하지 않는 기계, 재료, 공구 등을 작업 장소에 방치하지 않는다.
    라. 작업은 책임자의 감독하에 진행한다.

제3절 발파에 의한 굴착

제12조 【준비 및 발파】 발파 작업 시에는 다음 각 호의 사항을 준수하여야 한다.

1. 발파 작업에 대한 천공, 장전, 결선, 점화, 불발 잔약의 처리 등은 선임된 발파 책임자가 하여야 한다.
2. 발파 면허를 소지한 발파 책임자의 작업 지휘하에 발파 작업을 하여야 한다.
3. 발파 시에는 반드시 발파 시방에 의한 장약량, 천공장, 천공 구경, 천공 각도, 화약 종류, 발파 방식을 준수하여야 한다.
4. 암질 변화 구간의 발파는 반드시 시험 발파를 선행하여 실시하고 암질에 따른 발파 시방을 작성하여야 하며 진동치, 속도, 폭력 등 발파 영향력을 검토하여야 한다.

5. 암질 변화 구간 및 이상 암질의 출현 시 반드시 암질 판별을 실시하여야 하며, 암질 판별은 아래 각 목을 기준으로 하여야 한다.
   가. R.Q.D(%)
   나. 탄성파 속도(m/sec)
   다. R.M.R
   라. 일축 압축 강도(kg/cm^2)
   마. 진동치 속도(cm/sec=Kine)
6. 발파 시방을 변경하는 경우 반드시 시험 발파를 실시하여야 하며 진동파 속도, 폭력, 폭속 등의 조건에 의해 적정한 발파 시방이어야 한다.
7. 주변 구조물 및 인가 등 피해 대상물이 인접한 위치의 발파는 진동치 속도가 0.5cm/sec를 초과하지 아니하여야 한다.
8. 터널의 경우(NATM 기준) 계측 관리 사항 기준은 다음 각 목의 사항을 적용하며 지속적 관찰에 의한 보강 대책을 강구하여야 한다. 또한 이상 변위가 나타나면 즉시 작업 중단 및 장비, 인력 대피 조치를 하여야 한다.
   가. 내공 변위 측정
   나. 천단 침하 측정
   다. 지중, 지표 침하 측정
   라. 록볼트 축력 측정
   마. 숏크리트 응력 측정
9. 화약 양도 · 양수 허가증을 정기적으로 확인하여 사용 기간, 사용량 등을 확인하여야 한다.
10. 작업 책임자는 발파 작업 지휘자와 발파 시간, 대피 장소, 경로, 방호의 방법에 대하여 충분히 협의하여 작업자의 안전을 도모하여야 한다.
11. 낙반, 부석의 제거가 불가능할 경우 부분 재발파, 록볼트, 포아폴링 등의 붕괴 방지를 실시하여야 한다.
12. 발파 작업을 할 경우는 적절한 경보 및 근로자와 제3자의 대피 등의 조치를 취한 후에 실시하여야 하며, 발파 후에는 불발 잔약의 확인과 진동에 의한 2차 붕괴 여부를 확인하고 낙반, 부석 처리를 완료한 후 작업을 재개하여야 한다.

제13조【화약류의 운반】 화약류의 운반에는 다음 각 호의 사항을 준수하여야 한다.

1. 화약류는 반드시 화약류 취급 책임자로부터 수령하여야 한다.
2. 화약류의 운반은 반드시 운반대나 상자를 이용하며 소분하여 운반하여야 한다.
3. 용기에 화약류와 뇌관을 함께 운반하지 않는다.
4. 화약류, 뇌관 등은 충격을 주지 않도록 신중하게 취급하고 화기에 가까이 해서는 안된다.
5. 발파 후 굴착 작업을 할 때는 불발 잔약의 유 · 무를 반드시 확인하고 작업한다.
6. 전석의 유 · 무를 조사하고 소정의 높이와 기울기를 유지하고 굴착 작업을 한다.

제4절 옹벽 축조를 위한 굴착

제14조【옹벽 축조】 옹벽을 축조 시에는 불안전한 급경사가 되게 하거나 좁은 장소에서 작업을 할 때에는 위험을 수반하게 되므로 다음 각 호의 사항을 준수하여야 한다.

1. 수평 방향의 연속 시공을 금하며, 블록으로 나누어 단위 시공 단면적을 최소화하여 분단 시공을 한다.
2. 하나의 구간을 굴착하면 방치하지 말고 즉시 버팀 콘크리트를 타설하고 기초 및 본체 구조물 축조를 마무리한다.
3. 절취 경사면에 전석, 낙석의 우려가 있고 혹은 장기간 방치할 경우에는 숏크리트, 록볼트, 네트, 캔버스 및 모르터 등으로 방호한다.
4. 작업 위치의 좌우에 만일의 경우에 대비한 대피 통로를 확보하여 둔다.

제5절 깊은 굴착 작업

제15조【착공 전 조사】 깊은 굴착 작업 시에는 착공 전 다음 각 호에 정하는 적합한 조사를 하여야 한다.

1. 지질의 상태에 대해 충분히 검토하고 작업 책임자와 굴착 공법 및 안전 조치에 대하여 정밀한 계획을 수립하여야 한다.
2. 지질 조사 자료는 정밀하게 분석되어야 하며, 지하수위, 토사 및 암반의 심도 및 층 두께, 성질 등이 명확하게 표시되어야 한다.
3. 착공 지점의 매설물 여부를 확인하고 매설물이 있는 경우 이설 및 거치 보전 등 계획 변경을 한다.
4. 지하수위가 높은 경우 차수벽 설치 계획을 수립하여야 하며, 차수벽 또는 지중 연속벽 등의 설치는 토압 계산에 의하여 실시되어야 한다.
5. 토사 반출 목적으로 복공 구조의 시설을 필요로 할 경우에는 반드시 적재 하중 조건을 고려하여 구조 계산에 의한 지보공 설치를 하여야 한다.
6. 깊이 10.5m 이상의 굴착의 경우 아래 각 목의 계측 기기의 설치에 의하여 흙막이 구조의 안전을 예측하여야 하며, 설치가 불가능할 경우 트랜싯 및 레벨 측량기에 의해 수직·수평 변위 측정을 실시하여야 한다.
   가. 수위계
   나. 경사계
   다. 하중 및 침하계
   라. 응력계
7. 계측 기기 판독 및 측량 결과 수직, 수평 변위량이 허용 범위를 초과할 경우, 즉시 작업을 중단하고, 장비 및 자재의 이동, 배면 토압의 경감 조치, 가설 지보공 구조의 보완 등 긴급 조치를 취하여야 한다.
8. 히빙 및 보일링에 대한 긴급 대책을 사전에 강구하여야 하며, 흙막이 지보공 하단부 굴착 시 이상 유무를 정밀하게 관측하여야 한다.

9. 깊은 굴착의 경우 경질 암반에 대한 발파는 반드시 시험 발파에 의한 발파 시방을 준수하여야 하며 엄지 말뚝, 중간 말뚝, 흙막이 지보공 벽체의 진동 영향력이 최소가 되게 하여야 한다. 경우에 따라 무진동 파쇄 방식의 계획을 수립하여 진동을 억제하여야 한다.
10. 배수 계획을 수립하고 배수 능력에 의한 배수 장비와 배수 경로를 설정하여야 한다.

제16조 【지시 확인 등】 깊은 굴착 작업 시에는 다음 각 호의 사항을 준수하여야 한다.

1. 신호수를 정하고 표준 신호 방법에 의해 신호하여야 한다.
2. 작업조는 가능한 숙련자로 하고, 반드시 작업 책임자를 배치하여야 한다.
3. 작업 전 점검은 책임자가 하고 확인한 결과를 기록하여야 한다.
4. 산소 결핍의 위험이 있는 경우는 안전 담당자를 배치하고 산소 농도 측정 및 기록을 하게 한다. 또 메탄 가스가 발생할 우려가 있는 경우는 가스 측정기에 의한 농도 기록을 하여야 한다.
5. 작업 장소의 조명 및 위험 개소의 유 · 무 등에 대하여 확인하여야 한다.

제17조 【설비의 조립】 토사 반출용 고정식 크레인 및 호이스트 등을 조립하여 사용할 경우에는 다음 각 호의 사항을 준수하여야 한다.

1. 토사 단위 운반 용량에 기준한 버킷이어야 하며, 기계의 제원은 안전율을 고려한 것이어야 한다.
2. 기초를 튼튼히 하고 각부는 파일에 고정하여야 한다.
3. 윈치는 이동, 침하하지 않도록 설치하여야 하고 와이어 로프는 설비 등에 접촉하여 마모하지 않도록 주의하여야 한다.
4. 잔토 반출용 개구부에는 견고한 철책, 난간 등을 설치하고 안전 표지판을 설치하여야 한다.
5. 개구부는 버킷의 출입에 지장이 없는 가능한 한 작은 것으로 하고 또 버킷의 경로는 철근 등을 이용, 가이드를 설치하여야 한다.

제18조 【굴착 작업】 굴착 작업 시에는 다음 각 호의 사항을 준수하여야 한다.

1. 굴착은 계획된 순서에 의해 작업을 실시하여야 한다.
2. 작업 전에 산소 농도를 측정하고 산소량은 18% 이상이어야 하며, 발파 후 반드시 환기 설비를 작동시켜 가스 배출을 한 후 작업을 하여야 한다.
3. 연결 고리 구조의 시트 파일 또는 라이너 플레이트를 설치한 경우 틈새가 생기지 않도록 정확히 하여야 한다.
4. 시트 파일의 설치 시 수직도는 1/100 이내이어야 한다.
5. 시트 파일의 설치는 양단의 요철 부분을 반드시 겹치고 소정의 핀으로 지반에 고정하여야 한다.
6. 링은 시트 파일에 소정의 볼트를 긴결하여 확실하게 설치하여야 한다.
7. 토압이 커서 링이 변형될 우려가 있는 경우 스트러트 등으로 보강하여야 한다.
8. 라이너 플레이트의 이음에는 상 · 하 교합이 되도록 하여야 한다.

9. 굴착 및 링의 설치와 동시에 철사다리를 설치 연장하여야 한다. 철사다리는 굴착 바닥면과 1m 이내가 되게 하고 버킷의 경로, 전선, 덕트 등이 배치하지 않는 곳에 설치하여야 한다.
10. 용수가 발생한 때에는 신속하게 배수하여야 한다.
11. 수중 펌프에는 감전 방지용 누전 차단기를 설치하여야 한다.

제19조【자재의 반입 및 굴착 토사의 처리】 자재의 반입 및 굴착 토사의 처리 시에는 다음 각 호의 사항을 준수하여야 한다.
1. 버킷은 훅에 정확히 걸고 상·하 작업 시 이탈되지 않도록 하여야 한다.
2. 버킷에 부착된 토사는 반드시 제거하고 상·하 작업을 하여야 한다.
3. 자재, 기구의 반입, 반출에는 낙하하지 않도록 확실하게 매달고 훅에는 해지 장치 등을 이용하여, 이탈을 방지하여야 한다.
4. 아크 용접을 할 경우 반드시 자동 전격 방지 장치와 누전 차단기를 설치하고 접지를 하여야 한다.
5. 인양물의 하부에는 출입하지 않아야 한다.
6. 개구부에서 인양물을 확인할 경우 근로자는 반드시 안전대 등을 이용하여야 한다.

제4장 구조물 등의 인접 작업

제1절 지하 매설물이 있는 경우

제20조【사전 조사】 지하 매설물 인접 작업 시 매설물 종류, 매설 깊이, 선형 기울기, 지지 방법 등에 대하여 굴착 작업을 착수하기 전에 사전 조사를 실시하여야 한다.

제21조【취급】 ① 시가지 굴착 등을 할 경우에는 도면 및 관리자의 조언에 의하여 매설물의 위치를 파악한 후 줄파기 작업 등을 시작하여야 한다.

② 굴착에 의하여 매설물이 노출되면 반드시 관계 기관, 소유자 및 관리자에게 확인시키고 상호 협조하여 지주나 지보공 등을 이용하여 방호 조치를 취하여야 한다.

③ 매설물의 이설 및 위치 변경, 교체 등은 관계 기관(자)과 협의하여 실시하여야 한다.

④ 최소 1일 1회 이상은 순회 점검하여야 하며 점검에는 와이어 로프의 인장 상태, 거치 구조의 안전 상태, 특히 접합 부분을 중점적으로 확인하여야 한다.

⑤ 매설물에 인접하여 작업할 경우는 주변 지반의 지하수위가 저하되어 압밀 침하될 가능성이 많고 매설물이 파손될 우려가 있으므로 곡관부의 보강, 매설물 벽체 누수 등 매설물의 관계 기관(자)과 충분히 협의하여 방지 대책을 강구하여야 한다.

⑥ 가스관과 송유관 등이 매설된 경우는 화기 사용을 금하여야 하며 부득이 용접기 등을 사용해야 될 경우는 폭발 방지 조치를 취한 후 작업을 하여야 한다.

제22조【되메우기】 노출된 매설물을 되메우기 할 경우는 매설물의 방호를 실시하고 양질의 토사를 이용하여 충분한 다짐을 하여야 한다.

제2절 기존 구조물이 인접하여 있는 경우

제23조 【조사】 기존 구조물에 인접한 굴착 작업 시에는 다음 각 호의 사항을 준수하여야 한다.

1. 기존 구조물의 기초 상태와 지질 조건 및 구조 형태 등에 대하여 조사하고 작업 방식, 공법 등 충분한 대책과 작업상의 안전 계획을 확인한 후 작업하여야 한다.
2. 기존 구조물과 인접하여 굴착하거나 기존 구조물의 하부를 굴착하여야 할 경우에는 그 크기, 높이, 하중 등을 충분히 조사하고 굴착에 의한 진동, 침하, 전도 등 외력에 대해서 충분히 안전한가를 확인하여야 한다.

제24조 【지지】 기존 구조물의 지지 방법에 있어서 다음 각 호의 사항을 준수하여야 한다.

1. 기존 구조물의 하부에 파일, 가설 슬래브 구조 및 언더피닝 공법 등의 대책을 강구하여야 한다.
2. 붕괴 방지 파일 등에 브래킷을 설치하여 기존 구조물을 방호하고 기존 구조물과의 사이에는 모래, 자갈, 콘크리트, 지반 보강 약액재 등을 충진하여 지반의 침하를 방지하여야 한다.
3. 기존 구조물의 침하가 예상되는 경우에는 토질, 토층 등을 정밀 조사하고 유효한 혼합 시멘트, 약액 주입 공법, 수평 · 수직 보강 말뚝 공법 등으로 대책을 강구하여야 한다.
4. 웰 포인트 공법 등이 행하여지는 경우 기존 구조물의 침하에 충분히 주의하고 침하가 될 경우에는 라우팅, 화학적 고결 방법 등으로 대책을 강구하여야 한다.
5. 지속적으로 기존 구조물의 상태에 주의하고, 작업장 주위에는 비상 투입용 보강재 등을 준비하여 둔다.

제25조 【소규모 구조물】 소규모 구조물의 방호에 있어서 다음 각 호의 사항을 준수하여야 한다.

1. 맨홀 등 소규모 구조물이 있는 경우에는 굴착 전에 파일 및 가설 가대 등을 설치한 후 매달아 보강하여야 한다.
2. 옹벽, 블록벽 등이 있는 경우에는 철거 또는 버팀목 등으로 보강한 후에 굴착 작업을 하여야 한다.

제5장 보 칙

제1절 안전 기준

제26조 【기울기 및 높이의 기준】 ① 굴착면의 기울기 및 높이의 기준은 안전 규칙 제338조 제1항 [별표 11]에 의한다.

② 사질의 지반(점토질을 포함하지 않은 것)은 굴착면의 기울기를 1 : 1.5 이상으로 하고 높이는 5m 미만으로 하여야 한다.

③ 발파 등에 의해서 붕괴하기 쉬운 상태의 지반 및 매립하거나 반출시켜야 할 지반의 굴착면의 기울기는 1 : 1 이하 또는 높이는 2m 미만으로 하여야 한다.

제27조 【대비】 인근 주민이나 제3자에게 피해를 주지 않도록 충분한 대비를 하여야 한다.

제2절 부석 등의 처리

제28조【토석 붕괴의 원인】 ① 토석이 붕괴되는 외적 원인은 다음 각 호와 같으므로 굴착 작업 시에 적절한 조치를 취하여야 한다.

1. 사면, 법면의 경사 및 기울기의 증가
2. 절토 및 성토 높이의 증가
3. 공사에 의한 진동 및 반복 하중의 증가
4. 지표수 및 지하수의 침투에 의한 토사 중량의 증가
5. 지진, 차량, 구조물의 하중 작용
6. 토사 및 암석의 혼합층 두께

② 토석이 붕괴되는 내적 원인은 다음 각 호와 같으므로 굴착 작업 시에 적절한 조치를 취하여야 한다.

1. 절토 사면의 토질 · 암질
2. 성토 사면의 토질 구성 및 분포
3. 토석의 강도 저하

제29조【붕괴의 형태】 ① 토사의 미끄러져 내림(sliding)은 광범위한 붕괴 현상으로 일반적으로 완만한 경사에서 완만한 속도로 붕괴한다.

② 토사의 붕괴는 사면 천단부 붕괴, 사면 중심부 붕괴, 사면 하단부 붕괴의 형태이며 작업 위치와 붕괴 예상 지점의 사전 조사를 필요로 한다.

③ 얕은 표층의 붕괴는 경사면이 침식되기 쉬운 토사로 구성된 경우 지표수와 지하수가 침투하여 경사면이 부분적으로 붕괴된다. 절토 경사면이 암반인 경우에도 파쇄가 진행됨에 따라서 균열이 많이 발생하고, 풍화하기 쉬운 암반인 경우에는 표층부 침식 및 절리 발달에 의해 붕괴가 발생한다.

④ 깊은 절토 법면의 붕괴는 사질암과 전석토층으로 구성된 심층부의 단층이 경사면 방향으로 하중 응력이 발생하는 경우 전단력, 점착력 저하에 의해 경사면의 심층부에서 붕괴될 수 있으며, 이러한 경우 대량의 붕괴 재해가 발생한다.

⑤ 성토 경사면의 붕괴는 성토 직후에 붕괴 발생률이 높으며, 다짐 불충분 상태에서 빗물이나 지표수, 지하수 등이 침투하여 공극 수압이 증가하여 단위 중량 증가에 의해 붕괴가 발생한다. 성토 자체에 결함이 없어도 지반이 약한 경우는 붕괴되며, 풍화가 심한 급경사면과 미끄러져 내리기 쉬운 지층 구조의 경사면에서 일어나는 성토 붕괴의 경우에는 성토된 흙의 중량이 지반에 부가되어 붕괴된다.

제30조【경사면의 안정성 검토】 경사면의 안정성을 확인하기 위하여 다음 각 호의 사항을 검토하여야 한다.

1. 지질 조사 : 층별 또는 경사면의 구성 토질 구조
2. 토질 시험 : 최적 함수비, 삼축 압축 강도, 전단 시험, 점착도 등의 시험
3. 사면 붕괴 이론적 분석 : 원호 활절법, 유한 요소법 해석

4. 과거의 붕괴된 사례 유무
5. 토층의 방향과 경사면의 상호 관련성
6. 단층, 파쇄대의 방향 및 폭
7. 풍화의 정도
8. 용수의 상황

제31조【예방】 토사 붕괴의 발생을 예방하기 위하여 다음 각 호의 조치를 취하여야 한다.

1. 적절한 경사면의 기울기를 계획하여야 한다.
2. 경사면의 기울기가 당초 계획과 차이가 발생하면 즉시 재검토하여 계획을 변경시켜야 한다.
3. 활동할 가능성이 있는 토석은 제거하여야 한다.
4. 경사면의 하단부에 압성토 등 보강 공법으로 활동에 대한 저항 대책을 강구하여야 한다.
5. 말뚝(강관, H형강, 철근 콘크리트)을 타입하여 지반을 강화시킨다.

제32조【점검】 토사 붕괴의 발생을 예방하기 위하여 다음 각 호의 사항을 점검하여야 한다.

1. 전 지표면의 답사
2. 경사면의 지층 변화부 상황 확인
3. 부석의 상황 변화의 확인
4. 용수의 발생 유 · 무 또는 용수량의 변화 확인
5. 결빙과 해빙에 대한 상황의 확인
6. 각종 경사면 보호공의 변위, 탈락 유 · 무
7. 점검 시기는 작업 전 · 중 · 후, 비온 후, 인접 작업 구역에서 발파한 경우에 실시한다.

제33조【동시 작업의 금지】 붕괴 토석의 최대 도달 거리 범위 내에서 굴착 공사, 배수관의 매설, 콘크리트 타설 작업 등을 할 경우에는 적절한 보강 대책을 강구하여야 한다.

제34조【대피 공간의 확보 등】 붕괴의 속도는 높이에 비례하므로 수평 방향의 활동에 대비하여 작업장 좌우에 피난 통로 등을 확보하여야 한다.

제35조【2차 재해의 방지】 ① 작은 규모의 붕괴가 발생되어 인명 구출 등 구조 작업 도중에 대형 붕괴의 재차 발생을 방지하기 위하여 붕괴면의 주변 상황을 충분히 확인하고 2중 안전 조치를 강구한 후 복구 작업에 임하여야 한다.

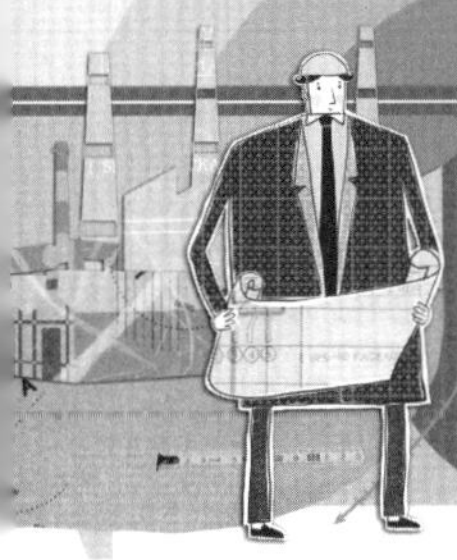

Chapter 04 발파 작업 표준안전작업지침

개정 2020.01.07 고용노동부 고시 제2020-06호

제1장 총 칙

제1조【목적】 이 고시는 산업안전보건법(이하 "법"이라 한다) 제13조의 규정에 의하여 발파 작업에서의 재해 예방을 위한 화약류의 취급, 운반, 저장, 사용 및 관리와 작업상의 안전에 관하여 사업주에게 지도 · 권고할 기술상의 지침을 규정함을 목적으로 한다.

제2조【용어의 정의】 이 지침에 사용하는 용어의 정의는 다음 각 호에서 정하는 것과 특별한 규정이 있는 경우를 제외하고는 법, 동법 시행령, 동법 시행규칙 및 산업 안전 기준에 관한 규칙이 정하는 바에 의한다.

1. 화약류 : 가벼운 타격이나 가열로 짧은 시간에 화학 변화를 일으킴으로써 급격히 많은 열과 가스를 발생케 하여 순간적으로 큰 힘을 얻을 수 있는 고체 또는 액체의 폭발성 물질로서 화약, 폭약 및 화공품을 총칭한다.
2. 폭연 : 한 부분의 연소에 의해 발생한 열이 인접 부분을 가열 분해하여 300m/초 이내의 속도로 연소가 진행되는 것을 말한다.
3. 폭발 : 발열 반응이 맹렬하고 충격파의 전파를 동반하는 현상을 말하며 충격파의 전파 속도가 2,000~8,000m/초에 이르는 화학 반응을 말한다.
4. 순폭 : 한 개의 폭약이 폭발할 때 공기, 물, 기타 매체를 통해 인접 폭약이 감응 폭발하는 현상을 말한다.
5. 순폭도는 다음 식으로 나타낸다.

   $$\text{순폭도}(n) = \frac{\text{폭약 상호간의 거리}(s)}{\text{폭약의 직경}(d)}$$

   순폭도가 작은 것은 잔류약을 발생하는 원인이 되기 쉽다.
6. 폭속 : 폭발 반응이 전해지는 속도를 말하며 폭속이 클수록 파괴력도 크게 되고, 다이너마이트 등에는 폭속이 8,000m/초에 달하는 것이 있다.
7. 화약 : 추진적 폭발의 용도에 제공되는 화공 약품(폭연)

   예) 흑색 화약, 무연 화약, 과염소산염계 추진약, 취소산염을 주로하는 화약
8. 폭약 : 파괴적 폭발용으로 제공되는 화공 제품(폭발)

   예) 초안유제 폭약(안포 폭약), 다이너마이트, 함수 폭약(슬러리 폭약), 칼릿, 초안 폭약, 안몬 폭약, TNT계 폭약, 니트로글리세린, 니트로셀룰로오스, 트리니트로톨루엔(TNT) 등

9. 화공품 : 화약류를 사용 목적에 맞도록 섬유나 플라스틱으로 피복하거나, 통이나 관에 장전하는 등 가공하는 것을 일컫는다.
   예) 공업 뇌관, 전기 뇌관, 도화선, 도폭선, 콘크리트 파쇄기, 건설용 타정총용 공포탄 등
10. 충격 감도 : 화약류의 기계적 충격에 대한 감도와 폭발 충격에 대한 정도를 나타내는 것이고, 전자는 낙추 감도, 후자는 순폭 시험, 기폭 감도 시험 등에 의하여 판정한다.
11. 낙추 감도 : 충격 감도 시험의 일종. 일정량의 시료에 5kg의 철추(쇠망치)를 5cm 이상 50cm 이내의 높이에서 6회 연속 떨어뜨려 시험을 행하여 정한 등급을 말한다.
12. RWS(Relative Weight Strength)(%) : 블라스팅 제라친(NG 92%, NC 8%)을 기준 폭약으로 하여 시료 폭약의 위력을 비교하는 시험 방식으로 탄동구포 시험을 기준으로 한다.

$$RWS = \frac{1-\cos\theta}{1-\cos\theta_0} \times 100$$

여기서, θ_0 : 기준 폭약이 움직인 각도

θ : 시료 폭약이 움직인 각도

13. 도화선 : 흑색분 화약을 심약으로 하고, 이것을 피복한 것을 말하며 연소 속도는 저장, 취급 등의 정도에 따라 다르며, 때로는 이상현상을 유발하므로 특별히 흡습에 주의하여야 한다.
14. 공업 뇌관 : 금속제의 관체(管體)에 기폭약과 첨장약을 채워넣은 것이고, 도화선을 이용하여 점화하여 폭약을 기폭시키는 것을 말한다.
15. 전기 뇌관 : 금속제의 관체(管體)에 기폭약과 첨장약을 채워 넣고, 전기 점화 장치를 장착한 것으로 폭약을 기폭시키기 위해 이용하는 것을 말한다.
   전기 뇌관의 관체, 내용물 및 장약의 준비는 공업 뇌관일 때와 같고, 각 선은 지름 0.4mm 이상의 동, 철 또는 알루미늄을 심선으로 하고, 합성수지, 고무 등으로 피복한 것으로 순발용, D.S 전기 뇌관, M.S 전기 뇌관 등이 있다.
   전기 뇌관을 동시에 여러 개를 사용할 때에는 동일회사 제품의 동시 생산품을 선정하여 사용하여야 한다.
   내정 전기 뇌관은 정전기에 의한 전기 뇌관 사고의 발생을 방지할 목적으로 개발된 것으로 내정 전기 성능은 우수하나, 낙뢰의 영향을 100% 방지할 수 없으므로 사용에 있어서 정전기, 미주 전류 등에 대한 충분한 대책을 세워야 한다.
16. 비전기식 뇌관 : 천둥 번개 시 낙뢰나 고주파 전압 등에 의한 발화를 방지하기 위해 개발된 뇌관
17. 도폭선 : 폭약(피크린산, 43TNT)을 심약으로 하여 섬유, 플라스틱, 금속관으로 피복한 것으로서 낙뢰의 위험 또는 장공 발파 등에서 순폭의 우려가 있을 때에 사용된다. 도폭선의 폭속은 5,500m/초 이상이고, 수압 0.3kg/cm^{2}에 3시간 이상의 내수성을 가져야 하며 1종 및 2종으로 구분한다.

18. 산소 균형 : 폭발성 화합물 100g이 폭발적으로 분해하여 탄소는 이산화탄소로, 수소는 물 등으로 최종 화합물이 만들어질 때 필요한 산소 과부족량을 그램(g)으로 나타낸 것으로 후 가스(일산화탄소, 이산화질소)의 발생을 줄일 수 있어야 한다.
19. 최소 저항선 : 피폭발물의 자유면에서 장약의 중심에 이르는 최단 거리

제2장 화약류의 취급

제1절 발파 작업 일반

제3조【작업 일반】 발파 작업은 다음 각 호의 규정과 화약류 제조업자의 사용 지침 및 폭발 안전 수칙을 따라야 한다.

1. 화약류나 발파기재의 수송, 취급, 저장 및 사용은 발파 작업에 충분한 경험과 자격을 갖춘 사람이 지휘 감독하여야 한다.
2. 화약류나 발파기재를 작업장에 반입할 때에는 사전에 관계 기관의 허가를 받아야 한다.
3. 발파기는 제조업자의 지시대로 유지, 관리 사용하여야 하며 사용 전후에 주기적으로 시험, 검정을 하여야 한다.
4. 발파 구역 입구에는 경고판을 부착하여야 한다.
5. 화약이나 폭약은 절대로 방치하여서는 아니된다.
6. 빈 용기 등 쓰레기는 재사용을 엄금하며 지정된 장소에서 폐기하여야 한다.
7. 동력 기계(소형 브레이커, 싱커 등)는 장전 구멍으로부터 15m 이내에서 사용하여서는 아니된다.
8. 18세 미만인 자와 화약류관리법 제5조 또는 제13조 제1항에 해당하는 자는 취업을 금지하여야 한다.

제4조【작업 주의】 발파 작업에 있어서 다음 각 호의 규정에 주의하여야 한다.

1. 전기 뇌관을 사용하는 발파는 전기 발파기나 지정된 동력 장치에 의해 점화되어야 한다. 비전기 뇌관을 사용하는 발파는 발파기나 제작 회사가 규정한 점화 장비에 의해 점화되어야 한다.
2. 레이더, 무선 송수신 시설 또는 실험 결과 공전류가 전기 발파 작업에 위험을 끼칠 우려가 있을 때에는 승인된 비전기 점화 장치를 사용하여야 한다. 전기 뇌관이 사용되는 때에는 자주 전선은 점화를 위하여 회로에 연결시킬 때 단락을 해두어야 한다.
3. 모든 지발식 발파 작업에는 지발식 전기 뇌관, 비전기식 지연 뇌관 또는 도폭선 연결 기구를 사용하여야 하며 시간 고려가 잘 되어 있는지 점검하여야 한다.
4. 뇌우나 심한 모래바람이 접근하고 있을 때는 화약류 취급이나 사용 등 모든 작업을 중지시키고 작업자들을 안전한 장소로 대피시켜야 한다. 외부에서 발생하는 전기에 의해 전기 뇌관이 우연히 점화되는 것을 방지하기 위해 적절한 제어 조치를 하여야 한다.
5. 발파 후 즉시 두 스위치 사이에 케이블은 분리 단락시키고 스위치는 폐쇄 위치에 두고 봉쇄하여야 한다.

6. 동력선, 통신망, 편의 시설 및 기타 구조물 부근에서 발파 작업을 할 때에는 그 시설의 소유자나 사용자에게 통고하여 안전한 통제 조치를 취할 때까지 발파 작업을 하여서는 안 된다.
7. 발파기는 발파 작업 책임자만 취급할 수 있도록 보관하여야 하며, 발파기에 모선의 연결은 발파 작업 책임자의 지휘에 따라야 한다.
8. 발파 스위치 열쇠는 항상 발파 작업 책임자가 소지하여야 한다.
9. 발파를 위하여 동력 회로선에서 전력을 공급하였을 때에는 전압이 550V를 넘지 말아야 한다.
10. 발파 모선은 적당한 치수 및 용량을 가진 절연되고 견고한 도전선을 사용하여야 한다.
11. 뇌전 가능성이나 대량의 정전 배출 가능성을 탐지 및 측정할 수 있는 확실한 방법을 사용하여야 한다.

제5조 【진동 및 파손】 발파 작업에서의 진동 및 파손의 우려가 있는 때에는 다음 각 호의 규정에 따라 통제하여야 한다.

1. 수중 구조물, 건물 및 기타 시설 내 또는 인근에서 발파 작업을 할 때에는 주변 상태와 발파 위력을 충분히 고려하여 신중히 계획하여야 하며 작업을 시작하기 전에 면계획을 작성하여야 한다.
2. 도심지 발파 등 발파에 주의를 요구하는 곳은 실제 발파 전에 공인 기관 또는 이에 상응하는 자의 입회로 시험 발파를 실시하여 안전성을 검토하여야 한다.
3. 제1호의 경우 필요할 때에는 소유자, 점유자, 그리고 그 주위에 작업 내용과 통제 조치를 통고하여야 한다.
4. 발파 구간 인접 구조물에 대한 피해 및 손상을 예방하기 위하여 다음 표에 의한 값을 준용한다.

건물 분류	문화재	주택 아파트	상가 (금이 없는 상태)	철골 콘크리트 빌딩 및 상가
건물 기초에서의 허용 진동치(cm/sec)	0.2	0.5	1.0	1.0~4.0

※ 1. 기존 구조물에 금이 있거나 노후 구조물 등에 대하여는 상기표의 기준을 실정에 따라 허용 범위를 하향 조정하여야 한다.
2. 이 기준을 초과할 때에는 발파를 중지하고 그 원인을 규명하여 적정한 패턴(발파 기준)에 의하여 작업을 재개한다.

5. 진동의 검사, 기록, 그리고 해석은 발파 작업 책임자가 하여야 한다.
6. 발파 진동의 경감을 위해 발파 효과가 좋은 지발 뇌관을 사용하고, 발파 효과의 상관 관계를 고려하여 저폭속 화약류를 사용토록 한다.
7. 적정한 최소 저항선과 장약량을 가지고 가급적이면 많은 자유면을 이용한다.
8. 폭발음을 경감시키기 위해 토제 등을 쌓거나, 풍향, 풍속을 고려하고 지발 전기 뇌관을 사용토록 한다.

9. 진동과 소음을 줄이기 위해 정상적인 약량보다 적게 할 때에는 고압 가스 분출 등 이상 현상을 유발할 수 있으므로 주의하여야 한다.

제2절 화약류 운반

제6조 【운반 책임자】 화약류 운반 책임자는 다음 각 호의 규정을 준수하여야 한다.

1. 화약류를 운송하는 운송인은 화약류의 종류에 따라 적재, 운반, 기타 화약류의 취급에 있어서 특히 유의할 제반 규정을 운반 책임자에게 미리 알려주어야 한다.
2. 운반 책임자는 출발하기 전에 차량 및 화약류의 적재 상황을 점검 · 확인하여야 하고 운반 책임자는 운전 기술이 능숙한 사람으로 하여금 화약류 운반 차량을 운전하게 하여야 한다.
3. 운반 전 점검 계획서를 작성하고 이를 허가 관청에 제출해야 한다.

제7조 【표지】 화약류를 운반하는 차량은 화약류의 운반 중에 화약의 운반 중임을 나타내기 위하여 다음 각 호의 규정과 같이 표지를 하여야 한다.

1. 주간에는 가로 50cm 세로 35cm 이상의 붉은색 바탕에 "폭발물"이라고 희게 쓴 표지를 차량의 앞뒤와 양옆의 보기 쉬운 곳에 부착하여야 한다. 그러나 부득이한 때에는 허가 관청의 승인을 얻어 위장 표지를 할 수 있다.
2. 야간에도 위에서 설명한 표지를 부착하여야 하며 그 표지를 반사체로 하여 쉽게 식별할 수 있도록 하고 150m 이상의 거리에서 명확히 확인할 수 있는 광도의 붉은색 경광등을 차량의 앞뒤의 보기 쉬운 곳에 달아야 한다.
3. 다음 각 목에 열거하는 수량 이하의 화약류를 운반할 때에는 위에서 설명한 표지를 하지 않아도 무방하다.
   가. 10kg 이하의 화약
   나. 5kg 이하의 폭약
   다. 100개 이하의 공업용 뇌관 또는 전기 뇌관
   라. 미진동 파쇄기
   마. 100m 이하의 도폭선

제8조 【통로】 화약류를 운반할 때에 통과하는 통로는 다음 각 호의 규정을 준수하여야 한다.

1. 차량으로 운반할 때에는 그 차량의 폭에 3.5m를 더한 넓이 이하의 도로를 통행할 수 없다.
2. 화기를 취급하는 장소 또는 발화성이나 인화성이 있는 물질을 쌓아둔 장소에 근접하지 않는 통로이어야 한다.
3. 번화가, 기타 사람의 왕래가 빈번하거나 사람이 많이 모이는 곳을 피하여 통행하여야 한다.
4. 화약류 2톤 이상을 싣고 시가지를 통행할 때에는 운반 표지를 한 선도차로 하여금 필요한 경계를 하게 하여야 한다.
5. 상기 기준에 맞추어 운반하여야 하며 지나치게 멀리 우회하거나 기타 이 기준에 맞는 통로에 의할 수 없는 부득이한 사정이 있을 때에는 예외로 한다.

제9조 【적재】 화약류를 운반하기 위하여 운반 기구에 화약류를 적재할 때에는 다음 각 호의 규정을 준수하여야 한다.

1. 운반 중에 마찰 또는 흔들리거나 굴러 떨어지지 아니하도록 주의하여 운반하여야 한다.
2. 화약류는 방수 또는 내화성이 있는 덮개로 덮어야 한다.
3. 화약류(초유 폭약, 실포, 공포 및 포탄을 제외한다)는 적재 차량의 적재 정량의 80%에 상당하는 중량(외장의 중량을 포함)을 초과하여 적재하여서는 아니된다.
4. 화약류를 다음 각 목에 규정한 물건과 동일한 차량에 함께 적재하지 말아야 한다.
   가. 발화성 또는 인화성 물질
   나. 외장이 불안전하여 화약류에 마찰 또는 충격을 줄 염려가 있는 물건
   다. 철강재, 기계류, 광석류, 기타 이에 준하는 물건
   라. 독극물, 방사성 물질, 기타 유해성 물질
5. 종류가 다른 화약류는 관계 법령으로 규정한 것 이외에는 원칙적으로 동일한 차량에 적재할 수 없다.

제10조 【운반】 화약류를 운반하고자 할 때에는 다음 각 호의 규정을 준수하여야 한다.

1. 자동차(이륜 자동차를 제외한다)에 의하여 200km 이상의 거리를 운반할 때에는 도중에 운전자를 교체할 수 있도록 하기 위하여 운송인은 자동차 1대당 운전자 2인을 탑승시켜야 한다.
2. 자동차 또는 우마차로 운반할 때에는 운송인은 해당 차량에 경계 요원을 탑승시켜야 한다.
3. 주차는 위험하지 않은 장소를 선정하여 주차하여야 한다.
4. 야간이나 앞을 분간하기 힘든 상태에서 주차하고자 할 때에는 차량의 전방과 후방 각 15m 지점에 적색의 경고등을 설치하여야 한다.
5. 화약류를 실은 차량이 서로 같은 방향으로 진행할 때(앞지를 때에는 제외한다)에는 100m 이상 차간 거리를 두어야 하며 주차할 때에는 50m 이상의 거리를 두어야 한다.
6. 화약류 부근에서 흡연을 하거나 화기 사용을 금한다.
7. 화약류를 취급할 때에는 갈고리 등을 사용할 수 없다.
8. 화약류를 차량에 적재 및 하역할 때에는 원동기의 작동을 정지시키는 등 제동 장치를 완전하게 하여야 한다.
9. 화약류의 적재 전후에는 그 장소를 깨끗하게 청소하여야 한다.
10. 화약류를 적재하거나 취급할 때에는 철물 종류로 된 신발을 신지 말아야 한다.
11. 화약류는 특별한 사정이 없는 한 야간에 적재 운반하지 말아야 한다.
12. 뇌홍과 뇌홍을 주로 하는 기폭약은 수분 또는 알코올분을 25% 정도 함유한 상태에서 운반하여야 한다.
13. 트리니트로레졸신납, 테트라센, 디아조디니트로페놀 및 이들을 주로 하는 기폭약은 수분 또는 알코올분을 20% 정도 함유한 상태에서 운반하여야 한다.

14. 니트로셀룰로오스는 수분 또는 알코올분을 23% 정도 함유한 상태에서 운반하여야 한다.
15. 펜타에리스리트 및 테트라나이트레이트는 수분 또는 알코올분을 15% 정도 함유한 상태에서 운반하여야 한다.
16. 기타 운반상의 위험을 방지하기 위하여 습기가 있는 상태로 하여야 할 필요가 있다고 인정되는 화약은 그 화약의 성질에 따라 안전성을 확보할 수 있는 수분을 함유한 상태에서 운반하여야 한다.

제3절 화약류 관리

제11조【화약류 관리】 화약류를 관리함에 있어 다음 각 호의 규정을 준수하여야 한다.

1. 건설 현장과 채석 현장에서 사용하는 화약류는 화약류 저장소에 저장하고, 저장소에서 매일 발파에 필요한 최소량을 화약류 취급소 또는 화공 작업소(소량일 때에는)에 운반하여 화약류를 관리하거나 발파의 준비를 하여야 한다.
2. 화약류의 수량이 소량일 때에는 화약류 관계 법령에서 정하는 안전한 장소(화약류 취급소라고 한다)에 저장하여야 한다.
3. 허가를 받아 인수한 화약류는 화약류 저장소 또는 화약류 취급소에서 발파 장소에 운반되어야 한다.

제12조【화약류 저장소】 발파 작업 책임자는 화약류의 저장 및 사용에 따른 보안에 관하여 다음 규정을 준수하여야 한다.

1. 저장소의 경계책 내에는 관계자 이외의 출입을 금하여야 한다.
2. 저장소의 경계책 내에는 폭발 또는 발화하거나 연소하기 쉬운 물건을 적치하지 말아야 한다.
3. 저장소 내에는 해당 저장소 내에서만 사용하는 안전화를 신도록 하여야 한다.
4. 저장소 내에 들어갈 때는 철물과 철물 종류로 만들어진 기구 및 휴대용 건전지, 전등 이외의 등화를 휴대하지 말아야 한다.
5. 저장소 내에서는 물건을 포장하거나 상자의 뚜껑을 여는 등의 작업을 하지 말아야 한다.
6. 저장소의 내부는 환기에 유의하고 동 · 하절기의 계절적 영향과 온도의 변화를 최소화하거나 또는 다이너마이트를 저장할 때에는 최고 최저 온도계를 비치하여야 한다.
7. 화약류를 수납한 후 상자는 화약류 저장소 내의 바닥에 9cm 이상의 각재로 된 침목을 깔고 평평하게 쌓아 올리되 저장소의 내벽으로부터의 이격 거리는 30cm 이상, 높이는 1.8m 이하로 하여야 한다. 다만 3급 화약류 저장소에는 예외로 한다.
8. 저장소에서 화약류를 출고하고자 할 때에는 저장 기간이 오래된 것부터 먼저 출고하여야 한다.
9. 저장소에 제조일로부터 1년 이상을 경과한 화약류가 남아 있을 때에는 이상 유무에 특히 주의하여야 한다.
10. 저장 중인 다이너마이트의 약포에서 니트로글리세린이 삼출되어 상자의 표면 또는 마룻바닥을 오염시켰을 때에는 물 150mL에 가성소다 100g 비율로 용해하여 알코올 1L에 혼입한 액체로써 니트로글리세린을 분해시키고 포징 등으로 닦아내어야 한다.

11. 상자 표면에 니트로글리세린이 삼출되거나 흡습액이 유출된 때에는 해당 화약류를 검사하여 지체 없이 사용하거나 폐기하는 등의 조치를 하여야 한다.
12. 아지화연을 주로 사용하는 기폭약의 공업 뇌관, 전기 뇌관과 관체를 사용한 공업 뇌관, 전기 뇌관과는 혼합 적재하지 말아야 한다.

제13조【화약류 취급소】 발파 작업 책임자는 사용 장소에서 화약류의 관리 및 발파의 준비(약포에 공업 뇌관 혹은 전기 뇌관을 설치, 또는 이것들을 설치한 약포를 취급하는 작업을 제외)를 하기 위해 화약류 취급소를 설치하여야 하며 보안상 다음 규정을 준수하여야 한다.

1. 화약류 취급소는 하나의 사용 장소에 대해서 1개소로 한다.
2. 통로 및 통로로 이용되는 갱도, 동력선, 다른 화약 취급소, 저장소, 화기 취급 장소 및 사람이 출입하는 건물 등에 대하여 안전한 곳에 설치하여야 한다.
3. 건물의 마루에는 철물류가 노출되지 아니하도록 하여야 하며 도난을 방지할 수 있는 장치와 일광의 직사 및 비와 이슬에 대하여 이를 방지하는 조치를 취하는 등 안전하게 작업할 수 있도록 하여야 한다.
4. 경계선 내에서는 흡연, 기타의 화기 사용을 금하고, 폭발 또는 발화하거나 연소하기 쉬운 것을 적치하지 말아야 한다.
5. 화약류 취급소 및 부근에서는 약포에 공업 뇌관 또는 전기 뇌관을 장치하거나 이를 장치한 약포를 취급하지 말아야 한다.
6. 화약류 취급소에는 필요한 자 이외는 출입하거나 또는 정원을 넘어서 동시에 출입하지 말아야 한다.
7. 화약류 취급소에 둘 수 있는 화약류의 수량은 1일 사용 예상량 이하로 하고, 다음 양을 넘지 말아야 한다.
   가. 화약 또는 폭약 250kg
   나. 공업 뇌관 또는 전기 뇌관 2,500개
   다. 도폭선 5km
8. 화약류 취급소에는 화약류 수불대장을 비치하고 책임자를 정하여 화약류의 수불 및 사용, 잔류 수량을 그때마다 정확하게 기록하게 하여야 한다.
9. 화약류 취급소의 내부는 청결하게 정리정돈하고, 내부 작업에 필요한 기구 이외의 물건을 두지 말아야 한다.
10. 내부 또는 외부의 보기 쉬운 곳에 취급상 필요한 규칙 및 주의 규정을 게시하여야 한다.
11. 화약류 취급소의 건물 내 조명 설비를 설치할 때에는 화약류 취급소의 벽체 내부와 완전하게 격리하여야 한다. 안전한 장치를 설치한 전등을 사용하고, 배선은 절연 금속관 또는 외장 케이블 등을 사용하여야 한다. 또한 누전 차단기 또는 개폐기를 화약류 취급소의 건물 외에 설치할 때에는 예외로 한다.
12. 난방 설비를 설치할 때에는 온수, 증기 이외의 것을 사용하지 말아야 한다.

13. 기타 화약류 취급소에 대한 재해 예방 규정을 준수하고, 화약류 취급 보안 책임자의 지시에 따라야 한다.

제14조 【화공 작업소】 발파 작업 책임자는 작업 장소에서 약포에 공업 뇌관 혹은 전기 뇌관을 설치하거나 이것들을 설치한 약포를 취급하는 작업을 하기 위해 화공 작업소를 설치하여야 하며 그 작업소는 다음 규정을 준수하여야 한다.

1. 화공 작업소는 작업 현장 부근에 설치하여야 하며 보기 쉬운 곳에 취급에 필요한 규칙 및 주의 사항을 게시하여야 한다.
2. 화공 작업소 내에는 폭발, 연소하기 쉬운 물건을 쌓아두지 말아야 한다.
3. 화공 작업소 내부는 정리정돈하고, 화공 작업소 내에 작업에 필요한 기구 이외의 물건을 두지 말아야 한다.
4. 화공 작업소에 화약류를 두는 때에는 감시인을 항시 배치하여야 한다.
5. 화공 작업소를 조명하는 설비를 설치할 때에는 화공 작업소 내벽과 완전하게 격리된 상태의 전등을 설치하여야 한다.
6. 화공 작업소의 주위에는 적당한 경계선을 설치하고 또한 "화약", "출입 금지", "화기 엄금" 등 경계 표시판을 설치하여야 한다.

제4절 화약류 취급

제15조 【화약류 취급】 화약류의 사용 장소에서 화약류를 취급할 때에는 다음 각 호의 규정을 준수하여야 한다.

1. 화약류는 충격을 주어서는 아니되며 두드리거나, 던지거나, 떨어뜨리거나 하지 않도록 항상 주의하여야 한다.
2. 화약류는 화기 부근, 글라인더를 사용하고 있는 부근에서는 취급하지 말아야 한다.
3. 화약류 주변에서는 흡연을 삼가야 한다.
4. 화약류가 들어 있는 상자를 열 때는 철제 기구 등으로 두드리거나 충격을 주어 억지로 열려고 하지 말아야 한다.
5. 전기 뇌관은 전지, 전선, 모터, 기타 전기 설비, 레일, 철제류 등에 닿지 않도록 하여야 한다.
6. 방수 처리를 하지 않은 화약류는 습기가 있는 곳에 두지 말아야 한다.
7. 화약류를 수납하는 용기는 나무, 기타 전기의 부도체로 만든 견고한 구조로 하고, 내면에는 철류가 드러나지 않도록 하여야 한다.
8. 화약, 폭약 또는 도폭선과 화공품(도폭선을 제외)은 각각 다른 용기에 수납하여야 한다.
9. 굳어진 폭약은 반드시 딱딱한 것을 부드럽게 풀고 나서 사용하여야 한다.
10. 발파 현장에는 여분의 화약류를 들고 들어가지 말아야 한다.
11. 사용하고 남은 화약류는 발파 현장에 남겨두지 말고 신속하게 화약류 취급소에 운반하여 보관하여야 한다.
12. 화약류 취급 중에는 항시 도난에 주의하고 과부족이 발생하지 않도록 유의하여야 한다.

제16조【현장 내 운반】 화약류 저장소 내의 운반이나 현장 내 소규모 운반일 때에는 다음 각 호의 규정을 준수하여야 한다.

1. 화약류를 갱내 또는 떨어진 발파 현장에 운반할 때에는 정해진 포장 및 상자 등을 사용하여 운반하여야 한다.
2. 화약, 폭약 및 도폭선과 공업 뇌관 또는 전기 뇌관은 1인이 동시에 운반하여서는 안 된다. 1인에게 운반시킬 때에는 별개 용기에 넣어 운반하여야 한다.
3. 전기 뇌관을 운반할 때에는 각 선이 벗겨지지 않도록 용기에 넣고 건전지 및 타전로의 벗겨진 전기 기구를 휴대하지 말아야 하며 전등선, 동력선, 기타 누전의 우려가 있는 것에 접근시키지 말아야 한다.
4. 화약류는 운반하는 자의 체력에 적당하도록 소량을 운반케 하여야 한다.
5. 화약류를 운반할 때에는 화기나 전선의 부근을 피하고, 넘어지거나, 떨어뜨리거나, 부딪히거나 하지 않도록 주의하여야 한다.
6. 빈 화약류 용기 및 포장 재료는 제조자의 지시에 따라 처분하여야 한다.

제17조【검사】 화약류는 사용 전에 불량품 유무에 대해서는 다음 각 호의 규정에 따라 반드시 점검 또는 검사를 하여야 한다.

1. 초산암모늄을 많이 포함한 폭약은 굳어지기 쉽고, 굳어지면 불발과 잔류를 발생하거나 폭력도 약하게 될 우려가 있으므로 딱딱한 것을 부드럽게 풀어주어야 한다.
2. 폭약이 흡습하면 성질이 변하는 경우가 있으므로 양끝이 유연하게 되어 있지 않은가, 액으로 되어 흘러나와 있지 않은가를 확인하여야 한다.
3. 공업 뇌관은 관체에 흠이 없는가, 뇌관 속에 기폭약분과 이물이 들어 있지 않은가, 흡습되어 있지 않은가를 점검하여야 한다.
4. 전기 뇌관에 대해서는 각 선의 상처, 도통의 유무 또는 전기 저항을 확인하여야 한다. 이때에는 전지식 도통 시험기에 대해서는 미리 전류를 측정하고 0.1mA를 넘지 않은 것을 사용하고 그 측정에서는 위해 예방 조치를 강구하여야 한다. 또 검사필한 전기 뇌관의 양단은 반드시 단락하여 두어야 한다.
5. 도화선 및 도폭선에 대해서는 물에 젖거나, 흡습되어 있는 것은 없는가, 피복의 상처, 헐거움은 없는가 등을 조사한다.

제18조【불량 화약류의 처리】 불량 화약류를 처리할 때에는 다음 각 호의 규정을 준수하여야 한다.

1. 흡습되거나, 단단하게 되거나 한 화약류로 성능의 변화가 우려되는 것은 무리하게 사용하지 말아야 한다.
2. 불량 화약류는 표시를 하여 구별하고, 화약류 취급 보안 책임자에게 보고하여 지시에 따라 처리하여야 한다.

제3장 도화선 발파

제1절 발파 준비 및 발파

제19조【발파용 기재】 도화선 발파 작업을 할 때에 발파용 기재는 다음 각 호 사항의 것들을 준비하여야 한다.

1. 뇌관 집게(고정식, 손집게식)
2. 발파 시계 또는 측정용 안전 도화선
3. 뇌관 삽입 막대봉
4. 삽입봉
5. 브로 파이프
6. 삽입물
7. 방수제
8. 점화구
9. 화약류 운반 용기, 등짐용 자루, 등짐용 상자
10. 경계용품, 사이렌, 호각

제20조【발파 방법 결정】 도화선 발파를 할 때의 발파 방법은 그 목적에 따라 각각 다르므로 현장의 상황 등에 의해 단독 발파, 동시 발파, 단발 발파 등 발파 방법의 채택 여부를 사전에 결정하여야 한다.

제21조【천공】 발파를 위한 천공 작업을 할 때에는 다음 각 호의 규정을 준수하여야 한다.

1. 천공 구멍의 크기는 사용할 화약류의 직경보다 커야 한다.
2. 일차 발파된 지역에서의 천공은 전 지역에 폭파되지 않은 화약의 유무를 세밀히 조사하여 확인될 때까지 실시하여서는 안 된다. 확인 결과 화약류를 발견하지 못하였다 하더라도 천공구에 천공기, 곡괭이 또는 모래톱을 삽입하여서는 안 된다. 또한 불발된 장전 구멍에서부터 15m 이내에서는 동력 기계를 이용한 천공 작업을 하여서는 안 된다.
3. 천공 작업과 장전 작업은 일반적으로 동일 지역에서 병행하여서는 안 된다.
4. 천공 작업으로 발생되는 먼지는 습식으로 제거하여야 하고 필요시 기타의 방법을 사용하여도 무방하다.
5. 천공 작업 중 작업원이 추락할 우려가 있을 때에는 작업 발판을 비치하고 안전 벨트를 착용하여야 한다.
6. 오거 및 천공기 작동 중에는 기타 종사원들은 안전한 거리에 위치하여야 한다.
7. 천공기를 다른 곳으로 이동할 때 드릴, 공구 등 장비는 안전하게 위치하여야 한다. 특히 송전선 아래나 그 주위로 이동할 때에는 각별한 주의를 하여야 한다.
8. 천공 작업 중에는 안전 담당자를 두어야 한다.

제22조【화약류 선정】 화약류의 선정은 다음 각 호의 규정에 유의하여야 한다.

1. 화약류 선정은 반드시 전문가에 의하여 결정되어야 한다.

2. 화약류 선정 요소는 발파 현장 상황, 암석의 단단함 등 여러 가지 조건과 더불어 화약류의 성능 및 경제성 등을 참작하여 선정한다.

제23조 【약량 결정】 약량은 암반의 상황, 단층, 균열, 지형 지질 등을 미리 조사하여 천공 위치, 천공 간격 등을 고려한 다음 결정한다.

1. 약량의 결정은 비석 사고와 직접 관계되므로 신중하게 결정되어야 한다.
2. 약량은 일반적으로 다음의 하우자 공식에 의한 누두공 시험(crater test)을 통해 발파 계수(C)를 파악하여 결정하여야 한다.

$$L = CW^3$$

여기서, L : 장약량(kg)

C : 발파 계수($C = g \cdot e \cdot d$)

W : 최소 저항선(m)

발파 계수(C)는 암석의 저항 계수(g), 폭약의 위력 계수(e), 삽입물 계수(d) 등에 의하여 정하는 계수이다.

제24조 【장전】 화약류의 장전 작업을 할 때 다음 각 호의 규정을 준수하여야 한다.

1. 발파공의 청소와 점검은 다음 각 목의 규정에 주의하여야 한다.
   가. 발파공은 브로 파이프로 구멍 바닥까지 장약하는 데 지장이 없도록 충분히 청소를 하여야 한다.
   나. 발파공의 위치, 상태 및 깊이를 점검하여야 한다.
2. 장약할 때에는 다음 각 목의 규정에 주의하여야 한다.
   가. 전회 발파공을 이용하여 장전하지 말아야 한다.
   나. 약포는 1개씩 손을 사용하여 신중하게 삽입봉으로 넣고, 약포 간에 간격이 없도록 그때마다 구멍 길이의 차를 측정하면서 장약을 행하여야 한다.
   다. 삽입봉은 곧바르고 견고하고 마디가 없는 나무가 가장 좋고, 약포 지름보다 약간 굵고, 적당한 길이(보통 1.8m 정도)로 하고, 개수는 충분히 준비하여야 한다.
   라. 화약 또는 폭약을 장전할 때에는 화기에 특히 주의하여야 한다.
   마. 장전 장소 및 인접 장소에서 전기 용접 등의 작업을 병행하지 않아야 한다.
   바. 기폭약포는 원칙적으로 최후에 장약하여야 한다.
3. 전색할 때에는 다음 각 목의 규정에 주의하여야 한다.
   가. 삽입물은 약간 수분이 있는 모래를 사용하며 기타 점토가 성형된 비교적 수분이 적은 것을 사용하여야 한다. 삽입물이 불충분할 때에는 그 발파 효과에도 영향을 미치고 발파 후 가스 불량의 원인이 되므로 주의하여야 한다.
   나. 삽입물에는 종이, 마른풀 등 가연물을 사용하면 발파 후 가스의 농도를 나쁘게 하고, 또한 발파 효과도 나쁘게 되므로 사용하지 말아야 한다.
   다. 삽입물의 전색은 일반적으로 벤치 컷과 같은 하향 구멍일 때에는 그대로 유입하고, 횡공 등 경사 천공일 때에는 성형된 것 또는 사철포를 이용하여야 한다.

4. 수공 및 고온공에 대한 장약일 때에는 다음 각 목의 규정을 준수하여야 한다.
   가. 수공에 대한 발파에는 가능한 한 전기 발파를 채택하여야 하며 도화선 발파를 채택할 때에는 다음 방법으로 화약류를 방수하여야 한다.
      1) 뇌관 체결부에 방수제를 도포하거나 내수 테이프를 감는다.
      2) 뇌관부 약포를 내수성 자루에 넣는다.
      3) 내수성이 좋은 도화선을 사용한다.
   나. 65℃ 이상의 고온공에서의 발파는 다음 방법에 의하여야 한다.
      1) 천공의 밀폐를 충분히 하고 천공 내의 온도를 잘 측정한다.
      2) 암반에 물을 뿌리거나, 천공 또는 보조공에 주수하여 암반의 온도를 40℃ 이하로 내린다.
      3) 장전부터 발파까지의 시간을 가능한 한 짧게 하도록 하고, 암반의 온도가 60℃ 이상으로 오르기 전에 발파한다.
      4) 고온공에 적당한 화약류의 선정은 화약 제조업자, 기타 발파 작업 책임자의 지도를 받아 실시한다.

제25조【도화선 설치】 뇌관에 도화선을 설치하고자 할 때에는 다음 각 호의 규정에 유의하여야 한다.

1. 도화선의 길이는 천공 길이, 한 사람의 점화 개수, 안전한 대피 장소까지의 충분한 소요시간 등을 고려하여 결정한다.
2. 도화선을 직각으로 도화선 구체기로 절단하고, 뇌관에 설치하는 데는 도화선의 피복 재료의 풀림, 도화선 심약의 상황 등에 주의하면서 뇌관의 내관부까지 밀착하여 삽입한다.
3. 뇌관 집게를 사용하여 뇌관의 입구를 잘 체결한다. 이때 뇌관의 장약부를 체결하지 않도록 주의하여야 한다.
4. 도화선 설치 작업은 화공 작업소에서 행하고, 그때 작업대 및 그 근처에는 필요 최소한의 뇌관 및 도화선 이외의 화약류는 두지 말아야 한다.

제26조【뇌관 설치】 뇌관을 약포에 설치할 때에는 다음 각 호의 규정을 준수하여야 한다.

1. 약포에 뇌관을 설치하는 작업은 화공 작업소에서 하여야 한다.
2. 약포에 뇌관을 설치할 때에는 먼저 약포지의 한쪽 끝을 열고, 약포의 중심부에 뇌관의 전체 길이가 들어갈 수 있는 깊이의 구멍을 뚫고, 다음에 약포에 도화선에 붙은 뇌관을 삽입하고, 열린 약포지로 도화선의 주위를 싸고, 뇌관이 빠지지 않도록 끈으로 확실하게 체결하여야 한다.

제27조【점화 준비】 점화 준비에는 다음 각 호의 규정에 유의하여야 한다.

1. 발파 시계, 측정용 안전 도화선 등의 시간 표시 기구를 준비하여야 한다.
2. 점화를 시작하기 전에 모든 도화선의 끝이 더렵혀지거나 젖어 있지 않은가 점검하여야 한다.

3. 점화기에 지장이 없는가를 점검하여야 한다.
4. 예비 점화기를 준비하여야 한다.
5. 2인 이상이 점화할 때에는 점화 순서, 점화 개수 외, 각자의 책임 점화 구분을 명확하게 해 두어야 한다.
6. 인접공 발파의 경우 단락을 방지하기 위하여 여분의 도화선은 구멍에 말아 넣어야 한다.
7. 대피할 통로에 장해물이 없는 것을 확인하여야 한다.
8. 근처 작업원 및 주위에 점화하는 것을 예보하고 그 대피를 확인해야 한다.

제28조【점화】 점화 작업을 할 때에는 다음 각 호의 규정을 준수하여야 한다.

1. 발파 작업 지휘자의 지휘에 따라서 점화 작업을 하여야 한다.
2. 발파 시계를 작동시키거나, 측정용 안전 도화선에 점화하여야 한다.
3. 점화 신호에 따라서 확실하게 점화하여야 한다.
4. 1인 점화 개수는 다음과 같이 한다.
   가. 도화선 길이가 1.5m 이상일 때는 10발 이내
   나. 도화선 길이가 0.5m 이상 1.5m 미만일 때는 5발 이내
   다. 도화선 길이가 0.5m 미만일 때는 1발

제29조【대피】 점화가 전부 끝난 것을 확인하고 나서 대피하는 데 시간 표시기가 시간을 알리면 전부에 점화하지 않을 때라도 반드시 대피하여야 한다.

제2절 발파 후 처리

제30조【발파 후 처리】 발파 후 처리 및 발파 효과의 확인은 다음 각 호의 규정에 유의해야 한다.

1. 폭발음 수가 점화 수와 같은가를 확인하여야 한다.
2. 발파 후 대기 시간(15분 이상)을 경과한 후가 아니면 화약류의 장전 개소에 접근하지 말아야 하며, 다른 작업자도 접근시키지 말아야 한다.
3. 터널 내에서는 발파 후 가스에 의한 위험을 배제한 후, 또는 부석의 점검을 한 후 발파 개소에 접근하여야 한다.
4. 발파 후 점검은 대기 시간 경과 후 지휘자의 지시에 따라서 도화선의 잔재, 구멍 끝의 확인, 잔류물의 유무 등을 점검하여야 한다.
5. 유수가 있는 장소는 불발과 잔류약이 많으므로 특히 주의하여 점검하여야 한다.
6. 잔류약을 확인하고 수거한 후에는 보관소에 반납하여야 한다.
7. 삽입봉, 삽입물은 일정한 장소에 정돈해 두어야 한다.
8. 최후 발파 상황을 공사 책임자에게 보고하여야 한다.

제31조【불발의 원인 및 대책】 도화선 발파 시 다음 각 호 좌변에 의한 불발의 원인에 대해 우변의 대책을 기준하여 처리하여야 한다.

1. 도화선 단락에 의한 뇌관 불발의 경우 처리 기준

불발 원인	대 책
1) 도화선의 절단면 불량 또는 오염 흡습	• 도화선을 예리한 칼로 직각으로 절단하고 피복이 약면을 덮지 않도록 한다. • 도화선은 결합하기 전에 끝을 1cm 정도 절단하여 결합한다.
2) 도화선 끝과 뇌관과의 접촉이 불량	• 도화선을 가볍게 뇌관의 내관에 접촉시켜 규정된 구체기로 결합하고 빠지지 않도록 한다.
3) 뇌관의 흡수(기폭약 흡습)	• 뇌관을 온도 및 습도가 높은 장소에서 방치하지 않아야 하며 결합 전 물방울이 뇌관 내에 들어가지 않도록 한다.
4) 고온에 의해 기폭약, 첨장약의 변질(섭씨 65℃ 이하로 취급)	• 65℃ 이상의 장소에서 사용할 때는 제조 회사와 상담하고 전기 뇌관을 사용하여야 한다.
5) 도화선을 결합하는 시점에서의 흡습	• 발파 전 도화선 1m를 연소 시험하고 촉감으로 흡습 유무를 조사한다.
6) 구체 불량에 의한 흡습	• 규정된 구체기로 정확히 구체하고 물이 나는 천공에는 방수 테이프로 결합 부위를 방수한다.
7) 도화선 손상에 의해 흡습 또는 부분 파손	• 도화선 피복이 상하지 않도록 조심해서 취급한다.
8) 인접공 발파에 의해서 도화선이 절단	• 도화선 끝을 잘 말아서 밑으로 쳐지지 않게 공내에 넣는다.
9) 뇌관과 도화선 결합 시 구체를 너무 세게 하여 흑색 화약 연소 중단	• 규정된 구체기를 사용한다.

2. 도화선 불발의 경우 처리 기준

불발 원인	대 책
1) 점화가 곤란한 상태	• 도화선 끝이 젖었을 때는 끝을 5cm 정도 절단하고 점화한다. • 물방울이 떨어지는 곳에서는 방수 점화구를 사용한다.
2) 점화 미확인	• 2명 이상이 점화할 때는 책임 분야를 명확히 하고 어두운 곳에서는 점화구를 특히 주의해야 한다.

제4장 전기 발파

제1절 발파의 준비

제32조【발파 기재】 전기 발파를 할 때 필요한 기재는 발파기, 도통 시험기, 저항 측정기, 발파 모선, 발파 보조 모선, 전기 뇌관 등이며 기타 필요에 따라 누설 전류 검지기 등도 준비해 주어야 한다.

제33조【작업 주의】 전기 발파를 행할 때에는 전원, 발파기 및 발파 모선에 대해서는 다음 각 호의 규정에 주의하여야 한다.

1. 발파 전원을 동력선 또는 전등선에서 취할 때에는 잘못 조작할 우려가 있으므로 발파기 사용을 원칙으로 한다.
2. 부득이 전원을 동력선 또는 전등선에서 취할 때에는 전로의 개폐를 확실하게 하고, 전기 발파 작업자 외에는 개폐할 수 없도록 하고, 또한 전로에는 1A 이상의 적당한 전류가 흐르도록 하여야 한다.
3. 다량의 발파 시에는 전압 및 전원, 발파 모선, 전기 뇌관의 전 저항을 고려하여 전기 뇌관에 소요 전류를 통하게 하여야 한다.
4. 전기 발파기의 핸들은 점화하는 때를 제외하고는 고정식은 시건 장치를 하여야 하고, 이탈식은 발파 작업 책임자가 휴대하여야 한다.
5. 발파기 및 건전지는 건조한 곳에 두고 사용 전에 기동력을 확인하여야 한다.
6. 발파 모선은 600V 고무 절연 전선 이상의 절연 효력이 있는 것이어야 하고, 기계적으로 강력한 것으로서 30m 이상의 것을 사용하여야 하며 사용 전에 반드시 단선의 유무를 검사하여야 한다.
7. 발파 모선은 점화할 때까지는 발파기(점화기)에 접속하는 측의 끝을 단락시켜 두고, 반대의 끝은 단락을 막도록 하여야 한다.
8. 발파 보조 모선은 가능한 한 굵고, 피복이 안전하고 절연도가 높은 것을 사용하고, 몇 개의 선을 이은 것 또는 지나치게 긴 때에는 저항이 크게 되므로 사용하지 말아야 한다.
9. 수중 및 수공 발파에 사용하는 전기 뇌관의 각 선은 미리 그 필요한 길이를 예정하고, 수중 또는 수공에서 결선하는 개소를 가능한 한 적게 하도록 하여야 한다.

제34조【방법의 결정】 전기 발파를 행할 때에는 사전에 그 방법을 결정하여야 하며 다음 각 호의 규정을 준수하여야 한다.

1. 사전에 미주 전류의 유무를 검사하고 미주 전류가 있는 장소에서는 전기 발파를 해서는 안 된다.
2. 전기 발파에는 단발 발파, 제발 발파, MS 발파, DS 발파, 이들을 병용한 단발 발파 등 여러 가지 방법이 있으므로 각각 발파 방법에 따라 충분히 검토한 다음 가장 효과적인 방법을 채택하여야 한다.

제35조【화약류의 선정과 검사】 사용 화약류의 선정은 제22조의 규정에 따른다.

제36조【발파기재의 검사】 발파기, 건전지, 저항 측정기, 도통 시험기 등의 기구류는 건조한 곳에 두고, 사용 전에 그 기능, 안전 성능 등을 다음 표에 의해 확인하여야 한다.

순 서	내 용
발파기 점검	• 사용하고자 하는 발파기의 능력을 측정하여 이상 유무를 확인한다.
발파 모선 점검	• 발파 모선의 저항이 크면 뇌관 회로에 전달되는 전류는 작아지므로 신중히 선택하여야 하며 절연 저항과 피복 파손 여부를 확인한다.

순 서	내 용
뇌관 저항 측정 점검	• 모든 결선 부위는 전류 누설이나 전선의 단락을 방지하기 위하여 절연 테이프로 감아주거나 공중이나 나무 상자 위에 결선부를 고정시켜 지면과 이격시킨다.
발파 회로 점검	• 발파 모선과 뇌관 회로를 연결하기 전에 모선의 단선이나 단락 여부를 확인한다. • 발파 모선의 양쪽 끝을 저항 측정기로 측정하여 규정 저항이 나타나는지 확인하여 모선 분리 시 무한대 저항이 나타나지 않으면 모선의 손상, 절연 불량, 파손 등 불량 원인을 조사 보수 후 사용한다.

제2절 발 파

제37조【천공】 제3장 제1절 발파 준비 및 발파의 천공 규정에 따른다.

제38조【뇌관 설치】 전기 뇌관은 1개씩 저항을 측정하고, 소정의 저항치(오차 ±0.1Ω)를 확인한 다음 약포에 설치하여야 하며 작업 중에는 항상 각 선의 양단은 단락하여 두어야 한다. 이들의 작업은 화공 작업소에서 행하고 화약류 취급소에서 수행하여서는 아니된다.

제39조【발파 모선의 배선】 발파 모선의 배선을 할 때 다음 각 호의 규정을 준수하여야 한다.

1. 점화 장소(발파기 조작 장소)는 발파 현장에서 충분한 안전 거리를 유지하고 동시에 물기가 있는 장소와 철관, 레일 등이 있는 장소를 피하며 상부로부터의 낙석 등 위험이 없는 장소를 선정하여야 한다.
2. 점화 장소에서 발파 현장까지의 주 통로에는 철제 기재 등 장해물을 두지 않도록 하고 통행에 방해가 되지 않도록 배선하여야 하며 갱내의 측벽에 달아매는 등 안전 조치를 하여야 한다.
3. 발파 모선의 저항은 사전에 계획하여 기록해 두어야 한다.

제40조【저항 측정】 저항 측정 및 소요 전압의 산출은 다음 각 호의 산정식에 의해 구한다.

1. 결선 작업과 처리가 끝나면 모든 회로의 전기 저항을 측정하여 소정의 저항이 있는지의 여부를 확인하여야 한다. 이때에는 회로의 전 저항 R은 다음 각 목의 식을 기준으로 한다.

   가. 전 저항 R 산정 기준

   $$R = nR_1 + l\,R_2 + LR_3 + r$$

   여기서, R_1 : 전기 뇌관의 옴

   R_2 : 보조 모선의 1m 저항 측정당 옴

   R_3 : 모선의 1m당 옴

   r : 결선에 의한 접속 저항(실제 때에는 r은 생략하여도 지장이 없다)

   n : 직렬로 결선된 저항 R_1〔Ω〕의 전기 뇌관수

   l (m) : 보조 모선에 사용된 1m당 R_2〔Ω〕의 단선 길이

   L (m) : 모선에 사용된 1m당 R_3〔Ω〕의 단선 길이

   저항 측정기의 오차는 ±2% 이내를 기준으로 한다.

나. 소정의 저항치 R_0 산정 기준

$$R_0 = (1 \pm 0.02)R$$

위 사항의 산정 기준에 의한 계산치와 실측치를 비교하고, 허용 오차의 ±10% 이내를 확인한 다음 모선을 발파기 단자에 접속하여야 한다. 도통 시험 또는 저항 측정은 화약류의 장전 개소에서 30m 이상 떨어진 안전한 장소에서 실시하여야 한다.

2. 전호에 의하여 저항을 구하면 실제 발파에 필요한 소요 전압을 다음 각 목의 식에 의해 산출하여 완전한 발파가 이루어지도록 하여야 한다.

가. 직렬 결선일 때에는

$$V = I(R_1 + nR_2 + R_3)$$

나. 병렬 결선일 때에는

$$V = nI(R_1 + R_2/n + R_3)$$

다. 직 · 병렬 결선일 때에는

$$V = bI(R_1 + a/bR_2 + R_3)$$

여기서, V : 전압(볼트)

I : 소요 전류

R_1 : 모선의 저항

R_2 : 뇌관의 저항

R_3 : 발파기 내부 저항

n : 뇌관 수

a : 직렬 뇌관 수

b : 병렬 뇌관 수

제41조 【저항 불량】 저항 측정에서 소정의 저항치를 나타내지 않는 한 그대로 다음 작업에 들어가서는 안 된다. 불량 개소가 발견되지 않으면 소정의 광전자식 도통 시험기로 개개의 전기 뇌관의 도통 시험을 실시하여야 한다.

제42조 【장전 및 점화】 장전 및 점화 작업은 제3장 제1절 발파 준비 및 발파의 장전, 점화의 규정에 따른다.

제3절 발파 후 처리

제43조 【발파 후 처리】 발파 후 처리는 다음 각 호의 규정에 유의해야 한다.

1. 발파 후 즉시 발파 모선을 발파기에서 분리하여 단락시켜 두고 재점화가 되지 않도록 조치하여야 한다.
2. 점화 후 폭발하지 않을 때 또는 폭발 여부가 불명확할 때에는, 지발 전기 뇌관 발파 시는 5분, 그 밖의 발파 시는 15분(갱내에서는 발파에 의한 유해 가스 위험을 제거하고, 이어서 천장, 측벽, 기타의 암반 등에 대해 안전을 확인한 후), 대발파 시는 30분 이내에 현장에 접근해서는 안 된다.

3. 불발 시는 다음 각 목의 사항을 준수하여야 한다.

가. 불발 시는 불발공에서 40cm 이상(인력 굴착 30cm 이상, 기계 굴착 시 60cm 이상) 이격하여 수평 천공하고 발파하여 처리하여야 한다.

나. 불발공에 물을 흘려 넣던가 압축 공기로 전색물과 화약류를 빼내어야 한다.

다. 불발약은 다음 교대 시에 그대로 인계하여서는 안 된다(불가피한 상황에서 인계할 때에는 상세히 알려주고, 확실한 표시를 하여 작업에 위험이 없도록 하여야 한다).

4. 전선 및 기타 기재는 확실하게 수납하여야 한다.

제44조 【불발의 원인】 전기 뇌관의 불발의 원인은 다음 표에 나타낸 바와 같으므로 작업시 신중히 처리하여야 한다.

대원인	소원인
1) 발파 회로의 뇌관이 1발도 발화하지 않음 (도통 불량)	• 모선과의 결선을 누락 • 기폭약포를 장전 시 각 선의 단선 상태 • 발파 모선, 보조 모선의 단선 상태 • 각 선의 단선 상태
2) 발파 회로 전체의 뇌관 중 1발밖에 발화되지 않음	• 결선부의 벗김 또는 단락 • 불발이 된 뇌관의 결선 탈락 • 기폭약포 장전 시 각 선을 손상시켜 단락
3) 발파 회로의 산발적 불발	• 발파기의 출력 부족 • 발파기의 규격 용량 이상의 발파 시 • 모선의 단락 상태 • 결선부가 녹슬어 있을 때 • 흙, 진흙, 암분이 결선부에 묻어 있을 때 • 결선부가 침수되었을 때 • 타사 제품의 뇌관과 혼용 사용 시
4) 발파 회로 내 발파 모선에 가까운 것은 발화하고 회로의 가운데에서 뇌관 불발	• 결선부가 물에 잠기거나 특히 모선 발파 회로 결선부가 침수되었을 때
5) 발파 모선의 결선 위치와는 관계없으며 때로는 특정 부분의 뇌관이 불발	• 발파 회로의 특정 부분이 침수되었을 때 • 결선 착오
6) 근접공 발파의 영향에 의해서 뇌관 불발	• 천공 간격이 비교적 가까울 때 • 발파공 부근 암석에 균열, 처리, 단층이 있을 때 • 수중 발파를 할 때

제45조 【불발의 대책】 전기 뇌관 작업 시 누설 또는 단락에 의한 뇌관 불발의 대책은 발파 시 다음 표의 좌변에 의한 불발의 원인에 대해 우변의 대책을 따라 처리하여야 한다.

원 인	대 책
결선부의 접촉	결선부가 상호 접촉되지 않게 예를 들면 결선부에 비닐 테이프를 감는다.
각 선 피복이 찢김	기폭약포 장전 중 각 선을 상하지 않게 주의한다.
결선부가 물에 접촉	결선부에 비닐 테이프를 감는다.

제46조 【불발공의 처리】 전기 발파 작업 시 불발공의 처리 방법은 안전한 방법으로 조심스럽게 처리하여야 하며 다음 각 호의 절차에 따라 행하여야 한다.

1. 기존 법규나 규정을 준수하고 처리 규정이 설정되어 있지 않을 때에는 적어도 1시간 이상 대기한 다음 처리한다.
2. 저항 측정기를 사용하여 불발공의 회로를 점검하고 이상이 없으면 발파 회로에 다시 연결하여 재발파한다. 불발공이 단락되어 있으면 압축 공기나 물로 제거한 다음 기폭약포를 재장전하여 발파한다.
3. 불발공으로부터 회수한 뇌관이나 폭약은 모두 제조업자의 시방에 따라 처리하여야 하며 임의로 매립하거나 폐기하여서는 아니된다.
4. 불발 원인을 조사할 때에는 공정하고 객관적인 입장에서 조사하여야 하며 원인을 규명한 다음에는 이를 기록하여 불발 방지 대책을 수립해 두어야 한다.

제47조 【정전기 대책】 전기 발파를 할 때에는 정전기에 의한 발파 재해 방지 대책으로서 다음 표를 참조하여 작업하여야 한다.

작업의 종류	대책 기준
일반 규정	• 도전성의 의류를 착용한다. • 도전성의 정전기용 안전화를 착용한다. • 내정전기용 전기 뇌관을 사용한다.
천공 작업	• 천공 장소에서 전기 뇌관이나 기폭약포를 충분히 분리하여 둔다.
기폭약포 만드는 작업	• 천공 장소, AN-FO 장전 장소, 고무 호스나 비닐 파이프 등의 대전하기 쉬운 곳, 철관이나 레일 등의 전류가 흐르기 쉬운 곳의 인접 거리에서 작업을 하지 않는다. • 작업 전, 작업 중은 맨손을 가끔 지면에 대어서 신체의 정전기를 제거한다. • 각선이나 보조 모선은 훑지 않는다.
AN-FO 장전 작업	• 장전기는 사용 전후에 잘 청소하고 접지 장치의 접속을 확실히 한다. • 장전 호스는 필히 정규의 도전성을 갖는 것을 사용한다. • 장전 호스는 발파공의 길이보다 60cm 이상 긴 것을 사용한다. • 장전 호스는 계속 연결한 호스를 사용하지 말아야 한다. • 장전할 때는 장전기를 충분히 접지한다. • 장전기의 접지선은 철관, 레일 등의 누설 전류가 유입되기 쉬운 곳에 가까이 하지 말아야 한다. • 갱내 등의 장전 장소에서는 통기를 충분히 하여 AN-FO 분진을 부유시키지 않도록 한다. • 컨트롤 밸브는 가급적 급격한 개폐를 하지 않는다 • 장약 중에는 발파공에서 안포의 분출이 없도록 한다. • 장약 종료 후는 장전 호스의 끝을 장약면에 꾹 눌러서 장약면의 제전을 한다. • 발파공에 방수 플라스틱 튜브를 사용하는 때에는 장전 후 적어도 5분간 경과한 후가 아니면 전기 뇌관 및 기폭약포를 가까이 하지 말아야 한다. • 거친 구멍이나 수공 등에서 플라스틱 튜브를 사용하여 장약할 때는 역기폭, 중간 기폭을 피한다. • 플라스틱 튜브에 유입, 장약할 때에는 서서히 하고 튜브를 움직였을 때는 전기 뇌관이나 기폭약포를 가까이 하면 된다.

작업의 종류	대책 기준
기폭약포 장입 결선 방법	• 갱내에서는 안포의 부유 분진이 제거된 후 기폭약포 장전 작업을 한다. • 기폭약포 장전 작업 결선 작업을 행할 때는 작업 전, 작업 중 종종 맨손을 접지하고 신체의 전기를 제거한다. • 각선, 보조 모선, 발파 모선을 설치하거나 간추릴 때 흝지 않도록 하고 맨손으로 한다. • 각선이나 보조 모선 등의 결선 장소의 나선 부분은 절연 테이프를 사용하고 발파공 속에 삽입한 부분은 특히 주의한다.
잔류약의 회수 작업	• 기폭약포 등을 회수할 때는 압축 공기로 회수치 말고 새로운 기폭약포를 장전해서 순폭시키거나 물로 녹여서 회수한다.
낙뢰의 대책	• 일기 상황 파악을 철저히 한다. • 휴대 라디오의 잡음으로 빨리 낙뢰를 탐지하고 빨리 대피한다. • 불가피하게 발파를 실시할 때는 도화선 혹은 도화선을 사용한 도폭선 발파를 한다.
강풍 시 등의 대책	• 전기 발파 작업은 가능한 한 하지 말아야 한다.

제4절 초안유제 폭약의 발파

제48조【정전기】 장전기를 사용할 때에는 다음 각 호의 규정을 준수하여야 한다.

1. 장전기 본체는 스테인리스 강제 또는 알루미늄제이고, 동, 철 등과 같이 부식되는 물질 또는 주석, 아연 등과 같이 초안유제 폭약의 분해를 조장하는 물질이 이용되지 않아야 한다.
2. 장전용 호스는 정전기를 용이하게 제거할 수 있고, 또한 미주 전류의 유입을 방지하는 것이 가능한 것이어야 하고(강선입 고무 혹은 비닐 호스 또는 반도전성 호스), 장전하는 구멍의 길이보다 60cm 이상 긴 것이어야 한다.
3. 장전 작업 중에 발생하는 정전기를 제거하기 위해 접지가 가능한 구조이어야 한다.
4. 내부 청소가 용이한 구조이어야 한다.

제49조【장전】 장전할 때에는 다음 각 호의 규정을 준수하여야 한다.

1. 장전기를 사용할 때에는 장전 작업 중에 발생하는 정전기를 제거하기 위해 접지하여야 하며 궤도, 철제류 또는 상설 전기 접지 계통은 접지극에 연결하여 이용하지 말아야 한다.
2. 장전 작업 중에는 화기 사용 및 흡연을 하지 말아야 한다.
3. 수중에 장전할 때에는 물을 충분히 제거하고 적당한 방수 조치를 한 뒤가 아니면 장전하지 말아야 한다.
4. 이상 건조 시 등 정전기를 발생하기 쉬운 조건하에서 공기 장전기를 사용할 때에는 뇌관부 폭약은 공기 장전을 하지 말아야 한다.
5. 뇌관부 폭약은 정전기의 호스로 장전하지 말아야 한다.
6. 초안유제 폭약은 휴대 시 및 장전 작업 중에 흡습 또는 이물의 혼입을 방지하기 위한 조치를 강구하여야 한다.

7. 장전 작업에 종사하는 기술자 및 작업자는 필요에 따라 안경, 장갑 등의 보호구를 사용하여야 한다.
8. 갱내에서 초안유제 폭약을 사용할 때에는 후 가스 배제에 유의하고, 통기가 나쁜 개소에서는 사용하지 말아야 한다.
9. 장전 후는 가능한 한 신속하게 점화하여야 한다.

제50조 【발파】 초안유제 폭약을 압축 공기로 장전하고, 이것을 전기 발파할 경우에는 제4장 제1절에서 제3절까지를 참조하여야 한다.

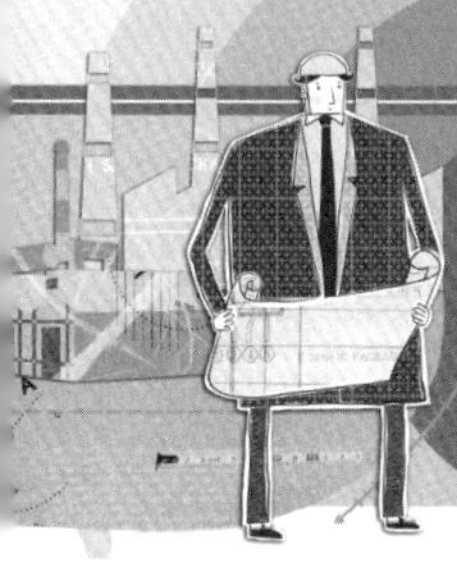

Chapter 05 벌목 표준안전작업지침

개정 2020.01.16. 고용노동부 고시 제2020-25호

제1장 총 칙

제1조 【목적】 이 지침은 산업안전보건법(이하 "법"이라 한다) 제13조의 규정에 의하여 벌목 작업에 있어서의 산업 재해 예방을 위한 작업상의 안전에 관하여 사업주에게 지도 · 권고할 기술상의 지침을 규정함을 목적으로 한다.

제2조 【용어의 정의】 이 지침에서 사용하는 용어의 정의는 다음 각 호에서 정하는 것과 특별한 규정이 있는 경우를 제외하고는 법, 동법 시행령, 동법 시행규칙 및 산업 안전 기준에 관한 규칙이 정하는 바에 의한다.

1. "벌목"이란 산지에서 벌목용 기계와 기구를 이용하여 수목의 지상부를 잘라 지면으로 넘기는 것을 말한다.
2. "조재"란 벌목한 수목의 가지를 치고 필요에 따라 용도에 적합한 길이로 절단하는 것을 말한다.
3. "집재"란 벌목한 원목을 어느 한 장소에 적재하는 것을 말한다.
4. "운재"란 벌목된 원목의 현 위치에서 집재장으로의 운반과 집재장에서 다른 장소의 집재장까지의 운반, 중계되는 교통기관 또는 시장 등에 운반하는 것을 말한다.

제2장 벌목 및 조재 작업

제3조 【안전 일반】 벌목 및 조재 작업을 할 경우에는 다음 각 호의 사항을 준수하여야 한다.

1. 작업 시작 전에 작업 순서 및 작업원 간의 연락 방법을 충분히 숙지한 후 작업에 착수하여야 한다.
2. 작업자는 안전모, 안전화 등의 보호구를 착용하여야 하며, 항상 호루라기 등 경적 신호기를 휴대하여야 한다.
3. 강풍, 폭우, 폭설 등 악천후로 인하여 작업상의 위험이 예상될 때에는 작업을 중지하여야 한다.
4. 톱, 도끼 등의 작업 도구는 작업 시작과 종료 시 점검하여 안전한 상태로 사용하여야 한다.
5. 벌목 및 조재 작업을 할 때에는 작업면보다 아래 경사면 출입을 통제하여야 한다.
6. 벌목 및 조재 작업을 할 때 위험이 예상되는 도로, 반출로 등에는 위험 표지를 잘 보이는 곳에 설치하고 유지 관리하여야 한다.

7. 체인톱을 사용할 때에는 다음 각 목의 사항을 준수하여야 한다.
   가. 체인톱에 대한 정확한 취급과 사용 방법을 숙지한 후 사용하여야 한다.
   나. 방진용 장갑과 방음용 귀마개를 사용하여야 한다.
   다. 체인톱을 시동할 때에는 톱날이 주위의 사람 또는 물건에 접촉되지 않도록 안전한 장소에서 시동하여야 한다.
   라. 체인톱을 이동할 때에는 반드시 엔진을 정지하여야 한다.
   마. 체인톱의 연속 운전은 10분을 넘지 아니하여야 한다.
8. 화재의 예방을 위하여 다음 각 목의 사항을 준수하여야 한다.
   가. 담뱃불, 성냥불 등은 확실히 소화하여야 한다.
   나. 체인톱과 연료 부근에서는 화기를 취급하지 않아야 한다.
   다. 체인톱의 연료를 급유할 때에는 엔진을 정지하고 평탄한 장소에서 실시하여야 하며, 적당한 용기를 사용하여 엎질러지지 않게 하여야 한다.
   라. 과열된 체인톱의 배기통 부근에 낙엽 등의 가연물질이 접촉되지 않도록 하여야 한다.

제4조【벌목 작업】 벌목 작업을 할 때에는 제3조 및 다음 각 호의 사항을 준수하여야 한다.

1. 벌채 사면의 구획은 세로방향으로 하고, 동일 벌채 사면의 위 · 아래 동시 작업을 금하여야 한다.
2. 인접한 곳에서 벌목할 때에는 절단 대상 수목을 중심으로 수목 높이의 1.5배 이상 안전거리를 유지하여 작업하여야 한다.
3. 절단 수목 주위의 관목, 고사목, 넝쿨 및 부석 등은 제거하여야 한다.
4. 미리 대피 장소를 정하고 대피 통로는 대피할 때 지장을 초래하는 나무뿌리, 넝쿨 등의 장해물을 미리 제거하여 정비하여야 한다.
5. 다음 각 목의 사항의 벌목 작업은 작업 책임자를 선임하고 그 지시에 따라 작업하여야 한다.
   가. 가슴 높이 직경이 70cm 이상인 입목의 벌목
   나. 가슴 높이 직경이 20cm 이상으로 중심이 현저하게 기울어진 입목의 벌목
   다. 비계 등의 받침대 위에서 특수한 방법에 의한 벌목
   라. 안전대를 착용하여야 하는 벌목
   마. 벌목 시 위험을 초래할 수 있을 정도로 뒤틀렸거나 속이 빈 나무의 벌목
   바. 중심이 심하게 절단 방향의 반대로 되어 있는 절단 수목의 벌목
6. 절단 방향은 수형, 인접목, 지형, 풍향, 풍속, 절단 후의 집재 작업 등을 고려하여 가장 안전한 방향으로 선택하여야 한다.
7. 벌목 시 수구(face)는 다음 각 목의 방법에 의하여 만들어야 한다(┃그림 5-1┃ 참조).
   가. 벌목할 수목의 가슴 높이 직경이 40cm 이상일 때는 벌근 직경의 1/4 이상 깊이의 수구를 만들어야 한다.

나. 벌목할 수목의 가슴 높이 직경이 10cm 이상, 40cm 미만일 때에는 충분한 깊이의 수구를 만들어야 한다.

다. 벌목할 수목의 가슴 높이 직경이 20cm 이상일 때는 수구의 상 · 하면의 각도는 30° 이상으로 하여야 한다.

8. 추구(backcut)는 수구 밑면보다 절단 수목 지름의 1/10 정도 높은 위치에 만들어야 한다.

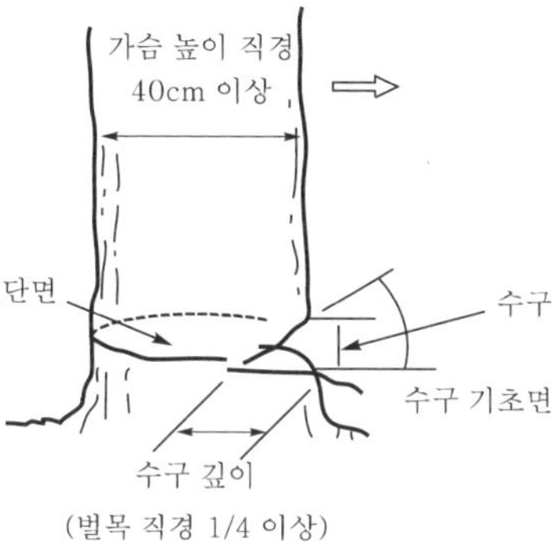

| 그림 5-1 | 벌목 작업

9. 벌목 작업에 종사하는 근로자는 벌목으로 인한 위험이 생길 우려가 있을 때에는 미리 신호를 하고 다른 근로자가 대피한 것을 반드시 확인한 후 작업하여야 한다.

제5조 【조재 작업】 조재 작업을 할 때에는 제3조 및 다음 각 호의 사항을 준수하여야 한다.

1. 강풍, 강설 등에 의하여 전도된 목재와 부러진 목재의 조재는 작업 책임자의 지시에 따라 작업하여야 한다.
2. 경사지에서 조재 작업을 할 때에는 말뚝 등으로 목재의 굴러떨어지는 것을 방지하기 위한 조치를 하여야 한다.
3. 벌목 현장에서 조재 작업을 할 때에는 작업 시작 전에 조재 작업에 지장을 줄 수 있는 주위의 나뭇가지 등을 제거하여야 한다.
4. 경사지에서 조재 작업을 할 때에는 작업자의 발이 나무 밑으로 향하지 않게 주의하여야 한다.

제3장 집재 및 운재 작업

제6조 【안전 일반】 집재 및 운재 작업을 할 경우에는 다음 각 호의 사항을 준수하여야 한다.

1. 기계 집재 장치와 운재 삭도의 조립, 해체, 변경, 수리 등의 작업 또는 이들 설비에 의한 집재 작업 혹은 운재 작업 시에는 작업 책임자를 선임하여야 한다.
2. 집재 및 운재 작업 책임자는 경험이 풍부한 자로 선임하여야 하며, 작업 책임자는 다음 각 목의 사항을 확인하여야 한다.

   가. 작업의 방법 및 근로자의 배치

나. 재료의 결함 유무와 기구 및 공구의 기능을 점검하여 불량품을 제거하는 일
다. 작업 중 안전대 및 안전모 등의 사용 상태를 확인하는 일

3. 집재 및 운재 작업 책임자, 집재기 운전자, 운재 삭도의 제동기 취급자는 매일 작업 시작 전과 작업 종료 후에 장비를 점검하여야 한다.
4. 원목 집게 등의 작업 용구를 사용하는 자는 매일 작업 시작 전에 점검하여야 한다.
5. 집재 및 운재 작업을 할 경우 위험이 예상되는 통로, 반출로 등에는 위험 표지판을 설치하고 이를 유지 관리하여야 한다.
6. 안전모는 규격에 맞는 것을 바르게 착용하도록 하고 안전화는 발에 잘 맞으며 미끄러질 염려가 없는 것을 착용하여야 한다.
7. 호루라기 등 경적 신호기를 휴대하고 작업의 내용에 따라 필요한 보호구를 착용하여야 한다.
8. 강풍, 폭우, 폭설 등 악천후 때에는 작업을 중지하여야 한다.
9. 강풍, 폭우, 폭설 등으로 작업이 중지된 때에는 장비를 점검하여 이상을 발견했을 때에는 즉시 수리하거나 교환하여야 한다.
10. 반송기의 제동 장치 고장 등 통제 기능 상실에 의한 비상사태가 발생하였을 경우에는 미리 정해진 대피 장소로 신속하게 대피하여야 한다.
11. 전화, 무선 통신기 등의 장치에 의한 신호는 지명된 사람이 하고, 필요한 연락 및 신호는 정확하게 하도록 하여야 한다.
12. 집재기 운전 중에는 다음 각 목에 지정한 장소에는 출입을 금하며, 작업 중 출입할 필요가 있을 때에는 작업 책임자의 지시를 받아야 한다.
    가. 가공 본선의 아래로서 화물의 강하 또는 낙하에 의한 위험이 있는 곳
    나. 작업선의 내각으로서 띠쇠선의 절단 및 탈락, 가이드 블록의 탈락 등의 위험이 있는 곳
    다. 주상 작업 중의 지주 주변
    라. 그 밖에 출입이 금지된 곳
13. 기계 집재 장치 또는 운재 삭도의 운전 중에는 그 운전자가 운전 위치에서 떠나서는 아니된다.
14. 원목 승강대는 다음 각 목에 정하는 바에 만들어야 한다.
    가. 예측되는 하중에 대하여 충분히 견딜 수 있는 구조로 하고 지주, 보 등은 볼트로 확실하게 고정하여야 한다.
    나. 높이가 2m 이상이고 충분한 넓이를 갖는 원목 승강대로서 추락 위험이 있는 외부의 끝단으로부터 1m 안쪽 위치에 출입 금지 표시를 하여야 한다.
    다. 추락의 위험이 있는 곳으로 출입 금지 표시가 어려울 때에는 추락 방지 시설을 하여야 한다.
15. 와이어 로프의 안전 계수는 용도에 따라 ‖표 5-1‖에서 정한 값 이상이어야 한다. 이때 안전 계수는 와이어 로프의 절단 하중을 그 와이어 로프에 걸리는 최대 장력으로 나눈 값이다.

| 표 5-1 | 와이어 로프의 용도별 안전 계수

와이어 로프의 용도	안전 계수	와이어 로프의 용도	안전 계수
가공 본선	2.7	호이스트선	6.0
예인선	4.0	버팀선	4.0
작업선	4.0	매달기선	6.0

16. 기계 집재 장치 또는 운재 삭도의 와이어 로프에 대하여는 다음 각 목의 사항에 해당되는 것은 사용하여서는 안 된다.
   가. 와이어 로프 소선이 1/10 이상 절단된 것
   나. 마모에 의한 직경 감소가 공칭 직경의 7%를 초과하는 것
   다. 꼬임 상태(킹크)인 것
   라. 현저하게 변형 또는 분식된 것
17. 기계 집재 장치 또는 운재 삭도의 조립 또는 삭도의 장력에 변경이 있을 때에는 가공 본선의 안전 계수를 점검한 후 최대 하중으로 시운전을 행한 후 사용하여야 한다.
18. 기계 집재 장치 또는 운재 삭도의 운반기 등에 근로자가 탑승하여서는 아니된다. 다만, 반송기, 선 등 기재의 점검, 보수 작업을 할 경우에는 추락 및 협착 등에 의한 위험이 없도록 조치 후 탑승하도록 한다.
19. 집재 및 운재 작업 시는 | 표 5-2 | 에서 게재한 사항을 점검하고, 이상이 발견되었을 때에는 즉시 보수하거나 교체하여야 한다.

| 표 5-2 | 집재 및 운재 작업 시 점검 사항

점검을 요하는 경우	점검 사항
조립·변경 및 운전하였을 경우	• 지주 및 앵커의 상태, 집재기, 운재기 및 제동기의 이상 유무 및 그 설치 상태 • 가공 본선, 예인선, 작업선, 버팀선의 이상 유무 및 그 장치 상태 • 반송기 또는 인양 활차와 와이어 로프와의 긴결부 상태 • 전화, 무선 통신기 등 장치의 이상 유무
폭풍, 폭우, 폭설 등의 악천후 시	• 지주 및 앵커의 상태 • 집재기, 운재기 및 제동기의 이상 유무 및 그 설치 상태, 가공 본선, 예인선, 작업선, 버팀선의 장치 상태
그날 작업을 개시하는 경우	• 제동 장치의 기능 • 달림선의 이상 유무 • 운재 삭도 반송기의 이상 유무 및 반송기와 예인선, 작업선, 매달기선 및 띠쇠선의 장치 상태 • 전화, 무선 통신기 등 장치의 상태

제7조 【집재 작업】 집재 작업을 할 때는 다음 각 호의 사항을 준수하여야 한다.
1. 사업주는 기계 집재 장치 또는 운재 삭도를 설치할 때에는 사전에 작업 책임자에게 다음 각 목의 사항을 확인시켜야 한다.

가. 집재기, 지주 및 원목 승강대 등의 배치 장소
나. 사용하는 와이어 로프의 종류 및 그 직경
다. 지간 거리의 합계, 최대 지간의 거리 및 경사각
라. 최대 사용 하중 및 운반기의 최대 적재 하중
마. 기계 집재 장치 집재기의 최대 견인력

2. 집재기의 설치는 다음 각 목의 조건에 맞는 곳에 설치하여야 한다.
가. 집재기를 수평으로 유지시킬 수 있는 곳
나. 가공 본선의 바로 아래가 아닌 곳
다. 띠쇠선이 절단 또는 가이드 블록에서의 탈락에 의해 작업선 또는 가이드 블록이 반발하거나 비래될 위험이 없는 곳
라. 낙석, 용수 등의 우려가 없는 곳
마. 근접 가이드 블록에서 드럼 폭의 15~20배 정도의 거리가 떨어진 곳

3. 집재기를 설치할 때에는 다음 각 목의 사항에 유의하여야 한다.
가. 집재기의 드럼을 가이드 포스트 혹은 메인 포스트의 가이드 블록에 확실히 고정시킬 것
나. 진동에 의한 가로방향 흔들림, 하중에 의한 부상 등이 없도록 고정시킬 것
다. 집재기에 부착물을 부착시킬 때에는 운전자의 시계가 방해되지 아니하도록 할 것

4. 수목 지주의 선정 시는 다음 각 목의 사항을 고려하여야 한다.
가. 버팀선의 인장력을 충분히 견딜 수 있는 수목을 선정하여야 한다.
나. 수목의 강도가 충분하지 못하다고 판단될 때는 나무 등으로 보강하여 사용하여야 한다.

5. 기계 집재 장치에 대하여는 근로자가 알아보기 쉬운 위치에 다음 각 목의 표지판을 설치하여야 한다.
가. 최대 지간의 경사 거리, 경사각 및 와이어 로프 처짐
나. 지간 경사 거리의 합계
다. 최대 허용 하중
라. 가공 본선 및 작업선의 종류 및 직경
마. 작업 책임자 및 집재기 운전자의 성명
바. 예정 사용 기간

6. 목재 지주 조립 시는 다음 각 목의 사항을 유의하여야 한다.
가. 조립에 사용하는 목재는 공등 등 결점이 없고 강도가 확실한 것을 사용하여야 한다.
나. 지주를 충분히 지중에 매입하고 연약 지반일 때는 확실하게 보강하여야 한다(▌그림 5-2▌ 참조).

7. 수목 지주 또는 보강 목재 지주에는 와이어 로프 또는 가이드 블록이 위치하는 곳에는 반드시 받침목을 설치하여야 한다(▌그림 5-3▌ 참조).

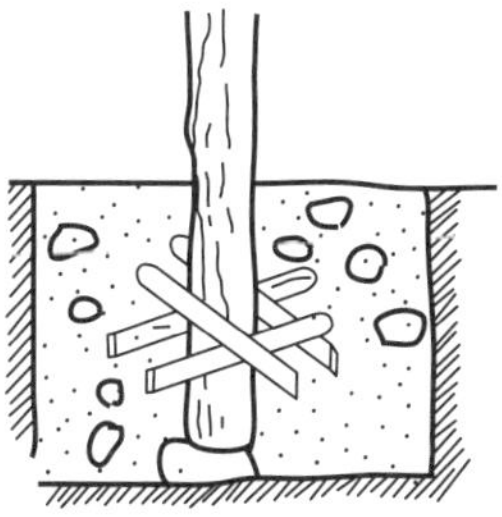

| 그림 5-2 |

| 그림 5-3 |

8. 철재 지주를 조립할 때에는 조립 계획서에 의하여 조립하여야 하며 지주의 밑부분을 목재 등으로 보강하여 지주가 이동하거나 침하하는 일이 없도록 하여야 한다.
9. 기계 집재 장치의 작업선에 대하여는 다음 각 목에 정하는 바에 따라야 한다.
   가. 작업선은 이를 최대로 사용할 경우 집재기의 드럼에 2회 이상 감고 남을 수 있는 길이로 하여야 한다.
   나. 작업선의 단부는 집재기의 드럼에 클램프, 클립 등의 긴결 철물을 사용하여 확실하게 고정하여야 한다.
10. 집재 장치에 대하여는 감아올리는 선의 권과를 방지하기 위하여 감아올리는 선에 표지를 달고 신호 장치를 설치하는 등의 조치를 하여야 한다.
11. 클립을 사용할 때에는 다음 각 목의 사항을 준수하여야 한다(| 그림 5-4 | 참조).
   가. 클립은 와이어 로프의 직경에 따라 다음 표에 따라 크기 및 수량을 확실하게 사용하여야 한다.

외이어 로프(mm)	클립의 크기(mm)	클립 수
9~10	12	4
11.2~14	14.5	4
16	16.5	4
18	16.5	5
20~22.4	21.5	5
25	23.5	6
28~31.5	25.5	6
33.5~37.5	31.5	6

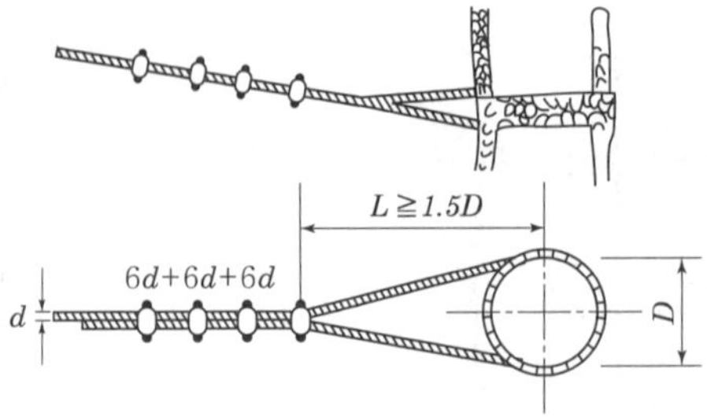

| 그림 5-4 |

나. 클립의 고정은 와이어 로프의 인장력이 걸리는 방향으로 한다.

다. 클립을 조일 때에는 조이는 힘이 균일하게 충분히 조여야 한다.

라. 클립과 클립의 간격은 와이어 로프 직경의 6배를 기준으로 한다.

마. 와이어 로프를 나무뿌리, 수목 등의 고정물에 고정시킬 때에는 첫째 클립은 고정물 직경의 1.5배 이상 떨어진 곳에 고정하여야 한다.

12. 집재기 운전 시는 다음 각 목의 사항을 주의하도록 하여야 한다.

가. 급격한 작동 개시 또는 정지를 하지 않아야 한다.

나. 운전 중 집재기에 정상이 아닌 큰 장력이 걸렸을 때에는 즉시 드럼 회전을 중지하고 작업 책임자에게 연락하고 점검하여야 한다.

다. 와이어 로프를 뒤엉켜 감기지 아니하도록 하여야 한다.

라. 드럼 용량을 초과하여 감기지 아니하도록 하여야 한다.

13. 목재를 달아올리는 작업을 할 때에는 다음 각 목의 사항을 주의하여야 한다.

가. 최대 하중을 초과하여 적재하지 말아야 한다.

나. 위에 놓여 있는 것부터 차례로 달아 올려야 한다.

다. 달아 올리기 전에 좌우 하중의 균형을 확인하여야 한다.

라. 안전한 곳에 대피한 후 달아 올려야 한다.

14. 목재 내리는 작업 시는 다음 각 목의 사항을 주의하여야 한다.

가. 안전한 곳에 대피한 후 내린다.

나. 목재가 원목 승강대 또는 지면에 완전히 내려온 것을 확인하여야 한다.

다. 원목 승강대에 추락 위험 표시가 있을 경우 그 위치에서 작업하지 말아야 한다.

제8조 【운재 작업】 운재 작업을 할 때에는 다음 각 호의 사항을 준수하여야 한다.

1. 적재 장소 설치 시 다음 각 목의 사항에 유의하여야 한다.

가. 적재에 적합한 넓이(최소 1일 운재량에 해당하는 양을 집재할 수 있는 넓이)를 확보할 수 있는 곳을 선정하여야 한다.

나. 운반 작업을 할 경우 굴러떨어지는 것에 의한 위험이 없도록 방호 장치를 하여야 한다.

다. 기계 집재 장치와 교차하는 경우 작업선의 접촉이 되지 않게 하고, 지형상 부득이한 경우 줄의 절단 및 절단에 의한 위험이 없도록 방호 조치를 하여야 한다.

라. 상부에서 운반 적재 등 중량물 작업을 할 때에는 추락의 위험이 없도록 하고 부득이 한 경우에는 추락 방지 시설을 하여야 한다.

마. 반송기를 작동 개시할 때에는 하중이 원목 승강대 및 지주 등에 접촉될 우려가 없도록 하여야 한다.

2. 지주 또는 사이드 케이블을 설치할 때는 다음 각 목의 사항에 유의하여야 한다.

가. 구조는 설계대로 하여야 한다.

나. 부재는 설계에 의한 충분한 강도를 가지는 것으로 선정하여야 한다.

다. 각 지주의 중심은 곡선 삭도의 곡선 부분을 제외하고는 직선으로 하여야 한다.

라. 지주는 침하 및 이동이 없도록 견고히 하여야 한다.

마. 선을 고정시키는 기구는 탈락할 우려가 없도록 견고하게 설치하여야 한다.

3. 가공 본선의 고정 및 지지는 다음 각 목의 사항에 주의하여 작업하여야 한다.

가. 가공 본선, 반송선 및 사이드 케이블을 고정하는 경우 이들에 걸리는 하중을 충분히 견딜 수 있는 수목, 뿌리 등을 선정하고 필요할 경우 보강하여야 한다.

나. 가공 본선, 반송선 및 사이드 케이블의 단부를 수목, 뿌리 등에 고정할 때에는 2회 이상 감고 클립 등의 긴결 철물을 이용하여 확실하게 고정시켜야 한다.

다. 가공 본선 및 반송선에 사용하는 기구들은 그 선의 직경에 적합한 것을 사용하여야 한다.

4. 예인선을 설치할 때에는 다음 각 목의 사항을 주의하여야 한다.

가. 예인선이 제동기 또는 운재기의 구동 기구에서 이탈될 우려가 있을 때에는 제동기의 앞쪽에 안내를 위한 도르래를 설치하여야 한다.

나. 예인선이 다른 장애물에 접촉할 우려가 있을 때에는 예인선을 받는 롤러를 설치하여야 한다.

5. 제동기, 운재기 및 유도차를 고정시키는 작업 시는 다음 각 목의 사항을 주의하여야 한다.

가. 운재기는 떠오름, 어긋남 또는 접촉이 발생되지 않아야 한다.

나. 제동기, 운재기 및 유도차는 예인선의 장력에 충분히 견딜 수 있도록 견고하게 고정하여야 한다.

다. 제동기, 운재기 및 유도차는 그 구동면을 예인선이 바르게 통하도록 하여야 한다.

라. 부대 시설을 설치할 경우에는 제동 조작에 지장을 초래하지 아니하도록 하여야 한다.

6. 제동기는 하중, 선의 경사 등에 적합하고, 충분한 제동 능력이 있는 것을 사용하여야 한다.

7. 제동기, 운재기에 대하여는 근로자가 식별하기 쉬운 위치에 다음 각 목의 표지판을 설치하여야 한다.

가. 최대 지간의 경사 거리, 경사각 및 와이어 로프 처짐

나. 지간 경사 거리의 합계
다. 최대 허용 하중
라. 운반기의 최대 적재 하중
마. 가공 본선, 반송선의 종류와 예인선의 직경
바. 운반기 간격
사. 작업 책임자 및 제동기 또는 운재기의 운전자 성명
아. 예정 사용 기간

8. 반송기를 예인선에 설치할 때에는 견고하게 설치하여야 한다.
9. 하중을 적재할 때는 다음 각 목의 사항에 유의하여야 한다.
   가. 적재 중량이 운반기의 최대 적재 하중을 초과하지 아니하도록 하여야 한다.
   나. 짧은 목재와 혼재할 때에는 도중에 탈락하지 아니하도록 쐐기 등의 조치를 강구하여야 한다.
   다. 출발 전에 적재 원목의 안전 상태 및 클립의 체결을 확인하여야 한다.
10. 목재의 내림 작업 시에는 다음 각 목의 사항에 유의하여야 한다.
   가. 반송기가 완전히 정지한 후 작업을 하여야 한다.
   나. 목재 운전에 의한 위험이 없는 곳에서 작업하여야 한다.
   다. 줄이 길게 내려진 상태에서 빈 운반기를 반송하지 않아야 한다.
   라. 목재 적하 장소에 대한 정리는 예인선의 움직임에 유의하고, 목재를 아래로 굴려내릴 때에는 그때마다 정하여진 신호에 의하여 신호를 하여야 한다.
11. 운재 삭도를 운전할 때 제동기 조작은 다음 각 목의 사항에 유의하여야 한다.
   가. 급제동을 금하며, 부득이 급제동을 했을 경우에는 가공선 전체에 걸쳐 점검을 하여야 한다.
   나. 제동기를 과열시키지 말아야 한다.
   다. 이상이 발견될 때에는 즉시 운전을 중지시키고 점검하여야 한다.

Chapter 06

운반 하역 표준안전작업지침

개정 2020.01.16. 고용노동부 고시 제2020-26호

제1장 총 칙

제1조 【목적】 이 지침은 산업안전보건법(이하 "법"이라 한다) 제13조의 규정에 의하여 인력 운반 하역 및 기계 운반 하역 작업상의 안전에 관하여 사업주에게 지도 · 권고할 기술상의 지침을 규정함을 목적으로 한다.

제2조 【용어의 정의】 이 지침에서 사용하는 용어의 정의는 이 지침에서 정하는 것과 특별한 규정이 있는 경우를 제외하고는 법, 동법 시행령, 동법 시행규칙 및 산업 안전 기준에 관한 규칙이 정하는 바에 의한다.

제2장 인력 운반 하역

제3조 【준비】 작업 시작 전 다음 각 호의 규정을 준수하여야 한다.

1. 작업 시작 전에 허리를 중심으로 요통을 방지하기 위한 가벼운 운동을 하여야 한다.
2. 운반 통로를 확인하고 통로상의 장애물을 제거하여 안전 운반 통로를 확보하고, 부득이 한 경우에는 우회 운반 통로를 사용하여야 한다.
3. 작업자의 체력을 고려하여 작업자를 배치하여야 한다.

제4조 【복장 및 보호구】 운반 하역 작업을 할 때에는 다음 각 호의 규정에 맞는 복장 및 보호구를 착용하여야 한다.

1. 상의 작업복의 소매는 손목에 밀착시킬 수 있는 구조이어야 하며 상의 작업복 옷자락은 하의 속으로 집어 넣어야 한다.
2. 하의 작업복 바지자락은 안전화 속에 집어 넣거나 발목에 밀착이 가능하도록 조일 수 있는 구조이어야 한다.
3. 안전모, 안전화 및 안전장갑은 안전인증을 받은 제품으로서 근로자의 신체에 잘 맞는 제품으로 바르게 착용하여야 한다.
4. 분진이 발생하는 물건을 취급할 때 또는 분진 작업장에서는 안전인증을 받은 제품으로서 작업 조건에 적합한 방진 마스크와 보안경을 착용하여야 한다.
5. 유해 · 위험물을 취급할 때에는 유해 · 위험물로부터 방호할 수 있는 보호구를 선정하여 착용하여야 한다.

제5조 【작업 중량】 작업 조건, 작업 환경, 작업 대상물의 형상, 근로자의 성별 및 연령 등 제반 사항을 고려하여 작업 중량은 근로자의 안전과 건강에 위험을 초래하지 않도록 하여야 한다.

제6조 【교육】 작업 시작 전 근로자의 요통 방지 및 안전을 위하여 작업 방법, 작업 경로, 중량물 또는 위험물 취급 시 주의 사항 등을 근로자에게 교육하여야 한다.

제7조 【인양】 하물을 인양할 때에는 다음 각 호의 규정을 준수하여야 한다.

1. 인양 물체의 무게는 실측을 원칙으로 하며 인양 물체의 무게가 일정하지 않은 때에는 평균 무게와 최대 무게를 실측하여야 한다.
2. 인양 물체의 무게를 어림잡은 때에는 가볍게 들어 개인의 인양 능력에 충분한가의 여부를 판단하여 인양하여야 한다.
3. 인양할 때의 몸의 자세는 다음 각 목의 규정을 준수하여야 한다.
   가. 한쪽 발은 들어올리는 물체를 향하여 안전하게 고정시키고 다른 발은 그 뒤에 안전하게 고정시킬 것
   나. 등은 항상 직립을 유지하여 가능한 한 지면과 수직이 되도록 할 것
   다. 무릎은 직각 자세를 취하고 몸은 가능한 한 인양물에 근접하여 정면에서 인양할 것
   라. 턱은 안으로 당겨 척추와 일직선이 되도록 할 것
   마. 팔은 몸에 밀착시키고 끌어당기는 자세를 취하며 가능한 한 수평 거리를 짧게 할 것
   바. 손가락으로만 인양물을 잡아서는 아니되며 손바닥으로 인양물 전체를 잡을 것
   사. 체중의 중심은 항상 양다리 중심에 있게 하여 균형을 유지할 것
   아. 인양하는 최초의 힘은 뒷발쪽에 두고 인양할 것

제8조 【운반】 운반할 때에는 다음 각 호의 규정을 준수하여야 한다.

1. 하물의 운반은 수평 거리 운반을 원칙으로 하며, 여러 번 들어 움직이거나 중계 운반, 반복 운반을 하여서는 아니된다.
2. 운반 시의 시선은 진행 방향을 향하고 뒷걸음 운반을 하여서는 아니된다.
3. 어깨 높이보다 높은 위치에서 하물을 들고 운반하여서는 아니된다.
4. 쌓여 있는 하물을 운반할 때에는 중간 또는 하부에서 뽑아내어서는 아니된다.

제9조 【장척물】 길이가 긴 장척물을 운반할 때에는 다음 각 호의 규정을 준수하여야 한다.

1. 단독으로 어깨에 메고 운반할 때에는 하물 앞부분 끝을 근로자 신장보다 약간 높게 하여 모서리, 곡선 등에 충돌하지 않도록 주의하여야 한다.
2. 공동으로 운반할 때에는 근로자 모두 동일한 어깨에 메고 지휘자의 지시에 따라 작업하여야 한다.
3. 하역할 때에는 튀어오름, 굴러내림 등의 돌발 사태에 주의하여야 한다.

제10조 【중량물】 중량물을 운반할 때에는 다음 각 호의 규정을 준수하여야 한다.

1. 숙련된 경험자를 작업 지휘자로 선정하여 운반 방법, 운반 단계 등을 협의 결정하여야 한다.
2. 공동으로 중량물을 운반할 때에는 근로자의 체력, 신장 등을 고려하여 현저한 차이가 있는 작업자는 제외하고 작업 지휘자의 지시에 따라 통일된 행동을 하여야 한다.
3. 무게 중심이 높은 하물은 인력으로 운반하여서는 아니된다.

제11조 【위험물】 위험물을 취급할 때에는 특성 및 위험성 등에 대하여 위험 물질에 대한 위험도를 근로자가 인지할 수 있도록 사전에 교육하여야 한다.

제12조 【하역】 하역할 때에는 다음 각 호의 규정을 준수하여야 한다.

1. 등은 직립을 유지하고 발은 움직이지 않는 상태에서 다리를 구부려 가능한 낮은 자세로서 한쪽 면을 바닥에 놓은 다음 다른 면을 내려 놓아야 한다.
2. 조급하게 던져서 하역하여서는 아니된다.
3. 중량물을 어깨 또는 허리 높이에서 하역할 때에는 도움을 받아 안전하게 하역하여야 한다.

제13조 【손수레】 손수레를 이용하여 운반하는 경우 다음 각 호의 규정을 준수하여야 한다.

1. 사용 전에 손수레의 각부를 점검하여 차체, 차륜의 회전 등의 이상유무를 점검하여 이상이 발견된 때에는 수리, 교체하여 사용하여야 한다.
2. 운반 통로를 정비하여 돌조각, 나무조각, 벽돌토막 등의 장애물을 정리하여야 한다.
3. 적재물의 무게 중심은 가능한 한 밑으로 오도록 하고 손수레 운전 시 적재물이 흔들리지 않도록 주의하여야 한다.
4. 적재물의 무게는 어느 한 방향에 편중되지 않도록 적재하고 시야를 가리지 않는 높이로 적재하여야 한다.
5. 하물을 적재할 때에는 하물이 손수레의 반동에 대하여 안전한 장소에서 적재하여야 한다.
6. 구르기 쉬운 하물은 운반 도중 굴러 떨어지지 않도록 고정하고, 병이나 항아리 등을 운반하거나 손수레를 운전할 때에는 질주하여서는 아니된다.
7. 손수레는 가능한 한 외바퀴수레의 사용을 피하고 두바퀴수레를 사용하여야 한다.

제3장 고정식 기계 운반 하역

제1절 준 비

제14조 【점검】 운전자는 작업 시작 전에 다음 각 호에 규정된 사항을 점검하여 각 장치의 기능 상태를 항상 파악하고 있어야 한다.

1. 작업 시작 전 점검에는 다음 각 목의 상황에 유의하여야 한다.
   가. 점검에 필요한 점검 내용을 숙지하여야 한다.
   나. 운전하는 장비의 사양을 숙지하고 고장나기 쉬운 곳을 파악해 두어야 한다.
   다. 장비의 이상유무를 작업 시작 전 항상 점검하여야 한다.
   라. 점검 실시 때는 사전 점검의 소요 시간을 정하고, 점검 시간을 보기 쉬운 장소에 표시함과 동시에 "점검 중"이란 표지를 부착하는 등의 조치를 하고 다른 근로자에게 주지시켜야 한다.
   마. 스위치에는 점검 중 스위치를 넣지 말 것 등의 표지를 부착하거나 시건 장치를 해야 한다.

바. 주행로상에 복수의 장비가 있을 때에는 주행로 양측에 가설 고임목를 설치하여 인접 장비와의 충돌을 방지하여야 한다.
사. 점검을 능률적으로 하기 위하여 2명 이상의 점검자가 점검할 때에는 사전에 점검범위 등을 협의하여야 한다.

2. 교대 운전자는 인수인계를 할 때 다음 각 목의 사항에 유의하여야 한다.
   가. 운전 시의 이상 유무 : 운전 상황, 이상 상태와 그 처치 등
   나. 운전 중의 작업 내용 : 통상 작업 인가, 임시 또는 수리 작업 인가 등
   다. 작업장 내의 상태 : 공사 또는 수리 등에 의한 장애물의 유무 등

제2절 운전

제15조【감아올리기】 감아올리기 작업은 다음 각 호의 규정을 준수하여야 한다.

1. 감아올림은 수직으로 하여야 하며 비스듬히 끌어올리지 말아야 한다.
2. 저속으로 천천히 감아올리고 와이어 로프가 인장력을 받기 시작할 때에는 일단 정지해야 한다.
3. 지면과 약 5cm 떨어진 지점에서 정지하여야 한다.
4. 지면과 약 5cm 떨어져 정지한 후 감아올릴 때 급격한 상승을 하여서는 아니된다.
5. 매단 하물이 무너지거나 빠지는 등의 위험이 있을 때에는 경보 등의 신호에 따라 즉시 풀어내려야 한다.

제16조【이동】 장비의 이동 작업은 다음 각 호의 규정을 준수하여야 한다.

1. 근로자(특히 신호자, 걸이공)의 위치, 장애물의 유무, 인접 크레인의 움직임 등 주위의 상황을 확인하고 경보를 울린 후 이동하여야 한다.
2. 급격한 기동이나 정지를 해서는 안 된다.
3. 장척물이나 이형물을 운반할 때에는 특히 신중히 하여야 한다.
4. 감아올림(풀어내림)과 주행 또는 가로방향 운전의 이중 조작 운전을 할 때에는 매단 물체의 바닥면과 작업면과의 최소 이격 거리를 2m 이상으로 하여야 한다.

제17조【풀어내리기】 풀어내리기 작업은 다음 각 호의 규정을 준수하여야 한다.

1. 착지 전에 지면으로부터 20cm 정도의 높이에서 일단 정지하고 신호자의 신호에 따라 안전을 확인한 후 저속 조작으로 풀어내려야 한다.
2. 컨트롤러(Controller)를 영(0)의 눈금으로 되돌리고 급정지하여서는 아니된다.

제18조【이상 시 조치】 이상 시에는 다음 각 호의 규정에 의하여 조치를 취하여야 한다.

1. 주행 중에 갑자기 브레이크가 걸리지 않게 되고 컨트롤러(Controller)를 역행으로 했지만 컨택터(Contactor)가 소손되고, 크레인(Crane)이 폭주했을 경우에는 조작 회로 버튼을 "OFF"로 하고 주전원을 개방한 후 감속하여야 한다.
2. 운전 중 매단 물체가 자연 강하할 경우 컨트롤러(Controller)를 1눈금 또는 2눈금으로 내리면서 신호자와 연락을 취하면서 안전한 장소로 이동해서 내려야 한다.

3. 감아올리는 전동기 2대를 사용하는 크레인(Crane)으로 그 하나가 고장일 때는 신호자에게 연락하고 물체를 안전한 장소에 내려야 한다.
4. 운전 중 정전이 되었을 경우 컨트롤러(Controller)를 “OFF”로 되돌린 후 주전원을 개방하고 송전을 기다려야 한다.
5. 리프팅 마그넷(Lifting magnet)을 사용 중에 정전이 되었을 경우 신호자 등의 지상 근로자에게 연락을 취하고 흡착물의 낙하에 의한 재해를 방지하기 위한 조치를 신속히 한 후 브레이크 해제 장치 등을 사용하여 흡착물을 안전하게 지상에 내려놓아야 한다.
6. 그 밖의 돌발적인 고장 등 원인 불명의 경우에는 안전한 위치에서 크레인을 정지하는 등의 방법을 취하고 나서 신속히 감독자에게 연락을 취하여야 한다.

제3절 걸이 작업

제19조【중량】 물체의 중량 측정은 다음 각 호의 규정을 준수하여야 한다.

1. 물체의 중량 측정은 실측을 원칙으로 하며 목측하는 때에는 각 치수를 측정하여 환산한다.
2. 크레인 등의 정격 하중을 초과하여 인양하여서는 아니된다.

제20조【용구의 선정】 걸이 용구의 선정은 다음 각 호의 규정을 준수하여야 한다.

1. 와이어 로프나 체인 등은 안정성이나 작업성 및 물체의 손상을 고려하여 적합한 걸이 용구를 선정하여야 한다.
2. 걸이 용구는 반드시 사용 전 점검을 하여 이상 유무를 확인하고 불량한 것을 사용하지 말아야 한다.

제21조【중심】 인양 물체의 중심 측정은 다음 각 호의 규정을 준수하여야 한다.

1. 형상이 복잡한 물체의 무게 중심을 목측하여 임시로 중심을 정하고 서서히 감아올려 지상 약 10cm 지점에서 정지하고 확인한다. 이 경우에 매달린 물체에 접근하지 않아야 한다.
2. 인양 물체의 중심이 높으면 물체가 기울거나 와이어 로프나 매달기용 체인이 벗겨질 우려가 있으므로 중심은 될 수 있는 한 낮게 하여 매달도록 하여야 한다.

제22조【걸이】 걸이 작업은 다음 각 호의 규정을 준수하여야 한다.

1. 와이어 로프 등은 크레인의 후크 중심에 걸어야 한다.
2. 인양 물체의 안정을 위하여 2줄 걸이 이상을 사용하여야 한다.
3. 밑에 있는 물체를 걸고자 할 때에는 위의 물체를 제거한 후에 행하여야 한다.
4. 매다는 각도는 60° 이내로 하여야 한다.
5. 근로자를 매달린 물체 위에 탑승시키지 않아야 한다.

제23조【받침 설치】 받침 설치 작업은 다음 각 호의 규정을 준수하여야 한다.

1. 받침 설치는 확실히 하여 매달린 물체가 무너지거나 낙하하지 않도록 하여야 하며 와이어 로프를 거는 볼트, 아이볼트, 섀클 등은 확실히 설치하여야 한다.
2. 물체의 모서리 또는 날카로운 부분 등 손상되기 쉬운 곳이나 와이어 로프가 미끄러질

위험이 있는 곳에는 반드시 조치하여 와이어 로프가 인장력을 받았을 때 보조물이 벗겨지지 않도록 하여야 한다.

제24조【물체의 끌어올리기 및 끌어내리기】 물체의 끌어올리기 및 끌어내리기 작업은 다음 각 호의 규정을 준수하여야 한다.

1. 물체의 끌어올리기, 끌어내리기의 경우 걸이자와 그 보조자는 안전한 장소에 위치하여야 한다.
2. 와이어 로프가 인장력을 받고 있는 동안에 잡아당길 필요가 있을 경우에는 직접 손으로 하지 말고 보조구를 사용하여야 한다.
3. 물체에 근접하여 끌어올리고 내릴 때에는 즉시 대피할 수 있는 장소를 마련하여야 한다.

제25조【물체의 보관과 적재】 물체의 보관과 적재 작업은 다음 각 호의 규정을 준수하여야 한다.

1. 물체를 적치시킬 때에는 요동이나 진동으로 인하여 미끄러지거나 기울어짐이 없도록 고임목을 사용하여야 하며, 작은 물체 위에 큰 물체를 쌓아 놓거나 너무 높게 쌓지 않도록 하여야 한다(적재 높이는 약 2m 정도로 한다).
2. 적치 시에 매달린 물체의 위치를 수정할 필요가 있을 때에는 물체를 당기지 말고 밀어서 고쳐야 한다.
3. 적치 시에 매달린 물체 밑에 손, 발 등이 끼어 있지 않도록 하여야 한다.

제26조【특수한 물체】 특수한 물체의 매다는 작업은 다음 각 호의 규정을 준수하여야 한다.

1. 장척물, 이형물 또는 대형 물체를 매달 때에는 가이드 로프를 사용하여야 한다.
2. 휘어지기 쉬운 긴 물체는 편심 하중, 휘어짐, 빠짐 등이 없도록 매달아야 한다.

제27조【걸이 신호】 신호자는 안전 작업 수행을 위해서 작업 내용, 환경 조건을 정확히 파악하고 다음 각 호의 규정을 준수하여야 한다.

1. 걸이 신호는 고용노동부 고시 "크레인 작업 표준 신호"에서 정한 바에 따른다.
2. 신호는 반드시 1명의 신호자만을 선임하여 신호하도록 하여야 한다.
3. 신호는 크레인 운전자가 잘 보이는 위치에서 행하여야 한다.
4. 걸이자 및 걸이 보조자의 작업 행동을 주시하여야 한다.
5. 선임된 신호자는 신호자 표시를 반드시 착용하여야 한다.
6. 신호자는 통행로 부근의 안전을 항상 확인하여야 한다.
7. 걸이 작업 개시 전에 물체를 적재할 장소를 파악해 두어야 한다.
8. 물체의 반전 및 전도 작업을 할 때에는 다음 각 목의 사항을 준수하여야 한다.
   가. 작업 공간을 넓게 확보할 것
   나. 중심을 이동할 때 와이어 로프 등의 느슨함이나 미끄럼의 유무를 주시하면서 서서히 할 것
   다. 반전할 때 물체가 미끄러지지 않도록 지점에 막대기를 끼울 것

라. 물체의 되돌림을 방지하기 위해 중심이 지점의 반대측에 완전히 기울어진 후에 와이어 로프 등을 늦출 것

제28조 【주의】 다음 각 호의 작업을 할 경우 걸이자 및 보조자는 관계자와 작업 내용 등에 대하여 협의하여야 한다.

1. 좁은 장소나 장애물이 있는 장소에서의 걸이
2. 트럭이나 대차상에서의 걸이
3. 물체를 반전, 전도시키기 위한 걸이
4. 긴 물체, 중량물, 이형물 등의 걸이

제4절 작업 표준

제29조 【작업 준비】 준비 작업은 다음과 같은 작업 표준에 준하여 실시하여야 한다.

주요 내용	중점 사항	유의 사항
(1) 복장을 점검한다.	1. 작업복의 소매, 바지자락, 안전화 2. 신호 표지, 호루라기, 장갑	
(2) 적치 장소를 정리한다.	1. 넓이를 충분히 한다. 2. 바닥면을 점검한다. 3. 주변의 상태를 확인한다.	1. 지반이 고르지 않을 때는 깔판을 준비한다.
(3) 받침대를 준비한다.	1. 규격품	
(4) 중량을 목측한다.	1. 목측치에 20% 가산을 한다.	1. 중량표에 기재된 물체는 중량표를 이용한다. 2. 크레인의 정격 하중을 초과하지 않는지 확인한다.
(5) 운반 경로를 결정한다.	1. 유해물이 없는가 2. 운반 경로상에 근로자가 있지 않은가	
(6) 와이어 로프를 선정한다.	1. 적정한 규격 선정이 되어 있는가	1. 안전 하중표를 이용한다.
(7) 와이어 로프를 점검한다.	1. 마모, 변형, 단선은 없는가 2. 훅의 상태는 어떠한가 3. 섀클핀은 조이고 있는가	1. 불량한 것은 사용하지 않는다. 2. 의심스러운 것은 상세히 조사한다.

제30조 【감아올리기】 감아올리는 작업은 다음과 같은 작업 표준에 준하여 실시하여야 한다.

주요 내용	중점 사항	유의 사항
(1) 크레인을 부른다.	1. "부르는 신호"로 2. 운전자와 마주 보고	1. 크레인 훅에 다른 걸이 용구가 걸려있을 때는 걸이 용구 보관장에 내린다. 2. 신호자는 항상 운전자가 보기 쉬운 곳에 위치한다.

주요 내용	중점 사항	유의 사항
(2) 물체를 표시한다.	1. 물체로부터 떨어져 확실히 2. "위치 지시 신호"로	1. 다른 걸이 용구가 걸려 있을 때에는 걸이 용구 보관 장소에 내려 놓고 적절한 걸이 용구를 다시 건다.
(3) 훅을 내린다.	1. "풀어내리는 신호"로	1. 주위의 상황을 파악하여 장애물이 있을 때는 정지시켜서 유도한다.
(4) 정지한다.	1. 받침대에 놓기 쉬운 높이에서 2. "정지 신호"로	1. 풀어내리는 속도를 고려하여 너무 내리지 않도록 한다. 2. 내림이 부족할 때는 내리는 폭을 표시하고 저속으로 풀어내리기를 한다.
(5) 중심을 잡는다.	1. 매다는 물체의 중심에 맞추어서 2. "수평 미동 신호"로 유도하고	1. 직각 방향에서도 본다. 2. 매다는 고리 상태를 조사한다.
(6) 와이어 로프를 건다.	1. 신중하게, 확실히, 완전히	1. 훅에 와이어 로프를 걸 때는 깊숙히 건다. 2. 매다는 각도는 60° 이하로 한다. 3. 벗겨질 우려가 없을 때는 그대로 계속한다.
(7) 구두로 확인한다.	1. 신호자는 걸이자에게 "좋은가"라고 묻고 2. 걸이자는 확실히 갖춘 다음에 "좋다"라고 대답한다.	1. 물체에서 손을 뗀다. 2. 신호자는 걸이자의 조작 동작 및 주위 상황을 확인한다.
(8) 와이어 로프를 긴장시킨다.	1. 매다는 고리의 당기는 상태, 거는 상태를 확인하고 "느리게 감아올리는 신호"를 되풀이 하고 2. 긴장 전에 손을 떼고 몸을 옆으로 비킨다.	1. 신호자는 올리는 폭이 클 때는 폭을 지시한다. 이 경우 물체를 끌어올리지 않는다.
(9) 중심을 수정한다. (필요가 있으면)	1. 당긴 와이어 로프가 좌우로 기울어져 있지 않은지 확인하면서 2. "수평 미동 동작 신호"로	1. 직각 방향에서도 본다. 2. 수정할 때에는 일단 정지한다.
(10) 지면에서 물체를 올리면서 띄운다.	1. 횡진동을 주시하면서 2. "느리게 감아올리는 신호"로 서서히 3. 달린 물체의 저면이 받침목에서 떠오를 때까지	1. 진동할 듯 할 때에는 중심을 수정한다. 2. 매다는 짐이 불안정할 때는 내려서 다시 수정한다. 이때 발은 충분히 뒤로 뺀다. 3. 물체의 끝이 늘어져 있는 경우에는 완전히 지면에서 떨어질 때까지 올린다.
(11) 대피시킨다.	1. 주위의 상황에 주의하고 2. 공동 작업자의 안전을 확인하고 3. 안전한 장소에	

주요 내용	중점 사항	유의 사항
(12) 감아올린다.	1. 주위의 상황을 확인하고 2. "감아올리는 신호"로	1. 매달린 물체가 다른 물체에 닿을 위험이 있을 때는 "수평 미동 신호"로 피하고 나서 감아올린다. 2. 감아올리는 도중 매달린 물체의 회전을 정지할 때는 갈고리, 봉, 가이드 로프 등을 이용한다.
(13) 정지한다.	1. 안전한 높이로 2. "정지 신호"로	1. 2m를 표준으로 한다.
(14) 유도한다.	1. "수평 이동 신호"로 2. 매달린 물체에 선행하고 3. 근로자를 대피시킨다. (필요가 있으면)	1. 긴 물건은 흔들리지 않도록 로프를 매어 걸이자가 붙잡도록 한다. 2. 선행 거리는 5m를 표준으로 한다.

제31조【풀어내리기】 풀어내리는 작업은 다음과 같은 작업 표준에 준하여 실시하여야 한다.

주요 내용	중점 사항	유의 사항
(1) 내리는 위치를 표시한다.	1. "위치 지시 신호"로	1. 지반 및 주위의 상황을 확인한다.
(2) 받침목을 깐다.	1. 수평으로	1. 깔판, 받침목은 대용품을 사용하지 않는다.
(3) 매달린 물체를 내린다.	1. 착지 위치의 바로 위에서 2. "풀어내리는 신호"로	1. 다른 물체에 닿지 않도록 한다. 2. 걸이자의 안전 위치를 확인한다.
(4) 일단 정지한다.	1. 깔판 바닥에서 약 10cm 지점에서 2. "정지 신호"로 3. 매달린 물체의 상태를 확인하고	1. 한번에 적치 장소까지 내리는 것은 위험하다.
(5) 매달린 물체의 위치를 정한다.	1. 적치 장소의 중심에 2. "수평 미동 신호"로	1. 매달린 물체에 접근할 때는 피하기 쉬운 방향으로 한다.
(6) 일시 정지한다. (필요하면)	1. "일시 정지 신호"로	1. 받침대의 미비한 곳을 고친다. (필요하면)
(7) 내리는 장소를 다시 고친다.(필요하면)	1. 물체를 멈추고 나서 2. 받침목을 양측면에서 붙잡고	1. 매달린 물체의 아래를 다시 고칠 때는 보조구를 사용하든가, 손을 넣지 않으면 안될 때라도 받침목의 위에 손을 넣는 것은 피한다.
(8) 매달린 물체를 내린다.	1. 물체에서 떨어진다. 2. 물체의 상태를 보면서 확실히 3. "느리게 풀어내리는 신호"로	1. 매달린 물체를 손으로 거들고 있어서는 안 된다.
(9) 물체의 안전을 확인한다.	1. 와이어 로프의 조금 느슨한 곳	1. 너무 느슨하면 무너지는 경우가 있다.
(10) 훅을 내린다.	1. "느리게 풀어내리는 신호"로 2. 매다는 공구가 벗겨지기 쉬운 곳까지	1. 너무 내리지 않는다.

주요 내용	중점 사항	유의 사항
(11) 와이어 로프를 벗긴다.	1. 신중하게	1. 필요할 때에는 와이어 로프가 물체에 걸리지 않도록 떠받치기를 한다.
(12) 구두로 확인한다.	1. 신호자는 "좋은가"라고 2. 걸이자는 와이어 로프를 물체로부터 충분히 떨어뜨린 후 "좋다"라고 대답한다.	1. 걸려서 찢기거나 기타의 위험이 없는가를 확인한다.
(13) 무하중 감아올림을 한다.	1. 와이어 로프로 지탱하고 있는 동안은 "느리게 감아올리는 신호"로 2. 손을 놓으면서 "감아올리는 신호"로	1. 훅이 물체의 윗면을 넘으면 곧 손을 놓는다.
(14) 매다는 공구를 정돈한다.	1. 점검하고 정해진 장소에 정리정돈한다.	

제5절 점검 기준

제32조 【와이어 로프】 와이어 로프의 점검은 작업 개시 전에 실시하여야 하며 다음과 같은 기준에 따라야 한다.

검사 항목	검사 결과	처 치
마모	1. 로프 지름의 감소가 공칭 지름의 7%를 초과하여 마모된 것은 사용하여서는 안 된다.	폐기
소선의 절단	1. 와이어 로프의 한 가닥에서 소선의 수가 10% 이상 절단된 것은 사용하여서는 안 된다.	폐기
비틀림	1. 비틀어진 로프를 사용하여서는 안 된다.	폐기
로프 끝의 고정 상태	1. 로프 끝의 고정이 불완전한 것은 바꾸고 2. 고정 부위의 변형이 두드러진 것은 사용하여서는 아니 된다.	폐기
꼬임	1. 꼬임이 있는 것은 사용하여서는 아니 된다.	폐기
변형	1. 변형이 현저한 것은 사용하여서는 아니 된다.	폐기
녹, 부식	1. 녹, 부식이 현저히 많은 것은 사용하여서는 아니 된다.	폐기
이음매	1. 이음매가 있는 것은 사용하여서는 아니 된다.	폐기

제33조 【체인】 체인의 점검은 작업 개시 전에 실시하여야 하며 다음과 같은 기준에 따라야 한다.

검사 항목	검사 결과	처 치
마모	1. 링(Ring)의 단면 지름의 감소가 원래 지름의 10%를 초과하여 마모된 것은 사용하여서는 아니 된다.	폐기
균열, 흠	1. 균열, 흠이 있는 것은 사용하여서는 아니 된다.	폐기
접합 상태	1. 접합부가 이탈될 염려가 있는 것은 사용하여서는 아니 된다.	폐기
늘어남	1. 전장이 원래 길이의 5%를 초과하여 늘어난 것은 사용하여서는 아니 된다.	폐기
변형	1. 뒤틀림 등 변형이 현저한 것은 사용하여서는 아니 된다.	폐기

제34조 【섬유 로프】 섬유 로프의 점검은 작업 개시 전에 실시하여야 하며 다음과 같은 기준에 따라야 한다.

검사 항목	검사 결과	처 치
절단	1. 스트랜드(Strand, 가닥)가 절단된 것은 사용하여서 아니 된다.	폐기
손상	1. 심하게 손상된 것은 사용하여서는 아니 된다.	폐기
부식	1. 부식이 있는 것은 사용하여서는 아니 된다.	폐기

제35조 【링】 링(Ring)의 점검은 작업 개시 전에 실시하여야 하며 다음과 같은 기준에 따라야 한다.

검사 항목	검사 결과	처 치
마모	1. 단면 지름의 감소가 원래 지름의 10%를 초과하여 마모된 것은 사용하여서는 아니 된다.	폐기
균열, 흠	1. 균열, 흠이 있는 것은 사용하여서는 아니 된다.	폐기
접합 상태	1. 접합부가 이탈될 우려가 있는 것은 사용하여서는 아니 된다.	폐기
늘어남	1. 전장이 원래 길이의 5%를 초과하여 늘어난 것은 사용하여서는 아니 된다.	폐기

제36조 【훅】 훅(Hook)의 점검은 작업 개시 전에 실시하여야 하며 다음과 같은 기준에 따라야 한다.

검사 항목	검사 결과	처 치
마모	1. 단면 지름의 감소가 원래 지름의 5%를 초과하여 마모된 것은 사용하여서는 아니 된다.	폐기
균열	1. 균열이 있는 것은 사용하여서는 아니 된다.	폐기
흠	1. 두부 및 만곡의 내측에 흠이 있는 것은 사용하여서는 아니 된다.	폐기
늘어남, 변형	1. 개구부가 원래 간격의 5%를 초과하여 늘어난 것은 사용하여서는 아니 된다.	폐기
경화, 연화	1. 장기간 사용에 따른 경화의 의심이 있는 것과 고열에 의해 연화의 의심이 있는 것은 사용하여서는 아니 된다.	폐기

제37조 【섀클】 섀클(Shackle)의 점검은 작업 개시 전에 실시하여야 하며 다음과 같은 기준에 따라야 한다.

검사 항목	검사 결과	처 치
마모	1. 원래 직경의 10% 이상 마모된 것은 사용하여서는 아니 된다.	폐기
균열	1. 균열이 있는 것은 사용하여서는 아니 된다.	폐기
핀(Pin)의 변형	1. 핀의 구부림이 지점 간격의 10%를 넘는 것은 사용하여서는 아니 된다.	폐기
나사	1. 마모된 것은 사용하여서는 아니 된나.	폐기
핀	1. 불완전한 것은 교환하고 사용하여서는 아니 된다.	폐기

제38조 【행거, 특수 리프터의 구조부 및 받침】 행거(Hanger), 특수 리프터(Lifter)의 구조부 및 매달기 받침의 점검은 작업 개시 전에 실시하여야 하며 다음과 같은 기준에 따라야 한다.

검사 항목	검사 결과	처 치
균열	1. 균열이 있는 부분은 교환할 것 2. 교환이 불가능할 때는 사용하여서는 아니 된다.	폐기
흠	1. 흠은 손질을 하지만 현저한 흠이 있는 것은 사용하여서는 아니 된다.	폐기
접합 상태	1. 리벳이 느슨할 때에는 다시 고치고 용접부의 이탈은 보수할 것	폐기
변형	1. 변형한 것은 보수할 것 2. 보수할 수 없는 것은 사용하여서는 아니 된다.	폐기
늘어남, 휨	1. 특별한 기준이 없는 경우에는 다음에 의한다. (1) 훅(Hook)은 개구부의 늘어남이 5%를 초과한 것은 사용해서는 아니 된다. (2) 빔(Beam) 및 암(arm)의 휘거나 늘어난 상태가 적을 경우 보수하지만 보수할 수 없는 것은 사용해서는 아니 된다.	폐기

제39조 【행거 또는 행거용 이형 금구】 행거(Hanger) 또는 행거용 이형 금구의 점검은 작업 개시 전에 실시되어야 하며 다음과 같은 기준에 따라야 한다.

검사 항목	검사 결과	처 치
마모	1. 정상 작업에 영향이 있는 것과 현저한 마모가 있는 것은 사용하여서는 아니 된다.	폐기
균열	1. 균열된 것은 사용하여서는 아니 된다.	폐기
흠	1. 작은 흠은 보수하지만 현저한 흠이 있는 것은 사용하여서는 아니 된다.	폐기
변형	1. 변형된 것은 보수하지만, 보수할 수 없는 것은 사용하여서는 아니 된다.	폐기
접합 상태	1. 접합의 느슨함은 다시 접합할 것	폐기

제40조 【체인 블록】 체인 블록(Chain Block)의 점검은 작업 개시 전에 실시되어야 하며 다음과 같은 기준에 따라야 한다.

검사 항목	검사 결과	처 치
후크	1. 제36조, 행거(Hanger)용 훅의 점검 요령에 준하여 교환한다.	교환
체인	1. 체인의 점검 요령에 준하여 교환한다.	교환
브레이크 라이닝	1. 마모된 것은 사용해서는 아니 된다.	폐기
웜 기어 및 스프링	1. 마모 변형된 것 및 기능 불량의 것은 사용하여서는 아니 된다.	폐기
치차, 축수	1. 부품이 마모된 것은 교환하고 윤활유가 부족한 경우는 주유하여야 한다.	교환
기타	1. 정상 작업에 지장을 초래할 경우나 강도에 영향이 있는 흠은 수리하든가 교환하여야 한다.	교환
이상	1. 이상이 있을 때에는 보수 또는 교체한다.	보수

제6절 벨트 컨베이어

제41조【운전】 벨트 컨베이어는 정해진 순서에 따라 원격 조작에 의해 운전되므로 운전자는 다음 각 호의 규정을 준수하여야 한다.

1. 지시된 벨트 컨베이어 주변에 타 근로자가 있지 않은가, 벨트 주변에 이물질은 없는가를 점검하여야 한다.
2. 운전할 벨트 번호를 방송하든가 경보를 울려야 한다.
3. 조작은 규정대로 행하여야 한다.
4. 운전 중에는 운전석을 이탈하지 말아야 한다.
5. 지시된 벨트 컨베이어의 운전 조작 순서에 따라 정지시켜야 한다.
6. 정지할 때에는 벨트에 하물이 없는 상태에서 정지하는 것을 원칙으로 한다.
7. 운전이 종료됨을 연락하여야 한다.

제42조【점검】 점검은 다음 각 호의 규정을 준수하여야 한다.

1. 지명된 자가 점검하도록 하고 관계자 이외에는 접근시키지 말 것
2. 벨트 파손의 유무
3. 과하중
4. 현저한 벨트의 처짐, 하물의 편중 유무
5. 모터, 감속기 및 기계 부품의 파손, 이상음, 발열, 진동 유무
6. 벨트 상부에 철판, 나무토막 등의 이물질 유무
7. 통로, 계단, 난간의 손상 여부
8. 운전 중의 점검은 반드시 육안으로 하고 접촉하지 말 것
9. 접근이 가장 용이한 장소에 비상 정지 버튼이 설치되어 있는지의 유무

제43조【운반물 처리】 ① 운전 중 컨베이어 자체의 운반물 처리는 기계적인 방법으로 하여야 하며 구조상 그와 같은 방법을 설치할 수 없을 때에는 운전을 멈추고 처리하여야 한다. 부득이 운전 중에 운반물을 처리할 필요가 있을 때에도 구동부, 테이크업, 작업 장소의 안전울 내에서의 작업은 절대 금지하여야 한다.

② 병렬인 2열의 벨트 컨베이어에서 한 열이 정지하고 있는 경우의 운반물 처리는 벨트 컨베이어 사이의 간격이 1m 이내에서는 작업을 하여서는 아니된다.

제44조【운반물 적재】 ① 분립체의 운반물을 삽 등으로 운전 중의 벨트 컨베이어에 적치할 때에는 삽이 벨트 캐리어, 롤러 사이에 말려들게 되는 위험이 있으므로 포터블 컨베이어 등을 사용하여야 한다.

② 고가식 벨트 컨베이어의 운반물 처리는 컨베이어 밑을 통행하는 근로자나 차량 보호를 위하여 감시인의 배치 등 안전 대책을 강구하여야 한다.

제4장 이동식 기계 운반 하역

제1절 준 비

제45조【운전자의 준수 사항】 이동식 기계의 운전자는 다음 각 호의 규정을 준수하여야 한다.

1. 항상 주변의 근로자나 장애물에 주의하여 안전 여부를 확인하여야 한다.
2. 이동 중에는 항상 제한 속도를 지켜야 한다.
3. 급선회는 피하여야 한다.
4. 물체를 높이 올린 채 주행이나 선회를 피하여야 한다.
5. 이동 중에 고장을 발견한 때에는 즉시 운전을 중단하고 관계자에게 보고하여야 한다.
6. 안전한 보조석이 있는 경우를 제외하고는 운전자 이외의 근로자를 탑승시키지 말아야 한다.
7. 자격이 있고 지명된 사람 이외의 사람이 운전하여서는 아니된다.
8. 기기의 점검 정비는 반드시 실시하고 또한 보전에 노력하여야 한다.
9. 반드시 정해진 점검 항목에 따라서 점검하여야 한다.
10. 연료 보급은 반드시 엔진을 중지한 후에 실시하여야 한다.
11. 연료나 작업유가 새어나와 묻었을 경우에는 잘 닦아 두어야 한다.
12. 작업 계획에 따라 작업 지시 순서대로 준수하여야 한다.

제2절 운 전

제46조【시동 전후 확인】 이동식 기계를 운전할 경우 시동 전후에 다음 각 호의 규정을 확인하여야 한다.

1. 기어 변속 레버 및 각 작용 레버가 정위치, 중립의 위치에 있는지 확인하여야 한다.
2. 핸드 브레이크가 확실히 당겨져 있는가 확인하여야 한다.
3. 시동 후에는 저속 회전인지 확인하여야 한다.
4. 엔진의 회전음, 폭발음, 배기가스의 상황, 엔진의 이상 유무를 확인하여야 한다.
5. 기계의 작동 상황을 확인하여야 한다.
6. 각 작동 레버의 작동 상태를 확인하여야 한다.

제47조【주행】 이동식 기계로 주행할 경우 다음 각 호의 규정을 준수하여야 한다.

1. 급출발, 급제동을 하여서는 아니된다.
2. 한눈을 팔고 운전을 하여서는 아니된다.
3. 주행 중 뛰어오르거나 뛰어내려서는 아니된다.
4. 제한 속도를 준수하여야 하며 추월하여서는 아니된다.
5. 방향을 바꿀 때에는 방향 지시기로 신호를 하고 또한 주위의 안전을 확인하여야 한다.
6. 보행자나 작업 중의 근로자 또는 선행 차가 있는 경우에는 일단 정지하고 안전을 확인한 다음 출발하여야 한다.
7. 건널목, 교차로 및 건물의 출입구에서는 일단 정지하여 안전을 확인한 다음 진입하여야 한다.

제48조【주차】 이동식 기계를 주차할 때에는 다음 각 호의 규정을 준수하여야 한다.

1. 주차할 때에는 다른 차량이나 일반인의 통행에 방해가 되지 않도록 하여야 한다.
2. 반드시 핸드 브레이크를 걸어두어야 한다.
3. 차를 이탈할 때에는 반드시 엔진 키를 뽑아 두어야 한다.
4. 경사면에 주차할 필요가 있는 경우에는 차륜에 괴임목 등으로 고여야 한다.

제49조【하역】 이동식 기계를 이용하여 하역 작업을 할 때에는 다음 각 호의 규정을 준수하여야 한다.

1. 부피가 작더라도 중량물인 때에는 완전히 허리까지 들어올려서 취급한다.
2. 공동 작업은 작업 지휘자의 신호에 따라야 한다.
3. 허용 적재 하중을 초과하는 하물의 적재는 금하여야 한다.
4. 하물대에 사람이 탑승하여서는 아니된다.
5. 물체가 무너질 위험이 있는 것은 즉시 물체를 묶어야 한다.
6. 굴러갈 위험이 있는 물체는 고임목으로 고여야 한다.
7. 가벼운 것은 위로, 무거운 것은 밑으로 적재하여야 한다.

제50조【작업 종료】 작업 종료 후 다음 각 호의 규정을 준수하여야 한다.

1. 청소를 하고 더러움이 심한 경우에는 물로 씻어야 한다.
2. 점검은 정해진 항목에 의해서 행하여야 한다.
3. 각 회전부를 손질한 다음 급유 · 주유하여야 한다.
4. 연료, 윤활유, 냉각수를 충만시켜 두어야 한다.(겨울에는 냉각수 전부를 빼둔다. 다만, 부동액이 첨가될 경우에는 그러하지 않는다.)
5. 주행 일지에 기록하여야 한다.

제3절 지게차

제51조【작업 시작 전의 점검】 지게차의 운전자는 작업 시작 전에 다음 각 호의 규정에 따라 점검하여야 한다.

1. 지게차의 구조와 개요, 기능을 숙지하여야 한다.
2. 점검표에 따라 점검하고, 각 점검 항목에 대해서 충분히 이해하여야 한다.
3. 장비의 이상 유무를 항상 점검하여야 한다.
4. 이상한 부분을 발견한 때에는 즉시 관리 감독자에게 보고하고 필요한 조치를 취하여야 한다.

제52조【작업 전 협의】 작업 개시 전에 관리자, 관리 감독자와 반드시 다음 각 호의 규정에 대하여 충분히 협의한 후 다음 후속 작업을 하여야 한다.

1. 작업의 목적과 내용
2. 작업 장소, 통로, 바닥면, 주변의 장애물 및 기타 특수 사정
3. 팔레트 또는 받침대를 사용하는 때에는 취급 물체의 중량 및 중심 위치

4. 팔레트 또는 받침대를 사용하지 않은 때에는 물체의 중량, 형태, 크기 및 사용하는 부착물
5. 신호 방법
6. 그 밖의 필요 사항

제53조 【준비 사업】 준비 작업에는 다음 각 호의 규정을 준수하여야 한다.

1. 백 레스트를 붙였는지 여부를 확인하여야 한다.
2. 헤드 가드가 붙어 있는지 여부를 확인하여야 한다.
3. 하물의 크기와 중심의 위치를 고려하고 포크의 간격을 결정하여야 한다.
4. 팔레트를 사용하지 않는 때에는 작업에 적격한 부착물을 선정하고 그것을 견고하게 설치하여야 한다.

제54조 【하물 취급】 하물 취급 작업을 할 때에는 다음 각 호의 규정을 준수하여야 한다.

1. 하물의 근처에 왔을 때에는 속도를 줄여야 한다.
2. 하물 앞에서 일단 정지하여야 한다.
3. 지게차를 하물 쪽으로 반듯하게 향하고 포크를 끼워 넣는 위치를 확인하고 주의하여 끼워 넣어야 한다. 이때 포크가 팔레트를 문지르거나 마찰하지 않도록 주의하여야 한다.
4. 팔레트에 실려 있는 물체의 안전한 적재 여부를 확인하여야 한다.

제55조 【들어올리기】 하물을 들어 올리는 작업을 할 때에는 다음 각 호의 규정을 준수하여야 한다.

1. 지상에서 5~10cm 지점까지 들어 올린 후 일단 정지하여야 한다.
2. 하물의 안전 상태, 포크에 대한 편심 하중 및 기타 이상이 없는가를 확인하여야 한다.
3. 마스크는 후방향 쪽으로 경사를 주어야 한다.
4. 지상에서 10~30cm의 높이까지 들어 올려야 한다.
5. 들어 올린 상태로 출발, 주행하여야 한다.

제56조 【주행】 지게차를 주행할 때에는 다음 각 호의 규정을 준수하여야 한다.

1. 하물을 적재한 상태에서 주행할 때에는 안전 속도로 주행하여야 한다.
2. 비포장 도로, 좁은 통로, 언덕 등에서의 급출발이나 급브레이크는 피하여야 한다.
3. 항상 전후 좌우에 주의하여야 한다.
4. 선회를 할 때에는 속도를 줄이고 하물의 안정과 후부 차체가 주변에 접촉되지 않도록 주의하고 천천히 운행하여야 한다.
5. 적재 하물이 크고 현저하게 시계를 방해할 때에는 다음 각 목의 방법으로 운행하여야 한다.
   가. 유도자를 붙여 차를 유도시킬 것
   나. 후진으로 진행할 것
   다. 경적을 울리면서 서행할 것
6. 창고 등의 출입구 또는 높이가 낮은 장소를 운전할 때에는 노면의 요철, 경사, 연약 지반 등에 세심한 주의를 하여야 한다.

7. 경사면을 주행할 때에는 특히 다음 각 목의 규정을 준수하여야 한다.
가. 경사면을 오를 때에는 포크의 선단 또는 팔레트의 아랫부분이 노면에 접촉되지 않는 범위에서 가능한 한 지면 가까이 놓고 주행하여야 한다.
나. 경사면을 따라 가로방향으로 주행하거나 방향 전환을 하지 말아야 한다.
다. 경사면을 내려갈 때에는 후진 운전을 하고 엔진 브레이크를 사용하여야 한다.(변속 레버를 중립으로 놓고 그 탄력으로 내려가서는 안 된다.)

제57조【적치 작업】 지게차를 이용하여 하물을 적치할 때에는 다음 각 호의 규정을 준수하여야 한다.
1. 적치 장소의 가까이에서는 안전한 속도로 줄여야 한다.
2. 적치하기 직전에 일단 정지하여야 한다.
3. 적치 장소에서 하물의 무너짐, 파손 등의 위험이 없는가를 확인하여야 한다.
4. 마스트를 수직의 위치까지 되돌리고(후방 경사에서) 위치보다 약간 높은 위치까지 올려야 한다.
5. 포크의 끼워 넣은 위치를 확인하고 나서 주의하여 전진한 다음 예정 위치에 내려야 한다.
6. 포크는 길이의 1/4~1/3 정도 잡아 뽑고 다시 올려 안전하고 바르게 쌓는 위치까지 밀어 넣고 내려야 한다.
7. 팔레트를 사용하지 않고 쌓는 경우에는 사전에 공동 작업자와 전도 방지 등에 대해서 충분히 협의한 후 그 신호에 따라 신중히 하여야 한다.
8. 하물을 적재한 상태에서 하차하거나 운전석을 이탈하여서는 아니된다.

제58조【야간 작업】 지게차를 이용하여 야간 작업을 할 경우 다음 각 호의 사항을 준수하여야 한다.
1. 작업장에는 충분한 조명 시설을 하여야 한다.
2. 전조등 또는 기타 조명 장치를 이용하여야 한다.
3. 야간 작업 시에는 특히 원근감이나 지면의 고저가 불명확하고 심하게 착각을 일으키기 쉬우므로 주변의 근로자나 장애물에 주의하면서 안전 속도로 운전하여야 한다.

제4절 포터블 컨베이어

제59조【준비】 포터블 컨베이어 운전자는 다음 각 호의 규정을 준수하여야 한다.
1. 컨베이어는 안정되게 설치하여야 하며, 특히 좌우로 경사되어 있으면 하물의 낙하 또는 컨베이어 자체가 전도하는 위험이 있으므로 주의하여야 한다.
2. 작업 시작 전에 점검하여 이상이 없는가를 확인하여야 한다.
3. 전동 컨베이어에 대해서는 다음 각 목의 규정을 준수하여야 한다.
가. 가까운 곳의 전원을 사용할 것
나. 감전 방지용 누전 차단 장치가 바르게 접속되어 있는가를 확인하여야 하며 사용하기 전에 시험용 버튼을 조작하여 차단 장치의 작동 여부를 확인할 것

제60조 【운전】 포터블 컨베이어를 운전할 때에는 다음 각 호의 규정을 준수하여야 한다.

1. 운전을 시작하기 전에 주위의 근로자에게 경고하여야 한다.
2. 처음 공회전시킨 후 컨베이어의 상태를 파악하여야 한다.
3. 일정한 속도가 된 시점에서 벨트의 처짐 등 상태를 확인한 후 하물을 적치하여야 한다.
4. 하물을 적치한 상태에서 시동, 정지를 반복하여서는 아니된다.
5. 하물이 컨베이어를 파손할 위험이 없는가를 확인하여야 한다.
6. 운전 중 이상이 있을 때에는 즉시 운전을 정지한 후 점검하여 수리하여야 한다.
7. 컨베이어에 하물을 적치할 때에는 하물을 컨베이어의 중앙에 적치하여야 한다.
8. 컨베이어의 가동, 정지에는 정해진 조작 스위치를 사용하여야 하며 커넥터를 스위치 대신으로 사용하거나 누전 차단 장치의 개폐 스위치를 사용하여서는 아니된다.

제61조 【작업】 컨베이어로 작업하는 때에는 다음 각 호의 규정을 준수하여야 한다.

1. 컨베이어를 운반구에 싣고 작업 장소를 이동할 때에는 안전하게 싣고 로프로 묶는 등 전도 방지 조치를 하여야 한다.
2. 컨베이어는 중량물이므로 인력 운반 또는 운반구에 싣는 때에는 공동 작업을 하거나 하역 기계를 사용하여야 한다.
3. 차륜이 붙어있는 것은 이송에 편리하지만 받침용으로 된 것은 하중이 높은 부분에 걸려 전도될 위험이 있으므로 자세를 낮게 하고 이송 경로는 평탄한 곳을 이용하여 운반하여야 한다.
4. 먼지가 많이 나는 물체나 분체를 취급하는 때에는 다른 불순물이 흡입되지 않도록 하여야 하며 분진이 비산하지 않도록 실내의 높은 위치에서 취급하든가 컨베이어에 덮개를 씌워야 한다.
5. 컨베이어를 설치하는 때에는 바닥이 평탄한 곳을 선택하고, 요철이 있는 곳에서는 깔판 등을 깔고 설치하여야 한다.
6. 이동의 경우에는 캡타이어 케이블이 지면에 끌리지 않도록 하여야 한다.
7. 습기나 수분이 많은 장소에서는 습기나 수분 등을 막을 수 있는 조치를 취하여야 한다.
8. 하물에 따라서는 컨베이어의 벨트가 맞닿는 부분에 작업 받침대를 설치하여야 한다. 선단에서는 슈트, 롤러 컨베이어 등을 설치하고 하물의 취급을 용이하고 안전하게 하여야 한다.

제62조 【하역】 컨베이어를 이용하여 하역 작업을 할 때에는 다음 각 호의 규정을 준수하여야 한다.

1. 컨베이어에 충격을 주지 않도록 적재하여야 하며 무거운 하물은 일단 작업 받침대에 내리고 컨베이어 위로 올라가도록 밀어 주어야 한다.
2. 하물은 안전한 방향에서 컨베이어의 중심에 맞추어 실어야 한다.
3. 적재 간격은 컨베이어의 범위 내에 한정되지만 받아내리는 측의 인력, 작업 능력(작업원의 배치 등)을 고려하여야 한다.

4. 높은 곳에 하물을 올릴 때에는 하물의 종류에 따라 경사 각도를 너무 크게 하지 않아야 한다. 또 안정되어 있더라도 적재 방법이 나쁘면 미끄러지거나 굴러 낙하하는 것이 있으므로 주의하여야 한다.
5. 하물의 외부 표면에 이상이 있는 것(파손이나 돌기 등이 나와 있는 것)은 반드시 손으로 바르게 하거나 정리하여 실어야 한다.
6. 어깨로 하역 작업이 가능한 경우에는 어깨로 받기 쉬운 높이로 컨베이어를 설치하여야 한다.
7. 적재 근로자와 항상 긴밀한 연락을 하여야 하며 하역 작업과 보조를 맞추어 작업하여야 한다.
8. 컨베이어 말단은 내리기 쉬운 높이로 조절하고 하물의 적재 간격과 맞추어 하역하여야 한다.
9. 마지막 쌓는 작업에서 이송 거리가 긴 때에는 롤러 컨베이어를 이용하여야 한다.
10. 포터블 벨트 컨베이어를 이용하고 하물을 그 양쪽 끝에서 인력 작업에 의해서 취급할 때에는 하역 작업은 컨베이어 양쪽에 2명을 배치하여 실시하여야 한다.
11. 포터블 벨트 컨베이어를 2기 이상 연결하여 작업하는 경우에는 다음 각 목의 규정에 적합한 안전 대책을 수립하여야 한다.
    가. 먼지나 분진이 많이 일어나는 분체류의 운반에서는 컨베이어 외부로 낙하하지 않도록 하여야 하며, 비산 방지를 위한 호퍼를 이용한다.
    나. 일반 하물의 경우에는 연결부에서 하물이 잘 이동할 수 있도록 롤러 등의 기구를 사용한다.
    다. 목재 등의 길고 무거운 것을 운반할 때에는 이음매에 목재의 선단이 걸려 컨베이어 방향으로 뛰어오르는 수가 있으므로 컨베이어에 접근하지 말아야 한다.(물체가 구부러져 있는 경우 위험성은 더욱 크다.) 또한 컨베이어에 목재 등을 적재한 상태가 불량하더라도 수정하려고 접근하지 말아야 하며 이 경우에는 긴 막대 끝에 쇠갈고리를 단 용구(치구)를 사용하여 멀리서 수정 작업을 하여야 한다.
12. 작업 간에 컨베이어를 타고 이동하는 등의 행동은 절대 금지하여야 한다.

제63조 【작업 종료】 작업이 종료된 때에는 다음 각 호의 규정에 따라 점검하여야 한다.

1. 캡타이어 케이블에 묻은 진흙 등을 닦고 잘 감아 두어야 한다.
2. 부식성이 있는 하물을 취급한 때에는 특히 더러운 부분을 닦아야 한다.
3. 작업장 내의 정해진 장소에 보관시켜야 한다.
4. 사용한 작업대나 롤러 컨베이어를 소정의 장소에 보관하여야 한다.
5. 작업 바닥을 청소하여야 한다.
6. 컨베이어를 작업장 밖에 보관할 때에는 직사광선, 눈, 비로부터 보호하기 위해 반드시 보호 커버를 씌워야 한다.

제5절 쇼벨 로더

제64조 【운전 준비】 운전자는 다음 각 호의 규정에 따라 운전을 준비하여야 한다.

1. 쇼벨 로더가 정차된 장소 주위에 다른 근로자나 장애물이 없고 안전한가를 확인하여야 한다.
2. 작업 시작 전 점검을 하여 이상 유무를 확인하여야 한다.
3. 일반 도로를 운전하는 경우에는 면허증, 차량 검사증을 휴대하여야 한다.
4. 작업에 필요한 공구(소화기, 삽, 와이어 로프 등)를 장착하고 있는가를 확인하여야 한다.

제65조 【점검】 쇼벨 로더를 점검할 때에는 다음 각 호의 규정을 준수하여야 한다.

1. 관계자 이외에는 접근시키지 말아야 한다.
2. 점검 장소는 다른 기계의 조작이나 작업에 지장이 없는 평탄한 곳을 선택하여 실시하여야 한다.
3. 버킷은 반드시 작업 지면에 내려놓고 점검하여야 하며 점검 시에 버킷을 올릴 필요가 있을 때에는 레버 블록을 걸어 놓음과 동시에 받침대 위에 올려 놓아 버킷 낙하를 방지하여야 한다.
4. 쇼벨 로더의 하부의 점검은 피트, 검차대를 이용하여야 한다.
5. 점검에 사용하는 수공구 등은 정해진 것을 사용하도록 하여야 한다.

제66조 【시동】 쇼벨 로더를 시동할 때에는 다음 각 호의 규정을 준수하여야 한다.

1. 기어 변속 레버나 하역용 레버가 중립의 위치로 되어 있는가를 확인하여야 한다.
2. 사이드 브레이크가 확실히 당겨져 있는가를 확인하여야 한다.
3. 엔진 시동 후에는 공회전 운전을 약 5분 정도 함과 동시에 엔진의 회전음이나 폭발음 및 배기 가스 등의 상황을 관찰하여 엔진 이상 유무를 확인하고 각종 게이지의 작동 상태를 점검하여야 하며 이상이 있으면 관리자에게 보고하여 적절한 조치를 받아야 한다.

제67조 【주행】 쇼벨 로더의 주행 시 다음 각 호의 규정을 준수하여야 한다.

1. 운전 자세를 바르게 하고 차의 주위에 타 근로자나 장애물이 있는가를 확인하고 경적을 울려 주위를 환기시켜야 한다.
2. 출발할 때에는 사이드 브레이크를 개방하고 빈 차일 때에라도 반드시 낮은 기어에서 출발하도록 하여 기계에 무리를 주지 말아야 한다.
3. 장시간 고속 운전하거나 고속으로 선회하면서 지그재그 운전을 하면 장애물에 닿거나 전도될 경우가 있으므로 이런 운전을 하여서는 아니된다.
4. 제한 속도를 지켜야 하며 또는 급선회는 옆으로 전도될 위험이 있으므로 주의하여야 한다.
5. 전진 기어에서 후진 기어로 바꿀 때에는 일단 정지한 후 바꾸어야 한다.
6. 경사면을 오를 때에는 전진으로 주행하고 내려올 때에는 후진으로 주행하며 엔진 브레이크를 사용하여야 한다.

7. 경사가 급한 면을 주행하지 말아야 한다.
8. 쇼벨 로더에는 운전자 이외의 근로자를 탑승시키지 않아야 한다.
9. 도로상을 주행하는 경우에는 교통 법규를 지키면서 사고 방지에 노력하여야 한다.

제68조 【버킷의 조작】 버킷을 조작할 때에는 다음 각 호의 규정을 준수하여야 한다.

1. 버킷의 끝단이 사람이나 장애물에 닿을 위험이 있으므로 항시 버킷의 끝단은 위를 향하게 하여야 한다.
2. 진동으로 버킷이 지면에 접촉되지 않도록 버킷을 지상 30cm 이상 높이로 올린 상태를 유지하고 주행하여야 한다.
3. 버킷을 올린 상태로 운전석을 이탈하지 말아야 한다.
4. 버킷 조작 중에는 운전석 밖으로 얼굴이나 손을 내밀지 말아야 한다.
5. 장애물에 버킷이 닿지 않도록 하여야 하며 또한 주행하면서 버킷을 조작하여서는 아니 된다.
6. 버킷을 조작하는 장소는 평탄한 장소를 택하고 안정을 유지하여야 한다.
7. 버킷에 근로자를 탑승시켜서는 아니되며 또한 버킷 밑에 사람이 들어가지 않게 하여야 한다.

제69조 【정지】 쇼벨 로더의 정지 시 다음 각 호의 규정을 준수하여야 한다.

1. 급브레이크를 걸면 미끄러지거나 버킷 안의 하물이 넘치는 경우가 있으므로 천천히 브레이크를 걸어야 한다.
2. 정지 후에는 변속 레버를 중립에 놓고 반드시 사이드 브레이크를 당겨 두어야 한다.
3. 경사면에서 주차할 때에는 차륜 이탈 방지 조치를 하여야 하며 사이드 브레이크가 느슨하여 잘 걸리지 않을 경우에라도 차가 움직이지 않도록 조치하여야 한다.
4. 정지 후 운전석에서 이탈할 때에는 엔진을 완전히 정지시키고 엔진 키는 반드시 빼서 보관하여야 한다.
5. 버킷 승강용 레버에 안전 장치(레버 블록)가 있는 경우에는 안전 장치를 걸어 두어야 한다.
6. 정지했을 때에는 적재 여부를 불구하고 버킷은 지면에 내려두어야 한다.

제70조 【작업 시작 전 조치】 쇼벨 로더의 다음 각 호의 규정을 준수하여야 한다.

1. 합동 작업의 경우에는 작업 지휘자를 선임하여야 한다.
2. 운전자의 행동 범위를 이동식 안전망으로 둘러싸고 또 작업 바닥에 선을 그어서 쇼벨 로더의 작업 통로를 확보하여야 한다.
3. 작업장 내에서는 다른 근로자의 출입을 제한하여야 한다.
4. 작업장 내의 제한 속도를 정하고 표시하여야 한다.
5. 작업장 내의 구조물 등 장애물에는 보기 쉬운 곳에 경계색으로 표시하고 운전자의 확인이 용이하도록 조치하여야 한다.
6. 연락, 신호에는 호루라기 등을 활용하게 하여야 한다.

제71조【쇼벨 로더 작업】 쇼벨 로더를 이용하여 작업할 경우 다음 각 호의 규정을 준수하여야 한다.

1. 취급하는 하물을 확인하여야 하며 그 하물의 중량을 확인하고 1회의 작업량을 정하여야 한다.
2. 작업에 필요한 공구(삽, 멍석, 받침목 등)를 준비하여야 한다.
3. 작업장 내에 장애물은 제거하여야 한다.
4. 작업면에 파인 곳이나 단층이 있는 경우에는 깔판 등으로 보수하든가 방호물(공드럼 등)을 세워 두고 접근 방지를 기하여야 한다.
5. 작업장 내에 가공 전선이나 배관류 등이 통과하는 장소는 버킷 조작 중에 감전되거나 그것들을 파손하게 할 위험이 있으므로 주의하여야 한다.
6. 협동 작업의 경우에는 사전에 협의하고 또 다른 작업과 연결되는 경우에는 사전에 작업 내용이나 안전 대책에 대해서 연락, 통보하여 상호 간 협의를 충분히 하여야 한다.

제72조【작업 표준】 ① 트럭에 적재하는 경우에는 다음 각 호의 작업 표준에 따라야 한다.

1. 트럭 이동의 경우

	순 서	요 령
1	전진해서 떠 올린다.(쇼벨 로더)	하물에 천천히 직진한다.
2	후진한다.(쇼벨 로더)	트럭이 댈 수 있는 간격을 충분히 두고 신호한다.
3	후진한다.(트럭)	천천히 쏟아 넣을 위치까지
4	쏟아 넣는다.(쇼벨 로더)	버킷을 너무 올리지 않는다.
5	후진한다.(쇼벨 로더)	천천히 트럭으로부터 충분히 떨어질 때까지
6	전진한다.(트럭)	천천히 원 위치로

2. 트럭 정지의 경우

	순 서	요 령
1	정지시킨다.(트럭)	60°의 각도로
2	전진해서 떠올린다.(쇼벨 로더)	하물에 천천히 직진한다.
3	후진한다.(쇼벨 로더)	천천히 충분한 간격을 취하고
4	방향을 바꾸어 전진한다.(쇼벨 로더)	트럭에 직각이 되도록 쏟아 넣을 장소를 향해서
5	쏟아 넣는다.(쇼벨 로더)	버킷을 너무 높게 올리지 않는다.
6	후진한다.(쇼벨 로더)	천천히 원 위치로

제73조【떠올리는 방법】 버킷을 지면에서 떠올리는 경우 다음 각 호의 규정을 준수하여야 한다.

1. 고속으로 돌입하는 작업은 위험하고 기계에도 무리가 되므로 금하여야 한다.
2. 방향 전환 중에는 버킷을 동작시키지 말아야 한다.
3. 하물을 한쪽으로 기울게 떠올리거나 경사 방향으로 떠올려 담으면 편하중이 되므로 피하여야 한다.

4. 떠올려 담으면 버킷을 뒤로 당기어 안전을 도모하여야 한다.
5. 하물의 단위 중량을 생각하고 버킷에 떠올려 담을 양을 정하고 과하중이 되지 않도록 하여야 하며 가벼운 것이라도 너무 많이 떠올리면 이송 중에 넘치므로 유의하여야 한다.

第74조【이송】 쇼벨 로더의 작업 시에는 다음 각 호의 규정을 준수하여야 한다.

1. 이송 중에는 방향은 물론 좌우 및 후방의 안전을 확인하여야 한다.
2. 노면에 요철이 있는 경우에는 속도를 늦추어야 한다.
3. 버킷의 하물이 넘치지 않도록 신중히 운전하여야 한다.
4. 옥내 작업의 경우에는 출입구의 상하좌우의 장해물이나 옥내의 기둥, 대들보 등에 주의해서 운행하여야 한다.
5. 지면이 젖어 있는 경우에는 미끄러지기 쉬우므로 속도를 늦추고 급선회하여서는 아니 된다.
6. 야간 작업의 경우에는 원근이나 지면의 요철을 판별하기 어렵고 착각을 일으키기 쉬우므로 신중히 상황을 확인하면서 운전하여야 한다.

第75조【내리는 방법】 쇼벨 로더로 하물을 내리는 경우 다음 각 호의 규정을 준수하여야 한다.

1. 하물을 내리기 위해 정지할 때에는 쇼벨 로더에 급브레이크를 걸지 않아야 한다.
2. 버킷은 하물을 부리는 위치의 바로 위에서 일단 정지하고 난 후 기울여야 한다.
3. 분진이 비산하기 쉬운 하물일 경우에는 분진이 일지 않는 위치를 선택하여야 한다.
4. 트럭 위에 하물을 부리는 경우에는 하물이 하물대를 초과하거나 넘치지 않도록 하여야 한다.
5. 하물이 덩어리인 경우에는 부리는 장소에 타 근로자를 접근시키지 않도록 하여야 한다.
6. 하역 작업이 끝나면 버킷을 높게 올린 상태에서 주행하지 말아야 한다.

第76조【작업 종료 시 점검】 쇼벨 로더의 작업 종료 시 다음 각 호의 사항에 대하여 점검하여야 한다.

1. 작업 중에 이상 상태를 발견한 곳은 재확인하여야 한다.
2. 물과 기름의 누설 여부를 조사하여야 한다.
3. 브레이크 드럼, 휠 허브, 미션 등이 과열되고 있지 않은가 조사하여야 한다.
4. 쇼벨 로더의 이상 유무를 확인하고 사용한 기재를 정리하여야 한다.
5. 작업장 안에 비산된 하물은 긁어모아 처리하고 지면을 청소해 두어야 한다.
6. 남은 하물은 형태가 변하여 불안정한 상태가 되거나 무너질 위험성이 있으므로 하물의 안식각을 고려하여 정리하여 두어야 한다.
7. 더러움이 심할 때는 세차하여야 한다.

Part 05 실·전·문·제

01 크레인의 적재 하중과 정격 속도를 간략히 설명하시오.

해답
1. 적재 하중 : 크레인에 짐을 싣고 상승할 수 있는 최대의 하중
2. 정격 속도 : 크레인에 정격 하중에 상당하는 짐을 싣고 주행, 선회, 트롤리의 수평 이동 시의 최대 속도

02 법상 크레인을 사용하는 작업 시 작업 전 점검 사항을 쓰시오.

해답
1. 작업 방법과 근로자의 배치를 결정하고 그 작업을 지휘하는 일
2. 재료의 결함 유무 또는 기구 및 공구의 기능을 점검하고 불량품을 제거하는 일
3. 작업 중 안전대 또는 안전모의 착용 상황을 감시하는 일

03 법에 의하여 유해 위험 기계, 기구에는 방호 장치를 설치할 것을 의무화하고 있다. 다음 기계에 대한 방호 장치명을 쓰시오.

보기

① 프레스 또는 전단기	② 아세틸렌 용접 장치 또는 가스 집합 용접 장치
③ 방폭용 전기 기계, 기구	④ 교류 아크 용접기
⑤ 압력 용기	⑥ 보일러
⑦ 롤러기	⑧ 연삭기
⑨ 목재 가공용 둥근톱	⑩ 동력식 수동 대패기
⑪ 산업용 로봇	

해답

① 방호 장치	② 안전기
③ 방폭 구조 전기 기계, 기구	④ 자동 전격 방지기
⑤ 압력 방출 장치	⑥ 압력 방출 장치, 압력 제한 스위치
⑦ 급정지 장치	⑧ 덮개
⑨ 반발 예방 장치, 날접촉 예방 장치	⑩ 칼날 접촉 예방 장치
⑪ 안전 매트 또는 방호울	

04 금속의 용접, 용단 또는 가열 작업에 사용하는 산소 등의 용기 취급 시 준수 사항 5가지를 쓰시오.

해답 1. 용기의 온도를 40℃ 이하로 유지할 것
2. 전도의 위험이 없도록 할 것
3. 충격을 가하지 아니하도록 할 것
4. 운반할 때에는 캡을 씌울 것
5. 사용할 때에는 용기의 마개에 부착되어 있는 유류 및 먼지를 제거할 것
6. 사용 전 또는 사용 중인 용기와 그 외의 용기를 명확히 구별하여 보관할 것
7. 용해 아세틸렌 용기는 세워 둘 것
8. 밸브의 개폐는 서서히 할 것
9. 용기의 부식, 마모 또는 변형 상태를 점검한 후 사용할 것

05 건설 현장에서 감전 재해 예방을 위한 조치 사항을 5가지 쓰시오.

해답 1. 전기 설비의 점검 철저
2. 전기 기기의 위험 표지
3. 유자격자 이외에는 전기 기계, 기구의 조작 금지
4. 설비의 필요 부분에는 보호 접지
5. 노출된 충전 부분에는 절연용 방호구 설치
6. 재해 발생 시의 처리 순서를 미리 작성해 둘 것

06 감전의 위험을 결정하는 제1차적 요인을 쓰시오.

해답 1. 통전 전류의 세기　2. 통전 경로　3. 통전 시간　4. 통전 전원의 종류

07 전기 작업 도중 부주의나 기타의 사고에 의하여 충전부에 접촉하여 발생하는 사고의 방지 대책을 쓰시오.

해답 1. 충전부가 노출되지 아니하도록 폐쇄형 외함이 있는 구조로 할 것
2. 충전부에 충분한 절연 효과가 있는 방호망 또는 절연 덮개를 설치할 것
3. 충전부는 내구성이 있는 절연물로 완전히 덮어 감쌀 것
4. 발전소, 변전소 및 개폐소 등 구획되어 있는 장소로서 관계 근로자 외의 자의 출입이 금지되는 장소에 충전부를 설치하고 위험 표시 등의 방법으로 방호를 강화할 것
5. 전주 위 및 철탑 위 등 격리되어 있는 장소로서 관계 근로자 외의 자가 접근할 우려가 없는 장소에 충전부를 설치할 것

08 정전 작업 시 안전 조치 사항을 쓰시오.

해답 1. 전로의 개로에 사용한 개폐기에 잠금 장치 및 통전 금지 표찰 부착
2. 잔류 전하 방전
3. 검전기에 의한 충전 여부 확인
4. 단락 접지 기구를 사용한 확실한 접지 조치

09 교류 아크 용접 장치의 자동 전격 방지 장치의 성능 기준을 2가지 쓰시오.

해답 1. 아크 발생을 정지시킨 후로부터 주접점이 개로될 때까지의 시간은 1.0초 이내로 한다.
2. 이때 2차측 무부하 전압은 25V 이내로 한다.

10 A급, B급, C급 화재의 명칭과 소화 약제의 종류를 쓰시오.

해답 1. A급 화재 : 보통 화재, 물 소화기
2. B급 화재 : 유류 화재, CO_2 소화기, 분말 소화기
3. C급 화재 : 전기 화재, 유기성 소화액, hallon 소화기

11 산소 결핍 위험 작업장에 대한 안전 대책을 쓰시오.

해답 1. 산소 농도 18% 이상 유지되도록 환기
2. 안전대 또는 구명 밧줄 사용
3. 인원 점검
4. 출입 금지
5. 공기 호흡기 또는 호스 마스크 사용
6. 연락 설비 설치 및 대피용 기구 비치
7. 구출 시 송기 마스크 사용

12 법상 안전 인증 심사의 종류와 안전 심사의 기간을 각각 구분하여 명시하시오.

해답 1. 안전 인증 심사의 종류
① 예비 심사
② 서면 심사
③ 기술 능력 및 생산 체계 심사
④ 제품 심사
2. 심사의 기간
① 예비 심사 : 7일
② 서면 심사 : 15일(외국에서 제조한 경우 30일)
③ 기술 능력 및 생산 체계 심사 : 30일(외국에서 제조한 경우 45일)
④ 제품 심사
㉠ 개별 제품 심사 : 15일
㉡ 형식별 제품 심사 : 30일(방폭 구조 전기 기계, 기구 및 부품의 방호 장치와 일부의 보호구는 60일)

13 건설 작업장에서 부상자의 응급 처치를 위하여 비치해야 할 구급 용구를 사용 용도별로 분류하여 3가지만 쓰시오.

해답 1. 붕대 재료, 탈지면, 핀셋 및 반창고
2. 외상에 의한 소독약
3. 화상약
4. 지혈대, 부목 및 들것

14 건설 현장에서 발생되는 소음은 규제하고 있다. 소음이 발생되는 건설 공사의 종류를 쓰시오.

해답 1. 항타기, 항발기를 이용하는 작업
2. 공기 압축기를 이용하는 작업
3. 착암기를 이용하는 작업
4. 철 해머를 이용하는 작업
5. 대형 브레이커를 이용하는 작업
6. 백 호 등 건설 장비를 이용하는 작업

15 아크 용접 작업 시 전방 장치를 부착해야 할 작업의 종류를 쓰시오.

해답 1. 2m 이상의 철골 고소 작업
2. 용기 내 작업
3. 습윤한 장소에서의 작업

16 도심지 공사에 있어 화약 발파 시 안전 매트를 사용하는 경우가 있다. 안전 매트의 사용 목적과 그 재질을 명시하시오.

해답 1. 목적 : 도심지 발파에 있어 비석과 진동, 폭음 등의 발파 공해를 차단하기 위함이다.
2. 재질 및 형상 : 발포 폴리에틸렌 등의 재질로 방호망 또는 파이프 형태로 안전망을 제작·설치하여 블라스트 펜스, 블라스팅 에트라 한다.

17 강관 비계의 접합 시 사용되는 긴결재의 종류는 마찰형과 전단형이 있다. 이 중 인장 강도를 받지 않는 부위에 사용되는 긴결재를 쓰시오.

해답 마찰형

참고 ① 마찰형 긴결재 : 인장 강도 500kg 이상 시
② 전단형 긴결재 : 인장 강도 1,500kg 이상 시

18 토공사를 할 때 안전 작업 계획 작업 시 고려 사항 5가지를 쓰시오.

해답 1. 작업 방법 및 작업 순서
2. 배수 방법
3. 굴착면 또는 동바리 시실 등의 점검, 보수 등의 방법
4. 굴착 작업 순서 및 안전 기울기 계획
5. 굴착 작업장의 주위로부터 산사태, 붕괴 등에 대한 안전 예방 조치의 방법

19 비계 발판의 이동 시 점검해야 할 안전 조치 사항 3가지를 쓰시오.

(해답) 1. 이동 시에는 동시에 2인 이상이 작업할 것
2. 비계 발판은 2개 이상의 지지물에 고정할 것
3. 부근에 고압선이 존재 시 절연용 보호구를 착용할 것

20 지상 높이 5m가 되는 슬레이트 지붕 위에 올라가려고 한다. 본인이 안전 관리자라면 어떠한 사전 안전 조치를 하겠는지 쓰시오.

(해답) 1. 추락방호망 설치
2. 안전 보호구 착용
3. 작업 전 안전 교육 실시
5. 감시인 배치
6. 폭 30cm 이상의 작업 발판 설치

21 터널 공사 현장에서 구체 공사가 끝나고 마감 공정이 진행 중에 있다. 각종 자재의 운반과 보관에서 사고가 빈발하고 있다. 다음 물음에 답하시오.

1) 통로와 교차되는 궤도에서 차량을 사용 시 설치해야 할 표지판은?

2) 작업장에서 동행의 우선 순위는?

3) 작업 중인 운반 차량의 안전 운행 속도는?

(해답) 1) 위험 표지
2) ① 기중기 ② 운반 차량 ③ 빈차 ④ 사람
3) 8km/h

22 전기 기계, 기구의 충전 전로에 접근하는 장소에서 시설물의 건설, 해체, 점검, 수리 등의 작업 또는 이에 부수하는 작업 및 항타기, 항발기, 콘크리트 펌프카, 모터카, 이동식 크레인 등을 사용하는 작업을 함에 있어 해당 근로자가 해당 충전 전로에 신체 등이 접촉하거나 접근함으로써 감전의 위험이 있는 때의 안전 조치 사항 4가지를 쓰시오.

(해답) 1. 해당 충전 전로를 이설할 것
2. 감전 위험 방지를 위한 방책을 설치할 것
3. 해당 충전 전로에 절연용 방호구를 설치할 것
4. 감시인을 배치할 것

23 전기 기계, 기구로부터 누전 재해를 방지하기 위하여 누전 차단기를 설치하여야 할 장소를 쓰시오.

해답 1. 물 등 도전성이 높은 액체에 의한 습윤한 장소
2. 철판, 철골 위 등 도전성이 높은 장소
3. 임시 배선의 선로가 설치되어 있는 장소

24 터널 건설 작업장 내부에 배기 가스나 분진에 의하여 시계가 현저히 불량할 경우 안전 조치 사항을 쓰시오.

해답 1. 환기 설비 설치　　2. 물을 뿌린다.

25 거푸집 동바리의 고정, 조립 또는 해체 시 관리 감독자가 이행하여야 할 직무 사항 3가지를 쓰시오.

해답 1. 안전한 작업 방법을 결정하고 작업을 지휘하는 일
2. 재료, 기구의 결함 유무를 점검하고 불량품을 제거하는 일
3. 작업 중 안전대 및 안전모 등 보호구 착용 상황을 감시하는 일

26 다음 (　　) 안을 채우시오.

비계 발판의 치수는 폭이 두께의 (①) 이상이어야 하며, 발판 폭은 (②), 두께는 (③), 길이는 (④)로 한다.

해답 ① 5~6배　　② 40cm 이상
③ 3.5cm 이상　　④ 3.6m 이내

27 건설 공사 산업안전보건관리비의 항목별 사용 내역 및 기준을 참고하여 사용 계획 세부 내역서를 작성하고 항목별 비율을 명시하시오.

해답 1. 안전 보건 관계자의 인건비 등 : 40% 이하
2. 안전 시설 등 : 50% 이하
3. 개인 보호구 및 안전 장구 구입비 등 : 30% 이하
4. 사업장 안전 보건 진단비 등 : 30% 이하
5. 안전 보건 교육비 및 행사비 : 30% 이하
6. 근로자의 건강 신단비 등 : 10% 이하
7. 건설 재해 예방 기술 지도비 등 : 20% 이하

28 산업안전법상 발파 작업 시 관리 감독자의 직무 사항 5가지를 쓰시오.

해답
1. 점화 전에 점화 작업에 종사하는 근로자 외의 자의 대피를 지시하는 일
2. 점화 작업에 종사하는 근로자에 대하여 대피 장소 및 경로를 지시하는 일
3. 점화 전에 위험 구역 내에서 근로자가 대피한 것을 확인하는 일
4. 점화 순서 및 방법에 대하여 지시하는 일
5. 점화 신호를 하는 일
6. 점화 작업에 종사하는 근로자에 대하여 대피 신호를 하는 일
7. 발파 후 터지지 아니한 장약이나 남은 장약의 유무, 용수의 유무 및 암석, 토사의 낙하 여부 등을 점검하는 일
8. 점화자를 정하는 일
9. 공기 압축기의 안전 밸브 작동 유무를 점검하는 일
10. 안전모 등 보호구의 착용 상황을 감시하는 일

29 밀폐 공간 작업(산소 결핍 작업)에 있어서 관리 감독자의 직무 사항 4가지를 쓰시오.

해답
1. 산소가 결핍된 공기나 유해 가스에 노출되지 아니하도록 작업 시작 전에 작업 방법을 결정하고 이에 따라 해당 근로자의 작업을 지휘하는 일
2. 작업을 행하는 장소의 공기가 적정한지 여부를 작업 시작 전에 확인하는 일
3. 측정 장비, 환기 장치 또는 송기 마스크 등을 작업 시작 전에 점검하는 일
4. 근로자에게 송기 마스크의 착용을 지도하고 착용 상황을 점검하는 일

30 작업장의 안전 보건 관리 체제 7단계를 순서대로 쓰시오.

해답
1. 안전에 대한 기본적 태도 2. 안전 관리 원칙 3. 물적, 인적 관리 방법
4. 각급 감독자의 책임 분담 5. 작업자의 안전 훈련 6. 안전 활동 평가 7. Feedback

31 안전 점검표(check list)에 의한 안전 점검이 FTA나 ETA에 비해 어떠한 장점과 단점을 가지고 있는지를 각각 2가지씩 쓰시오.

해답
1. 장점
   ① 중요도 순으로 점검할 수 있다.
   ② 시간적 기술이 가능하다.
   ③ 정성적 평가에 유효하다.
2. 단점
   ① 원인과 결과 사고에 이르기까지의 제사상의 관계를 명확하게 기술하기 어렵다.
   ② 정량적 평가를 실시하기 어렵다.
   ③ 점검자의 주관에 의존하게 되므로 타당도가 결여되기 쉽다.

32 사업장의 안전 활동을 평가하고자 할 때 주로 사용되는 주요 평가 척도 4가지를 쓰시오.

해답 1. 도수 척도　2. 상대 척도　3. 평정 척도　4. 절대 척도

33 피뢰기의 성능(피뢰기의 구비 조건)을 쓰시오.

해답 1. 충격 방전 개시 전압이 낮을 것
2. 제한 전압이 낮을 것
3. 뇌전류 방전 능력이 클 것
4. 속류의 차단이 확실할 것
5. 반복 동작이 가능할 것
6. 구조가 견고하며 특성이 변화하지 않을 것

34 굴착 공사 시 토사 붕괴의 발생을 예방하기 위하여 점검해야 할 사항 5가지를 쓰시오.

해답 1. 전 지표면의 답사
2. 경사면의 지층 변화부 상황 확인
3. 부석의 상황 변화 확인
4. 용수의 발생 유무 또는 용수량 변화 확인
5. 결빙과 해빙에 대한 상황의 확인
6. 각종 경사면 보호공의 변위 탈락의 유무
7. 점검 시기는 작업 전·중·후, 비온 후, 인접 구역에서 발파한 경우에 실시한다.

35 비탈면의 붕괴는 비탈면 내부에 전단 응력이 발생하여 전단 응력이 전단 강도를 초과하면 붕괴가 일어난다. 전단 응력의 증가 원인 4가지를 쓰시오.

해답 1. 공사의 진행으로 비탈면의 높이와 기울기 증가
2. 비탈면 상부에 공사용 자재, 공사용 기계, 굴착토의 정치에 의한 하중 증가
3. 물을 흡수하여 함수비의 증가에 의한 흙의 단위 중량 증가
4. 지하수위의 변동으로 수압이 변화하거나 균열 발생에 의한 수압의 변화
5. 발파 및 공사용 기계의 충격 및 진동 발생에 의하여 증가

36 비탈면 붕괴의 원인이 되는 전단 강도의 감소 원인을 5가지 쓰시오.

해답 1. 비 등에 의한 흙의 흡수 팽창 및 소성의 감소
2. 간극 수압의 증대
3. 사질토의 점착력 상실
4. 장기 응력에 의한 소성 상실
5. 동결된 흙의 융해
6. 점성토의 수축 또는 팽창에 의한 균열 발생

37 **비탈면의 붕괴를 방지하기 위한 붕괴 방지 대책 4가지를 쓰시오.**

해답 1. 배토공 : 비탈면 상부의 토사를 제거하여 비탈면을 안정하게 할 것
2. 축성토공 : 비탈면 하단에 성토하여 붕괴를 막는다.
3. 배수공 : 지표수의 침투를 막기 위해 배수공을 설치하고 지하수위를 낮추기 위해 수평 배수공 설치
4. 공작물 설치 : 말뚝을 박아 지반을 강화하는 방법

38 **굴착 방법 중 흙막이 벽의 굴착 공법 3가지를 쓰시오.**

해답 1. 자립 흙막이 공법
2. 타이 로드(tie rod) 공법
3. 어스 앵커(earth anchor) 공법
4. 버팀 공법

39 **지반의 굴착 공법 5가지를 쓰시오.**

해답 1. 오픈 컷(open cut) 공법(비탈면 오픈 컷, 흙막이 벽 오픈 컷)
2. 아일랜드(Island) 공법
3. 트렌치 컷(trench cut) 공법
4. 플로팅(floating) 공법
5. 우물통 공법
6. 케이슨(caisson) 공법

40 **점성토 지반의 흙파기 높이는 (①)이고, 경사의 안전 기울기는(②)이다. (　　) 안에 적당한 말을 써 넣으시오.**

해답 ① 10m 이하　　② 1 : 0.8~1.2

41 **거푸집의 동바리 및 거푸집의 재료 선정 시 고려 사항을 쓰시오.**

해답 변형, 부식 또는 심하게 손상된 것은 사용하여서는 안 된다.

42 **Lippitt와 White의 리더십 중에서 가장 좋지도, 가장 나쁘지도 않은 중간형은 어느 형인지 쓰시오.**

해답 민주형

43 비계의 도괴, 파괴가 일어나는 원인 3가지를 쓰시오.

해답 1. 비계 발판 또는 그 지지재의 파괴
2. 비계 발판의 탈락 또는 그 지지재의 변형, 변위
3. 풍압에 의한 도괴
4. 지주의 좌굴에 의한 도괴

44 비계가 갖추어야 할 안전성 3가지를 쓰시오.

해답 1. 파괴, 도괴에 의한 안전성 : 충분한 강도
2. 동요에 의한 안전성 : 작업, 통행 시에 동요되지 않는 강도
3. 추락에 대한 안전성 : 난간 등이 방호되어 있는 구조
4. 낙하물에 대한 안전성 : 틈이 없는 바닥판 구조 및 상부 방호

45 크레인을 이용하여 1t의 화물을 20m/s^{2}의 가속도로 감아올릴 때 로프에 걸리는 하중은 얼마인지 구하시오.

해답 총 하중 = 정하중 + 동하중

$$= \text{정하중} + \frac{\text{정하중}}{\text{중력 가속도}} \times \text{가속도}$$

$$= 1,000 + \frac{1,000}{9.8} \times 20$$

$$= 3040.82\text{kg}$$

46 법에 의한 차량계 건설 기계의 종류 5가지를 쓰시오.

해답 1. 도저형 건설 기계(불도저, 스트레이트 도저, 틸트 도저, 앵글 도저, 버킷 도저 등)
2. 모터 그레이더
3. 로더(포크 등 부착물 종류에 따른 용도 변경 형식을 포함한다)
4. 스크레이퍼
5. 크레인형 굴착 기계(클램셀, 드래그라인 등)
6. 굴삭기(브레이커, 크러셔, 드릴 등 부착물 종류에 따른 용도 변경 형식을 포함한다)
7. 항타기 및 항발기
8. 천공용 건설 기계(어스 드릴, 어스 오거, 크롤러 드릴, 점보 드릴 등)
9. 지반 압밀 침하용 건설 기계(샌드 드레인 머신, 페이퍼 드레인 머신, 팩 드레인 머신 등)
10. 지반 다짐용 건설 기계(타이어 롤러, 매커덤 롤러, 탠덤 롤러 등)
11. 준설용 건설 기계(버킷 준설선, 그래브 준설선, 펌프 준설선 등)
12. 콘크리트 펌프카

13. 덤프 트럭
14. 콘크리트 믹서 트럭
15. 도로 포장용 건설 기계(아스팔트 살포기, 콘크리트 살포기, 아스팔트 피니셔, 콘크리트 피니셔 등)
16. 제1호부터 제15호까지와 유사한 구조 또는 기능을 갖는 건설 기계로서 건설 작업에 사용하는 것

47 **거푸집이 곡면일 때 거푸집 부상 방지를 위한 조치 사항을 쓰시오.**

해답 버팀대 부착

48 **보링 방법 중 가장 많이 사용하는 것은 (①) 보링이고, 그 회전 속도는 (②)rpm이다. ( ) 안에 적당한 말을 쓰시오.**

해답 ① 회전식
② 40~150

49 **다음은 콘크리트 재령 강도에 따른 거푸집의 존치 기간이다. 빈칸을 채우시오. (단, 보통 시멘트의 존치 기간이다.)**

부 위	기둥, 기초, 보 옆, 벽	바닥 슬래브, 보 밑, 지붕 슬래브
콘크리트 압축 강도	$50kg/cm^2$	①
평균 기온 20℃ 이상	②	③
10℃ 이상 20℃ 미만	④	⑤

해답 ① 설계 기준 강도의 50%
② 4일
③ 7일
④ 6일
⑤ 8일

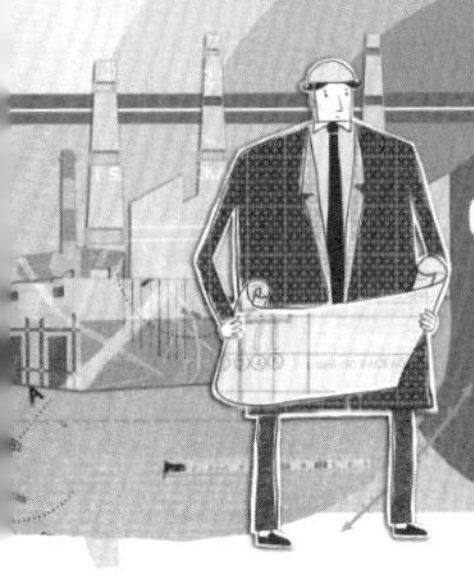

Chapter 07 철골 공사 표준안전작업지침

개정 2020.01.07 고용노동부 고시 제2020-07호

제1장 총 칙

제1조 【목적】 이 지침은 산업안전보건법(이하 "법"이라 한다) 제13조의 규정에 의하여 철골 공사 재해 방지를 위한 작업상의 안전에 관하여 사업주에게 지도 · 권고할 기술상의 지침을 규정함을 목적으로 한다.

제2조 【용어의 정의】 이 지침에 사용하는 용어의 정의는 이 지침에서 정하는 것과 특별한 규정이 있는 경우를 제외하고는 법, 동법 시행령, 동법 시행규칙 및 산업 안전 기준에 관한 규칙이 정하는 바에 의한다.

제2장 공사 전 검토

제3조 【설계도 및 공작도 확인】 철골 공사 전에 설계도 및 공작도에서 다음 각 호의 사항을 검토하여야 한다.

1. 부재의 형상 및 치수(길이, 폭 및 두께), 접합부의 위치, 브래킷의 내민 치수, 건물의 높이 등을 확인하여 철골의 건립 형식이나 건립 작업상의 문제점, 관련 가설 설비 등을 검토하여야 한다.
2. 부재의 최대 중량과 제1호의 검토 결과에 따라 건립 기계의 종류를 선정하고 부재 수량에 따라 건립 공정을 검토하여 시공 기간 및 건립 기계의 대수를 결정하여야 한다.
3. 현장 용접의 유무, 이음부의 시공 난이도를 확인하고 건립 작업 방법을 결정하여야 한다.
4. 철골 철근 콘크리트조의 경우 철골 계단이 있으면 작업이 편리하므로 건립 순서 등을 검토하고 안전 작업에 이용하여야 한다.
5. 한쪽만 많이 내민 보가 있는 기둥은 취급이 곤란하므로 보를 절단하거나 또는 무게 중심의 위치를 명확히 하는 등의 필요한 조치를 해 두어야 한다. 또 폭이 좁고 길며 두께가 얇은 보나 기둥 등으로 가보강이 필요한 것은 이를 도면에 표시해 두어야 한다.
6. 건립 후에 가설 부재나 부품을 부착하는 것은 위험한 작업(고소 작업 등)이 예상되므로 다음 각 목의 사항을 사전에 계획하여 공작도에 포함시켜야 한다.

가. 외부 비계받이 및 화물 승강 설비용 브래킷
나. 기둥 승강용 트랩
다. 구명줄 설치용 고리
라. 건립에 필요한 와이어 걸이용 고리
마. 난간 설치용 부재
바. 기둥 및 보 중앙의 안전대 설치용 고리
사. 방망 설치용 부재
아. 비계 연결용 부재
자. 방호 선반 설치용 부재
차. 양중기 설치용 보강재

7. 구조 안전의 위험이 큰 다음 각 목의 철골 구조물은 건립 중 강풍에 의한 풍압 등 외압에 대한 내력이 설계에 고려되었는지 확인하여야 한다.
   가. 높이 20m 이상의 구조물
   나. 구조물의 폭과 높이의 비가 1 : 4 이상인 구조물
   다. 단면 구조에 현저한 차이가 있는 구조물
   라. 연면적당 철골량이 $50kg/m^2$ 이하인 구조물
   마. 기둥이 타이 플레이트(Tie plate)형인 구조물
   바. 이음부가 현장 용접인 구조물

제4조 【건립 계획】 철골 건립 계획 수립에 있어서 다음 각 호의 사항을 검토하여야 한다.

1. 철골 건립 계획을 세우기 위하여 현지 조사를 실시할 때는 다음 각 목의 사항을 조사 · 검토하여야 한다.
   가. 현장 작업에서 발생되는 소음, 낙하물 등이 인근 주민, 통행인, 가옥 등에 위해를 끼칠 우려가 있는지의 여부를 조사하고 대책을 수립하여야 한다.
   나. 차량 통행이 인근 가옥, 전주, 가로수, 가스, 수도관 및 케이블 등의 지하 매설물에 지장을 주는지의 여부, 통행인 또는 차량 진행에 방해가 되는지의 여부, 자재 적치장의 소요 면적은 충분한지 등을 조사하여야 한다.
   다. 건립용 기계의 붐이 오르내리거나 선회하는 작업 반경 내에 인접 가옥 또는 전선 등 지장물이 없는지, 기타 주변 지형 지물과의 간격과 높이 등을 조사하여야 한다.
2. 건립 기계는 제3조 제2호 외에 다음 각 목의 사항을 검토하여 적절한 것을 선정하여야 한다.
   가. 건립 기계의 출입로, 설치 장소, 기계 조립에 필요한 면적, 이동식 크레인은 건물 주위 주행 통로의 유무, 타워 크레인과 가이 데릭 등 기초 구조물을 필요로 하는 정치식 기계는 기초 구조물을 설치할 수 있는 공간과 면적 등을 검토하여야 한다.
   나. 이동식 크레인의 엔진 소음은 부근의 환경을 해칠 우려가 있으므로 학교, 병원, 주택 등이 근접되어 있는 경우에는 소음을 측정 조사하고 소음 진동 허용치는 관계법에서 정하는 바에 따라 처리하여야 한다.

다. 건물의 길이 또는 높이 등 건물의 형태에 적합한 건립 기계를 선정하여야 한다.
라. 타워 크레인, 가이 데릭, 삼각 데릭 등 정치식 건립 기계의 경우 그 기계의 작업 반경이 건물 전체를 수용할 수 있는지의 여부, 또 붐이 안진하게 인양할 수 있는 하중 범위, 수평 거리, 수직 높이 등을 검토하여야 한다.

3. 건립 순서를 계획할 때는 다음 각 목의 사항을 검토하여야 한다.
가. 철골 건립에 있어서는 현장 건립 순서와 공장 제작 순서가 일치되도록 계획하고 제작 검사의 사전 실시, 현장 운반 계획 등을 확인하여야 한다.
나. 어느 한 면만을 2절점 이상 동시에 세우는 것은 피해야 하며 1스팬 이상 수평 방향으로도 조립이 진행되도록 계획하여 좌굴, 탈락에 의한 도괴를 방지하여야 한다.
다. 건립 기계의 작업 반경과 진행 방향을 고려하여 조립 순서를 결정하고 조립 설치된 부재에 의해 후속 작업이 지장을 받지 않도록 계획하여야 한다.
라. 연속 기둥 설치 시 기둥을 2개 세우면 기둥 사이의 보를 동시에 설치하도록 하며 그 다음의 기둥을 세울 때에도 계속 보를 연결시킴으로써 좌굴 및 편심에 의한 탈락 방지 등의 안전성을 확보하면서 건립을 진행시켜야 한다.
마. 건립 중 도괴를 방지하기 위하여 가볼트 체결 기간을 단축시킬 수 있도록 후속 공사를 계획하여야 한다.

4. 운반로의 교통 체계 또는 장애물에 의한 부재 반입의 제약, 작업 시간의 제약 등을 고려하여 1일 작업량을 결정하여야 한다.
5. 강풍, 폭우 등과 같은 악천후 시에는 작업을 중지하여야 하며 특히 강풍 시에는 높은 곳에 있는 부재나 공구류가 낙하 · 비래하지 않도록 조치하여야 한다. 이때 작업을 중지해야 하는 악천후는 다음 각 목의 경우를 말한다.
가. 풍속 : 10분간의 평균 풍속이 1초당 10m 이상
나. 강우량 : 1시간당 1mm 이상
6. 건립 기계, 용접기 등의 사용에 필요한 전력과 기둥의 승강용 트랩, 구명줄, 추락 방지용 방망, 비계, 방호 철망, 통로 등의 배치 및 설치 방법을 검토하여야 한다.
7. 지휘 명령 계통과 기계 공구류의 점검 및 취급 방법, 신호 방법, 악천후에 대비한 처리 방법 등을 검토하여야 한다.

제3장 철골 건립 전의 준비

제5조【앵커 볼트의 매립】 사업주는 앵커 볼트의 매립에 있어서 다음 각 호의 사항을 준수하여야 한다.
1. 앵커 볼트는 매립 후에 수정하지 않도록 설치하여야 한다.
2. 앵커 볼트를 매립하는 정밀도는 다음 각 목의 범위 내이어야 한다.
가. 기둥 중심은 ‖그림 7-1‖과 같이 기준선 및 인접 기둥의 중심에서 5mm 이상 벗어나지 않을 것

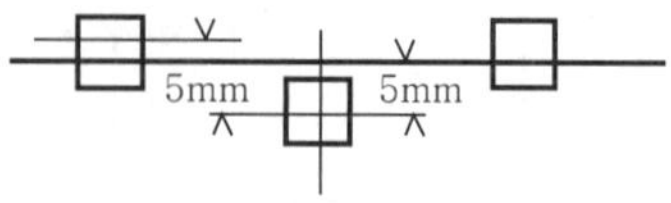

|그림 7-1|

나. 인접 기둥간 중심 거리의 오차는 |그림 7-2|와 같이 3mm 이하일 것

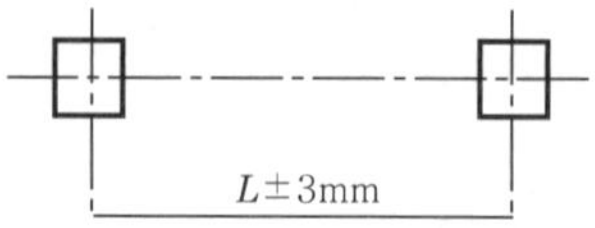

|그림 7-2|

다. 앵커 볼트는 |그림 7-3|과 같이 기둥 중심에서 2mm 이상 벗어나지 않을 것

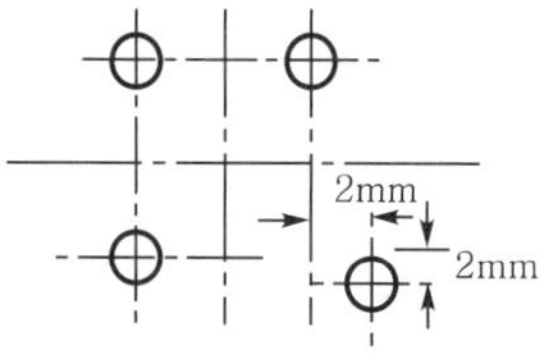

|그림 7-3|

라. 베이스 플레이트의 하단은 |그림 7-4|와 같이 기준 높이 및 인접 기둥의 높이에서 3mm 이상 벗어나지 않을 것

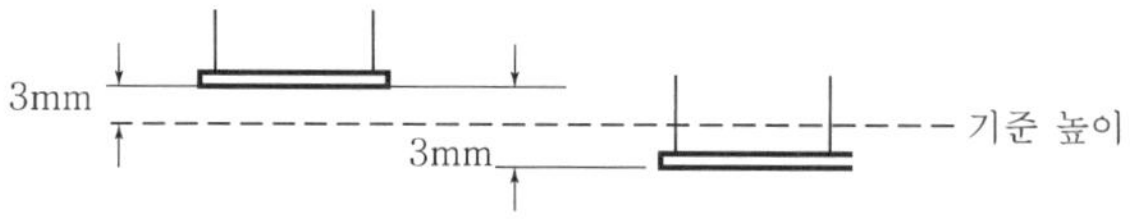

|그림 7-4|

3. 앵커 볼트는 견고하게 고정시키고 이동, 변형이 발생하지 않도록 주의하면서 콘크리트를 타설해야 한다.

제6조【기본 치수의 측정】 철골 건립에 앞서 완성된 기초에 대하여는 다음 각 호의 사항을 확인하여야 한다.

1. 기둥 간격, 수직, 수평도 등의 기본 치수를 측정하여 확인해야 한다.
2. 부정확하게 설치된 앵커 볼트는 수정하여야 한다.
3. 철골 기초 콘크리트의 배합 강도는 설계 기준과 동일한지 확인하여야 한다.

제4장 철골 건립 작업

제1절 건립 준비 및 철골 반입

제7조【건립 준비】 철골 건립 준비를 할 때 다음 각 호의 사항을 준수하여야 한다.

1. 지상 작업장에서 건립 준비 및 기계 · 기구를 배치할 경우에는 낙하물의 위험이 없는 평탄한 장소를 선정하여 정비하고 경사지에서는 작업대나 임시 발판 등을 설치하는 등 안전하게 한 후 작업하여야 한다.
2. 건립 작업에 지장이 되는 수목은 제거하거나 이설하여야 한다.
3. 인근에 건축물 또는 고압선 등이 있는 경우에는 이에 대한 방호 조치 및 안전 조치를 하여야 한다.
4. 사용 전에 기계 · 기구에 대한 정비 및 보수를 철저히 실시하여야 한다.
5. 기계가 계획대로 배치되어 있는가, 윈치는 작업 구역을 확인할 수 있는 곳에 위치하였는가, 기계에 부착된 앵커 등 고정 장치와 기초 구조 등을 확인하여야 한다.

제8조【철골 반입】 철골 반입 시 다음 각 호의 사항을 준수하여야 한다.

1. 다른 작업에 장해가 되지 않는 곳에 철골을 적치하여야 한다.
2. 받침대는 적치될 부재의 중량을 고려하여 적당한 간격으로 안정성 있는 것을 사용하여야 한다.
3. 부재 반입 시는 건립의 순서 등을 고려하여 반입하여야 하며 시공 순서가 빠른 부재는 상단부에 위치하도록 한다.
4. 부재 하차 시는 쌓여 있는 부재의 도괴에 대비하여야 한다.
5. 부재 하차 시 트럭 위에서의 작업은 불안정하므로 인양 시 부재가 무너지지 않도록 주의하여야 한다.
6. 부재에 로프를 체결하는 작업자는 경험이 풍부한 사람이 하도록 하여야 한다.
7. 인양 시 기계의 운전자는 서서히 들어올려 일단 안정 상태가 된 것을 확인한 다음 다시 서서히 들어올리며 트럭 적재함으로부터 2m 정도가 되었을 때 수평 이동시켜야 한다.
8. 수평 이동 시는 다음 각 목의 사항을 준수하여야 한다.
   가. 전선 등 다른 장해물에 접촉할 우려는 없는지 확인하여야 한다.
   나. 유도 로프를 끌거나 누르지 않도록 하여야 한다.
   다. 인양된 부재의 아래쪽에 작업자가 들어가지 않도록 하여야 한다.
   라. 내려야 할 지점에서 일단 정지시킨 후 흔들림을 정지시킨 다음 서서히 내리도록 하여야 한다.
9. 적치 시는 너무 높게 쌓지 않도록 하며 체인 등으로 묶어두거나 버팀대를 대어 넘어가지 않도록 하여야 하며 적치 높이는 적치 부재 하단 폭의 1/3 이하여야 한다.

제2절 기둥 건립

제9조【기둥의 인양】 건립을 위하여 철골 기둥을 인양할 때에는 다음 각 호의 사항을 준수하여야 한다.

1. 인양 와이어 로프와 섀클, 받침대, 유도 로프, 구명용 마닐라 로프(기둥 승강용), 큰 지렛대, 드래프트 핀, 조임 기구 등을 준비하여야 한다.
2. 발디딜 곳, 손잡을 곳, 안전대 설치 장치 등을 확인하여야 한다.
3. 기둥 위쪽 끝의 볼트 구멍을 이용하여 인양용 장방형의 덧댐 철판을 부착하여야 한다. 이때 볼트는 무게를 충분히 견딜 수 있는 규격이어야 하며 덧댐 철판이 휘지 않도록 충분히 체결하여야 한다.

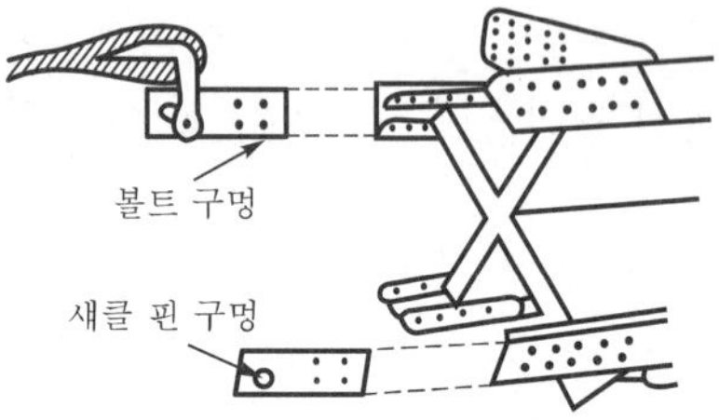

| 그림 7-5 | 인양용 철판의 설치 방법

4. 덧댐 철판에 와이어 로프를 설치할 때에는 섀클을 사용하여야 하며 섀클용 구멍이나 볼트 구멍에 와이어 로프를 직접 걸어 사용해서는 안 된다.
5. 보의 브래킷 부재의 밑쪽에 와이어 로프를 걸 경우는 밑에 보호용 굄재를 사용하여야 한다.
6. 훅에 인양 와이어 로프를 걸 때에는 중심에 걸도록 하여야 하며 기둥 건립 작업 중 요동에 의한 탈락을 방지하기 위하여 해지판 설치 등 탈락 방지 기능이 있는 것을 사용하여야 한다.

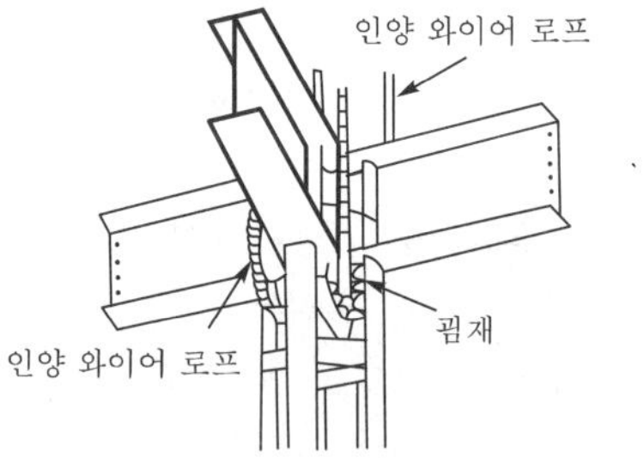

| 그림 7-6 |

7. 기둥을 일으켜 세울 때는 옆으로 미끄러지는 등의 위험을 방지하기 위하여 다음 각 목의 사항을 준수하여야 한다.
   가. 기둥을 일으켜 세우기 전에 기둥의 밑부분에 미끄럼 방지를 위한 깔판을 삽입하여야 한다.
   나. 기둥을 일으켜 세울 때는 밑부분이 미끄러지지 않게 서서히 들어올려야 한다.

다. 좌우회전 시 급히 움직이면 회전 운동이 발생하므로 서서히 실시해야 한다.
라. 달아올린 기둥이 흔들릴 때는 일단 지면으로 내려 흔들림을 멈추게 한 다음 바로 잡아 다시 올려야 한나.

8. 권상, 수평 이동 및 선회 시에는 부재의 이동 범위 안에 사람이 없는 것을 확인한 후 실시하여야 한다.
9. 인양 및 부재에 로프를 매는 작업은 경험이 충분한 자가 하도록 해야 한다.
10. 철골 인양 시 통신, 신호 체계를 수립하고 충분한 사전 교육을 하여야 한다.
11. 철골 인양 작업 시 작업 책임자는 건립 기계와 인양 작업자를 동시에 관찰할 수 있는 지점에 위치하여야 한다.

제10조【기둥의 고정】 사업주는 철골 기둥을 앵커 볼트 또는 다른 철골 기둥에 접속시킬 때 다음 각 호의 사항을 준수하여야 한다.

1. 앵커 볼트에 고정시키는 작업은 다음 각 목의 순서에 따라야 한다.
   가. 기둥의 인양은 고정시킬 바로 위에서 일단 멈춘 다음 손이 닿을 위치까지 내리도록 한다.
   나. 앵커 볼트의 바로 위까지 흔들림이 없도록 유도하면서 방향을 확인하고 천천히 내려야 한다.
   다. 기둥 베이스 구멍을 통해 앵커 볼트를 보면서 정확히 유도하고, 볼트가 손상되지 않도록 조심스럽게 제자리에 위치시켜야 한다. 이때 손, 발이 끼지 않도록 주의한다.
   라. 바른 위치에 잘 들어갔는지 확인하고 앵커 볼트 전체의 균형을 유지하면서 확실히 조여야 한다.
   마. 인양 와이어 로프를 제거하기 위하여 기둥 위로 올라갈 때 또는 기둥에서 내려올 때는 기둥의 트랩을 이용하여야 한다.
   바. 인양 와이어 로프를 풀어 제거할 때에는 안전대를 사용해야 하며 섀클 핀이 빠져 떨어지는 일 등이 발생하지 않도록 주의해야 한다.
2. 다른 철골 기둥에 접속시키는 작업은 다음의 각 목의 순서에 따라야 한다.
   가. 작업자는 2인 1조로 하여 기둥에 올라간 다음 안전대를 기둥의 위쪽 부분에 설치한 후 인양되는 기둥을 기다리도록 한다.
   나. 기둥이 아래층 기둥의 윗부분까지 인양되면 일단 동작을 정지시켜야 한다.
   다. 인양된 기둥이 흔들리거나 기둥의 접속 방향이 맞지 않을 때는 신호를 명확히 하여 유도하여야 한다.
   라. 기둥의 접속에 앞서 이음 철판(splice plate)에 설치된 볼트를 느슨하게 풀어둔다.
   마. 아래층 기둥 윗부분 가까이 이동되면 작업자는 수공구 등을 이용하여 정확한 접속 위치로 유도하여야 한다.
   바. 볼트를 필요한 수만큼 신속히 체결해야 한다.
   사. 작업자가 기둥을 오르내릴 때에는 기둥의 트랩을 이용하고 인양 와이어 로프를 제거할 때는 안전대를 사용하여야 한다.

제3절 보의 조립

제11조 【보의 인양】 철골보를 인양할 때 다음 각 호의 사항을 준수하여야 한다.

1. 인양 와이어 로프의 매달기 각도는 양변 60°를 기준으로 2열로 매달고 와이어 체결 지점은 수평 부재의 1/3 기점을 기준하여야 한다.
2. 조립되는 순서에 따라 사용될 부재가 하단부에 적치되어 있을 때에는 상단부의 부재를 무너뜨리는 일이 없도록 주의하여 옆으로 옮긴 후 부재를 인양하여야 한다.
3. 클램프로 부재를 체결할 때는 다음 각 목의 사항을 준수하여야 한다.
   가. 클램프는 부재를 수평으로 하는 두 곳의 위치에 사용하여야 하며 부재 양단 방향은 등간격이어야 한다.
   나. 부득이 한군데만을 사용할 때는 위험이 적은 장소로서 간단한 이동을 하는 경우에 한하여야 하며 부재 길이의 1/3 지점을 기준하여야 한다.
   다. 두 곳을 매어 인양시킬 때 와이어 로프의 내각은 60° 이하이어야 한다.
   라. 클램프의 정격 용량 이상 매달지 않아야 한다.
   마. 체결 작업 중 클램프 본체가 장애물에 부딪히지 않게 주의하여야 한다.
   바. 클램프의 작동 상태를 점검한 후 사용하여야 한다.
4. 유도 로프는 확실히 매야 한다.
5. 인양할 때는 다음 각 목의 사항을 준수하여야 한다.
   가. 인양 와이어 로프는 훅의 중심에 걸어야 하며 훅은 용접의 경우 용접장 등 용접 규격을 확인하여 인양 시 취성 파괴에 의한 탈락을 방지하여야 한다.
   나. 신호자는 운전자가 잘 보이는 곳에서 신호하여야 한다.
   다. 불안정하거나 매단 부재가 경사지면 지상에 내려 다시 체결하여야 한다.
   라. 부재의 균형을 확인하며 서서히 인양하여야 한다.
   마. 흔들리거나 선회하지 않도록 유도 로프로 유도하며 장애물에 닿지 않도록 주의하여야 한다.

제12조 【보의 설치】 철골보를 설치할 때는 다음 각 호의 사항을 준수하여야 한다.

1. 보의 설치 작업에 있어 반드시 안전대를 기둥의 본체 부재 또는 기둥 승강용 트랩에 걸어 추락을 방지하여야 한다.
2. 작업자는 한 곳에 2인, 다른 곳에 1인 또는 2인 1조가 되어 기둥에 올라가야 하며 기둥 상단부 및 보 연결부 등에 안전대 부착 설비를 하여야 한다.
3. 작업자가 기둥과 연결된 브래킷에 올라 앉은 자세로 보를 설치할 수 있는 브래킷 형태의 보는 다음 각 목의 순서에 따라 조립하여야 한다.
   가. 보의 인양에 앞서 브래킷의 플랜지 상단에 가체결한 이음 철판(splice plate)의 볼트를 풀고 이 이음 철판을 브래킷의 플랜지 하단으로 옮겨 다시 볼트로 체결한다.
   나. 인양된 보가 브래킷 가까이까지 인양되었으면 일단 멈추도록 해야 한다.
   다. 인양된 보의 흔들림, 설치 방향을 확인하고 신호를 명확히 하여 브래킷의 바로 윗부분으로 정확하게 유도시킨다.

라. 보 양단의 작업자는 서로 협력하면서 수공구를 이용하여 볼트 구멍을 맞추도록 해야 된다.

마. 볼트 구멍이 맞지 않을 경우는 신속히 지지용 드래프트 핀을 나입해야 하며 이때 필요 이상 무리한 힘을 가하여 볼트 구멍이 손상되지 않도록 하여야 한다.

바. 플랜지 상단, 웨브의 이음 철판을 필요한 만큼의 볼트로 체결하여 이때 철판을 손에서 떨어뜨리지 않도록 주의해야 한다.

4. 작업자가 기둥에 매달린 자세로 설치하게 되는 브래킷이 없는 형태의 보의 경우도 위 3호의 브래킷이 있는 형태의 보에서만 적용되는 부분을 제외하고는 모두 같은 요령으로 조립하여야 한다.
5. 인양 와이어 로프를 해체할 때에는 안전대를 사용하여 보 위를 이동하여야 하며 안전대를 설치할 구명줄은 보의 설치와 동시에 기둥 간에 설치하도록 해야 한다.
6. 해체한 와이어 로프는 훅에 걸어 내리며 밑으로 던져서는 안 된다.

제5장 철골 공사용 가설 설비

제13조【비계】 비계 및 작업 발판을 설치할 때는 다음 각 호의 사항을 준수하여야 한다.

1. 달비계 등 전면에 걸쳐 설치하는 전면 비계는 추락 방지용 방망을 연결 설치하여 사용해야 한다.
2. 달기틀 및 달비계용 달기 체인은 "가설 기자재 성능 검정 규격"에 적합한 것이어야 한다.

제14조【재료 적치 장소와 통로】 재료의 적치 장소와 통로의 가설에 있어서 다음 각 호의 사항을 준수하여야 한다.

1. 철골 건립의 진행에 따라 공사용 재료, 공구, 용접기 등의 적치 장소와 통로를 가설하여야 하며 구체 공사에도 이용될 수 있도록 계획하여야 한다.
2. 철골 · 철근 콘크리트조의 경우 작업장을 통상 연면적 1,000m^2에 1개소를 설치하고 그 면적은 50m^2 이상이어야 한다. 또한 2개소 이상 설치할 경우에는 작업장간 상호 연락 통로를 가설하여야 한다.
3. 작업장 설치 위는 기중기의 선회 범위 내에서 수평 운반 거리가 가장 짧게 되도록 계획하여야 한다.
4. 계획상 최대 적재 하중과 작업 내용, 공정 등을 검토하여 작업장에 적재되는 자재의 수량, 배치 방법 등의 제한 요령을 명확히 정하여 안전 수칙을 부착하여야 한다.
5. 철골조의 바닥에 철판을 부설하여 통로로 사용할 수 있으나 재료를 쌓아둘 수는 없으므로 스팬이 큰 건물에서는 가설 강재를 부설하여 사용토록 하여야 한다.
6. 건물 외부로 돌출된 작업장은 적재 하중과 작업 하중을 고려하여 충분한 안전성을 갖게 하여야 하며 작업자가 추락하지 않도록 난간과 낙하 방지를 위한 안전 난간대 등 안전 설비를 갖추어야 한다.

7. 가설 통로는 사용 목적에 따라 안전성을 충분히 고려하여 설치하여야 하며 통로 양측에 높이 90cm, 수평 충격력 100kg 이상의 지지력이 있는 견고한 손잡이 난간을 설치하여야 한다.

제15조 【동력 및 용접 설비】 철골 공사에 필요한 동력 및 용접 설비를 계획할 때 다음 각 호의 사항을 고려하여야 한다.

1. 타워 크레인을 사용하는 고층 구조물의 경우에는 크레인이 위층으로 점차 이동하므로 크레인용 동력과 용접용 동력도 승강이 가능하도록 최상층 높이까지 이동할 수 있는 케이블 등을 준비하여야 한다.
2. 현장 용접을 할 필요가 있을 경우에는 공정에 따른 용접량, 용접 방법, 용접 규격, 용접기의 대수 등을 정확히 계획하여야 한다.
3. 용접기, 용접봉, 건조기 등은 보관소를 따로 설치하여 작업 장소의 이동에 따라 이동시키면서 작업하도록 계획하여야 한다.

제16조 【재해 방지 설비】 철골 공사 중 재해 방지를 위하여 다음 각 호의 사항을 준수하여야 한다.

1. 철골 공사에 있어서는 용도, 사용 장소 및 조건에 따라 ▎표 7-1▎의 재해 방지 설비를 갖추어야 한다.

▎표 7-1▎ 재해 방지 설비

기 능		용도, 사용 장소, 조건	설 비
추락 방지	안전한 작업이 가능한 작업대	높이 2m 이상의 장소로서 추락의 우려가 있는 작업	비계, 달비계, 수평 통로, 안전 난간대
	추락자를 보호할 수 있는 것	작업대 설치가 어렵거나 개구부 주위로 난간 설치가 어려운 곳	추락 방지용 방망
	추락의 우려가 있는 위험 장소에서 작업자의 행동을 제한하는 것	개구부 및 작업대의 끝	난간, 울타리
	작업자의 신체를 유지시키는 것	안전한 작업대나 난간 설비를 할 수 없는 곳	안전대 부착 설비, 안전대, 구명줄
비래 낙하 및 비산 방지	위에서 낙하된 것을 막는 것	철골 건립, 볼트 체결 및 기타 상하 작업	방호 철망, 방호 울타리, 가설 앵커 설비
	제3자의 위해 방지	볼트, 콘크리트 덩어리, 형틀재, 일반 자재, 먼지 등이 낙하 비산할 우려가 있는 작업	방호 철망, 방호 시트, 방호 울타리, 방호 선반, 안전망
	불꽃의 비산 방지	용접, 용단을 수반하는 작업	석면포

2. 고속 작업에 따른 추락 방지를 위하여 추락 방지용 방망을 설치하도록 하고 작업자는 안전대를 사용하도록 하며 안전대 사용을 위해 미리 철골에 안전대 부착 설비를 설치해 두어야 한다.
3. 구명줄을 설치할 경우에는 1가닥의 구명줄을 여러 명이 동시에 사용하지 않도록 하여야 하며 구명줄을 마닐라 로프 직경 16mm를 기준하여 설치하고 작업 방법을 충분히 검토하여야 한다.
4. 낙하 비래 및 비산 방지 설비는 지상층의 철골 건립 개시 전에 설치하고 철골 건물의 높이가 지상 20m 이하일 때는 방호 선반을 1단 이상, 20m 이상인 경우에는 2단 이상 설치토록 하며 설치 방법은 ‖그림 7-7‖과 같이 건물 외부 비계 방호 시트에서 수평 거리로 2m 이상 돌출하고 20° 이상의 각도를 유지시켜야 한다.
5. 외부 비계를 필요로 하지 않는 공법을 채택한 경우에도 낙하 비래 및 비산 방지 설비를 하여야 하며 철골보 등을 이용하여 설치하여야 한다.

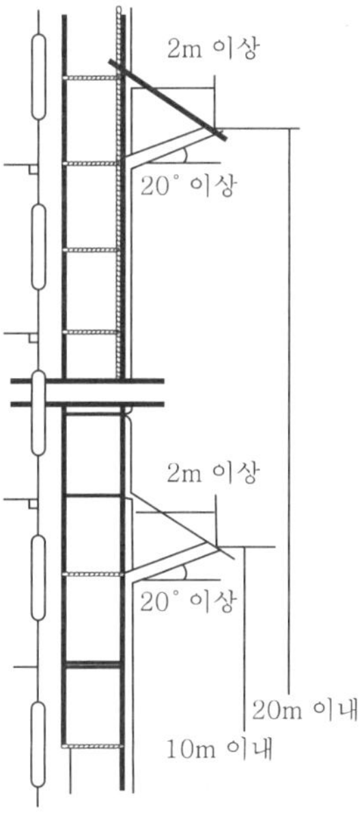

‖그림 7-7‖ 낙하 비래 방지 시설의 설치 기준

6. 화기를 사용할 경우에는 그곳에 불연 재료로 울타리를 설치하거나 석면포로 주위를 덮는 등의 조치를 취해야 한다.
7. 철골 건물 내부에 낙하 비래 방지 시설을 설치할 경우에는 일반적으로 3층 간격마다 수평으로 철망을 설치하여 작업자의 추락 방지 시설을 겸하도록 하되 기둥 주위에 공간이 생기지 않도록 하여야 한다.

8. 철골 건립 중 건립 위치까지 작업자가 안전하게 승강할 수 있는 사다리, 계단, 외부 비계, 승강용 엘리베이터 등을 설치해야 하며 건립이 실시되는 층에서는 주로 기둥을 이용하여 올라가는 경우가 많으므로 기둥 승강 설비로서 ┃그림 7-8┃과 같이 기둥 제작 시 16mm 철근 등을 이용하여 30cm 이내의 간격, 30cm 이상의 폭으로 트랩을 설치하여야 하며 안전대 부착 설비 구조를 겸용하여야 한다.

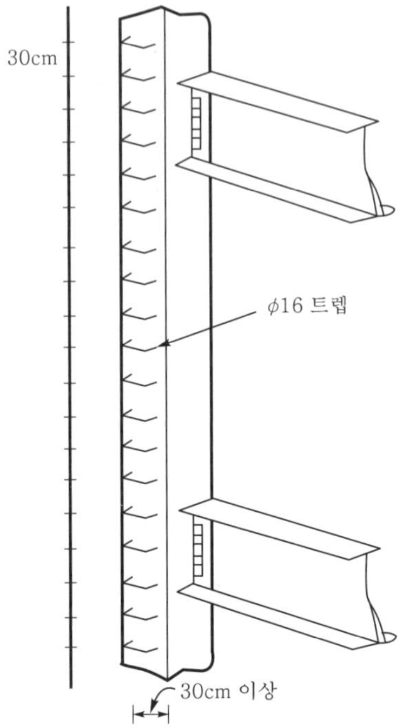

┃그림 7-8┃ 기둥 승강용 트랩

Chapter
08

추락 재해 방지 표준안전작업지침

개정 2020.01.07 고용노동부 고시 제2020-08호

제1장 총 칙

제1조 【목적】 이 지침은 산업안전보건법(이하 "법"이라 한다) 제13조의 규정에 의하여 추락 재해 방지를 위하여 사용되는 방망, 안전대, 지지 로프, 표준 안전 난간의 설치 및 관리에 관하여 사업주에게 지도 · 권고할 기술상의 지침을 규정함을 목적으로 한다.

제2조 【정의】 ① 이 지침에서 사용되는 용어의 정의는 다음 각 호와 같다.

1. "방망"이라 함은 그물코가 다수 연속된 것을 말한다.
2. "매듭"이라 함은 그물코의 정점을 만드는 방망사의 매듭을 말한다.
3. "테두리 로프"라 함은 방망 주변을 형성하는 로프를 말한다.
4. "재봉사"라 함은 테두리 로프와 방망을 일체화하기 위한 실을 말한다. 여기서 사는 방망사와 동일한 재질의 것을 말한다.
5. "달기 로프"라 함은 방망을 지지점에 부착하기 위한 로프를 말한다.
6. "시험용사"라 함은 등속 인장 시험에 사용하기 위한 것으로서 방망사와 동일한 재질의 것을 말한다.

② 이 지침에서 정하는 것과 특별한 규정이 있는 경우를 제외하고는 법, 동법 시행령, 동법 시행규칙 및 산업 안전 기준에 관한 규칙이 정하는 바에 의한다.

제2장 방망의 구조 등 안전 기준

제1절 구조

제3조 【구조 및 치수】 방망은 망, 테두리 로프, 달기 로프, 시험용사로 구성된 것으로서 각 부분은 다음 각 호에 정하는 바에 적합하여야 한다(참조 : ‖그림 8-1‖).

1. 소재 : 합성섬유 또는 그 이상의 물리적 성질을 갖는 것이어야 한다.
2. 그물코 : 사각 또는 마름모로서 그 크기는 10cm 이하이어야 한다.
3. 방망의 종류 : 매듭 방망으로서 매듭은 원칙적으로 단매듭을 한다.
4. 테두리 로프와 방망의 재봉 : 테두리 로프는 각 그물코를 관통시키고 서로 중복됨이 없이 재봉사로 결속한다.

5. 테두리 로프 상호의 접합 : 테두리 로프를 중간에서 결속하는 경우는 충분한 강도를 갖도록 한다.
6. 달기 로프의 결속 : 달기 로프는 3회 이상 엮어 묶는 방법 또는 이와 동등 이상의 강도를 갖는 방법으로 테두리 로프에 결속하여야 한다.
7. 시험용사는 방망 폐기 시 방망사의 강도를 점검하기 위하여 테두리 로프에 연하여 방망에 재봉한 방망사이다.

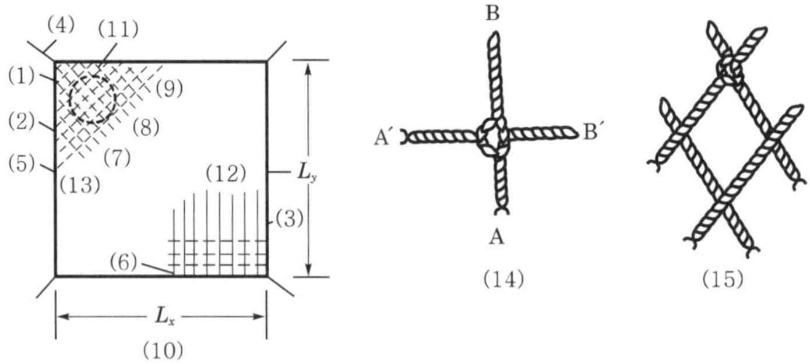

|그림 8-1|

|표 8-1| 네트 각 부의 명칭(|그림 8-1| 관련) 번호

번 호	명 칭	번 호	명 칭
1	방망사	9	매듭
2	테두리 로프	10	제봉 치수
3	재봉사	11	방망
4	달기 로프	12	사각 그물코
5	중간 달기 로프	13	마름모 그물코
6	실험용사	14	매듭 방망
7	그물코	15	매듭 없는 방망
8	그물코 치수		

제2절 강 도

제4조 【테두리 로프 및 달기 로프의 강도】 테두리 로프 및 달기 로프의 강도는 다음 각 호에 정하는 바에 적합하여야 한다.

1. 테두리 로프 및 달기 로프는 방망에 사용되는 로프와 동일한 시험편의 양단을 인장 시험기로 체크하거나 또는 이와 유사한 방법으로 인장 속도가 매분 20cm 이상 30cm 이하의 등속 인장 시험(이하 "등속 인장 시험"이라 한다.)을 행한 경우 인장 강도가 1,500kg 이상이어야 한다.
2. 제1호의 경우 시험편의 유효 길이는 로프 직경의 30배 이상으로 시험 편수는 5개 이상으로 하고, 산술 평균하여 로프의 인장 강도를 산출한다.

제5조【방망사의 강도】 방망사는 시험용사로부터 채취한 시험편의 양단을 인장 시험기로 시험하거나 또는 이와 유사한 방법으로서 등속 인장 시험을 한 경우 그 강도는 ┃표 8-2┃ 및 ┃표 8-3┃에 정한 값 이상이어야 한다.

┃표 8-2┃ 방망사의 신품에 대한 인장 강도

그물코의 크기(단위 : cm)	방망의 종류(단위 : kg)	
	매듭 없는 방망	매듭 방망
10	240	200
5		110

┃표 8-3┃ 방망사의 폐기 시 인장 강도

그물코의 크기(단위 : cm)	방망의 종류(단위 : kg)	
	매듭 없는 방망	매듭 방망
10	150	135
5		60

제6조【시험】 등속 인장 시험은 한국산업규격(K.S)에 적합하도록 행하여야 한다.

제3절 방망의 사용 방법

제7조【허용 낙하 높이】 작업 발판과 방망 부착 위치의 수직 거리(이하 "낙하 높이"라 한다)는 ┃표 8-4┃ 및 ┃그림 8-2┃, ┃그림 8-3┃에 의해 계산된 값 이하로 한다.

┃표 8-4┃ 방망의 허용 낙하 높이

높이 종류 / 조건	낙하 높이(H_1)		방망과 바닥면 높이(H_2)		방망의 처짐 길이(S)
	단일 방망	복합 방망	10cm 그물코	5cm 그물코	
$L < A$	$\frac{1}{4}(L+2A)$	$\frac{1}{5}(L+2A)$	$\frac{0.85}{4}(L+3A)$	$\frac{0.95}{4}(L+3A)$	$\frac{1}{4}(L+2A)\times\frac{1}{3}$
$L \geq A$	$\frac{3}{4}L$	$\frac{3}{5}L$	$0.85L$	$0.95L$	$\frac{3}{4}\left(L\times\frac{1}{3}\right)$

또, L, A의 값은 ┃그림 8-2┃, ┃그림 8-3┃에 의한다.

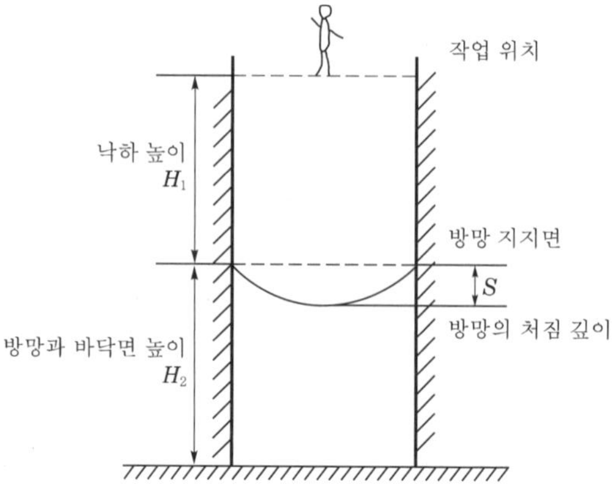

|그림 8-2|

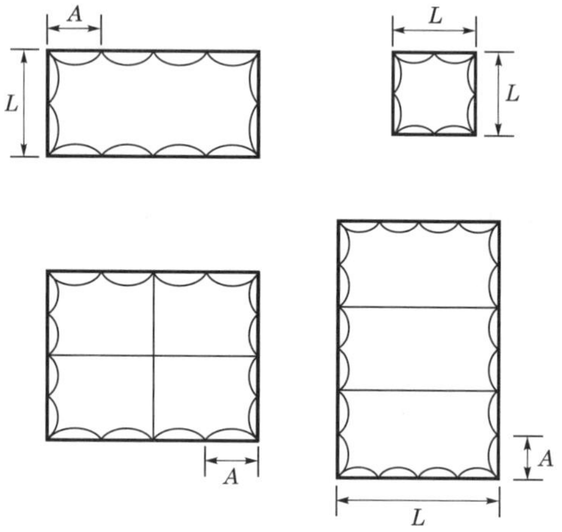

여기서, L : 단변 방향 길이(m), A : 장변 방향 방망의 지지 간격(m)

|그림 8-3|

제8조【지지점의 강도】 지지점의 강도는 다음 각 호에 의한 계산값 이상이어야 한다.

1. 방망 지지점은 600kg의 외력에 견딜 수 있는 강도를 보유하여야 한다.(다만, 연속적인 구조물이 방망 지지점인 경우의 외력이 다음 식에 계산한 값에 견딜 수 있는 것은 제외한다.)

   $F = 200B$

   여기서, F : 외력(kg)

   B : 지지점 간격(m)

2. 지지점의 응력은 다음 |표 8-5|에 따라 규정한 허용 응력값 이상이어야 한다.

| 표 8-5 | 지지 재료에 따른 허용 응력 (단위 : kg/m^2)

허용 응력 지지 재료	압 축	인 장	전 단	휨	부 착
일반 구조용 강재	2,400	2,400	1,350	2,400	
콘크리트	4주 압축 강도의 2/3	4주 압축 강도의 1/15			14(경량 골재를 사용하는 것은 12)

제9조 【지지점의 간격】 방망 지지점의 간격은 방망 주변을 통해 추락할 위험이 없는 것이어야 한다.

제10조 【정기 시험】 정기 시험 등은 다음 각 호에 정하는 바에 의하여 행한다.

1. 방망의 정기 시험은 사용 개시 후 1년 이내로 하고, 그 후 6개월마다 1회씩 정기적으로 시험용사에 대해서 등속 인장 시험을 하여야 한다. 다만, 사용 상태가 비슷한 다수의 방망의 시험용사에 대하여는 무작위 추출한 5개 이상을 인장 시험했을 경우 다른 방망에 대한 등속 인장 시험을 생략할 수 있다.
2. 방망의 마모가 현저한 경우나 방망이 유해 가스에 노출된 경우에는 사용 후 시험용사에 대해서 인장 시험을 하여야 한다.

제11조 【보관】 지방망을 보관할 때는 사전에 다음 각 호의 조치를 취하여야 한다.

1. 방망은 깨끗하게 보관하여야 한다.
2. 방망은 자외선, 기름, 유해 가스가 없는 건조한 장소에서 취하여야 한다.

제12조 【사용 제한】 다음 각 호의 1에 해당하는 방망은 사용하지 말아야 한다.

1. 방망사가 규정한 강도 이하인 방망
2. 인체 또는 이와 동등 이상의 무게를 갖는 낙하물에 대해 충격을 받은 방망
3. 파손한 부분을 보수하지 않은 방망
4. 강도가 명확하지 않은 방망

제13조 【표시】 방망에는 보기 쉬운 곳에 다음 각 호의 사항을 표시하여야 한다.

1. 제조자명
2. 제조년월
3. 재봉 치수
4. 그물코
5. 신품인 때의 방망의 강도

제3장 안전대

제1절 안전대의 구조

제14조 【구조】 〈삭제〉

제2절 안전대의 선정

제15조 【선정】 안전대의 선정은 다음 각 호의 사용 목적에 적합한 안전대를 선정하여야 한다.

1. 1종 안전대는 전주 위에서의 작업과 같이 발받침은 확보되어 있어도 불완전하여 체중의 일부는 U자 걸이로 하여 안전대에 지지하여야만 작업을 할 수 있으며, 1개 걸이의 상태로서는 사용하지 않는 경우에 선정해야 한다.
2. 2종 안전대는 1개 걸이 전용으로서 작업을 할 경우, 안전대에 의지하지 않아도 작업할 수 있는 발판이 확보되었을 때 사용한다. 로프의 끝단에 훅이나 카라비나가 부착된 것은 구조물 또는 시설물 등에 지지할 수 있거나 클립 부착 지지로프가 있는 경우에 사용한다. 또한 로프의 끝단에 클립이 부착된 것은 수직 지지 로프만으로 안전대를 설치하는 경우에 사용한다.
3. 3종 안전대는 1개 걸이와 U자 걸이로 사용할 때 적합한다. 특히 U자 걸이 작업 시 훅을 걸고 벗길 때 추락을 방지하기 위해 보조 로프를 사용하는 것이 좋다.
4. 4종 안전대는 1개 걸이, U자 걸이 겸용으로 보조 훅이 부착되어 있어 U자 걸이 작업시 훅을 D링에 걸고 벗길 때 추락 위험이 많은 경우에 적합하다.

제3절 안전대의 사용 방법

제16조 【착용】 안전대의 착용은 다음 각 호에 정하는 착용 방법에 따라야 한다.

1. 벨트는 추락 시 작업자에게 충격을 최소한으로 하고 추락 저지 시 발쪽으로 빠지지 않도록 요골 근처에 확실하게 착용하도록 하여야 한다.
2. 버클을 바르게 사용하고, 벨트 끝이 벨트 통로를 확실하게 통과하도록 하여야 한다.
3. 신축 조절기를 사용할 때 각 링에 바르게 걸어야 하며, 벨트 끝이나 작업복이 말려 들어가지 않도록 주의하여야 한다.
4. U자 걸이 사용시 훅을 각 링이나 D링 이외의 것에 잘못 거는 일이 없도록 벨트의 D링이나 각 링부에는 훅이 걸릴 수 있는 물건은 부착하지 말아야 한다.
5. 착용 후 지상에서 각각의 사용 상태에서 체중을 걸고 각 부품의 이상 유무를 확인한 후 사용하도록 하여야 한다.
6. 안전대를 지지하는 대상물은 로프의 이동에 의해 로프가 벗겨지거나 빠질 우려가 없는 구조로 충격에 충분히 견딜 수 있어야 한다.
7. 안전대를 지지하는 대상물에 추락 시 로프를 절단할 위험이 있는 예리한 각이 있는 경우에 로프가 예리한 각에 접촉하지 않도록 충분한 조치를 하여야 한다.

제17조 【안전대의 사용】 안전대 사용은 다음 각 호에 정하는 사용 방법에 따라야 한다.

1. 1개 걸이 사용에는 다음 각 목에 정하는 사항을 준수하여야 한다.
   가. 로프 길이가 2.5m 이상인 2종 안전대는 반드시 2.5m 이내의 범위에서 사용하도록 하여야 한다.
   나. 안전대의 로프를 지지하는 구조물의 위치는 반드시 벨트의 위치보다 높아야 하며, 작업에 지장이 없는 경우 높은 위치의 것으로 선정하여야 한다.

다. 신축 조절기를 사용하는 경우 작업에 지장이 없는 범위에서 로프의 길이를 짧게 조절하여 사용하여야 한다.

라. 수직 구조물이나 경사면에서 작업을 하는 경우 미끄러지거나 마찰에 의한 위험이 발생할 우려가 있을 경우에는 설비를 보강하거나 지지 로프를 설치하여야 한다.

마. 추락한 경우 진자 상태가 되어 물체에 충돌하지 않는 위치에 안전대를 설치하여야 한다.

바. 바닥면으로부터 높이가 낮은 장소에서 사용하는 경우 바닥면으로부터 로프 길이의 2배 이상의 높이에 있는 구조물 등에 설치하도록 해야 한다. 로프의 길이 때문에 불가능한 경우에는 3종 또는 4종 안전대를 사용하여 로프의 길이를 짧게 하여 사용하도록 한다.

사. 추락 시에 로프를 지지한 위치에서 신체의 최하지점까지의 거리를 h라 하면, h=로프의 길이+로프의 신장 길이+작업자 키의 1/2이 되고, 로프를 지지한 위치에서 바닥면까지의 거리를 H라 하면 $H > h$가 되어야만 한다.

2. U자 걸이 사용에는 다음 각 목에 정하는 사항을 준수하여야 한다.

가. U자 걸이로 1종, 3종 또는 4종 안전대를 사용하여야 하며, 훅을 걸고 벗길 때 추락을 방지하기 위하여 1종, 3종은 보조 로프, 4종은 훅을 사용하여야 한다.

나. 훅이 확실하게 걸려 있는지 확인하고 체중을 옮길 때는 갑자기 손을 떼지 말고 서서히 체중을 옮겨 이상이 없는가를 확인한 후 손을 떼도록 하여야 한다.

다. 전주나 구조물 등에 돌려진 로프의 위치는 허리에 착용한 벨트의 위치보다 낮아지지 않도록 주의하여야 한다.

라. 로프의 길이는 작업상 필요한 최소한의 길이로 하여야 한다.

마. 추락 저지 시에 로프가 아래로 미끄러져 내려가지 않는 장소에 로프를 설치하여야 한다.

3. 4종 안전대 사용에는 다음 각 목에 정하는 사항을 준수하여야 한다.

가. 4종 안전대는 통상 1개 걸이와 U자 걸이 겸용으로 특히 U자 걸이를 사용할 때 훅을 D링에 걸고 벗길 때 미리 보조 훅을 구조물에 설치하여 추락을 방지하도록 하여야 한다. 보조 훅을 사용할 때 로프의 길이는 1.5m의 범위 내에서 사용하여야 한다.

나. 전주 등을 승강하는 경우 로프를 U자 걸이 상태로 승강하고 만일 장애물이 있을 때에는 보조 훅을 사용하여 장애물을 피하여야 한다.

4. 보조 로프의 사용은 보조 로프의 한쪽을 D링 또는 각링에 설치하고 다른 한쪽은 구조물에 설치하는 것으로서 로프의 양단에 훅이 부착된 것은 구조물에 설지되는 훅이 2중 구조가 아니더라도 D링 또는 각링에 걸리는 훅은 반드시 2중 이탈 방지 구조의 훅으로 하여야 한다.

5. 클립 부착 안전대의 사용에는 다음 각 목에 정하는 사항을 준수하여야 한다.
   가. 1종 또는 2종 클립 부착 안전대는 로프 끝단의 클립을 합성수지 로프의 수직 지지 로프에 설치해서 사용하여야 한다.
   나. 지지 로프는 클립에 표시된 굵기로서 2,340kg 이상의 인장 강도를 갖는 것을 사용하여야 한다.
   다. 클립을 지지 로프에 설치할 경우 클립에 표시된 상하 방향이 틀리지 않도록 하고 이탈 방지 장치를 확실하게 조작하여야 한다.
6. 수직 지지 로프에 부착하여 사용하는 경우에는 다음 각 목에 정하는 사항을 준수하여야 한다.
   가. 합성 섬유 로프의 지지 로프에 훅 또는 카라비나 부착 안전대를 설치하는 경우 지지로프에 부착된 클립에 훅 또는 카라비나를 걸어서 사용하여야 한다.
   나. 한 줄의 지지 로프를 이용하는 작업자의 수는 1인으로 하여야 한다.
   다. 허리에 장착한 벨트의 위치는 지지 로프에 부착된 클립의 위치보다 위에 있지 않도록 사용하여야 한다.
   라. 추락한 경우에 지지 상태에서 다른 물체에 충돌하지 않도록 사용하여야 한다.
   마. 긴 합성 섬유 로프로 된 지지 로프를 사용하는 경우 추락 저지 시에 아랫부분의 장애물에 접촉하지 않도록 사용하여야 한다.
7. 수평 지지 로프에 부착하여 사용하는 경우에는 다음 각 목에 정하는 사항을 준수하여야 한다.
   가. 수평 지지 로프는 안전대를 부착시킬 수 있는 구조물이 없고 작업 공정이 횡이동 또는 작업상 빈번히 횡방향으로 이동할 필요가 있는 경우에 벨트의 높이보다 높은 위치에 설치하고 수평 지지 로프에 안전대의 훅 또는 카라비나를 걸어 사용하여야 한다.
   나. 한 줄의 지지 로프를 이용하는 작업자의 수는 1인으로 하여야 한다.
   다. 추락한 경우 진자 상태가 되어 물체에 충돌하지 않도록 사용하여야 한다.
   라. 합성섬유 로프를 지지 로프로 사용하는 경우 추락 저지 시 아랫부분의 장애물에 접촉되지 않도록 사용하여야 한다.

제4절 안전대의 점검, 보수, 보관 및 폐기

제18조【점검】 안전대의 점검, 보수, 보관 및 폐기는 책임자를 정하여 정기 점검하고 관리대장에 다음 각 호에 정하는 기준에 의하여 그 결과나 관리상의 필요한 사항을 기록하여야 한다.

1. 벨트의 마모, 흠, 비틀림, 약품류에 의한 변색
2. 재봉실의 마모, 절단, 풀림
3. 철물류의 마모, 균열, 변형, 전기 단락에 의한 용융, 리벳이나 스프링의 상태
4. 로프의 마모, 소선의 절단, 흠, 열에 의한 변형, 풀림 등의 변형, 약품류에 의한 변색

5. 각 부품의 손상 정도에 의한 사용 한계에 대해서는 부품의 재질, 치수, 구조 및 사용 조건을 고려하여야 하며 벨트 및 로프에 사용되는 나일론, 비닐론, 폴리에스테르의 재료 특성 및 로프의 인장 강도는 ❙표 8-6❙ 및 ❙표 8-7❙과 같다.

❙표 8-6❙ 벨트 및 로프에 사용하는 재료 특성

구분 재료	나일론	비닐론	폴리에스테르
비중	1.14	1.26~1.30	1.38
내열성	연화점 : 180℃ 용융점 : 215~220℃	연화점 : 220~230℃ 용융점 : 명료하지 않음	연화점 : 238~240℃ 용융점 : 255~260℃
자연 상태에서 강도와의 관계	강도가 저하된다.	강도가 거의 저하하지 않는다.	강도가 거의 저하하지 않는다.
내산성	강한 염산, 강한 유산, 강한 초산에 일부 분해하지만 7% 염산, 20% 초산에서 강도가 거의 저하하지 않는다.	강한 염산, 강한 유산, 강한 초산에서 늘어나거나 분해하지만, 10% 염산, 30% 유산에서는 거의 강도가 저하하지 않는다.	35% 염산, 75% 유산, 60% 초산에서 강도가 거의 저하하지 않는다.
내알칼리성	50% 가성소다 용액, 28% 암모니아 용액에서 강도가 거의 저하하지 않는다.	50% 가성소다 용액에서는 강도가 거의 저하하지 않는다.	10% 가성소다 용액, 28% 암모니아 용액에서는 강도가 거의 저하하지 않는다.

❙표 8-7❙ 로프의 인장 강도

지 름(mm)	인장 강도(ton)	
	나일론 로프	비닐론 로프
10	1.85	0.95
11	2.21	1.13
12	2.80	1.37
14	3.73	1.83
16	4.78	2.34

제19조【보수】 보수는 정기적으로 하여야 하며, 필요한 경우 다음 각 호에 정하는 사항에 따라 수시로 하여야 한다.

1. 벨트, 로프가 더러워지면 미지근한 물을 사용하여 씻거나 중성세제를 사용하여 씻은 후 잘 헹구고 직사광선은 피하여 통풍이 잘 되는 곳에서 자연 건조시켜야 한다.
2. 벨트, 로프에 도료가 묻은 경우에는 용제를 사용해서는 안 되고, 헝겊 등으로 닦아 내어야 한다.
3. 철물류가 물에 젖은 경우에는 마른 헝겊으로 잘 닦아내고 녹방지 기름을 엷게 발라야 한다.
4. 철물류의 회전부는 정기적으로 주유하여야 한다.

제20조 【보관】 안전대는 다음 각 호의 장소에 보관하여야 한다.

1. 직사광선이 닿지 않는 곳
2. 통풍이 잘 되며 습기가 없는 곳
3. 부식성 물질이 없는 곳
4. 화기 등이 근처에 없는 곳

제21조 【폐기】 다음 각 호의 1의 규정에 해당되는 안전대는 폐기하여야 한다.

1. 다음 각 목의 1의 규정에 해당되는 로프는 폐기하여야 한다.
   가. 소선에 손상이 있는 것
   나. 페인트, 기름, 약품, 오물 등에 의해 변화된 것
   다. 비틀림이 있는 것
   라. 횡마로 된 부분이 헐거워진 것
2. 다음 각 목의 1의 규정에 해당되는 벨트는 폐기하여야 한다.
   가. 끝 또는 폭에 1mm 이상의 손상 또는 변형이 있는 것
   나. 양 끝의 헤짐이 심한 것
3. 다음 각 목의 1의 규정에 해당되는 재봉 부분은 폐기하여야 한다.
   가. 재봉 부분의 이완이 있는 것
   나. 재봉실이 1개소 이상 절단되어 있는 것
   다. 재봉실의 마모가 심한 것
4. 다음 각 목의 1의 규정에 해당되는 D링 부분은 폐기하여야 한다.
   가. 깊이 1mm 이상 손상이 있는 것(특히 그림의 X부분)
   나. 눈에 보일 정도로 변형이 심한 것
   다. 전체적으로 녹이 슬어 있는 것
5. 다음 각 목의 1의 규정에 해당되는 훅, 버클 부분은 폐기하여야 한다.
   가. 훅과 갈고리 부분의 안쪽에 손상이 있는 것(그림의 X부분)
   나. 훅 외측에 깊이 1mm 이상의 손상이 있는 것
   다. 이탈 방지 장치의 작동이 나쁜 것
   라. 전체적으로 녹이 슬어 있는 것
   마. 변형되어 있거나 버클의 체결 상태가 나쁜 것

| 그림 8-4 |

| 그림 8-5 |

제5절 강관틀 비계의 조립, 해체 시 안전대를 사용하는 경우의 수평 지지 로프와 지지 로프 지주

제22조【재료】 지지 로프의 재료는 다음 각 호에 규정된 규격에 적합한 것으로 하여야 한다.

1. 와이어 로프 또는 합성섬유 로프를 사용하여야 한다.
2. 와이어 로프는 KS D 3514에 규정된 4호(6×24)에 적합한 와이어 로프로서 그 직경이 9~10mm의 것으로 하여야 한다.
3. 합성섬유 로프를 사용하는 경우는 KS K 3717에 적합한 나일론 로프, KS K 3718에 적합한 비닐론 로프 또는 그 이상의 물리적 성질을 갖는 로프로서 그 직경이 나일론 로프의 경우 12mm, 14mm, 16mm, 비닐론 로프는 16mm로 하고, 기타의 경우는 2,340kg 이상의 인장 강도를 갖는 직경으로 하여야 한다.
4. 지지 로프 지주, 수평 지지 로프의 훅, 카라비나 및 결속재 등의 부속 철물이나 수평 지지 로프의 끝단의 가공 등에 관하여는 고용노동부 장관이 정하는 규격 이상으로 하여야 한다.

제23조【설치】 지지 로프를 설치하여 사용할 경우에는 다음 각 호에 정하는 바에 적합한 것이어야 한다.

1. 지지 로프 지주는 강관틀 비계의 기둥재에 설치하고, 그 설치 간격은 ❙표 8-8❙의 값 이하로 하여야 한다. 다만, 안전대의 로프 길이가 1.0m 이하인 것을 사용하는 경우는 예외로 한다.
2. 와이어 로프는 잘 점검하여 사용하고 10% 이상의 소선이 파단되어 있는 것, 직경의 감소가 7% 이상인 것, 비틀림된 것, 현저히 변형 또는 부식된 것은 사용하지 않아야 한다.

❙표 8-8❙ 지지 로프의 지주 설치 간격

지지 로프의 종류	지지 로프의 지주를 설치한 비계 발판의 지상으로부터의 높이(단위 : 층)	지지 로프의 설치 간격 (단위 : 스팬)
와이어 로프 3 이상	2 10	4
합성섬유 로프 4 이상	2 3 8	1 5

3. 합성섬유 로프에 있어서도 사전에 잘 점검하고 스트랜드가 파단된 것, 현저히 손상 또는 부식된 것, 지지 로프로서 사용 중 충격을 받은 것은 사용하지 않아야 한다.
4. 지지 로프의 지주 간의 설치 높이는 비계 바닥면으로부터 0.9m 이상 2m 이하의 높이로 하여야 한다.
5. 지지 로프를 지주 사이에 설치할 경우 헐겁지 않도록 하여야 하며 필요한 경우 결속재를 사용하여 지지 로프를 결속하여야 한다. 결속 작업 시 작업원은 안전한 위치에서 작업하고 안전대를 사용하는 경우에 결속 작업이 저해되지 않는 곳에 설치하여야 한다.
6. 보조 로프의 끝단은 작업 바닥을 기준으로 지지 로프 지주의 외부 1스팬 위치의 기둥재에 설치하여야 한다.

제24조 【주의 점검】 지지 로프를 사용하는 경우 다음 각 호에 정하는 기준에 따라야 한다.

1. 안전대는 로프의 길이가 1.5m 정도이고, 2종 또는 3종 안전대를 사용하여야 한다.
2. 안전대의 훅은 지지 로프에 직접 걸리는 것으로 하여야 한다.
3. 와이어 로프의 지지 로프에 안전대를 설치할 경우는 안전대의 로프를 지지 로프에 돌려서 걸지 않아야 한다.
4. 수평 지지 로프의 지주 및 지지 로프를 설치 또는 교체 직후에 다음 각 목에 대해서 점검을 하고 이상이 있는 경우에는 즉시 수정, 보완 또는 교체하여야 한다.
   가. 지주의 비계에의 설치 부분
   나. 지지 로프의 설치 상태
   다. 지지 로프, 보조 로프 설치부 및 유지부
5. 합성섬유 로프의 지지 로프는 사용 중 충격을 받을 경우 즉시 교체하여야 한다.

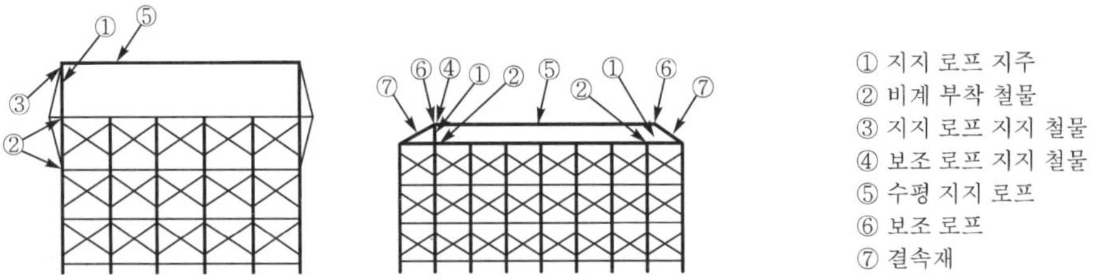

| 그림 8-6 | 지지 로프의 설치 예

제4장 표준 안전 난간

제25조 【설치 위치】 표준 안전 난간(이하 "안전 난간"이라 한다.)의 설치 장소는 중량물 취급 개구부, 작업대, 가설 계단의 통로, 흙막이 지보공의 상부 등으로 한다.

제26조 【명칭】 안전 난간의 각부 명칭은 | 그림 8-7 | 에 나타낸 바와 같다.

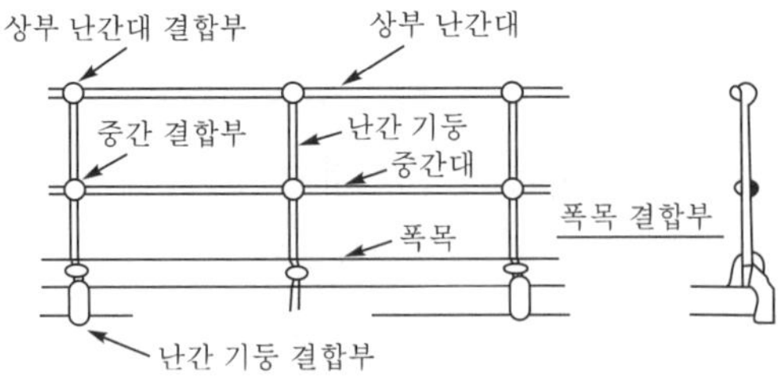

| 그림 8-7 |

제27조 【재료】 안전 난간에 사용되는 재료는 다음 각 호에 정한 것과 같다.

1. 강재 : 상부 난간대, 중간대 등 주요 부분에 이용되는 강재는 | 표 8-9 | 에 나타낸 것이거나 또는 그 이상의 기계적 성질을 갖는 것이어야 하며, 현저한 손상, 변형, 부식 등이 없는 것이어야 한다.

| 표 8-9 | 부재의 단면 규격

(단위 : mm)

강재의 종류	난간 기둥	상부 난간대
강관	φ34.0×2.3	φ27.2×2.3
각형강관	30×30×1.6	25×25×1.6
형강	40×40×5	40×40×3

2. 목재 : 강도상 현저한 결점이 되는 갈라짐, 충식, 마디, 부식, 휨, 섬유의 경사 등이 없고 나무껍질을 완전히 제거한 것으로 한다.

| 표 8-10 | 목재의 단면 규격

(단위 : mm)

목재의 종류	난간 기둥	상부 난간대
통나무	말구경 70	말구경 70
각재	70×70	60×60

3. 기타 : 와이어 로프 등 상기 이외의 재료는 강도상 현저한 결점이 되는 손상이 없는 것으로 한다.

제28조 【구조】 안전 난간은 난간 기둥, 상부 난간대, 중간대 및 폭목으로 구성되며, 각 부분의 접합부는 쉽게 변위, 변형을 일으키지 않는 구조로서 다음 각 호에 정한 것과 같다.

1. 달비계의 걸이재, 지주 비계 등을 난간 기둥 대신 이용하는 경우 및 건축물의 기둥 간에 충분한 내력을 갖는 와이어 로프로 상부 난간대, 중간대 등을 설치하는 경우는 난간 기둥을 설치하지 않아도 된다.
2. 상부 난간대와 작업 발판 사이에 방망을 설치하거나 널판을 대는 경우는 중간대 및 폭목은 설치하지 않아도 된다.
3. 보에서의 추락을 방지하기 위해 안전 난간을 설치하는 경우와 같이 충분한 통로 폭이 얻어지는 경우는 폭목을 설치하지 않는다.

제29조 【치수】 안전 난간의 치수는 다음 각 호에 정하는 것과 같다.

1. 높이 : 안전 난간의 높이(작업 바닥면에서 상부 난간의 끝단까지의 높이)는 90cm 이상으로 한다.
2. 난간 기둥의 중심 간격 : 난간 기둥의 중심 간격은 2m 이하로 한다.
3. 중간대의 간격 : 폭목과 중간대, 중간대와 상부 난간대 등의 내부 간격은 각각 45cm를 넘지 않도록 설치한다.
4. 폭목의 높이 : 작업면에서 띠장목의 상면까지의 높이가 10cm 이상 되도록 설치한다. 다만, 합판 등을 겹쳐서 사용하는 등 작업 바닥면이 고르지 못한 경우에는 높은 것을 기준으로 한다.
5. 띠장목과 작업 바닥면 사이의 틈은 10mm 이하로 한다.

제30조 【난간 기둥 간격】 제2종 안전 난간의 난간 기둥 간격이 1.8m 이하인 경우에는 다음 각 호에 정하는 것과 같다.

1. 난간 기둥 등에 사용하는 강관은 ❙표 8-9❙에 나타낸 규격 이상의 규격을 갖는 것으로 한다.
2. 와이어 로프를 사용하는 경우에는 그 직경이 9mm 이상이어야 한다.
3. 난간 기둥에 사용되는 목재의 ❙표 8-10❙에 표시한 단면 이상의 규격을 갖는 것으로 한다.
4. 폭목으로 사용하는 목재의 폭은 10cm 이상으로 하고 두께는 1.6cm 이상으로 한다.

제31조 【하중】 안전 난간의 주요 부분은 종류에 따라서 ❙표 8-11❙에 나타내는 하중에 대해 충분한 것으로 하며 이 경우 하중의 작용 방향은 상부 난간대 직각인 면의 모든 방향을 말한다.

❙표 8-11❙ 작용 위치 및 하중의 값

종 류	안전 난간 부분	작용 위치	하 중
제1종	상부 난간대	스팬의 중앙점	120kg
	난간 기둥, 난간 기둥 결합부, 상부 난간대 설치부	난간 기둥과 상부 난간대의 결정	100kg

제32조 【수평 최대 처짐】 제31조의 하중에 의한 수평 최대 처짐은 10mm 이하로 한다.

제33조 【허용 응력】 계산에 의해 안전 난간의 강도를 검토하는 경우 허용 응력은 재료의 종류에 따라 제1종 안전 난간은 아래 ❙표 8-12❙, ❙표 8-13❙에 나타낸 허용 응력으로 한다.

❙표 8-12❙ 강재의 허용 응력도 (단위 : kg/cm^2)

재 료 \ 허용 응력도의 종류	인 장	압 축	휨	전 단
SPS 41	2,400	1,400	SS 41	−
SPS 50	3,300	1,900	SS 50	−

❙표 8-13❙ 목재의 허용 응력도 (단위 : kg/cm^2)

재 료 \ 허용 응력도의 종류	인 장	압 축	휨
노송나무	180	160	180
삼목	140	120	140
졸참나무	200	140	200
합판	−	−	220
통나무	상기의 1.25배		

단, 제2종 안전 난간의 경우에는 상기 표에 나타낸 허용 응력의 80% 이상의 값으로 한다.

제34조 【조립 또는 부착】 안전 난간의 결속 및 조립은 다음 각 호에 정한 바에 의한다.

1. 안전 난간의 각 부재는 탈락, 미끄러짐 등이 발생하지 않도록 확실하게 설치하고, 상부 난간대는 용이하게 회전하지 않도록 한다.
2. 상부 난간대, 중간대 또는 띠장목에 이음재를 사용할 때에는 그 이음 부분이 이탈되지 않도록 한다.
3. 난간 기둥의 설치는 작업 바닥에 대해 수직으로 한다. 또한 작업 바닥의 바닥 재료에 직접 설치할 경우 작업 바닥은 비틀림, 전도, 부풀음 등이 없는 견고한 것으로 한다.

제34조 【주의】

1. 안전 난간은 함부로 제거해서는 안 된다. 단, 작업 형편상 부득이 제거할 경우에는 작업 종료 즉시 원상복구하도록 한다.
2. 안전 난간을 안전대의 로프, 지지 로프, 서포트, 벽 연결, 비계판 등의 지지점 또는 자재 운반용 걸이로서 사용하면 안 된다.
3. 안전 난간에 재료 등을 기대어 두어서는 안 된다.
4. 상부 난간대 또는 중간대를 밟고 승강해서는 안 된다.

Chapter 09

콘크리트 공사 표준안전작업지침

개정 2020.01.07 고용노동부 고시 제2020-09호

제1장 총 칙

제1조【목적】 이 지침은 산업안전보건법(이하 "법"이라 한다) 제13조의 규정에 의하여 콘크리트 공사에 있어서의 작업상 안전에 관하여 사업주에게 지도 · 권고할 기술상의 지침을 규정함을 목적으로 한다.

제2조【용어의 정의】 이 지침에 사용하는 용어의 정의는 이 지침에서 정하는 것과 특별한 규정이 있는 경우를 제외하고는 법, 동법 시행령, 동법 시행규칙 및 산업 안전 기준에 관한 규칙이 정하는 바에 의한다.

제2장 거푸집 공사

제3조【일반】 거푸집 및 지보공(동바리)은 소정의 강도와 강성을 가지는 동시에 완성된 구조물의 위치, 형상, 치수가 정확하게 확보되어 목적하는 구조물 조건의 콘크리트가 되도록 설계도에 의해 시공하여야 한다.

제4조【하중】 거푸집 및 지보공(동바리)은 여러 가지 시공 조건을 고려하고 다음 각 호의 하중을 고려하여 설계하여야 한다.

1. 연직 방향 하중 : 거푸집, 지보공(동바리), 콘크리트, 철근, 작업원, 타설용 기계 기구, 가설 설비 등의 중량 및 충격 하중
2. 횡방향 하중 : 작업할 때의 진동, 충격, 시공 오차 등에 기인되는 횡방향 하중 이외에 필요에 따라 풍압, 유수압, 지진 등
3. 콘크리트의 측압 : 굳지 않은 콘크리트의 측압
4. 특수 하중 : 시공 중에 예상되는 특수한 하중
5. 상기 1~4호의 하중에 안전율을 고려한 하중

제5조【재료】 거푸집 및 지보공(동바리)에 사용할 재료는 강도, 강성, 내구성, 작업성, 타설 콘크리트에 대한 영향력 및 경제성을 고려하여 선정하여야 하며, 다음 각 호의 사항에 주의하여야 한다.

1. 목재 거푸집의 사용은 다음 각 목에 정하는 사항을 고려하여 선정하여야 한다.
   가. 흠집 및 옹이가 많은 거푸집과 합판의 접착 부분이 떨어져 구조적으로 약한 것은 사용하여서는 아니된다.
   나. 거푸집의 띠장은 부러지거나 균열이 있는 것을 사용하여서는 아니된다.
2. 강재 거푸집을 사용할 때에는 다음 각 목에 정하는 사항을 고려하여 선정하여야 한다.
   가. 형상이 찌그러지거나, 비틀림 등 변형이 있는 것은 교정한 다음 사용하여야 한다.
   나. 강재 거푸집의 표면에 녹이 많이 나 있는 것은 쇠솔(wire brush) 또는 샌드 페이퍼(sand paper) 등으로 닦아내고 박리제(form pil)를 엷게 칠해 두어야 한다.
3. 지보공(동바리)재는 다음 각 목에 정하는 사항을 고려하여 선정하여야 한다.
   가. 현저한 손상, 변형, 부식이 있는 것과 옹이가 깊숙히 박혀 있는 것은 사용하지 말아야 한다.
   나. 각재 또는 강관 지주는 ∥그림 9-1∥과 같이 양끝을 일직선으로 그은 선 안에 있어야 하고, 일직선 밖으로 굽어져 있는 것은 사용을 금하여야 한다.

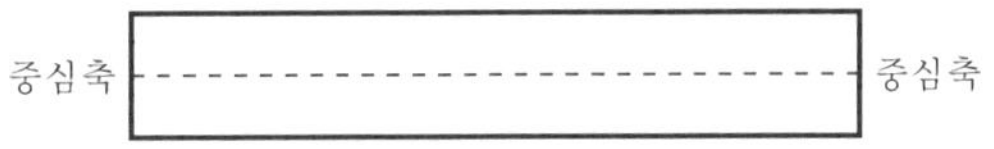

∥그림 9-1∥ 지보공재로 사용되는 각재 또는 강관의 중심축 예

   다. 강관 지주(동바리), 보 등을 조합한 구조는 최대 허용 하중을 초과하지 않는 범위에서 사용하여야 한다.
4. 연결재는 다음 각 목에 정하는 사항을 선정하여야 한다.
   가. 정확하고 충분한 강도가 있는 것이어야 한다.
   나. 회수, 해체하기가 쉬운 것이어야 한다.
   다. 조합 부품수가 적은 것이어야 한다.

제6조【조립】 사업주는 거푸집 등을 조립할 때 다음 각 호의 사항을 준수하여야 한다.

1. 조립 등의 작업을 할 때에는 다음 각 목에 정하는 사항을 준수하여야 한다.
   가. 거푸집 지보공을 조립할 때에는 안전 담당자를 배치하여야 한다.
   나. 거푸집의 운반, 설치 작업에 필요한 작업장 내의 통로 및 비계가 충분한가를 확인하여야 한다.
   다. 재료, 기구, 공구를 올리거나 내릴 때에는 달줄, 달포대 등을 사용하여야 한다.
   라. 강풍, 폭우, 폭설 등의 악천후에는 작업을 중지시켜야 한다.
   마. 작업장 주위에는 작업원 이외의 통행을 제한하고 슬래브 거푸집을 조립할 때에는 많은 인원이 한 곳에 집중되지 않도록 하여야 한다.
   바. 사다리 또는 이동식 틀비계를 사용하여 작업할 때에는 항상 보조원을 대기시켜야 한다.
   사. 거푸집을 현장에서 제작할 때는 별도의 작업장에서 제작하여야 한다.

2. 강관 지주(동바리) 조립 등의 작업을 할 때에는 다음 각 목에 정하는 사항을 준수하여야 한다.
   가. 거푸집이 곡면일 경우에는 버팀대의 부착 등 해당 거푸집의 변형을 방지하기 위한 조치를 하여야 한다.
   나. 지주의 침하를 방지하고 각 부가 활동하지 아니하도록 견고하게 하여야 한다.
   다. 강재와 강재와의 접속부 및 교차부는 볼트, 클램프 등의 철물로 정확하게 연결하여야 한다.
   라. 강관 지주는 3본 이상이어서 사용하지 아니하여야 하며, 또 높이가 3.6m 이상의 경우에는 높이 1.8m 이내마다 수평 연결재를 2개의 방향으로 설치하고 수평 연결재의 변위가 일어나지 아니하도록 이음 부분은 견고하게 연결하여 좌굴을 방지하여야 한다.
   마. 지보공 하부의 받침판 또는 받침목은 2단 이상 삽입하지 아니하도록 하고 작업 인원의 보행에 지장이 없어야 하며, 이탈되지 않도록 고정시켜야 한다.
3. 강관틀 비계를 지보공(동바리)으로 사용할 때에는 교차 가새를 설치하고 다음 각 목에 정하는 사항을 준수하여야 한다.
   가. 강관틀 비계를 지보공(동바리)으로 사용할 때에는 교차 가새를 설치하고, 최상층 및 5층 이내마다 거푸집 지보공의 측면과 틀면 방향 및 교차 가새의 방향에서 5개 틀 이내마다 수평 연결재를 설치하고, 수평 연결재의 변위를 방지하여야 한다.
   나. 강관틀 비계를 지주(동바리)로 사용할 때에는 상단의 강재에 단판을 부착시켜 이것을 보 또는 작은 보에 고정시켜야 한다.
   다. 높이가 4m를 초과할 때에는 4m 이내마다 수평 연결재를 2개 방향으로 설치하고 수평 방향의 변위를 방지하여야 한다.
4. 목재를 지주(동바리)로 사용할 때에는 다음 각 목에 정하는 사항을 준수하여야 한다.
   가. 높이 2m 이내마다 수평 연결재를 설치하고, 수평 연결재의 변위를 방지하여야 한다.
   나. 목재를 이어서 사용할 때에는 2본 이상의 덧댐목을 사용하여 해당 상단을 보 또는 멍에에 고정시켜야 한다.
   다. 철선 사용을 가급적 피하여야 한다.

제7조 【점검】 사업주는 거푸집 공사에 있어서 다음 각 호의 사항을 반드시 점검하여야 한다.
1. 거푸집을 점검할 때에는 다음 각 목에 정하는 사항을 반드시 점검하여야 한다.
   가. 직접 거푸집을 제작, 조립한 책임자가 검사
   나. 기초 거푸집을 검사할 때에는 터파기 폭
   다. 거푸집의 형상 및 위치 등 정확한 조립 상태
   라. 거푸집에 못이 돌출되어 있거나 날카로운 것이 돌출되어 있을 시에는 제거
2. 지주(동바리)를 점검할 때에는 다음 각 목에 정하는 사항을 반드시 점검하여야 한다.
   가. 지주를 지반에 설치할 때에는 받침 철물 또는 받침목 등을 설치하여 부동 침하 방지 조치

나. 강관 지주(동바리) 사용 시 접속부 나사 등의 손상 상태
다. 이동식 들비계를 지보공(동바리) 대용으로 사용할 때에는 바퀴의 제동 장치

3. 콘크리트를 타설할 때에는 다음 각 목에 정하는 사항을 반드시 점검하여야 한다.
가. 콘크리트를 타설할 때 거푸집의 부상 및 이동 방지 조치
나. 건물의 보, 요철 부분, 내민 부분의 조립 상태 및 콘크리트 타설 시 이탈 방지 장치
다. 청소구의 유무 확인 및 콘크리트 타설 시 청소구 폐쇄 조치
라. 거푸집의 흔들림을 방지하기 위한 턴 버클, 가새 등의 필요한 조치

제8조 【존치 기간】 거푸집의 존치 기간은 건설부 제정 토목 · 건축 표준 시방서에 지정된 기간으로 한다.

제9조 【해체】 사업주는 거푸집의 해체 작업을 하여야 할 때에는 다음 각 호의 사항을 준수하여야 한다.

1. 거푸집 및 지보공(동바리)의 해체는 순서에 의하여 실시하여야 하며 안전 담당자를 배치하여야 한다.
2. 거푸집 및 지보공(동바리)은 콘크리트 자중 및 시공 중에 가해지는 기타 하중에 충분히 견딜 만한 강도를 가질 때까지는 해체하지 아니하여야 한다.
3. 거푸집을 해체할 때에는 다음 각 목에 정하는 사항을 유념하여 작업하여야 한다.
가. 해체 작업을 할 때에는 안전모 등 안전 보호 장구를 착용토록 하여야 한다.
나. 거푸집 해체 작업장 주위에는 관계자를 제외하고는 출입을 금지시켜야 한다.
다. 상하 동시 작업은 원칙적으로 금지하여 부득이한 경우에는 긴밀히 연락을 취하며 작업을 하여야 한다.
라. 거푸집 해체 때 구조체에 무리한 충격이나 큰 힘에 의한 지렛대 사용은 금지하여야 한다.
마. 보 또는 슬래브 거푸집을 제거할 때에는 거푸집의 낙하 충격으로 인한 작업원의 돌발적 재해를 방지하여야 한다.
바. 해체된 거푸집이나 각목 등에 박혀 있는 못 또는 날카로운 돌출물은 즉시 제거하여야 한다.
사. 해체된 거푸집이나 각목은 재사용 가능한 것과 보수하여야 할 것을 선별, 분리하여 적치하고 정리정돈을 하여야 한다.
4. 기타 제3자의 보호 조치에 대하여도 완전한 조치를 강구하여야 한다.

제10조 【특수 거푸집 및 동바리】 특수 거푸집 및 동바리를 사용할 때에는 건설부 제정 표준 시방서에 규정된 사항을 따른다.

제3장 철근 공사

제11조 【가공】 사업주는 철근 가공 및 조립 작업을 할 때에는 다음 각 호의 사항을 준수하여야 한다.

1. 철근 가공 작업장 주위는 작업 책임자가 상주하여야 하고 정리정돈이 되어 있어야 하며, 작업원 이외는 출입을 금지하여야 한다.
2. 가공 작업자는 안전모 및 안전 보호 장구를 착용하여야 한다.
3. 해머 절단을 할 때에는 다음 각 목에 정하는 사항에 유념하여 작업하여야 한다.
   가. 해머 자루는 금이 가거나 쪼개진 부분은 없는가 확인하고 사용 중 해머가 빠지지 아니하도록 튼튼하게 조립되어야 한다.
   나. 해머 부분이 마모되어 있거나, 훼손되어 있는 것을 사용하여서는 아니된다.
   다. 무리한 자세로 절단을 하여서는 아니된다.
   라. 절단기의 절단 날은 마모되어 미끄러질 우려가 있는 것을 사용하여서는 아니된다.
4. 가스 절단을 할 때에는 다음 각 목에 정하는 사항에 유념하여 작업하여야 한다.
   가. 가스 절단 및 용접자는 해당 자격 소지자라야 하며, 작업 중에는 보호구를 착용하여야 한다.
   나. 가스 절단 작업 시 호스는 겹치거나 구부러지거나 또는 밟히지 않도록 하고 전선의 경우에는 피복이 손상되어 있는지를 확인하여야 한다.
   다. 호스, 전선 등은 다른 작업장을 거치지 않는 직선상의 배선이어야 하며, 길이가 짧아야 한다.
   라. 작업장에서 가연성 물질에 인접하여 용접 작업할 때에는 소화기를 비치하여야 한다.
5. 철근을 가공할 때에는 가공 작업 고정틀에 정확한 접합을 확인하여야 하며 탄성에 의한 스프링 작용으로 발생되는 재해를 막아야 한다.
6. 아크(Arc) 용접 이음의 경우 배전판 또는 스위치는 용이하게 조작할 수 있는 곳에 설치하여야 하며, 접지 상태를 항상 확인하여야 한다.

제12조【운반】 사업주는 철근을 인력 및 기계로 운반할 때 다음 각 호의 사항을 준수하여야 한다.

1. 인력으로 철근을 운반할 때에는 다음 각 목의 사항을 준수하여야 한다.
   가. 1인당 무게는 25kg 정도가 적절하며, 무리한 운반을 삼가야 한다.
   나. 2인 이상이 1조가 되어 어깨메기로 하여 운반하는 등 안전을 도모하여야 한다.
   다. 긴 철근을 부득이 한 사람이 운반할 때에는 한쪽을 어깨에 메고 한쪽 끝을 끌면서 운반하여야 한다.
   라. 운반할 때에는 양끝을 묶어 운반하여야 한다.
   마. 내려 놓을 때는 천천히 내려놓고 던지지 않아야 한다.
   바. 공동 작업을 할 때에는 신호에 따라 작업을 하여야 한다.
2. 기계를 이용하여 철근을 운반할 때 다음 각 목의 사항을 준수하여야 한다.
   가. 운반 작업 시에는 작업 책임자를 배치하여 수신호 또는 표준 신호 방법에 의하여 시행한다.
   나. 달아 올릴 때에는 다음 ‖그림 9-2‖와 같은 요령으로 올리고 로프와 기구의 허용하중을 검토하여 과다하게 달아 올리지 않아야 한다.

다. 비계나 거푸집 등에 대량의 철근을 걸쳐 놓거나 얹어 놓아서는 안 된다.
라. 달아 올리는 부근에는 관계 근로자 이외 사람의 출입을 금지시켜야 한다.
마. 권양기의 운전자는 현장 책임자가 지정하는 자가 하여야 한다.

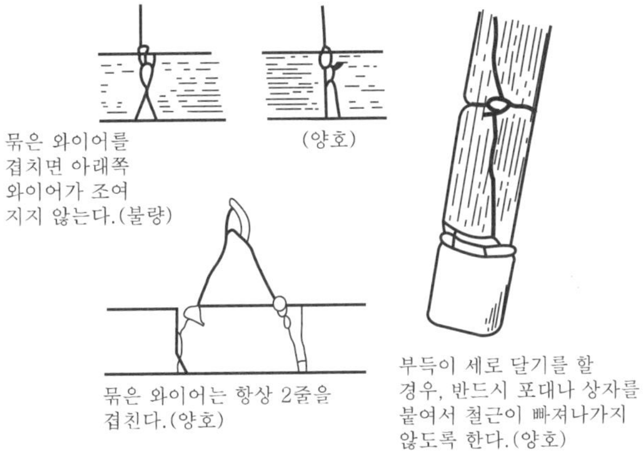

| 그림 9-2 | 묶은 와이어의 걸치기 예

3. 철근을 운반할 때 감전 사고 등을 예방하기 위하여 다음 각 목의 사항을 준수하여야 한다.
   가. 철근 운반 작업을 하는 바닥 부근에는 전선이 배치되어 있지 않아야 한다.
   나. 철근 운반 작업을 하는 주변의 전선은 사용 철근의 최대 길이 이상의 높이에 배선되어야 하며 이격 거리는 최소한 2m 이상이어야 한다.
   다. 운반 장비는 반드시 전선의 배선 상태를 확인한 후 운행하여야 한다.

제4장 콘크리트 공사

제13조【타설】 사업주는 콘크리트 타설 시 다음 각 호에 정하는 안전 수칙을 준수하여야 한다.
1. 타설 순서는 계획에 의하여 실시하여야 한다.
2. 콘크리트를 치는 도중에는 거푸집, 지보공 등의 이상 유무를 확인하여야 하고, 담당자를 배치하여 이상이 발생한 때에는 신속한 처리를 하여야 한다.
3. 타설 속도는 건설부 제정 콘크리트 표준 시방서에 의한다.
4. 손수레를 이용하여 콘크리트를 운반할 때에는 다음 각 목의 사항을 준수하여야 한다.
   가. 손수레를 타설하는 위치까지 천천히 운반하여 거푸집에 충격을 주지 아니하도록 타설하여야 한다.
   나. 손수레에 의하여 운반할 때에는 적당한 간격을 유지하여야 하고 뛰어서는 안 되며, 통로 구분을 명확히 하여야 한다.
   다. 운반 통로에 방해가 되는 것은 즉시 제거하여야 한다.

5. 기자재 설치, 사용을 할 때에는 다음 각 목의 사항을 준수하여야 한다.
   가. 콘크리트의 운반, 타설 기계를 설치하여 작업할 때에는 성능을 확인하여야 한다.
   나. 콘크리트의 운반, 타설 기계는 사용 전, 사용 중, 사용 후 반드시 점검하여야 한다.
6. 콘크리트를 한곳에만 치우쳐서 타설할 경우 거푸집의 변형 및 탈락에 의한 붕괴 사고가 발생되므로 타설 순서를 준수하여야 한다.
7. 전동기는 적절히 사용되어야 하며, 지나친 진동은 거푸집 도괴의 원인이 될 수 있으므로 각별히 주의하여야 한다.

제14조 【펌프카】 사업주는 펌프카에 의해 콘크리트를 타설할 때에는 제13조의 규정 외에 다음 각 호에 정하는 안전 수칙을 준수하여야 한다.

1. 레디믹스트 콘크리트(이하 레미콘이라 함) 트럭과 펌프카를 적절히 유도하기 위하여 차량 안내자를 배치하여야 한다.
2. 펌프 배관용 비계를 사전 점검하고 이상이 있을 때에는 보강 후 작업하여야 한다.
3. 펌프카의 배관 상태를 확인하여야 하며, 레미콘 트럭과 펌프카와 호스 선단의 연결 작업을 확인하여야 하며 장비 사양의 적정 호스 길이를 초과하여서는 아니된다.
4. 호스 선단이 요동하지 아니하도록 확실히 붙잡고 타설하여야 한다.
5. 공기 압송 방법의 펌프카를 사용할 때에는 콘크리트가 비산하는 경우가 있으므로 주의하여 타설하여야 한다.
6. 펌프카의 붐대를 조정할 때에는 주변의 전선 등 지장물을 확인하고 이격 거리를 준수하여야 한다.
7. 아웃트리거를 사용할 때 지반의 부동 침하로 펌프카가 전도되지 아니하도록 하여야 한다.
8. 펌프카의 전후에는 식별이 용이한 안전 표지판을 설치하여야 한다.

제15조 【기타】 콘크리트 시공과 관련되는 안전 수칙은 건설부 제정 콘크리트 표준 시방서에 준한다.

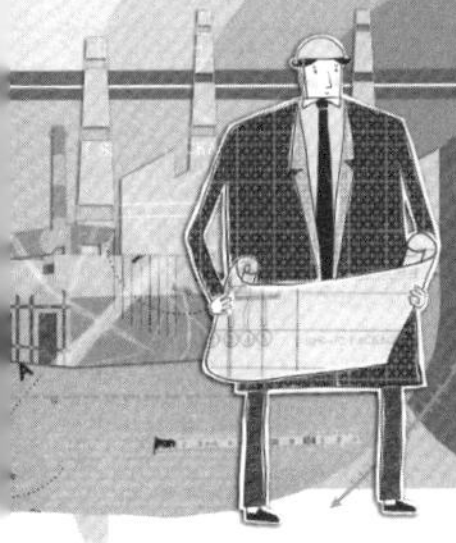

Chapter 10 크레인 작업 표준신호지침

개정 2001.01.09 고용노동부 고시 제2001-08호

제1조 【목적】 이 지침은 산업안전보건법 제27조의 규정에 의하여 크레인을 사용하여 작업할 때에 신호자가 운전자에게 취해야 할 표준 신호 방법에 대하여 사업주에게 지도 · 권고할 기술상의 지침을 규정함을 목적으로 한다.

제2조 【용어의 정의】 ① "크레인"이라 함은 산업 안전 기준에 관한 규칙에서 규정한 크레인을 말한다.

② 기타 이 지침에서 사용하는 용어의 정의는 이 지침에서 정하는 것을 제외하고는 산업안전보건법령이 정하는 바에 의한다.

제3조 【신호 방법】 ① 크레인 사용 작업 시 호각 신호와 수신호의 표준 신호 방법은 [별표]와 같다.

② 신호자와 운전자 간의 거리가 멀어서 수신호의 식별이 어려울 때에는 깃발에 의한 신호 또는 무전기를 사용한다.

제4조 【신호 방법 게시】 사업주는 크레인을 사용하여 작업을 할 때에 신호 방법을 상기 작업장과 운전석 옆에 게시 또는 비치하여 근로자로 하여금 알게 하여야 한다.

제5조 【신호 방법 교육】 사업주는 크레인의 운전자 및 신호자를 신규로 채용하거나 교체할 때는 신호 방법에 대한 교육을 실시토록 하여야 한다.

제6조 【신호자 지정】 ① 신호자는 해당 작업에 대하여 충분한 경험이 있는 자로서 해당 작업 기계 1대에 1인을 지정토록 하여야 한다.

② 여러 명이 동시에 운반물을 훅에 매다는 작업을 할 때에는 작업 책임자가 신호자가 되어 지휘토록 하여야 한다.

제7조 【신호자의 복장】 신호자는 운전자와 작업자가 잘 볼 수 있도록 붉은색 장갑 등 눈에 잘 띄는 색의 장갑을 착용토록 하여야 하며, 신호 표지를 몸에 부착토록 하여야 한다.

부 칙

① (시행일) 이 고시는 고시일로부터 시행한다.

② (다른 규정의 폐지) 이 지침 시행과 동시에 크레인 등 특정 기계 작업 표준 신호(고용노동부 예규 제95호, '84.2.25)는 이를 폐지한다.

부 칙

이 고시는 고시한 날부터 시행한다.

[별표] (1) 크레인의 공통적인 표준 신호 방법

※ 호각 부는 방법

——— : 아주 길게, ——— : 길게, ·········· : 짧게, ········ : 강하고 짧게

운전 구분	1. 운전자 호출	2. 주권 사용	3. 보권 사용	4. 운전 방향 지시
수신호	호각 등을 사용하여 운전자와 신호자의 주의를 집중시킨다.		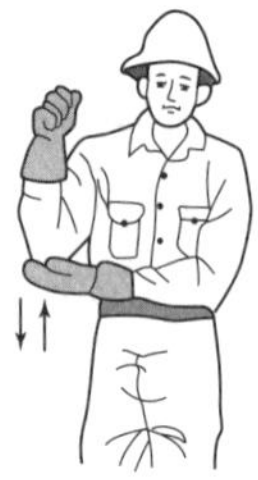	
		주먹을 머리에 대고 떼었다 붙였다 한다.	팔꿈치에 손바닥을 떼었다 붙였다 한다.	집게 손가락으로 운전 방향을 가리킨다.
호각 신호	아주 길게 아주 길게	짧게 길게	짧게 길게	짧게 길게

운전 구분	5. 위로 올리기	6. 천천히 조금씩 위로 올리기	7. 아래로 내리기	8. 천천히 조금씩 아래로 내리기
수신호		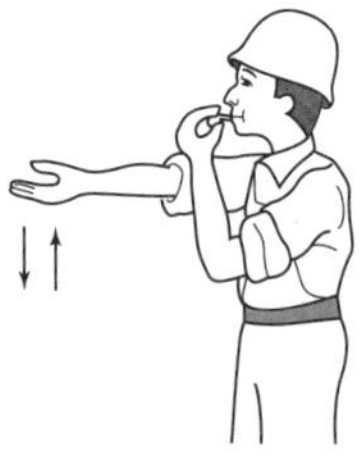		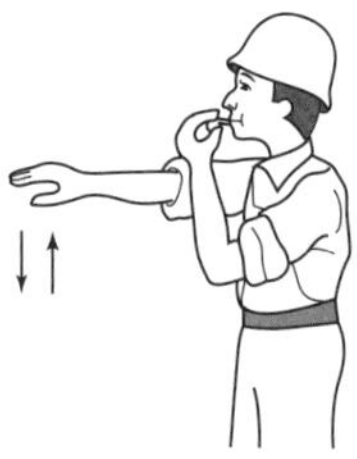
	집게 손가락을 위로 해서 수평원을 크게 그린다.	한 손을 지면과 수평하게 들고 손바닥을 위쪽으로 하여 2, 3회 흔든다.	팔을 아래로 뻗고(손끝이 지면을 향함) 2, 3회 적게 흔든다.	한 손을 지면과 수평하게 들고 손바닥을 지면 쪽으로 하여 2, 3회 적게 흔든다.
호각 신호	짧게 길게	짧게 길게	짧게 길게	짧게 길게

운전 구분	9. 수평 이동	10. 물건 걸기	11. 정지	12. 비상 정지
수신호				
	손바닥을 움직이고자 하는 방향의 정면으로 하여 움직인다.	양쪽 손을 몸 앞에다 대고 두 손을 깍지를 낀다.	한 손을 들어올려 주먹을 쥔다.	양손을 들어올려 크게 2, 3회 좌우로 흔든다.
호각 신호	강하게 짧게	짧게 길게	아주 길게	아주길게 아주길게

운전 구분	13. 작업 완료	14. 뒤집기	15. 천천히 이동
수신호			
	거수경례 또는 손을 머리 위에 교차시킨다.	양손을 마주보게 들어서 뒤집으려는 방향으로 2, 3회 절도 있게 역전시킨다.	방향을 가리키는 손바닥 밑에 집게 손가락을 위로 해서 원을 그린다.
호각 신호	아주 길게	길게 짧게	짧게 길게

운전 구분	16. 기다려라	17. 신호불명	18. 기중기의 이상발생
수신호	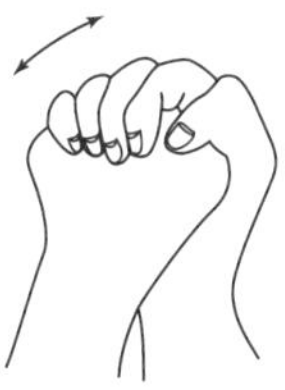		
	오른손으로 왼손을 감싸 2, 3회 적게 흔든다.	운전자는 손바닥을 안으로 하여 얼굴 앞에서 2, 3회 흔든다.	운전자는 사이렌을 울리거나 한쪽 손의 주먹을 다른 손의 손바닥으로 2, 3회 두드린다.
호각 신호	길게	짧게 짧게	강하게 짧게

(2) 붐이 있는 크레인 작업 시의 신호 방법

운전 구분	1. 붐 위로 올리기	2. 붐 아래로 내리기	3. 붐을 올려서 짐을 아래로 내리기
수신호			
	팔을 펴 엄지손가락을 위로 향하게 한다.	팔을 펴 엄지손가락을 아래로 향하게 한다.	엄지손가락을 위로해서 손바닥을 오므렸다 폈다 한다.
호각 신호	짧게 짧게	짧게 짧게	짧게 길게

운전 구분	4. 붐을 내리고 짐은 올리기	5. 붐을 늘리기	6. 붐을 줄이기
수신호		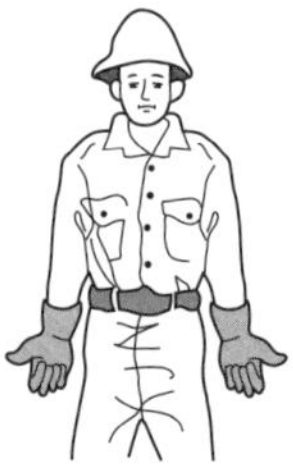	
	팔을 수평으로 뻗고 엄지손가락을 밑으로 해서 손바닥을 폈다 오므렸다 한다.	두 주먹을 몸 허리에 놓고 두 엄지손가락을 밖으로 향한다.	두 주먹을 몸 허리에 놓고 두 엄지손가락을 서로 안으로 마주 보게 한다.
호각 신호	짧게 길게	강하게 짧게	길게 길게

(3) 마그넷(Magnetic) 크레인 사용 작업 시의 신호 방법

운전 구분	1. 마그넷 붙이기	2. 마그넷 떼기
수신호		
	양쪽 손을 몸 앞에다 대고 꽉 낀다.	양손을 몸 앞에서 측면으로 벌린다.(손바닥은 시면으로 향하도록 한다.)
호각 신호	길게 짧게	길게

Chapter 11

터널 공사 표준안전작업지침 (NATM 공법)

개정 2020.01.07 고용노동부 고시 제2020-10호

제1장 총 칙

제1조 【목적】 이 지침은 산업안전보건법(이하 "법"이라 한다) 제13조의 규정에 의하여 터널 공사 중 NATM(무지보공 터널 굴착) 공사 재해 방지를 위한 작업상의 안전에 관하여 사업주에게 지도 · 권고할 기술상의 지침을 규정함을 목적으로 한다.

제2조 【용어의 정의】 이 지침에 사용하는 용어의 정의는 이 지침에서 정하는 경우를 특별한 규정이 있는 경우를 제외하고는 법, 동법 시행령, 동법 시행규칙 및 산업 안전 기준에 관한 규칙이 정하는 바에 의한다.

제2장 지반의 조사

제3조 【지반 조사의 확인】 사업주는 지질 및 지층에 관한 조사를 실시하고 다음 각 호의 사항을 확인하여야 한다.

1. 시추(보링) 위치
2. 토층 분포 상태
3. 투수 계수
4. 지하수위
5. 지반의 지지력

제4조 【추가 조사】 사업주는 설계도서의 시추 결과표 및 주상도 등에 명시된 시추공 이외에 중요 구조물의 축조, 인접 구조물의 지반 상태 및 위험 지장물 등 상세한 지반 · 지층 상황을 사전에 조사하여야 하며 필요시 발주자와 협의한 다음 추가 시추 조사를 실시하여야 한다.

제5조 【지반 보강】 사업주는 작업구, 환기구 등 수직갱 굴착 계획 구간의 연약 지층 · 지반을 정밀 조사하여야 하며 필요시 발주자와 협의한 다음 지반 보강 말뚝 공법, 지반 고결 공법, 그라우팅 등의 보강 조치를 취하여 굴착 중 발생되는 붕괴에 대비하여 안선한 공법을 계획하여야 한다.

제3장 발파 및 굴착

제6조【일반 사항】① 설계 및 시방에서 정한 발파 기준을 준수하여야 하며 이때에는 발파 방식, 천공 길이, 천공 직경, 천공 간격, 천공 각도, 화약의 종류, 장약량 등을 준수하여 과다 발파에 의한 모암 손실, 과다 여굴, 부석에 의한 붕괴 · 붕락을 예방하여야 한다.

② 발파 대상 구간의 막장 암반 상태를 사전에 면밀히 확인하여 발파 시방에 적합한 암질 여부를 판단하여야 한다.

③ 연약 암질 및 토사층인 경우에는 발파를 중지하고 다음 각 호에 대한 검토를 하여야 한다.

1. 발파 시방의 변경 조치
2. 암반의 암질 판별
3. 암반 지층의 지지력 보강 공법
4. 발파 및 굴착 공법 변경
5. 시험 발파 실시

④ 암질 판별 방식은 다음 ‖표 11-1‖을 준용한다.

‖표 11-1‖ 암질의 분류

시험 방법 / 암질의 분류	R.Q.D (%)	R.M.R (%)	일축 압축 강도 (kg/cm^2)	탄성파 속도 (km/sec)
풍화암	<50	<40	<125	<1.2
연화암	50~70	40~60	125~400	1.2~2.5
보통암	70~85	60~80	400~800	2.5~3.5
경암	>85	>80	>800	>3.5

⑤ 발파 구간 인접 구조물에 대한 피해 및 손상을 예방하기 위한 발파 허용 진동치는 다음 ‖표 11-2‖를 준용한다.

‖표 11-2‖ 발파 허용 진동치

건물 분류	문화재	주택, 아파트	상가	철골 콘크리트 빌딩 및 상가
건물 기초에서 허용 진동치(cm/sec)	0.2	0.5	1.0	1.0~4.0

※ 기존 구조물에 금이 가 있거나 노후 구조물 등에 대하여는 ‖표 11-2‖의 기준을 실정에 따라 허용 범위를 하향 조정하여야 한다.

⑥ 암질의 변화 구간 및 발파 시방 변경 시에는 발파 전 폭력, 폭속, 발파 영향력 등의 조사 목적으로 시험 발파를 실시하여야 하며 시험 발파 후 암질 판별을 기준으로 하여 발파 방식, 표준 시방 등의 계획을 재수립하여야 한다.

⑦ 철도, 기존 지하철, 고속도로, 건축 구조물 등 기존 구조물의 하부 지반 통과 구간의 굴착은 관계 법령을 준수하여야 하며 다음 각 호를 사전에 확인하여야 한다.

1. 발파의 경우 시험 발파에 의한 진동 영향력에 대하여 정밀 검토를 하여야 하며 상부 구조물의 진동의 영향이 없는 범위 내에서 발파를 시행하여야 한다.
2. 발파의 경우에는 발파 시방을 준수하여야 하며 풍화암 등 연약 암반 및 토층 구간은 발파를 중지하고 수직 · 수평 보링 등 정밀 조사를 실시한 후 암질 판별에 의한 굴착 시방을 변경하여야 하며 다음 각 목에 대한 보강 공법을 검토한 후 발주처와 협의에 의한 시공 계획을 수립하여야 한다.
   가. 무진동 파쇄 공법
   나. 실드 공법
   다. 언더 피닝 및 파이프 루핑 공법
   라. 포아폴링 공법
   마. 프리그라우팅 공법
   바. 국부 미진동 소할 발파
3. 언더 피닝 및 파이프 루핑 보강의 경우 다음 각 목에 대하여 계획을 수립하여야 하며 시공 중 안전 상태를 확인하여야 한다.
   가. 보강 구간의 정밀 토층, 지하 매설물 등의 사전 검토를 실시하여야 한다.
   나. 지반 지지력 구조 계산 시 통행 차량, 지진 등에 대한 충분한 안전율을 적용하여야 한다.
   다. 강재 지보 구간의 경우 취성 파괴에 대한 사전 예방 대책 및 볼팅 구조의 접합부에 대한 구조 상세 계획을 수립하여야 한다.
   라. 잭의 시험성과 합격 품목 여부 및 마모, 작동 등의 이상 유무를 확인하여야 한다.
   마. 언더피닝 구간 등의 가설 구조는 응력계, 침하계, 수위계에 의한 주기적 분석의 변위 허용 기준을 설정하여야 한다.
   바. 언더 피닝 구간 등의 토사 굴착은 사전에 단계별 순서와 토량을 정확하게 산정하여야 한다.
   사. 기계 · 장비 굴착에 의한 진동을 최소화하여야 한다.
   아. 굴착 중 용출수 및 누수 발생 시 급결제 등의 방수 및 배출수 유도 시설을 강구한 후 굴착 및 기타 작업을 실시하여야 한다.

⑧ 터널 내에는 화약이나 유류를 보관하지 않아야 하며 인화 물질의 반입을 금지하여야 한다.

⑨ 작업에 직접적으로 연관되지 않는 차량 및 기타 장비는 터널 입구로부터 먼 곳에 주차 및 배치시켜 두어야 한다.

⑩ 터널 입구에는 안전 수칙 표지판을 설치하여야 한다.

제7조【발파 작업】 사업주는 발파 작업 시 다음 각 호의 사항을 준수하여야 한다.

1. 발파는 선임된 발파 책임자의 지휘에 따라 시행하여야 한다.
2. 발파 작업에 대한 특별 시방을 준수하여야 한다.
3. 굴착 단면의 경계면에는 모암에 손상을 주지 않도록 시방에 명기된 정밀 폭약(FINEX Ⅰ, Ⅱ) 등을 사용하여야 한다.
4. 지질, 암의 절리 등에 따라 화약량을 충분히 검토하여야 하며 시방 기준과 대비하여 안전 조치를 하여야 한다.
5. 발파 책임자는 모든 근로자의 대피를 확인하고 지보공 및 복공에 대하여 필요한 조치의 방호를 한 후 발파하도록 하여야 한다.
6. 발파 시 안전한 거리 및 위치에서의 대피가 어려울 때에는 전면과 상부를 견고하게 방호한 임시 대피 장소를 설치하여야 한다.
7. 화약류를 장진하기 전에 모든 동력선 및 활선은 장전 기기로부터 분리시키고 조명 회선을 포함한 모든 동력선은 발원점으로부터 최소한 15m 이상 후방으로 옮겨 놓도록 하여야 한다.
8. 발파용 점화 회선은 타동력선 및 조명 회선으로부터 분리되어야 한다.
9. 발파 전 도하선 연결 상태, 저항치 조사 등의 목적으로 도통 시험을 실시하여야 하며 발파기 작동 상태를 사전 점검하여야 한다.
10. 발파 후에는 충분한 시간이 경과한 후 접근하도록 하여야 하며 다음 각 목의 조치를 취한 후 다음 단계의 작업을 행하도록 하여야 한다.
    가. 유독 가스의 유무를 재확인하고 신속히 환풍기, 송풍기 등을 이용하여 환기시킨다.
    나. 발파 책임자는 발파 후 가스 배출 완료 즉시 굴착면을 세밀히 조사하여 붕락 가능성이 있는 뜬돌을 제거하여야 하며 용출수 유무를 동시에 확인하여야 한다.
    다. 발파 단면을 세밀히 조사하여 필요에 따라 지보공, 록 볼트, 철망, 뿜어붙이기 콘크리트 등으로 보강하여야 한다.
    라. 불발 화약류의 유무를 세밀히 조사하여야 하며 발견 시 국부 재발파, 수압에 의한 제거 방식 등으로 잔류 화약을 처리하여야 한다.

제8조【전기 발파】 사업주는 전기 발파 작업 시 다음 각 호의 사항을 준수하도록 하여야 한다.

1. 미지 전류의 유무에 대하여 확인하고 미지 전류가 0.01A 이상일 때에는 전기 발파를 하지 않아야 한다.
2. 전기 발파기는 충분한 기동이 있는지의 여부를 사전에 점검하여야 한다.
3. 도통 시험기는 소정의 저항치가 나타나는가에 대해 사전에 점검하여야 한다.
4. 약포에 뇌관을 장치할 때에는 반드시 전기 뇌관의 저항을 측정하여 소정의 저항치에 대하여 오차가 $\pm 0.1\Omega$ 이내에 있는가를 확인하여야 한다.
5. 발파 모선의 배선에 있어서는 점화 장소를 발파 현장에서 충분히 떨어져 있는 장소로 하고 물기나 철관, 궤도 등이 없는 장소를 택하여야 한다.

6. 점화 장소는 발파 현장이 잘 보이는 곳이어야 하며 충분히 떨어져 있는 안전한 장소로 택하여야 한다.
7. 전선은 점화하기 전에 화약류를 충진한 장소로부터 30m 이상 떨어진 안전한 장소에서 도통 시험 및 저항 시험을 하여야 한다.
8. 점화는 충분한 허용량을 갖는 발파기를 사용하고 규정된 스위치를 반드시 사용하여야 한다.
9. 점화는 선임된 발파 책임자가 행하고 발파기의 핸들을 점화할 때 이외는 시건 장치를 하거나 모선을 분리하여야 하며 발파 책임자의 엄중한 관리하에 두어야 한다.
10. 발파 후 즉시 발파 모선을 발파기로부터 분리하고 그 단부를 절연시킨 후 재점화가 되지 않도록 하여야 한다.
11. 발파 후 30분 이상 경과한 후가 아니면 발파 장소에 접근하지 않아야 한다.

제9조 【도화선 발파】 사업주는 도화선 발파 작업 시 다음 각 호의 사항을 준수하도록 하여야 한다.

1. 도화선의 길이는 천공 길이 및 연결 점화 개수, 대피 장소의 거리, 대피 시간 등을 고려하여 충분한 길이로 할 것이며 최소한 50cm 이상으로 하여야 한다.
2. 도화선의 절단은 도화선용 가위로 직각으로 절단하여야 한다.
3. 노관 내부에 도화선을 삽입하고 뇌관을 조여 놓을 때는 반드시 규정된 뇌관 조이개를 사용하고 뇌관의 장약부를 조이지 않도록 하여야 한다.
4. 노관을 약포에 달 때에는 약포 내에 충분히 삽입하여 약포지로 도입선 둘레를 싸고 뇌관이 빠지지 않게 끈으로 잘 동여매도록 하며 도화선으로 약포를 묶지 않아야 한다.
5. 점화는 반드시 발파 책임자의 지시 및 신호하에 수행하여야 하며 점화의 순서, 대피 방법 등을 사전에 검토하고 교육을 실시하여야 한다.
6. 발파 책임자는 신호를 확실히 하고 작업원에 대하여 신호 방식의 숙지, 지시에 대한 순응 상태 등을 확인하여야 한다.

제10조 【천공 작업】 사업주는 천공 작업시 다음 각 호의 사항을 준수하도록 하여야 한다.

1. 점보 드릴, 레그 해머 등 착암기의 기계적 결함을 사전에 점검하여야 하며 파손, 이완, 성능 저하 등의 장비는 교체하여야 한다.
2. 작업대 또는 대차는 구조적으로 안전하여야 하며 차륜, 지지 구조, 발판, 사다리, 안전 난간대 등의 가시설 구조에 대하여는 안전성을 확인하여야 한다.
3. 천공 작업자에게는 안전모, 안전 마스크, 보안경, 보안 장갑, 귀마개 등의 개인 보호구를 지급하여야 하며 안전 담당자 및 관리 감독자는 이의 착용을 확인하여야 한다.
4. 천공 작업 진 부석, 절리, 용출수, 누수 등의 상태를 확인하여야 하며 필요시 모암 절리 방향의 상세 도면을 작성하여 그 기록을 정리 보관하여야 한다.
5. 천공 작업 중 이상 용출수의 다량 발생 시 작업을 중지하고 긴급 방수 대책을 실시하여야 하며 상부 수직 시추 및 수평 시추를 실시하여 채수대 여부를 확인 후 적절한 보강 공법 및 공법 변경 등의 조치를 취하여야 한다.

6. 설계, 시방 기준에 의한 천공 위치, 각도, 깊이 등을 준수하고 장약 전에 이를 확인하여야 한다.
7. 천공 시에는 전 발파 시 잔류된 불발 화약류의 유무를 확인하고 이상 발견 시 즉시 천공 작업을 중단하고 이를 제거한 후 작업하여야 한다.
8. 천공 시에는 전번의 발파공을 이용하여서는 안 되며 최소 이격 거리를 유지하여 평행 굴착을 하여야 한다.
9. 천공 시에는 천공의 지름은 폭약 효과 및 폭력 기준으로 가능한 한 작은 것이 좋으나 폭약을 장진할 때 무리하게 쑤셔 넣으면 위험하므로 폭약 직경보다 1cm 정도 크게 하여 여공을 확보하여야 한다.

제11조 【장약 작업】 사업주는 장약 작업 시 다음 각 호의 사항을 준수하여야 한다.

1. 폭약을 장전할 때는 발파 구멍을 잘 청소하며 이때 공저까지 완전히 청소하여 작은 돌 등을 남기지 않아야 한다.
2. 천공 작업이 완료된 후 장약 작업을 실시하여야 하며 천공-장약의 동시 작업을 하지 않아야 한다.
3. 장약봉은 똑바르고 옹이가 없는 목재 등 부도체로 하고 장진구는 마찰, 정전기 등에 의한 폭발의 위험성이 없는 절연성의 것을 사용하여야 한다.
4. 약포는 1개씩 신중히 장약봉으로 집어넣고 사전에 측정한 폭약의 길이와 천공 깊이의 차를 점검하면서 약포간의 빈틈이 없도록 하여야 한다.
5. 포장이 없는 화약이나 폭약을 장진할 때에는 화기의 사용을 금하고 근접한 곳에서 흡연하는 일이 없도록 하여야 한다.
6. 약포를 발파공 내에서 강하게 압착하지 않아야 한다.
7. 장진물에는 종이, 솜 등을 사용하지 않아야 한다.
8. 충진재 점토, 모래 등을 비벼 사용하고 작은 돌을 사용치 않아야 하며 처음에는 느슨하게 하고 점차 단단하게 하여 구멍 입구까지 채워야 한다.
9. 전기 뇌관을 사용할 때에는 전선, 모터 등에 접근하지 않도록 하여야 한다.

제12조 【화약류의 운반 및 처리】 사업주는 화약류를 운반 및 처리를 할 때에는 다음 각 호의 사항을 준수하여야 한다.

1. 화약류는 관계 기관에서 일일 수령하여야 하며 사용 후 잔량은 반납하여야 한다.
2. 화약류는 관리 대장을 비치하고 불출 및 반납 상황을 기록 유지하여야 한다.
3. 화약류는 임시 보관소의 화기 및 누전 등에 안전한 장소에 설치하고 시건 장치를 하여야 한다.
4. 화약류는 분실 및 손괴에 대한 방호 조치를 하여야 한다.
5. 전기 뇌관을 운반할 때에는 각 선이 노출되지 않도록 절연 용기에 분리하여 넣고 건전지 및 노출된 전기 기구를 휴대하지 않도록 하여야 한다.

6. 전기 뇌관을 운반할 때에는 전력선 등 누전의 우려가 있는 곳에 접근하지 않도록 하여야 한다.
7. 화약류를 운반할 때에는 화기나 전력선 등에 접근하지 않도록 하여야 하며 넘어지거나 떨어뜨려 충격이 가지 않도록 주의하여야 한다.

제13조【버력 처리】 사업주는 버력 처리에 있어서 다음 각 호의 사항을 준수하여야 한다.

1. 버력 처리 장비는 다음 각 목의 사항을 고려하여 선정하고 사토장 거리, 운행 속도 등의 작업 계획을 수립한 후 작업하여야 한다.
   가. 굴착 단면의 크기 및 단위 발파 버력의 물량
   나. 터널의 경사도
   다. 굴착 방식
   라. 버력의 성상 및 함수비
   마. 운반 통로의 노면 상태
2. 버력의 적재 및 운반 작업 시에는 주변의 지보공 및 가시설물 등이 손상되지 않도록 하여야 하며 위험 요소에는 운전자가 보기 쉽도록 운행 속도, 회전 주의, 후진 금지 등 안전 표지판을 부착하여야 한다.
3. 상기 1, 2호의 계획 및 안전 조치를 취한 후 근로자에게 직업 안전 교육을 실시하여야 한다.
4. 작업장에는 안전 담당자를 배치하고 작업자 이외에는 출입을 금지하도록 하여야 한다.
5. 버력의 적재 및 운반 기계에는 경광등, 경음기 등 안전 장치를 설치하여야 한다.
6. 버력 처리에 있어 불발 화약류가 혼입되어 있을 경우가 있으므로 확인하여야 한다.
7. 버력 운반 중 버력이 떨어지는 일이 없도록 무리한 적재를 하지 않아야 한다.
8. 버력 운반로는 항상 양호한 노면을 유지하도록 하여야 하며 배수로를 확보해 두어야 한다.
9. 갱내 운반을 궤도에 의하는 경우에는 탈선 등으로 인한 재해를 일으키지 않도록 궤도를 견고하게 부설하고 수시로 점검, 보수하여야 한다.
10. 버력 반출용 수직구 아래에는 낙석에 의한 근로자의 재해를 방지하기 위하여 낙석주의, 접근 금지 등 안전 표지판을 설치하여야 한다.
11. 버력 적재장에서는 붕락, 붕괴의 위험이 있는 뜬돌 등의 유무를 확인하고 이를 제거한 후 작업하도록 하여야 한다.
12. 차량계 운반 장비는 작업 시작 전 다음 각 목의 사항을 점검하고 이상이 발견된 때에는 즉시 보수, 기타 필요한 조치를 하여야 한다.
   가. 제동 장치 및 조절 장치 기능의 이상 유무
   나. 하역 장치 및 유압 장치 기능의 이상 유무
   다. 차륜의 이상 유무
   라. 경광, 경음 장치의 이상 유무

제14조 【기계 굴착】 ① 로드 헤더(Load Header), 실드 머신(Shield Machine), 터널 보링 머신(T.B.M) 등 굴착 기계는 다음 각 호의 사항을 고려하여 선정하고 작업 순서 등 작업 안전 계획을 수립한 후 작업하여야 한다.

1. 터널 굴착 단면의 크기 및 형상
2. 지질 구성 및 암반의 강도
3. 작업 공간
4. 용수 상태 및 막장의 자립도
5. 굴진 방향에 따른 지질 단층의 변화 정도

② 제1항의 수립된 작업 안전 계획에는 최소한 다음 각 호의 사항이 포함되어야 한다.

1. 굴착 기계 및 운반 장비 선정
2. 굴착 단면의 굴착 순서 및 방법
3. 굴진 작업 1주기의 공정 순서 및 굴진 단위 길이
4. 버력 적재 방법 및 운반 경로
5. 배수 및 환기
6. 이상 지질 발견 시 대처 방안
7. 작업 시작 전 장비의 점검
8. 안전 담당자 선임

③ 사업주는 제1항 및 제2항에서 수립된 작업 안전 계획에 준하여 작업을 하여야 하며 이를 작업자에게 교육하고 확인하여야 한다.

④ 작업자는 사업주로부터 지시 또는 교육받은 작업 내용을 준수하여야 한다.

제15조 【연약 지반의 굴착】 사업주는 연약 지반 굴착 시에는 다음 각 호의 사항을 준수하여야 한다.

1. 막장에 연약 지반 발생 시 포아폴링, 프리그라우팅 등 지반 보강 조치를 한 후 굴착하여야 한다.
2. 굴착 작업 시작 전에 뿜어붙이기 콘크리트를 비상시에 타설할 수 있도록 준비하여야 한다.
3. 성능이 좋은 급결제를 항상 준비하여 두어야 한다.
4. 철망, 소철선, 마대, 강관 등을 갱내의 찾기 쉬운 곳에 준비하여 두어야 한다.
5. 막장에는 항상 작업자를 배치하여야 하며, 주 · 야간 교대 시에도 막장에서 교대하도록 하여야 한다.
6. 이상 용수 발생 또는 막장 자립도에 이상이 있을 때에는 즉시 작업을 중단하고 이에 대한 조치를 한 후 작업하여야 한다.
7. 작업장에는 안전 담당자를 배치하여야 한다.
8. 필요 시 수평 보링, 수직 보링을 추가 실시하고 지층 단면도를 정확하게 작성하여 굴착 계획을 수립하여야 한다.

제4장 뿜어붙이기 콘크리트

제16조 【작업 계획】 ① 사업주는 뿜어붙이기 콘크리트 작업 시에는 사전에 작업 계획을 수립 후 실시하여야 한다.

② 제1항 작업 계획에는 최소한 다음 각 호의 사항이 포함되어야 한다.

1. 사용 목적 및 투입 장비
2. 건식 공법, 습식 공법 등 공법의 선택
3. 노즐의 분사 출력 기준
4. 압송 거리
5. 분진 방지 대책
6. 재료의 혼입 기준
7. 리바운드 방지 대책
8. 작업의 안전 수칙

③ 사업주는 제1항 및 제2항의 작업 계획을 근로자에게 교육시켜야 한다.

제17조 【일반 사항】 사업주는 뿜어붙이기 콘크리트 작업 시 다음 각 호의 사항을 준수하여야 한다.

1. 뿜어붙이기 작업 전 필히 대상 암반면의 절리 상태, 부석, 탈락, 붕락 등의 사전 조사를 실시하고 유동성 부석은 완전하게 정리하여야 한다.
2. 뿜어붙이기 작업 구간에 용수가 있을 경우에는 작업 전 누수공 설치, 배수관 매입에 의한 누수 유도 등 적절한 배수 처리를 하거나 급결성 모르타르 등으로 지수하여 접착면의 누수에 의한 수막 분리 현상을 방지하여야 한다.
3. 뿜어붙이기 콘크리트의 압축 강도는 24시간 이내에 100kgf/cm^2 이상, 28일 강도 200kgf/kg 이상을 유지하여야 한다.
4. 철망 고정용 앵커는 10m^{2}당 2본을 표준으로 한다.
5. 철망은 철선 굵기 ϕ3mm~6mm 눈금 간격 사방 100mm의 것을 사용하여야 하며, 이음부위는 20cm 이상 겹치도록 하여야 한다.
6. 철망은 원지반으로부터 1.0cm 이상 이격 거리를 유지하여야 한다.
7. 지반의 이완 변형을 최소한으로 하기 위하여 굴착 후 최단 시간 내에 뿜어붙이기 콘크리트 작업을 신속하게 시행하여야 한다.
8. 기계의 고장 등으로 작업이 중단되지 않도록 기계의 점검 및 유지 보수를 실시하여야 한다.
9. 작업 전 근로자에게 분진 마스크, 귀마개, 보안경 등 개인 보호구를 지급하고 착용 여부를 확인 후 작업하여야 한다.
10. 뿜어붙이기 콘크리트 노즐 분사 압력은 2~3kgf/cm^{2}를 표준으로 한다.
11. 물의 압력은 압축 공기의 압력보다 1kgf/cm^2 높게 유지하여야 한다.

12. 지반 및 암반의 상태에 따라 뿜어붙이기 콘크리트의 최소 두께는 다음 각 목의 기준 이상이어야 한다.
    가. 약간 취약한 암반 : 2cm
    나. 약간 파괴되기 쉬운 암반 : 3cm
    다. 파괴되기 쉬운 암반 : 5cm
    라. 매우 파괴되기 쉬운 암반 : 7cm(철망 병용)
    마. 팽창성의 암반 : 15cm(강재 지보공과 철망 병용)
13. 뿜어붙이기 콘크리트 작업 시에는 부근의 건조물 등의 오손을 방지하기 위하여 작업 전 경계 부위에 필요한 방호 조치를 하여야 한다.
14. 접착 불량, 혼합 비율 불량 등 불량한 뿜어붙이기 콘크리트가 발견되었을 시 신속히 양호한 뿜어붙이기 콘크리트로 대체하여 콘크리트 덩어리의 분리 낙하로 인한 재해를 예방하여야 한다.

제5장 강아치 지보공

제18조【일반 사항】 강아치 지보공 설치 시에는 다음 각 호의 사항을 준수하여야 한다.

1. 강아치 지보공을 조립할 때에는 설계, 시방에 부합하는 조립도를 작성하고 해당 조립도에 따라 조립하여야 하며 재질 기준, 설치 간격, 접합 볼트 체결 등의 기준을 준수하여야 한다.
2. 강아치 지보공 조립 시에는, 부재 운반, 부재 전도, 협착 등 안전 조치를 취한 후 조립 작업을 하여야 한다.
3. 설계 조건의 암반보다 구조적으로 불리한 경우에는 강아치 지보공의 간격을 적절한 기준으로 축소하여야 한다.

제19조【시공】 강아치 지보공 시공 시에는 다음 각 호의 사항을 준수하여야 한다.

1. 강아치 지보공은 발파 굴착면의 절리 발달, 편암 붕락 등 원지반에 불리한 파괴 응력이 발생하기 전 가능한 한 신속히 설치하여야 한다.
2. 강아치 지보공은 정해진 위치에 정확히 설치하여야 하며 건립 후 그의 위치 중심, 고저차에 대하여 수시로 점검하여야 한다.
3. 강아치 지보공의 설치에 있어서는 지질 및 지층의 특성에 따라 침하 발생이 우려될 경우 쐐기, 앵커 등의 고정 조치를 강구하여야 한다.
4. 강아치 지보공의 상호 연결 볼트 및 연결재는 충분히 조여야 하며 용접을 금하고 덧댐판으로 볼트-너트 구조의 접합을 실시하여야 한다.
5. 강아치 지보공의 받침은 목재 받침을 금하고 철근류 및 양질의 콘크리트 블록 등으로 고정하여야 한다.
6. 강아치 지보공에 변형, 부재 이완, 설치 간격 불량 등의 이상이 있다고 인정되는 경우에는 즉시 안전하고 확실한 방법으로 보강을 하여야 한다.

7. 프리그라우팅 및 포아폴링 등의 보강 작업 시 사용되는 봉, 파이프 등에 의하여 강아치 지보공이 이동하거나 뒤틀리는 것을 막아야 하며, 이 경우 설치 오차는 수평 거리 10cm 이내로 하여야 한다.
8. 예상치 못했던 막장의 구조적 불안정 등과 같은 비상의 상황에 대비하여 충분한 양의 비상용 통나무와 쐐기목, 급결제, 시멘트 등을 준비해 두어야 한다.

제6장 록 볼트

제20조【일반 사항】 록 볼트 설치 작업에 있어 작업 전, 작업 중 다음 각 호의 사항을 준수하여야 한다.

1. 록 볼트공 작업에 있어서는 작업 전 다음 각 목의 사항을 검토하여 실시하여야 한다.
   가. 지반의 강도
   나. 절리의 간격 및 방향
   다. 균열의 상태
   라. 용수 상황
   마. 천공 직경의 확대 유무 및 정도
   바. 보어 홀의 거리 정도 및 자립 여부
   사. 뿜어붙이기 콘크리트 타설 방향
   아. 시공 관리의 용이성
   자. 정착의 확실성
   차. 경제성
2. 록 볼트 설치 작업의 분류 기준은 선단 정착형, 전면 접착형, 병용형을 기준으로 하며 작업 전 설계, 시방에 준하는 적정한 방식 여부를 확인하여야 한다.
3. 록 볼트 선정에 있어서는 2, 3종류의 록 볼트를 선정하여 현장 부근의 조건이 동일한 장소에서 시험 시공, 인발 시험 등을 시행하여 록 볼트 강도를 사전 확인함으로써 가장 적합한 종류의 록 볼트를 선정할 수 있도록 하여야 한다.
4. 록 볼트 재질 선정에 있어서는 암반 조건, 설계 시방 등을 고려하여 선정하여야 하며, 록 볼트의 직경은 25mm를 원칙으로 하여야 한다.
5. 록 볼트 접착제 선정에 있어서는 조기 접착력이 크고, 취급이 간단하여야 하며 내구성이 양호한 조건의 것을 선정하여야 한다.
6. 록 볼트 삽입 간격 및 길이의 기준은 다음 각 목의 사항을 고려하여 결정하여야 한다.
   가. 원지반의 강도와 암반 특성
   나. 절리의 간격 및 방향
   다. 터널의 단면 규격
   라. 사용 목적

제21조【시공】 록 볼트 시공에 있어서는 다음 각 호의 사항을 준수하여야 한다.

1. 록 볼트 천공 작업은 소정의 위치, 천공 직경 및 천공 깊이의 적정성을 확인하고 굴착면에 직각으로 천공하여야 하며, 볼트 삽입 전에 유해한 녹 · 석분 등 이물질이 남지 않도록 청소하여야 한다.
2. 록 볼트의 조이기는 삽입 후 즉시 록 볼트의 항복 강도를 넘지 않는 범위에서 충분한 힘으로 조여야 한다.
3. 록 볼트의 다시 조이기는 시공 후 1일 정도 경과한 후 실시하여야 하며, 그 후에도 정기적으로 점검하여, 소정의 긴장력이 도입되어 있는지를 확인하고, 이완되어 있는 경우에는 다시 조이기를 하여야 한다.
4. 모든 형태의 지지판은 지반의 변형을 구속하는 효과를 발휘하고, 지반의 붕락 방지를 위하여 암석이나 뿜어붙이기 콘크리트 표면에 완전히 밀착되도록 하여야 한다.
5. 록 볼트는 뿜어붙이기 콘크리트의 경과 후 가능한 한 빠른 시기에 시공하여야 한다.
6. 록 볼트의 천공에 따라 용수가 발생한 경우에는 단위 면적 기준 중앙 집수 유도 방식 및 각 공별 차수 방식 등에 의하여 용출수 유도 및 차수를 실시하여야 한다.
7. 경사 방향 록 볼트의 시공에 있어서는 소정의 각도를 준수하여야 하며, 낙석으로 인한 근로자의 안전 조치를 선행한 후에 시행하여야 한다.
8. 록 볼트 작업의 표준 시공 방식으로서 시스템 볼팅을 실시하여야 하며 인발 시험, 내공 변위 측정, 천단 침하 측정, 지중 변위 측정 등의 계측 결과로부터 다음 각 목에 해당될 때에는 록 볼트의 추가 시공을 하여야 한다.
   가. 터널 벽면의 변형이 록 볼트 길이의 약 6% 이상으로 판단되는 경우
   나. 록 볼트의 인발 시험 결과로부터 충분한 인발 내력이 얻어지지 않는 경우
   다. 록 볼트 길이의 약 반 이상으로부터 지반 심부까지의 사이에 축력 분포의 최대치가 존재하는 경우
   라. 소성 영역의 확대가 록 볼트 길이를 초과한 것으로 판단되는 경우
9. 암반 상태, 지질의 상황과 계측 결과에 따라 필요한 경우에는 록 볼트의 중타 등 보완 조치를 신속하게 실시하여야 한다.
10. 록 볼트 시공 시 천공장의 규격에 따라 싱커, 크롤러 드릴 등 천공기를 선별하여야 하며, 사용하기 전 드릴의 마모, 동력 전달 상태 등 장비의 점검 및 유지 보수를 실시하여야 한다.
11. 록 볼트의 삽입 장비는 시방 규격의 회전 속도(rpm)를 확인하고 에어 오거 등 표준 모델의 장비를 사용하여야 한다.
12. 록 볼트는 시공 후 정기적으로 인발 시험을 실시하고 축력 변화에 대한 기록을 명확히 하여 암반 거동의 기록을 분석하여야 한다.
13. 록 볼트 작업은 천공 및 볼트 삽입 작업 시 근로자의 안전을 위하여 개인 보호구를 착용하여야 하며 관리 감독자 및 안전 담당자는 이를 확인하여야 한다.

제7장 콘크리트 라이닝 및 거푸집

제22조【콘크리트 라이닝】 콘크리트 라이닝을 시공함에 있어서는 시공 전, 시공 중 다음 각 호의 사항을 사전 검토하여야 한다.

1. 콘크리트 라이닝 공법 선정 시 다음 각 목의 사항을 검토하여 시공 방식을 선정하여야 한다.
   가. 지질, 암질 상태
   나. 단면 형상
   다. 라이닝의 작업 능률
   라. 굴착 공법
2. 굴착 공법에 따른 라이닝 공법의 선정은 다음 ▎표 11-3▎을 준용한다.

▎표 11-3▎ 굴착 공법에 따른 라이닝 공법

라이닝 공법		굴착 공법	
측벽 선행 공법	전단면 공법	아치 선행 공법	상부 반단면 선진 공법
측변 도갱 선진 상부 반단면 공법		지설 도갱 선진 상부 반단면 공법	

3. 라이닝 콘크리트 배면과 뿜어붙인 콘크리트면 사이의 공극이 생기지 않도록 하여야 한다.
4. 콘크리트 재료의 혼합 후 타설 완료 때까지의 소요 시간은 다음 각 호를 기준으로 하여야 한다.
   가. 온난 · 건조 시 1시간 이내
   나. 저온 · 습윤 시 2시간 이내
5. 콘크리트 운반 중 재료의 분리, 손실, 이물의 혼입이 발생하지 않는 방법으로 운반하여야 한다.
6. 콘크리트 타설 표면은 이물질이 없도록 사전에 제거하여야 한다.
7. 1구간의 콘크리트는 연속해서 타설하여야 하며, 좌우대칭으로 같은 높이로 하여 거푸집에 편압이 작용하지 않도록 하여야 한다.
8. 타설 슈트, 벨트 컨베이어 등을 사용하는 경우에는 충격, 휘말림 등에 대하여 충분한 주의를 하여야 한다.
9. 굳지 않은 콘크리트의 처짐 및 침하로 인하여 터널 천장 부분에 공극이 생기는 위험을 방지하기 위해서 콘크리트가 경화된 후 시방에 의한 접착 그라우팅을 천장부에 시행하여야 한다.

제23조【거푸집 구조의 확인】 거푸집은 콘크리트의 타설 속도 등을 고려하여 다설된 콘크리트의 압력에 충분히 견디는 구조이어야 하며 다음 각 호의 사항을 준수하여야 한다.

1. 이동식 거푸집에 있어서는 다음 각 목의 사항을 준수하여야 한다.

가. 이동식 거푸집 제작 시에는 근로자의 작업에 지장을 초래하지 않도록 작업 공간을 확보할 수 있는 구조이어야 한다.
나. 이동식 거푸집에 있어서는 볼트, 너트 등으로 이완되지 않도록 견고하게 고정하여야 하며 휨, 비틀림, 전단 등의 응력 발생에 대하여 점검하여야 한다.
다. 거푸집 이동용 궤도는 침하 방지를 위하여 지반의 다짐, 편평도를 사전에 점검하고 침목 설치 상태, 레일의 간격 등을 사전 점검하여야 한다.
라. 이동식 거푸집의 경우 설치 후 장시간 방치 시 사용된 잭류의 나선 파손, 유압 실린더, 플레이트 등의 파손 및 이완 유무를 재확인하여야 하며 교체, 보완, 보강 등의 조치를 하여야 한다.
마. 콘크리트 타설 하중 및 타설 충격에 의한 거푸집 변위 및 이동 방지의 목적으로 가설 앵커, 쐐기 등의 설치를 하여야 한다.

2. 조립식 거푸집에 있어서는 다음 각 목의 사항을 준수하여야 한다.
가. 조립식 거푸집은 제작 사양 조립도의 조립 순서를 준수하여야 하며 해체 시의 순서는 조립 순서의 역순을 원칙으로 하여야 한다.
나. 조립식 거푸집을 해체할 때에는 순서에 의해 부재를 정리 정돈하고 부착 콘크리트, 유해 물질 등을 제거하고 힌지, 잭 등의 활절 작동 구간은 윤활유 등으로 주입하여야 한다.
다. 조립과 해체의 반복 작업에 의한 볼트, 너트의 손상률을 사전에 검토하고 충분한 여분을 준비하여야 한다.
라. 라이닝 플레이트 등의 절단, 변형, 부재 탈락 시 용접 접합을 금하며 필요 시 동일 재질의 부재로 교체하여야 한다.
마. 벽체 및 천장부 작업 시 작업대 설치를 요하며 사다리, 안전 난간대, 안전대 부착 설비, 이동용 바퀴 및 정지 장치 등을 설치하여야 한다.

제24조 【시공】 거푸집을 조립할 때 다음 각 호의 사항을 준수하여야 한다.

1. 거푸집 조립 작업의 시행 전 다음 각 목의 사항을 고려하여 타설 목적에 적당한 규격 여부를 확인하여야 한다.
가. 콘크리트의 1회 타설량
나. 타설 길이
다. 타설 속도
2. 거푸집의 측면판은 콘크리트의 타설 측압 및 압축력에 충분히 견디는 구조로 하여야 하며 모르타르가 새어나가지 않도록 원지반에 밀착, 고정시켜야 한다.
3. 거푸집은 타설된 콘크리트가 필요한 강도에 달할 때까지 거푸집을 제거하지 않아야 하며 시방의 양생 기준을 준수하여야 한다.
4. 거푸집을 조립할 때에는 철근의 앵커 구조, 피복 규격 등을 확인하고 철근의 변위, 이동 방지용 쐐기 설치 상태를 확인하여야 한다.

제8장 계측

제25조【계측의 목적】 터널 계측은 굴착 지반의 거동, 지보공 부재의 변위, 응력의 변화 등에 대한 정밀 측정을 실시함으로써 시공의 안전성을 사전에 확보하고 설계 시의 조사치와 비교 분석하여 현장 조건에 적정하도록 수정, 보완하는 데 그 목적이 있으며 다음 각 호를 기준으로 한다.

1. 터널 내 육안 조사
2. 내공 변위 측정
3. 천단 침하 측정
4. 록 볼트 인발 시험
5. 지표면 침하 측정
6. 지중 변위 측정
7. 지중 침하 측정
8. 지중 수평 변위 측정
9. 지하수위 측정
10. 록 볼트 축력 측정
11. 뿜어붙이기 콘크리트 응력 측정
12. 터널 내 탄성과 속도 측정
13. 주변 구조물의 변형 상태 조사

제26조【계측 관리】 ① 사업주는 터널 작업 시 사전에 계측 계획을 수립하고 그 계획에 따른 계측을 하여야 한다.

② 제1항의 계측 계획에는 다음 각 호의 사항이 포함되어야 한다.

1. 측정 위치 개소 및 측정의 기능 분류
2. 계측시 소요 장비
3. 계측 빈도
4. 계측 결과 분석 방법
5. 변위 허용치 기준
6. 이상 변위 시 조치 및 보강 대책
7. 계측 전담반 운영 계획
8. 계측 관리 기록 분석 계통 기준 수립

③ 사업주는 계측 결과를 설계 및 시공에 반영하여 공사의 안전성을 도모할 수 있도록 측정 기준을 명확히 하여야 한다.

④ 계측 관리의 구분은 일상 계측과 대표 계측으로 히며 계측 빈도 기준은 측정 특성별로 별도 수립하여야 한다.

제27조【계측 결과 기록】 사업주는 계측 결과를 시공 관리 및 장래 계획에 반영할 수 있도록 그 기록을 보존하여야 한다.

제28조 【계측기의 관리】 사업주는 계측의 인적 및 기계적 오차를 최소화하기 위하여 다음 각 호의 사항을 준수하여야 한다.

1. 계측 사항에 있어 전문 교육을 받은 계측 전담원을 지정하여 지정된 자만이 계측할 수 있도록 하여야 한다.
2. 설치된 계측기 및 센서 등의 정밀 기기는 관계자 이외에 취급을 금지하여야 한다.
3. 계측 기록의 결과를 분석 후 시공 중 조치 사항에 대하여는 충분한 기술 자료 및 표준 지침에 의거하여야 한다.

제9장 배수 및 방수

제29조 【배수 및 방수 계획의 작성】 ① 사업주는 터널 내의 누수로 인한 붕괴 위험 및 근로자의 작업 안전을 위하여 제3조 또는 제4조의 조사를 근거로 하여 배수 및 방수 계획을 수립한 후 그 계획에 의하여 안전 조치를 하여야 한다.

② 제1항의 시공 계획에는 다음 각 호의 사항이 포함되어야 한다.

1. 지하수위 및 투수 계수에 의한 예상 누수량 산출
2. 배수 펌프의 소요 대수 및 용량
3. 배수 방식의 선정 및 집수구 설치 방식
4. 터널 내부 누수 개소 조사 및 점검 담당자 선임
5. 누수량 집수 유도 계획 또는 방수 계획
6. 굴착 상부 지반의 채수대 조사

제30조 【누수에 의한 위험 방지】 사업주는 누수에 의한 주변 구조물 침하 또는 터널 붕괴로 인한 근로자의 피해를 방지하기 위하여 다음 각 호의 사항을 준수하여야 한다.

1. 터널 내의 누수 개소, 누수량 측정 등의 목적으로 담당자를 선임하여야 한다.
2. 누수 개소를 발견할 시에는 토사 유출로 인한 상부 지반의 공극 발생 여부를 확인하여야 하며 규정된 용량의 용기에 의한 분당 누출 누수량을 측정하여야 한다.
3. 뿜어붙이기 콘크리트 부위에 토사 유출의 용수 발생 시 즉시 작업을 중단하고 지중 침하, 지표면 침하 등에 계측 결과를 확인하고 정밀 지반 조사 후 급결 그라우팅 등의 조치를 취하여야 한다.
4. 누수 및 용출수 처리에 있어서는 다음 각 목의 사항을 확인 후 집수 유도로 설치 또는 방수의 조치를 하여야 한다.
   가. 누수에 토사의 혼입 정도 여부
   나. 제3조 및 제4조의 조사를 근거로 배면 또는 상부 지층의 지하수위 및 지질 상태
   다. 누수를 위한 배수로 설치 시 탈수 또는 토사 유출로 인한 붕괴 위험성 검토
   라. 방수로 인한 지수 처리 시 배면 과다 수압에 의한 붕괴의 임계 한도
   마. 용출수량의 단위 시간 변화 및 증가량
5. 상기 각 호의 사항을 확인 후 이에 대한 적절한 조치를 하여야 한다.

제31조 【아치 접합부 배수 유도】 사업주는 터널 구조상 2중 아치, 3중 아치의 구조에 있어서 시공 중 가설 배수도 유도는 아치 접합부 상단에 임시 배수 관로 등을 설치하여 배수 안전 조치를 취하여야 한다.

제32조 【배수로】 사업주는 제29조에 의한 계획에 따라 배수로를 설치하고 지반의 안정 조건, 근로자의 양호한 작업 조건을 유지하여야 한다.

제33조 【지반 보강】 사업주는 누수에 의한 붕괴 위험이 있는 개소에는 약액 주입 공법 등 지반 보강 조치를 하여야 하며 정밀 지층 조사, 채수대 여부, 투수성 판단 등의 조치를 사전에 실시하여야 한다.

제34조 【감전 위험 방지】 ① 사업주는 수중 배수 펌프 설치 시에는 근로자의 감전 재해를 방지하기 위하여 펌프 외함에 접지를 하여야 하며 수시로 누전 상태 등의 확인을 하여야 한다.

② 사업주는 터널 내 각종 전선 가설의 안전 기준을 확인하여야 하며 근로자가 접촉되지 않도록 충분한 높이의 측면에 가설하여 수중 배선이 되지 않도록 하여야 한다.

③ 갱내 조명등, 수중 펌프, 용접기 등에는 반드시 누전 차단기 회로와 연결되어야 하며 표준 방식의 접지를 실시하여야 한다.

제10장 조명 및 환기

제35조 【조명】 사업주는 막장의 균열 및 지질 상태, 터널 벽면의 요철 정도, 부석의 유무, 누수 상황 등을 확인할 수 있도록 조명 시설을 하여야 한다.

제36조 【조명 시설의 기준】 사업주는 근로자의 안전을 위하여 터널 작업면에 대한 조명 장치 및 설비를 확인하여야 하며 조도의 기준은 다음 ▌표 11-4▐ 를 준용한다.

▌표 11-4▐ 작업면에 대한 조도 기준

작업 구분	기 준
막장 구간	60lux 이상
터널 중간 구간	50lux 이상
터널 입·출구, 수직구 구간	30lux 이상

제37조 【채광 및 조명】 사업주는 채광 및 조명에 대해서는 명암의 대조가 심하지 않고 또는 눈부심을 발생시키지 않는 방법으로 설치하여야 하며 막장 점검, 누수 점검, 부석 및 변형 등의 점검을 확실하게 시행할 수 있도록 적절한 조도를 유지하여야 한다.

제38조 【조명 시설의 정기 점검】 사업주는 조명 설비에 대하여 정기 및 수시 점검 계획을 수립하고 단선, 단락, 파손, 누전 등에 대하여는 즉시 조치하여야 한다.

제39조 【환기】 사업주는 근로자의 보건 위생을 위하여 환기 시설을 하고 다음 각 호의 사항을 준수하여야 한다.

1. 터널 전 지역에 항상 신선한 공기를 공급할 수 있는 충분한 용량의 환기 설비를 설치하여야 하며 환기 용량의 산출은 다음 각 목을 기준으로 한다.

가. 발파 후 가스 단위 배출량을 산출하고 이의 소요 환기량
나. 근로자의 호흡에 필요한 소요 환기량
다. 디젤 기관의 유해 가스에 대한 소요 환기량
라. 뿜어붙이기 콘크리트의 분진에 대한 소요 환기량
마. 암반 및 지반 자체의 유독 가스 발생량

2. 발파 후 유해 가스, 분진 및 내연 기관의 배기 가스 등을 신속히 환기시켜야 하며 발파 후 30분 이내 배기, 송기가 완료되도록 하여야 한다.
3. 환기 가스 처리 장치가 없는 디젤 기관은 터널 내의 투입을 금하여야 한다.
4. 터널 내의 기온은 37℃ 이하가 되도록 신선한 공기로 환기시켜야 하며 근로자의 작업 조건에 유해하지 아니한 상태를 유지하여야 한다.
5. 소요 환기량에 충분한 용량의 설비를 하여야 하며 중앙 집중 환기 방식, 단열식 송풍 방식, 병렬식 송풍 방식 등의 기준에 의하여 적정한 계획을 수립하여야 한다.

제40조 【환기 설비의 정기 점검】 사업주는 환기 설비에 대하여 정기 점검을 실시하고 파손, 파괴 및 용량 부족 시 보수 또는 교체하여야 한다.

Chapter
12

해체 공사 표준안전작업지침

개정 2020.01.07 고용노동부 고시 제2020-11호

제1장 총 칙

제1조【목적】 이 지침은 산업안전보건법(이하 "법"이라 한다) 제13조의 규정에 의하여 구조물의 해체 공사 시 발생되는 산업 재해 예방을 위한 기계, 기구 및 공법에 따른 작업상의 안전에 관하여 사업주에게 지도 · 권고할 기술상의 지침을 규정함을 목적으로 한다.

제2조【용어의 정의】 이 지침에 사용되는 용어의 정의는 이 지침에서 정하는 것과 특별한 규정이 있는 경우를 제외하고는 법, 동법 시행령, 동법 시행규칙 및 산업 안전 기준에 관한 규칙이 정하는 바에 의한다.

제2장 해체 작업용 기계, 기구

제3조【압쇄기】 압쇄기는 쇼벨에 설치하며 유압 조작에 의해 콘크리트 등에 강력한 압축력을 가해 파쇄하는 것으로 다음 각 호의 사항을 준수하여야 한다.

1. 압쇄기의 중량, 작업 충격을 사전에 고려하고, 차체 지지력을 초과하는 중량의 압쇄기 부착을 금지하여야 한다.
2. 압쇄기 부착과 해체에는 경험이 많은 사람으로서 선임된 자에 한하여 실시한다.
3. 압쇄기 연결 구조부는 보수 점검을 수시로 하여야 한다.
4. 배관 접속부의 핀, 볼트 등 연결 구조의 안전 여부를 점검하여야 한다.
5. 절단 날은 마모가 심하기 때문에 적절히 교환하여야 하며 교환할 대체 품목을 항상 비치하여야 한다.

제4조【대형 브레이커】 대형 브레이커는 통상 쇼벨에 설치하여 사용하며, 다음 각 호의 사항을 준수하여야 한다.

1. 대형 브레이커는 중량, 작업 충격력을 고려, 차체 지지력을 초과하는 중량의 브레이커 부착을 금지하여야 한다.
2. 대형 브레이커의 부착과 해체에는 경험이 많은 사람으로서 선임된 자에 한하여 실시하여야 한다.
3. 유압 작동 구조, 연결 구조 등의 주요 구조는 보수 점검을 수시로 하여야 한다.

4. 유압식일 경우에는 유압이 높기 때문에 수시로 유압 호스가 새거나 막힌 곳이 없는가를 점검하여야 한다.
5. 해체 대상물에 따라 적합한 형상의 브레이커를 사용하여야 한다.

제5조【철제 해머】 해머를 크레인 등에 부착하여 구조물에 충격을 주어 파쇄하는 것으로 다음 각 호의 사항을 준수하여야 한다.

1. 해머는 해체 대상물에 적합한 형상과 중량의 것을 선정하여야 한다.
2. 해머는 중량과 작업 반경을 고려하여 차체의 붐, 프레임 및 차체 지지력을 초과하지 않도록 설치하여야 한다.
3. 해머를 매달은 와이어 로프의 종류와 직경 등은 적절한 것을 사용하여야 한다.
4. 해머와 와이어 로프의 결속은 경험이 많은 사람으로서 선임된 자에 한하여 실시하도록 하여야 한다.
5. 킹크, 소선 절단, 단면이 감소된 와이어 로프는 즉시 교체하여야 하며 결속부는 사용 전 · 후 항상 점검하여야 한다.

제6조【화약류】 콘크리트 파쇄용 화약류 취급 시에는 다음 각 호의 사항을 준수하여야 한다.

1. 화약류에 의한 발파 파쇄 해체 시에는 사전에 시험 발파에 의한 폭력, 폭속, 진동치 속도 등에 파쇄 능력과 진동, 소음의 영향력을 검토하여야 한다.
2. 소음, 분진, 진동으로 인한 공해 대책, 파편에 대한 예방 대책을 수립하여야 한다.
3. 화약류 취급에 대하여는 법, 총포도검화약류단속법 등 관계법에서 규정하는 바에 의하여 취급하여야 하며 화약 저장소 설치 기준을 준수하여야 한다.
4. 시공 순서는 화약 취급 절차에 의한다.

제7조【핸드 브레이커】 압축 공기, 유압의 급속한 충격력에 의거 콘크리트 등을 해체할 때 사용하는 것으로 다음 각 호의 사항을 준수하여야 한다.

1. 끌의 부러짐을 방지하기 위하여 작업 자세는 하향 수직 방향으로 유지하도록 하여야 한다.
2. 기계는 항상 점검하고, 호스의 꼬임 · 교차 및 손상 여부를 점검하여야 한다.

제8조【팽창제】 광물의 수화 반응에 의한 팽창압을 이용하여 파쇄하는 공법으로 다음 각 호의 사항을 준수하여야 한다.

1. 팽창제와 물과의 시방 혼합 비율을 확인하여야 한다.
2. 천공 직경이 너무 작거나 크면 팽창력이 작아 비효율적이므로, 천공 직경은 30~50mm 정도를 유지하여야 한다.
3. 천공 간격은 콘크리트 강도에 의하여 결정되나 30~70cm 정도를 유지하도록 한다.
4. 팽창제를 저장하는 경우에는 건조한 장소에 보관하고 직접 바닥에 두지 말고 습기를 피하여야 한다.
5. 개봉된 팽창제는 사용하지 말아야 하며 쓰다 남은 팽창제 처리에 유의하여야 한다.

제9조 【절단톱】 회전날 끝에 다이아몬드 입자를 혼합 경화하여 제조된 절단톱으로 기둥, 보, 바닥, 벽체를 적당한 크기로 절단하여 해체하는 공법으로 다음 각 호의 사항을 준수하여야 한다.

1. 작업 현장은 정리정돈이 잘 되어야 한다.
2. 절단기에 사용되는 전기 시설과 급수, 배수 설비를 수시로 정비 점검하여야 한다.
3. 회전날에는 접촉 방지 커버를 부착토록 하여야 한다.
4. 회전날의 조임 상태는 안전한지 작업 전에 점검하여야 한다.
5. 절단 중 회전날을 냉각시키는 냉각수는 충분한지 점검하고 불꽃이 많이 비산되거나 수증기 등이 발생되면 과열된 것이므로 일시 중단한 후 작업을 실시하여야 한다.
6. 절단 방향은 직선을 기준하여 절단하고 부재 중에 철근 등이 있어 절단이 안 될 경우에는 최소 단면으로 절단하여야 한다.
7. 절단기는 매일 점검하고 정비해 두어야 하며 회전 구조부에는 윤활유를 주유해 두어야 한다.

제10조 【잭】 구조물의 부재 사이에 잭을 설치한 후 국소부에 압력을 가해 해체하는 공법으로 다음 각 호의 사항을 준수하여야 한다.

1. 잭을 설치하거나 해체할 때는 경험이 많은 사람으로서 선임된 자에 한하여 실시하도록 하여야 한다.
2. 유압 호스 부분에서 기름이 새거나, 접속부에 이상이 없는지를 확인하여야 한다.
3. 장시간 작업의 경우에는 호스의 커플링과 고무가 연결된 곳에 균열이 발생될 우려가 있으므로 마모율과 균열에 따라 적정한 시기에 교환하여야 한다.
4. 정기, 특별, 수시 점검을 실시하고 결함 사항은 즉시 개선, 보수, 교체하여야 한다.

제11조 【쐐기 타입기】 직경 30~40mm 정도의 구멍 속에 쐐기를 박아 넣어 구멍을 확대하여 해체하는 것으로, 다음 각 호의 사항을 준수하여야 한다.

1. 구멍에 굴곡이 있으면 타입기 자체에 큰 응력이 발생하여 쐐기가 휠 우려가 있으므로 굴곡이 없도록 천공하여야 한다.
2. 천공 구멍은 타입기 삽입 부분의 직경과 거의 같도록 하여야 한다.
3. 쐐기가 절단 및 변형된 경우는 즉시 교체하여야 한다.
4. 보수 점검은 수시로 하여야 한다.

제12조 【화염 방사기】 구조체를 고온으로 용융시키면서 해체하는 것으로 다음 각 호의 사항을 준수하여야 한다.

1. 고온의 용융물이 비산하고 연기가 많이 발생되므로 화재 발생에 주의하여야 한다.
2. 소화기를 준비하여 불꽃 비산에 의한 인접 부분의 발화에 대비하여야 한다.
3. 작업자는 방열복, 마스크, 장갑 등의 보호구를 착용하여야 한다.
4. 산소 용기가 넘어지지 않도록 밑받침 등으로 고정시키고 빈 용기와 채워진 용기의 저장을 분리하여야 한다.

5. 용기 내 압력은 온도에 의해 상승하기 때문에 항상 40℃ 이하로 보존하여야 한다.
6. 호스는 결속물로 확실하게 결속하고, 균열되었거나 노후된 것은 사용하지 말아야 한다.
7. 게이지의 작동을 확인하고 고장 및 작동 불량품은 교체하여야 한다.

제13조 【절단 줄톱】 와이어에 다이아몬드 절삭날을 부착하여, 고속 회전시켜 절단 해체하는 공법으로 다음 각 호의 사항을 준수하여야 한다.

1. 절단 작업 중 줄톱이 끊어지거나, 수명이 다할 경우에는 줄톱의 교체가 어려우므로 작업 전에 충분히 와이어를 점검하여야 한다.
2. 절단 대상물의 절단 면적을 고려하여 줄톱의 크기와 규격을 결정하여야 한다.
3. 절단면에 고온이 발생하므로 냉각수 공급을 적절히 하여야 한다.
4. 구동축에는 접촉 방지 커버를 부착하도록 하여야 한다.

제3장 해체 공사 전 확인

제14조 【해체 대상 구조물 조사】 해체 대상 구조물에 대해서는 다음 각 호의 사항을 조사하여야 한다.

1. 구조(철근 콘크리트조, 철골 · 철근 콘크리트조 등)의 특성 및 생수, 층수, 건물 높이, 기준층 면적
2. 평면 구성 상태, 폭, 층고, 벽 등의 배치 상태
3. 부재별 치수, 배근 상태, 해체 시 주의하여야 할 구조적으로 약한 부분
4. 해체 시 전도의 우려가 있는 내외장재
5. 설비 기구, 전기 배선, 배관 설비 계통의 상세 확인
6. 구조물의 설립 연도 및 사용 목적
7. 구조물의 노후 정도, 재해(화재, 동해 등) 유무
8. 증설, 개축, 보강 등의 구조 변경 현황
9. 해체 공법의 특성에 의한 비산 각도, 낙하 반경 등의 사전 확인
10. 진동, 소음, 분진의 예상치 측정 및 대책 방법
11. 해체물의 집적 운반 방법
12. 재이용 또는 이설을 요하는 부재 현황
13. 기타 해당 구조물 특성에 따른 내용 및 조건

제15조 【부지 상황 조사】 해체 대상 건물과 관련된 부지 상황에 대해서는 다음 각 호의 사항을 조사하여야 한다.

1. 부지 내 공지 유무, 해체용 기계 설비 위치, 발생재 처리 장소
2. 해체 공사 착수에 앞서 철거, 이설, 보호해야 할 필요가 있는 공사 장애물 현황
3. 접속 도로의 폭, 출입구 개수 및 매설물의 종류 및 개폐 위치
4. 인근 건물 동수 및 거주자 현황
5. 도로 상황 조사, 가공 고압선 유무

6. 차량 대기 장소의 유무 및 교통량(통행인 포함)
7. 진동, 소음 발생 영향권 조사

제4장 해체 공사 안전 시공

제16조【안전 일반】 해체 공사 공법은 해체 대상물 조건에 따라 여러 가지 방법을 병용하게 되므로 작업 계획 수립 시 다음 각 호의 사항을 준수하여야 한다.

1. 작업 구역 내에는 관계자 이외의 자에 대하여 출입을 통제하여야 한다.
2. 강풍, 폭우, 폭설 등 악천후 시에는 작업을 중지하여야 한다.
3. 사용 기계 · 기구 등을 인양하거나 내릴 때에는 그물망이나 그물포대 등을 사용토록 하여야 한다.
4. 외벽과 기둥 등을 전도시키는 작업을 할 경우에는 전도 낙하 위치 검토 및 파편 비산 거리 등을 예측하여 작업 반경을 설정하여야 한다.
5. 전도 작업을 수행할 때에는 작업자 이외의 다른 작업자는 대피시키도록 하고 완전 대피 상태를 확인한 다음 전도시키도록 하여야 한다.
6. 해체 건물 외곽에 방호용 비계를 설치하여야 하며 해체물의 전도, 낙하, 비산의 안전 거리를 유지하여야 한다.
7. 파쇄 공법의 특성에 따라 방진벽, 비산 차단벽, 분진을 억제하는 살수 시설을 설치하여야 한다.
8. 작업자 상호 간의 적정한 신호 규정을 준수하고 신호 방식 및 신호 기기 사용법은 사전에 교육하여 숙지되도록 한다.
9. 적정한 위치에 대피소를 설치하여야 한다.

제17조【압쇄기 사용 공법】 대형 중기를 사용하게 되므로 중기의 안전성, 작업자의 안전을 위하여 다음 각 호의 사항을 준수하여야 한다.

1. 항시 중기의 안전성을 확인하고 중기 침하로 인한 위험을 사전 제거토록 조치하여야 하며 중기 작업 시 지반 다짐을 확인하고 편평도는 1/100 이내여야 한다.
2. 중기의 작업 가능 높이보다 높은 부분 해체 시에는 해체물을 깔고 올라가 작업을 한다. 이때에는 중기 전도로 인한 사고가 발생되지 않도록 조치하여야 한다.
3. 중기 운전자는 경험이 풍부한 자격 소유자이어야 한다.
4. 중기의 작업 반경 내와 해체물의 낙하가 예상되는 지역에 대하여는 출입을 제한하여야 한다.
5. 해체 작업 중 발생되는 분진의 비산을 막기 위해 살수할 경우에는 살수 작업자와 중기 운전자는 서로 상황을 확인하여야 한다.
6. 외벽을 해체할 때에는 비계 철거 작업자와 서로 연락하여야 하고 벽과 연결된 비계는 외벽 해체 직전에 철거하여야 한다.

7. 상층 부분의 보와 기둥, 벽체를 해체할 경우는 해체물이 비산, 낙하할 위험이 있으므로 해체 구조 바로 아래층에 수평 낙하물 방호책을 설치해서 해체물이 비산, 낙하되지 않도록 하여야 한다.
8. 높은 곳에서 가스로 철근을 절단할 경우에는 항시 안전대 부착 설비를 하고 안전대를 착용하여야 한다.
9. 압쇄기에 의한 파쇄 작업 순서는 슬래브, 보, 벽체, 기둥의 순서로 해체하여야 한다.

제18조 【압쇄 공법과 대형 브레이커 공법 병용】

1. 압쇄기로 슬래브, 보, 내벽 등을 해체하고 대형 브레이커로 기둥을 해체할 때에는 장비 간의 안전 거리를 충분히 확보하여야 한다.
2. 대형 브레이커와 엔진으로 인한 소음을 최대한 줄일 수 있는 수단을 강구하여야 하며 소음 진동 기준은 관계법에서 정하는 바에 따라 처리하도록 하여야 한다.

제19조 【대형 브레이커 공법과 전도 공법 병용】

1. 전도 작업은 작업 순서가 임의로 변경될 경우 대형 재해의 위험을 초래하므로 사전 작업 계획에 따라 작업하여야 하며 순서에 의한 단계별 작업을 확인하여야 한다.
2. 전도 작업 시에는 미리 일정한 신호를 정하여 작업자에게 주지시켜야 하며 안전한 거리에 대피소를 설치하여야 한다.
3. 전도를 목적으로 절삭할 부분은 시공 계획 수립 시 결정하고 절삭되지 않는 단면으로 안전하게 유지되도록 하여 계획과 반대 방향의 전도를 방지하여야 한다.
4. 기둥 철근 절단 순서는 전도 방향의 전면 그리고 양측면, 마지막으로 뒷부분 철근을 절단하도록 하고, 반대 방향 전도를 방지하기 위해 전도 방향 전면 철근을 2본 이상 남겨 두어야 한다.
5. 벽체 철근의 절단 시는 가로 철근을 아래에서 위쪽으로, 세로 철근을 중앙에서 양단 방향으로 순차적으로 절단하여야 한다.
6. 인장 와이어 로프는 2본 이상이어야 하며 대상 구조물의 규격에 따라 적정한 위치를 선정하여야 한다.
7. 와이어 로프를 끌어당길 때에는 서서히 하중을 가하도록 하고 구조체가 넘어지지 않을 때에도 반동을 주어 당겨서는 안 되며, 예정 하중으로 넘어지지 않을 때는 가력을 중지하고 절삭 부분을 더 깍아내어 자중에 의하여 전도되게 유도하여야 한다.
8. 대상물의 전도 시 분진 발생을 억제하기 위해 전도물과 완충재에는 충분히 물을 뿌려야 한다. 또한 전도 작업은 반드시 연속해서 실시하고, 그날 중으로 종료시키도록 하며 절삭한 상태로 방치해서는 안 된다.
9. 전도 작업 전에 비계와 벽과의 연결재는 철거되었는지를 확인하고 방호 시트 및 기타 가시설물은 작업 진행에 따라 해체하도록 하여야 한다.

第20條【철 해머 공법과 전도 공법 병용】

1. 크레인 설치 위치의 적정 여부를 확인하여야 하며 붐 회전 반경 및 해머 사양을 사전에 확인하여야 한다.
2. 철 해머를 매단 와이어 로프는 사용 전 반드시 점검하도록 하고 작업 중에도 와이어 로프가 손상되지 않도록 주의하여야 한다.
3. 철 해머 작업 반경 내와 해체물이 낙하 · 전도 · 비산하는 구간을 설정하고, 통행인의 출입을 통제하여야 한다.
4. 슬래브와 보 등과 같이 수평재는 수직으로 낙하시켜 해체하고, 벽, 기둥 등은 수평으로 선회시켜 타격에 의해 해체하도록 한다. 특히 벽과 기둥의 상단을 타격하지 않도록 하여야 한다.
5. 기둥과 벽은 철 해머를 수평으로 선회시켜 원심력에 의한 타격력으로 해체하며, 이때 선회 거리와 속도 등의 조건을 사전에 검토하여야 한다.
6. 분진 발생 방지 조치를 하여야 하며 방진벽, 비산 파편 방지망 등을 설치하여야 한다.
7. 철근 절단은 높은 곳에서 시행되므로 안전대 부착을 설치하여 안전대를 사용하고 무리한 작업을 피하여야 한다.
8. 철 해머 공법에 의한 해체 작업은 작업 방식이 복합적이어서 현장의 혼란과 위험을 초래하게 되므로 정리정돈에 노력하여야 하며 위험 작업 구간에는 안전 담당자를 배치하여야 한다.

第21條【화약 발파 공법】

1. 화약류 취급 시에는 다음 각 목의 사항에 유의하여야 한다.
   가. 폭발물을 보관하는 용기를 취급할 때는 불꽃을 일으킬 우려가 있는 철제 기구나 공구를 사용해서는 안 된다.
   나. 화약류는 해당 사항에 대해 양도 양수 허가증의 수량에 의해 반입하고 사용 시 필요한 분량만을 용기로부터 반출하여 즉시 사용토록 한다.
   다. 화약류에 충격을 주거나, 던지거나, 떨어뜨리지 않도록 한다.
   라. 화약류는 화로나 모닥불 부근 또는 그라인더(grinder)를 사용하고 있는 부근에선 취급하지 않도록 한다.
   마. 전기 뇌관은 전지, 전선, 전기 모터, 기타의 전기 설비 부근에 접촉되지 않도록 한다.
   바. 화약, 폭약, 화공 약품은 각각 다른 용기에 수납하여야 한다.
   사. 사용하고 남은 화약류는 발파 현장에 남겨놓지 않고 화약류 취급소에 반납하도록 한다.
   아. 화약고나 다량의 폭발물이 있는 곳에서는 뇌관 장치를 하지 않도록 한다.
   자. 화약류 취급 시에는 항상 도난에 유의하여 출입자 명부를 비치함과 동시에 과부족이 발생되지 않도록 한다.

차. 화약류를 멀리 떨어진 현장에 운반할 때에는 정해진 포대나 상자 등을 사용하도록 한다.

카. 화약, 폭약 및 도화선과 뇌관 등을 운반할 때에는 한 사람이 한꺼번에 운반하지 말고 여러 사람이 각기 종류별로 나누어 별개 용기에 넣어 운반토록 한다.

타. 화약류 운반 시에는 운반자의 능력에 알맞는 양을 운반케 하여야 한다.

파. 발파기를 사전에 점검하고 작동 불가 및 불능 시 즉시 교체하여야 한다.

하. 화약류의 운반 시는 화기나 전선의 부근을 피하며, 넘어지지 않게 하고 떨어뜨리거나 부딪히지 않도록 유의하여야 한다.

2. 화약 발파 공사 시에는 다음 각 목의 사항에 유의하여야 한다.

가. 장약 전에 구조물 부근에 누설 전류와 지전류 및 발화성 가스의 유무를 확인하여야 한다.

나. 전기 뇌관 결선 시 결선 부위는 방수 및 누전 방지를 위해 절연 테이프를 감아야 한다.

다. 발파 방식은 순발 및 지발을 구분하여 계획하고 사전에 필히 도통 시험에 의한 도화선 연결 상태를 점검하여야 한다.

라. 발파 작업 시 출입 금지 구역을 설정하여야 한다.

마. 점화 신호(깃발 및 사이렌 등의 신호)의 확인을 하여야 한다.

바. 폭발 여부가 확실하지 않을 때는 지발 전기 뇌관 발파 시는 5분, 그 밖의 발파에서는 15분 이내에 현장에 접근해서는 안 된다.

사. 발파 시 발생하는 폭풍압과 비산석을 방지할 수 있는 방호막을 설치해야 한다.

아. 1단 발파 후 후속 발파 전에 반드시 전 회의 불발 장약을 확인하고 발견 시 제거 후 후속 발파를 실시하여야 한다.

제5장 해체 작업에 따른 공해 방지

제22조 **【소음 및 진동】** 해체 공사의 공법에 따라 발생하는 소음과 진동의 특성을 파악하여 다음 각 호의 사항을 준수하여야 한다.

1. 공기 압축기 등은 적당한 장소에 설치하여야 하며 장비의 소음 진동 기준은 관계법에서 정하는 바에 따라서 처리하여야 한다.
2. 전도 공법의 경우 전도물 규모를 작게 하여 중량을 최소화하며 전도 대상물의 높이도 되도록 작게 하여야 한다.
3. 철 해머 공법의 경우 해머의 중량과 낙하 높이를 가능한 한 낮게 하여야 한다.
4. 현장 내에서는 대형 부재로 해체하며 장외에서 잘게 파쇄하여야 한다.
5. 인접 건물의 피해를 줄이기 위해 방음, 방진 목적의 가시설을 설치하여야 한다.

제23조 **【분진】** 분진 발생을 억제하기 위하여 발생 부분에 피라미드식 또는 수평 살수식으로 물을 뿌리거나 간접적으로 방진 시트, 분진 차단막 등의 방진벽을 설치하여야 한다.

제24조【지반 침하】 지하실 등을 해체할 경우에는 해체 작업 전에 대상 건물의 깊이, 토질, 주변 상황 등과 사용하는 중기 운행 시 수반되는 진동 등을 고려하여 지반 침하에 대비하여야 한다.

제25조【폐기물】 해체 작업 과정에서 발생하는 폐기물은 관계법에서 정하는 바에 따라 처리하여야 한다.

Part 05 실·전·문·제

01 다음은 건설 공사 산업안전보건관리비의 항목별 사용 내역 및 기준이다. (   ) 안에 들어갈 사항을 쓰시오.

1) 안전 관리자 등의 인건비 및 각종 수당 등 : 요율 (①) 이하
2) (②) : 요율 50% 이하
3) 개인 보호구 및 안전 장구 구입비 등 : 요율 (③) 이하
4) 사업장 안전 진단비 등 : 요율 (④) 이하
5) (⑤) : 요율 30% 이하
6) 근로자 건강 관리비 등 : 요율 (⑥) 이하
7) 건설 재해 예방 기술 지도비 등 : 요율 (⑦) 이하

해답 ① 40% ② 안전 시설비 등 ③ 30% ④ 30% ⑤ 안전 보건 교육비 및 행사비 등
⑥ 10% ⑦ 20%

02 흙의 연화 현상(Frost boil)을 방지하기 위한 대책 2가지를 쓰시오.

해답 1. 흙 속의 수분을 신속히 배제한다. 2. 동결 부분 함수량 증가를 방지한다.

03 사면 굴착 시 폭우가 많이 내리거나 예상 외의 용수가 많은 경우 안전 점검 사항 3가지를 쓰시오.

해답 1. 용수의 흐름 정도 2. 함수의 유무 및 정도 3. 용수의 양 및 온도

04 수중 굴착이나 깊은 장소의 굴착에서 기구를 매달아 내리는 식의 작업을 하는 굴착용 기계를 쓰시오.

해답 클램셸(clamshell)

05 법상 의무 안전 인증 대상 기계, 기구의 종류를 쓰시오.

해답 1. 프레스 2. 전단기 3. 크레인 4. 리프트
5. 압력 용기 6. 롤러기 7. 사출 성형기 8. 고소 작업대

06 토공사에 사용되는 다짐 기계의 형식 3가지를 쓰시오.

해답 1. 진동식
2. 전압식
3. 충격식

07 해수 공사, 한중 공사에 사용되는 시멘트의 종류를 쓰시오.

해답 조강 포틀랜드 시멘트

08 높이 2m 이상인 장소에서 작업 시 근로자의 추락 위험을 방지하기 위한 작업 발판을 설치하여야 한다. 작업 발판의 구비 조건 6가지를 쓰시오.

해답 1. 발판 재료는 작업 시의 하중치를 견딜 수 있도록 견고한 것으로 할 것
2. 작업 발판의 폭은 40cm 이상으로 하고 발판 재료 간의 틈은 3cm 이하로 할 것
3. 추락의 위험이 있는 장소에는 안전 난간을 설치할 것
4. 작업 발판의 지지물은 하중에 의하여 파괴될 우려가 없는 것을 사용할 것
5. 작업 발판 재료는 뒤집히거나 떨어지지 아니하도록 2개 이상의 지지물에 부착시킬 것
6. 작업 발판을 작업에 따라 이동시킬 때에는 위험 방지에 필요한 조치를 할 것

09 해체 작업 계획서 작성 시에는 대상 건물 조사, 부지 조사, 주변 조사 등 3가지 조사가 선행되어야 한다. 이 중 해체 대상 구조물 조사 시 세부 조사 사항 6가지를 쓰시오.

해답 1. 구조(철근 콘크리트조, 철골 철근 콘크리트조 등)의 특성 및 생수, 층수, 건물 높이 기준층 면적
2. 평면 구성 상태, 폭, 층고, 벽 등의 배치 상태
3. 부재별 치수, 배근 상태, 해체시 주의하여야 할 구조적으로 약한 부분
4. 해체시 전도의 우려가 있는 내・외장재
5. 설비 기구, 전기 배선, 배관 설비 계통의 상세 확인
6. 구조물의 설립 연도 및 사용 목적
7. 구조물의 노후 정도, 재해(화재, 동해 등) 유무
8. 증설, 개축, 보강 등의 구조 변경 현황
9. 해체 공법의 특성에 의한 비산 각도, 낙하 반경 등의 사전 확인
10. 진동, 소음, 분진의 예상치 측정 및 대책 방법
11. 해체물의 직접 운반 방법
12. 재이용 또는 이설을 요하는 부재 현황
13. 기타 해당 구조물 특성에 따른 내용 및 조건

10 **굴착 작업 시 지반의 붕괴 또는 토석의 낙하에 의하여 근로자에게 위험이 있을 때에 설치해야 할 방호 설비를 쓰시오.**

해답 1. 흙막이 지보공 설치
2. 방호망 설치 및 근로자의 출입 금지

11 **건설 현장에서 사용하는 가설 통로의 일반적인 안전 조건 4가지를 쓰시오.**

해답 1. 시공 하중 또는 폭풍, 진동 등 외력에 대하여 안전하도록 설계하여야 한다.
2. 경사로는 항상 정비하고 안전 통로를 확보하여야 한다.
3. 경사로의 최소 폭은 90cm 이상이어야 한다.
4. 높이 7m 이내마다 계단참을 설치하여야 한다.
5. 추락 방지용 표준 안전 난간을 설치하여야 한다.
6. 경사로의 기둥은 3m 이내마다 설치하여야 한다.

12 **전기 화재의 발생 시 발화의 원인이 되는 요인 5가지를 쓰시오.**

해답 1. 이동 가능한 전열기 2. 전등, 전화 등의 배선
3. 전기 기기 4. 전기 장치
5. 배선 기구 6. 고정된 전열기

13 **잠함 또는 우물통 등의 내부에서 굴착 작업 시 급격한 침하에 의한 위험 방지를 위한 조치 사항 2가지를 쓰시오.**

해답 1. 침하 관계도에 따라 굴착 방법 및 재하량 등을 정할 것
2. 바닥으로부터 천장 또는 보까지의 높이는 1.8m 이상으로 할 것

14 **점성토 지반의 지반 개량 공법 5가지를 쓰시오.**

해답 1. 치환 공법 2. 샌드 드레인 공법
3. 페이퍼 드레인 공법 4. 생석회 말뚝 공법
5. 고결 공법 6. 전기 침투 공법

15 **인간의 과오에 의한 배후 요인 4가지를 쓰시오.**

해답 1. man 2. machine
3. media 4. management

16 양중기에 사용하는 달기 체인의 사용 제한 조건 2가지를 쓰시오.

해답 1. 달기 체인의 길이의 증가가 그 달기 체인이 제조된 때의 길이의 5%를 초과한 것
2. 링의 단면 지름의 감소가 그 달기 체인이 제조된 때의 해당 링의 지름의 10%를 초과한 것
3. 균열이 있거나 심하게 변형된 것

17 건설 현장에서 다발되는 재해의 종류를 3가지만 쓰시오.

해답 1. 추락 2. 낙하, 비래 3. 충돌 4. 전도

18 철골 공사를 할 때 세우기용 기계 선정 시 고려 사항 5가지를 쓰시오.

해답 1. 입지 조건 2. 기계의 소음 영향 3. 건물 형태
4. 인양 하중 5. 작업 반경

19 추락 위험 장소에 설치하는 안전 난간의 구성 요소 3가지와 구조 기준 4가지를 쓰시오.

해답 1. 구성요소
① 상부 난간대 ② 중간 난간대 ③ 난간 기둥 ④ 발끝막이판
2. 구조 기준
① 상부 난간대, 중간 난간대, 발끝막이판 및 난간 기둥으로 구성할 것. 다만, 중간 난간대·발끝막이판 및 난간 기둥은 이와 비슷한 구조 및 성능을 가진 것으로 대체할 수 있다.
② 상부 난간대는 바닥면, 발판 또는 경사로의 표면으로부터 90cm 이상 지점의 중간에 설치하고, 상부 난간대를 120cm 이하에 설치하는 경우에는 중간 난간대는 상부 난간대와 바닥면 등의 중간에 설치하여야 하며 120cm 이상 지점에 설치하는 경우에는 중간 난간대를 2단 이상으로 균등하게 설치하고 난간의 상하 간격은 60cm 이하가 되도록 할 것
③ 발끝막이판은 바닥면 등으로부터 10cm 이상의 높이를 유지할 것. 다만, 물체가 떨어지거나 날아올 위험이 없거나 그 위험을 방지할 수 있는 망을 설치하는 등 필요한 예방 조치를 한 장소는 제외한다.
④ 난간 기둥은 상부 난간대와 중간 난간대를 견고하게 떠받칠 수 있도록 적정 간격을 유지할 것
⑤ 상부 난간대와 중간 난간대는 난간 길이 전체에 걸쳐 바닥면 등과 평행을 유지할 것
⑥ 난간대는 지름 2.7cm 이상의 금속제 파이프나 그 이상의 강도를 가진 재료일 것
⑦ 안전 난간은 구조적으로 가장 취약한 지점에서 가장 취약한 방향으로 작용하는 100kg 이상의 하중에 견딜 수 있는 튼튼한 구조일 것

20 건설 공사 현장에서 발생하는 토사 붕괴 시의 조치 사항 3가지를 쓰시오.

해답 1. 2차 재해의 방지
2. 대피 통로 및 공간의 확보
3. 동시 작업의 금지

21 달비계를 설치할 때 사용하는 달기 체인에서 사용할 수 없는 조건을 3가지 쓰시오.

해답 1. 달기 체인의 길이의 증가가 그 달기 체인이 제조된 때의 길이의 5%를 초과한 것
2. 링의 단면 지름의 감소가 그 달기 체인이 제조된 때의 해당 링의 지름의 10%를 초과한 것
3. 균열이 있거나 심하게 변형된 것

22 기초의 부동 침하를 방지하기 위한 안전 대책 3가지를 쓰시오.

해답 1. 기초 상·하를 강하게 연결할 것
2. 한 가지 구조물의 기초는 되도록 동종의 것으로 할 것
3. 구조물 전체에 될 수 있는 대로 하중을 균등하게 분포할 것

23 건설 재료의 부식 방지를 위하여 사용되는 방법 5가지를 기술하시오.

해답 1. 적절한 금속 재료의 선택
2. 장치의 구성 및 사용상의 주의
3. 피복 도장 처리
4. 환경 처리(부식 억제제 첨가)
5. 전기 화학적 방식법(외부 전원에 의한 방법, 유전 양극에 의한 방법)

24 콘크리트 사용 시 장·단점에 대하여 각각 3가지씩 쓰시오.

해답 1. 장점
① 내화성, 내구성, 내수성이 있다.
② 압축 강도가 크다.
③ 강재와의 접착성이 좋고 방수력이 크다.
2. 단점
① 인장 강도가 작다.
② 무게가 크다.
③ 경화 시 수축에 의한 균열이 발생한다.

25 비계(Scaffolding)의 구비 요건을 5가지만 쓰시오.

해답 1. 작업 또는 통행할 때 충분한 면적일 것
2. 재료의 운반과 적치가 가능할 것
3. 작업 대상물에 가능한 한 접근, 설치할 수 있을 것
4. 근로자의 추락 방지와 재료의 낙하 방지 조치가 있을 것
5. 작업과 통행에 방해되는 부재가 없을 것
6. 조립과 해체가 쉬울 것
7. 사람과 재료의 하중에 대하여 충분한 강도가 있을 것

26 달비계의 경우 다음에 해당되는 부분의 안전 계수를 각각 쓰시오.

1) 달기 체인 및 달기 축

2) 달기 와이어 로프 및 달기 강선

3) 달기 강대와 달비계의 하부 및 상부 지점(강재)

4) 달기 강대와 달비계의 하부 및 상부 지점(목재)

해답 1) 5 이상 2) 10 이상 3) 2.5 이상 4) 5 이상

27 달비계에 사용되는 와이어 로프를 사용할 수 없는 기준을 쓰시오.

해답 1. 와이어 로프 한 꼬임에서 끊어진 소선의 수가 10% 이상 절단된 것
2. 지름의 감소가 공칭 지름의 7%를 초과하는 것
3. 심하게 변형 또는 부식된 것

28 시트 파일(sheet pile) 흙막이 공사의 재해 예방에 대하여 유의할 점을 쓰시오.

해답 1. 토질의 종류에 따라 소정의 근입 깊이 이상으로 박는다. (보통 1.2 ~1.5 m 이상)
2. 토압을 계산하여 어스 앵커(earth anchor)의 길이와 간격을 결정한다.
3. 띠장을 설치할 경우는 띠장의 규격, 간격 및 띠장 간의 길이를 산정하여 결정한다.
4. 시트 파일 근처에 중량물을 제거하여 히빙 현상이 없도록 한다.
5. 공사 도중이라도 수평·수직을 수시로 점검하여 변형 진행 유무를 체크하고 대책을 강구한다.

29 비계 발판의 이동 시 점검해야 할 안전 사항을 쓰시오.

해답 1. 이동 시 적어도 2명 이상이 운반 작업에 임해야 한다.
2. 비계 발판은 2개소 이상의 지지물에 걸쳐 있어야 한다.
3. 돌출부는 비계 발판의 지점부터 10~20cm 이내로 있어야 한다.
4. 부근에 고압 전선을 확인하고, 있으면 절연 보호구를 착용한다.

30 산업안전보건법이 정한 구획되어 있는 장소로서 관계 근로자 이외의 자의 출입이 금지되어 있는 경우에는 감전을 방지하기 위한 보호망 또는 절연 덮개를 설치하여야 하는데 법규상 설치하지 않아도 되는 장소가 있다. 설치를 안해도 되는 장소 3개소의 명칭을 쓰시오.

해답 1. 전주 위 2. 철탑 위 3. 관계 근로자 외의 자가 접근할 우려가 없는 장소

31 정전기 발생에 영향을 주는 요인 4가지를 쓰시오.

해답 1. 물체의 특성 2. 물체의 표면 상태 3. 물체의 이력
4. 접촉 면적 및 압력 5. 분리 속도

32 안전교육의 효율적인 지도를 위한 교육 지도의 8원칙(주의 사항)을 쓰시오.

해답 1. 상대방 입장에서 2. 동기 부여
3. 쉬운 것에서 어려운 것으로 4. 반복
5. 한 번에 한 가지씩을 6. 인상의 강화
7. 5관을 활용 8. 기능적인 이해

33 유해 위험 방지 계획서 제출 대상 기계 · 기구에 대하여 유해 위험 방지 계획서 심사 결과에 따른 구분, 판정 기준을 3가지 쓰시오.

해답 1. 적정 : 근로자의 안전과 보건상 필요한 조치가 구체적으로 확보되었다고 인정될 때
2. 조건부 적정 : 근로자의 안전과 보건을 확보하기 위하여 일부 개선이 필요하다고 인정될 때
3. 부적정 : 기계, 설비 또는 건설물이 심사 기준에 위반되어 공사 착공 시 중대한 위험 발생의 우려가 있거나 계획에 근본적 결함이 있다고 인정될 때

34 거푸집 동바리는 하중(응력)에 견딜 수 있는 것을 사용하여야 한다. 거푸집 동바리에 가해지는 하중의 고려 사항을 쓰시오.

해답 1. 연직방향 하중 : 거푸집, 지보공(동바리), 콘크리트, 철근, 작업원, 타설용 기계 · 기구, 가설 설비 등의 중량 및 충격 하중
2. 횡방향 하중 : 작업할 때의 진동, 충격, 시공 오차 등에 기인되는 횡방향 하중 이외에 필요에 따라 풍압, 유수압, 지진 등
3. 콘크리트 측압 : 굳지 않는 콘크리트 측압
4. 특수 하중 : 시공 중에 예상되는 특수한 하중
5. 상기 1~4호의 하중에 안전율을 고려한 하중

35 굴착 작업 시 상 · 하부 동시 작업은 금지하여야 하나 부득이한 경우 어떠한 안전 조치 후 작업을 하여야 하는지 쓰시오.

해답 1. 견고한 낙하물 방호 시설 설치
2. 부석 제거
3. 작업 장소에 불필요한 기계 등의 방치 금지
4. 신호수 및 담당자 배치

36 이동식 사다리를 설치하여 사용 시 준수해야 할 사항 3가지를 쓰시오. (단, 가설 공사 표준 안전 지침에 준한다.)

해답
1. 길이가 6m를 초과해서는 안 된다.
2. 다리의 벌림은 벽 높이의 1/4 정도가 적당하다.
3. 벽면 상부로부터 최소한 1m 이상의 연장 길이가 있어야 한다.

37 굴착 공사 시 비탈면 보호의 방법 3가지를 쓰시오.

해답
1. 콘크리트 타설
2. 모르타르 코팅
3. 아스팔트 코팅
4. 방수포 포설
5. 흙가마니 쌓기

38 Open cut 공법의 장점과 단점을 각각 2가지씩 쓰시오.

해답
1. 장점
   ① 부지를 효율적으로 이용할 수 있다.
   ② 굴착 토량을 최소화할 수 있다.
   ③ 토질 조건에 따른 제약 조건이 비교적 적다.
2. 단점
   ① 버팀 공법일 경우 기계화 굴착에 제한을 받는다.
   ② 공사비가 많이 들고 공사 기간이 길다.

39 철골은 세우기 공정 중 강풍, 무게의 편심 등에 의하여 도괴하거나 건립 완료 후 완전한 구조체가 되기 전 도괴의 위험을 안고 있다. 철골 작업 단계별 위험 요소를 도식화하면 다음과 같다. (   )의 빈칸을 채우시오.

작업 순서	건 립	버팀대 및 가체결	본체결
자연 및 무게	바람	바람	(①)
	자중		
	가설물 적게	(②)	가설물 적재
작업 상태	앵커 볼트 불량	(③)	(④)
	조립 순서 불량	보강 가새	(⑤)
	가볼트 부족	와이어 부족	

해답
① 바람
② 가설물 적재
③ 가볼트 부족
④ 자립도 부족
⑤ 가설물의 보강 부족

40 철골 공사를 할 때 건립 기계 선정 시 검토 사항 5가지를 쓰시오.

해답 1. 입지 조건　2. 건립 기계의 소음 영향　3. 건립 형태
4. 인양 하중　5. 작업 반경

41 다음 (　) 안에 알맞은 말을 넣으시오.

강관 비계를 조립 결합 시에는 연결 철물은 연결 성능이 좋아야 하며, 안전 내력은 (①)kg 이상, 강관 비계의 1스팬에 걸리는 적재 하중은 (②)kg을 초과해서는 안 된다.

해답 ① 300　② 400

42 크레인에서 사용하는 다음의 용어를 간단히 설명하시오.

1) 정격 하중
2) 적재 하중
3) 정격 속도
4) 권상 하중

해답 1) 정격 하중 : 크레인으로서 지브가 없는 것은 매다는 하중에서, 지브가 있는 것은 지브의 경사각 및 길이와 지브 위의 도르래 위치에 따라 부하할 수 있는 최대 하중에서 각각 훅, 크래브, 버킷 등의 달기구의 중량에 상당하는 하중을 공제한 하중을 말한다.
2) 적재 하중 : 짐을 싣고 상승할 수 있는 최대 하중을 말한다.
3) 정격 속도 : 크레인에 정격 하중에 상당하는 짐을 싣고 주행, 선회, 승강 또는 트롤리의 수평 이동 시의 최고 속도를 말한다.
4) 권상 하중 : 크레인의 구조와 재료에 따라 부하하는 것이 가능한 최대 하중으로 이 가운데는 훅, 크래브, 버킷 등의 달기구의 중량이 포함된다.

43 콘크리트 이어붓기 시 주의 사항을 4가지만 쓰시오.

해답 1. 이음 위치는 단면이 작은 곳에 두어 이어붓기면은 짧게 한다.
2. 보 · 바닥판의 이음은 그 간사이의 중앙부에서 수직으로 한다.
3. 아치는 축에 직각으로 이어붓는다.
4. 기둥은 기초판, 연결보 또는 바닥판 위에 수평으로 한다.

44 해체 공법 중 전기적인 공법을 3가지만 쓰시오.

해답 1. 직접 통전 가열 공법　2. 전자 유도 가열 공법
3. 유도체 손실 공법　4. 레이저 공법

45 하중이 있으면 지반이 들어가고 하중을 제거하면 다시 원상태로 복귀되는 현상을 무엇이라 하는지 쓰시오.

해답 탄성 침하 현상

46 흙막이의 종류 3가지와 각각의 종류에 따라 2가지씩 쓰시오.

해답
1. 간단한 흙막이 : 어미 말뚝식 흙막이 공법, 줄기초 흙막이 공법
2. 버팀대식 흙막이 : 빗버팀대식 공법, 수평 버팀대식 공법
3. 널말뚝식 흙막이 : 목재 횡널말뚝, 목재 종널말뚝

47 공사 현장에 설치된 가설 배전반에서 전원을 따서 강재의 연마 작업을 하고 있다. 그림과 같은 상황에서 어떠한 위험 요인이 잠재되어 있는지 위험 요인 3가지를 찾아 쓰시오.

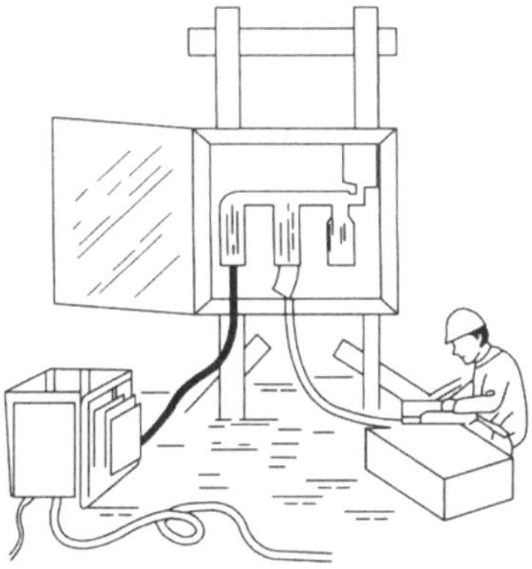

해답
1. 보안경을 착용하지 않아 칩이 눈에 들어 간다.
2. 감전 또는 칩에 의한 화재의 위험이 있다.
3. 재료의 고정 방법 불량 및 주위 정리정돈이 불량하다.

48 작업 위험 분석(Job Hazards Analysis)이라 함은 작업 대상에 잠재되어 있는 위험성을 분석하여 근로자들이 안전하게 과업을 수행할 수 있도록 하는 작업을 말한다. 순서대로 맞는 것을 답안지에 쓰시오.

기초 조사 → (①) → 위험성의 검토 및 분석 → (②) → 신규 방법 적용

해답
① 작업 분해
② 작업 분석

49 터널 건설 작업에서 강아치 지보공을 조립할 때 준수하여야 할 사항 5가지를 쓰시오.

해답
1. 조립 간격은 조립도에 의할 것
2. 주재가 아치 작용을 충분히 할 수 있도록 쐐기를 박는 등 필요한 조치를 취할 것
3. 연결 볼트 및 띠장 등을 사용하여 주재 상호간을 튼튼하게 연결할 것
4. 터널 등의 출입구 부분에는 받침대를 설치할 것
5. 낙하물에 의하여 근로자에게 위험을 미칠 우려가 있는 때에는 널판 등을 설치할 것

50 이동식 비계를 이용한 작업에 있어서 안전 작업을 위한 대책 3가지를 쓰시오.

해답
1. 작업 감독자의 지휘하에 작업을 행하여야 한다.
2. 절대로 작업원이 탄 채로 이동해서는 안 된다.
3. 비계의 이동에는 충분한 인원 배치를 할 것
4. 안전모를 착용하여야 하며 구명 로프를 소지하여야 한다.
5. 재료, 공구의 오르내리기에는 포대, 로프 등을 사용할 것
6. 상하에서 동시에 작업을 할 때에는 충분한 연락을 취하면서 작업을 하여야 한다.

51 A, B 두 사람이 물품을 쌓고 있다. 사다리 발판을 사용하여 협동 작업을 하는 과정에서 어떠한 위험이 일어날 수 있는지 3가지만 쓰시오.

해답
1. 사다리의 고정 방법이 불량하여 A작업자가 추락의 위험이 있다.
2. 물건을 너무 높게 쌓아서 붕괴의 위험이 있다.
3. B 작업자의 작업 자세의 불량으로 넘어질 위험이 있다.
4. 물건의 붕괴에 의하여 A, B 작업자가 상해를 입을 위험이 있다.

52 의무 안전 인증 대상 안전대의 종류를 쓰시오.

해답 1. 1개걸이용　　2. U자걸이용　　3. 추락 방지대　　4. 안전 블록

53 다음 그림에서 (A)와 (B)의 영역에 가까운 리더 행동의 유형을 쓰시오.

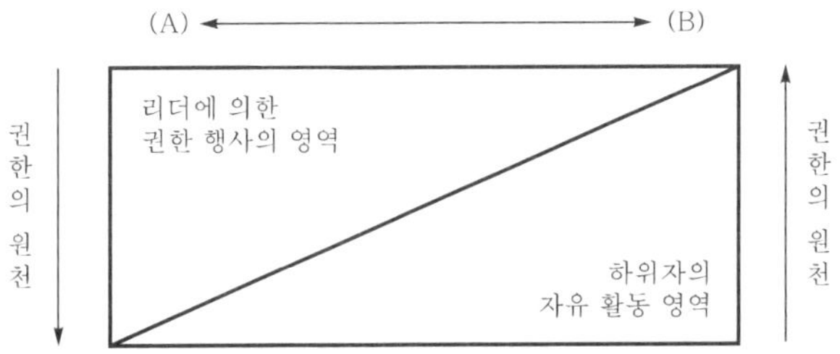

해답 (A) : 리더 중심(권위적 리더), (B) : 부하 중심(민주적 리더)

54 다음 그림과 같이 컨베이어를 이용하여 잡석을 차량에 운반하고 있다. 사고 형태, 기인물, 가해물을 분석하시오.

해답 1. 사고 형태 : 충돌　　2. 기인물 : 컨베이어　　3. 가해물 : 돌(잡석)

55 A, B 작업자가 바이스대 위에서 해머를 이용하여 앵글을 절단하고 있다. 위험의 포인트를 찾아 쓰시오.

해답 1. A 작업자의 해머 작업 시 작업 공간이 좁아 벽에 부딪친다.
2. A 작업자는 작업점(앵글의 절단점)을 주시하지 않고 있어서 위험하다.
3. B 작업자가 손으로 재료를 잡고 있어 해머의 타격 시 B 작업자의 손이 다칠 위험이 있다.
4. 작업대 위에 공구(망치)가 방치되어 있으므로 타격 시 진동에 의하여 튀어오르거나 떨어진다.
5. 작업장 주위의 정리정돈이 안되어 작업자가 걸려 넘어질 위험이 있다.
6. 보안경 등 보호구 미착용으로 인하여 파편이 튈 경우 눈에 상해를 입을 우려가 있다.

56 다음은 작업장의 가설 통로에 관한 설명이다. (　) 안에 적절한 수치 또는 용어를 기입하시오.

1) 견고한 구조이어야 한다.
2) 경사는 (①)° 이하로 한다.
3) 경사가 (②)°를 초과하는 경우에는 미끄러지지 않는 구조로 한다.
4) 추락의 위험이 있는 장소에는 안전 (③)을 설치한다.
5) 수직갱에 가설된 통로의 길이가 15m 이상일 때에는 (④)m 이내마다 계단참을 설치한다.
6) 건설 공사에 사용하는 높이 8m 이상인 비계 다리에는 (⑤)m 이내마다 계단참을 설치한다.

해답 ① 30　② 15　③ 난간　④ 10　⑤ 7

57 아래 그림과 같이 아파트 공사 현장인 슬래브 위에서 A, B 두 근로자가 작업 중 A 근로자가 전선관을 운반하고 있다. 사고의 위험성과 안전 대책을 각각 3가지만 쓰시오.

해답 1. 위험 요인
① A 작업자가 전선관을 묶어서 운반하지 않으므로 작업자가 전선관을 놓칠 위험이 높다.
② A 작업자가 안전모 턱끈을 고정하지 않고 작업을 하므로 머리를 다칠 위험이 있다.
③ 전선관의 운반 방법 불량으로 B 작업자가 전선관에 부딪칠 위험이 있다.
④ A 작업자의 복장 상태가 아주 불량하다.

2. 안전 대책
① 전선관을 운반 시에는 반드시 2군데 이상 묶어서 운반할 것
② 안전모의 턱끈을 꼭 착용할 것
③ 전선관의 운반 자세 및 운반 시 작업 공간을 확보할 것
④ 작업자는 반드시 정확한 복장을 착용할 것

58 부마찰력의 발생 원인 3가지와 방지 대책 2가지를 기술하시오.

해답 1. 발생 원인
① 지반 중에 연약 지반이 존재할 때
② 침하되는 지반에 항타 작업 시
③ 파일 간격을 조밀하게 항타 시
④ pile 박는 지표면에 하중이 작용할 때

2. 방지 대책
① 파일의 수를 늘릴 것
② 긴 말뚝은 피할 것
③ 진동을 가하지 말 것

59 다음 그림과 같이 전주를 내리고 있다. 어떠한 위험이 잠재하고 있는지 위험에 대한 안전 대책을 강구하시오.

해답 1. 전주는 반드시 두 줄로 묶어 이동시킬 것
2. 운전석에 전주의 낙하 방지대를 설치할 것
3. 보조 로프를 설치할 것
4. 작업장 주위에 근로자를 출입 금지시킬 것

60 다음은 동력을 사용하는 항타기 또는 항발기의 파괴를 방지하기 위한 준수 사항에 대한 것이다. (　　) 안에 알맞은 말을 쓰시오.

1) 연약한 지반에 설치할 때에는 각부 또는 가대의 침하를 방지하기 위하여 (①)을 사용하고, 각부 또는 가대가 미끄러질 우려가 있을 때는 (②) 등을 사용하여 각부 또는 가대를 고정시킬 것
2) 버팀대만으로 상단 부분을 안정시킬 때에는 버팀대는 (③)개 이상으로 할 것

해답 ① 깔판, 깔목
② 말뚝, 쐐기
③ 3

61 컨트롤 밸브를 A, B 두 사람이 분해 작업을 하고 있다. 어떠한 위험이 잠재하고 있는지 위험의 포인트 3가지를 쓰시오.

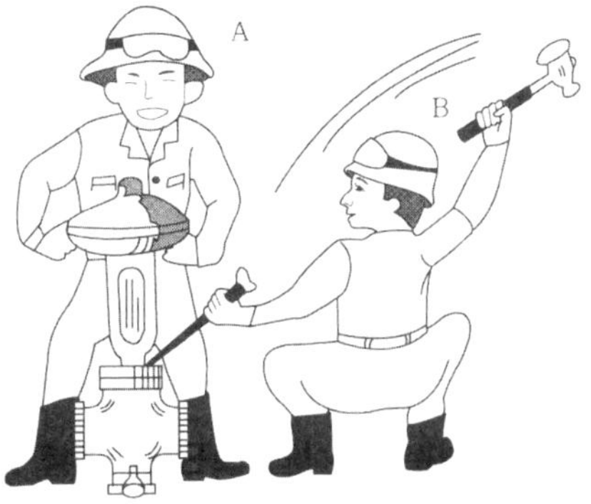

해답 1. A, B 작업자가 보안경을 착용하지 않고 작업을 하므로 칩 등이 튀어 눈에 들어간다.
2. B 작업자가 해머 작업 중 장갑을 착용하고 있으므로 해머가 빠질 우려가 있다.
3. 정의 머리가 버섯 모양으로 되어 있어서 타격 시 손을 다칠 우려가 있다.
4. 밸브의 고정 방법 불량으로 B 작업자의 타격 시 A 작업자가 충격에 의해 다칠 위험이 있다.
5. 작업자의 자세 불량으로 밸브의 분해 시 발에 상해를 입는다.

62 콘크리트 공사의 거푸집 및 지보공은 여러 가지 시공 조건 및 하중을 고려하여 설계해야 한다. 산업안전보건법상 고려해야 할 하중의 종류 5가지를 쓰시오.

해답 1. 연직 방향 하중 2. 횡방향 하중
3. 콘크리트의 측압 4. 특수 하중
5. 상기 1~4호의 하중에 안전율을 고려한 하중

63 이동식 비계를 조립하여 작업 시 준수해야 할 사항 2가지를 쓰시오.

해답 1. 이동식 비계의 바퀴에는 뜻밖의 갑작스러운 이동을 방지하기 위하여 브레이크, 쐐기 등으로 바퀴를 고정시킨 다음 비계의 일부를 견고한 시설물에 고정하거나 아웃트리거를 설치하는 등의 조치를 할 것
2. 승강용 사다리는 견고하게 설치할 것
3. 비계의 최상부에서 작업을 할 때에는 안전 난간을 설치할 것

64 과거 삼풍백화점의 붕괴 원인을 쓰시오.

해답 펀칭 전단 파괴(느슨한 기초 지반 위에 구조물을 축조할 때 그 파괴면은 지표면까지 연장되지 않고 하중과 침하 관계 곡선이 거의 직선에 가깝게 파괴되는 현상)

65 다음 그림과 같은 조건하에 있는 복합 활동 파괴면에 대한 안전율을 구하시오. (단, 계산 과정 및 정답은 소수 셋째자리에서 반올림하시오.)

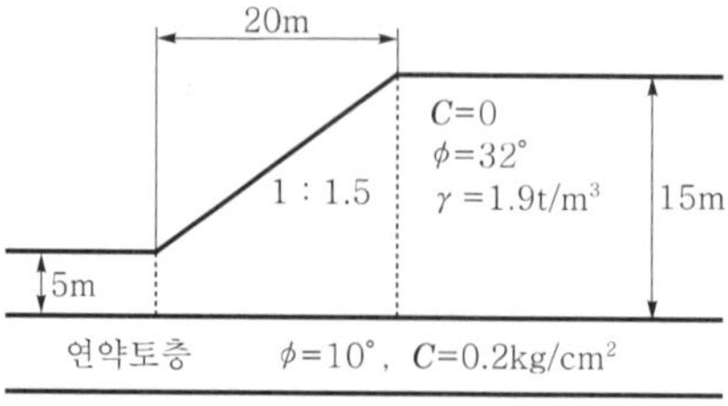

(해답) 주동 토압은 우측에, 수동 토압은 좌측에 작용한다면,

1. 주동 토압 $P_A = \dfrac{rH^2}{2}\tan^2\left(45° - \dfrac{\phi}{2}\right) = \dfrac{1.9\times 15^2}{2}\tan^2\left(45° - \dfrac{32°}{2}\right) = 65.68\text{t/m}$

2. 수동 토압 $P_P = \dfrac{rH^2}{2}\tan^2\left(45° + \dfrac{\phi}{2}\right) = \dfrac{1.9\times 15^2}{2}\tan^2\left(45° + \dfrac{32°}{2}\right) = 77.30\text{t/m}$

3. 접착력에 의한 저항 : $CL = 2\text{t/m}^2 \times 20 = 40\text{t/m}$

4. 마찰력에 의한 저항 : $W\tan\phi = \dfrac{5+15}{2}\times 20 \times 1.9 \times \tan 10° = 67\text{t/m}$

5. 안전율 $F_S = \dfrac{CL + W\tan\phi + P_P}{P_A} = \dfrac{40+67+77.30}{65.68} = 2.81$

참고 복합 활동 해석법

① 주동 토압 $P_A = \dfrac{rH^2}{2}\tan^2\left(45° - \dfrac{\phi}{2}\right)$

② 수동 토압 $P_B = \dfrac{rH^2}{2}\tan^2\left(45° - \dfrac{\phi}{2}\right)$

③ 안전율 $F_S = \dfrac{CL + W\tan\phi + P_P}{P_A}$

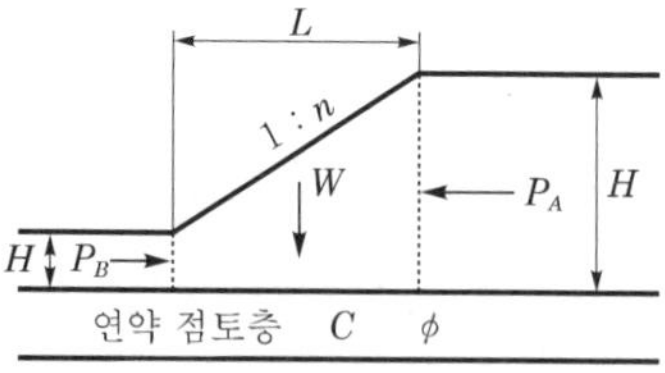

여기서, C : 연약층의 접착력
L : 연약층의 활동에 대한 저항하는 부분의 길이
ϕ : 흙의 전단 저항각
P_A : W부분에 작용하는 주동 토압
P_P : W부분에 작용하는 수동 토압

66 안전 교육을 8가지 원칙에 입각해서 실시하는 것을 권장하고 있다. 이 중 4가지를 쓰시오.

해답
1. 피교육자 중심으로 교육
2. 동기 부여
3. 쉬운 것에서 어려운 것으로
4. 반복
5. 한 번에 하나씩
6. 인상 강화
7. 5관의 활용
8. 기능적 이해

67 가설 비계 위에서 공구 상자를 로프로 묶어 올리고 있다. 안전 조치를 강구하시오.

해답 1. 위험 요인
① A 작업자가 안전대를 착용하지 않아 추락의 위험이 있다.
② 가설 비계에 안전 난간이 설치되어 있지 않아 작업자가 추락할 위험이 있다.
③ 공구 상자의 체결 상태 불량으로 공구의 낙하 위험이 있다.
④ B 작업자가 위험 구역에 존재하므로 공구의 낙하 시 상해를 입을 우려가 있다.

2. 안전 조치
① A 작업자의 추락 위험 방지를 위한 안전대 착용
② 작업자의 추락 위험 방지를 위하여 가설 비계에 표준 안전 난간 또는 손잡이 설치
③ B 작업자는 위험 구역에서 출입을 금지시킬 것
④ 공구를 올리거나 내릴 때에는 달줄 또는 달포대를 사용할 것

68 거푸집 동바리를 조립할 때 지주로 사용하는 강관(파이프 서포트는 제외)에 대한 안전 조건 사항을 2가지만 쓰시오.

해답
1. 높이 2m 이내마다 수평 연결재를 2개 방향으로 만들고 수평 연결재의 변위를 방지할 것
2. 멍에 등을 상단에 올릴 때에는 해당 상단에 강재의 단판을 붙여 멍에 등을 고정시킬 것

69 강관을 사용하여 비계를 조립하는 경우 준수 사항 4가지를 쓰시오.

해답
1. 비계 기둥에는 미끄러지거나 침하하는 것을 방지하기 위하여 밑받침 철물을 사용하거나 깔판, 깔목 등을 사용하여 밑둥잡이를 설치하는 등의 조치를 할 것
2. 강관의 접속부 또는 교차부는 적합한 부속 철물을 사용하여 접속하거나 단단히 묶을 것
3. 교차 가새로 보강할 것
4. 가공 전로에 근접하여 비계를 설치하는 때에는 가공 전로를 이설하거나 가공 전로에 절연용 방호구를 장착하는 등 가공 전로와의 접촉을 방지하기 위한 조치를 할 것

70 갱내에서 낙반 또는 측벽의 붕괴에 의하여 근로자에게 위험을 미칠 우려가 있는 때의 안전 조치 사항을 쓰시오.

해답
1. 2가지일 경우 : 지보공 설치, 부석 제거
2. 3가지일 경우 : 지보공 설치, 부석 제거, 계측 장치 설치

71 부품 배치의 원칙 4가지를 쓰시오.

해답
1. 중요성의 원칙
2. 사용 빈도의 원칙
3. 사용 순서의 원칙
4. 기능별 배치의 원칙

참고
① 부품의 위치를 정하기 위한 기준 : 중요성의 원칙, 사용 빈도의 원칙
② 부품의 일반적 위치에서 구체적 배치 결정의 원칙 : 기능별 배치의 원칙, 사용 순서의 원칙

72 작업 표준의 정의와 목적을 구분하여 쓰시오.

해답
1. 정의 : 표준화 생산 또는 생산의 표준화에 의한 생산 활동을 합리적으로 수행하기 위한 규정
2. 목적
   ① 위험 요인 제거 ② 손실 요인 제거 ③ 작업의 효율화

73 지하 매설물의 종류를 쓰시오.

해답 1. 가스관 2. 상·하수관 3. 통신 케이블
4. 각종 구조물의 기초 5. 기타 구조물의 연관성

74 굴착 공사 시 재해 예방 대책의 중점 사항을 쓰시오.

해답 1. 붕괴 발생의 예방(참고 ⇒ 붕괴 방지 공법, 배토공, 배수공, 압성토공, 흙막이공)
2. 붕괴의 예측(실시 시기 ⇒ 작업 전후, 비온 후, 인접 구역 발파 후)
3. 붕괴 발생 시의 조치(동시 작업 금지, 대피 통로 및 공간 확보, 2차 재해 예방)

75 비계의 조립, 해체 또는 변경 작업 시 관리 감독자의 직무 사항을 쓰시오.

해답 1. 재료의 결함 유무를 점검하고 불량품을 제거하는 일
2. 기구, 공구, 안전대 및 안전모 등의 기능을 점검하고 불량품을 제거하는 일
3. 작업 방법 및 근로자의 배치를 결정하고 작업 진행 상태를 감시하는 일
4. 안전대 및 안전모 등의 착용 유무를 감시하는 일

76 크레인을 이용하여 1ton의 화물을 20m/sec^{2}의 속도로 감아 올릴 때 로프에 걸리는 하중을 구하시오.

해답 총 하중(u)= 정하중(w_1)+ 동하중(w_2)

동하중$(w_2) = \dfrac{w_1}{g} \times a$

$\therefore$ 동하중$= \dfrac{1,000}{9.8} \times 20 = 2040.82\text{kg} = 2040.82 + 1,000 = 3040.82\text{kg}$

참고 와이어 로프의 한 가닥에 걸리는 하중

하중$= \dfrac{\text{화물 무게}}{2} \div \cos\dfrac{\theta}{2}$

77 굴착 공사 시 토사 붕괴 예방을 위한 안전 점검 사항 5가지를 쓰시오.

해답 1. 전 지표면의 답사
2. 경사면의 지층 변화부 상황 확인
3. 부석의 상황 변화의 확인
4. 용수의 발생 유무 또는 용수량 변화 확인
5. 결빙과 해빙에 대한 상황의 확인
6. 각종 경사면 보호공의 변위, 탈락의 유무 확인

78 전기 설비에 대한 일반적 안전 점검 사항 3가지를 쓰시오.

해답
1. 절연 피복, 덮개, 절연 커버 등의 손상, 탈락이 없는지 점검하고 불량 개소가 존재 시 즉시 보수 또는 교체
2. 접지선은 설치되었는지 단선은 없는지를 사용 전에 점검하고 정기적으로 접지 저항을 측정, 기록해 둔다.
3. 용접봉의 홀더, 자동 전격 방지 장치, 감전 방지용 누전 차단기 등 안전 장치는 사용 전에 충분히 점검한다.
4. 절연용 보호구, 절연용 방호구, 활선 작업용 기구, 활선 작업용 장치 등도 충분히 점검하고 정기적으로 절연 성능을 검사한다.

79 외부 비계 중 벽 연결의 역할 3가지를 쓰시오.

해답
1. 비계 전체의 좌굴 방지
2. 풍하중에 의한 도괴 방지
3. 위험 방지판, 네트 프레임 등에 의한 편심 하중을 지탱하여 도괴 방지

80 사질토 지반의 개량 공법 4가지를 쓰시오.

해답
1. 다짐 말뚝 공법
2. 다짐모래 말뚝 공법
3. 바이브로플로테이션 공법
4. 폭파 다짐 공법
5. 전기 충격 공법
6. 약액 주입 공법

81 현장에서 실시하는 토질 시험의 종류 3가지를 쓰시오.

해답
1. 표준 관입 시험
2. 베인 테스트
3. 전단 시험
4. 지내력 시험
5. 투수 시험
6. 다짐 시험

82 터널 지보공 중 강아치 지보공 조립 시 위험 방지를 위한 조치 사항 4가지를 쓰시오.

해답
1. 조립 간격은 조립도에 의할 것
2. 주재가 아치 작용을 충분히 할 수 있도록 쐐기를 박는 등 필요한 조치를 할 것
3. 연결 볼트 및 띠장 등을 사용하여 주재 상호간을 튼튼하게 연결할 것
4. 터널 등의 출입구 부분에는 받침대를 설치할 것
5. 낙하물에 의하여 근로자에게 위험을 미칠 우려가 있는 때에는 널판 등을 설치할 것

83 콘크리트 옹벽이 갖추어야 할 안전 조건을 쓰시오.

해답
1. 전도에 의한 안정
2. 활동에 대한 안정
3. 지지력에 대한 안정

84 비파괴 검사의 종류 5가지를 쓰시오.

해답 1. 육안 검사 2. 자기 검사 3. 누설 검사 4. 내압 검사
5. 방사선 투과 검사 6. 초음파 투과 검사 7. 와류 검사

85 연화 현상의 정의 및 발생 주원인 3가지를 쓰시오.

해답 1. 정의 : 동상 현상의 반대 현상으로 얼음이 녹아서 흙속에 수분이 과잉 상태로 존재하는 현상을 뜻한다.
2. 원인
① 지표수의 침투가 발생할 경우
② 지하수위가 상승할 경우
③ 융해수가 배수되지 않고 저류되는 경우

86 흙의 압밀 중 압밀을 촉진시키는 공법을 쓰시오.

해답 1. 샌드 드레인 공법 2. 진공 배수 공법 3. 페이퍼 드레인 공법
4. 전기 침투 공법 5. 웰 포인트 공법

87 일반적인 토공 계획 시 고려해야 할 사항을 쓰시오.

해답 1. 토공에 필요한 조사 2. 토질 3. 절토 및 성토량의 균형
4. 토적 계산 5. 토적 곡선(유토 곡선)

88 기초가 구비해야 할 구조상의 요구 조건을 쓰시오.

해답 1. 최소의 근접 깊이를 가질 것
2. 안전하게 하중을 지지할 수 있을 것
3. 침하가 허용치를 넘지 않을 것
4. 기초공의 시공이 가능할 것

참고 기초란 상부 구조물의 하중을 지반에 전달하게 구조물을 안전하게 지지하기 위한 하부 구조로서 이에 대한 공사를 기초공이라 한다.

89 기초공의 선정 조건을 쓰시오.

해답 1. 구조물의 기능 2. 경제성 3. 시공 조건
4. 공사 환경 5. 기본 조건 6. 부차적 조건

90 건축물이 축조된 후 기간이 경과함에 따라 부분적인 균열에 의한 부동 침하의 원인을 쓰시오.

해답 1. 건물이 경사지나 언덕에 근접되어 있는 경우
2. 건물이 이질 지반에 걸쳐 있는 경우
3. 부주의한 증축을 하는 경우
4. 이종의 기초 구조를 채용한 경우
5. 근접해서 부주의한 기초파기를 했을 경우

91 콘크리트 타설 시 붕괴 위험 방지를 위하여 사전에 실시해야 할 안전 점검 사항 3가지를 쓰시오.

해답 1. 거푸집 지보공의 변형 유무
2. 거푸집 지보공의 변위 유무
3. 지반의 침하 유무

92 흙막이 지보공 공사 주변에 침하를 일으킬 수 있는 원인을 쓰시오.

해답 1. 측압　2. 배수　3. 보일링　4. 히빙 현상
5. 과대 하중　6. 흙막이 버팀 시공 불량　7. 배수구 처리 미비

93 비탈면 개굴착 공법의 장점 2가지를 쓰시오.

해답 1. 공사비의 변동이 없다.(공사비가 적게 든다.)
2. 장비에 의한 굴착이 가능하다.

94 조립토와 세립토의 특성을 비교하여 쓰시오.

해답

토질 특성	조립토	세립토
공극률	크다.	적다.
점착성	거의 없다.	있다.
압밀량	적다.	크다.
투수성	크다.	적다.
마찰력	크다.	적다.

95 정적인 자세에서 벗어나고자 하는 잔잔한 떨림 현상을 무엇이라 하는지 쓰시오.

해답 진전

96 쇼벨계 굴착 기계의 종류를 쓰시오.

해답 1. 백 호　2. 드래그 쇼벨　3. 드래그 라인
4. 클램셸　5. 크레인

97 토공사 시 흙쌓기의 경사 기준을 쓰시오.

해답 1. 보통 흙쌓기의 비탈 경사 – 1 : 1.5
2. 보통 모래 쌓기의 비탈 경사 – 1 : 2
3. 보통 연약 점토질의 비탈 경사 – 1 : 3

98 건설 현장에서 안전모 착용 대상 작업을 쓰시오.

해답 1. 2m 이상의 고소 작업　2. 낙하 위험 작업
3. 비계의 해체, 조립 작업　4. 차량계 하역 운반 기계 작업
5. 산소 결핍 위험 작업　6. 노천 굴착 작업

99 법에 의한 배선 및 이동 전선으로 인한 감전 재해 예방 조치 사항을 쓰시오.

해답 1. 절연 피복이 있는 것 또는 절연 피복이 손상되거나 노화됨으로 인한 감전 위험을 방지하기 위하여 필요한 조치를 할 것
2. 습윤한 장소에서 이동 전선 및 이에 부속하는 접속 기구는 해당 전도성이 높은 액체에 대하여 충분한 절연 효과가 있는 것을 사용할 것
3. 통로 바닥에 전선 또는 이동 전선을 설치하여 사용하여서는 안 된다.
4. 꽂음 접속기를 설치 또는 사용할 것

100 화약고의 안전 점검 사항 4가지를 쓰시오.

해답 1. 화약고 주변 7.5m 이내에 연소하기 쉬운 것이 없어야 한다.
2. 출입 금지 및 화기 엄금 표지는 되어 있는가 확인할 것
3. 화약고 내에 화약류에 타물질을 두지 않았는가 확인할 것
4. 최대 저장량을 초과하여 저장하고 있지 않은가 확인할 것
5. 화약류를 쌓아둔 높이가 1.8m 이하로 되어 있는가 확인할 것

101 욕구 불만이 계속되면 공격적 행동이 나타나는데 이 공격적 형태의 3가지를 쓰시오.

해답 1. 합리화　2. 퇴행　3. 고착　4. 체념

102 흙막이 공사 주변이 침하를 일으키는 원인을 쓰시오.

해답 1. 측압에 견디지 못할 때 2. 점성토의 히빙 3. 사질토의 보일링
4. 배수구의 처리 5. 흙막이 버팀 기둥 또는 버팀대의 시공 불량

103 비탈면 안정을 위한 보호 방법을 쓰시오.

해답 1. 콘크리트 타설 2. 시멘트 모르타르 코팅 3. 아스팔트 코팅
4. 방수포 포설 5. 흙가마니 쌓기

104 연약 지반의 개량 목적을 쓰시오.

해답 1. 지반의 지지력 증대 2. 지반의 변형 억제
3. 내수성의 유지와 증진 4. 수압 및 투수성의 감소 및 제거

105 깊은 기초의 종류를 쓰시오.

해답 1. 말뚝 기초 2. 케이슨 기초 3. 피어 기초

106 리더십의 유효성을 결정짓는 3가지 요소를 쓰시오.

해답 $L=f(L, F, S)$
여기서, L : leader 자신, f : 추종자 집단, S : 상황 변수

107 콘크리트 구조물 해체 공사에서 가설 계획에 포함되어야 할 사항 5가지를 쓰시오.

해답 1. 가설 울타리 2. 가설 건물 3. 출입구
4. 흡연 장소 5. 연락 설비 6. 환기 설비

108 다음 FTA와 FMEA의 상대적 특성들을 비교하시오.

해답

FTA	FMEA
연역적	귀납적
TOP-DOWN	Bottom-up
정량적 분석	정성적 분석
논리적 기호를 사용한 해석	표를 사용한 해석
Software나 인간 과오까지 포함한 해석	Hardware의 고장 해석

109 산업안전보건법상 산소 등의 가스 용기 취급 시 주의 사항 6가지를 쓰시오.

해답
1. 용기의 온도를 40℃ 이하로 유지할 것
2. 전도의 위험이 없도록 할 것
3. 충격을 가하지 아니하도록 할 것
4. 운반할 때에는 캡을 씌울 것
5. 밸브의 개폐는 서서히 할 것
6. 용해 아세틸렌 용기는 세워둘 것
7. 사용할 때에는 용기의 마개에 부착되어 있는 유류 및 먼지를 제거할 것
8. 사용 전 또는 사용 중인 용기와 그 외의 용기를 명확히 구별하여 보관할 것

110 건설 현장 전기 공사 시 근로자들의 감전 방지 대책 4가지를 쓰시오.

해답
1. 전기 설비의 점검 철저
2. 전기 기기의 위험 표지
3. 유자격자 이외에는 전기 기계, 기구 조작 금지
4. 설비의 필요 부분에는 보호 접지
5. 노출된 충전 부분에 절연용 방호구 설치
6. 재해 발생 시의 처리 순서를 미리 작성해 둘 것
7. 관리 감독자는 작업에 대한 안전 교육 시행

111 감전에 의하여 넘어진 사람에 대한 주요 관찰 사항을 쓰시오.

해답 1. 의식 상태 2. 맥박 상태 3. 호흡 상태 4. 출혈 상태 5. 골절 유무

112 위험물의 제조 · 취급 시에 폭발, 화재 및 누출 등에 대한 위험 방지를 위한 조치 사항을 쓰시오.

해답
1. 폭발성 물질을 화기, 기타 점화원이 될 우려가 있는 것에 접근시키거나 가열하거나 마찰시키거나 충격을 가하는 행위
2. 발화성 물질을 각각 그 특성에 따라 화기, 기타 점화원이 될 우려가 있는 것에 접근시키거나 산화를 촉진하는 물질 또는 물에 접촉시키거나 가열하거나 충격을 가하는 행위
3. 산화성 물질을 분해가 촉진될 우려가 있는 물질에 접촉하거나 가열하거나 마찰시키거나 충격을 가하는 행위
4. 인화성 물질을 화기, 기타 점화원이 될 우려가 있는 것에 접근시키거니 주입 또는 가열하거나 증발시키는 행위
5. 가연성 가스를 화기, 기타 점화원이 될 우려가 있는 것에 접근시키거나 압축, 가열 또는 주입하는 행위

113 **터널 지보공 중 강아치 지보공 조립 시 준수 사항을 쓰시오.**

해답
1. 조립 간격은 조립도에 의할 것
2. 주재가 아치 작용을 충분히 할 수 있도록 쐐기를 박는 등 필요한 조치를 할 것
3. 연결 볼트 및 띠장 등을 사용하여 주재 상호간을 튼튼하게 연결할 것
4. 터널의 출입구 부분에는 받침대를 설치할 것
5. 낙하물에 의하여 근로자에게 위험을 미칠 우려가 있을 때에는 널판 등을 설치할 것

114 **근로자가 작업 중 또는 동행 등으로 인하여 전기 기계, 기구 또는 전로 등의 충전 부분에 접촉 또는 접근함으로 인하여 감전의 위험이 있을 때 조치 사항 3가지를 쓰시오.**

해답
1. 충전부가 노출되지 아니하도록 폐쇄형 외함이 있는 구조로 할 것
2. 충전부에 충분한 절연 효과가 있는 방호망 또는 절연 덮개를 설치할 것
3. 충전부는 내구성이 있는 절연물로 완전히 덮어 감쌀 것
4. 발전소, 변전소 및 개폐소 등 구획되어 있는 장소로서 관계 근로자 외의 출입이 금지되는 장소에 충전부를 설치하고 위험 표시 등의 방법으로 방호를 강화할 것
5. 전주 위 및 철탑 위 등 격리되어 있는 장소로서 관계 근로자 외에 접근할 우려가 없는 장소에 충전부를 설치할 것

115 **전기 기계, 기구의 충전 전로에 접근하는 장소에는 항타기, 항발기, 콘크리트 펌프카 및 이동식 크레인 등을 사용 시 감전 방지 조치 사항을 쓰시오.**

해답
1. 해당 충전 전로를 이설할 것
2. 감전의 위험을 방지하기 위한 방책을 설치할 것
3. 해당 충전 전로에 절연용 방호구를 설치할 것
4. 감시인 배치

116 **정전 작업 시 감전 방지를 위한 정전 작업 요령을 작성해야 한다. 포함해야 할 사항 3가지를 쓰시오.**

해답
1. 작업 책임자의 임명, 정전 범위, 절연용 보호구의 이상 유무 점검 및 활선 접근 경보 장치의 휴대 등 작업 시작 전에 필요한 사항
2. 전로 또는 설비의 정전 순서에 관한 사항
3. 개폐기 관리 및 표지판 부착에 관한 사항
4. 정전 확인 순서에 관한 사항
5. 단락 접지 실시에 관한 사항
6. 전원 재투입 순서에 관한 사항
7. 점검 또는 시운전을 위한 일시 운전에 관한 사항
8. 교대 근무 시 근무 인계에 필요한 사항

117 화약 발파 작업에 대한 일반적인 작업의 안전 수칙 5가지를 쓰시오.

해답
1. 화약류나 발파기재의 수송, 취급, 저장 및 사용은 발파 작업에 충분한 경험과 자격을 갖춘 사람이 지휘, 감독하여야 한다.
2. 화약류나 발파기재를 작업장에 반입할 때에는 사전에 관계 기관의 허가를 받아야 한다.
3. 발파기는 제조업자의 지시대로 유지, 관리 사용하여야 하며 사용 전, 후에 주기적으로 시험, 점검하여야 한다.
4. 발파 구역 입구에는 경고판을 부착하여야 한다.
5. 화약이나 폭약은 절대로 방치되어서는 안 된다.
6. 빈 용기 등 쓰레기는 재사용을 엄금하며 지정된 장소에서 폐기하여야 한다.
7. 동력 기계는 장전 구멍으로부터 15m 이내에서 사용하여서는 안 된다.

118 안전관리비(산업안전보건관리비)의 항목 6가지를 쓰시오.

해답
1. 안전 보건 관계자의 인건비 및 각종 업무 수당 등
2. 안전 시설비 등
3. 개인 보호구 및 안전 장구 구입비 등
4. 사업장의 안전 진단비 등
5. 안전 보건 교육비 및 행사비
6. 근로자의 건강 관리비 등
7. 건설 재해 예방 기술 지도비 등
8. 본사 사용비

119 법상 의무 안전 인증 대상 보호구의 종류를 쓰시오.

해답
1. 추락 및 감전 위험 방지용 안전모
2. 안전화
3. 안전 장갑
4. 방진 마스크
5. 방독 마스크
6. 송기 마스크
7. 보호복
8. 전동식 호흡 보호구
9. 안전대
10. 차광 및 비산물 위험 방지용 보안경
11. 용접용 보안면
12. 방음용 귀마개 또는 귀덮개

120 유해 위험 기계 · 기구의 안전 인증 심사의 종류를 쓰시오.

해답
1. 예비 심사
2. 서면 심사
3. 기술 능력 및 생산 체계 심사
4. 제품 심사

121 양중기에 사용되는 와이어 로프의 판정 기준 3가지를 쓰시오.

해답 1. 소선의 수가 10% 이상 절단 시 교환
2. 직경의 감소가 공칭 지름의 7% 초과 시 교환
3. 현저한 변형, 비틀림, 부식이 없을 것

122 흙의 연화 현상을 방지하기 위한 대책 2가지를 쓰시오.

해답 1. 흙속의 수분을 신속히 배제한다.
2. 동결 부분의 함수량 증가를 방지한다.
3. 배수층을 동결 깊이 아래층에 설치한다.

123 해체 작업 계획서 작성 시에는 대상 건물 조사, 주변 조사, 부지 조사 등이 선행되어야 한다. 해체 건물 조사 시 세부 조사 사항을 쓰시오.

해답 1. 구조(철근 콘크리트조, 철골 철근 콘크리트조 등)의 특성 및 생수, 층수, 건물 높이 기준층 면적
2. 평면 구성 상태, 폭, 층고, 벽 등의 배치 상태
3. 부재별 치수, 배근 상태, 해체시 주의하여야 할 구조적으로 약한 부분
4. 해체시 전도의 우려가 있는 내 · 외장재
5. 설비 기구, 전기 배선, 배관 설비 계통의 상세 확인
6. 구조물의 설립 연도 및 사용 목적
7. 구조물의 노후 정도, 재해(화재, 동해 등) 유무
8. 증설, 개축, 보강 등의 구조 변경 현황
9. 해체 공법의 특성에 의한 비산 각도, 낙하 반경 등의 사전 확인
10. 진동, 소음, 분진의 예상치 측정 및 대책 방법
11. 해체물의 직접 운반 방법
12. 재이용 또는 이설을 요하는 부재 현황
13. 기타 해당 구조물 특성에 따른 내용 및 조건

124 전기 화재의 발생 시 발화원의 원인이 되는 요인을 쓰시오.

해답 1. 이동 가능한 전열기
2. 전등, 전화 등의 배선
3. 전기 기기
4. 전기 장치
5. 배선 기구
6. 고정된 전열기

125 기초 지반의 공학적 성질을 적극적으로 개량하는 지반 개량 공법 4가지를 쓰시오.

해답
1. 점성토 지반의 개량 공법(치환 공법, 샌드 드레인 공법 등)
2. 사질토 지반의 개량 공법(다짐 말뚝 공법, 진동 다짐 공법)
3. 일시적 지반의 개량 공법(웰 포인트 공법, 진공 공법)
4. 특수 지반의 개량 공법(언더 피닝 공법, 지하 연속벽 공법)

126 건설 공사에 있어 구조물이 콘크리트 타설 전 거푸집 동바리를 충분히 검토하지 않으면 붕괴 위험이 유발된다. 동바리 하중 지지 조건의 중요한 요소 4가지를 쓰시오.

해답
1. 연직 방향 하중
2. 횡방향 하중
3. 콘크리트 측압
4. 특수 하중
5. 1~4 외에 안전율을 고려한 하중

127 이동식 사다리의 다리 부분에 미끄럼 방지 장치를 해야 한다. 용도에 알맞은 미끄럼 방지 장치를 쓰시오.

해답
1. 지반이 부드러운 맨땅 : 쐐기형 강스파이크
2. 실내용 : Pivot 방지용 발판(인조 고무)
3. 돌마무리, 인조석 깔기로 마감한 바닥 : 미끄럼 방지 판자, 미끄럼 방지 고정쇠

128 함수비가 큰 지반의 기초 구조물 터파기에서 안전 시공을 위한 굴착 공법을 쓰시오.

해답
1. Open Cut 공법
2. 아일랜드 공법
3. 트렌치 컷 공법
4. 플로팅 공법
5. well 또는 케이슨 공법

129 해체 공사에 따른 소음 및 진동 공해 방지 대책 4가지를 쓰시오.

해답
1. 공기 압축기 등을 적당한 장소에 설치하며 장비의 소음 진동 기준은 관계법에서 정하는 바에 따라서 처리하여야 한다.
2. 전도 공법의 경우 진도물 규모를 작게 하여 중량을 최소화하며 전도 대상물의 높이도 되도록 작게 하여야 한다.
3. 철 해머 공법의 경우 해머의 중량과 낙하 높이를 가능한 한 낮게 하여야 한다.
4. 현장 내에서는 대형 부재로 해체하며 장외에서 잘게 파쇄하여야 한다.
5. 인접 건물의 피해를 줄이기 위해 방음, 방진 목적의 가시설을 설치하여야 한다.

130 터널 굴착 시 터널 공기 오염의 주요 원인 5가지를 쓰시오.

해답
1. 작업자 자신의 호흡에 의한 탄산가스
2. 화약 발파에 의해 발생되는 연기와 가스
3. 공사용 기계들의 배기가스
4. 지반으로부터 용출되는 유해가스
5. 산소 결핍 공기
6. 말뚝, 유기물의 부패, 발효에 의해 발생되는 가스
7. 착암기, 굴착 기계, 적재 기계들의 사용과 발파에 의하여 비산되는 분진

131 강말뚝 부식 방지 방법 3가지를 쓰시오.

해답
1. 두께를 증가시키는 공법
2. 도장에 의한 방법
3. 콘크리트 피복에 의한 방법
4. 전기 방식 방법

132 기초 굴착 시 비탈면 보호의 방법 3가지를 쓰시오.

해답
1. 콘크리트 타설
2. 시멘트 모르타르 타설
3. 방수포 타설
4. 흙가마니 쌓기
5. 아스팔트 도포

133 유해 위험 방지 계획서 제출 시 공사 중 확인해야 할 사항 3가지를 쓰시오.

해답
1. 유해 위험 방지 계획서 내용과 실제 공사 내용과의 부합 여부
2. 유해 위험 방지 계획서의 변경 내용의 적정성
3. 추가적인 유해 위험 요인의 존재 여부

134 안전 난간의 구성 부품을 쓰시오.

해답
1. 상부 난간대
2. 중간 난간대
3. 난간 기둥
4. 발끝막이판

135 다음 위험 및 운전성 분석(Hazop)의 용어에 대해 설명하시오.

1) MORE LESS
2) AS WELL AS
3) OTHER THAN
4) PART OF
5) NO & NOT
6) REVERSE

해답
1) 양의 증가 또는 감소
2) 양의 증가
3) 완전한 교체
4) 성질상 감소
5) 존재하지 않음
6) 역반응

136 매슬로우의 인간 욕구 이론을 순서대로 쓰시오.

해답 1. 생리적 욕구　2. 안전의 욕구　3. 사회적 욕구
4. 인정받으려는 욕구　5. 자아실현의 욕구

137 법상 다음 기계, 기구의 방호 장치명을 쓰시오.

1) 프레스, 전단기
2) 아세틸렌 용접 장치, 가스 집합 용접 장치
3) 방폭용 전기 기계, 기구
4) 교류 아크 용접기
5) 압력 용기
6) 보일러
7) 롤러
8) 연삭기
9) 목재 가공용 둥근톱
10) 동력식 수동 대패기
11) 산업용 로봇
12) 정전, 활선 작업

해답 1) 방호 장치
2) 안전기
3) 방폭 구조 전기 기계, 기구
4) 자동 전격 방지기
5) 압력 방출 장치
6) 압력 방출 장치 및 압력 제한 스위치
7) 급정지 장치
8) 덮개
9) 반발 예방 장치 및 날접촉 예방 장치
10) 칼날 접촉 예방 장치
11) 안전 매트, 방호울
12) 절연용 방호구 및 활선 작업용 기구

138 200명이 있는 사업장에서 6개월간 안전 부서에서 불안전 행동 조치 건수 35건, 안전 PR 15건, 불안전 상태 지적 50건, 안전 회의를 6회 실시하였을 경우 안전 활동률을 구하시오. (단, 1일 8시간, 월 25일 작업)

해답 $$\frac{106}{200\times8\times25\times6}\times1,000,000=441.67$$

139 Lippitt와 White의 리더십 중에서 가장 좋지도 가장 나쁘지도 않은 중간형을 쓰시오.

해답 민주형

140 법상 차량계 건설 기계의 종류 6가지를 쓰시오.

해답 1. 도저형 건설 기계(불도저, 스트레이트 도저, 틸트 도저, 앵글 도저, 버킷 도저 등)
2. 모터 그레이더
3. 로더(포크 등 부착물 종류에 따른 용도 변경 형식을 포함한다)
4. 스크레이퍼

5. 크레인형 굴착 기계(클램셸, 드래그라인 등)
6. 굴삭기(브레이커, 크러셔, 드릴 등 부착물 종류에 따른 용도 변경 형식을 포함한다)
7. 항타기 및 항발기
8. 천공용 건설 기계(어스 드릴, 어스 오거, 크롤러 드릴, 점보 드릴 등)
9. 지반 압밀 침하용 건설 기계(샌드 드레인 머신, 페이퍼 드레인 머신, 팩 드레인 머신 등)
10. 지반 다짐용 건설 기계(타이어 롤러, 매커덤 롤러, 탠덤 롤러 등)
11. 준설용 건설 기계(버킷 준설선, 그래브 준설선, 펌프 준설선 등)
12. 콘크리트 펌프카
13. 덤프 트럭
14. 콘크리트 믹서 트럭
15. 도로 포장용 건설 기계(아스팔트 살포기, 콘크리트 살포기, 아스팔트 피니셔, 콘크리트 피니셔 등)
16. 제1호부터 제15호까지와 유사한 구조 또는 기능을 갖는 건설 기계로서 건설 작업에 사용하는 것

141 인간 과오에 대한 배후 요인 4가지를 쓰시오.

해답 1. man 2. machine 3. media 4. management

142 Fail-safe의 기능적 분류 3가지를 쓰시오.

해답 1. Fail passive 2. Fail operational 3. Fail active

143 안전 교육의 효율적인 지도를 위한 교육 지도의 8원칙을 쓰시오.

해답 1. 상대방 입장에서 2. 동기 부여 3. 쉬운 것부터 어려운 것으로
4. 반복 5. 한 번에 한 가지씩 6. 인상 강화
7. 5관의 활용 8. 기능적인 이해

144 현장 근로자들의 피로의 원인을 쓰시오.

해답 1. 개체의 조건 2. 작업 조건 3. 환경 조건 4. 생활 조건 5. 사회적 환경

145 작업장 T.W.I 교육의 5가지 기본적인 요건을 쓰시오.

해답 1. 직무의 지식 2. 직책의 지식
3. 작업을 가르치는 능력 4. 작업 방법을 개선하는 기능
5. 사람을 다루는 기량(기능)

146 동작 경제의 원칙 3가지를 쓰시오.

해답 1. 동작 활용의 원칙
2. 동작 개선의 원칙
3. 동작 절약의 원칙

147 크레인에 대한 다음을 설명하시오.

1) 정격 하중 2) 권상 하중 3) 정격 속도

해답 1) 크레인 정상 하중에서 훅, 그래브 또는 버킷 등 달기구의 중량에 상당하는 하중을 뺀 하중
2) 크레인 구조, 재료에 따라 들어 올릴 수 있는 최대의 하중
3) 크레인에 정격 하중에 상당하는 하중을 매달고 권상, 주행, 선회 또는 트롤리의 수평 이동 시 최고 속도

148 법상 관리 감독자를 선임해야 할 작업 중 건설 업종에서 5가지를 쓰시오.

해답 1. 콘크리트 파쇄기를 사용하여 행하는 파쇄 작업
2. 굴착면의 높이가 2m 이상이 되는 지반 굴착 작업
3. 흙막이 지보공의 보강 또는 동바리의 설치 또는 해체 작업
4. 굴착면의 높이가 2m 이상이 되는 암석의 굴착 작업
5. 비계의 조립, 해체 또는 변경 작업
6. 거푸집 동바리의 조립 또는 해체 작업
7. 콘크리트 공작물의 해체 또는 파괴 작업
8. 터널 안에서의 굴착 작업

149 법상 근로자를 신규 채용 시 또는 작업 내용 변경 시 안전 보건 교육의 내용 5가지를 쓰시오.

해답 1. 기계·기구의 위험성과 작업의 순서 및 동선에 관한 사항
2. 작업 개시 전 점검에 관한 사항
3. 정리정돈 및 청소에 관한 사항
4. 사고 발생 시 긴급 조치에 관한 사항
5. 산업 보건 및 직업병 예방에 관한 사항
6. 물질 안전 보건 자료에 관한 사항
7. 산업안전보건법 및 일반 관리에 관한 사항

150 **굴착면의 높이가 2m 이상이 되는 지반 굴착 시 근로자에 대한 사전 특별 안전 보건 교육 실시 내용 4가지를 쓰시오.**

해답 1. 지반의 형태 구조 및 굴착 요령에 관한 사항
2. 지반의 붕괴 재해 예방에 관한 사항
3. 붕괴 방지용 구조물 설치 및 작업 방법에 관한 사항
4. 보호구 종류 및 사용에 관한 사항
5. 그 밖에 안전 · 보건 관리에 필요한 사항

151 **비계의 높이가 2m 이상인 작업 장소에서 작업 시 작업 발판을 설치하여야 한다. 발판의 구조 3가지를 쓰시오.**

해답 1. 발판 재료는 작업 시의 하중치를 견딜 수 있도록 견고한 것으로 할 것
2. 작업 발판의 폭은 40cm 이상으로 하고 발판 재료간의 틈은 3cm 이하로 할 것
3. 추락의 위험이 있는 장소에는 안전 난간을 설치할 것
4. 작업 발판의 지지물은 하중에 의하여 파괴될 우려가 없는 것을 사용할 것
5. 발판 재료는 뒤집히거나 떨어지지 않도록 2개소 이상의 지지물에 부착시킬 것
6. 작업 발판을 작업에 따라 이동시킬 때에는 위험 방지에 필요한 조치를 할 것

152 **보일링 현상의 정의를 간략하게 기술하시오.**

해답 지하수위가 높은 모래 지반과 같은 투수성이 좋은 지반에서 지하수위 보다 낮게 굴착하는 경우 부근의 피압수가 널말뚝 아래를 침투해 올라오는 물때문에 토사가 굴착한 곳으로 밀려나오는 현상으로 방지 대책으로는 굴착 저면 아래까지 지하수위를 낮추거나 흙막이 벽을 깊이 설치하여 지하수의 흐름을 막는다.

153 **크레인을 이용한 작업에서 관리 감독자의 직무 사항을 쓰시오.**

해답 1. 작업 방법과 근로자의 배치를 결정하고 그 작업을 지휘하는 일
2. 재료의 결함 유무 또는 기구 및 공구의 기능을 점검하고 불량품을 제거하는 일
3. 작업 중 안전대 또는 안전모의 착용 유무를 감시하는 일

154 **거푸집 동바리 조립, 해체 작업 시 관리 감독자의 직무 3가지를 쓰시오.**

해답 1. 안전한 작업 방법을 결정하고 작업을 지휘하는 일
2. 재료, 기구의 결함 유무를 점검하고 불량품을 제거하는 일
3. 작업 중 안전대 및 안전모 등 보호구의 착용 상황을 감시하는 일

155 법상 안전 검사의 주기를 쓰시오.

해답 1. 크레인, 리프트 및 곤돌라 : 사업장에 설치가 끝난 날부터 3년 이내에 최초 안전 검사 실시. 그 이후부터 매 2년(건설 현장에서 사용하는 것은 최초 설치한 날부터 6개월)
2. 그 밖의 유해 위험 기계 등 : 사업장에 설치가 끝난 날부터 3년 이내에 최초 안전 검사 실시. 그 이후부터 매 2년(공정 안전 보고서를 제출하여 확인을 받은 압력 용기는 4년)

156 잠함 또는 우물통의 내부에서 굴착 작업 시 잠함 등의 급격한 침하에 의한 위험 방지 조치를 쓰시오.

해답 1. 침하 관계도에 따라 굴착 방법 및 재하량 등을 정할 것
2. 바닥으로부터 천장 또는 보까지의 높이는 1.8m 이상으로 할 것

157 철골 공사에서 전기 용접 작업 시 용접 결함 종류 3가지를 쓰시오.

해답 1. 언더 컷
2. 오버 랩
3. 크랙
4. 공기 구멍
5. 슬래그 감싸들기

158 거푸집 동바리 등을 조립하는 때에 지주로 사용하는 파이프 서포트에 대한 준수 사항을 쓰시오.

해답 1. 파이프 서포트를 3본 이상 이어서 사용하지 아니하도록 할 것
2. 파이프 서포트를 이어서 사용할 때에는 4개 이상의 볼트 또는 전용 철물을 사용하여 이을 것
3. 높이가 3.5m를 초과할 때에는 높이 2m 이내마다 수평 연결재를 2개 방향으로 만들고 수평 연결재의 변위를 방지할 것

159 외부 비계에 설치하는 벽 연결의 역할 3가지를 쓰시오.

해답 1. 비계 전체의 좌굴 방지
2. 풍하중에 의한 도괴 장치
3. 위험 방지판, 네트 프레임 등에 의한 편심 하중을 지탱하여 도괴 방지

160 차량계 하역 운반 기계를 이용하여 화물 적재 시 준수 사항을 쓰시오.

해답
1. 하중이 한쪽으로 치우치지 않도록 적재할 것
2. 운전자의 시야를 가리지 아니하도록 화물을 적재할 것
3. 최대 적재량을 초과하지 않을 것
4. 구내 운반차 또는 화물차에 있어서 화물의 붕괴 또는 낙하로 인한 근로자의 위험을 방지하기 위하여 화물에 로프를 거는 등 필요한 조치를 할 것

161 달비계를 이용한 작업에서 달기 와이어 로프의 사용 제한 조건을 쓰시오.

해답
1. 와이어 로프의 한 가닥에서 소선의 수가 10% 이상 절단된 것
2. 지름의 감소가 공칭 지름의 7%를 초과하는 것
3. 심하게 변형 또는 부식된 것

162 밀폐 공간에서 작업 시 작업 시작 전에 안전 작업 방법 등에 관한 사항을 근로자에게 주지하여야 한다. 그 주지해야 할 사항을 쓰시오.

해답
1. 산소 및 유해 가스 농도 측정에 관한 사항
2. 사고 시의 응급 조치 요령
3. 환기 설비 등 안전한 작업 방법에 관한 사항
4. 보호구 착용 및 사용 방법에 관한 사항
5. 구조용 장비 사용 등 비상시 구출에 관한 사항

163 강관틀 비계의 조립 작업 시 준수해야 할 사항을 쓰시오.

해답
1. 비계 기둥의 밑둥에는 밑받침 철물을 사용하여야 하며 밑받침에 고저차가 있는 경우에는 조절형 밑받침 철물을 사용하여 각각의 강관틀 비계가 항상 수평 및 수직을 유지하도록 할 것
2. 높이가 20m를 초과하거나 중량물의 적재를 수반하는 작업을 할 경우에는 주틀 간의 간격을 1.8m 이하로 할 것
3. 주틀 간에 교차 가새를 설치하고 최상층 및 5층 이내마다 수평재를 설치할 것
4. 수직 방향으로 6m, 수평 방향으로 8m 이내마다 벽 이음을 할 것
5. 길이가 띠장 방향으로 4m 이하이고 높이가 10m를 초과하는 경우에는 10m 이내마다 띠장 방향으로 버팀 기둥을 설치할 것

164 **밀폐 공간에 근로자를 투입하는 때에는 밀폐 공간 보건 작업 프로그램을 수행하여야 한다. 그 내용을 쓰시오.**

해답
1. 작업 시작 전 적정한 공기 상태의 확인을 위한 측정 평가
2. 응급 조치 등 안전 보건 교육 및 훈련
3. 공기 호흡기 또는 송기 마스크 등의 착용 및 관계
4. 그 밖에 밀폐 공간에서 작업하는 근로자의 건강 장해 예방에 관한 사항

165 **밀폐 공간에 근로자가 투입되는 때에는 미리 산소 농도를 측정한 후 작업을 하여야 한다. 산소 농도를 측정할 수 있는 자를 쓰시오.**

해답
1. 관리 감독자
2. 안전 관리자 및 보건 관리자
3. 안전 관리 대행 기관
4. 지정 측정 기관

MEMO

부록

건설 장비 및 사고 유형

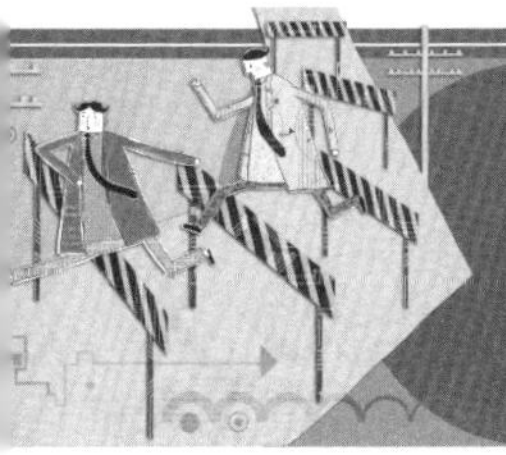

건설 장비 및 사고 유형

1 건설 장비

(1) 불도저

[불도저(bulldozer)]

[쇼벨 도저(shovel dozer)]

[휠도저(wheeldozer)]

[레이크 도저(raked dozer)]

① 용도 : 토사의 굴착 및 단거리 운반, 깔기, 고르기, 메우기 등

② 성능 : 보통 중량(대형 23ton 이상, 중형 15~20ton, 소형 11~12ton)으로 표시한다.

(2) 스크레이퍼

[모터 스크레이퍼(moter scraper)]

[피견인식 스크레이퍼]

① 용도 : 평탄한 지형의 지표면을 얇게 깎거나 일정 두께로 흙 쌓기를 할 경우에 사용되며 불도저보다 운반 거리가 길다.

② 성능 : 적재함의 적재 용량으로 표시(m^3)

(3) 모터 그레이더

① 도로공사에서의 정지 및 마무리 작업에 필수적으로 사용되는 장비이다.

② 부드러운 토사 절취나 정지 작업 또는 자갈길을 유지 · 보수하기 위하여 사용된다.

③ 그레이더의 규격은 삽날의 길이에 따라 구분한다.

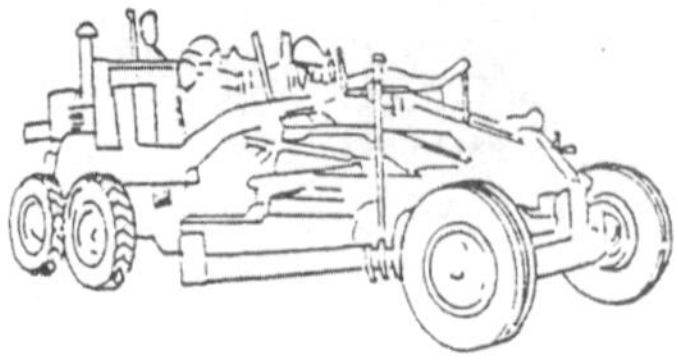

[모터 그레이더]

(4) 쇼벨(shovel)계 굴착 기계

1) 파워 쇼벨(power shovel)

① 쇼벨계 굴착 기계 중 가장 기본이 되는 장비이다.
② 기계보다 높은 위치의 굴착 작업에 적합하다.
③ 단단한 토질의 굴착도 가능하다.
④ 운반 기계와 조합 사용하며 효과적이다.
⑤ Crawler형과 Tire형이 있다.

2) 드래그 쇼벨(back hoe)

① 토공의 주된 장비로서 쓰인다.
② 지면보다 낮은 위치의 굴착이 용이하나 높은 곳도 굴착과 적재가 가능하다.
③ 정확한 위치의 굴착이 가능하므로 구조물 기초의 굴착에 적합하다.

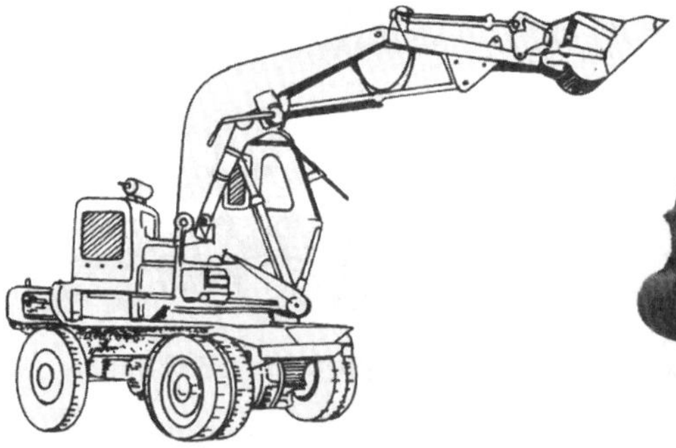

[파워 쇼벨(power shovel)]

[드래그 쇼벨(백 호)]

④ 현장 여건이 좋으면 파워 쇼벨과 동일한 작업 능력을 발휘한다.
⑤ 와이어 로프식과 유압식이 있다.

3) 드래그 라인(drag line)

① 기계보다 낮은 장소의 굴착이 용이하다.
② 넓은 면적의 연한 토질을 광범위하게 굴착 시 유효하다.
③ 단단한 지반의 굴착에는 부적합하다.

④ 하상 굴착, 골재 채취 등 수중 작업에도 사용된다.
⑤ 수중 굴착 작업 시에는 구멍 뚫린 버킷(bucket)을 사용한다.

4) 클램셸(clamshell)

① 기초 및 우물통 등의 좁은 장소의 깊은 굴착에 적합하다.
② 높은 장소에의 적재 작업에도 사용된다.
③ 단단한 지반의 굴착에는 부적합하다.
④ 자갈, 모래 등의 채취에 가장 많이 이용된다.
⑤ 버킷의 종류에 따라 가벼운 재료의 취급, 흐트러진 재료의 취급, 굴착 작업 등 용도가 다르다.

5) 트렌처(trencher)

① 가스관, 수도관 등의 매설 및 배수로 굴착에 사용된다.
② 굴착된 토사는 컨베이어에 의해 배출된다.

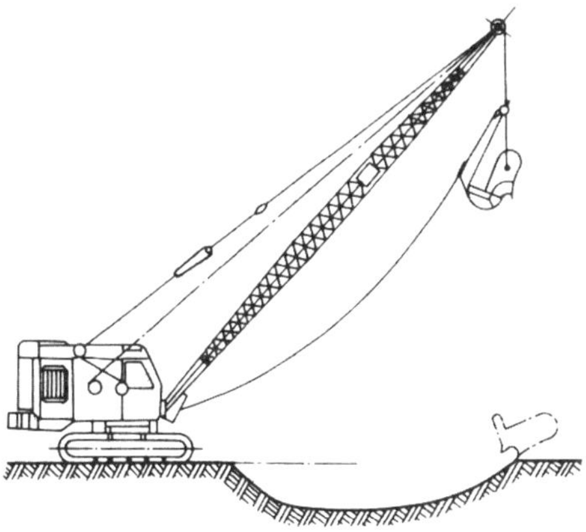

[드래그 라인]

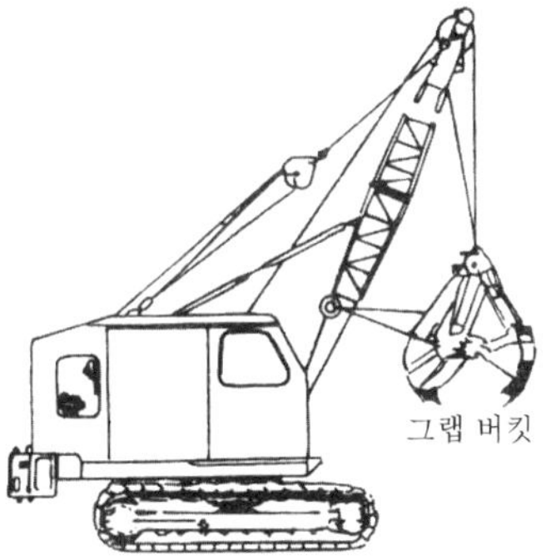

[클램셸]

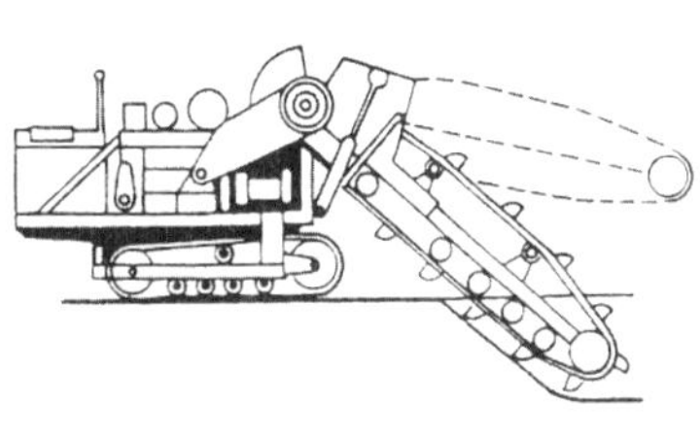

[트렌처]

쇼벨계 굴착 기계의 성능 표시는 쇼벨, 백 호, 드래그 라인, 클램셸은 디퍼 또는 버킷 용량, 크레인은 최대 권상 능력, 파일 드라이버는 해머의 중량, 어스 드릴은 굴착 구경으로 나타낸다.

(5) 포장 기계

1) 콘크리트 피니셔

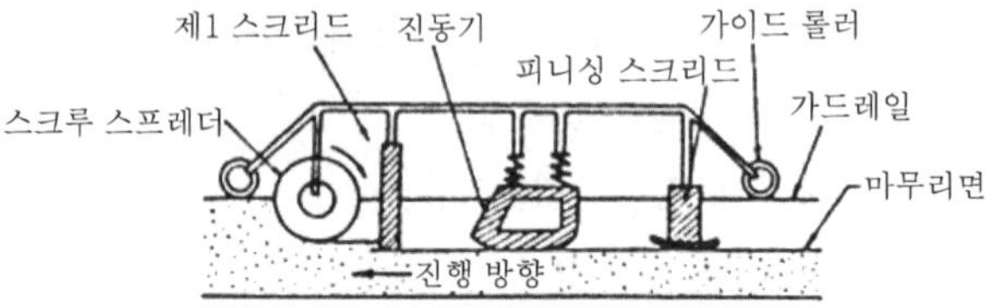

[콘크리트 피니셔의 각부 명칭]

성능 표시는 시공 가능한 너비(m)로 표시

2) 아스팔트 피니셔

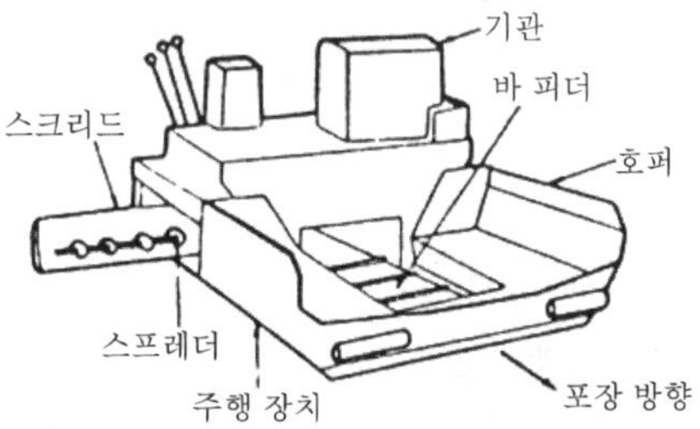

[아스팔트 피니셔의 각부 명칭]

성능 표시는 최대 포장 너비(m), 포장 능력(ton/hr)으로 표시

(6) 다짐 기계

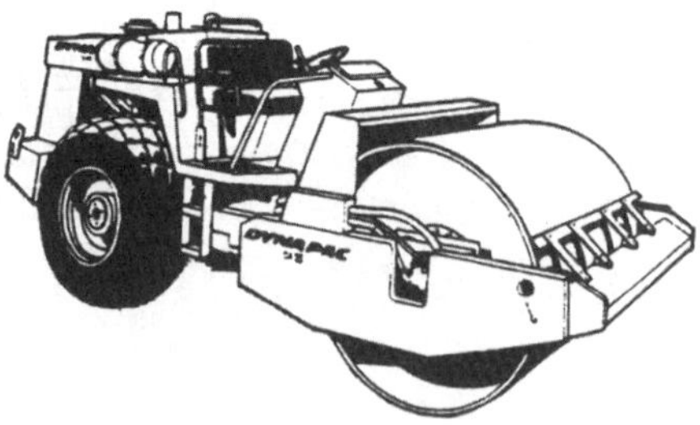

[진동 롤러]

[진동 콤팩터]

[탬퍼]

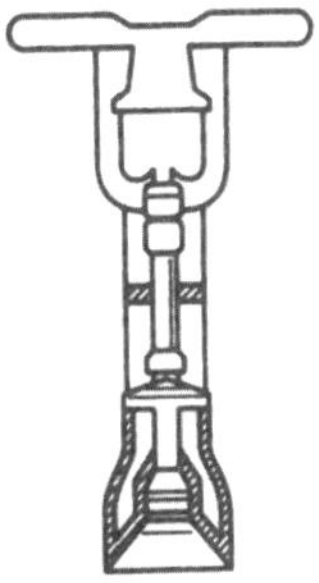

[래머]

① **용도** : 도로 다지기, 비행장 활주로 다지기 등

② 성능 표시는 중량(ton)으로 표시한다.

참고 토공 기계의 분류

- 토공 기계
  - 굴착 기계 (shovel계)
    - 파워 쇼벨(power shovel)
    - 드래그 쇼벨(drag shovel)
    - 드래그 라인(drag line)
    - 클램셸(clamshell)
    - 트렌처(trencher)
  - 적재 기계
    - 페이 로더(pay loader)
    - 쇼벨계 굴착 기계
  - 운반 기계
    - 불도저(bulldozer)
    - 스크레이퍼(scraper)
    - 덤프 트럭(dump truck)
    - 벨트 컨베이어(belt conveyor)
  - 정지 기계
    - 그레이더(grader)
    - 불도저(bulldozer)
  - 다짐 기계
    - 전압식
      - 로드 롤러(road roller)
      - 타이어 롤러(tire roller)
      - 탬핑 롤러(tamping roller)
      - 불도저(bulldozer)
    - 진동식
      - 진동 롤러(roller)
      - 진동 타이어 롤러(tire roller)
      - 진동 콤팩터(compactor)
    - 충격식
      - 래머(rammer)
      - 탬퍼(tamper)

2 사고 유형

(1) 거푸집 설치 중 바닥 개구부에 추락

1) 사고 상황

형틀 목공 A가 2층에서 동바리 설치 작업 중 바닥 개구부에 빠져 10m 아래로 추락

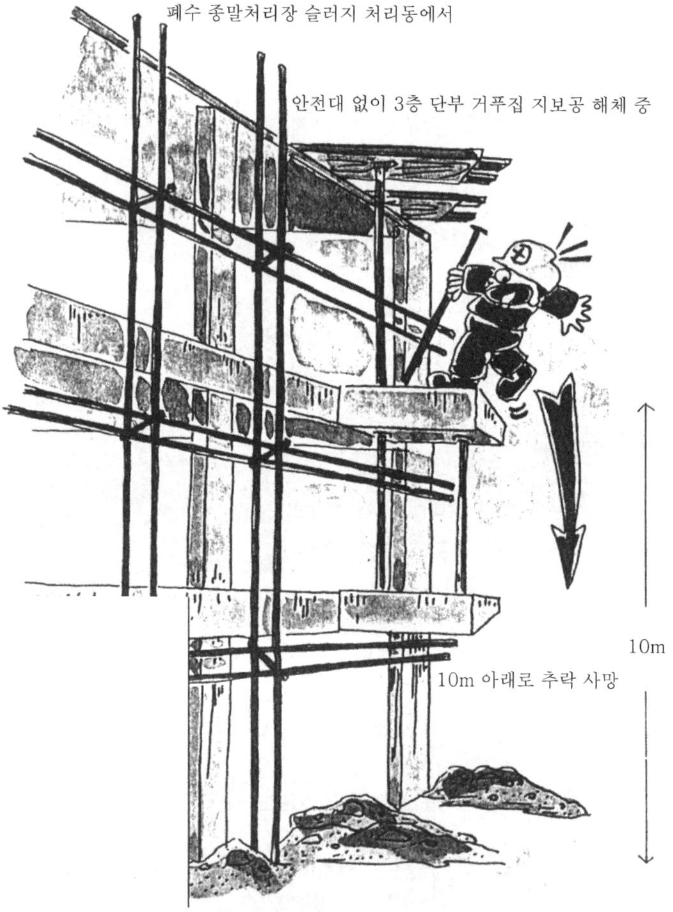

2) 사고 원인

① 개구부 덮개 미설치

② 안전대 미착용

3) 대책

① 개구부 덮개 설치(위험 표지판 설치)

② 안전대 착용

참고

사업주는 높이 2m 이상인 작업 발판의 끝, 개구부에 대하여는 표준 안전 난간, 울 및 손잡이 설치, 덮개를 설치하여야 한다.

(2) 외부 비계 승강 시 추락

1) 사고 상황

거푸집 해체 작업 중인 현장에서 작업자 A가 식사 후 작업 발판으로 이동 중 지정된 통로를 이용하지 않고 외부 비계에 오르다 추락

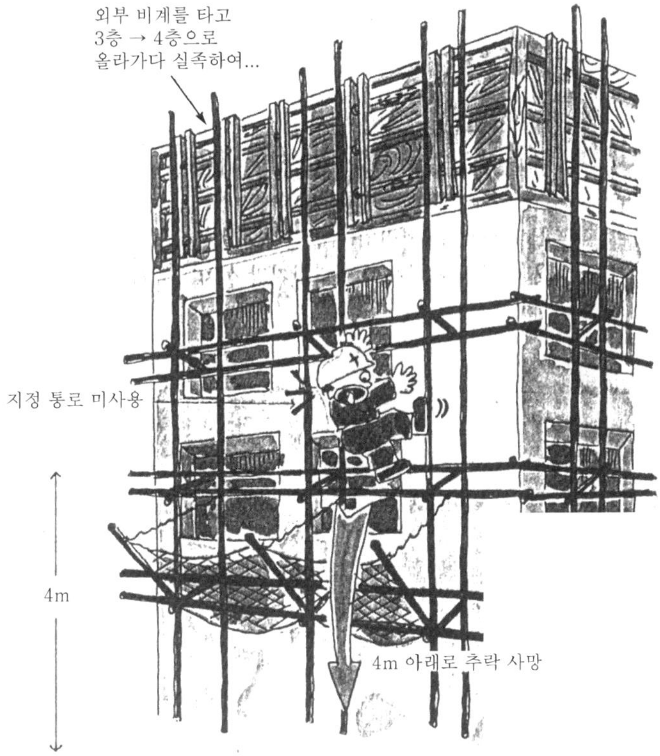

2) 사고 원인

① 외부 비계 수직 이동 승강 계단 미설치

② 작업자의 불안전 행동

3) 대책

① 이동 시 반드시 지정된 통로 이용

② 외부 비계 이동용 승강 계단 설치

참고 **계단의 난간**

① 난간 높이는 90cm 이상이 되도록 할 것
② 난간은 계단참을 포함하여 각 층의 계단 전체에 걸쳐서 설치할 것
③ 목재로 된 난간은 $5cm^2$ 이상의 단면을, 금속제 파이프로 된 난간은 4cm 이상의 지름을 갖는 것일 것
④ 난간은 임의의 점에 있어서 임의의 방향으로 움직이는 100kg 이상의 하중에 견딜 수 있는 튼튼한 구조일 것
⑤ 난간의 지주는 2m 이내마다 설치하고 가능한 한 단면과 난간 상면과의 중앙부에 중간대를 설치할 것

(3) 외부 비계 해체 작업 중 낙하하는 파이프에 맞음

1) 사고 상황

아파트 현장에서 비계공이 외부 비계를 해체하는 중 비계공이 비계 파이프를 로프로 매달지 않고 땅으로 던지는 중 바닥의 작업자가 맞는 사고

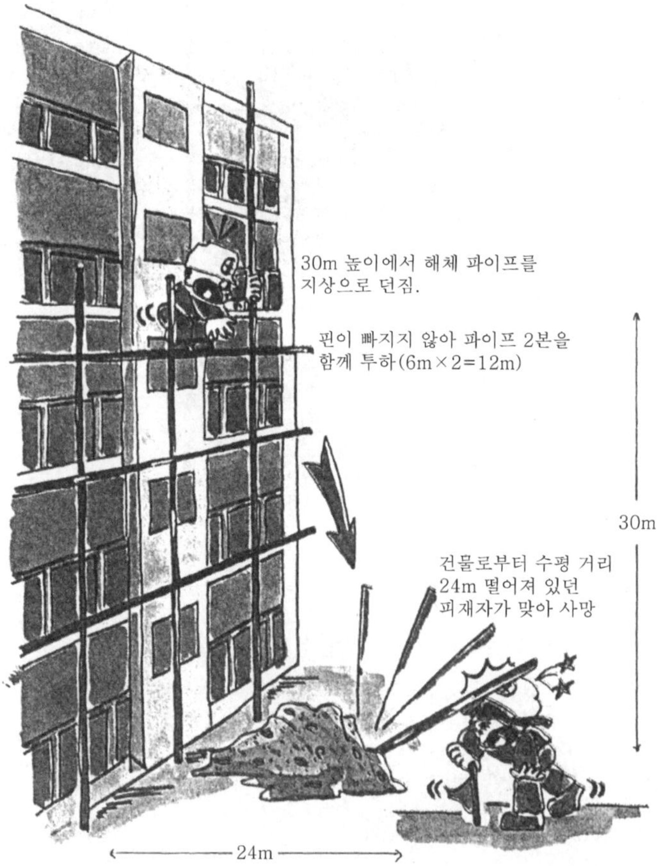

2) 사고의 원인

① 해체 자재를 로프를 이용하지 않음.

② 작업장 출입 통제 불이행

3) 대책

① 해체 자재는 달줄, 달포대를 사용할 것

② 작업장 위험 구역 출입 통제 철저

③ 안전모 착용 철저

참고

물체가 낙하, 비래의 위험이 있는 경우에는 낙하물 방지망 설치, 방호 선반 설치, 출입 금지 구역 설정, 보호구 착용 등의 조치를 하여야 한다.

※ 낙하물 방지망 설치 시

① 설치 높이는 10m 이내마다 설치하고 내민 길이는 벽면으로부터 2m 이상으로 할 것

② 수평면과의 각도는 20~30°를 유지할 것

(4) 철골보 위를 이동하다가 추락

1) 사고 상황

고층 빌딩 신축 현장에서 비계공이 철골 볼트 체결 작업 후 안전 벨트를 착용하지 않고 이동하다가 추락

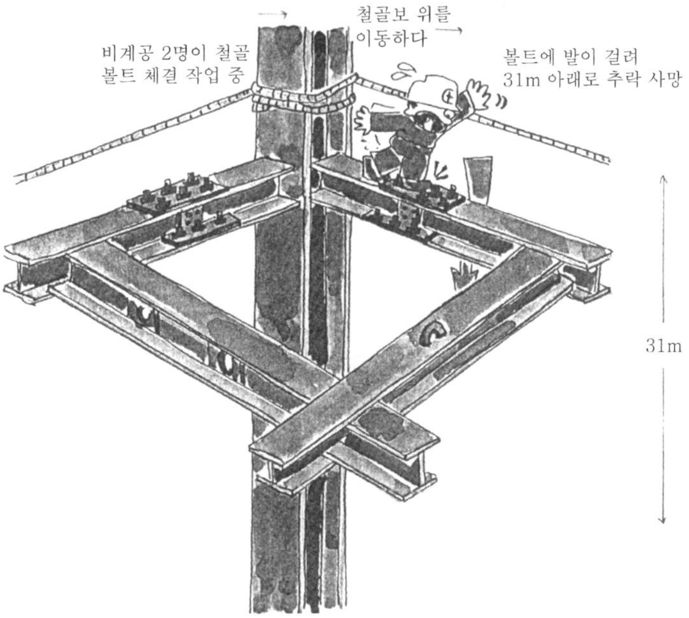

2) 사고의 원인

① 안전대 미착용　　② 작업 통로 미설치

3) 대책

① 안전대 착용　　② 작업 통로 설치　　③ 걸이용 로프의 위치 조정

참고 철골 공사시 달대 비계

① 달대 비계의 매다는 철선은 소철선 #8선을 사용하며 4가닥 정도로 꼬아서 하중에 대한 안전 계수 8 이상을 확보할 것

② 철근을 사용할 때에는 19mm 이상을 쓰며 근로자는 반드시 안전모를 착용하여야 하고 구명 로프를 소지할 것

(5) 리프트 탑승구에서 리어카 운반 중 추락

1) 사고 상황

건설 현장 리프트 탑승구에서 리어카를 이용하여 모래 하역 중 측면 개구부로 추락한다.

리프트가 위층에 정지한 상태에서...

좁은 공간에서
리어카 모래를 쏟고

리어카를 뒤로 빼내다
발코니 밖으로 추락 사망

2) 사고 원인

① 리프트 탑승구 안전 난간 미설치

② 작업 지휘자 부재

3) 대책

① 리프트 탑승구에는 견고한 안전 난간 설치

② 작업 지휘자 배치

참고

리프트에는 과부하 제한, 권과 방지 장치 · 비상 정지 장치 · 탑승 조작 장치를 설치하여야 하며 작업 지휘자를 배치하여야 한다.

※ 작업 지휘자 준수 사항

① 작업 방법과 근로자의 배치를 결정하고 해당 작업을 지휘하는 일

② 재료의 결함 유무 또는 기구 및 공구의 기능을 점검하고 불량품을 제거하는 일

③ 작업 중 안전대 등 보호구의 착용 상황을 감시하는 일

(6) 이동식 크레인을 이용한 전주를 인양 중 피재자 강타

1) 사고 상황

전주를 인양하여 방향을 바꾸던 중 와이어 로프가 미끄러지면서 피재자를 강타하는 사고

2) 사고 원인
① 와이어 로프 체결 불량　　② 신호수 부재　　③ 시계 미확보

3) 대책
① 와이어 로프는 반드시 2줄걸이 사용
② 신호수 배치

참고

이동식 크레인에는 과부하 방지 장치, 권과 방지 장치, 브레이크 등의 방호 장치를 부착하여야 하며 화물 인양 시에는 해지 장치를 사용하여야 하며 와이어 로프는 반드시 2개소 이상 묶을 것

(7) 터널 내부 작업 중 백 호에 깔림

(1) 사고 상황
어두운 터널 내부에서 배수로 벽체에 돌출된 암석 제거 작업 중 백 호에 깔림

2) 사고 원인
① 시계 확보 안 됨
② 사전 작업 계획서 미작성
③ 신호수 부재

3) 대책

① 터널 내 시계 확보 후 작업
② 사전 작업 계획서 작성
③ 신호수 배치

참고 터널 굴착 작업 시

① 시공 계획서 작성(1. 굴착 방법, 2. 터널 지보공 및 복공의 시공 방법과 용수의 처리 방법, 3. 환기 또는 조명 시설을 하는 때에는 2 방법)
② 자동 경보 장치 설치(시작 전에 자동 경보 장치 점검 사항 1. 계기의 이상 유무, 2. 검지부의 이상 유무, 3. 경보 장치의 이상 유무 점검)
③ 시계 유지를 위해 환기를 하거나 물을 뿌리는 등의 조치를 할 것

(8) 전기 드릴로 거푸집 천공 작업 중 감전

1) 사고 상황

작업자가 전기 드릴로 거푸집 천공 작업 중 누전 차단기가 설치되어 있지 않아 감전

2) 사고 원인

누전 차단기 미설치로 인해 감전

3) 대책

누전 차단기 설치 접지 조치

참고 누전 차단기 설치

① 물 등 도전성이 높은 액체에 의한 습윤 장소
② 철판, 철공 위 등 도전성이 높은 장소
③ 임시 배선의 전로가 설치되는 장소

(9) 폭약 장전 작업 중 폭발

1) 사고 상황

작업자가 천공 구멍에 폭약과 모래 주머니를 넣던 중 다이너마이트가 들어가지 않자 드릴을 이용하던 중 회전력과 암석의 마찰에 의해 폭발

2) 사고 원인

① 작업 방법의 문제
② 안전 관리자의 부재

3) 대책

① 장진구는 마찰, 충격이 없는 것 사용
② 관리 감독자 배치

참고

① 발파 시 장진구는 마찰, 충격, 정전기 등의 위험이 없는 것 사용
② 발파공 충진 재료는 점토, 모래 등 발화, 인화성이 없는 것 사용
③ 점화 후 전기 뇌관일 경우 5분, 전기 뇌관이 아닌 경우 15분이 경과하지 않으면 화약류 장진 장소에 접근시키지 말 것
※ 관리 감독자의 직무도 외워 두세요.

(10) 지게차로 철골 부재 운반

1) 사고 상황

지게차를 이용하여 철골 부재 운반 중 철골이 중심을 잃고 기울어지는 사고

2) 사고 원인

① 지게차 운전자의 불안전한 운행

② 피재자의 위험 구역 접근

3) 대책

① 지게차 사용 시 허용 하중 준수

② 화물 적재 시 안전 조치 철저

참고

① 차량계 하역 운반 기계 운전 위치 이탈 시 준수 사항

㉮ 포크 및 쇼벨 등의 하역 장치를 가장 낮은 위치에 둘 것

㉯ 원동기를 정지시키고 브레이크를 확실히 거는 등 불시에 주행을 방지하기 위한 조치를 할 것

② 차량계 하역 운반 기계 화물 적재 시 조치 사항

㉮ 편하중이 생기지 않도록 할 것

㉯ 운전자의 시야를 가리지 아니하도록 할 것

㉰ 구내 운반차 또는 화물차에 있어서 화물의 붕괴 또는 낙하로 인한 근로자의 위험을 방지하기 위하여 화물에 로프를 거는 등 필요한 조치를 할 것

MEMO

부록 II

건설 안전 동영상

본서에 수록된 사진은 수험자들에게 작업형 시험에서 조금이나마 도움을 드리고자 자체적으로 제작한 것이니 실제 시험장에서의 문제 또는 사진 및 동영상과는 다소 차이가 날 수 있습니다.

실제 문제에서는 동영상 및 사진으로 문제가 제시되므로 본서에 수록한 문제와 내용을 잘 숙지하셔서 유사한 내용 및 관계되는 내용들에 혼란이 없기를 바랍니다.

지속적인 수정 · 가필로 보다 많은 내용의 현장 사진을 추가하도록 노력하겠습니다.

건설 안전 동영상

동/ 영/ 상/ 문/ 제 ❶

01 위 사진은 사다리식 통로이다. 사다리식 통로 설치 시 준수 사항을 쓰시오.

(해답)
1. 견고한 구조로 할 것
2. 발판의 간격은 동일하게 할 것
3. 발판과 벽의 사이는 15cm 이상의 간격을 유지할 것
4. 사다리가 넘어지거나 미끄러지는 것을 방지하기 위한 조치를 할 것
5. 사다리의 상단은 걸쳐놓은 지점으로부터 60cm 이상 올라가도록 할 것
6. 사다리식 통로의 길이가 10m 이상인 때에는 5m 이내마다 계단참을 설치할 것
7. 이동식 사다리식 통로의 기울기는 75° 이하로 할 것
8. 고정식 사다리식 통로의 기울기는 90° 이하로 하고 높이 7m 이상인 경우 바닥으로부터 2.5m가 되는 지점부터 등받이울을 설치할 것

02 발받침대의 간격과 벽면과의 이격 거리를 쓰시오.

(해답)
1. 발받침대의 간격 : 25~35cm
2. 벽면과의 이격 거리 : 15cm 이상

참고 가설 통로, 이동식 사다리 등의 설치 시 준수 사항은 반드시 기억해 두세요.

동/ 영/ 상/ 문/ 제 ❷

01 위 사진은 거푸집 동바리(파이프 서포트)이다. 동바리로 사용하는 파이프 서포트 이용 시 준수 사항을 쓰시오.

해답
1. 파이프 서포트를 3본 이상 이어서 사용하지 아니할 것
2. 파이프 서포트를 이어서 사용할 때에는 4개 이상의 볼트 또는 전용 철물을 사용하여 이을 것
3. 높이가 3.5m를 초과할 때에는 높이 2m 이내마다 수평 연결재를 2개 방향으로 만들고 수평 연결재의 변위를 방지할 것

02 거푸집 동바리 등의 조립 또는 해체 작업 시 준수 사항을 쓰시오.

해답
1. 해당 작업을 하는 구역에는 관계 근로자 외의 출입을 금지시킬 것
2. 비, 눈, 그 밖의 기상 상태의 불안정으로 인하여 날씨가 몹시 나쁠 때에는 그 작업을 중지시킬 것
3. 재료, 기구 또는 공구 등을 올리거나 내릴 때에는 근로자로 하여금 달줄, 달포대 등을 사용하도록 할 것
4. 낙하, 충격에 의한 돌발적 재해를 방지하기 위하여 버팀목을 설치하고 거푸집 동바리 등을 인양 장비에 매단 후에 작업을 하도록 하는 등 필요한 조치를 할 것

동/ 영/ 상/ 문/ 제 ❸

01 위 사진은 추락 방지를 위한 안전대이다. 높이 2m 이상인 작업 발판의 끝이나 개구부로부터 추락 위험 방지 조치를 쓰시오.

(해답) 1. 안전 난간 설치
2. 울 및 손잡이 설치
3. 덮개 설치
4. 추락방호망 설치
5. 안전대 착용

02 안전 난간의 설치 기준을 쓰시오.

(해답) 1. 상부 난간대, 중간 난간대, 발끝막이판 및 난간 기둥으로 구성할 것(중간 난간대・발끝막이판 및 난간 기둥은 이와 비슷한 구조 및 성능을 가진 것으로 대체할 수 있다.)
2. 상부 난간대는 바닥면, 발판 또는 경사로의 표면으로부터 90cm 이상 지점의 중간에 설치하고, 상부 난간대를 120cm 이하에 설치하는 경우에는 중간 난간대는 상부 난간대와 바닥면 등의 중간에 설치하여야 하며 120cm 이상 지점에 설치하는 경우에는 중간 난간대를 2단 이상으로 균등하게 설치하고 난간의 상하 간격은 60cm 이하가 되도록 할 것
3. 발끝막이판은 바닥면 등으로부터 10cm 이상의 높이를 유지할 것. 다만, 물체가 떨어지거나 날아올 위험이 없거나 그 위험을 방지할 수 있는 망을 설치하는 등 필요한 예방 조치를 한 장소는 제외한다.
4. 난간 기둥은 상부 난간대와 중간 난간대를 견고하게 떠받칠 수 있도록 적정 간격을 유지할 것
5. 상부 난간대와 중간 난간대는 난간 길이 전체에 걸쳐 바닥면 등과 평행을 유지할 것
6. 난간대는 지름 2.7cm 이상의 금속제 파이프나 그 이상의 강도를 가진 재료일 것
7. 인전 난긴은 구조적으로 가장 취약한 지점에서 가장 취약한 방향으로 작용하는 100kg 이상의 하중에 견딜 수 있는 튼튼한 구조일 것

동/ 영/ 상/ 문/ 제 ❹

01 **위 사진은 수평 버팀대식 공사를 보여주고 있다. 버팀대식 공법의 장점과 단점을 각각 구분하여 쓰시오.**

해답 1. 장점
① 공법이 단순하다.
② 총파기를 하고, 메움 토량이 적다.
③ 대지 가득 건물을 지을 수 있다.
④ 비교적 공기가 짧다.

2. 단점
① 굴착 기계 활동이 버팀대에 의해 제한을 받아 불편하다.
② 지하 구조체의 작업이 불편하다.
③ 버팀 부재들의 맞춤 부분 및 수축에 의한 변형이 있다.
④ 건축 면적이 넓으면 보조 부재의 증가로 공사비가 증대된다.

02 **지반의 굴착 작업 시 작업 장소 등의 사전 조사 사항을 쓰시오.**

해답 1. 형상, 지질 및 지층의 상태
2. 균열, 함수, 용수 및 동결의 유무 또는 상태
3. 매설물 등의 유무 또는 상태
4. 지반의 지하수위 상태

동/ 영/ 상/ 문/ 제 ❺

01 위 사진은 건설 현장에서 사용하는 리프트이다. 법상 양중기의 종류를 쓰시오.

해답 1. 크레인
2. 리프트(이삿짐 운반용 리프트의 경우 적재 하중이 0.1ton 이상)
3. 곤돌라
4. 승강기(최대 하중이 0.25ton 이상인 것에 한한다.)
5. 이동식 크레인

02 리프트 설치, 조립, 수리, 점검, 해체 작업 시 준수 사항을 쓰시오.

해답 1. 작업을 지휘하는 사람을 선임하여 그 사람의 지휘하에 작업을 실시할 것
2. 작업할 구역에 관계 근로자 외의 자의 출입을 금지하고 그 취지를 보기 쉬운 장소에 표시할 것
3. 비, 눈, 그 밖의 기상 상태의 불안정으로 인하여 날씨가 몹시 나쁠 때에는 그 작업을 중지시킬 것

03 리프트 이용 작업 시 작업 지휘자의 준수 사항을 쓰시오.

해답 1. 작업 방법과 근로자의 배치를 결정하고 해당 작업을 지휘하는 일
2. 재료의 결함 유무 또는 기구 및 공구의 기능을 점검하고 불량품을 제거하는 일
3. 작업 중 안전대 등 보호구의 착용 상황을 감시하는 일

동/ 영/ 상/ 문/ 제 ❻

01 **위 사진은 타워 크레인을 이용하는 작업이다. 타워 크레인의 설치, 조립, 해체 작업 시 작업 계획서에 포함해야 할 사항을 쓰시오.**

해답
1. 타워 크레인의 종류 및 형식
2. 설치, 조립 및 해체 순서
3. 작업 도구, 장비, 가설 설비 및 방호 설비
4. 작업 인원의 구성 및 작업 근로자의 역할 범위
5. 타워 크레인의 지지 방법

02 **타워 크레인을 벽체에 지지하는 경우 준수 사항을 쓰시오.**

해답
1. 안전 인증 심사에 따른 서면 심사에 관한 서류 또는 제조사의 설치 작업 설명서 등에 따라 설치할 것
2. 서면 검사 서류 등이 없거나 명확하지 아니한 경우에는 국가기술자격법에 의한 건축 구조, 건설 기계, 기계 안전, 건설안전기술사 또는 건설 안전 분야 산업안전지도사의 확인을 받아 설치하거나 기종별, 모델별 공인된 표준 방법으로 설치할 것
3. 콘크리트 구조물에 고정시키는 경우에는 매립이나 관통 또는 이와 동등 이상의 방법으로 충분히 지지되도록 할 것
4. 건축 중인 시설물에 지지하는 경우에는 동 시설물의 구조적 안정성에 영향이 없도록 할 것

동/ 영/ 상/ 문/ 제 ❼

01 위 사진은 비계를 이용한 작업 발판이다. 작업 발판 설치 시 준수 사항을 쓰시오.

해답 1. 발판 재료는 작업 시 하중을 견딜 수 있도록 견고한 것으로 할 것
2. 작업 발판의 폭은 40cm 이상으로 하고, 발판 재료 간의 틈은 3cm 이하로 할 것
3. 추락의 위험이 있는 경우에는 안전 난간을 설치할 것
4. 작업 발판의 지지물은 하중에 의하여 파괴될 우려가 없는 것을 사용할 것
5. 작업 발판 재료는 뒤집히거나 떨어지지 아니하도록 2개소 이상의 지지물에 연결하거나 고정시킬 것
6. 작업 발판을 작업에 따라 이동시킬 때에는 위험 방지에 필요한 조치를 할 것

02 비계의 구조 및 재료에 따라 작업 발판의 최대 적재 하중을 정하여 이를 초과하지 아니하여야 한다. 달비계의 최대 적재 하중에 대한 것으로 안전 계수를 쓰시오.

해답 1. 달기 와이어 로프 및 달기 강선의 안전 계수는 10 이상
2. 달기 체인 및 달기 훅의 안전 계수는 5 이상
3. 달기 강대와 달비계의 하부 및 상부 지점의 안전 계수는 강재의 경우 2.5 이상, 목재의 경우 5 이상

참고 안전 계수란 와이어 로프의 절단 하중값을 와이어 로프에 걸리는 하중의 최대값으로 나눈 값이다.

동/ 영/ 상/ 문/ 제 ❽

01 위 사진은 이동식 비계를 이용한 작업이다. 이동식 비계를 조립하여 작업 시 준수 사항을 쓰시오.

해답 1. 이동식 비계의 바퀴에는 뜻밖의 갑작스러운 이동을 방지하기 위하여 브레이크, 쐐기 등으로 바퀴를 고정시킨 다음 비계의 일부를 견고한 시설물에 고정하거나 아웃트리거를 설치하는 등의 조치를 할 것
2. 승강용 사다리는 견고하게 설치할 것
3. 비계의 최상부에서 작업을 할 때에는 안전 난간을 설치할 것

02 이동식 비계를 이용하는 작업 시 준수 사항을 쓰시오.

해답 1. 관리 감독자의 지휘하에 작업을 행하여야 한다.
2. 비계의 최대 높이는 밑변, 최소 폭의 4배 이하여야 한다.
3. 작업대의 발판은 전면에 걸쳐 빈틈 없이 깔아야 한다.
4. 최대 적재 하중을 표시하여야 한다.
5. 불의의 이동을 방지하기 위한 제동 장치를 반드시 갖추어야 한다.
6. 안전모를 착용하여야 하며 지지 로프를 설치하여야 한다.
7. 재료, 공구의 오르내리기에는 포대, 로프 등을 이용하여야 한다.

동/ 영/ 상/ 문/ 제 ❾

01 건설 현장에서 용접, 용단 작업을 할 때 사용하는 가스 등의 용기 사용 시 준수 사항을 쓰시오.

해답
1. 용기의 온도를 40℃ 이하로 유지할 것
2. 전도의 위험이 없도록 할 것
3. 충격을 가하지 아니하도록 할 것
4. 운반할 때에는 캡을 씌울 것
5. 사용할 때에는 용기의 마개에 부착되어 있는 유류 및 먼지를 제거할 것
6. 밸브의 개폐는 서서히 할 것
7. 사용 전 또는 사용 중인 용기와 그 외의 용기를 명확히 구별하여 보관할 것
8. 용해 아세틸렌의 용기는 세워둘 것
9. 용기의 부식, 마모 또는 변형 상태를 점검한 후 사용할 것

02 산소 등의 용기를 설치, 저장 또는 방치하면 안 되는 장소를 쓰시오.

해답
1. 통풍 또는 환기가 불충분한 장소
2. 화기를 사용하는 장소 및 부근
3. 위험물, 화약류 또는 가연성 물질을 취급하는 장소 및 그 부근

동/ 영/ 상/ 문/ 제 ⑩

01 위 사진은 철골 조립 작업이다. 철골 작업을 중지해야 하는 경우를 쓰시오.

해답 1. 풍속이 초당 10m 이상인 경우
2. 강우량이 시간당 1mm 이상인 경우
3. 강설량이 시간당 1cm 이상인 경우

02 철골 공사 시 설치하는 달대 비계의 경우 달대 비계를 매다는 철선은 소성 철선을 사용하여 (①) 꼬아서 하중에 대한 안전 계수가 (②) 이상 확보되어야 하며, 철근을 사용하는 때에는 (③) 이상으로 하고 근로자는 반드시 안전모, 안전대를 착용하여야 한다. 빈칸을 채우시오.

해답 ① 4가닥
② 8
③ 19mm

동/ 영/ 상/ 문/ 제 ⑪

01 **위 사진은 흙막이 지보공이다. 흙막이 지보공의 정기 점검 사항을 쓰시오.**

해답 1. 부재의 손상, 변형, 부식, 변위 및 탈락의 유무와 상태
2. 버팀대의 긴압의 정도
3. 부재의 접속부, 부착부 및 교차부의 상태
4. 침하의 정도

02 **굴착 작업 시 지반의 붕괴 또는 토석의 낙하 등에 의하여 근로자에게 위험이 미칠 경우 (①), (②), (③) 등 위험 방지를 위한 조치를 하여야 한다. 빈칸을 채우시오.**

해답 ① 흙막이 지보공 설치
② 방호망 설치
③ 근로자 출입 금지

참고 터널 지보공의 정기 점검 사항
① 부재의 손상, 변형, 부식, 변위 탈락의 유무 및 상태
② 부재의 긴압 정도
③ 부재의 접속부 및 교차부 상태
④ 기둥 침하의 유무 및 상태

동/ 영/ 상/ 문/ 제 ⑫

01 위 사진은 굴착 작업 현장이다. 굴착면의 기울기 기준을 쓰시오.

해답

구 분	지반의 종류	기울기
보통 흙	습지	1 : 1~1 : 1.5
	건지	1 : 0.5~1 : 1
암반	풍화암	1 : 0.8
	연암	1 : 0.5
	경암	1 : 0.2

02 굴착 작업 시 미리 작업 장소 및 그 주변 지반을 보링 등의 방법에 의하여 사전 조사해야 할 사항을 쓰시오.

해답
1. 형상, 지질 및 지층의 상태
2. 균열, 함수, 용수 및 동결의 유무 또는 상태
3. 매설물 등의 유무 또는 상태
4. 지반의 지하수위 상태

03 굴착 깊이가 10.5m 이상인 경우 계측 기기에 의하여 흙막이의 안전을 예측하여야 한다. 계측 기기의 종류를 쓰시오.

해답
1. 수위계
2. 경사계
3. 하중 및 침하계
4. 응력계

동/ 영/ 상/ 문/ 제 ⓭

01 위 사진에서 추락 방지용 방망사의 인장 강도 및 폐기 시 강도를 쓰시오.

해답 1. 방망사 신품의 인장 강도

그물코의 크기(단위 : cm)	방망의 종류(단위 : kg)	
	매듭 없는 방망	매듭 방망
10 5	240	200 110

2. 방망사 폐기 시 인장 강도

그물코의 크기(단위 : cm)	방망의 종류(단위 : kg)	
	매듭 없는 방망	매듭 방망
10 5	150	135 60

02 추락 방지용 방망의 사용 제한 조건을 쓰시오.

해답 1. 방망사가 규정한 강도 이하인 방망
2. 인체 또는 이와 동등 이상의 무게를 갖는 낙하물에 대해 충격을 받은 방망
3. 파손한 부분을 보수하지 않은 방망
4. 강도가 명확하지 않은 방망

동/ 영/ 상/ 문/ 제 ⑭

01 굴착 작업 시 비탈면 보호를 위한 보호의 방법을 쓰시오.

해답
1. 콘크리트 타설
2. 시멘트 모르타르 코팅
3. 아스팔트 코팅
4. 방수포 포설
5. 흙가마니 쌓기

02 굴착 작업 시 발생할 수 있는 토석 붕괴의 원인을 외적 원인과 내적 원인으로 나누어 답하시오.

해답
1. 토석 붕괴의 외적 원인
   ① 사면, 법면의 경사 및 기울기의 증가
   ② 절토 및 성토의 높이 증가
   ③ 공사에 의한 진동 및 반복 하중의 증가
   ④ 지진, 차량, 구조물의 하중 작용
   ⑤ 지표수 및 지하수의 침투에 의한 토사 중량의 증가
2. 토석 붕괴의 내적 요인
   ① 절토 사면의 토질, 암질
   ② 성토 사면의 토질 구성 및 분포
   ③ 토석의 강도 저하

참고 굴착 작업에서 발생하는 보일링 현상과 히빙 현상 및 대책도 기억해 두시고, 흙의 동상 방지 방법 및 표준 관입 시험도 기억하셔야 합니다.

동/ 영/ 상/ 문/ 제 ⑮

01 위 사진은 방호 선반이다. 방호 선반 또는 낙하물 방지망 설치 시 준수 사항을 쓰시오.

해답
1. 설치 높이는 10m 이내마다 설치하고, 내민 길이는 벽면으로부터 2m 이상으로 할 것
2. 수평면과의 각도는 20° 내지 30°를 유지할 것

02 작업으로 인하여 물체가 떨어지거나 날아올 위험이 있을 때 조치 사항을 쓰시오.

해답
1. 낙하물 방지망 설치
2. 수직 보호망 설치
3. 방호 선반 설치
4. 출입 금지 구역 설정
5. 보호구 착용

동/ 영/ 상/ 문/ 제 ⑯

01 위 사진의 기계명과 성능 표시를 기술하시오.

해답 1. 기계명 : 아스팔트 피니셔
2. 성능 표시 : 최대 포장 너비(m), 포장 능력(ton/hr)

동/ 영/ 상/ 문/ 제 ⑰

01 위 사진의 기계명과 작업 용도를 쓰시오.

해답 1. 기계명 : 롤러(타이어 롤러)
2. 작업 용도 : 다짐 작업

동/ 영/ 상/ 문/ 제 ⓲

01 **위 사진의 기계명과 용도를 쓰시오.**

(해답) 1. 기계명 : 스크레이퍼

2. 용도 : 평탄한 지표면을 얇게 깎거나 일정 두께를 흙쌓기를 할 경우에 사용되며 불도저보다 운반 거리가 길다.

3. 성능 : 적재함의 적재 용량으로 표시(m^3)

동/ 영/ 상/ 문/ 제 ⓳

01 **위 사진의 기계명을 쓰시오.**

해답 롤러

참고 1. 용도 : 도로 다지기, 활주로 등의 다지기
2. 성능 : 중량(ton)

동/ 영/ 상/ 문/ 제 ⑳

01 **위 사진은 강관 비계이다. 기상 상태의 불안정으로 인하여 날씨가 몹시 나쁠 때 작업을 중지시킨 후 또는 비계의 조립, 해체, 변경 후 해당 작업 시작 전에 비계의 점검, 보수 사항을 쓰시오.**

해답 1. 발판 재료의 손상 여부 및 부착 또는 걸림 상태
2. 해당 비계의 연결부 또는 접속부의 풀림 상태
3. 연결 재료 및 연결 철물의 손상 또는 흔들림 상태
4. 손잡이의 탈락 여부
5. 기둥의 침하, 변형, 변위 또는 흔들림 상태
6. 로프의 부착 상태 및 매단 장치의 흔들림 상태

02 **달비계 또는 높이 5m 이상의 비계를 조립, 해체하거나 변경 작업 시 준수 사항을 쓰시오.**

해답 1. 관리 감독자의 지휘하에 작업하도록 할 것
2. 조립, 해체 변경의 시기, 범위 및 절차를 그 작업에 종사하는 근로자에게 교육할 것
3. 조립, 해체 또는 변경 작업 구역 내에는 해당 작업에 근로자 외의 출입을 금지시키고 그 내용을 보기 쉬운 장소에 게시할 것

4. 비, 눈, 그 밖의 기상 상태의 불안정으로 인하여 날씨가 몹시 나쁠 때에는 그 작업을 중지 시킬 것
5. 비계 재료의 연결, 해체 작업을 하는 때에는 폭 20cm 이상의 발판을 설치하고 근로자로 하여금 안전대를 사용하도록 하는 등 근로자의 추락 방지를 위한 조치를 할 것
6. 재료, 기구 또는 공구 등을 올리거나 내리는 때에는 근로자로 하여금 달줄 또는 달포대 등을 사용하도록 할 것

동/ 영/ 상/ 문/ 제 ㉑

01 타워 크레인 설치, 해체 작업 시 특별 안전 교육 내용을 쓰시오.

해답 1. 붕괴, 추락 및 재해 방지에 관한 사항
2. 설치, 해체 순서 및 안전 작업 방법에 관한 사항
3. 부재의 구조, 재질 및 특성에 관한 사항
4. 신호 방법 및 요령에 관한 사항
5. 이상시 응급 조치에 관한 사항
6. 그 밖에 안전 보건 관리에 관한 사항

02 다음 (　　) 안에 알맞게 쓰시오.

타워 크레인 사용 시 순간 풍속이 초당 (①)를 초과하는 경우에는 타워 크레인의 설치, 수리, 점검, 해체 등의 작업을 중지해야 하며, 순간 풍속이 초당 (②)를 초과하는 경우에는 타워 크레인의 운전 작업을 중지하여야 한다.

해답 ① 10m　　② 15m

동/ 영/ 상/ 문/ 제 ㉒

01 높이 2m 이상인 작업 발판 끝이나 개구부로부터 추락의 위험이 있는 장소에 설치해야 할 방호 조치를 쓰시오.

해답
1. 안전난간
2. 수직형 추락방망
3. 덮개 설치

02 높이 2m 이상인 장소(작업 발판의 끝, 개구부 등 제외)에서 작업 시 추락 방지를 위한 조치 사항을 쓰시오.

해답
1. 비계 조립 등에 의한 작업 발판 설치
2. 안전 방망 설치
3. 근로자 안전대 착용

동/ 영/ 상/ 문/ 제 ㉓

01 법상 가설 통로 설치 시 준수 사항 5가지를 쓰시오.

해답
1. 견고한 구조로 할 것
2. 경사는 30° 이하로 할 것
3. 경사가 15°를 초과하는 때에는 미끄러지지 아니하는 구조로 할 것
4. 추락의 위험이 있는 장소에는 안전 난간을 설치할 것
5. 수직갱에 가설된 통로의 길이가 15m 이상인 때에는 10m 이내마다 계단참을 설치할 것
6. 건설 공사에 사용하는 높이 8m 이상인 비계 다리에는 7m 이내마다 계단참을 설치할 것

02 표준 안전 난간은 목재, 강재 등 견고한 재질로서 3가지의 구성 부품으로 구성이 되어 있다. 그 구성 부품 3가지를 쓰시오.

해답
1. 상부 난간대
2. 중간 난간대
3. 난간 기둥
4. 발끝막이판

동/ 영/ 상/ 문/ 제 ㉔

01 **법에 의한 4단 이상인 계단의 개방된 측면에 대하여 계단에 난간을 설치하여야 한다. 난간의 구비 조건을 쓰시오.**

해답

1. 상부 난간대, 중간 난간대, 발끝막이판 및 난간 기둥으로 구성할 것(중간 난간대·발끝막이판 및 난간 기둥은 이와 비슷한 구조 및 성능을 가진 것으로 대체할 수 있다.)
2. 상부 난간대는 바닥면, 발판 또는 경사로의 표면으로부터 90cm 이상 지점의 중간에 설치하고, 상부 난간대를 120cm 이하에 설치하는 경우에는 중간 난간대는 상부 난간대와 바닥면 등의 중간에 설치하여야 하며 120cm 이상 지점에 설치하는 경우에는 중간 난간대를 2단 이상으로 균등하게 설치하고 난간의 상하 간격은 60cm 이하가 되도록 할 것
3. 발끝막이판은 바닥면 등으로부터 10cm 이상의 높이를 유지할 것. 다만, 물체가 떨어지거나 날아올 위험이 없거나 그 위험을 방지할 수 있는 망을 설치하는 등 필요한 예방 조치를 한 장소는 제외한다.
4. 난간 기둥은 상부 난간대와 중간 난간대를 견고하게 떠받칠 수 있도록 적정 간격을 유지할 것
5. 상부 난간대와 중간 난간대는 난간 길이 전체에 걸쳐 바닥면 등과 평행을 유지할 것
6. 난간대는 지름 2.7cm 이상의 금속제 파이프나 그 이상의 강도를 가진 재료일 것
7. 안전 난간은 구조적으로 가장 취약한 지점에서 가장 취약한 방향으로 작용하는 100kg 이상의 하중에 견딜 수 있는 튼튼한 구조일 것

동/ 영/ 상/ 문/ 제 ㉕

01 법상 콘크리트 타설 작업 시 준수 사항 4가지를 쓰시오.

(해답) 1. 당일의 작업을 시작하기 전에 해당 작업에 관한 거푸집 동바리 등의 변형·변위 및 지반의 침하 유무 등을 점검하고 이상을 발견한 때에는 이를 보수할 것
2. 작업 중에는 거푸집 동바리 등의 변형·변위 및 침하 유무 등을 감시할 수 있는 감시자를 배치하여 이상을 발견한 때에는 작업을 중지시키고 근로자를 대피시킬 것
3. 콘크리트의 타설 작업 시 거푸집 붕괴의 위험이 발생할 우려가 있는 때에는 충분한 보강 조치를 할 것
4. 설계도서상의 콘크리트 양생 기간을 준수하여 거푸집 동바리 등을 해체할 것

02 콘크리트 타설 시 콘크리트 펌프카를 사용할 때의 준수 사항을 쓰시오.

(해답) 1. 작업을 시작하기 전에 콘크리트 펌프용 비계를 점검하고 이상을 발견한 때에는 즉시 보수할 것
2. 건축물의 난간 등에서 작업하는 근로자가 호스의 요동·선회로 인하여 추락하는 위험을 방지하기 위하여 안전 난간의 설치 등 필요한 조치를 할 것
3. 콘크리트 펌프카의 붐을 조정할 때에는 주변 전선 등에 의한 위험을 예방하기 위한 적절한 조치를 할 것
4. 작업 중에 지반의 침하, 아웃트리거의 손상으로 인하여 콘크리트 펌프카의 전도 우려가 있는 때에는 이를 방지하기 위한 적절한 조치를 할 것

동/ 영/ 상/ 문/ 제 ㉖

01 콘크리트가 거푸집의 측압에 영향을 주는 요소 5가지를 쓰시오.

해답
1. 콘크리트의 시공연도가 클수록(슬럼프 값) 측압은 크다.
2. 콘크리트의 부어 넣기 속도가 빠를수록 측압은 크다.
3. 온도가 낮을수록 측압은 크다.
4. 콘크리트 다지기가 충분할수록 측압은 크다.
5. 벽 두께가 클수록 측압은 커진다.
6. 철골 또는 철근량이 많을수록 측압은 적다.

02 거푸집 및 지보공의 설치 시 고려하여야 할 하중의 종류를 쓰시오.

해답
1. 연직 방향 하중
2. 횡방향 하중
3. 콘크리트 측압
4. 특수 하중
5. 1~4호의 하중에 안전율을 고려한 하중

동/ 영/ 상/ 문/ 제 ㉗

01 위 사진은 콘크리트 타설 작업을 하고 있는 상황이다. 레디믹스트 콘크리트(레미콘)의 종류를 쓰시오.

해답 레디믹스트 콘크리트(레미콘) : 레미콘은 공사 현장에서 떨어져 있는 콘크리트 전문 제조 공장에서 콘크리트를 비벼 트럭으로 운반하여 부어넣는 것을 말한다.

1. 센트럴 믹스트 콘크리트(central mixed concrete) : 비빔이 완료된 콘크리트를 트럭 믹서로 휘저으며 현장까지 운반하는 것이다.
2. 슈링크 믹스트 콘크리트(shrink mixed concrete) : 어느 정도 비빈 것을 트럭 믹서에 실어 운반하는 도중 완전히 비벼져 현장 도착과 동시에 부어 넣을 수 있는 것이다.
3. 트랜싯 믹스트 콘크리트(transit mixed concrete) : 트럭 믹서에 모든 재료가 공급되어 운반 도중에 비벼지는 것이다. 가장 먼 거리를 운반하는 데 가장 좋다.

참고 1. 장점
① 협소한 장소에서 대량의 콘크리트를 얻을 수 있다.
② 공사 추진이 정확하고 기일 연장 등이 없게 된다.
③ 보증된 품질의 콘크리트를 확보할 수 있고 비용이 저렴해진다.

2. 단점
① 현장과 제조자와의 충분한 연락과 상호 지장이 없도록 타협이 있어야 한다.
② 운반차의 출입 경로, 짐부리기 등이 필요하다.
③ 재료 분리, 시간 경과가 우려된다.

3. 콘크리트 펌프카
① 압축 공기에 의한 압력식
② 피스톤 압송식(가장 많이 사용)
③ 튜브 속 콘크리트 짜내기식

02 **가공 전선, 전기 기계 · 기구의 충전 전로에 접근하는 장소에서 항타기, 항발기, 콘크리트 펌프카, 이동식 크레인 등을 이용하는 작업 시 감전 방지를 위한 조치 사항을 쓰시오.**

해답
1. 해당 충전 전로를 이설할 것
2. 감전의 위험을 방지하기 위한 방책을 설치할 것
3. 해당 충전 전로에 절연용 방호구를 설치할 것
4. 제1호 내지 제3호에 해당하는 조치를 하는 것이 현저히 곤란할 때에는 감시인을 두고 작업을 감시하도록 할 것

동/ 영/ 상/ 문/ 제 ㉘

01 **위 사진은 강관틀 비계(시스템 서포트) 조립 상황을 보여주고 있다. 법상 강관틀 비계 조립 시 준수해야 할 사항을 쓰시오.**

해답
1. 비계 기둥의 밑둥에는 밑받침 철물을 사용하여야 하며 밑받침에 고저차가 있는 경우에는 조절형 밑받침 철물을 사용하여 각각의 강관틀 비계가 항상 수평 및 수직을 유지하도록 할 것
2. 높이가 20m를 초과하거나 중량물의 적재를 수반하는 작업을 할 경우에는 주틀 간의 간격을 1.8m 이하로 할 것
3. 주틀 간에 교차 가새를 설치하고 최상층 및 5층 이내마다 수평재를 설치할 것
4. 수직 방향으로 6m, 수평 방향으로 8m 이내마다 벽이음을 할 것
5. 길이가 띠장 방향으로 4m 이하이고 높이가 10m를 초과하는 경우에는 10m 이내마다 띠장 방향으로 버팀 기둥을 설치할 것

동/ 영/ 상/ 문/ 제 ㉙

01 법상 강관 비계 조립 시 준수 사항을 쓰시오.

해답 1. 비계 기둥에는 미끄러지거나 침하하는 것을 방지하기 위하여 밑받침 철물을 사용하거나 깔판·깔목 등을 사용하여 밑둥잡이를 설치하는 등의 조치를 할 것

2. 강관의 접속부 또는 교차부는 적합한 부속 철물을 사용하여 접속하거나 단단히 묶을 것
3. 교차 가새로 보강할 것
4. 외줄 비계·쌍줄 비계 또는 돌출 비계에 대하여는 다음의 정하는 바에 따라 벽이음 및 버팀을 설치할 것

① 강관 비계의 조립 간격은 다음과 같다.

강관 비계의 종류	조립 간격(단위 : m)	
	수직 방향	수평 방향
단관 비계	5	5
틀비계(높이가 5m 미만의 것을 제외한다.)	6	8

② 강관·통나무 등의 재료를 사용하여 견고한 것으로 할 것

③ 인장재와 압축재로 구성되어 있는 때에는 인장재와 압축재의 간격을 1m 이내로 할 것

5. 가공 전로에 근접하여 비계를 설치하는 때에는 가공 전로를 이설하거나 가공 전로에 절연용 방호구를 장착하는 등 가공 전로와의 접촉을 방지하기 위한 조치를 할 것

02 강관을 사용하여 비계를 구성하는 때의 준수 사항을 쓰시오. (단, 법상 강관 비계의 구조임.)

해답 강관 비계의 구조

1. 비계 기둥의 간격은 띠장 방향에서는 1.5m 내지 1.8m, 장선 방향에서는 1.5m 이하로 할 것
2. 띠장 간격은 1.5m 이하로 설치하되, 첫 번째 띠장은 지상으로부터 2m 이하의 위치에 설치할 것
3. 비계 기둥의 최고부로부터 31m가 되는 지점 밑부분의 비계 기둥은 2본의 강관으로 묶어 세울 것(브래킷 등으로 보강하여 그 이상의 강도가 유지되는 경우에는 그러하지 아니하다.)
4. 비계 기둥 간의 적재 하중은 400kg을 초과하지 아니하도록 할 것

동/ 영/ 상/ 문/ 제 30

01 **위 사진은 백 호를 이용하여 굴착 작업을 하는 상황이다. 지반의 굴착 작업에 있어서 지반의 붕괴 또는 매설물, 기타 지하 공작물의 손괴 등에 의하여 근로자에게 위험을 미칠 우려가 있는 때에는 미리 작업 장소 및 그 주변의 지반에 대하여 어떠한 것을 조사하여야 하는지 쓰시오.**

해답 1. 형상, 지질 및 지층의 상태
2. 균열, 함수, 용수 및 동결의 유무 또는 상태
3. 매설물 등의 유무 또는 상태
4. 지반의 지하수위 상태

02 **굴착 작업에 있어서 지반의 붕괴 또는 토석의 낙하에 의하여 근로자에게 위험을 미칠 우려가 있을 때에는 (①), (②), (③) 등 위험을 방지하기 위한 필요한 조치를 하여야 한다. 빈칸에 적당한 말을 쓰시오.**

해답 ① 흙막이 지보공 설치 ② 방호망 설치 ③ 근로자 출입 금지

동/ 영/ 상/ 문/ 제 ㉛

01 **위 사진을 보고 연약 지반의 개량 공법을 점성토 지반과 사질토 지반으로 구분하여 분류하시오.**

(해답) 1. 점성토 지반의 개량 공법
① 치환 공법
② 샌드 드레인 공법
③ 페이퍼 드레인 공법
④ 생석회 기둥 공법
⑤ 고결 공법
⑥ 전기 침투 공법

2. 사질토 지반의 개량 공법
① 다짐 말뚝 공법
② 진동 물다짐 공법
③ 전기 충격 공법
④ 폭파 다짐 공법
⑤ 약액 주입 공법
⑥ 다짐 모래 말뚝 공법

참고 일시적 지반 개량 공법
① 웰 포인트 공법
② 진동 공법
③ 전기 침투 공법
④ 동결 공법

동/ 영/ 상/ 문/ 제 ㉜

01 위 사진은 달비계를 이용한 작업이다. 달비계를 사용하는 작업 시 준수 사항을 쓰시오.

(해답) 1. 달기 와이어 로프의 사용 기준(이음매가 있는 와이어 로프의 사용 금지)
① 이음매가 있는 것
② 와이어 로프의 한 꼬임(스트랜드(strand)를 의미한다)에서 끊어진 소선(素線, 필러(pillar)선을 제외한다)의 수가 10% 이상인 것
③ 지름의 감소가 공칭 지름의 7%를 초과하는 것
④ 꼬인 것
⑤ 심하게 변형 또는 부식된 것

2. 달기 체인의 사용 기준(늘어난 달기 체인의 사용 금지)
① 달기 체인의 길이의 증가가 그 달기 체인이 제조된 때의 길이의 5%를 초과한 것
② 링의 단면 지름의 감소가 그 달기 체인의 제조된 때의 해당 링의 지름의 10%를 초과한 것
③ 균열이 있거나 심하게 변형된 것

3. 달기 섬유 로프의 사용 기준(꼬임이 끊어진 섬유 로프의 사용 금지)
① 꼬임이 끊어진 것
② 심하게 손상 또는 부식된 것
③ 달기 강선 및 달기 강대는 심하게 손상 · 변형 또는 부식된 것을 사용하지 아니하도록 할 것

4. 달기 와이어 로프 · 달기 체인 · 달기 강선 · 달기 강대 또는 달기 섬유 로프는 한쪽 끝을 비계의 보 등에, 다른 쪽 끝을 내민 보 · 앵커 볼트 또는 건축물의 보 등에 각각 풀리지 아니하도록 설치할 것

5. 작업 발판은 폭을 40cm 이상으로 하고 틈새가 없도록 할 것

6. 작업 발판의 재료는 뒤집히거나 떨어지지 아니하도록 비계의 보 등에 연결하거나 고정시킬 것
7. 비계가 흔들리거나 뒤집히는 것을 방지하기 위하여 비계의 보·작업 발판 등에 버팀을 설치하는 등 필요한 조치를 할 것
8. 선반 비계에 있어서는 보의 접속부 및 교차부를 철선·이음 철물 등을 사용하여 확실하게 접속시키거나 단단하게 연결시킬 것
9. 추락에 의한 근로자의 위험을 방지하기 위하여 달비계에 안전대 및 구명줄을 설치하고, 안전 난간의 설치가 가능한 구조인 경우에는 안전 난간을 설치할 것

02 달비계를 이용하는 작업 시 그 안전 계수를 쓰시오.

해답 1. 달기 와이어 로프 및 달기 강선의 안전 계수 10 이상
2. 달기 체인 및 달기 훅의 안전 계수 5 이상
3. 달기 강대와 달비계의 하부 및 상부 지점의 안전 계수는 강재의 경우 2.5 이상, 목재의 경우 5 이상

동/ 영/ 상/ 문/ 제 ㉝

01 위 사진은 거푸집 조립 작업 상황이다. 거푸집 조립의 순서를 쓰시오.

해답 기둥 → 보받이 내력벽 → 큰 보 → 작은 보 → 바닥 → 내벽 → 외벽

02 이동식 사다리 사용 시 준수 사항을 쓰시오.

해답 1. 길이가 6m를 초과해서는 안 된다.
2. 다리의 벌림은 벽 높이의 1/4 정도가 가장 적당하다.
3. 다리 부분에는 미끄럼 방지 장치를 하여야 한다.
4. 벽면 상부로부터 최소한 1m 이상의 여장 길이가 있어야 한다.
5. 미끄럼 방지 장치
   ① 사다리 지주의 끝에 고무, 코르크, 가죽, 강스파이크 등을 부착시켜 바닥과의 미끄럼을 방지하는 안전 장치가 있어야 한다.
   ② 쐐기형 강스파이크는 지반이 평탄한 맨땅 위에 세울 때 사용하여야 한다.
   ③ 미끄럼 방지 발판은 인조 고무 등으로 마감한 실내용을 사용하여야 한다.
   ④ 미끄럼 방지 판자 및 미끄럼 방지 고정쇠는 돌마무림 또는 인조석 깔기 마감한 바닥용으로 사용하여야 한다.

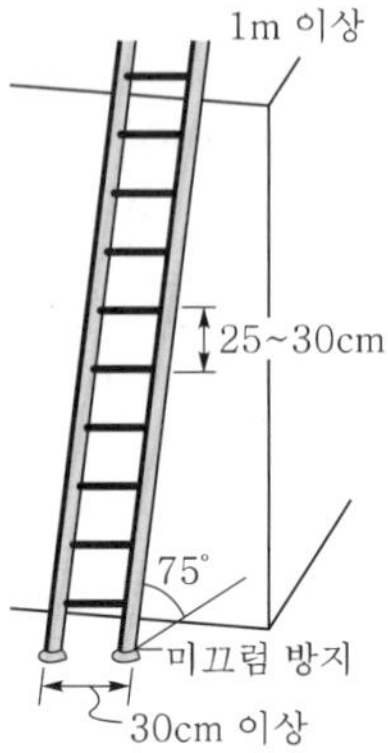

03 철제 거푸집과 합판 거푸집의 장 · 단점을 쓰시오.

해답 1. 철제 거푸집의 장 · 단점
   ① 장점
      • 강성이 크고 정밀도가 높다.
      • 수밀성이 높다.
      • 전용도가 높다.
      • 평면이 매끈한 콘크리트가 된다.
   ② 단점
      • 중량이 무거워 취급이 어렵다.
      • 초기 투자율이 높다.
      • 외부 온도의 영향을 받기 쉽다.
      • 콘크리트가 녹물로 오염될 우려가 있다.
2. 합판 거푸집의 장 · 단점
   ① 장점
      • 목재 패널보다 강성이 크고 정밀도 높은 시공이 가능하다.
      • 재료의 신축이 적다.
      • 콘크리트 표면이 평활하다.
   ② 단점
      • 무게가 무겁다.
      • 내수성이 불충분하다.

부록 III

작업형 문제

기사 · 산업기사 작업형 문제 수록

01 작업형 문제(기사)

01 **다음 영상 자료는 버팀보 공법으로 흙막이 지보공을 설치한 구조를 보여주고 있다. 다음 물음에 답하시오.**

1) 버팀보 위치에는 띠장이 국부 하중에 의해 찌그러짐을 방지하기 위하여 보강하는 것은 무엇인가?
2) 버팀보에 작용하는 토압 변화 상태를 측정하기 위한 계측기는?
3) 이러한 공법에는 버팀보의 좌굴에 주의하여야 하는데 버팀보 좌굴을 방지하기 위해 설치하는 부재는?
4) 버팀보를 설치할 때 그 길이의 조절을 위해 사용하며 지그재그로 설치하여야 하는 것은 무엇인가?

(해답) 1) 버팀대　2) 토압계　3) 버팀대 기둥　4) 가새

02 **다음 동영상은 터널 굴착 장비를 조립하고 이를 이용하여 굴착 및 토사 운반 작업 과정을 보여 주고 있다. 다음 물음에 답하시오.**

1) 동영상에 보여진 굴착 장비의 명칭을 쓰시오.
2) 터널 굴착 작업을 하는 때에는 보링 등을 이용하여 지반 조사를 실시하고 작업 계획을 수립한 후 작업해야 하는데 작업 계획에 반드시 포함되어야 하는 사항을 3가지 쓰시오.

(해답) 1) 건설 현장 운반 기계 : 대형 덤프 트럭, 덤프 트럭, 모터 그레이더, 모터 스크레이퍼 등
2) ① 굴착의 방법
② 터널 지보공 및 복공의 시공 방법과 용수의 처리 방법
③ 환기 또는 조명 시설을 하는 때에는 그 방법

03 **동영상은 둥근톱 작업 중 재해가 발생된 상황을 재현한 것이다. 다음 물음에 답하시오.**

1) 동영상에 보여진 재해의 발생 원인 2가지와 방지 대책을 쓰시오.
2) 둥근톱과 같은 전동 기계 · 기구를 사용하여 작업을 할 때 누전 차단기를 반드시 설치해야 하는 작업 장소 2곳을 쓰시오.

해답 1) 둥근톱을 이용한 작업에서 발생 가능한 위험 요인이라면 여러 가지가 있을 수 있다.
참고로 발생 원인은
① 보호구를 착용하지 않았다(칩 비산에 의한 보안경, 안전화 등).
② 가공 재료를 손으로 잡고 있다.
③ 작업장 바닥이 정리정돈이 되어 있지 않다.
④ 작업장 바닥에 전선이 노출되어 있다.
대책은
① 칩 비산 등에 의한 보안경, 안전화 등 착용
② 가공 재료는 손으로 잡지 말 것
③ 작업장 바닥 정리정돈 후 작업 실시
2) ① 물 등 도전성이 높은 액체에 의한 습윤 장소
② 철판 · 철골 위 등 도전성이 높은 장소
③ 임시 배선의 전로가 설치되는 장소

04 **사진은 아파트 신축 공사 현장의 안전 시설 및 건설 기계 설치 상태를 보여주고 있다. 이 중 낙하물 방지망의 설치 기준을 3가지 쓰시오.**

해답 1. 설치 높이는 10m 이내마다 설치할 것
2. 내민 길이는 벽으로부터 2m 이상으로 할 것
3. 수평면과의 각도는 20° 내지 30°를 유지할 것

05 **주어진 영상 자료는 교량 가설 공법 중 하나를 보여주고 있다. 장경간의 교량 가설 공사에서 경간마다 거푸집 동바리를 매번 설치하지 않아도 되는 장점이 있는 교량 가설 공법이다. 다음 물음에 답하시오.**

1) 이러한 교량 가설 공법을 무엇이라 하는가?
2) 사진1의 근접 사진이 사진2이다. 이 부분의 명칭은?
3) 사진4는 교량의 시점 부근에 설치되어 있는 장치이며 이의 근접 사진이 사진 5의 잭인데 이것의 용도는 무엇인가?

해답 화면이 주어지지 않아서...
아마 프리캐스터 세그먼트 공법 같습니다.

06 **사진은 철근 가공 작업을 수행하고 있는 모습을 담은 것이다. 여기에 사용되는 기계의 명칭은 무엇인가?**

해답 아마 절단기를 뜻하는 것 같습니다.

07 사진은 엄지말뚝과 토류판으로 흙막이를 하고 어스 앵커 구조로 지보공을 시공한 흙막이 지보공 설치 상태를 보여주고 있다. 이러한 흙막이 지보공에 설치되어야 할 계측기의 종류를 3가지만 쓰시오.

(해답) 토압계, 하중계, 경사계, 변형률계 등

02 작업형 문제(산업기사)

01 **동영상은 굴삭기를 이용하여 굴착한 흙을 덤프 트럭으로 운반하는 작업을 하고 있다. 동영상에 나타난 위험 요인에 대한 대책(취급, 운반 시 유의 사항)을 4가지 기술하시오.**

(해답) 아마 화면에는 현장에서 흔히 볼 수 있는 덤프 트럭에 토사를 적재하는 영상일 것입니다.

1. 차량계 건설 기계를 이용하는 작업은 유도자를 배치할 것
2. 차량의 후진 시 경보 장치가 작동할 것
3. 운전자의 시야를 가리지 아니할 것
4. 작업 현장에는 관계자외 출입 금지
5. 운전자와 유도자 간 신호의 방법 결정

02 **아파트 건축 공사장에서 트럭 크레인을 이용하여 강관 비계 다발을 인양 작업하고 있다. 영상에 나타난 작업 과정의 위험 요인에 대한 안전 준수 사항을 4가지 기술하시오.**

(해답)

1. 와이어 로프의 체결 상태 확인
2. 화물 인양시 와이어 로프는 2줄걸이 사용
3. 운전자는 신호자의 지시에 따를 것
4. 훅 해지 장치 사용
5. 작업 반경 내 출입 금지

03 **동영상은 건축물 공사, 실내 작업장에서 틀비계 위에 올라가 전기 용접기를 이용하여 용접 작업 중 사고가 발생한 상황을 보여주고 있다. 사고의 원인을 4가지 기술하시오.**

(해답)

1. 불꽃 비산 방지 조치가 설치되지 않아서 화재 발생 위험
2. 안전 난간이 설치되지 않아 추락 위험
3. 도전성이 높은 장소이므로 감전 위험
4. 아크 용접기의 방호 장치 미설치(방호 장치로는 자동 전격 방지 장치)
5. 보호구 착용

04 사진에 나타난 건설 기계의 명칭과 용도 3가지를 기술하시오.

1) 명칭　　　　　　　　　　　　2) 용도

해답 1) 아마 다짐 기계인 것 같습니다(탠덤 롤러, 타이어 롤러, 진동 롤러 등).
2) 다짐 작업, 도로 다지기, 성토 다지기, 활주로 다지기 등

05 사진은 가설 계단을 보여주고 있다. 다음 빈칸에 알맞은 수를 채우시오.

1) 계단 및 계단참을 설치할 때는 매 m^2당 (①)kg 이상의 하중에 견딜 수 있는 강도를 가진 구조를 설치하여야 하며, 안전율은 (②) 이상으로 하여야 한다.
2) 계단을 설치할 때는 그 폭을 (③)m 이상으로 하여야 한다.
3) 계단을 설치할 때는 그 답면으로부터 높이 (④)m 이상에 장애물이 없는 공간에 설치하여야 한다.

해답 ① 500　② 4　③ 1　④ 2

06 사진은 철골 공사 작업 시에 이용되는 작업 발판을 만드는 비계로서 상하 이동을 할 수 없다. 다음 물음에 답하시오.

1) 비계의 명칭
2) 해당 비계의 안전 계수
3) 철근을 사용할 때 공칭 지름의 하한계
4) 매다는 철선의 호칭 치수

해답 1) 달대 비계　2) 8　3) 19mm　4) #8

07 사진은 아파트 신축 공사 현장의 슬래브 단부에서 비계 재료인 강관을 위로 올리고 있는 장면이다. 위험 요인을 2가지 기술하시오.

해답 1. 안전 난간 미설치
2. 재료의 체결 상태 불량
3. 재료의 낙하 위험

03 작업형 문제(기사)

01 **화면 동영상은 사면 굴착 방호 시설을 보여주고 있다. 다음 물음에 답하시오.**

1) 사업주는 굴착 작업에 있어서 지반의 붕괴, 토석의 낙하에 의하여 근로자에게 위험이 예상될 때에는 미리 (　　), (　　) 및 (　　) 등 해당 위험을 방지하기 위하여 필요한 조치를 취해야 한다.

2) 흙막이 지보공 설치 시 정기적으로 점검하고 이상 발견 시 보수해야 할 사항 3가지를 쓰시오.

해답 1) 흙막이 지보공 설치, 방호망의 설치, 근로자의 출입 금지

2) ① 부재의 손상 · 변형 · 부식 · 변위 및 탈락의 유무와 상태
② 버팀대의 긴압의 정도
③ 부재의 접속부 · 부착부 및 교차부의 상태
④ 침하의 정도

02 **화면 동영상은 크레인 인양 작업을 위한 크레인 설치 및 인양 작업을 보여주고 있다. 이동식 크레인의 작업 시작 전 점검 사항 3가지를 쓰시오.**

해답 1. 권과 방지 장치, 그 밖의 경보 장치의 기능
2. 브레이크, 클러치 및 조정 장치의 기능
3. 와이어 로프가 통하고 있는 곳 및 작업 장소의 지반 상태

03 **화면 동영상은 이동식 비계를 사용한 작업 장면이다. 다음 물음에 답하시오.**

1) 본 화면 동영상의 기인물을 쓰시오.

2) 이동식 비계 조립 시 준수해야 할 사항 3가지를 쓰시오.

해답 1) 안전대 미착용

2) 이동식 비계의 작업에서 위험 요인으로는
① 불의의 이동을 방지하기 위하여 브레이크, 쐐기 등으로 고정시킬 것
② 승강용 사다리는 견고하게 설치할 것
③ 비계의 최상부에는 안전 난간을 설치할 것

04 화면 동영상은 거푸집 동바리를 이용한 장면이다. 거푸집 동바리의 조립, 해체 시 관리 감독자의 직무 사항 3가지를 쓰시오.

해답 1. 안전한 작업 방법을 결정하고 작업을 지휘하는 일
2. 재료·기구의 결함 유무를 점검하고 불량품을 제거하는 일
3. 작업 중 안전대 및 안전모 등 보호구 착용 상황을 감시하는 일

05 굴삭기를 이용하여 석축 공사를 하는 중이다. 작업 중 위험 요인 3가지를 쓰시오.

해답 1. 작업 반경 내 근로자 출입 통제가 이루어지지 않고 있음.
2. 안전 관계자 부재
3. 방호망 미설치
4. 사면의 기울기 기준 미준수

06 화면의 건설 기계의 시공상 특징 3가지를 쓰시오.

해답 건설 안전 동영상(건설 기계)편을 참고하세요.

07 사진에 나타난 와이어 로프의 클립 체결 모습이다. 체결 ①, ②번 중 올바른 것을 쓰시오. (①번 : 단선 쪽에 체결, ②번 : 장선 쪽에 체결)

해답 1. 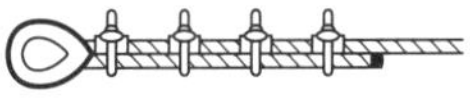 : 그림 ②

2. 클립과의 간격은 와이어 로프 직경의 6배 이상

참고 클립 고정 개수

와이어 로프의 지름(mm)	클립수
16 이하	4개
16 초과~28 이하	5개
28 초과	6개

04 작업형 문제(산업기사)

01 **이동식 틀비계를 사용한 작업 중 추락 사고가 발생하였다. 재해 발생 원인을 동영상을 보고 4가지만 쓰시오.**

해답 1. 이동식 비계에는 불의의 이동을 방지하기 위하여 브레이크, 쐐기 등으로 제동 장치를 갖출 것
2. 최대 적재 하중을 명확하게 표시할 것
3. 승강용 사다리는 견고하게 부착할 것
4. 작업 감독자의 감독하에 작업을 실시할 것
5. 절대로 작업원이 탄 채로 이동시키지 말 것
6. 안전모를 착용하고 구명 로프 등을 소지할 것

02 **이동식 크레인을 이용하여 타워 크레인을 해체 작업하는 중이다. 이때 안전 조치 사항을 4가지만 쓰시오.**

해답 1. 과부하 방지 장치, 브레이크 장치 등 방호 장치를 부착할 것
2. 해지 장치를 사용할 것
3. 정격 하중 초과 사용 금지
4. 근로자를 탑승시키지 말 것
5. 작업 반경 내에 근로자 출입 금지

03 **굴삭기를 이용하여 석축 공사를 하는 중이다. 작업 중 위험 요인을 3가지만 쓰시오.**

해답 1. 작업 반경 내 근로자 출입 통제가 이루어지지 않고 있음.
2. 안전 관계자 부재　　3. 방호망 미설치　　4. 사면의 기울기 기준 미준수

04 **강관 비계의 벽이음 설치 모습이다. 벽이음의 조립 간격에 대하여 다음 (　) 안을 채우시오.**

1) 수평 방향 (　)m　　2) 수직 방향 (　)m

해답 1) 5　　2) 5

05 사진에 나타난 와이어 로프의 클립 체결 모습에 대한 다음 물음에 답하시오.

1) 사진 ①, ②번 중 올바른 것을 고르시오. (①번 : 단선 쪽에 체결, ②번 : 장선 쪽에 체결)

2) 다음 그림에서 클립의 올바른 체결 순서를 순서대로 적으시오.

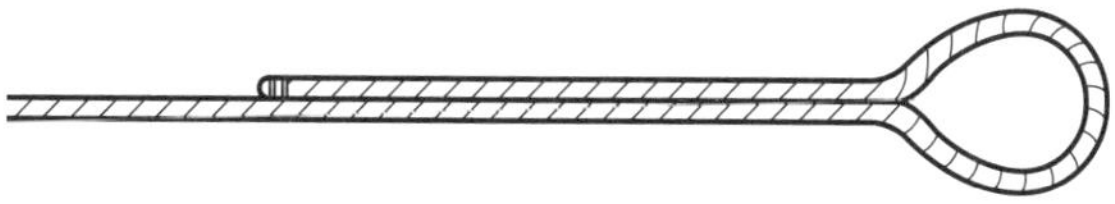

와이어 로프의 지름(mm)	클립 수
16 이하	4개
16 초과~28 이하	5개
28 초과	6개

해답 1) 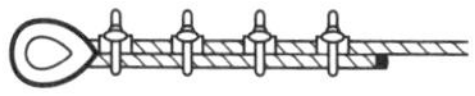

2) 와이어 로프의 체결은 U볼트를 긴 쪽에 나란히 체결한다.

06 사진과 같은 가설 통로의 가설 계단 설치 기준에 대해 다음 ( )를 채우시오.

1) 가설 계단의 1단의 높이는 ( )cm이다.

2) 가설 계단의 폭은 ( )~( )cm를 표준으로 한다.

3) 지주 및 난간 기둥의 간격은 ( )~( )cm로 한다.

해답 1) 22 2) 60, 75 3) 120, 250

07 사진 속에 건설 기계(백 호)의 시공상 특징(장점)을 3가지만 쓰시오.

해답 본서의 건설 안전 동영상(건설 기계편)을 참고하세요.
참고로 작업형 동영상에서는 건설 기계에 관한 문제가 1문제 출제되므로 사진과 용도, 성능 표시 방법 등을 미리 숙지하세요.

05 작업형 문제(기사)

01 동영상은 사면 굴착 방호 시설을 보여주고 있다. 다음 물음에 답하시오.

1) 사업주는 굴착 작업에 있어서 지반의 붕괴 또는 토석의 낙하에 의하여 근로자에게 위험이 예상될 때는 미리 (①), (②) 및 (③) 등 해당 위험을 방지하기 위하여 필요한 조치를 취해야 한다.

2) 흙막이 지보공 설치 시 정기적으로 점검하고 이상 발견 시 보수해야 할 사항을 3가지 쓰시오.

해답 1) ① 흙막이 지보공 설치 ② 방호망의 설치 ③ 근로자의 출입 금지

2) ① 부재의 손상 · 변형 · 부식 · 변위 및 탈락의 유무와 상태
② 버팀대의 긴압의 정도
③ 부재의 접속부 · 부착부 및 교차부의 상태
④ 침하의 정도

02 동영상은 크레인 인양 작업을 위한 크레인 설치 및 인양 작업을 보여주고 있다. 이동식 크레인의 작업 시작 전 점검 사항을 3가지 쓰시오.

해답 1. 권과 방지 장치, 그 밖의 경보 장치의 기능
2. 브레이크, 클러치 및 조정 장치의 기능
3. 와이어 로프가 통하고 있는 곳 및 작업 장소의 지반 상태

03 동영상은 이동식 비계를 사용한 작업 장면이다. 다음 물음에 답하시오.

1) 본 영상의 기인물을 쓰시오.

2) 이동식 비계 조립 시 준수해야 할 사항을 3가지 기술하시오.

해답 1) 안전대 미착용

2) 이동식 비계 조립 시 준수해야 할 사항
① 불의의 이동을 방지하기 위하여 브레이크, 쐐기 등으로 고정시킬 것
② 승강용 사다리는 견고하게 설치할 것
③ 비계의 최상부에는 표준 안전 난간을 설치할 것

04 사진은 거푸집 동바리를 ①, ②로 구분하여 보여준 장면이다. 거푸집 동바리의 조립 또는 해체 작업 시 관리 감독자의 직무 3가지를 쓰시오.

해답 1. 안전한 작업 방법을 결정하고 작업을 지휘하는 일
2. 재료·기구의 결함 유무를 점검하고 불량품을 제거하는 일
3. 작업 중 안전대 및 안전모 등 보호구 착용 상황을 감시하는 일

05 사진은 작업 발판을 보여주고 있다. 다음의 빈칸에 알맞은 숫자를 채우시오.

1) 작업판의 최대 폭은 (①)m 이내, 최소 폭은 (②)cm 이상이어야 한다.
2) 추락의 위험이 있는 곳에는 높이 (③)cm 이상의 견고한 손잡이 또는 철책을 설치한다.
3) 발판 재료 사이의 틈은 (④)cm 이하로 해야 한다.

해답 ① 1.6 ② 40 ③ 90 ④ 3

06 사진은 아파트 공사의 전경이다. 다음 물음에 답하시오.

1) 비계가 갖추어야 할 요소 3가지를 쓰시오.
2) 추락 방지용 방망의 10cm 그물코의 인장 강도는?

해답 1) ① 안전성 ② 경제성 ③ 작업성
2) 240kg

07 사진은 스틸 박스 교량의 가설 현장을 ①, ②, ③으로 구분하여 보여주고 있다. 이 작업장에서 요구되는 안전 시설의 종류 4가지를 쓰시오.

해답 1. 안전 난간 설치
2. 승강 설비 설치
3. 작업 발판 설치
4. 방망 설치

06 작업형 문제(산업기사)

01 **동영상은 아파트 공사 현장을 보여준다. 여기에 나타난 것과 같은 낙하물 방지망의 설치 기준에 대하여 다음의 ( )를 채우시오.**

1) 설치 위치 : 최하단에서 (①)m 이내
2) 설치 방법 : 돌출 길이－수평 거리 (②)m 이상, 수평각－(③)° 이상
3) 그물코 규격 : (④)cm 이하

해답 ① 10 ② 2 ③ 20 ④ 10

02 **동영상은 터널 공사 현장을 보여준다. 다음 물음에 답하시오.**

1) 일반적으로 터널 공사에서 시공 계획에 포함시켜야 할 사항을 3가지만 쓰시오.
2) 시공 계획 작성에 앞서 해야 할 조사는?

해답 1) ① 굴착의 방법
② 터널 지보공 및 복공의 시공 방법과 용수의 처리 방법
③ 환기 또는 조명 시설을 하는 때에는 그 방법
2) 지형 · 지질 및 지층 상태

03 **동영상은 철골보에서의 이동을 보여준다. 추락 사고의 원인을 2가지만 쓰시오.**

해답 1. 안전모, 안전대 등 보호구 미착용으로 추락
2. 달대 비계의 미설치로 인한 추락

04 **사진과 같은 낙하물 방지망의 최초 사용 개시 후 정기 시험과 정기 시험 기간 및 시험의 종류를 쓰시오.**

1) 최초 사용 개시 후의 정기 시험 기간
2) 정기 시험 기간
3) 시험의 종류

해답 1) 1년 2) 6개월 1회 3) 인장 시험

05 사진은 고정식 수직 사다리를 보여준다. 고정식 수직 사다리의 설치 기준에 대하여 다음 (   ) 안을 채우시오.

1) 사다리 상단은 (①) 이상으로 올라가도록 설치한다.

2) 벽면과의 이격 거리는 (②) 이상으로 하여야 한다.

3) 발 받침대의 간격은 (③)로 하여야 한다.

해답 ① 60cm ② 15cm ③ 25~35cm

06 사진은 토공 현장을 보여준다. 토공 현장에서 토사 붕괴의 외적 원인 3가지와 내적 원인 2가지를 쓰시오.

1) 외적 원인 3가지

2) 내적 원인 2가지

해답 1) ① 사면, 법면의 경사 및 구배의 증가
② 절토 및 성토 높이의 증가
③ 공사에 의한 진동 및 반복 하중의 증가
④ 지진, 차량, 구조물의 중량

2) ① 절토 사면의 토질, 암질
② 성토 사면의 토질
③ 토석의 강도 저하

07 ①번 사진은 거푸집 동바리 붕괴 재해 현상을 보여준다. ②번 사진에서 거푸집 동바리 구조의 잘못된 점을 3가지만 쓰시오.

해답 1. 변형, 부식 또는 심하게 손상된 재료 사용
2. 동바리의 변형 방지를 위한 수평 연결재 미설치
3. 지주의 침하 방지 조치
4. 동바리의 설치 위치 잘못

MEMO

부록 IV

과년도 출제 문제

과년도 출제 문제 수록

건설안전기사 2011.5.1 시행

01 해체 작업 시 해체 계획을 작성하여야 한다. 그 포함 사항을 쓰시오.

해답
1. 해체의 방법 및 해체 순서 도면
2. 가설 설비, 방호 설비, 환기 설비 및 방화 설비 등의 방법
3. 사업장 내 연락 방법
4. 해체물의 처분 계획
5. 해체 작업용 기계 · 기구 등의 작업 계획서
6. 해체 작업용 화약류 등의 사용 계획서
7. 기타 안전, 보건에 관련된 사항

02 다음은 산업안전보건법상 건설업 산업안전보건관리비의 계상 및 사용 기준이다. ( ) 안에 알맞게 쓰시오.

1) 관련 규정에 따라 공사 원가 계산 시 구성 항목 중 직접 재료비·간접 재료비와 직접 노무비를 합한 금액을 ( )이라 말한다.
2) 사용 기준은 관련법에서 적용을 받는 공사 중 총 공사 금액 ( ) 이상인 공사에 적용한다.
3) 대상액이 구분되어 있지 않은 공사는 도급 계약 또는 자체 사업 계획상의 총 공사 금액의 ( )를 대상액으로 산정한다.

해답
1) 안전 관리비 대상액
2) 2천만원
3) 70%

03 토공사 시 사용하는 어스 앵커 공법 중 록 볼트 설치의 효과를 쓰시오.

해답
1. 보형성 효과
2. 봉합 효과
3. 내압 효과
4. 아치 형성 효과

04 200명이 근무하는 사업장에서 6개월간 안전 부서에서 불안전 행동 조치 건수 35건, 안전 PR 15건, 불안전 상태 지적 50건, 안전 회의를 6회 실시하였을 경우의 안전 활동률을 구하시오. (단, 1일 8시간 작업, 월 25일 작업)

해답 $안전\ 활동률 = \dfrac{안전\ 활동\ 건수}{근로\ 총\ 시간수} \times 1,000,000$

$= \dfrac{106}{200 \times 8 \times 25 \times 6} \times 1,000,000$

$= 441.67$

05 구축물 또는 이와 유사한 시설물의 안전 진단 등 안전성 평가를 실시해야 할 사항을 쓰시오.

해답 1. 구축물 또는 이와 유사한 시설물의 인근에서 굴착, 항타 작업 등으로 침하, 균열 등이 발생하여 붕괴의 위험이 예상될 경우
2. 구축물 또는 이와 유사한 시설물에 지진, 동해, 부동 침하 등으로 균열, 비틀림 등이 발생하였을 경우
3. 구조물, 건축물, 그 밖의 시설물이 그 자체의 무게, 적설, 풍압 또는 그 밖에 부가되는 하중 등으로 붕괴 등의 위험이 있을 경우
4. 화재 등으로 구축물 또는 이와 유사한 시설물의 내력이 현저히 저하된 경우
5. 오랜 기간 사용하지 아니하던 구축물 또는 이와 유사한 시설물을 재사용하게 되어 안전성을 검토하여야 할 경우
6. 그 밖의 잠재적 위험이 예상될 경우

06 이동식 크레인을 이용하는 작업 중 크레인의 달기구에 전용 탑승 설비를 설치하여 작업 시 탑승 설비에서 추락에 의한 근로자의 위험을 방지하기 위한 조치 사항을 쓰시오.

해답 1. 탑승 설비 기기가 뒤집히거나 떨어지지 아니하도록 필요한 조치를 할 것
2. 안전대 및 구명줄을 설치하고, 안전 난간의 설치가 가능한 구조인 경우 안전 난간을 설치할 것
3. 탑승 설비와 탑승자의 총 중량의 1.3배에 상당하는 중량에 500kg을 가산한 수치가 이동식 크레인의 정격 하중을 초과하지 아니하도록 할 것

07 다음은 달비계의 최대 적재 하중에 대한 안전 계수이다. ( ) 안에 알맞게 쓰시오.

1) 달기 와이어 로프 및 달기 강선의 안전 계수는 (①)
2) 달기 체인 및 달기 훅의 안전 계수는 (②) 이상

3) 달기 강대와 달비계의 하부 및 상부 지점의 안전 계수는 강재의 경우 (③) 이상, 목재의 경우 (④) 이상

해답 ① 10 ② 5 ③ 2.5 ④ 5

08 **법상 채석 작업을 하고자 하는 때에는 지반 붕괴, 굴착 기계의 전도, 전락 등에 의하여 근로자에게 위험 방지를 위하여 작업 계획을 세워야 한다. 채석 작업 시 작업 계획서에 포함해야 할 사항을 쓰시오.**

해답 1. 노천 굴착과 갱내 굴착의 구별 및 채석 방법
2. 굴착면의 높이와 기울기
3. 굴착면의 소단의 위치와 넓이
4. 갱내에서의 낙반 및 붕괴 방지의 방법
5. 발파 방법
6. 암석의 분할 방법
7. 암석의 가공 장소
8. 사용하는 굴착 기계, 분할 기계, 적재 기계 또는 운반 기계의 종류 및 능력
9. 토석 또는 암석의 적재 및 운반 방법과 운반 경로
10. 표토 또는 용수의 처리 방법

09 **다음은 산업안전보건법상 안전 보건 관리 규정에 관한 사항이다. 물음에 답하시오.**

1) 작성 대상 사업장은 상시 근로자가 몇 명 이상인 사업장인가?
2) 변경 사항이 발생할 경우 며칠 이내에 관련 내용을 변경하여야 하는가?
3) 해당 안전 보건 관리 규정의 심의, 의결을 행하는 기구는?
4) 3)이 없을 시에는 해당 규정의 동의를 누구에게 얻어야 하는가?

해답 1) 100명 이상 2) 30일
3) 산업안전보건위원회 4) 근로자 대표

10 **어느 사업장의 연천인율이 36이고, 근로 총 시간수가 120,000시간, 연간 근로 손실 일수가 219일이다. 다음 물음에 답하시오.**

1) 도수율을 구하시오.
2) 강도율을 구하시오.
3) 작업자가 평생 근무한다면 재해를 당할 수 있는 횟수를 구하시오.
4) 작업자가 평생 근무한다면 근로 손실 일수를 구하시오.

해답 1) $\text{도수율} = \frac{\text{연천인율}}{2.4} = \frac{36}{2.4} = 15.00$

2) $\text{강도율} = \frac{\text{근로 손실 일수}}{\text{근로 총 시간수}} \times 1,000 = \frac{219}{120,000} \times 1,000 = 1.83$

3) $\text{환산 도수율} = \frac{100,000}{1,000,000} \times 15 = 1.50$건

4) $\text{환산 강도율} = \frac{100,000}{1,000} \times 1.83 = 183$일

11 다음 물음에 맞는 용기의 색을 쓰시오.

1) 산소
2) 아세틸렌
3) 암모니아
4) 질소

해답 1) 녹색
2) 황색
3) 백색
4) 회색

12 산업안전보건법상 승강기에 설치하여 유효하게 작동될 수 있도록 미리 조정하여 두어야 하는 방호 장치를 쓰시오

해답 1. 비상 정지 장치
2. 과부하 방지 장치
3. 파이널 리밋 스위치
4. 조속기
5. 출입문 인터록

13 건설업의 재해 발생률은 환산 재해율로 산정한다. 산업 재해자 중 사업주의 법 위반으로 인한 것이 아닌 재해에 의해서는 재해자수 산정에서 제외하게 된다. 재해자수 산정에서 제외되는 경우를 쓰시오.

해답 1. 방화, 근로자 간 또는 타인 간의 폭행에 의한 경우
2. 도로교통법에 따라 도로에서 발생한 교통 사고에 의한 경우
3. 태풍, 홍수, 지진, 눈사태 등 천재지변에 의한 불가항력적인 재해의 경우
4. 작업과 관련이 없는 제3자의 과실에 의한 경우
5. 그 밖에 야유회, 체육행사, 취침, 휴식 중의 사고 등 건설 작업과 직접 관련이 없는 경우

건설안전산업기사 2011.5.1 시행

01 **안전 보건 관리 조직의 유형 중 line-staff 혼합형의 단점을 3가지 쓰시오.**

(해답) 1. 지도, 조언, 권고 등에서 혼동 초래
2. 안전 staff의 line에 대한 월권 행위의 우려
3. line의 staff에 대한 의존도가 높다.

02 **근로자의 추락 등에 의한 위험을 방지하기 위하여 설치하는 안전 난간의 구성 요소를 쓰시오.**

(해답) 1. 상부 난간대
2. 중간 난간대
3. 난간 기둥
4. 발끝막이판

03 **이동식 사다리의 조립 시 준수 사항을 쓰시오.**

(해답) 1. 견고한 구조로 할 것
2. 재료는 심한 손상, 부식 등이 없는 것으로 할 것
3. 폭은 30cm 이상으로 할 것
4. 다리 부분에는 미끄럼 방지 장치를 설치하는 등 미끄러지거나 넘어지는 것을 방지하기 위한 필요한 조치를 할 것
5. 발판의 간격은 동일하게 할 것

04 **다음 표는 안전 보건 표지의 색채, 색도 기준에 관한 사항이다. (　) 안에 알맞게 쓰시오.**

색 채	색 도	용 도	사용 예
빨간색	7.5R 4/14	(①)	정지 신호, 소화 설비 및 그 장소 유해 행위의 금지
(②)	5Y 8.5/12	경고	위험 경고, 주의 표지 또는 기계 방호물
파란색	2.5PB 4/10	(③)	특정 행위의 지시 및 사실의 고지
(④)	2.5G 4/10	안내	비상구 및 피난소, 사람 또는 차량의 통행 표지
흰색	(⑤)		파란색 또는 녹색에 대한 보조색
검정색	NO.5		(⑥)

해답 ① 금지 ② 노란색
③ 지시 ④ 녹색
⑤ N9.5 ⑥ 문자 및 빨간색 또는 노란색에 대한 보조색

05 차량계 건설 기계를 사용하는 작업을 함에 있어서 그 기계가 넘어지거나 굴러 떨어짐으로써 근로자에게 위험을 미칠 우려가 있는 때에 필요한 조치 사항 3가지를 쓰시오.

해답 1. 유도자 배치
2. 지반의 부동 침하 방지
3. 갓길의 붕괴 방지
4. 도로의 폭 유지

06 기계 장비를 이용한 굴착 작업에서 지반 붕괴 또는 매설물, 기타 지하 공작물의 재해 방지를 위하여 작업 실시 전 작업 장소에 대하여 시행해야 할 안전 점검 사항 4가지를 쓰시오.

해답 1. 형상, 지질 및 지층의 상태
2. 균열, 함수, 용수 및 동결의 유무 또는 상태
3. 매설물 등의 유무 또는 상태
4. 지반의 지하수위 상태

07 점토질 지반의 굴착 시 발생되는 히빙 현상을 설명하고 그 방지 대책을 쓰시오.

해답 1. 히빙 현상
점성토 지반 또는 연약 점토 지반 굴착 시 어느 정도 깊이까지 굴착을 해 흙막이벽 뒤쪽의 흙 중량이 굴착부 바닥 지지력 이상이 되면 지지력이 약해져서 흙막이벽 근입 부분의 지반이 부풀어 올라오는 현상을 말한다.
2. 방지 대책
① 흙막이판은 강성이 높은 것을 사용한다.
② 지반을 개량한다.
③ 흙막이벽의 전면 굴착을 남겨두어 흙의 중량에 대항하게 한다.
④ 굴착 예정 부분은 부분 굴착하여 기초 콘크리트로 고정시킨다.
⑤ 흙막이벽의 근입 깊이를 깊게 한다.

08 재해 예방 4원칙을 쓰시오.

해답 1. 예방 가능의 원칙
2. 손실 우연의 원칙
3. 원인 계기의 원칙
4. 대책 선정의 원칙

09 금속의 용접, 용단, 가열 작업을 할 때 산소 등의 용기 취급 시 준수 사항을 쓰시오.

해답 1. 용기의 온도를 40℃ 이하로 유지할 것
2. 전도의 위험이 없도록 할 것
3. 충격을 가하지 아니하도록 할 것
4. 운반할 때에는 캡을 씌울 것
5. 사용할 때에는 용기의 마개에 부착되어 있는 유류 및 먼지를 제거할 것
6. 밸브의 개폐는 서서히 할 것
7. 사용 전 또는 사용 중인 용기와 그 외의 용기를 명확히 구별하여 보관할 것
8. 용해 아세틸렌 용기는 세워둘 것
9. 용기의 부식이나 마모 또는 변형 상태를 점검한 후 사용할 것

10 산업안전보건법상 부적격한 섬유 로프의 사용 금지 사항을 쓰시오.

해답 1. 꼬임이 끊어진 것
2. 심하게 손상 또는 부식된 것

11 작업 장소에 따른 시각 장치 및 청각 장치 이용시 시각 장치보다 청각적 표시 장치가 유리한 경우를 쓰시오.

해답 1. 전언이 간단하다.
2. 전언이 짧다.
3. 전언이 즉각적인 행동을 요구한다.
4. 직무상 수신자가 자주 움직이는 경우
5. 수신자의 시각 계통이 과부하인 상태

12 산업안전보건법상 리프트 조립, 설치, 수리, 점검 또는 해체 작업 시 작업 지휘자의 직무 사항을 쓰시오.

해답 1. 작업 방법과 근로자의 배치를 결정하고 해당 작업을 지휘하는 일
2. 재료의 결함 유무 또는 기구 및 공구의 기능을 점검하고 불량품을 제거하는 일
3. 작업 중 안전대 등 보호구의 착용 상황을 감시하는 일

건설안전기사

2011.7.24 시행

01 **철골 작업 시 구조 안전의 위험이 큰 철골 구조물을 건립 중 강풍에 의한 풍압 등 외압에 대한 내력이 고려되었는지를 확인하여야 하는 철골 구조물의 종류를 쓰시오.**

해답
1. 높이 20m 이상의 구조물
2. 구조물의 폭과 높이의 비가 1:4 이상인 구조물
3. 단면 구조에 현저한 차이가 있는 구조물
4. 연면적당 철골량이 $50kg/m^2$ 이하인 구조물
5. 기둥이 타이 플레이트형인 구조물
6. 이음부가 현장 용접인 구조물

02 **안전 보건 표지 중 금지 표지인 출입 금지 표지의 그림을 그리고, 해당 부위의 색을 표기하시오.**

해답

03 **도급 사업 중 산업 재해 발생 위험이 있는 곳에서 작업 시 고용노동부령이 정하는 산업 재해 예방을 위하여 필요한 조치를 하여야 할 장소를 쓰시오.**

해답
1. 토사, 구축물, 공작물 등이 붕괴될 우려가 있는 장소
2. 기계, 기구 등이 전도 또는 도괴될 우려가 있는 장소
3. 안전 난간의 설치가 필요한 장소
4. 비계 또는 거푸집을 설치하거나 해체하는 장소
5. 건설용 리프트를 운행하는 장소
6. 지반을 굴착하거나 발파 작업을 하는 장소
7. 산소 결핍 위험이 있는 작업장
8. 엘리베이터 등 근로자가 추락할 위험이 있는 장소
9. 도급 금지 작업을 하는 장소
10. 물체가 낙하하거나 날아올 위험이 있는 장소

04 다음은 건설 공사 시 유해 위험 방지 계획서 제출 사업장이다. 다음 빈칸에 알맞게 쓰시오.

1) 높이 (①)m 이상인 건축물
2) 연면적 (②)m^2 이상인 건축물
3) 연면적 (③)m^2 이상인 문화 및 집회 시설
4) 최대 지간이 (④)m 이상인 교량 건설 공사
5) 깊이가 (⑤)m 이상인 굴착 공사

해답 ① 31 ② 3만 ③ 5천
④ 50 ⑤ 10

05 달비계 또는 높이 5m 이상의 비계를 조립 · 해체하거나 변경하는 작업 시 준수하여야 할 사항을 쓰시오.

해답
1. 근로자가 관리 감독자의 지휘에 따라 작업하도록 할 것
2. 조립 · 해체 · 변경의 시기, 범위 및 절차를 그 작업에 종사하는 근로자에게 교육할 것
3. 조립, 해체 또는 변경 작업 구역 내에는 해당 작업에 종사하는 근로자 외의 자의 출입을 금지시키고 그 내용을 보기 쉬운 장소에 게시할 것
4. 비, 눈, 그 밖의 기상 상태의 불안정으로 인하여 날씨가 몹시 나쁠 때에는 그 작업을 중지시킬 것
5. 비계 재료의 연결, 해체 작업을 하는 때에는 폭 20cm 이상의 발판을 설치하고 근로자로 하여금 안전대를 사용하도록 하는 등 근로자의 추락 방지를 위한 조치를 할 것
6. 재료, 기구 또는 공구 등을 올리거나 내리는 때에는 근로자로 하여금 달줄 또는 달포대 등을 사용하도록 할 것

06 다음 내용 중 ( ) 안을 채우시오.

1) 달기 와이어 로프 및 달기 강선의 안전 계수는 (①) 이상
2) 달기 체인 및 달기 훅의 안전 계수는 (②) 이상
3) 달기 강대와 달비계의 하부 및 상부 지점의 안전 계수는 강재의 경우 (③) 이상, 목재의 경우 (④) 이상

해답 ① 10 ② 5
③ 2.5 ④ 5

07 **거푸집의 설치 · 해체, 철근 조립, 콘크리트 타설, 콘크리트 면처리 등 거푸집을 작업 발판과 일체로 제작하여 사용하는 작업 발판 일체형 거푸집의 종류를 쓰시오.**

해답
1. 갱 폼(gang form)
2. 슬립 폼(slip form)
3. 클라이밍 폼(climbing form)
4. 터널 라이닝 폼(tunnel lining form)
5. 그 밖에 거푸집과 작업 발판이 일체로 제작된 거푸집 등

참고
1. 갱 폼의 조립·이동·양중·해체(이하 이 조에서 "조립 등"이라 한다) 작업을 하는 경우에는 다음 사항을 준수하여야 한다.
   ① 조립 등의 범위 및 작업 절차를 미리 그 작업에 종사하는 근로자에게 주지시킬 것
   ② 근로자가 안전하게 구조물 내부에서 갱 폼의 작업 발판으로 출입할 수 있는 이동 통로를 설치할 것
   ③ 갱 폼의 지지 또는 고정 철물의 이상 유무를 수시 점검하고 이상이 발견된 경우에는 교체하도록 할 것
   ④ 갱 폼을 조립하거나 해체하는 경우에는 갱폼을 인양 장비에 매단 후에 작업을 실시하도록 하고, 인양 장비에 매달기 전에 지지 또는 고정 철물을 미리 해체하지 않도록 할 것
   ⑤ 갱 폼 인양 시 작업 발판용 케이지에 근로자가 탑승한 상태에서 갱 폼의 인양 작업을 하지 아니할 것
2. 조립 등의 작업을 하는 경우에는 다음의 사항을 준수하여야 한다.
   ① 조립 등 작업 시 거푸집 부재의 변형 여부와 연결 및 지지재의 이상 유무를 확인할 것
   ② 조립 등 작업과 관련한 이동·양중·운반 장비의 고장·오조작 등으로 인해 근로자에게 위험을 미칠 우려가 있는 장소에는 근로자의 출입을 금지하는 등 위험 방지 조치를 할 것
   ③ 거푸집이 콘크리트면에 지지될 때에 콘크리트의 굳기 정도와 거푸집의 무게, 풍압 등의 영향으로 거푸집의 갑작스런 이탈 또는 낙하로 인해 근로자가 위험해질 우려가 있는 경우에는 설계도서에서 정한 콘크리트의 양생 기간을 준수하거나 콘크리트면에 견고하게 지지하는 등 필요한 조치를 할 것
   ④ 연결 또는 지지 형식으로 조립된 부재의 조립 등 작업을 하는 경우에는 거푸집을 인양 장비에 매단 후에 작업을 하도록 하는 등 낙하·붕괴·전도의 위험 방지를 위하여 필요한 조치를 할 것

08 산업안전보건법상 고소 작업대를 사용 시 준수 사항을 쓰시오.

해답 1. 작업자가 안전모·안전대 등의 보호구를 착용하도록 할 것
2. 관계자가 아닌 사람이 작업 구역에 들어오는 것을 방지하기 위하여 필요한 조치를 할 것
3. 안전한 작업을 위하여 적정 수준의 조도를 유지할 것
4. 전로(電路)에 근접하여 작업을 하는 경우에는 작업 감시자를 배치하는 등 감전 사고를 방지하기 위하여 필요한 조치를 할 것
5. 작업대를 정기적으로 점검하고 붐·작업대 등 각 부위의 이상 유무를 확인할 것
6. 전환 스위치는 다른 물체를 이용하여 고정하지 말 것
7. 작업대는 정격 하중을 초과하여 물건을 싣거나 탑승하지 말 것
8. 작업대의 붐대를 상승시킨 상태에서 탑승자는 작업대를 벗어나지 말 것. 다만, 작업대에 안전대 부착 설비를 설치하고 안전대를 연결하였을 때에는 그러하지 아니하다.

09 산업안전보건법상 안전 보건 총괄 책임자의 직무 사항을 쓰시오.

해답 1. 작업 중지
2. 도급 사업 시의 산업재해예방조치
3. 산업안전보건관리비의 관계 수급인 간의 사용에 관한 협의·조정 및 그 집행의 감독
4. 안전 인증 대상 기계 등과 자율 안전 확인 대상 기계 등의 사용 여부 확인
5. 위험성 평가의 실시에 관한 사항

10 산업안전보건법상 건설업의 사업주가 사업의 일부를 도급으로 하는 경우 안전 보건에 관한 협의체를 구성할 때 안전 보건 협의체에 포함할 수 있는 사람을 쓰시오.

해답 1. 사용자 위원인 안전 관리자
2. 근로자 위원으로서 도급 또는 하도급 사업을 포함한 전체 사업의 근로자 대표·명예 감독관 및 근로자 대표가 지명하는 해당 사업장의 근로자

11 산업안전보건법상 승강기를 제외한 양중기를 사용하여 작업하는 운전자·작업자가 보기 쉬운 곳에 표시해야 할 사항을 쓰시오.

해답 1. 정격 하중
2. 운전 속도
3. 경고 표시

12 **유해 위험 방지 계획서 제출 시 첨부 서류를 쓰시오.**

해답 1. 해당 공사 종류별 작업개요 및 재해예방계획
2. 위험물질의 종류별 사용량과 저장 · 보관 및 사용 시 안전작업계획

13 **중건설 공사의 현장에서 공사 금액이 60억인 경우 산업안전보건관리비를 산정하시오.**

해답 $6,000,000,000 \times 0.0244 = 146,400,000$원

건설안전산업기사 2011.7.24 시행

01 산업안전보건법상 차량계 건설 기계를 이용하는 작업 시 작업 계획을 작성할 때 포함해야 할 사항을 쓰시오.

해답 1. 사용하는 차량계 건설 기계의 종류 및 능력
2. 차량계 건설 기계의 운행 경로
3. 차량계 건설 기계에 의한 작업 방법

02 폭풍, 폭우 및 폭설 등 악천후로 인하여 작업 중지 후 비계의 점검 사항 4가지를 쓰시오.

해답 1. 발판 재료의 손상 여부 및 부착 또는 걸림 상태
2. 해당 비계의 연결부 또는 접속부의 풀림 상태
3. 연결 재료 및 연결 철물의 손상 또는 부식 상태
4. 손잡이의 탈락 여부
5. 기둥의 침하, 변형, 변위 또는 흔들림 상태
6. 로프의 부착 상태 및 매단 장치의 흔들림 상태

03 법상 안전 보건 총괄 책임자 선임 대상 사업의 종류를 쓰시오.

해답 관계 수급인에게 고용된 근로자를 포함한 상시근로자 수가 100명(선박 및 보트업, 1차 금속 제조업 및 토사석 광업의 경우 50명) 이상인 사업이나 관계 수급인의 공사금액을 포함한 해당 공사의 공사금액이 20억 이상인 건설업

04 근로자가 500명인 어느 작업장에서 재해가 2건이 발생하여 사망 1명, 110일 요양의 근로자 1명과 30일 요양의 근로자 1명이 발생 시 이 사업장의 연천인율과 강도율을 구하시오. (단, 1일 10시간 작업)

해답 1. 연천인율 $= \dfrac{\text{사상자수}}{\text{연평균 근로자수}} \times 1,000 = \dfrac{3}{500} \times 1,000 = 6.00$

2. 강도율 $= \dfrac{\text{근로 손실 일수}}{\text{근로 총 시간수}} \times 1,000 = \dfrac{7,500 + \left(140 \times \dfrac{300}{365}\right)}{500 \times 10 \times 300} \times 1,000 = 5.08$

05 다음 보기 중 산업안전보건관리비가 아닌 것을 고르시오.

보기
① 현장 소장 안전 해외 연수비
② 사업장 안전 순찰용 차량
③ 사업장 안전 진단비
④ 안전 교육을 위해 식당에 설치한 TV
⑤ 착공식 및 안전 기원제 비용
⑥ 근로자 안전 회식비
⑦ 근로자 병 · 의원 진료비

해답 ①, ②, ⑤, ⑥

06 산업안전보건법상 밀폐 공간에서 작업 시 관리 감독자의 직무 사항을 쓰시오.

해답 1. 산소가 결핍된 공기와 유해 가스에 노출되지 아니하도록 작업 시작 전에 작업 방법을 결정하고 이에 따라 해당 근로자의 작업을 지휘하는 일
2. 작업을 행하는 장소의 공기가 적정한지 여부를 작업 시간 전에 확인하는 일
3. 측정 장비 · 환기 장치 또는 송기 마스크 등을 작업 시작 전에 점검하는 일
4. 근로자에게 송기 마스크 등의 착용을 지도하고 착용 상황을 점검하는 일

07 차량계 하역 운반 기계의 화물 적재 시 준수 사항을 쓰시오.

해답 1. 하중이 한쪽으로 치우치지 않도록 적재할 것
2. 구내 운반차 또는 화물 자동차에 있어서 화물의 붕괴 또는 낙하로 인한 근로자의 위험을 방지하기 위하여 화물에 로프를 거는 등 필요한 조치를 할 것
3. 운전자의 시야를 가리지 아니하도록 화물을 적재할 것

08 다음은 비계의 벽 이음 간격이다. 빈칸을 채우시오.

강관 비계의 종류	조립 간격(단위 : m)	
	수직 방향	수평 방향
단관 비계	①	②
틀 비계(높이가 5m 미만인 것은 제외한다)	③	④

해답 ① 5 ② 5 ③ 6 ④ 8

참고 문제에서 단위 미제시 시에는 필히 단위 기재

09 다음은 가설 통로 중 목재 경사로에 관한 사항이다. 다음 물음에 답하시오.

1) 경사로의 최소 폭은 얼마 이상인가?

2) 경사로의 비탈면 경사각은 얼마 이내인가?

3) 경사로 지지 기둥은 얼마 이내마다 설치해야 하는가?

해답 1) 90cm 이상
2) 30° 이내
3) 3m 이내

10 공사용 가설 도로 설치 시 준수 사항을 쓰시오.

해답 1. 도로는 장비와 차량이 안전하게 운행할 수 있도록 견고하게 설치할 것
2. 도로와 작업장이 접하여 있을 경우에는 울타리 등을 설치할 것
3. 도로는 배수를 위하여 경사지게 설치하거나 배수 시설을 설치할 것
4. 차량의 속도 제한 표지를 부착할 것

11 공사 현장의 중량물 취급 작업 시 작업 지휘자의 준수 사항을 쓰시오.

해답 1. 작업 순서 및 그 순서마다의 작업 방법을 정하고 작업을 지휘할 것
2. 기구 및 공구를 점검하고 불량품을 제거할 것
3. 해당 작업을 행하는 장소에 관계 근로자 외의 자의 출입을 금지시킬 것
4. 로프를 풀거나 덮개를 벗기는 작업을 행하는 때에는 적재함의 화물이 낙하할 위험이 없음을 확인한 후에 해당 작업을 하도록 할 것

12 다음 물음에 대하여 답하시오.

산업안전보건법상 사업주는 사망자 또는 (①) 이상의 요양을 요하는 부상을 입거나 질병에 걸린 자가 발생한 때에는 산업 재해가 발생한 날로부터 (②) 이내에 관할 지방노동관서의 장에게 제출하여야 하며 (③) 발생 시에는 즉시 보고하여야 한다.

해답 ① 4일
② 1개월
③ 중대 재해

13 다음은 안전 보건 표지의 기본 모형이다. 기본 모형이 표시하는 사항을 쓰시오.

1)

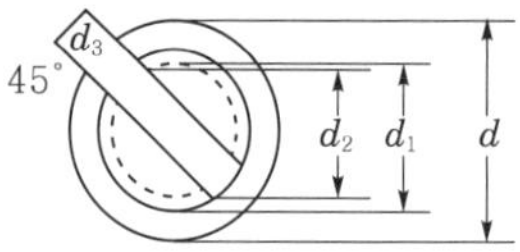

2)

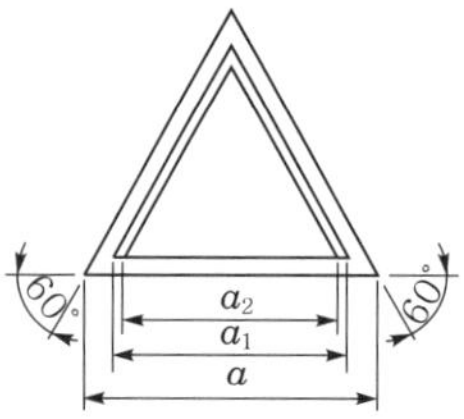

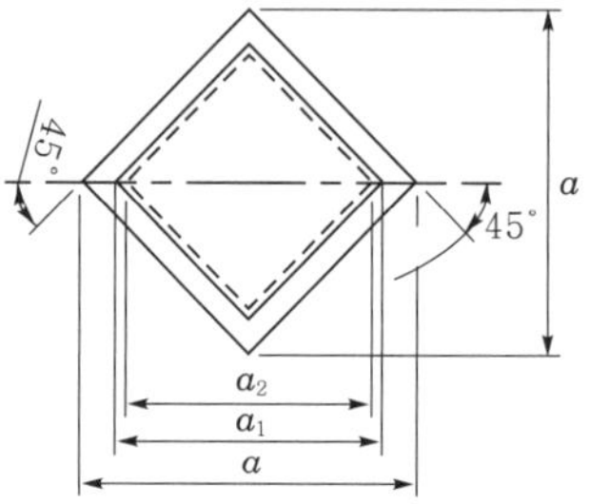

3)

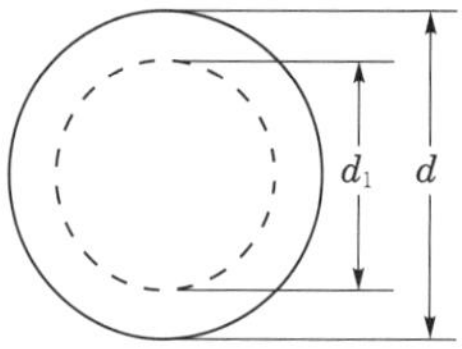

4)

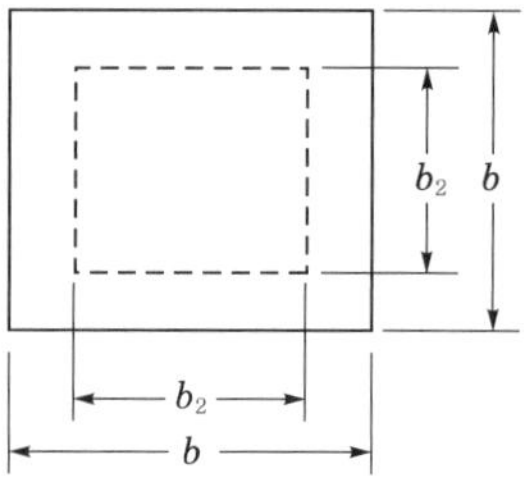

5)

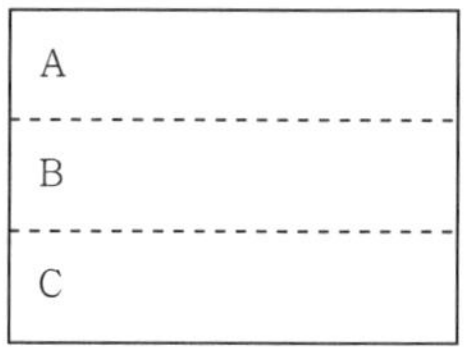

해답 1) 금지 표지
2) 경고 표지
3) 지시 표지
4) 안내 표지
5) 관계자 외 출입 금지 표지

참고 산업안전보건법 시행규칙 [별표 4]

번 호	기본 모형	규격 비율(크기)
1	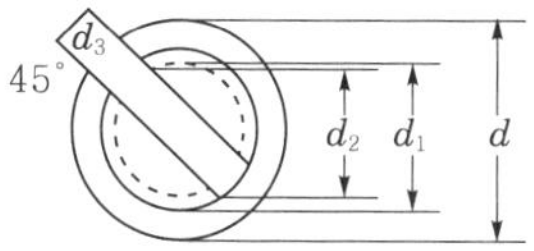	$d \geqq 0.025L$ $d_1 = 0.8d$ $0.7d < d_2 < 0.8d$ $d_3 = 0.1d$
2	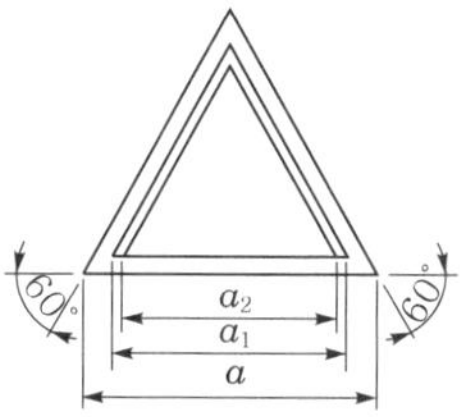	$a \geqq 0.034L$ $a_1 = 0.8a$ $0.7a < a_2 < 0.8a$
	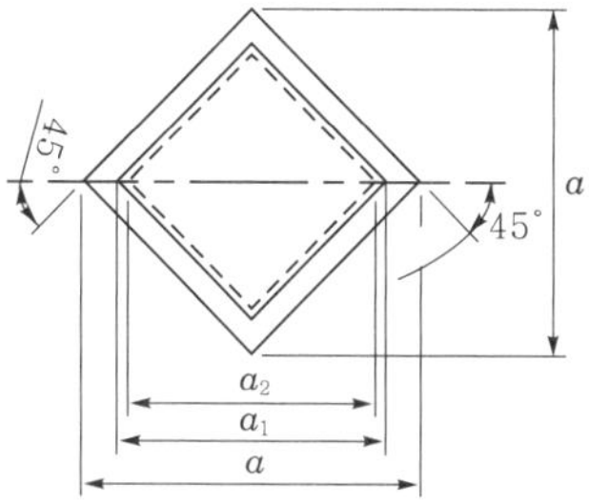	$a \geqq 0.25L$ $a_1 = 0.8a$ $0.7a < a_2 < 0.8a$
3	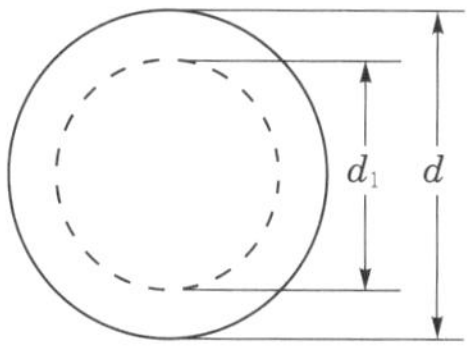	$d \geqq 0.025L$ $d_1 = 0.8d$
4	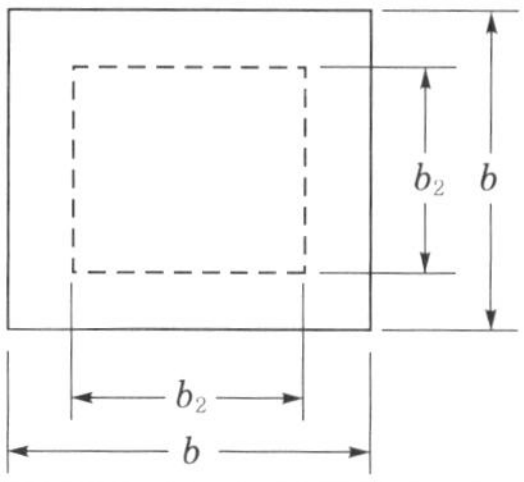	$b \geqq 0.0224L$ $b_2 = 0.8b$
5	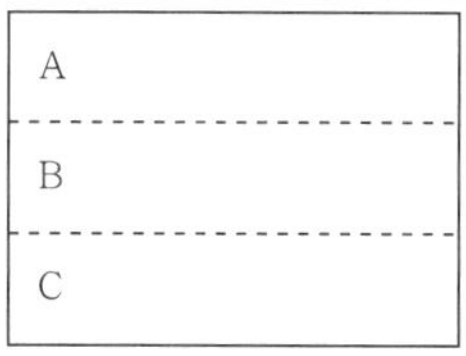 모형 안쪽에는 A, B, C 3개의 구역으로 구분하여 글씨를 기재한다.	1. 모형 크기(가로 40cm, 세로 25cm 이상) 2. 글자 크기(A : 가로 4cm, 세로 5cm 이상, B : 가로 2.5cm, 세로 3cm 이상, C : 가로 3cm, 세로 3.5cm 이상)

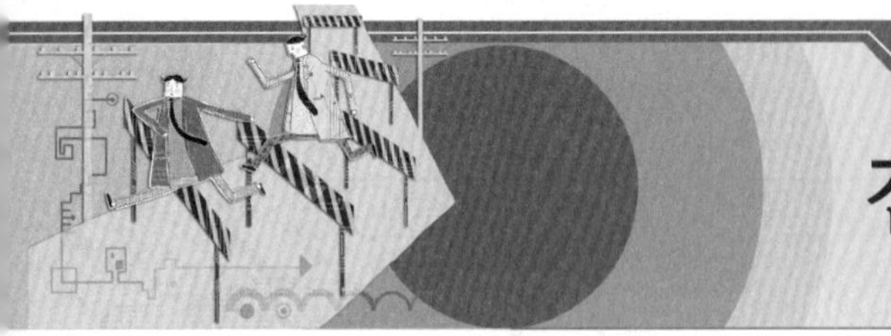

건설안전기사 2011.11.13 시행

01 콘크리트가 거푸집의 측압에 영향을 주는 요소 5가지를 쓰시오.

해답
1. 콘크리트의 시공연도가 클수록 (슬럼프 값) 측압은 크다.
2. 콘크리트의 부어 넣기 속도가 빠를수록 측압은 크다.
3. 온도가 낮을수록 측압은 크다.
4. 콘크리트 다지기가 충분할수록 측압은 크다.
5. 벽 두께가 클수록 측압은 커진다.
6. 철골 또는 철근량이 많을수록 측압은 작다.

02 양중기의 부적격한 달기 체인 사용 금지 조건을 쓰시오.

해답
1. 달기 체인의 길이가 달기 체인이 제조된 때의 길이의 5퍼센트를 초과한 것
2. 링의 단면 지름이 달기 체인이 제조된 때의 해당 링의 지름의 10퍼센트를 초과하여 감소한 것
3. 균열이 있거나 심하게 변형된 것

03 산업안전보건법상 시스템 비계를 사용하는 경우 그 준수 사항을 쓰시오.

해답
1. 수직재 · 수평재 · 가새재를 견고하게 연결하는 구조가 되도록 할 것
2. 비계 밑단의 수직재와 받침 철물은 밀착되도록 설치하고, 수직재와 받침 철물의 연결부의 겹침 길이는 받침 철물 전체 길이의 3분의 1 이상이 되도록 할 것
3. 수평재는 수직재와 직각으로 설치하여야 하며, 체결 후 흔들림이 없도록 견고하게 설치할 것
4. 수직재와 수직재의 연결 철물은 이탈되지 않도록 견고한 구조로 할 것
5. 벽 연결재의 설치 간격은 제조사가 정한 기준에 따라 설치할 것

04 고소 작업대를 이용하는 작업 시 고소 작업대를 이동하는 경우 준수 사항을 쓰시오.

해답
1. 작업대를 가장 낮게 내릴 것
2. 작업대를 올린 상태에서 작업자를 태우고 이동하지 말 것. 다만, 이동 중 전도 등의 위험 예방을 위하여 유도하는 사람을 배치하고 짧은 구간을 이동하는 경우에는 그러하지 아니하다.
3. 이동 통로의 요철 상태 또는 장애물의 유무 등을 확인할 것

05 타워 크레인의 조립, 해체, 설치 작업을 할 때 작업 계획서 작성 시 작업 계획서에 포함해야 할 내용을 쓰시오.

해답 1. 타워 크레인의 종류 및 형식
2. 설치·조립 및 해체 순서
3. 작업 도구·장비·가설 설비(假說設備) 및 방호 설비
4. 작업 인원의 구성 및 작업 근로자의 역할 범위
5. 제142조에 따른 지지 방법

06 콘크리트 펌프 또는 콘크리트 펌프카 사용 시 준수 사항을 쓰시오.

해답 1. 작업을 시작하기 전에 콘크리트 펌프용 비계를 점검하고 이상을 발견하면 즉시 보수할 것
2. 건축물의 난간 등에서 작업하는 근로자가 호스의 요동·선회로 인하여 추락하는 위험을 방지하기 위하여 안전 난간 설치 등 필요한 조치를 할 것
3. 콘크리트 펌프카의 붐을 조정하는 경우에는 주변의 전선 등에 의한 위험을 예방하기 위한 적절한 조치를 할 것
4. 작업 중에 지반의 침하, 아웃트리거의 손상 등에 의하여 콘크리트 펌프카가 넘어질 우려가 있는 경우에는 이를 방지하기 위한 적절한 조치를 할 것

07 사업의 일부를 도급에 의해 행하는 사업으로 동일한 장소에서 작업 시 산업 재해를 예방하기 위한 준수 사항을 쓰시오.

해답 1. 안전·보건에 관한 협의체의 구성 및 운영
2. 작업장의 순회 점검 등 안전·보건 관리
3. 관계 수급인이 근로자에게 하는 안전·보건 교육을 위한 장소 및 자료제공 등의 지원
4. 관계 수급인이 근로자에게 하는 안전·보건 교육의 실시 확인
5. 위생 시설 등 고용노동부령으로 정하는 시설의 설치 등을 위하여 필요한 장소의 제공 또는 도급인이 설치한 위생 시설의 이용 협조

08 건설업 환산 재해율 산정 시 재해자 수 산정에서 제외되는 경우를 쓰시오.

해답 1. 방화, 근로자 간 또는 타인 간의 폭행에 의한 경우
2. 「도로교통법」에 따라 도로에서 발생한 교통사고에 의한 경우(해당 공사의 공사용 차량·장비에 의한 사고는 제외한다.)
3. 태풍·홍수·지진·눈사태 등 천재지변에 의한 불가항력적인 재해의 경우
4. 작업과 관련이 없는 제3자의 과실에 의한 경우(해당 목적물 완성을 위한 작업자간의 과실은 제외한다.)
5. 그 밖에 야유회, 체육행사, 취침·휴식 중의 사고 등 건설 작업과 직접적인 관련이 없는 경우

09 산업안전보건법상 직무 교육을 받아야 하는 사람을 쓰시오.

해답
1. 안전 보건 관리 책임자
2. 안전 관리자
3. 보건 관리자
4. 재해 예방 전문 지도 기관에서 지도 업무를 수행하는 사람

10 다음은 공정 안전 보고서에 관한 사항이다. ( ) 안에 알맞게 쓰시오.

고용노동부 장관은 공정 안전 보고서의 심사 완료 후 (①) 이내에 공정 안전 보고서의 이행 상태를 평가하여야 하며, 이행 상태 평가 후 (②)마다 이행 상태를 평가하여야 한다.

해답 ① 2년 ② 4년

11 연약 지반 굴착 시 히빙의 방지 대책 3가지를 쓰시오.

해답
1. 흙막이판은 강성이 높은 것을 사용한다.
2. 지반 개량을 한다.
3. 흙막이벽의 전면 굴착을 남겨 두어 흙의 중량에 대항하게 한다.
4. 흙막이벽의 뒷면 지반에 약액을 주입하거나 탈수 공법으로 지반 개량을 실시하여 흙의 전단 강도를 높인다.
5. 굴착 예정 부분은 부분 굴착하여 기초 콘크리트로 고정시킨다.
6. 흙막이벽의 근입 깊이를 깊게 한다.
7. 설계 계획을 변경한다.

12 안전 보건 표지 중 경고 표지의 종류를 쓰시오.

해답
1. 인화성 물질 경고
2. 폭발성 물질 경고
3. 위험 장소 경고
4. 고온 경고
5. 매달린 물체 경고

13 다음 보기의 내용을 참고로 산업안전보건관리비를 산정하시오.

보기
① 일반 건설(갑)
② 낙찰률 : 50%
③ 예정 가격 내역서상의 재료비 : 210억원
④ 예정 가격 내역서상의 직접 노무비 : 190억원
⑤ 발주자가 제공한 재료비 : 90억

(해답) (210억원+190억원)×0.5×0.0197×1.2=472,800,000원

참고 안전관리비 계상 기준에서 "다만 발주지가 재료를 제공할 경우 해당 금액을 대상액에 포함시킬 때의 안전관리비는 해당 금액을 포함시키지 않은 대상액을 기준으로 계상한 안전관리비의 1.2배를 초과할 수 없다(산업안전관리비 계상 기준 제4조)."

건설안전산업기사 2011.11.13 시행

01 산업안전보건법상 유해 위험 방지 계획서에 관한 사항이다. 다음 물음에 답하시오.

1) 제출 시기

2) 판정 구분

해답 1) 해당 공사 착공 전 일까지

2) 적정, 조건부 적정, 부적정

02 산업안전보건법상 안전 인증 대상 보호구의 표시 사항을 쓰시오. (단, 안전 인증번호는 제외)

해답 1. 형식 또는 모델명

2. 규격 또는 등급 등

3. 제조자명

4. 제조번호 및 제조연월

03 산업안전보건법상 목재 가공용 둥근톱 기계의 방호 장치명을 쓰시오.

해답 반발 예방 장치, 날접촉 예방 장치

04 항타기 또는 항발기의 권상기(권상 장치)에 부착해야 하는 방호 장치를 쓰시오.

해답 1. 쐐기 장치

2. 역회전 방지용 브레이크

05 시각적 표시 장치보다 청각적 표시 장치가 유리한 경우를 쓰시오.

해답 1. 전언이 간단하다.

2. 전언이 짧다.

3. 전언이 시간적 사상을 다룬다.

4. 전언이 즉각적인 행동을 요구한다.

5. 직무상 수신자가 자주 움직이는 경우

6. 수신자의 시각 계통이 과부하 상태일 때

06 산업안전보건법상 크레인과 건설물 등의 벽체와 통로와의 간격(이격 거리)을 다음 물음에 따라 답하시오.

1) 주행 크레인 또는 선회 크레인과 건설물 또는 설비와의 사이에 통로를 설치하는 경우 그 폭
2) 크레인의 운전실 또는 운전대를 통하는 통로의 끝과 건설물 등의 벽체와의 간격
3) 크레인 거더의 통로의 끝과 크레인 거더와의 간격
4) 크레인 거더의 통로로 통하는 통로의 끝과 건설물 등의 벽체와의 간격

해답 1) 0.6m 이상
2) 0.3m 이하
3) 0.3m 이하
4) 0.3m 이하

참고 주행 크레인 또는 선회 크레인과 건설물 또는 설비와의 사이에 통로를 설치 시 건설물의 기둥에 접촉하는 부분에는 0.4m 이상

07 산업안전보건법상 안전 관리자를 두어야 할 사업의 종류 및 안전 관리자의 수, 선임 방법에 관한 사항이다. 다음 물음에 답하시오. (단, 건설업의 경우)

1) 총 공사 금액이 700억원인 경우
2) 총 공사 금액이 1,500억원 미만인 경우

해답 1) 1명
2) 2명

08 달비계에 사용해서는 안되는 섬유 로프 또는 섬유 벨트의 조건을 쓰시오.

해답 1. 꼬임이 끊어진 것
2. 심하게 손상 또는 부식된 것

09 근로자 500명인 사업장에서 3건의 재해가 발생하여 1명이 사망하고 2명이 110일과 30일의 휴업 상해를 당했을 때 연천인율과 강도율을 구하시오. (단, 1일 10시간, 300일 근무)

해답 ∴ 연천인율 = (재해자 수/연평균 근로자 수)×1,000 = (3/500)×1,000 = 6.00
강도율 = (근로 손실 일수/근로 총 시간수)×1,000

$$= \frac{7,500 + 140 \times (300/365)}{500 \times 10 \times 300} \times 1,000 = 5.0767 = 5.08$$

10 산업안전보건법상 거푸집 동바리의 조립 및 해체 작업 시 특별 안전 보건 교육 내용을 쓰시오. (단, 그 밖에 안전 보건 관리에 필요한 사항은 제외)

해답
1. 동바리의 조립 방법 및 작업 절차에 관한 사항
2. 조립 재료의 취급 방법 및 설치 기준에 관한 사항
3. 조립 해체 시의 사고 예방에 관한 사항
4. 보호구 착용 및 점검에 관한 사항

11 산업안전보건법상 고용노동부 장관의 명에 의하여 안전 보건 진단 기관의 안전 보건 진단을 받아야 하는 사업장을 쓰시오.

해답
1. 중대 재해 발생 사업장
2. 산업재해율이 같은 업종 평균 산업재해율의 2배 이상인 사업장
3. 직업성 질병자가 연간 2명 이상 발생한 사업장
4. 작업환경불량 · 화재 · 폭발 또는 누출사고 등으로 사업장 주변까지 피해가 확인된 사업장으로서 고용노동부령으로 정하는 사업장

12 작업장의 지형, 지반, 지층 상태 등 사전 조사 및 작업 계획서를 작성하고 그 계획서에 따라 작업을 해야 하는 작업의 종류를 쓰시오.

해답
1. 타워 크레인을 설치 · 조립 · 해체하는 작업
2. 차량계 하역 운반 기계 등을 사용하는 작업(화물 자동차를 사용하는 도로상의 주행 작업은 제외한다.)
3. 차량계 건설 기계를 사용하는 작업
4. 화학 설비와 그 부속 설비를 사용하는 작업
5. 전기 작업(해당 전압이 50볼트를 넘거나 전기 에너지가 250볼트암페어를 넘는 경우로 한정한다.)
6. 굴착면의 높이가 2미터 이상이 되는 지반의 굴착 작업
7. 터널 굴착 작업
8. 교량(상부 구조가 금속 또는 콘크리트로 구성되는 교량으로서 그 높이가 5미터 이상이거나 교량의 최대 지간 길이가 30미터 이상인 교량으로 한정한다)의 설치 · 해체 또는 변경 작업
9. 채석 작업
10. 건물 등의 해체 작업
11. 중량물의 취급 작업
12. 궤도나 그 밖의 관련 설비의 보수 · 점검 작업
13. 열차의 교환 · 연결 또는 분리 작업

13 이동식 비계를 조립하여 작업 시 준수 사항을 쓰시오.

(해답) 1. 이동식 비계의 바퀴에는 뜻밖의 갑작스러운 이동을 방지하기 위하여 브레이크, 쐐기 등으로 바퀴를 고정시킨 다음 비계의 일부를 견고한 시설물에 고정하거나 아웃트리거를 설치하는 등의 조치를 할 것
2. 승강용 사다리는 견고하게 설치할 것
3. 비계의 최상부에서 작업을 할 때에는 안전 난간을 설치할 것
4. 작업 발판은 항상 수평을 유지하고 작업 발판 위에서 안전 난간을 딛고 작업을 하거나 받침대 또는 사다리를 사용하여 작업하지 않도록 할 것
5. 작업 발판의 최대 적재 하중은 250kg을 초과하지 않도록 할 것

건설안전기사

2012.4.21 시행

01 산업안전보건법상 금지 표지의 종류를 쓰시오.

해답
1. 출입 금지 2. 보행 금지 3. 차량 통행 금지
4. 사용 금지 5. 탑승 금지 6. 금연
7. 화기 금지 8. 물체 이동 금지

02 근로자 수가 500명인 어느 사업장에서 1일 9시간 작업, 연간 300일 근무 시 연간 8건의 재해가 발생하여 휴업 일수가 300일인 경우의 종합 재해 지수를 구하시오. (단, 종합 재해 지수= $\sqrt{\text{도수율} \times \text{강도율}}$)

해답
1. 도수율= $\dfrac{\text{재해 건수}}{\text{근로 총 시간수}} \times 1{,}000{,}000 = \dfrac{8}{500 \times 9 \times 300} \times 1{,}000{,}000 = 5.93$
2. 강도율= $\dfrac{\text{근로 손실 일수}}{\text{근로 총 시간수}} \times 1{,}000 = \dfrac{300 \times \left(\dfrac{300}{365}\right)}{500 \times 9 \times 300} \times 1{,}000 = 0.18$
3. 종합 재해 지수= $\sqrt{5.93 \times 0.18} = 1.03$

03 산업안전보건법상 고용노동부 장관이 명예 산업 안전 감독관을 해촉할 수 있는 경우를 쓰시오.

해답
1. 근로자 대표가 사업주의 의견을 들어 위촉된 명예 산업 안전 감독관의 해촉을 요청한 경우
2. 명예 산업 안전 감독관이 해당 단체 또는 그 산하 조직으로부터 퇴직하거나 해임된 경우
3. 명예 산업 안전 감독관의 업무와 관련하여 부정한 행위를 한 경우
4. 질병이나 부상 등의 사유로 명예 산업 안전 감독관의 업무 수행이 곤란하게 된 경우

참고 명예 산업 안전 감독관

1. 명예 감독관 위촉 대상 : 고용노동부 장관은 다음의 어느 하나에 해당하는 사람 중에서 명예 감독관을 위촉할 수 있다.
   ① 산업안전보건위원회 또는 노사협의체 설치 대상 사업의 근로자 중에서 근로자 대표가 사업주의 의견을 들어 추천하는 사람
   ② 노동조합 및 노동관계조정법 제10조에 따른 연합 단체인 노동조합 또는 그 지역 대표 기구에 소속된 임직원 중에서 해당 연합 단체인 노동조합 또는 그 지역 대표 기구가 추천하는 사람

③ 전국 규모의 사업주 단체 또는 그 산하 조직에 소속된 임직원 중에서 해당 단체 또는 그 산하 조직이 추천하는 사람

④ 산업 재해 예방 관련 업무를 하는 단체 또는 그 산하 조직에 소속된 임직원 중에서 해당 단체 또는 그 산하 조직이 추천하는 사람

2. 명예 감독관의 업무는 다음과 같다. 이 경우 위 1의 ①에 따라 위촉된 명예 감독관의 업무 범위는 해당 사업장에서의 업무(⑧의 경우는 제외한다.)로 한정하며, 위 1의 ②부터 ④까지의 규정에 따라 위촉된 명예 감독관의 업무 범위는 ⑧부터 ⑩까지의 업무로 한정한다.

① 사업장에서 하는 자체 점검 참여 및 근로 감독관이 하는 사업장 감독 참여

② 사업장 산업 재해 예방 계획 수립 참여 및 사업장에서 하는 기계·기구 자체 검사 입회

③ 법령을 위반한 사실이 있는 경우 사업주에 대한 개선 요청 및 감독 기관에의 신고

④ 산업 재해 발생의 급박한 위험이 있는 경우 사업주에 대한 작업 중지 요청

⑤ 작업 환경 측정, 근로자 건강 진단 시의 입회 및 그 결과에 대한 설명회 참여

⑥ 직업성 질환의 증상이 있거나 질병에 걸린 근로자가 여러 명 발생한 경우 사업주에 대한 임시 건강 진단 실시 요청

⑦ 근로자에 대한 안전 수칙 준수 지도

⑧ 법령 및 산업 재해 예방 정책 개선 건의

⑨ 안전·보건 의식을 북돋우기 위한 활동과 무재해 운동 등에 대한 참여와 지원

⑩ 그 밖에 산업 재해 예방에 대한 홍보·계몽 등 산업 재해 예방 업무와 관련하여 고용노동부 장관이 정하는 업무

3. 명예 감독관의 임기는 2년으로 하되, 연임할 수 있다.

04 터널 굴착 공사에서 터널 내 공기가 오염되는 주요 요인 5가지를 쓰시오.

해답 1. 작업원 자신의 호흡에 의한 탄산가스
2. 화약 발파에 의해 발생되는 연기와 가스
3. 공사용 기계들의 배기가스
4. 지반으로부터 용출되는 유해가스
5. 산소 결핍 공기
6. 유기물의 부패, 발효에 의해 발생되는 가스
7. 착암기, 굴착 기계, 적재 기계들의 사용과 발파에 의하여 비산되는 분진

05 사업주가 가설 통로를 설치할 경우 가설 통로의 구조로서 준수할 사항을 4가지 쓰시오.

해답 1. 견고한 구조로 할 것
2. 경사는 30° 이하로 할 것
3. 경사가 15°를 초과하는 때에는 미끄러지지 아니하는 구조로 할 것
4. 추락의 위험이 있는 장소에는 안전 난간을 설치할 것

5. 수직 갱에 가설된 통로의 길이가 15m 이상인 때에는 10m 이내마다 계단참을 설치할 것
6. 건설 공사에 사용하는 높이 8m 이상인 비계 다리에는 7m 이내마다 계단참을 설치할 것

06 **다음 (   ) 안에 알맞은 숫자를 쓰시오.**

달비계(곤돌라의 달비계 제외)의 최대 적재 하중을 정함에 있어 그 안전 계수는 다음과 같다.

1) 달기 와이어 로프 및 달기 강선의 안전 계수는 (①) 이상
2) 달기 체인 및 달기 훅의 안전 계수는 (②) 이상
3) 달기 강대와 달비계의 하부 및 상부 지점의 안전 계수는 강재의 경우 (③) 이상, 목재의 경우 (④) 이상

해답 ① 10　② 5　③ 2.5　④ 5

07 **양중기의 종류를 5가지만 쓰시오.**

해답
1. 크레인
2. 곤돌라
3. 리프트(이삿짐 운반용 리프트의 경우 적재 하중이 0.1톤 이상)
4. 승강기
5. 이동식 크레인

08 **지게차를 이용한 작업에 있어서 시작 전 점검 사항 3가지를 쓰시오.**

해답
1. 제동 장치 및 조종 장치 기능의 이상 유무
2. 하역 장치 및 유압 장치 기능의 이상 유무
3. 바퀴의 이상 유무
4. 전조등, 후미등, 방향 지시기 및 경보 장치 기능의 이상 유무

09 **산업안전보건법상 고용노동부 장관의 명에 의하여 안전 보건 진단 기관의 안전 보건 진단을 받아야 하는 사업장을 쓰시오.**

해답
1. 중대 재해 발생 사업장
2. 산업재해율이 같은 업종 평균 산업재해율의 2배 이상인 사업장
3. 직업성 질병자가 연간 2명 이상 발생한 사업장
4. 작업환경불량 · 화재 · 폭발 또는 누출사고 등으로 사업장 주변까지 피해가 확인된 사업장으로서 고용노동부령으로 정하는 사업장

10 해체 공사 시 사용하는 회전날 끝에 다이아몬드 입자를 혼합 경화하여 제조한 절단톱으로 기둥, 보, 바닥, 벽체 등을 절단하여 해체하는 작업 시 절단톱의 사용 준수 사항을 쓰시오.

해답
1. 작업 현장은 정리정돈이 잘 되어야 한다.
2. 절단기에 사용되는 전기 시설과 급·배수 설비를 수시로 정비·점검하여야 한다.
3. 회전날에는 접촉 방지 커버를 부착하여야 한다.
4. 회전날의 조임 상태는 안전한지 작업 전에 점검하여야 한다.
5. 절단 중 회전날을 냉각시키는 냉각수는 충분한지 점검하고, 불꽃이 많이 비산되거나 수증기 등이 발생되면 과열된 것이므로 일시 중단한 후 작업을 실시하여야 한다.
6. 절단 방향은 직선을 기준으로 하고 부재 중에 철근 등이 있어 절단이 안 될 경우에는 최소 단면으로 절단하여야 한다.
7. 절단기는 매일 점검하고 정비해 두어야 하며 회전 구조부에는 윤활유를 주유해 두어야 한다.

11 높이 2m 이상인 작업 발판의 끝이나 개구부로부터 추락에 의한 위험이 있을 때의 조치 사항을 쓰시오.

해답
1. 안전 난간 설치
2. 울타리 설치
3. 덮개 설치
4. 수직형 추락 방망 설치

12 터널 등의 건설 작업 시 낙반 등에 의해 근로자에게 위험을 미칠 우려가 있을 때의 조치 사항을 쓰시오.

해답
1. 터널 지보공 설치
2. 록 볼트 설치
3. 부석 제거

13 다음 보기에 대한 산업안전보건관리비를 계산하시오. (단, 일반 건설 공사(갑))

보기

노무비 : 40억 원(직접 노무비 30억 원, 간접 노무비 10억 원)
재료비 : 40억 원
기계경비 : 10억 원

해답
산업안전보건관리비 = 재료비 + 직접 노무비
= 40억 + 30억 = 70억

∴ 70억 × 0.0197 = 137,900,000원

14 다음 물음에 대한 안전 보건 교육 시간을 쓰시오.

1) 사무직 종사 근로자 정기 교육
2) 일용 근로자 기초 안전 보건 교육
3) 일용 근로자 작업 내용 변경 시 교육
4) 특수 작업 일용 근로자 특별 교육

해답
1) 매 분기 3시간 이상
2) 4시간
3) 1시간 이상
4) 2시간 이상

참고 산업 안전 보건 관련 교육 과정별 교육 시간

<table>
<tr><th>교육 과정</th><th colspan="2">교육 대상</th><th>교육 시간</th></tr>
<tr><td rowspan="4">정기 교육</td><td colspan="2">사무직 종사 근로자</td><td>매 분기 3시간 이상</td></tr>
<tr><td rowspan="2">사무직 종사 근로자 외의 근로자</td><td>판매 업무에 직접 종사하는 근로자</td><td>매 분기 3시간 이상</td></tr>
<tr><td>판매 업무에 직접 종사하는 근로자 외의 근로자</td><td>매 분기 6시간 이상</td></tr>
<tr><td colspan="2">관리 감독자의 지위에 있는 사람</td><td>연간 16시간 이상</td></tr>
<tr><td rowspan="2">채용 시의 교육</td><td colspan="2">일용 근로자</td><td>1시간 이상</td></tr>
<tr><td colspan="2">일용 근로자를 제외한 근로자</td><td>8시간 이상</td></tr>
<tr><td rowspan="2">작업 내용 변경 시의 교육</td><td colspan="2">일용 근로자</td><td>1시간 이상</td></tr>
<tr><td colspan="2">일용 근로자를 제외한 근로자</td><td>2시간 이상</td></tr>
<tr><td rowspan="3">특별 교육</td><td colspan="2">특별 안전 보건 교육 대상 작업의 어느 하나에 해당하는 작업에 종사하는 일용 근로자</td><td>2시간 이상</td></tr>
<tr><td colspan="2">타워 크레인 신호작업에 종사하는 일용 근로자</td><td>8시간 이상</td></tr>
<tr><td colspan="2">특별 안전 보건 교육 대상 작업의 어느 하나에 해당하는 작업에 종사하는 일용 근로자를 제외한 근로자</td><td>• 16시간 이상(최초 작업에 종사하기 전 4시간 이상 실시하고 12시간은 3개월 이내에서 분할하여 실시 가능)
• 단기간 작업 또는 간헐적 작업인 경우에는 2시간 이상</td></tr>
<tr><td>건설업 기초 안전 보건 교육</td><td colspan="2">건설 일용 근로자</td><td>4시간</td></tr>
</table>

건설안전산업기사 2012.4.21 시행

01 산업안전보건법상 안전 보건 표지 중 경고 표지의 종류를 쓰시오.

해답 1. 인화성 물질 경고
2. 산화성 물질 경고
3. 급성 독성 물질 경고
4. 부식성 물질 경고
5. 방사성 물질 경고
6. 고압 전기 경고
7. 매달린 물체 경고
8. 낙하물 경고
9. 고온 경고
10. 저온 경고
11. 몸 균형 상실 경고
12. 레이저 광선 경고

02 다음 물음에 대한 안전 보건 교육 시간을 쓰시오.

1) 관리 감독자 정기 교육
2) 간헐적 용접 작업을 진행하는 일용 근로자의 특별 교육
3) 일용 근로자의 작업 내용 변경 시 교육
4) 건설 일용 근로자의 기초 안전 보건 교육

해답 1) 연간 16시간 이상
2) 2시간 이상
3) 1시간 이상
4) 4시간

03 크레인 작업 시작 전의 점검 사항을 쓰시오.

해답 1. 권과 방지 장치, 브레이크, 클러치 및 운전 장치의 기능
2. 주행로 상측 및 트롤리가 횡행하고 있는 레일의 상태
3. 와이어 로프가 통하고 있는 곳의 상태

04 타워 크레인의 조립 · 해체 · 설치 작업을 할 때 작업 계획서 작성 시 작업 계획서에 포함해야 할 내용을 쓰시오.

해답 1. 타워 크레인의 종류 및 형식
2. 설치 · 조립 및 해체 순서
3. 작업 도구 · 장비, 가설 설비(假說設備) 및 방호 설비
4. 작업 인원의 구성 및 작업 근로자의 역할 범위
5. 타워 크레인 설치 시 벽체지지 방식 우선 적용안 제142조에 따른 지지 방법

05 **양중기의 부적격한 달기 체인 사용 금지 조건을 쓰시오.**

해답 1. 달기 체인의 길이가 달기 체인이 제조된 때의 길이의 5%를 초과하여 증가한 것
2. 링의 단면 지름이 달기 체인이 제조된 때의 해당 링 지름의 10%를 초과하여 감소한 것
3. 균열이 있거나 심하게 변형된 것

06 **차량계 건설 기계를 사용하는 작업을 함에 있어서 그 기계가 넘어지거나 굴러 떨어짐으로써 근로자에게 위험을 끼칠 우려가 있는 때에 필요한 조치 사항을 3가지 쓰시오.**

해답 1. 유도자 배치
2. 지반의 부동 침하 방지
3. 갓길의 붕괴 방지
4. 도로의 폭 유지

07 **근로자가 500명인 어느 작업장에서 2건의 재해가 발생하여 사망 1명과 110일 요양의 근로자 1명, 30일 요양의 근로자 1명이 발생했을 시 이 사업장의 연천인율과 강도율을 구하시오. (단, 1일 10시간 작업)**

해답 1. 연천인율 $= \dfrac{\text{사상자 수}}{\text{연평균 근로자 수}} \times 1{,}000 = \dfrac{3}{500} \times 1{,}000 = 6.00$

2. 강도율 $= \dfrac{\text{근로 손실 일수}}{\text{근로 총 시간수}} \times 1{,}000 = \dfrac{7{,}500 + \left(140 \times \dfrac{300}{365}\right)}{500 \times 10 \times 300} \times 1{,}000 = 5.08$

08 **연약 지반을 흙막이 벽 개착 공법으로 굴착 작업 시 발생하는 히빙 현상을 설명하고, 대책을 3가지 쓰시오.**

해답 1. 히빙 현상
연약한 점토 지반의 굴착 시 흙막이 벽 뒤쪽 흙의 중량이 굴착부 바닥 지지력 이상이 되면 흙막이 벽 근입 부분의 지반 이동이 발생하여 굴착부 저면이 솟아오르는 현상이다.
2. 대책
① 지반 개량을 한다.
② 흙막이 벽의 근입 깊이를 깊게 한다.
③ 흙막이 판은 강성이 높은 것을 사용한다.

09 인간의 과오에 대한 배후 요인 4가지를 쓰시오.

(해답) 1. Men
2. Machine
3. Media
4. Management

10 작업자가 계단에서 굴러떨어져 바닥에 머리를 부딪치는 사고가 발생하였다. 발생 형태, 기인물, 가해물을 분석하시오. (단, 계단에 물이 남아 있었다.)

(해답) 1. 발생 형태 : 전도 전락
2. 기인물 : 물
3. 가해물 : 바닥

11 다음은 누전 차단기 설치 시 준수 사항이다. (　　) 안에 알맞게 쓰시오.

> 보기
> 전기 기계・기구에 접속되어 누전 차단기는 정격 감도 전류가 (①) 이하이고 작동 시간은 (②) 이내여야 한다. 다만, 정격 전부하 전류가 (③) 이상인 전기 기계・기구에 접속되는 누전 차단기는 오작동을 방지하기 위하여 정격 감도 전류는 (④) 이하로, 작동 시간은 (⑤) 이내로 할 수 있다.

(해답) ① 30mA
② 0.03초
③ 50mA
④ 200mA
⑤ 0.1초

12 산업안전보건법상 크레인의 조립 · 해체 작업 시 준수 사항을 쓰시오.

(해답) 1. 작업을 할 구역에 관계 근로자 외의 자의 출입을 금지시키고 그 취지를 보기 쉬운 곳에 표시할 것
2. 비, 눈, 그 밖의 기상 상태의 불안정으로 인하여 날씨가 몹시 나쁠 때에는 그 작업을 중지시킬 것
3. 작업 순서를 정하고 그 순서에 의하여 작업을 실시할 것
4. 작업 장소는 안전한 작업이 이루어질 수 있도록 충분한 공간을 확보하고 장애물이 없도록 할 것
5. 들어 올리거나 내리는 기자재는 균형을 유지하면서 작업을 실시하도록 할 것
6. 크레인의 능력, 사용 조건 등에 따라 충분한 응력을 갖는 구조로 기초를 설치하고 침하 등이 일어나지 않도록 할 것
7. 규격품인 조립용 볼트를 사용하며 대칭되는 곳을 순차적으로 결합하고 분해할 것

13 산업안전보건법상 목재 가공용 둥근톱 기계의 방호 장치명을 쓰시오.

해답
1. 반발 예방 장치
2. 날 접촉 예방 장치

참고 위험 기계 · 기구의 방호 장치명

① 프레스 및 전단기 : 방호 장치
② 아세틸렌 용접 장치 또는 가스 집합 용접 장치 : 안전기
③ 교류 아크 용접기 : 자동 전격 방지 장치
④ 크레인, 승강기, 곤돌라, 리프트 : 과부하 방지 장치 및 고용노동부 장관이 고시하는 방호 장치
⑤ 보일러 : 압력 방출 장치 및 압력 제한 스위치
⑥ 롤러기 : 급정지 장치
⑦ 컨베이어 : 비상 정지 장치
⑧ 연삭기 : 덮개
⑨ 목재 가공용 둥근톱 기계 : 반발 예방 장치 및 날 접촉 예방 장치
⑩ 동력식 수동 대패기 : 칼날 접촉 예방 장치
⑪ 산업용 로봇 : 안전 매트, 방호울
⑫ 방폭용 전기 기계 · 기구 : 방폭 구조 전기 기계 · 기구
⑬ 정전 및 활선 작업에 필요한 절연용 기구 : 절연용 방호구 및 활선 작업용 기구
⑭ 압력 용기 : 압력 방출 장치

건설안전기사 2012.7.7 시행

01 다음은 양중기의 와이어 로프 또는 달기 체인의 안전 계수에 관한 사항이다. 다음 물음에 답하시오.

1) 근로자가 탑승하는 운반구를 지지하는 경우

2) 화물의 하중을 직접 지지하는 경우

3) 1) 및 2) 외의 경우

(해답) 1) 10 이상
2) 5 이상
3) 4 이상

02 산업안전보건법상 안전 관리자를 두어야 할 사업의 종류 및 안전 관리자의 수, 선임 방법에 관한 사항이다. 다음 물음에 답하시오. (단, 건설업의 경우)

1) 총 공사 금액이 700억원인 경우

2) 총 공사 금액이 1,500억원 미만인 경우

(해답) 1) 1명
2) 2명

03 NATM(무지보공 터널 굴착) 공사 재해 방지를 위하여 지질 및 지층에 관한 조사 사항을 쓰시오.

(해답) 1. 시추(보링) 위치
2. 토층 분포 상태
3. 투수 계수
4. 지하 수위
5. 지반의 지지력

참고 발파에 의한 굴착 작업 시 NATM 공사를 할 때의 계측 관리 사항

① 내공 변위 측정
② 천단 침하 측정
③ 지중·지표 침하 측정
④ 록 볼트 축력 측정
⑤ 숏크리트 응력 측정

04 공사용 가설 도로 설치 시 준수 사항을 쓰시오.

해답
1. 도로는 장비와 차량이 안전하게 운행할 수 있도록 견고하게 설치할 것
2. 도로와 작업장이 접하여 있을 경우에는 울타리 등을 설치할 것
3. 도로는 배수를 위하여 경사지게 설치하거나 배수 시설을 설치할 것
4. 차량의 속도 제한 표지를 부착할 것

05 채석 작업 시 작업 계획을 작성하여야 한다. 작업 계획에 포함되어야 할 사항을 쓰시오.

해답
1. 노천 굴착과 갱내 굴착의 구별 및 채석 방법
2. 굴착면의 높이와 기울기
3. 굴착면의 소단 위치와 높이
4. 갱내에서의 낙반 및 붕괴 방지의 방법
5. 발파 방법
6. 암석의 분할 방법
7. 암석의 가공 장소
8. 사용하는 굴착 기계·분할 기계·적재 기계 또는 운반 기계의 종류 및 능력
9. 토석 또는 암석의 적재 및 운반 방법과 운반 경로
10. 표토 또는 용수의 처리 방법

06 어떤 사업장의 X 부서와 Y 부서의 재해율은 다음 도표와 같다. 각 부서의 Safe-T-Score를 계산하고, 안전 관리 측면에서의 심각성 여부에 관하여 간단하게 서술하시오.

		X 부서	Y 부서
81년	사고	1,000건	1,000건
	근로 총 시간수	1,000,000인시	1,000,000인시
	빈도율	1,000	1,000
82년	사고	1,000건	1,000건
	근로 총 시간수	1,000,000인시	1,000,000인시
	빈도율	1,100	1,200

(해답) $\text{Safe-T-Score} = \dfrac{\text{현재 빈도율} - \text{과거 빈도율}}{\sqrt{\dfrac{\text{과거 빈도율}}{\text{현재 근로 총 시간수}} \times 1{,}000{,}000}}$

단위가 없으며 계산 결과가 +면 나쁜 결과, −면 과거에 비해 좋은 결과이다.

+2.00 이상인 경우 : 과거보다 심각하게 나빠졌다.

−2.00 이하인 경우 : 과거보다 좋아졌다.

① X 부서의 $\text{Safe-T-Score} = \dfrac{1{,}100 - 1{,}000}{\sqrt{\dfrac{1{,}000}{1{,}000{,}000} \times 1{,}000{,}000}} = 3.16$

② Y 부서의 $\text{Safe-T-Score} = \dfrac{1{,}200 - 1{,}000}{\sqrt{\dfrac{1{,}000}{1{,}000{,}000} \times 1{,}000{,}000}} = 6.32$

③ X 부서는 +3.16이므로 위험하고, Y 부서는 +6.32이므로 안전의 문제가 심각하다. 안전에 관한 대책이 시급히 요망된다.

07 네트워크(network) 공정표의 종류를 쓰시오.

(해답) 1. PERT(Program Evaluation Review Technique)
2. CPM(Critical Path Method)

08 기계에 의한 굴착 작업 시 관련 규정에 따라 작업 전에 기계의 정비 상태를 정비 기록표 등에 의해 확인하고 점검해야 할 사항을 쓰시오.

(해답) 1. 낙석, 낙하물 등의 위험이 예상되는 작업 시 견고한 헤드 가드 설치 상태
2. 브레이크 및 클러치의 작동 상태
3. 타이어 및 궤도·차륜 상태
4. 경보 장치 작동 상태
5. 부속 장치의 상태

09 산업안전보건법상 유해 위험 방지 계획서 중 작업 환경 조성 계획에 포함되어야 할 계획 또는 대책을 쓰시오.

(해답) 1. 분진 및 소음 발생 공종에 대한 방호 대책
2. 위생 시설물 설치 및 관리 대책(식당, 화장실, 세면장 등)
3. 근로자 건강 진단 실시 계획
4. 조명 시설물 설치 계획
5. 환기 설비 설치 계획
6. 위험 물질의 종류별 사용량과 저장·보관 및 사용 시 안전 작업 계획

10 산업안전보건법상 갱폼의 조립, 이동, 양중 · 해체 작업 시 준수 사항을 쓰시오.

해답
1. 조립 등의 범위 및 작업 절차를 미리 그 작업에 종사하는 근로자에게 주지시킬 것
2. 근로자가 안전하게 구조물 내부에서 갱폼의 작업 발판으로 출입할 수 있는 이동 통로를 설치할 것
3. 갱폼의 지지 또는 고정 철물의 이상 유무를 수시 점검하고 이상이 발견된 경우에는 교체하도록 할 것
4. 갱폼을 조립하거나 해체하는 경우에는 갱폼을 인양 장비에 매단 후에 작업을 실시하도록 하고, 인양 장비에 매달기 전에 지지 또는 고정 철물을 미리 해체하지 않도록 할 것
5. 갱폼 인양 시 작업 발판용 케이지에 근로자가 탑승한 상태에서 갱폼의 인양 작업을 하지 아니할 것

11 타워 크레인을 벽체에 지지하는 경우 준수해야 할 사항을 쓰시오.

해답
1. 안전 인증 심사에 따른 서면 심사에 관한 서류 또는 제조사의 설치 작업 설명서 등에 따라 설치할 것
2. 서면 검사 서류 등이 없거나 명확하지 아니한 경우에는 국가기술자격법에 의한 건축 구조 · 건설 기계 · 기계 안전 · 건설 안전 기술사 또는 건설 안전 분야 산업 안전 지도사의 확인을 받아 설치하거나 기종별, 모델별 공인된 표준 방법으로 설치할 것
3. 콘크리트 구조물에 고정시키는 경우에는 매립이나 관통 또는 이와 동등 이상의 방법으로 충분히 지지되도록 할 것
4. 건축 중인 시설물에 지지하는 경우에는 그 시설물의 구조적 안정성에 영향이 없도록 할 것

12 다음은 건설업 산업 안전 보건 관리비에 관한 사항이다. 물음에 답하시오.

1) 안전 관리비 중 전년도 미사용 금액을 포함하여 본사에서 사용할 수 있는 실행 예산과 사용 금액의 최고액은?

2) 본사 사용 금액은 계상된 안전 관리비 총액의 몇 %를 초과할 수 있는가?

해답
1) 5억 원
2) 5%

13 산업 안전 보건 표지 중 녹십자 표지판을 그리고, 해당 부위의 색을 표기하시오.

해답

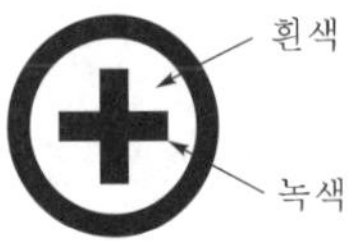

건설안전산업기사 2012.7.7 시행

01 흙막이 지보공 또는 터널 지보공의 정기 점검 사항 4가지를 쓰시오.

해답
1. 흙막이 지보공
   ① 부재의 손상, 변형, 부식, 변위 및 탈락의 유무와 상태
   ② 버팀대 긴압의 정도
   ③ 부재의 접속부, 부착부 및 교차부의 상태
   ④ 침하의 정도
2. 터널 지보공
   ① 부재의 손상, 변형, 부식, 변위 및 탈락의 유무와 상태
   ② 부재 긴압의 정도
   ③ 부재의 접속부 및 교차부의 상태
   ④ 기둥 침하의 유무 및 상태

02 강관틀 비계의 조립 작업 시 준수해야 할 사항을 3가지 쓰시오.

해답
1. 비계 기둥의 밑둥에는 밑받침 철물을 사용하여야 하며 밑받침에 고저차가 있는 경우에는 조절형 밑받침 철물을 사용하여 각각의 강관틀 비계가 항상 수평 및 수직을 유지하도록 할 것
2. 높이가 20m를 초과하거나 중량물의 적재를 수반하는 작업을 할 경우에는 주틀 간의 간격을 1.8m 이하로 할 것
3. 주틀 간에 교차 가새를 설치하고 최상층 및 5층 이내마다 수평재를 설치할 것
4. 수직 방향으로 6m, 수평 방향으로 8m 이내마다 벽 이음을 할 것
5. 길이가 띠장 방향으로 4m 이하이고 높이가 10m를 초과하는 경우에는 10m 이내마다 띠장 방향으로 버팀 기둥을 설치할 것

03 다음 표는 법에 의한 사업장 내 안전 보건 교육에 관한 사항이다. 해당하는 번호의 빈칸을 채우시오.

교육 과정	교육 대상	교육 시간
정기 교육	②	매월 2시간 이상
①	일용 근로자	1시간 이상
작업 내용 변경 시 교육	일용 근로자를 제외한 근로자	③
특별 안전 교육	특별 안전 보건 교육 대상 작업에 종사하는 일용 근로자	④

해답 ① 채용 시 교육　　② 생산직 종사 근로자, 사무직 종사 근로자
③ 2시간 이상　　④ 2시간 이상

04 건설 현장에서 사용하는 양중기 중 크레인의 작업 시작 전 점검 사항을 쓰시오.

해답 1. 권과 방지 장치, 브레이크, 클러치 및 운전 장치의 기능
2. 주행로의 상측 및 트롤리가 횡행하는 레일의 상태
3. 와이어 로프가 통하고 있는 곳의 상태

05 법상 채석 작업 시 작업 계획서를 수립하고자 한다. 작업 계획서에 포함해야 할 내용을 쓰시오.

해답 1. 노천 굴착과 갱내 굴착의 구별 및 채석 방법
2. 굴착면의 높이와 기울기
3. 굴착면 소단의 위치와 넓이
4. 갱내에서의 낙반 및 붕괴 방지 방법
5. 발파 방법
6. 암석의 분할 방법
7. 암석의 가공 장소
8. 사용하는 굴착 기계, 분할 기계, 적재 기계 또는 운반 기계의 종류 및 능력
9. 토석 또는 암석의 적재 및 운반 방법과 운반 경로
10. 표토 또는 용수의 처리 방법

06 건설업 산업안전보건관리비의 안전관리비 대상액의 정의를 쓰시오.

해답 안전관리비 대상액 : 예정 가격 작성 준칙(기획재정부 회계 예규)과 지방자치단체 원가 계산 및 예정 가격 작성 요령(안전행정부 예규)의 공사 원가 계산서 구성 항목 중 직접 재료비, 간접 재료비와 직접 노무비를 합한 금액(발주자가 재료를 제공할 경우에는 해당 비용을 포함한 금액)을 말한다.

07 터널 건설 작업에서 터널 등 내부에서 금속의 용접 · 용단 또는 가열 작업 시 화재 예방을 위한 조치 사항을 쓰시오.

해답 1. 부근에 있는 넝마, 나무 부스러기, 종이 부스러기, 그 밖의 가연성 물질을 제거하거나 그 가연성 물질에 불연성 물질의 덮개를 하거나 그 작업에 수반하는 불티 등이 날아 흩어지는 것을 방지하기 위한 격벽을 설치할 것
2. 해당 작업에 종사하는 근로자에게 소화 설비의 설치 장소 및 사용 방법을 주지시킬 것
3. 해당 작업 종료 후 불티 등에 의하여 화재가 발생할 위험 유무를 확인할 것

08 크레인에 전용 탑승 설비를 설치하고 작업 시 근로자의 추락 위험 방지를 위한 조치 사항을 쓰시오.

해답
1. 탑승 설비가 뒤집히거나 떨어지지 않도록 필요한 조치를 할 것
2. 안전대나 구명줄을 설치하고, 안전 난간을 설치할 수 있는 구조일 경우 안전 난간을 설치할 것
3. 탑승 설비를 하강시킬 때에는 동력 하강 방법으로 할 것

09 산업안전보건법상 안전 인증 대상 보호구의 표시 사항을 쓰시오.

해답
1. 형식 또는 모델명
2. 규격 또는 등급
3. 제조자명
4. 제조 번호 및 제조 연월
5. 안전 인증 번호

10 건설업 환산 재해율 산정 시 상시 근로자 수의 산출 방법을 쓰시오.

해답

$$\text{상시 근로자 수} = \frac{\text{연간 국내 공사 실적액} \times \text{노무 비율}}{\text{건설업 월 평균 임금} \times 12}$$

11 다음은 가스 집합 용접 장치에 관한 사항이다. ( ) 안에 알맞게 쓰시오.

1) 가스 집합 장치로부터 ( ) 이내의 장소에는 흡연, 화기의 사용 또는 불꽃을 발생할 우려가 있는 행위를 금지할 것
2) 용해 아세틸렌의 가스 집합 용접 장치의 배관 및 부속 기구는 구리나 구리 함유량이 ( ) 이상인 합금을 사용해서는 아니 된다.

해답
1) 5m
2) 70%

12 재해 예방 4원칙을 쓰시오.

해답
1. 손실 우연의 원칙
2. 예방 가능의 원칙
3. 대책 선정의 원칙
4. 원인 계기의 원칙

건설안전기사 2012.11.3 시행

01 구축물 또는 이와 유사한 시설물의 안전 진단 등 안전성 평가를 실시해야 할 사항을 쓰시오.

해답
1. 구축물 또는 이와 유사한 시설물의 인근에서 굴착·항타 작업 등으로 침하, 균열 등이 발생하여 붕괴의 위험이 예상될 경우
2. 구축물 또는 이와 유사한 시설물에 지진, 동해, 부동 침하 등으로 균열, 비틀림 등이 발생하였을 경우
3. 구조물, 건축물, 그 밖의 시설물이 그 자체의 무게, 적설, 풍압 또는 그 밖에 부가되는 하중 등으로 붕괴 등의 위험이 있을 경우
4. 화재 등으로 구축물 또는 이와 유사한 시설물의 내력이 현저히 저하된 경우
5. 오랜 기간 사용하지 아니하던 구축물 또는 이와 유사한 시설물을 재사용하게 되어 안전성을 검토하여야 할 경우
6. 그 밖의 잠재적 위험이 예상될 경우

02 다음은 건설업 무재해 시간 산정에 관한 사항이다. (　　) 안에 알맞게 쓰시오.

무재해 시간은 무재해 운동을 개시한 날부터 실근무자 수와 실근로 시간수를 곱하여 산정한다. 사무직 근로자의 경우 1일 (①) 근로한 것으로 하며, 건설 현장 근로자의 경우 1일 (②) 근로한 것으로 본다.

해답 ① 8시간　　② 10시간

참고 건설업의 공사 규모별 무재해 1배수 목표 시간

공사 규모 / 공사 종류	50억 원 미만	50억 원 이상 100억 원 미만	100억 원 이상 300억 원 미만	300억 원 이상
건축·플랜트 공사 등 토목 공사 이외의 나머지 건설업	15만 시간	30만 시간	50만 시간	100만 시간
토목 공사	10만 시간	20만 시간	35만 시간	70만 시간

03 자율 안전 검사 프로그램의 인정을 받기 위한 충족 사항을 쓰시오.

해답 1. 검사원을 고용하고 있을 것
2. 고용노동부 장관이 정하여 고시하는 바에 따라 검사를 실시할 수 있는 장비를 갖추고 이를 유지·관리할 수 있을 것
3. 검사 주기의 2분의 1에 해당하는 주기(크레인 중 건설 현장 외에서 사용하는 크레인의 경우에는 6개월)마다 검사를 실시할 것
4. 자율 검사 프로그램의 검사 기준이 안전 검사 기준을 충족할 것

04 다음은 산업안전보건법상 계단에 관한 사항이다. ( ) 안에 알맞게 쓰시오.

계단 및 계단참을 설치하는 때에는 매 m^2당 (①) 이상의 하중에 견딜 수 있는 강도를 가진 구조로 설치하여야 하며, 안전율은 (②) 이상이어야 하고, 계단의 폭은 (③) 이상으로 하여야 한다. 계단의 높이가 3m를 초과하는 계단에는 높이 (④) 이내마다 너비 (⑤) 이상의 계단참을 설치하여야 한다.

해답 ① 500kg ② 4 ③ 1m
④ 3m ⑤ 1.2m

05 다음은 가설 공사에 관한 사항이다. ( ) 안에 알맞게 쓰시오.

1) 안전 난간의 상부 난간대는 발판 또는 경사로의 표면으로부터 90cm 이상, (①) 이하에 설치하고, 임의의 방향으로 움직이는 (②) 이상의 하중에 견딜 수 있어야 한다.
2) 가설 통로 설치 시 경사는 (③) 이하, 경사가 (④) 초과 시 미끄러지지 아니하는 구조로 하여야 한다.

해답 ① 120cm
② 100kg
③ 30°
④ 15°

06 법상 고용노동부 장관은 사업장의 재해 빈발 시에는 그 해당 사업장의 안전 관리자를 증원하거나 교체임명을 명할 수 있다. 그 사유를 3가지 쓰시오.

해답 1. 해당 사업장의 연간 재해율이 동종 업종 평균 재해율의 2배 이상인 경우
2. 중대 재해가 연간 2건 이상 발생한 경우
3. 관리자가 질병이나 그 밖의 사유로 3개월 이상 직무를 수행할 수 없게 된 경우

07 철골 공사 시 구조 안전의 위험이 큰 구조물로서 건립 중 강풍에 의한 풍압 등에 의한 내력이 설계에 고려되었는지를 확인해야 하는 구조물의 종류를 쓰시오.

해답 1. 높이 20m 이상의 구조물
2. 구조물의 폭과 높이의 비가 1 : 4 이상인 구조물
3. 단면 구조에 현저한 차이가 있는 구조물
4. 연면적당 철골량이 $50kg/m^2$ 이하인 구조물
5. 기둥이 타이 플레이트(tie plate)형인 구조물
6. 이음부가 현장 용접인 구조물

08 1톤 이상의 크레인을 사용하는 작업 시 특별 안전 보건 교육의 내용을 쓰시오.

해답 1. 방호 장치의 종류, 기능 및 취급에 관한 사항
2. 걸고리, 와이어 로프 및 비상 정지 장치 등의 기계·기구 점검에 관한 사항
3. 화물의 취급 및 작업 방법에 관한 사항
4. 신호 방법 및 공동 작업에 관한 사항
5. 그 밖에 안전·보건 관리에 필요한 사항

09 NATM 계측 관리 계획에 포함해야 할 사항을 쓰시오.

해답 1. 내공 변위 측정
2. 천단 침하 측정
3. 지중·지표 침하 측정
4. 록 볼트 축력 측정
5. 숏크리트 응력 측정

10 공사용 가설 도로 설치 시 준수 사항을 쓰시오.

해답 1. 도로는 장비와 차량이 안전하게 운행할 수 있도록 견고하게 설치할 것
2. 도로와 작업장이 접하여 있을 경우에는 울타리 등을 설치할 것
3. 도로는 배수를 위하여 경사지게 설치하거나 배수 시설을 설치할 것
4. 차량의 속도 제한 표지를 부착할 것

11 다음 보기의 내용을 참고로 산업안전보건관리비를 산정하시오.

보기
① 일반 건설(갑)
② 낙찰률 : 50%
③ 예정 가격 내역서상의 재료비 : 210억 원
④ 예정 가격 내역서상의 직접 노무비 : 190억 원
⑤ 발주자가 제공한 재료비 : 90억 원

해답 (210억원 + 190억원) × 0.5 × 0.0197 × 1.2 = 472,800,000원

참고 안전관리비 계상 기준에서 "다만 발수자가 재료를 제공할 경우 해당 금액을 대상액에 포함시킬 때의 안전관리비는 해당 금액을 포함시키지 않은 대상액을 기준으로 계상한 안전관리비의 1.2배를 초과할 수 없다(산업안전관리비 계상 기준 제4조)."

12 적응 기제 중 자아 방위적 기제의 종류를 쓰시오.

해답 1. 억압
2. 퇴행
3. 반응성형
4. 격리
5. 부정
6. 투사

13 부상자의 응급 처치에 필요한 구급 용구의 종류를 쓰시오.

해답 1. 붕대 재료, 탈지면, 핀셋 및 반창고
2. 외상용 소독약
3. 지혈대, 부목 및 들것
4. 화상약

건설안전산업기사 2012.11.3 시행

01 다음 ( ) 안을 알맞게 채우시오.

1) 달기 와이어 로프 및 달기 강선의 안전 계수는 (①) 이상
2) 달기 체인 및 달기 훅의 안전 계수는 (②) 이상
3) 달기 강대와 달비계의 하부 및 상부 지점의 안전 계수는 강재의 경우 (③) 이상, 목재의 경우 (④) 이상

해답 ① 10 ② 5 ③ 2.5 ④ 5

02 다음은 법상 산업 안전 보건 표지에 관한 사항이다. ( ) 안에 알맞게 쓰시오.

색 채	색도 기준	용 도
빨간색	(①)	금지 표지
(②)	5Y 8.5/12	(③)
파란색	2.5PB 4/10	(④)
녹색	2.5G 4/10	안내 표지
(⑤)	N9.5	–

해답 ① 7.5R 4/14 ② 노란색 ③ 경고 표지 ④ 지시 표지 ⑤ 흰색

03 다음은 산업안전보건법상 건설업 산업안전보건관리비의 계상 및 사용 기준이다. ( ) 안에 알맞게 쓰시오.

1) 관련 규정에 따라 공사 원가 계산 시 구성 항목 중 직접 재료비, 간접 재료비, 직접 노무비를 합한 금액을 ( )이라 말한다.
2) 사용 기준은 관련법에서 적용을 받는 공사 중 총 공사 금액이 ( ) 이상인 공사에 적용한다.
3) 대상액이 구분되어 있지 않은 공사는 도급 계약 또는 자체 사업 계획상 총 공사 금액의 ( )를 대상액으로 산정한다.

해답 1) 안전관리비 대상액
2) 2천만 원
3) 70%

04 NATM(무지보공 터널 굴착) 공사에서 재해 방지를 위하여 지질 및 지층에 관한 조사 사항을 쓰시오.

해답 1. 시추(보링) 위치
2. 토층 분포 상태
3. 투수 계수
4. 지하수위
5. 지반의 지지력

참고 발파에 의한 굴착 작업을 할 때 NATM 공사 시 계측 관리 사항
① 내공 변위 측정
② 천단 침하 측정
③ 지중·지표 침하 측정
④ 록 볼트 축력 측정
⑤ 숏크리트 응력 측정

05 다음은 법상 관리 책임자 등이 선임된 후 3월 이내에 실시해야 할 교육 대상자에 대한 교육 시간이다. 빈칸을 채우시오.

교육 대상	교육 시간	
	신 규	보 수
관리 책임자	(①) 이상	6시간 이상
안전 관리자	(②) 이상	24시간 이상
재해 예방 전문 기관 종사자	(③) 이상	24시간 이상

해답 ① 6시간 ② 34시간 ③ 34시간

06 학습 지도의 기본 원리를 쓰시오.

해답 1. 자발성의 원리
2. 통합의 원리
3. 직관의 원리
4. 개별화의 원리
5. 사회화의 원리

07 소음 작업, 강렬한 소음 작업 또는 충격 작업에 종사하는 경우 근로자에게 소음 수준 등을 알려야 할 사항을 쓰시오.

해답 1. 해당 작업 장소의 소음 수준
2. 인체에 미치는 영향과 증상
3. 보호구의 설정과 착용 방법
4. 그 밖의 소음으로 인한 건강 장해 방지에 필요한 사항

08 사업장 재해 발생 시 기록 · 보관해야 할 사항을 쓰시오.

해답
1. 사업장의 개요 및 근로자의 인적 사항
2. 재해 발생의 일시 및 장소
3. 재해 발생의 원인 및 과정
4. 재해 재발 방지 계획

09 사업장 구내 운반차 사용 시 준수 사항을 쓰시오.

해답
1. 주행을 제동하고 정지 상태를 유지하기 위하여 유효한 제동 장치를 갖출 것
2. 경음기를 갖출 것
3. 핸들의 중심에서 차체 바깥 측까지의 거리가 65cm 이상일 것
4. 운전자석이 차실 내에 있는 것은 좌우에 한 개씩 방향 지시기를 갖출 것
5. 전조등 및 후미등을 갖출 것(작업을 안전하게 하기 위하여 필요한 조명이 유지되어 있는 장소에서 사용하는 구내 운반차에 대하여는 그러하지 아니하다).

10 크레인을 이용하여 2톤의 화물을 다음 그림과 같이 인양하고자 할 때 와이어 로프의 한 가닥에 걸리는 하중을 구하시오.

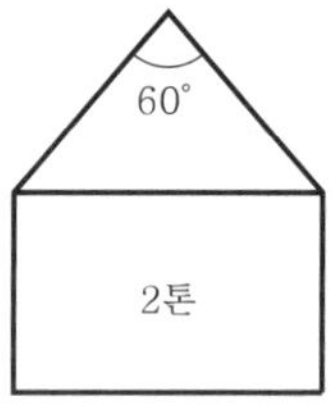

해답 W/R 한 가닥에 걸리는 하중 $= \dfrac{\text{화물 무게}(W_1)}{2} \div \cos\dfrac{\theta}{2}$

$$= \frac{2,000}{2} \div \cos\frac{60}{2}$$

$$= 1,154.7\text{kg}$$

11 다음은 산업안전보건법상 적정 공기에 관한 사항이다. (　) 안에 알맞게 쓰시오.

적정 공기라 함은 산소 농도의 범위가 (①) 이상 (②) 미만, 탄산가스의 농도가 (③) 미만, 황화수소의 농도가 (④) 미만인 수준의 공기를 말한다.

해답 ① 18%　② 23.5%　③ 1.5%　④ 10ppm

참고 관련 용어의 설명

① 밀폐 공간 : 산소 결핍, 유해가스로 인한 화재·폭발 등의 위험이 있는 장소

② 유해가스 : 밀폐 공간에서 탄산가스·황화수소 등의 유해 물질이 가스 상태로 공기 중에 발생되는 것
③ 저정 공기 : 신소 농도의 범위가 18% 이상 23.5% 미만, 탄산가스의 농도가 1.5% 미만, 황화수소의 농도가 10ppm 미만인 수준의 공기
④ 산소 결핍 : 공기 중의 산소 농도가 18% 미만인 상태
⑤ 산소 결핍증 : 산소가 결핍된 공기를 들이마심으로써 생기는 증상

12 토공사 착공 전 일반적인 안전 점검 사항 중 사전 조사 사항을 3가지 쓰시오.

해답 1. 형상, 지질 및 지층의 상태
2. 균열, 함수, 용수 및 동결의 유무 또는 상태
3. 매설물 등의 유무 또는 상태
4. 지반의 지하 수위 상태

건설안전기사 2013.4.20 시행

01 **산업안전보건법상 안전 보건 교육에 있어 건설업 기초 안전 보건 교육에 대한 다음 물음에 답하시오.**

1) 교육 대상의 교육 시간을 쓰시오.

2) 교육 내용 2가지를 쓰시오. (단, 산업안전보건법 주요 내용에 관한 사항은 제외)

3) 교육 대상별 교육 시간 중 시청각 또는 체험, 가상 실습을 포함하는 시간을 쓰시오.

해답 1) 4시간

2) ① 안전 의식 제고에 관한 사항
② 작업별 위험 요인과 안전 작업 방법
③ 건설 직종별 건강 장해 위험 요인과 건강 관리

3) 1시간 이상

참고 건설업 기초 안전 보건 교육에 대한 내용 및 시간

구 분	교육 내용
공통	산업안전보건법 주요 내용(건설 일용 근로자 관련 부분)
	안전 의식 제고에 관한 사항
교육 대상별	작업별 위험 요인과 안전 작업 방법(재해 사례 및 예방 대책)
	건설 직종별 건강 장해 위험 요인과 건강 관리

[비고]
교육 대상별 교육 시간 중 1시간 이상은 시청각 또는 체험 · 가상 실습을 포함한다.

02 **안전 보건 표지의 색채 기준에 관한 사항이다. (　　) 안에 알맞게 쓰시오.**

내 용	바탕색	기본 모형
금연	흰색	(①)
폭발성 물질 경고	무색	(②)
안전복 착용	(③)	–
비상용 기구	(④)	녹색

해답 ① 빨간색　　② 빨간색
③ 파란색　　④ 흰색

03 도급 사업의 합동 안전 보건 점검을 할 때 점검반으로 구성하여야 하는 사람을 쓰시오.

해답
1. 도급인인 사업주
2. 수급인인 사업주
3. 도급인 및 수급인의 근로자 각 1명

참고 정기 안전 보건 점검의 실시 횟수
① 건설업, 선박 및 보드 건조업 : 2개월에 1회 이상
② 토사석 광업, 제조업, 서적 · 잡지 및 기타 인쇄물 출판업
음악 및 기타 오디오물 출판업, 금속 및 비금속 원료 재생업 : 분기별 1회 이상

04 다음의 내용이 설명하는 하중의 종류를 쓰시오.

1) 크레인, 이동식 크레인, 데릭의 재료에 따라 부하시킬 수 있는 하중
2) 지브 혹은 붐의 경사각 및 길이 또는 지브의 위에 놓이는 도르래의 위치에 따라 부하시킬 수 있는 최대 하중으로부터 각각 훅, 버킷 등 달아 올리기 기구의 중량에 상당하는 하중을 공제한 하중
3) 엘리베이터, 간이 리프트 또는 건설용 리프트의 구조 및 재료에 따라 운반기에 사람 또는 짐을 올려놓고 승강시킬 수 있는 최대 하중

해답
1) 권상 하중
2) 정격 하중
3) 적재 하중

05 기상 상태 악화로 인하여 작업을 중지한 후 또는 비계를 조립 · 해체하거나 변경한 후 그 비계에서 작업을 할 때 작업을 시작하기 전에 점검하여야 하는 사항을 3가지만 쓰시오.

해답
1. 발판 재료의 손상 여부 및 부착 또는 걸림 상태
2. 해당 비계의 연결부 또는 접속부의 풀림 상태
3. 연결 재료 및 연결 철물의 손상 또는 부식 상태
4. 손잡이의 탈락 여부
5. 기둥의 침하, 변형, 변위 또는 흔들림 상태
6. 로프의 부착 상태 및 매단 장치의 흔들림 상태

06 터널 굴착 작업에 있어서 근로자의 위험을 방지하기 위한 사전 조사 내용과 작업 계획서 내용을 쓰시오.

해답 1. 사전 조사 내용 : 보링 등 적절한 방법으로 낙반, 출수 및 가스 폭발 등으로 인한 근로자의 위험을 방지하기 위하여 미리 지형, 지질 및 지층 상태를 조사

2. 작업 계획서 내용
   ① 굴착의 방법
   ② 터널 지보공 및 복공의 시공 방법과 용수의 처리 방법
   ③ 환기 또는 조명 시설을 설치할 때에는 그 방법

07 **산양이라는 사업장에서는 연평균 근로자 500명이 작업하는 동안 7건의 재해가 발생하여 사망 1명, 14급 2명과 의사 진단 결과 30일 요양 환자가 2명 발생하였으며, 이 사업장의 연간 작업 시간은 48시간 50주였다. 다음 물음에 답하시오. (단, 결근율은 5%였으며, 총 잔업 시간은 500시간, 지각, 조퇴가 150시간이었다.)**

1) 도수율
2) 연천인율
3) 강도율
4) 종합 재해 지수
5) 평생 근무 시 몇 건의 재해를 당하겠는가?

해답

1) $도수율 = \dfrac{7}{500 \times 48 \times 50 \times 0.95 + 500 - 150} \times 1{,}000{,}000 = 6.14$

2) $연천인율 = \dfrac{5}{500} \times 1{,}000 = 10.00$

3) $강도율 = \dfrac{7{,}500 + 50 \times 2 + 60 \times \dfrac{300}{365}}{500 \times 48 \times 50 \times 0.95 + 500 - 150} \times 1{,}000 = 6.71$

4) $종합\ 재해\ 지수 = \sqrt{도수율 \times 강도율} = 6.42$

5) $6.14 \times \dfrac{100{,}000}{1{,}000{,}000} = 0.61$건

08 **철골 공사 시 구조 안전의 위험이 큰 구조물로서 건립 중 강풍에 의한 풍압 등에 의한 내력이 설계에 고려되었는지를 확인해야 하는 구조물의 종류를 쓰시오.**

해답 1. 높이 20m 이상의 구조물
2. 구조물의 폭과 높이의 비가 1 : 4 이상인 구조물
3. 단면 구조에 현저한 차이가 있는 구조물
4. 연면적당 철골량이 $50kg/m^2$ 이하인 구조물
5. 기둥이 타이 플레이트(tie plate)형인 구조물
6. 이음부가 현장 용접인 구조물

09 달비계 또는 높이 5m 이상의 비계를 조립·해체하거나 변경하는 작업에 있어 관리감독자의 직무 수행 사항을 쓰시오.

해답 1. 재료의 결함 유무를 점검하고 불량품을 제거하는 일
2. 기구, 공구, 안전대 및 안전모 등의 기능을 점검하고 불량품을 제거하는 일
3. 작업 방법 및 근로자의 배치를 결정하고 작업 진행 상태를 감시하는 일
4. 안전대 및 안전모 등의 착용 상황을 감시하는 일

10 건설 현장에서 사용하는 지게차가 갖추어야 할 조건을 쓰시오.

해답 1. 전조등 및 후미등
2. 헤드 가드
3. 백 레스트
4. 후진 경보기와 경광등 설치, 후방 감지기 설치

11 다음은 통나무 비계 조립 시 준수 사항이다. (　) 안에 알맞게 쓰시오.

1) 비계 기둥의 간격은 (①) 이하로 하고 지상으로부터 첫 번째 띠장을 (②) 이하의 위치에 설치할 것
2) 비계 기둥의 이음이 겹침 이음인 경우에는 이음 부분에서 (③) 이상을 서로 겹쳐서 두 군데 이상을 묶는다.
3) 통나무 비계는 지상 높이 4층 이하 또는 (④) 이하인 건축물, 공작물 등의 건조, 해체 및 조립 등의 작업에만 사용할 수 있다.

해답 ① 2.5m　② 3m
③ 1m　④ 12m

12 다음은 노사협의체 설치, 구성 및 운영에 관한 사항이다. 다음 물음에 답하시오.

1) 노사협의체 설치 대상으로서 건설업의 경우 그 공사 금액을 쓰시오.
2) 근로자 위원, 사용자 위원은 합의를 통해 노사협의체에 공사 금액이 얼마 미만인 도급 또는 하도급 사업의 사업주 및 근로자 대표를 위원으로 위촉할 수 있는지 쓰시오.
3) 노사협의체의 정기 회의 주기를 쓰시오.

해답 1) 120억 원 이상
2) 20억 원 미만
3) 2개월마다

13 흙막이 공법의 종류를 다음과 같이 구분하여 그 종류를 쓰시오.

1) 흙막이 지지 형식에 따른 분류

2) 흙막이 벽체에 따른 분류

해답 1) ① 자립식 공법
② 버팀대식 공법
③ 어스 앵커 공법

2) ① H-pile 공법
② Sheet pile 공법
③ Slurry wall 공법
④ CIP 공법

14 교량 건설 공법 중 PGM과 PSM의 차이점을 쓰시오.

해답 1. PGM : 교량 상부 구조를 제작장에서 별도 제작 후 현장으로 운반하여 현장에서 조립하는 공법으로 시공 속도가 빠르고, 품질 관리가 용이하며 소규모 교량 공사 등에 사용되나 운반, 가설 등에 대형 장비가 필요하다.

2. PSM : 상부 거더를 제작장에서 한 경간 길이로 별도 제작 후 현장에서 설치하는 공법으로 경간 길이로 시공되므로 시공 속도가 빠르고 시공성이 양호하다.

건설안전산업기사 2013.4.20 시행

01 산업안전보건법상 잠함, 우물통, 수직 갱, 기타 유사한 건설물, 설비용의 내부에서 굴착 작업 시 준수해야 할 사항을 쓰시오.

해답 1. 산소 결핍의 우려가 있는 경우에는 산소의 농도를 측정하는 자를 지명하여 측정하도록 할 것
2. 근로자가 안전하게 오르내리기 위한 설비를 설치할 것
3. 굴착 깊이가 20m를 초과하는 경우에는 해당 작업 장소와 외부와의 연락을 위한 통신 설비 등을 설치할 것

02 다음 사항은 발파 작업에 종사하는 근로자의 준수 사항이다. ( ) 안에 알맞게 쓰시오.

1) 발파공의 충진 재료는 점토, 모래 등 (①) 또는 (②)의 위험이 없는 것을 사용할 것
2) 전기 뇌관에 의한 때에는 발파 모선을 정화기에서 떼어 그 끝을 단락시켜 놓는 등 재점화하지 아니하도록 조치하고 그때부터 (③) 이상 경과한 후가 아니면 화약류의 장진 장소에 접근시키지 아니하도록 할 것
3) 전기 뇌관 외의 것에 의한 때에는 점화한 때부터 (④) 이상 경화한 후가 아니면 화약류의 장진 장소에 접근시키지 아니하도록 할 것
4) 전기 뇌관에 의한 발파의 경우 점화하기 전에 화약류를 장전한 장소로부터 (⑤) 이상 떨어진 안전한 장소에서 전선을 관리하도록 할 것

해답 ① 발화성　　② 인화성
③ 5분　　④ 15분
⑤ 30m

03 다음 용어에 대한 정의를 간략히 설명하시오.

1) 건설업 산업안전보건관리비
2) 안전관리비 대상액

해답 1) 건설업 산업안전보건관리비란 건설 사업장 및 본사 안전 전담 부서에서 산업 재해의 예방을 위하여 법령에 규정된 사항의 이행에 필요한 비용을 말한다.

2) 안전관리비 대상액이란 원가 계산에 의한 예정 가격 작성 준칙에 의한 공사 원가 계산서에서 정하는 재료비와 직접 노무비를 합한 금액(발주자가 재료를 제공할 경우에는 해당 비용을 포함한 금액)을 말한다.

참고 1. 적용 범위

산업재해보상보험법 제5조의 규정에 의하여 산업재해보상보험법의 적용을 받는 공사 중 총 공사 금액이 2천만 원 이상인 공사에 적용한다.(단, 다음의 어느 하나에 해당되는 공사 중 단가 계약에 의하여 행하는 공사에 대하여는 총 계약 금액을 기준으로 이를 적용한다.)

① 전기공사업법 제2조의 규정에 따른 전기 공사로서 고압 또는 특별 고압 작업으로 이루어지는 공사

② 정보통신공사업법 제2조의 규정에 따른 정보 통신 공사로서 지하 맨홀, 관로 및 통신주에서 작업이 이루어지는 정보 통신 설비 공사

2. 확인

① 수급인 또는 자기 공사자는 안전관리비 사용 내역에 대하여 공사 시작 후 6월마다 1회 이상 발주자 또는 감리원의 확인을 받아야 한다. 다만, 6월 이내에 공사가 종료되는 경우에는 종료 시 확인을 받아야 한다.

② ①의 규정에도 불구하고 발주자 및 고용노동부 관계 공무원은 안전관리비 사용 내역을 수시로 확인할 수 있으며, 수급인 또는 자기 공사자는 이에 응하여야 한다.

04 건설업 중 유해 위험 방지 계획서 제출 대상 건설 공사의 종류를 쓰시오.

(해답) 1. 다음의 어느 하나에 해당하는 건축물 또는 시설 등의 건설 · 개조 또는 해체 공사

① 지상높이가 31미터 이상인 건축물 또는 인공구조물

② 연면적 3만제곱미터 이상인 건축물

③ 연면적 5천제곱미터 이상인 시설로서 다음의 어느 하나에 해당하는 시설

- 문화 및 집회시설(전시장 및 동물원 · 식물원은 제외한다)
- 판매시설, 운수시설(고속철도의 역사 및 집배송시설은 제외한다)
- 종교시설
- 의료시설 중 종합병원
- 숙박시설 중 관광숙박시설
- 지하도상가
- 냉동 · 냉장 창고시설

2. 연면적 5,000m^2 이상의 냉동 · 냉장 창고 시설의 설비 공사 및 단열 공사
3. 최대지간 길이가 50m 이상인 교량 건설 등 공사
4. 터널 건설 등의 공사
5. 다목적 댐, 발전용 댐 및 저수 용량 2천만 톤 이상의 용수 전용 댐, 지방 상수도 전용 댐 건설 등의 공사
6. 깊이가 10m 이상인 굴착 공사

05 연평균 근로자 수 500명인 현장에서 추락으로 3건의 재해가 발생하여 1명이 사망, 2명이 110일과 30일의 휴업을 요하는 재해가 발생하였다. 연천인율과 강도율을 구하시오.

해답 1. 연천인율 : $\frac{3}{500} \times 1,000 = 6.00$

2. 강도율 : $\frac{7,500 + 140 \times \frac{300}{365}}{500 \times 8 \times 300} \times 1,000 = 6.35$

06 다음 빈칸을 채우시오.

	수 직(m)	수 평(m)
통나무 비계	(①)	(②)
단관 비계	(③)	(④)
틀 비계	(⑤)	(⑥)

해답 ① 5.5 ② 7.5 ③ 5 ④ 5 ⑤ 6 ⑥ 8

07 다음은 비계 설치에 관한 사항이다. ( ) 안에 알맞게 쓰시오.

1) 달대 비계에 철근을 사용할 때에는 ( )를 사용한다.
2) 이동식 비계를 조립하여 사용함에 있어 비계의 최대 높이는 밑변 최소 폭의 ( ) 이하이어야 한다.
3) 강관틀 비계를 조립하여 사용함에 있어 전체 높이는 ( )를 초과할 수 없다.

해답 1) 19mm 2) 4배 3) 40m

08 산업안전보건법상 부두, 안벽 등 하역 작업 시 조치 기준을 쓰시오.

해답 1. 작업장 및 통로의 위험한 부분에는 안전하게 작업할 수 있는 조명을 유지할 것
2. 부두 또는 안벽의 선을 따라 통로를 설치하는 경우에는 폭을 90cm 이상으로 할 것
3. 육상에서의 통로 및 작업 장소로서 다리 또는 선거 갑문을 넘는 보도 등의 위험한 부분에는 안전 난간 또는 울타리 등을 설치할 것

09 다음 설명의 ( ) 안에 알맞게 쓰시오.

바닥으로부터 높이가 2m 이상 되는 하적단과 인정 하적단 사이의 간격을 하적단의 밑부분을 기준하여 ( ) 이상으로 하여야 한다.

해답 10cm

10 다음 물음에 대한 교육 시간을 쓰시오.

1) 관리 감독자 지위에 있는 사람의 정기 교육
2) 일용 근로자의 채용 시 교육
3) 일용 근로자를 제외한 근로자의 작업 내용 변경 시 교육
4) 건설용 리프트, 곤돌라를 이용한 작업 시 특별 안전 교육(일용 근로자)

해답 1) 연간 16시간 이상
2) 1시간 이상
3) 2시간 이상
4) 2시간 이상

11 다음 (　　) 안에 알맞게 쓰시오.

1) 주행 크레인 또는 선회 크레인과 건설물 또는 설비와의 사이에 통로를 설치하는 경우 그 폭을 (　　) 이상으로 하여야 한다.
2) 크레인의 운전실 또는 운전대를 통하는 통로의 끝과 건설물 등의 벽체 간격을 (　　) 이하로 한다.
3) 크레인 거더의 통로 끝과 크레인 거더의 간격을 (　　) 이하로 한다.

해답 1) 0.6m
2) 0.3m
3) 0.3m

12 하인리히 및 버드의 재해 구성 비율을 간략히 설명하시오.

해답

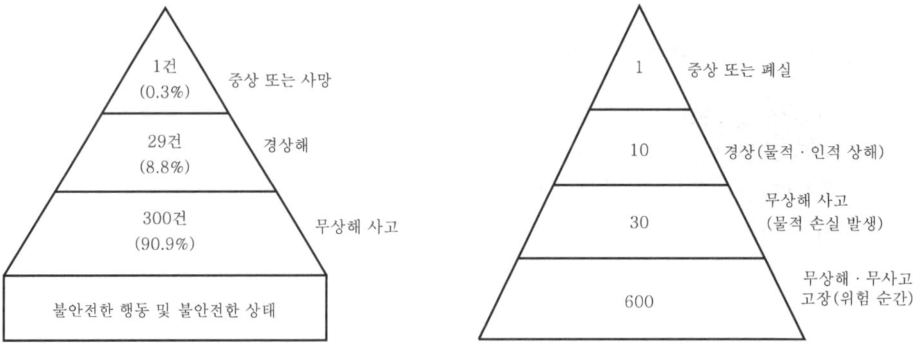

13 산업안전보건법상 도급 사업 시 정기 안전 보건 점검에 관한 사항으로 다음 업종의 안전 보건 점검의 실시 횟수를 쓰시오.

1) 건설업

2) 토사석 광업

해답 1) 2개월에 1회 이상

2) 분기별 1회 이상

건설안전기사

2013.11.9 시행

01 다음의 표는 건설업 산업안전보건관리비 계상 및 사용 기준에 의해 수급인 또는 자기 공사자가 사용하여야 하는 공사의 진척에 따른 산업안전관리비의 사용 기준이다. (　) 안에 알맞게 써 넣으시오.

공정률	50% 이상, 70% 미만	70% 이상, 90% 미만	90% 이상
사용 기준	(①)% 이상	(②)% 이상	(③)% 이상

해답
① 50
② 70
③ 90

02 안전 · 보건 표지 중 금지 표지인 출입 금지 표지의 그림을 그리고, 해당 부위의 색을 표기하시오.

해답

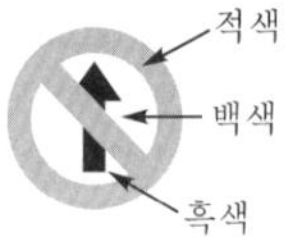

03 어느 건설 현장의 지난해 근무 상황이 다음과 같다. 물음에 답하시오.

보기
- 연평균 근로자 수 : 200명, 1일 8시간 작업
- 연간 작업 일수 : 300일, 평균 출근율 90%
- 연간 재해 발생 건수 : 9건, 잔업 20,000시간
- 휴업 일수 : 125일, 지각 · 조퇴 2,000시간

① 도수율
② 강도율

해답
① $\text{도수율} = \dfrac{\text{재해 발생 건수}}{\text{근로 총 시간수}} \times 10^6 = \dfrac{9}{200 \times 8 \times 300 \times 0.9 + 20{,}000 - 2{,}000} \times 10^6 = 20.00$

② 강도율 $= \dfrac{\text{근로 손실 일수}}{\text{근로 총 시간수}} \times 1,000$

$$= \frac{125 \times \dfrac{300}{365}}{200 \times 8 \times 300 \times 0.9 + 20,000 - 2,000} \times 1,000 = 0.2283 = 0.23$$

04 법상 공기 압축기의 작업 시작 전 점검 사항을 쓰시오.

(해답)
1. 공기 저장 압력 용기의 외관 상태
2. 드레인 밸브의 조작 및 배수
3. 압력 방출 장치의 기능
4. 언로드 밸브의 기능
5. 윤활유의 상태
6. 회전부의 덮개 또는 울
7. 그 밖의 연결 부위의 이상 유무

05 흙의 동상 방지 대책을 쓰시오.

(해답)
1. 배수구를 설치하여 지하수위를 낮춘다.
2. 지하수 상승을 방지하기 위해 차단 층(콘크리트, 아스팔트, 모래 등)을 설치한다.
3. 흙 속에 단열 재료를 넣는다.
4. 동결 심도상부의 흙을 비동결 흙으로 치환한다.
5. 흙을 화학 약품으로 처리하여 동결 온도를 내린다.

06 발파 작업 시 유해 · 위험 방지를 위하여 관리 감독자를 선임하여야 한다. 관리 감독자의 직무 사항 4가지를 쓰시오.

(해답)
1. 점화 전에 점화 작업에 종사하는 근로자 외의 자의 대피를 지시하는 일
2. 점화 작업에 종사하는 근로자에 대하여 대피 장소 및 경로를 지시하는 일
3. 점화 전에 위험 구역 내에서 근로자가 대피하는 것을 확인하는 일
4. 점화 순서 및 방법에 대하여 지시하는 일
5. 점화 신호를 하는 일
6. 점화 작업에 종사하는 근로자에 대하여 대피 신호를 하는 일
7. 발파 후 터지지 아니한 장약이나 남은 장약의 유무 · 용수의 유무 및 암석, 토사의 낙하 여부 등을 점검하는 일
8. 점화하는 자를 정하는 일
9. 공기 압축기의 안전 밸브 작동 유무를 점검하는 일
10. 안전모 등 보호구의 착용 상황을 감시하는 일

07 섬유 로프 등을 화물 자동차의 짐걸이에 사용하는 때에 해당 작업 시작 전에 점검해야 할 사항을 쓰시오.

해답
1. 작업 순서와 순서별 작업 방법을 결정하고, 작업을 직접 지휘하는 일
2. 기구와 공구를 점검하고, 불량품을 제거하는 일
3. 해당 작업을 행하는 장소에는 관계 근로자 외의 자의 출입을 금지시키는 일
4. 로프풀기 작업 및 덮개를 벗기는 작업을 행하는 때에는 적재함의 화물에 낙하 위험이 없음을 확인한 후에 해당 작업의 착수를 지시하는 일

08 산업안전보건법상 갱 폼의 조립, 이동, 해체 작업을 하는 경우의 준수 사항을 쓰시오.

해답
1. 조립 등의 범위 및 작업 절차를 미리 그 작업에 종사하는 근로자에게 주지시킬 것
2. 근로자가 안전하게 구조물 내부에서 갱 폼의 작업 발판으로 출입할 수 있는 이동 통로를 설치할 것
3. 갱 폼의 지지 또는 고정 철물의 이상 유무를 수시 점검하고, 이상이 발견된 경우에는 교체하도록 할 것
4. 갱 폼을 다시 조립하거나 해체하는 경우에는 갱 폼을 인양 장비에 매단 후에 작업을 실시하도록 하고, 인양 장비에 매달기 전에 지지 또는 고정 철물을 미리 해체하지 않도록 할 것
5. 갱 폼 인양 시 작업 발판용 케이지에 근로자가 탑승한 상태에서 갱 폼의 인양 작업을 하지 아니할 것

09 산업안전보건법상 꽂음 접속기를 설치 또는 사용하는 때의 준수 사항을 쓰시오.

해답
1. 서로 다른 전압의 꽂음 접속기는 상호 접속되지 아니한 구조의 것을 사용할 것
2. 습윤한 장소에 사용되는 꽂음 접속기는 방수형 등 해당 장소에 적합한 것을 사용할 것
3. 근로자가 해당 꽂음 접속기를 접속시킬 경우 땀 등에 의하여 젖은 손으로 취급하지 아니하도록 할 것
4. 해당 꽂음 접속기에 잠금 장치가 있는 때에는 접속 후 잠그고 사용할 것

10 잠함 등 내부에서 작업 시 작업을 중지해야 하는 경우를 쓰시오.

해답
1. 근로자가 안전하게 오르내리기 위한 설비에 고장이 있는 경우
2. 굴착 깊이가 20m를 초과하는 경우에는 해당 작업 장소와 외부와의 연락을 위한 통신설비에 고장이 있는 경우
3. 잠함 등 내부에 많은 양의 물 등이 스며들 우려가 있는 경우
4. 산소 농도 측정 결과 산소 결핍이 인정되거나 굴착 깊이가 20m를 초과하는 경우 송기를 위한 설비를 설치 시 설비의 고장이 있는 경우

11 **다음은 산업안전보건법상 거푸집 동바리 등을 조립하는 경우의 준수 사항이다. 다음 빈칸을 채우시오.**

> 보기
>
> 1. 동바리로 사용하는 강관에 대해서는 높이 (①) 이내마다 수평 연결재를 (②) 방향으로 만들고, 수평 연결재의 변위를 방지할 것
> 2. 동바리로 사용하는 파이프 서포터에 대해서는 높이가 (③)를 초과하는 때에는 높이 2m 이내마다 수평 연결재를 (④) 방향으로 만들고, 수평 연결재의 변위를 방지할 것
> 3. 동바리로 사용하는 조립강주에 대해서는 높이가 (⑤)를 초과하는 경우에는 높이 4m 이내마다 수평 연결재를 (⑥) 방향으로 설치하고, 수평 연결재의 변위를 방지할 것
> 4. 동바리로 사용하는 목재에 대해서는 높이 (⑦) 이내마다 수평 연결재를 (⑧) 방향으로 만들고, 수평 연결재의 변위를 방지할 것

해답

1. ① 2m ② 2개
2. ③ 3.5m ④ 2개
3. ⑤ 4m ⑥ 2개
4. ⑦ 2m ⑧ 2개

12 **산업안전보건법상 명예 산업 안전 감독관의 업무를 쓰시오.**

해답

1. 사업장에서 하는 자체 점검 참여 및 근로 감독관이 하는 사업장 감독 참여
2. 사업장 산업 재해 예방 계획 수립 참여 및 사업장에서 하는 기계·기구 자체 검사 입회
3. 법령을 위반한 사실이 있는 경우 사업주에 대한 개선 요청 및 감독 기관에의 신고
4. 산업 재해 발생의 급박한 위험이 있는 경우 사업주에 대한 작업 중지 요청
5. 작업 환경 측정, 근로자 건강 검진 시의 입회 및 그 결과에 대한 설명회 참여
6. 직업성 질환의 증상이 있거나 질병에 걸린 근로자가 여럿 발생한 경우 사업주에 대한 임시 건강 진단 실시 요청
7. 근로자에 대한 안전 수칙 준수 지도
8. 법령 및 산업 재해 예방 정책 개선 건의
9. 안전·보건 의식을 북돋우기 위한 활동과 무재해 운동 등에 대한 참여와 지원
10. 그 밖에 산업 재해 예방에 대한 홍보·계몽 등 산업 재해 예방 업무와 관련하여 고용노동부 장관이 정하는 임무

참고 명예 감독관의 해촉

1. 근로자 대표가 사업주의 의견을 들어 위촉된 명예 감독관의 해촉을 요청한 경우
2. 명예 감독관이 해당 단체 또는 그 산하 조직으로부터 퇴직하거나 해임된 경우
3. 명예 감독관의 업무와 관련하여 부정한 행위를 한 경우
4. 질병이나 부상 등의 사유로 명예 감독관의 업무 수행이 곤란하게 된 경우

13 근로 감독관이 사업장에서 관련 서류 등을 요구할 수 있는 경우를 쓰시오.

해답
1. 정기 감독
2. 수시 감독
3. 특별 감독

건설안전산업기사 2013.11.9 시행

01 **300명의 근로자가 근무하는 작업장에서 연간 15건의 재해가 발생하여 사망 1명, 14급 장애 14명이 발생하였다면 종합 재해 지수는?**

해답

1. $\text{빈도율} = \dfrac{\text{재해 건수}}{\text{근로 총 시간수}} \times 10^6 = \dfrac{15}{300 \times 8 \times 300} \times 10^6 = 20.83$

2. $\text{강도율} = \dfrac{\text{근로 손실 일수}}{\text{근로 총 시간수}} \times 1{,}000 = \dfrac{7{,}500 + 50 \times 14}{300 \times 8 \times 300} \times 1{,}000 = 11.39$

$\therefore \text{종합 재해 지수} = \sqrt{\text{빈도율} \times \text{강도율}} = \sqrt{20.83 \times 11.39} = 15.40$

02 **거푸집의 설치 · 해체, 철근 조립, 콘크리트 타설, 콘크리트 면처리 등 거푸집을 작업 발판과 일체로 제작하여 사용하는 작업 발판 일체형 거푸집의 종류를 쓰시오.**

해답

1. 갱 폼(gang form)
2. 슬립 폼(slip form)
3. 클라이밍 폼(climbing form)
4. 터널 라이닝 폼(tunnel lining form)
5. 그 밖에 거푸집과 작업 발판이 일체로 제작된 거푸집 등

03 **지반의 동상 방지 대책을 쓰시오.**

해답

1. 배수구를 설치하여 지하수위를 낮춘다.
2. 지하수 상승을 방지하기 위해 차단 층을 설치한다.
3. 흙 속에 단열 재료를 넣는다.
4. 동결 심도상부의 흙을 비동결 흙으로 치환한다.
5. 흙을 화학 약품으로 처리하여 동결 온도를 내린다.

04 **굴착 작업 시 암질 변화 구간, 이상 암질의 출현 시 반드시 암질 판별을 실시하여야 한다. 암질 판별의 기준을 쓰시오.**

해답

1. R.Q.D(%)
2. 탄성과 속도(m/sec)

3. R.M.R
4. 일축 압축 강도(kg/cm^2)
5. 진동치 속도(cm/sec=Kine)

05 법상 공기 압축기의 사용 시작 전 점검 사항을 쓰시오.

해답
1. 공기 저장 압력 용기의 외관 상태
2. 드레인 밸브의 조작 및 배수
3. 압력 방출 장치의 기능
4. 언로드 밸브의 기능
5. 윤활유의 상태
6. 회전부의 덮개 또는 울
7. 그 밖의 연결 부위의 이상 유무

06 산업안전보건법상 자율 안전 확인 대상 기계 · 기구를 쓰시오.

해답
1. 아세틸렌 용접 장치용 또는 가스 집합 용접 장치용 안전기
2. 교류 아크 용접기용 자동 전격 방지기
3. 롤러기 급정지 장치
4. 연삭기 덮개
5. 목재 가공용 둥근톱 반발 예방 장치 및 날 접촉 예방 장치
6. 동력식 수동 대패용 칼날 접촉 방지 장치
7. 추락·낙하 및 붕괴 등의 위험 방호에 필요한 가설 기자재로서 고용노동부 장관이 정하여 고시하는 것

07 다음 물음에 대한 안전 · 보건 교육 시간을 쓰시오.

보기
① 일용 근로자 채용 시 교육 시간
② 건설업 기초 안전·보건 교육 시간
③ 2m 이상 구축물 파쇄 작업에서 실시하는 특별 안전 교육 시간(단, 일용근로자)

해답
① 1시간 이상
② 4시간
③ 2시간 이상

참고 산업안전 · 보건 관련 교육 과정별 교육 시간

사업 내 안전 · 보건 교육

<table>
<tr><th>교육 과정</th><th colspan="2">교육 대상</th><th>교육 시간</th></tr>
<tr><td rowspan="4">가. 정기 교육</td><td colspan="2">사무직 종사 근로자</td><td>매분기 3시간 이상</td></tr>
<tr><td rowspan="2">사무직 종사 근로자 외의 근로자</td><td>판매 업무에 직접 종사하는 근로자</td><td>매분기 3시간 이상</td></tr>
<tr><td>판매 업무에 직접 종사하는 근로자 외의 근로자</td><td>매분기 6시간 이상</td></tr>
<tr><td colspan="2">관리 감독자의 지위에 있는 사람</td><td>연간 16시간 이상</td></tr>
<tr><td rowspan="2">나. 채용 시의 교육</td><td colspan="2">일용근로자</td><td>1시간 이상</td></tr>
<tr><td colspan="2">일용근로자를 제외한 근로자</td><td>8시간 이상</td></tr>
<tr><td rowspan="2">다. 작업 내용 변경 시의 교육</td><td colspan="2">일용 근로자</td><td>1시간 이상</td></tr>
<tr><td colspan="2">일용근로자를 제외한 근로자</td><td>2시간 이상</td></tr>
<tr><td rowspan="3">라. 특별 교육</td><td colspan="2">특별 안전 · 보건 교육 대상의 어느 하나에 해당하는 작업에 종사하는 일용근로자</td><td>2시간 이상</td></tr>
<tr><td colspan="2">타워 크레인 신호작업에 종사하는 일용 근로자</td><td>8시간 이상</td></tr>
<tr><td colspan="2">특별 안전 · 보건 교육 대상의 어느 하나에 해당하는 작업에 종사하는 일용근로자를 제외한 근로자</td><td>- 16시간 이상(최초 작업에 종사하기 전 4시간 이상 실시하고, 12시간은 3개월 이내에서 분할하여 실시 가능)
- 단기간 작업 또는 간헐적 작업인 경우에는 2시간 이상</td></tr>
<tr><td>마. 건설업 기초 안전 · 보건 교육</td><td colspan="2">건설 일용근로자</td><td>4시간</td></tr>
</table>

08 **차량계 건설 기계를 사용하여 작업을 하는 때에는 미리 작업 계획을 작성하고, 그 작업 계획에 따라 작업을 실시하도록 하여야 한다. 이 작업 계획에 포함되어야 할 사항을 3가지 쓰시오.**

해답
1. 사용하는 차량계 건설 기계의 종류 및 능력
2. 차량계 건설 기계의 운행 경로
3. 차량계 건설 기계에 의한 작업 방법

09 **산업안전보건법상 리프트 설치, 조립, 수리, 점검 또는 해체 작업 시 작업 지휘자 직무를 쓰시오.**

해답
1. 작업 방법과 근로자의 배치를 결정하고, 해당 작업을 지휘하는 일
2. 재료의 결함 유무 또는 기구 및 공구의 기능을 점검하고, 불량품을 제거하는 일
3. 작업 중 안전대 등 보호구의 착용 상황을 감시하는 일

10 **다음 보기의 물질에 해당하는 화재의 종류별로 A급 화재, B급 화재, C급 화재, D급 화재로 각각 나누어 분류하시오.**

보기

누전, 섬유, 마그네슘, 석유, 목재, 나트륨

해답
1. A급 화재 : 목재, 섬유
2. B급 화재 : 석유
3. C급 화재 : 누전
4. D급 화재 : 나트륨, 마그네슘

11 **운전자가 운전 위치를 이탈하게 해서는 안 되는 기계의 종류를 쓰시오.**

해답
① 양중기
② 항타기 또는 항발기
③ 양화 장치(화물을 적재한 상태)

12 **다음 물음에 대하여 ( ) 안에 알맞게 쓰시오.**

보기

화물을 취급하는 작업에서 바닥으로부터 (①) 이상 되는 하적단은 인접 하적단과의 간격을 하적단 밑부분에서 (②) 이상으로 하여야 한다.

해답
① 1.2m, ② 10cm

13 **다음의 내용에 알맞은 기인물을 쓰시오.**

보기

① 외부 요인이 없는 상태에서 사람이 걷다가 발목을 접질려 다쳤다.
② 트럭과 지게차가 운전 중 정면 충돌하여 지게차 운전자 사망
③ 이동 차량에 치어 벽에 부딪히는 사고

해답
① 사람
② 지게차(이동 물체와 이동 물체의 충돌(접촉) 시 판단이 곤란한 경우 피해 쪽을 기인물로 한다.)
③ 이동 차량(이동 물체와 고정 물체의 접촉(충돌) 시 이동 물체가 기인물이다.)

건설안전기사 2014.4.20 시행

01 **어느 사업장의 근로자 수가 500명, 1일 9시간 작업, 연간 300일 근무 시 연간 8건의 재해가 발생하여 휴업 일수가 300일이라면 종합 재해 지수를 구하시오. (단, 종합 재해 지수= $\sqrt{도수율 \times 강도율}$)**

해답

1. 도수율= $\dfrac{재해\ 건수}{근로\ 총\ 시간수} \times 1,000,000 = \dfrac{8}{500 \times 9 \times 300} \times 1,000,000 = 5.93$

2. 강도율= $\dfrac{근로\ 손실\ 일수}{근로\ 총\ 시간수} \times 1,000 = \dfrac{300 \times \left(\dfrac{300}{365}\right)}{500 \times 9 \times 300} \times 1,000 = 0.18$

3. 종합 재해 지수 = $\sqrt{5.93 \times 0.18} = 1.03$

02 **다음 표지판의 명칭을 쓰시오.**

1) 

2) 

3) 

4) 

해답

1) 방사성 물질 경고　　2) 사용 금지
3) 폭발성 물질 경고　　4) 낙하물 경고

03 **흙의 동상 방지대책을 쓰시오.**

해답

1. 배수구를 설치하여 지하수위를 낮춘다.
2. 지하수 상승을 방지하기 위해 차단 층(콘크리트, 아스팔트, 모래 등)을 실치한나.
3. 흙속에 단열 재료를 넣는다.
4. 동결 심도상부의 흙을 비동결 흙으로 치환한다.
5. 흙을 화학 약품으로 처리하여 동결온도를 내린다.

04 **법상 곤돌라를 이용하는 작업 중 근로자가 탑승 가능한 경우를 쓰시오.**

해답
1. 운반구가 뒤집히거나 떨어지지 아니하도록 필요한 조치를 할 것
2. 안전대나 구명줄을 설치하고, 안전 난간을 설치할 수 있는 구조인 경우 안전 난간을 설치할 것

05 **다음은 산업안전보건관리비 사용 내역이다. 다음 중 안전관리비로 사용할 수 있는 항목을 고르시오.**

보기
① 현장과 도로에 설치하는 안전 펜스
② 가설 계단 설치비
③ 작업 발판 설치비
④ 교류 아크 용접기의 자동 전격 방지 장치
⑤ 전선로 이설 비용
⑥ 대기 오염 방지 시설비
⑦ 방호 선반 설치비
⑧ 산소 농도 측정 기구 구입비
⑨ 전기 안전 대행 수수료
⑩ 작업 환경 측정 장비 구입비

해답 ③, ④, ⑦, ⑧, ⑩

06 **산업안전보건법상 중량물 취급 작업 시 작업 계획서에 포함해야 할 사항을 쓰시오.**

해답
1. 추락 위험을 예방할 수 있는 안전 대책
2. 낙하 위험을 예방할 수 있는 안전 대책
3. 전도 위험을 예방할 수 있는 안전 대책
4. 협착 위험을 예방할 수 있는 안전 대책
5. 붕괴 위험을 예방할 수 있는 안전 대책

07 **산업안전보건법상 특별 안전 보건 교육 중 거푸집 동바리의 조립 또는 해체 작업 시 실시해야 할 교육의 내용을 쓰시오.**

해답
1. 동바리의 조립 방법 및 작업 절차에 관한 사항
2. 조립 재료의 취급 방법 및 설치 기준에 관한 사항
3. 조립 해체 시의 사고 예방에 관한사항
4. 보호구 착용 및 점검에 관한 사항
5. 그 밖에 안전 · 보건 관리에 필요한 사항

08 산업안전보건법상 시스템 비계를 사용하여 비계를 구성하는 경우 준수 사항을 쓰시오.

해답
1. 수직재 · 수평재 · 가새재를 견고하게 연결하는 구조가 되도록 할 것
2. 비계 밑단의 수직재와 받침 철물은 밀착되도록 설치하고, 수직재와 받침 철물의 연결부의 겹침 길이는 받침 철물 전체 길이의 3분의 1 이상이 되도록 할 것
3. 수평재는 수직재와 직각으로 설치하여야 하며, 체결 후 흔들림이 없도록 견고하게 설치할 것
4. 수직재와 수직재의 연결 철물은 이탈되지 않도록 견고한 구조로 할 것
5. 벽 연결재의 설치 간격은 제조사가 정한 기준에 따라 설치할 것

09 산업안전보건법상 안전 보건 위원회 위원장 선출 방법과 의결되지 아니한 사항의 처리 방법을 쓰시오.

해답
1. 위원장 선출 : 산업 안전 보건 위원회의 위원장은 위원 중에서 선출한다. 이 경우 근로자 위원과 사용자 위원 중 각 1명을 공동 위원장으로 선출할 수 있다.
2. 처리 방법
   ① 산업 안전 보건 위원회에서 의결하지 못한 경우
   ② 산업 안전 보건 위원회에서 의결된 사항의 해석 또는 이행 방법 등에 관하여 의견이 일치하지 않는 경우

위 사항의 하나에 해당하는 경우 근로자 위원과 사용자 위원의 합의에 따라 산업 안전 보건 위원회에 중재 기구를 두어 해결하거나 제3자에 의한 중재를 받아야 한다.

10 공사 금액이 1,800억 원인 건설업에서 선임해야 할 안전 관리자의 수와 그 사유를 쓰시오.

해답
1. 안전 관리자 수 : 3명
2. 사유 : 공사 금액 800억 원 이상인 경우 안전 관리자 수 2명, 공사 금액 800억 원을 기준으로 700억 원이 증가할 때마다 안전 관리자 1명씩 추가

11 파일 타입 시 부마찰력이 잘 생기는 지반을 다음 보기에서 고르시오.

보기
① 지반이 압밀 진행 중인 연약 점토 지반일 때
② 지표면 침하에 따른 지하수가 저하되는 지반일 때
③ 사질토가 점성토 위에 놓일 때
④ 점착력이 있는 압축성 지반일 때

해답 ①, ②, ③

12 **다음은 작업 발판에 관한 사항이다. (   ) 안에 알맞게 쓰시오.**

1) 비계의 높이가 2m 이상인 장소에 설치하는 작업 발판의 폭은 (①) 이상으로 하고, 발판 재료 간의 틈은 (②) 이하로 한다.
2) 선박 및 보트 건조 작업의 경우 선박 블록 또는 엔진실 등의 좁은 작업 공간에 작업 발판을 설치하기 위하여 필요하며, 작업 발판의 폭을 (③) 이상으로 할 수 있고 걸침 비계의 경우 강관 기둥 때문에 발판 재료 간의 틈을 3cm 이하로 유지하기 곤란하면 (④) 이하로 할 수 있다.
3) 발판 재료는 뒤집히거나 떨어지지 않도록 (⑤) 이상의 지지물에 연결하거나 고정시킬 것

해답
① 40cm　② 3cm
③ 30cm　④ 5cm
⑤ 2

13 **굴착 공법 중 파일, 띠장, 흙막이를 사용하는 지지 공법을 쓰시오.**

해답
1. H-pile
2. S.C.W
3. C.I.P

14 **점착성이 있는 흙은 액체 상태로부터 점차 함수량이 감소하면 고체 상태로 된다. 이와 같이 얻어진 고체 상태의 흙을 침수시키면 액체 상태로 되지 않고 흙 입자 간의 결합력이 감소되어 붕괴한다. 이러한 현상을 무엇이라 하는가?**

해답 비화 작용

건설안전산업기사 2014.4.20 시행

01 **산업안전보건법상 터널 굴착 작업 시 시공 계획서에 포함하여야 할 사항을 쓰시오.**

해답
1. 굴착의 방법
2. 터널 지보공 및 복공의 시공 방법과 요수의 처리 방법
3. 환기 또는 조명 시설을 하는 때에는 그 방법

02 **산업 재해는 그 예방이 최우선이다. 재해 예방 4원칙이 되는 것을 쓰시오.**

해답
1. 예방 가능의 원칙
2. 원인 계기의 원칙
3. 손실 우연의 법칙
4. 대책 선정의 원칙

03 **사업장에서 중대 재해가 발생한 때에는 산업안전보건법 규정에 의거 지정된 기한 안에 관할 지방노동관서의 장에게 전화, 모사 전송, 기타 적절한 방법에 의하여 보고하여야 한다. 이때 보고 기한과 보고 사항 2가지를 쓰시오.**

해답
1. 보고 기한 : 재해 발생 일시로부터 즉시
2. 보고 사항
   ① 발생 개요 및 피해 사항
   ② 조치 및 전망
   ③ 그 밖에 중요한 사항

04 **거푸집 동바리의 안전 조치 사항 중 동바리의 지주 침하를 방지하기 위한 조치 사항 3가지를 쓰시오.**

해답
1. 깔목의 사용
2. 콘크리트 타설
3. 말뚝 박기

05 **차량계 건설 기계를 사용하여 작업을 할 때 작업 계획서에 포함해야 할 사항과 3가지를 쓰시오.**

해답 1. 사용하는 차량계 건설 기계의 종류 및 능력
2. 차량계 건설 기계의 운행 경로
3. 차량계 건설 기계에 의한 작업 방법

06 **연평균 근로자 수가 500명인 현장에서 추락하여 3건의 재해가 발생하여 1명이 사망, 2명이 110일과 30일의 휴업을 요하는 재해가 발생하였다. 연천인율과 강도율을 구하시오. (단, 근로 시간은 1일 10시간 300일 근무한다.)**

1) 연천인율을 구하시오. 2) 강도율을 구하시오.

해답 1) 연천인율 $= \dfrac{\text{사상자 수}}{\text{근로자 수}} \times 10^3 = \dfrac{3}{500} \times 1,000 = 6.00$

2) 강도율 $= \dfrac{\text{근로 손실 일수}}{\text{연근로 시간수}} \times 10^3 = \dfrac{7,500 + 140 \times \dfrac{300}{365}}{500 \times 10 \times 300} \times 1,000 = 5.08$

07 **양중기의 종류를 5가지만 쓰시오.**

해답 1. 크레인
2. 곤돌라
3. 리프트(이삿짐 운반용 리프트의 경우 적재 하중이 0.1ton 이상)
4. 승강기(최대 하중이 0.25ton 이상인 것에 한한다.)
5. 이동식 크레인

08 **크레인의 작업 시작 전 점검 사항을 쓰시오.**

해답 1. 권과 방지 장치, 브레이크, 클러치 및 운전 장치의 기능
2. 주행로 상측 및 트롤러가 횡행하고 있는 레일의 상태
3. 와이어 로프가 통하고 있는 곳의 상태

09 **안전 관리 조직의 종류를 쓰고, 대형 건설사에 적합한 안전 관리 조직의 유형과 그 장점을 쓰시오.**

해답 1. Line형, Staff형, Line−Staff형
2. Lin−Staff형 장점 : 안전 지식 및 기술 축적이 가능하고, 전 종업원을 안전 요원화 할 수 있다.

10 굴착 작업 시 인력 굴착 작업의 일일 준비 사항을 쓰시오.

해답
1. 작업 전에 반드시 작업 장소의 불안전한 상태 유무를 점검하고, 미비점이 있을 경우 즉시 조치하여야 한다.
2. 근로자를 적절히 배치하여야 한다.
3. 사용하는 기기, 공구 등을 근로자에게 확인시켜야 한다.
4. 근로자의 안전모 착용 및 복장 상태, 또 추락의 위험이 있는 고소 작업자는 안전대를 착용하고 있는가 등을 확인하여야 한다.
5. 근로자에게 당일의 작업량, 작업 방법을 설명하고, 작업의 단계별 순서와 안전상의 문제점에 대하여 교육하여야 한다.
6. 작업 장소에는 관계자 이외의 출입을 금하고, 또 위험 장소에는 근로자가 접근하지 않도록 출입 금지 조치를 하여야 한다.
7. 굴착된 흙이 차량으로 운반될 경우 통로를 확보하고, 굴착자와 차량 운전자가 상호 연락할 수 있도록 하되 그 신호는 고용노동부 장관이 고시한 크레인 작업 표준신호지침에서 정하는 바에 의한다.

11 작업으로 인하여 물체가 떨어지거나 날아올 위험이 있을 때의 안전 대책을 쓰시오.

해답
1. 낙하물 방지망 설치
2. 수직 보호망 설치 또는 방호 선반 설치
3. 출입 금지 구역 설정
4. 보호구 착용

12 강관 틀 비계 조립 시 준수 사항이다. ( ) 안을 채우시오.

1) 높이가 20m를 초과하거나 중량물의 적재를 수반하는 작업을 할 경우에는 주 틀 간의 간격이 (①) 이하로 할 것
2) 수직 방향으로 (②), 수평 방향으로 (③) 이내마다 벽 이음을 할 것
3) 길이가 띠장 방향으로 4m 이하이고, 높이가 (④) 초과하는 경우에는 10m 이내마다 띠장 방향으로 버팀 기둥을 설치할 것

해답 ① 1.8m　② 6m　③ 8m　④ 10m

13 노천 굴착 작업 시 작업 장소 등의 사전 조사해야 할 사항을 쓰시오.

해답
1. 형상, 지질 및 지층의 상태
2. 균열, 함수, 용수 및 동결의 유무와 상태
3. 매설물 등의 유무 또는 상태
4. 지반의 지하수위 상태

건설안전기사 2014.7.5 시행

01 **법상 채석 작업을 하고자 하는 때에는 지반 붕괴, 굴착 기계의 전도 · 전락 등에 의한 근로자의 위험 방지를 위하여 작업 계획을 세워야 한다. 채석 작업 시 작업 계획서에 포함해야 할 사항을 쓰시오.**

해답 1. 노천 굴착과 갱내 굴착의 구별 및 채석 방법
2. 굴착면의 높이와 기울기
3. 굴착면 소단의 위치와 넓이
4. 갱내에서의 낙반 및 붕괴 방지 방법
5. 발파 방법
6. 암석의 분할 방법
7. 암석의 가공 장소
8. 사용하는 굴착 기계, 분할 기계, 적재 기계 또는 운반 기계의 종류 및 능력
9. 토석 또는 암석의 적재 및 운반 방법과 운반 경로
10. 표토 또는 용수의 처리 방법

02 **산업안전보건법상 시스템 비계를 사용하는 경우, 그 준수 사항을 쓰시오.**

해답 1. 수직재 · 수평재 · 가새재를 견고하게 연결하는 구조가 되도록 할 것
2. 비계 밑단의 수직재와 받침 철물은 밀착되도록 설치하고, 수직재와 받침 철물 연결부의 겹침 길이는 받침 철물 전체 길이의 3분의 1 이상이 되도록 할 것
3. 수평재는 수직재와 직각으로 설치하여야 하며, 체결 후 흔들림이 없도록 견고하게 설치할 것
4. 수직재와 수직재의 연결 철물은 이탈되지 않도록 견고한 구조로 할 것
5. 벽 연결재의 설치 간격은 제조사가 정한 기준에 따라 설치할 것

03 **근로자가 500명인 어느 작업장에서 재해가 2건 발생하여 사망 1명, 110일 요양의 근로자 1명, 30일 요양의 근로자 1명이 발생하였을 경우 이 사업장의 연천인율과 강도율을 구하시오. (단, 1일 10시간 작업의 경우로 한다.)**

해답 1. $\text{연천인율} = \dfrac{\text{사상자 수}}{\text{연평균 근로자 수}} \times 1{,}000 = \dfrac{3}{500} \times 1{,}000 = 6.00$

2. $\text{강도율} = \dfrac{\text{근로 손실 일수}}{\text{근로 총 시간수}} \times 1{,}000 = \dfrac{7{,}500 + \left(140 \times \dfrac{300}{365}\right)}{500 \times 10 \times 300} \times 1{,}000 = 5.08$

04 **폭풍, 폭우 및 폭설 등 악천후로 인한 작업 중지 후 비계의 점검 사항 4가지를 쓰시오.**

해답 1. 발판 재료의 손상 여부 및 부착 또는 걸림 상태
2. 해당 비계의 연결부 또는 접속부의 풀림 상태
3. 연결 재료 및 연결 철물의 손상 또는 부식 상태
4. 손잡이의 탈락 여부
5. 기둥의 침하, 변형, 변위 또는 흔들림 상태
6. 로프의 부착 상태 및 매단 장치의 흔들림 상태

05 **다음 표는 안전 보건 표지의 색채, 색도 기준에 관한 사항이다. (   ) 안에 알맞은 내용을 쓰시오.**

색 채	색 도	용 도	사용 예
빨간색	7.5R 4/14	(①)	정지 신호, 소화 설비 및 그 장소 유해 행위의 금지
(②)	5Y 8.5/12	경고	위험 경고, 주의 표지 또는 기계 방호물
파란색	2.5PB 4/10	(③)	특정 행위의 지시 및 사실의 고지
(④)	2.5G 4/10	안내	비상구 및 피난소, 사람 또는 차량의 통행 표지
흰색	(⑤)		파란색 또는 녹색에 대한 보조색
검정색	NO.5		(⑥)

해답 ① 금지
② 노란색
③ 지시
④ 녹색
⑤ N9.5
⑥ 문자 및 빨간색 또는 노란색에 대한 보조색

06 **흙의 동상 방지 대책을 쓰시오.**

해답 1. 배수구를 설치하여 지하수위를 낮춘다.
2. 지하수 상승을 방지하기 위해 차단 층(콘크리트, 아스팔트, 모래 등)을 설치한다.
3. 흙속에 단열 재료를 넣는다.
4. 동결 심도 상부의 흙을 비동결 흙으로 치환한다.
5. 흙을 화학 약품으로 처리하여 동결 온도를 내린다.

07 **발파 작업 시 유해 위험 방지를 위하여 관리 감독자를 선임하여야 한다. 이때 관리 감독자의 직무 사항 4가지를 쓰시오.**

해답 1. 점화 전 점화 작업에 종사하는 근로자 외의 자에게 대피를 지시하는 일
2. 점화 작업에 종사하는 근로자에 대하여 대피 장소 및 경로를 지시하는 일
3. 점화 전 위험 구역 내에서 근로자가 대피한 것을 확인하는 일
4. 점화 순서 및 방법에 대하여 지시하는 일
5. 점화 신호를 하는 일
6. 점화 작업에 종사하는 근로자에 대하여 대피 신호를 하는 일
7. 발파 후 터지지 아니한 장약이나 남은 장약의 유무, 용수의 유무 및 암석 · 토사의 낙하 여부 등을 점검하는 일
8. 점화하는 자를 정하는 일
9. 공기 압축기의 안전밸브 작동 유무를 점검하는 일
10. 안전모 등 보호구의 착용 상황을 감시하는 일

08 **거푸집의 조립 순서를 쓰시오.**

해답 기둥 → 보받이 내력벽 → 큰 보 → 작은 보 → 바닥 → 내벽 → 외벽

09 **산업안전보건법상 안전 관리자를 정수 이상으로 증원, 교체 임명할 수 있는 사유를 쓰시오.**

해답 1. 해당 사업장의 연간 재해율이 같은 업종 평균 재해율의 2배 이상인 경우
2. 중대 재해가 연간 3건 이상 발생한 경우
3. 관리자가 질병이나 그 밖의 사유로 3개월 이상 직무를 수행할 수 없게 된 경우
4. 화학적 인자로 인한 직업성 질병자가 연간 3명 이상 발생한 경우

10 **다음 내용의 (　　) 안에 알맞은 내용을 쓰시오.**

타워 크레인을 이용하는 작업에서 순간 풍속이 초당 (①)를 초과하는 경우 크레인의 설치 · 수리 · 점검 · (②) 작업을 중지해야 하며, 순간 풍속이 초당 (③)를 초과하면 타워 크레인의 운전 작업을 중지하여야 한다.

해답 ① 10m
② 해체
③ 15m

11 지게차를 이용하는 작업 시 작업 시작 전의 점검 사항을 쓰시오.

해답 1. 제동 장치 및 조종 장치 기능의 이상 유무
2. 하역 장치 및 유압 장치 기능의 이상 유무
3. 바퀴의 이상 유무
4. 전조등, 후미등, 방향 지시기 및 경보 장치 기능의 이상 유무

12 산업안전보건법상 안전 보건 총괄 책임자의 직무 사항을 쓰시오.

해답 1. 작업의 중지
2. 도급 사업 시 산업 재해 예방 조치
3. 산업 안전 보건 관리비 관계 수급인 간의 사용에 관한 협의·조정 및 그 집행의 감독
4. 안전 인증 대상 기계 등과 자율 안전 확인 대상 기계 등의 사용 여부
5. 위험성 평가의 실시에 관한 사항

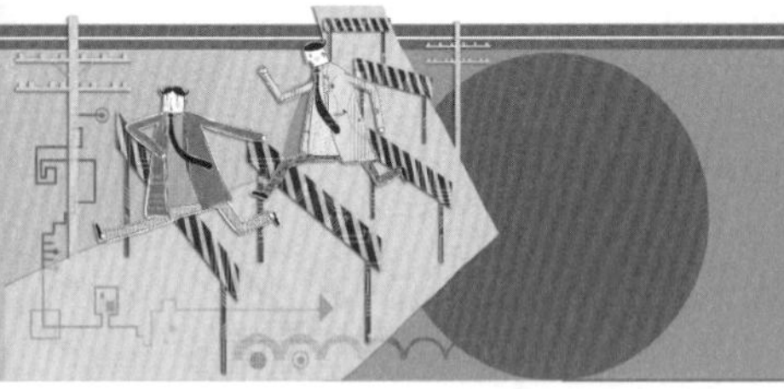

건설안전산업기사 2014.7.5 시행

01 거푸집 동바리 조립 시 준수 사항 중 동바리로 사용하는 파이프 서포트를 사용하는 경우의 안전상 조치를 쓰시오.

해답 1. 파이프 서포트를 3본 이상 이어서 사용하지 않도록 할 것
2. 파이프 서포트를 이어서 사용할 때에는 4개 이상의 볼트 또는 전용 철물을 사용하여 이을 것
3. 높이가 3.5m를 초과하는 때에는 높이 2m 이내마다 수평 연결재를 2개 방향으로 만들고 수평 연결재의 변위를 방지할 것

02 법상 흙막이 지보공을 조립하는 데 정기적으로 점검하여야 하는 사항을 쓰시오.

해답 1. 부재의 손상, 변형, 부식, 변위 및 탈락의 유무와 상태
2. 버팀대의 긴압 정도
3. 부재의 접속부, 부착부 및 교차부의 상태
4. 침하의 정도

03 크레인을 이용하는 작업 시 작업 시작 전의 점검 사항을 쓰시오.

해답 1. 권과 방지 장치, 브레이크, 클러치 및 운전 장치의 기능
2. 주행로의 상측 및 트롤리가 횡행하는 레일의 상태
3. 와이어 로프가 통하고 있는 곳의 상태

04 다음은 비계의 벽 이음 간격이다. 빈칸을 채우시오.

강관 비계의 종류	조립 간격(m)	
	수직 방향	수평 방향
단관 비계	①	②
틀 비계(높이 5m 미만의 것을 제외한다)	③	④

해답 ① 5 ② 5 ③ 6 ④ 8

05 다음은 사다리식 통로 설치 시 준수 사항이다. ( ) 안에 알맞은 사항을 쓰시오.

1) 사다리의 상단은 걸쳐 놓은 지점으로부터 (①) 이상 올라가도록 할 것
2) 사다리식 통로의 길이가 (②) 이상인 때에는 (③) 이내마다 계단참을 설치할 것
3) 사다리식 통로의 기울기는 (④) 이내로 할 것

해답 ① 60cm
② 10m
③ 5m
④ 75°

06 사업장 안전 보건 계획 중 PDCA 4단계의 명칭을 쓰시오.

해답 1단계 : P(계획)
2단계 : D(실시)
3단계 : C(검토)
4단계 : A(조치)

07 산업안전보건법상 하역 작업 시 화물 운반용 또는 고정용으로 사용할 수 없는 섬유 로프를 쓰시오.

해답 1. 꼬임이 끊어진 것
2. 심하게 손상 또는 부식된 것

08 위험 예지 훈련 4R의 진행 방식을 쓰시오.

해답 1R : 현상 파악
2R : 본질 추구
3R : 대책 수립
4R : 목표 설정

09 인간의 주의에 관한 특징 3가지를 쓰고 간략히 설명하시오.

해답 1. **선택성** : 다종의 자극을 지각할 때 소수의 특정 자극에 선택적으로 주의를 기울이는 기능
2. **방향성** : 주시점(시선이 가는 쪽)만 인지하는 기능
3. **변동성** : 주의 집중 시 주기적으로 부주의 리듬이 존재

10 지반의 이상 현상 중 하나인 흙의 동상의 방지 대책을 쓰시오.

해답
1. 배수구를 설치하여 지하수위를 낮춘다.
2. 지하수 상승을 방지하기 위해 차단 층(콘크리트, 아스팔트, 모래 등)을 설치한다.
3. 흙속에 단열 재료를 넣는다.
4. 동결 심도 상부의 흙을 비동결 흙(자갈, 석탄재 등)으로 치환한다.
5. 흙을 화학 약품($CaCl_2$, $MgCl_2$, NaCl)으로 처리하여 동결 온도를 내린다.

11 산업안전보건법상 리프트의 설치, 조립, 수리, 점검 또는 해체 작업 시 작업 지휘자가 해야 할 직무 사항을 쓰시오.

해답
1. 작업 방법과 근로자의 배치를 결정하고 해당 작업을 지휘하는 일
2. 재료의 결함 유무 또는 기구 및 공구의 기능을 점검하고 불량품을 제거하는 일
3. 작업 중 안전대 또는 안전모의 착용 상황을 감시하는 일

12 산업안전보건법상 유해 위험 방지 계획서의 첨부 서류를 쓰시오.

해답
1. 공사 개요
2. 안전 보건 관리 계획
3. 작업 공사 종류별 유해 위험 방지 계획

13 다음 시스템의 신뢰도를 구하시오.

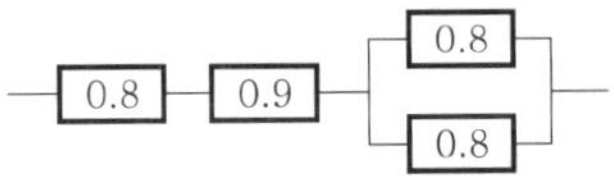

해답 $R(t) = 0.8 \times 0.9 \times \{1-(1-0.8)(1-0.9)\} = 0.691 = 0.69$

건설안전기사 2014.11.2 시행

01 법상 컨베이어의 작업 시작 전 점검 사항을 쓰시오.

해답 1. 원동기 및 풀리 기능의 이상 유무
2. 이탈 등 방지 장치 기능의 이상 유무
3. 비상 정지 장치 기능의 이상 유무
4. 원동기, 회전축, 기어 및 풀리 등의 덮개 또는 울 등의 이상 유무

02 가설 통로 설치 시 준수하여야 할 사항 4가지를 쓰시오.

해답 1. 견고한 구조로 할 것
2. 경사는 30° 이하로 할 것
3. 경사가 15°를 초과하는 때에는 미끄러지지 아니하는 구조로 할 것
4. 추락의 위험이 있는 장소에는 안전 난간을 설치할 것
5. 수직갱에 가설된 통로의 길이가 15m 이상인 때에는 10m 이내마다 계단참을 설치할 것
6. 건설 공사에 사용하는 높이 8m 이상인 비계 다리에는 7m 이내마다 계단참을 설치할 것

03 거푸집 및 지보공은 시공상 여러 조건을 고려하여야 한다. 설계 시 고려하여야 하는 하중의 종류를 쓰시오.

해답 1. 연직 방향 하중
2. 횡방향 하중
3. 콘크리트 측압
4. 특수 하중
5. 상기 1.~4.의 하중에 안전율을 고려한 하중

04 산업안전보건법상 재료, 기구 또는 공구 등을 올리거나 내리는 경우에 근로자로 하여금 사용하도록 해야 하는 것 2가지를 쓰시오.

해답 1. 달줄
2. 달포대

05 **연약 지반을 흙막이벽 개착 공법으로 굴착 작업 시 발생하는 히빙 현상에 대해 설명하고, 그 대책을 3가지 쓰시오.**

해답 1. 히빙 현상 : 연약한 점토 지반의 굴착 시 흙막이벽 뒤쪽 흙의 중량이 굴착부 바닥 지지력 이상이 되면 흙막이벽 근입 부분의 지반 이동이 발생하여 굴착부 저면이 솟아오르는 현상이다.
2. 대책
① 지반 개량을 한다.
② 흙막이벽의 근입 깊이를 깊게 한다.
③ 흙막이판은 강성이 높은 것을 사용한다.

06 **기상 상태 악화로 인하여 작업을 중지 또는 비계를 조립 · 해체하거나 변경한 후 그 비계에서 작업을 할 때 작업 시작 전에 점검하여야 하는 사항을 3가지만 쓰시오.**

해답 1. 발판 재료의 손상 여부 및 부착 또는 걸림 상태
2. 해당 비계의 연결부 또는 접속부의 풀림 상태
3. 연결 재료 및 연결 철물의 손상 또는 부식 상태
4. 손잡이의 탈락 여부
5. 기둥의 침하, 변형, 변위 또는 흔들림 상태
6. 로프의 부착 상태 및 매단 장치의 흔들림 상태

07 **항타기, 항발기의 조립 시 작업 시작 전 점검 사항 4가지를 쓰시오.**

해답 1. 본체 연결부의 풀림 또는 손상의 유무
2. 권상용 와이어 로프, 드럼 및 도르래 부착 상태의 이상 유무
3. 권상 장치의 브레이크 및 쐐기 장치 기능의 이상 유무
4. 권상기 설치 상태의 이상 유무
5. 버팀의 방법 및 고정 상태의 이상 유무

08 **근로자가 작업 발판 위에서 전기 용접 작업을 실시하던 중 지면으로 떨어져 부상을 당하였다. 이 재해를 다음 물음에 맞게 분석하시오.**

1) 발생 형태
2) 기인물
3) 가해물

해답 1) 추락
2) 작업 발판
3) 지면

09 사업장 무재해 운동 추진 3기둥을 쓰시오.

해답 1. 사업주
2. 관리 감독자
3. 근로자

10 법상 양중기에 설치해야 할 방호 장치의 종류를 쓰시오. (단, 과부하 방지 장치는 제외한다.)

해답 1. 권과 방지 장치
2. 브레이크 장치
3. 파이널 리밋 스위치
4. 비상 정치 장치
5. 출입문 인터록

참고 ① 크레인 방호 장치 : 과부하 방지 장치, 권과 방지 장치, 비상 정지 장치, 브레이크 장치
② 이동식 크레인 : 과부하 방지 장치, 권과 방지 장치, 브레이크 장치
③ 리프트 : 권과 방지 장치
④ 승강기 : 과부하 방지 장치, 파이널 리밋 스위치, 비상 정지 장치, 조속기, 출입문 인터록
⑤ 곤돌라 : 권과 방지 장치, 과부하 방지 장치, 제동 장치

11 다음은 산업안전보건법상 안전 보건 개선 계획에 관한 사항이다. 물음에 답하시오.

1) 안전 보건 개선 계획 수립 대상 사업장을 쓰시오.
2) 안전 보건 진단을 받아 안전 보건 개선 계획을 수립 · 제출해야 하는 사업장을 쓰시오.

해답 1) ① 산업 재해율이 같은 업종의 규모별 평균 산업 재해율보다 높은 사업장
② 사업주가 필요한 안전 조치 또는 보건 조치를 이행하지 아니하여 중대 재해가 발생한 사업장
③ 유해 인자의 노출 기준을 초과한 사업장
2) ① 중대 재해 발생 사업장
② 산업 재해율이 같은 업종 평균 산업 재해율의 2배 이상인 사업장
③ 직업성 질병자가 연간 2명 이상 발생한 사업장
④ 작업 환경 불량, 화재, 폭발 또는 누출 사고 등으로 사업장 주변까지 피해가 확산된 사업장으로서 고용노동부령으로 정하는 사업장

12 콘크리트 비빔 시험의 종류를 쓰시오.

해답 1. 슬럼프 시험
2. 공기량 시험
3. 염화물량 시험
4. 블리딩 시험
5. 단위 용적 질량 시험

13 **산업안전보건법상 근로자가 고압 충전 전로를 취급하거나 그 인근에서 작업 시 안전 대책을 쓰시오.**

해답
1. 충전 전로를 정전시키는 경우에는 정전 전로에서의 전기 작업에 따른 조치를 할 것
2. 충전 전로를 방호, 차폐하거나 절연 등의 조치를 하는 경우에는 근로자의 신체가 전로와 직접 접촉하거나 도전 재료, 공구 또는 기기를 통하여 간접 접촉되지 않도록 할 것
3. 충전 전로를 취급하는 근로자에게 그 작업에 적합한 절연용 보호구를 착용시킬 것
4. 충전 전로에 근접한 장소에서 전기 작업을 하는 경우에는 해당 전압에 적합한 절연용 방호구를 설치할 것. 다만, 저압인 경우에는 해당 전기 작업자가 절연용 보호구를 착용하되, 충전 전로에 접촉할 우려가 없는 경우에는 절연용 방호구를 설치하지 아니할 수 있다.
5. 고압 및 특별 고압의 전로에서 전기 작업을 하는 근로자에게 활선 작업용 기구 및 장치를 사용하도록 할 것
6. 근로자가 절연용 방호구의 설치 · 해체 작업을 하는 경우에는 절연용 보호구를 착용하거나 활선 작업용 기구 및 장치를 사용하도록 할 것
7. 유자격자가 아닌 근로자가 충전 전로 인근의 높은 곳에서 작업할 때에 근로자의 몸 또는 긴 도전성 물체가 방호되지 않은 충전 전로에서 대지 전압이 50kV 이하인 경우에는 300cm 이내로, 대지 전압이 50kV를 넘는 경우에는 10kV당 10cm씩 더한 거리 이내로 각각 접근할 수 없도록 할 것
8. 유자격자가 충전 전로 인근에서 작업하는 경우에는 다음의 경우를 제외하고는 노출 충전부에 접근 한계 거리 이내로 접근하거나 절연 손잡이가 없는 도전체에 접근할 수 없도록 할 것
   ① 근로자가 노출 충전부로부터 절연된 경우 또는 해당 전압에 적합한 절연 장갑을 착용한 경우
   ② 노출 충전부가 다른 전위를 갖는 도전체 또는 근로자와 절연된 경우
   ③ 근로자가 다른 전위를 갖는 모든 도전체로부터 절연된 경우

14 **다음은 T.B.M에 대하여 설명한 것이다. (　) 안에 알맞는 말을 보기에서 고르시오.**

T.B.M이란 직장에서 행하는 안전 미팅으로 작업 시작 전 (①)간, 작업이 끝난 후 (②)간 실시하며, 근로자는 (③) 정도가 1개조가 되어 실시한다.
실시 단계로는 도입 → (④) → 작업 지시 → (⑤) → 확인 단계를 거친다.

보기
3~5분, 5~15분, 15~30분, 25~40분, 3~4명, 5~6명, 9~10명, 12~13명,
계획 작성, 점검 정비, 위험 예측, 행동 개시, 작업 보고, 사고 예방

해답
① 5~15분　② 3~5분　③ 5~6명
④ 점검 정비　⑤ 위험 예측

건설안전산업기사 2014.11.2 시행

01 구축물 또는 이와 유사한 시설물이 근로자에게 위험을 미칠 우려가 있는 경우 안전진단 등 안전성 평가를 실시해야 하는 조건 3가지를 쓰시오.

해답
1. 구축물 또는 이와 유사한 시설물의 인근에서 굴착 · 항타 작업 등으로 침하, 균열 등이 발생하여 붕괴의 위험이 예상될 경우
2. 구축물 또는 이와 유사한 시설물에 지진, 동해, 부동 침하 등으로 균열, 비틀림 등이 발생하였을 경우
3. 구조물, 건축물, 그 밖의 시설물이 그 자체의 무게, 적설, 풍압 또는 그 밖에 부가되는 하중 등으로 붕괴 등의 위험이 있는 경우
4. 화재 등으로 구축물 또는 이와 유사한 시설물의 내력이 현저히 저하된 경우
5. 오랜 기간 사용하지 아니하던 구축물 또는 이와 유사한 시설물을 재사용하게 되어 안전성을 검토하여야 할 경우
6. 그 밖의 잠재적 위험이 예상될 경우

02 다음은 통나무 비계 사용에 관한 사항이다. ( ) 안에 알맞게 쓰시오.

비계 기둥의 이음이 겹침 이음인 때에는 이음 부분에서 (①) 이상을 서로 겹쳐서 (②)개소 이상을 묶고, 비계 기둥의 이음이 맞댄 이음인 때에는 비계 기둥을 쌍기둥 틀로 하거나 (③) 이상의 덧댐목을 사용하여 (④)개소 이상을 묶을 것

해답
① 1m
② 2
③ 1.8m
④ 4

03 산업안전보건법상 건설업 유해 위험 방지 계획서의 제출 시기 및 판정 또는 심사 기준을 쓰시오.

해답
1. 제출 시기 : 해당 공사의 착공 전일까지
2. 판정 · 심사 기준 : 적정, 조건부 적정, 부적정

04 **주(主)로 연약성 점토 지반을 굴착할 때 발생되는 히빙(Heaving) 현상에 대하여 다음의 물음에 답하시오.**

1) 발생 이유를 공학적으로 간단히 설명하시오.

2) 발생 시 나타나는 현상을 2가지만 쓰시오.

3) 발생 방지 대책을 3가지만 쓰시오.

해답 1) 연약한 점토 지반 굴착 시 흙막이벽 뒤쪽 흙의 중량이 굴착부 바닥의 지지력 이상이 되면 흙막이벽 근입 부분의 지반이 부풀어 오르는 현상
2) ① 지보공 파괴
② 배면 토사 붕괴
③ 굴착 저면의 솟아오름
3) ① 흙막이판은 강성이 높은 것을 사용한다.
② 지반 개량을 한다.
③ 흙막이벽의 근입 깊이를 깊게 한다.
④ 굴착 예정 부분을 부분 굴착하여 기초 콘크리트로 고정시킨다.

05 **보호구 중 안전모의 성능 시험 항목을 쓰시오.**

해답 1. 내관통성 시험
2. 충격 흡수성 시험
3. 내수성 시험
4. 난연성 시험
5. 내전압성 시험
6. 턱끈 풀림 시험

06 **어느 작업자가 시야가 확보되지 않은 큰 물건을 운반하다가 덮개가 설치되어 있지 아니한 개구부에 추락하는 사고가 발생하였다. 이 재해를 다음 물음에 맞게 분석하시오.**

1) 재해 발생 형태

2) 기인물

3) 가해물

4) 불안전 상태

5) 불안전 행동

해답 1) 추락
2) 시야가 미확보된 큰 물건
3) 덮개가 미설치된 개구부
4) 덮개 미설치, 개구부에 안전 난간, 울 등 미설치
5) 시야의 미확보

07 **터널 공사 등의 건설 작업 시 가연성 가스가 존재하여 폭발 또는 화재가 발생할 위험이 있는 때에는 필요한 장소에 해당 가연성 가스의 농도 이상 상승을 조기에 파악하기 위하여 필요한 자동 경보 장치를 설치하여야 한다. 자동 경보 장치에 대하여 당일 작업 시작 전에 점검해야 할 사항을 쓰시오.**

해답 1. 계기의 이상 유무
2. 검지부의 이상 유무
3. 경보 장치의 작동 상태

08 **비계 기둥이 미끄러지거나 침하하는 것을 방지하기 위하여 조치하여야 하는 사항을 쓰시오.**

해답 1. 밑둥잡이 설치
2. 깔판 사용

09 **산업안전보건법상 하적단의 붕괴 또는 화물의 낙하에 의한 근로자 위험 방지 대책을 쓰시오.**

해답 1. 하적단을 로프로 묶거나 망을 치는 등 위험을 방지하기 위하여 필요한 조치를 하여야 한다.
2. 하적단을 쌓는 경우에는 기본형을 조성하여 쌓아야 한다.
3. 하적단을 헐어내는 경우에는 위에서부터 순차적으로 층계를 만들면서 헐어내야 하며 중간부터 헐어내면 안 된다.

10 **절토 법면 토사 붕괴의 발생을 예방하기 위하여 점검해야 할 사항을 쓰시오.**

해답 1. 전 지표면의 답사
2. 경사면의 지층 변화부 확인
3. 부석의 상황 변화 확인
4. 결빙과 해빙에 대한 상황의 확인

11 **인간의 욕구 단계에 대한 매슬로우, 허즈버그, 알더퍼의 이론을 쓰시오.**

해답 1. 매슬로우 : 생리적 욕구, 안전의 욕구, 사회적 욕구, 인정받으려는 욕구, 자아실현의 욕구
2. 허즈버그 : 위생 이론, 동기 이론
3. 알더퍼 : 생존 욕구, 관계 욕구, 성장 욕구

12 **다음 물음에 답하시오.**

1) 크레인 작업으로 크레인이 들어 올릴 수 있는 최대 하중은?

2) 승강기 및 리프트 등 사람 또는 물건을 실어 올릴 수 있는 최대 하중은?

3) 크레인의 데릭에 매달아 올리는 하중에서 훅, 크래브, 버킷 등 호스트 액세서리의 중량을 공제한 하중은?

해답 1) 달아 올리기 하중

2) 적재 하중

3) 정격 하중

건설안전기사

2015.3.8 시행

01 작업자가 계단에서 굴러떨어져 바닥에 머리를 부딪히는 사고가 발생하였다. 발생 형태, 기인물, 가해물을 분석하시오. (단, 계단에 물이 남아 있었다.)

(해답) 1. 발생 형태 : 전도 전락
2. 기인물 : 물
3. 가해물 : 바닥

02 다음은 양중기의 와이어 로프 또는 달기 체인의 안전 계수에 관한 사항이다. 다음 물음에 답하시오.

1) 근로자가 탑승하는 운반구를 지지하는 경우
2) 화물의 하중을 직접 지지하는 경우
3) 1) 및 2) 외의 경우

(해답) 1) 10 이상 2) 5 이상 3) 4 이상

03 200명이 근무하는 어느 작업장에서 사망 재해가 1건, 재해로 인한 50일의 휴무 일수가 2건이 발생되고 20일의 가료(加療)가 발생하였다. 이 작업장의 강도율을 구하시오. (단, 근로자들의 근로 일수는 305일이다.)

(해답) $$강도율 = \frac{근로\ 손실\ 일수}{근로\ 총\ 시간수} \times 1,000 = \frac{7,500 + \left(120 \times \frac{300}{365}\right)}{200 \times 8 \times 305} \times 1,000 = 15.57$$

04 잠함 또는 우물통, 수직갱, 기타 이와 유사한 장소에서 작업 시 준수해야 할 사항을 쓰시오.

(해답) 1. 산소 결핍의 우려가 있는 때에는 산소의 농도를 측정하는 자를 지명하여 측정하도록 할 것
2. 근로자가 안전하게 승강하기 위한 설비를 설치할 것
3. 굴착 깊이가 20m를 초과하는 때에는 해당 작업 장소와 외부와의 연락을 위한 통신 설비 등을 설치할 것

05 해수 공사, 한중 공사에 사용하는 시멘트의 종류를 쓰시오.

해답 조강 포틀랜드 시멘트

06 다음에 해당하는 안전 표지판의 종류를 쓰시오.

1) 금지 표지 2) 경고 표지
3) 지시 표지 4) 안내 표지

해답 1) 금연, 보행 금지
2) 폭발물 경고, 위험 장소 경고
3) 안전화 착용, 방독 마스크 착용
4) 녹십자 표지, 세안 장치, 우측 비상구

07 항타기, 항발기의 사용 전 점검 사항 4가지를 쓰시오.

해답 1. 본체 연결부의 풀림 또는 손상의 유무
2. 권상용 와이어 로프, 드럼 및 도르래의 부착 상태의 이상 유무
3. 권상 장치의 브레이크 및 쐐기 장치 기능의 이상 유무
4. 권상기의 설치 상태의 이상 유무
5. 버팀의 방법 및 고정 상태의 이상 유무

08 이동식 사다리의 다리 부분에는 미끄럼 방지 장치를 하여야 한다. 다음 용도에 알맞는 미끄럼 방지 장치를 쓰시오.

1) 지반이 부드러운 맨땅
2) 실내용
3) 돌 마무리 또는 인조석 깔기로 마감한 바닥

해답 1) 쐐기형 강스파이크
2) pivot 방지용 발판(인조 고무)
3) 미끄럼 방지 판자, 미끄럼 방지 고정쇠

09 건설 현장에서 사용하는 양중기 중 크레인의 작업 시작 전 점검 사항을 쓰시오.

해답 1. 권과 방지 장치, 브레이크, 클러치 및 운전 장치의 기능
2. 주행로의 상측 및 트롤리가 횡행하는 레일의 상태
3. 와이어 로프가 통하고 있는 곳의 상태

10 다음 물음에 답하시오.

1) 하인리히 재해 예방 5원칙을 쓰시오.

2) 정기 점검을 간략히 설명하시오.

3) fail safety를 간략히 설명하시오.

해답 1) ① 제1단계 : 안전 관리 조직
② 제2난계 : 사실의 발견
③ 제3단계 : 분석
④ 제4단계 : 시정책 선정
⑤ 제5단계 : 시정책 적용

2) 정해진 기간, 즉 주, 월, 분기 등 정기적으로 실시하는 점검

3) 인간 또는 기계의 동작상 실패가 있더라도 고장 또는 사고가 발생되지 않도록 2중, 3중으로 통제를 가하는 것

11 달비계 또는 높이 5m 이상의 비계를 조립, 해체, 변경 작업 시 준수 사항 4가지를 쓰시오.

해답 1. 근로자는 관리 감독자의 지휘에 따라 작업하도록 할 것
2. 조립, 해체 또는 변경의 시기, 범위 및 절차를 그 작업 근로자에게 교육할 것
3. 조립, 해체 또는 변경 작업 구역 내에는 그 작업에 종사하는 근로자 외의 자의 출입을 금지시키고 그 내용을 보기 쉬운 곳에 게시할 것
4. 비, 눈, 그 밖의 기상 상태의 불안정으로 인하여 날씨가 몹시 나쁠 때에는 그 작업을 중지시킬 것
5. 비계 재료의 연결, 해체 작업을 하는 때에는 폭 20cm 이상의 발판을 설치하고 근로자로 하여금 안전대를 사용하도록 하는 등 근로자의 추락 방지를 위한 조치를 할 것
6. 재료, 기구 또는 공구 등을 올리거나 내리는 때에는 근로자로 하여금 달줄 또는 달포대를 사용하도록 할 것

12 굴착면 토사 붕괴의 원인 중 외적 원인의 종류를 쓰시오.

해답 1. 사면, 법면의 경사 및 기울기의 증가
2. 절토 및 성토 높이의 증가
3. 공사에 의한 진동 및 반복 하중의 증가
4. 지표수 및 지하수의 침투에 의한 토사 중량의 증가
5. 지진, 차량, 구조물의 하중 작용
6. 토사 및 암석의 혼합층 두께

13 **다음은 거푸집 해체 시 안전상 유의 사항이다. (   ) 안에 알맞게 쓰시오.**

1) 거푸집의 해체는 순서에 의하여 실시하며 (   )를 배치한다.
2) 거푸집 및 지보공은 콘크리트 자중 및 시공 중에 가해지는 기타 하중에 충분히 견딜만한 (   )를 가질 때까지는 해체하지 아니하여야 한다.
3) 해체 작업을 할 때에는 안전모 등 (   )를 착용토록 하여야 한다.
4) 해체 작업장 주위에는 관계자를 제외하고는 (   ) 시켜야 한다.
5) (   ) 동시 작업은 원칙적으로 금지하며 부득이한 경우 긴밀히 연락을 취하며 작업한다.
6) 보 또는 슬래브 거푸집을 제거할 때에는 거푸집의 (   )으로 인한 작업원의 돌발적 재해를 방지하여야 한다.

해답
1) 관리 감독자
2) 강도
3) 안전 보호 장구
4) 출입 금지
5) 상하
6) 낙하 충격

참고 거푸집 해체 시 준수 사항

1. 거푸집 및 지보공(동바리)의 해체는 순서에 의하여 실시하여야 하며 관리 감독자를 배치하여야 한다.
2. 거푸집 및 지보공(동바리)은 콘크리트 자중 및 시공 중에 가해지는 기타 하중에 충분히 견딜 만한 강도를 가질 때까지는 해체하지 아니하여야 한다.
3. 거푸집을 해체할 때에는 다음에 정하는 사항을 유념하여 작업하여야 한다.
   ① 해체 작업을 할 때에는 안전모 등 안전 보호 장구를 착용토록 하여야 한다.
   ② 거푸집 해체 작업장 주위에는 관계자를 제외하고는 출입을 금지시켜야 한다.
   ③ 상하 동시 작업은 원칙적으로 금지하며 부득이한 경우에는 긴밀히 연락을 취하며 작업을 하여야 한다.
   ④ 거푸집 해체 때 구조체에 무리한 충격이나 큰 힘에 의한 지렛대 사용은 금지하여야 한다.
   ⑤ 보 또는 슬래브 거푸집을 제거할 때에는 거푸집의 낙하 충격으로 인한 작업원의 돌발적 재해를 방지하여야 한다.
   ⑥ 해체된 거푸집이나 각목 등에 박혀 있는 못 또는 날카로운 돌출물은 즉시 제거하여야 한다.
   ⑦ 해체된 거푸집이나 각목은 재사용 가능한 것과 보수하여야 할 것을 선별, 분리하여 적치하고 정리정돈을 하여야 한다.
4. 기타 제3자의 보호 조치에 대하여도 완전한 조치를 강구하여야 한다.

14 산업안전보건법상 다음 빈칸에 알맞게 쓰시오.

터널 건설 작업을 하는 때에는 터널 내부의 시계가 배기 가스나 (①) 등에 의하여 현저하게 제한되는 경우에는 (②)를 하거나 물을 뿌리는 등 시계를 유지하기 위하여 필요한 조치를 하여야 한다.

해답 ① 분진
② 환기

건설안전산업기사 2015.3.8 시행

01 **안전 보건 표지 중 금지 표지인 출입 금지 표지의 그림을 그리고, 해당 부위의 색을 표기하시오.**

(해답)

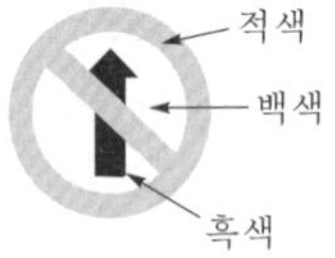

02 **법상 달비계 또는 높이 5m 이상의 비계를 조립, 해체, 변경 작업 시에 사업주가 준수해야 할 사항 4가지를 쓰시오.**

(해답)
1. 관리 감독자의 지휘하에 작업하도록 할 것
2. 조립, 해체 또는 변경의 시기, 범위 및 절차를 해당 작업 근로자에게 교육할 것
3. 조립, 해체 또는 변경 작업 구역 내에는 해당 작업에 종사하는 근로자 외의 자의 출입을 금지시키고 그 내용을 보기 쉬운 장소에 게시할 것
4. 비, 눈, 그 밖의 기상 상태의 불안정으로 인하여 날씨가 몹시 나쁠 때에는 그 작업을 중지시킬 것
5. 비계 재료의 연결, 해체 작업을 하는 때에는 폭 20cm 이상의 발판을 설치하고 근로자로 하여금 안전대를 사용하도록 하는 등 근로자의 추락 방지를 위한 조치를 할 것
6. 재료, 기구 또는 공구 등을 올리거나 내리는 때에는 근로자로 하여금 달줄 또는 달포대를 사용하도록 할 것

03 **어느 사업장의 근로자 수가 500명, 1일 9시간 작업, 연간 300일 근무 시 연간 8건의 재해가 발생하며 휴업 일수가 300일일 때의 종합 재해 지수를 구하시오. (단, 종합 재해 지수= $\sqrt{\text{도수율} \times \text{강도율}}$)**

(해답)

$$\text{도수율} = \frac{\text{재해 건수}}{\text{근로 총 시간수}} \times 1{,}000{,}000 = \frac{8}{500 \times 9 \times 300} \times 1{,}000{,}000 = 5.93$$

$$\text{강도율} = \frac{\text{근로 손실 일수}}{\text{근로 총 시간수}} \times 1{,}000 = \frac{300 \times \left(\frac{300}{365}\right)}{500 \times 9 \times 300} \times 1{,}000 = 0.18$$

$$\therefore \text{종합 재해 지수} = \sqrt{5.93 \times 0.18} = 1.03$$

04 다음은 달비계의 최대 적재 하중에 관한 사항이다. ( ) 안에 알맞게 쓰시오.

1) 달기 와이어 로프 및 달기 강선의 안전 계수는 ( )

2) 달기 체인 및 달기 훅의 안전 계수는 ( )

3) 달기 강대와 달비계의 하부 및 상부 지점의 안전 계수는 강재의 경우 (①), 목재의 경우 (②)

해답 1) 10 이상　　2) 5 이상　　3) ① 2.5 이상, ② 5 이상

05 법상 고용노동부 장관은 사업장의 재해 빈발 시에는 그 해당 사업장의 안전 관리자를 증원하거나 교체 임명을 명할 수 있다. 그 사유를 3가지 쓰시오.

해답 1. 해당 사업장의 연간 재해율이 동종 업종 평균 재해율의 2배 이상인 경우
2. 중대 재해가 연간 2건 이상 발생한 경우
3. 관리자가 질병이나 그 밖의 사유로 3개월 이상 직무를 수행할 수 없게 된 경우

06 법상 안전 검사에 관한 사항이다. 다음 물음에 답하시오.

1) 며칠 전에 신청하여야 하는가?

2) 건설용 리프트의 검사 주기는? (단, 설치 후 최초 안전 검사)

3) 곤돌라의 검사 주기는? (단, 건설 현장 설치 시)

해답 1) 검사 만료일 30일 전
2) 사업장에 설치가 끝난 날부터 3년 이내
3) 최초 설치한 날부터 6개월마다

참고 안전 검사 주기

① 크레인, 리프트 및 곤돌라 : 사업장에 설치가 끝난 날부터 3년 이내에 최초 안전 검사를 실시하되, 그 이후부터 매 2년(건설 현장에서 사용하는 것은 최초로 설치한 날부터 매 6개월)

② 그 밖의 유해·위험 기계 등 : 사업장에 설치가 끝난 날부터 3년 이내에 최초 안전 검사를 실시하되, 그 이후부터 매 2년(공정 안전 보고서를 제출하여 확인을 받은 압력 용기는 4년)

07 산업안전보건법상 흙막이 지보공을 조립하는 경우 흙막이판, 말뚝, 버팀대 및 띠장 등의 조립도에 명시하여야 할 사항을 쓰시오.

해답 1. 부재의 배치　　2. 부재의 치수　　3. 부재의 재질
4. 설치 방법　　5. 설치 순서

08 **표시 장치에서 시각적 장치와 청각적 장치 중 시각적 표시 장치를 사용하는 것이 더 나은 경우를 쓰시오.**

해답 1. 전언이 복잡할 경우
2. 전언이 길 경우
3. 전언이 후에 재참조될 경우
4. 전언이 공간적 위치를 다룰 경우

참고 청각 장치와 시각 장치를 사용하는 경우(Deatherage)

청각 장치를 사용하는 경우	시각 장치를 사용하는 경우
1. 전언이 간단하다. 2. 전언이 짧다. 3. 전언이 후에 재참조되지 않는다. 4. 전언이 시간적인 사상(event)을 다룬다. 5. 전언이 즉각적인 행동을 요구한다. 6. 수신자의 시각 계통이 과부하 상태이다. 7. 수신 장소가 너무 밝거나 암조응(暗調應) 유지가 필요하다. 8. 직무상 수신자가 자주 움직인다.	1. 전언이 복잡하다. 2. 전언이 길다. 3. 전언이 후에 재참조된다. 4. 전언이 공간적인 위치를 다룬다. 5. 전언이 즉각적인 행동을 요구하지 않는다. 6. 수신자의 청각 계통이 과부하 상태이다. 7. 수신 장소가 너무 시끄럽다. 8. 직무상 수신자가 한곳에 머무르는 경우이다.

09 **산업안전보건법상 노사협의체의 정기 회의 개최 주기 및 회의록의 기록 사항을 쓰시오.**

해답 1. 개최 주기 : 2개월마다
2. 회의록의 기록 내용
① 출석 위원
② 심의 내용 및 의결 · 결정 사항
③ 그 밖의 토의 사항

10 **다음 사항은 터널 내 환기에 관한 내용이다. (　　) 안에 알맞게 쓰시오.**

1) 발파 후 유해 가스, 분진 및 내연 기관의 배기 가스 등을 신속히 환기시켜야 하며 발파 후 (　　) 이내에 배기, 송기가 완료되도록 하여야 한다.
2) 환기 가스 처리 장치가 없는 (　　)은 터널 내의 투입을 금하여야 한다.
3) 터널 내의 기온은 (　　) 이하가 되도록 신선한 공기로 환기시켜야 하며 근로자의 작업 조건에 유해하지 아니한 상태를 유지하여야 한다.

해답 1) 30분
2) 디젤 기관
3) 37℃

11 다음은 안전 난간에 관한 사항이다. ( ) 안에 알맞게 쓰시오.

1) 상부 난간대는 바닥면, 발판 또는 경사로의 표면으로부터 90센티미터 이상 지점에 설치하고, 상부 난간대를 120센티미터 이하에 설치하는 경우에는 중간 난간대는 상부 난간대와 바닥면 등의 중간에 설치하여야 하며, 120센티미터 이상 지점에 설치하는 경우에는 중간 난간대를 2단 이상으로 균등하게 설치하고 난간의 상하 간격은 ( ) 이하가 되도록 할 것
2) 발끝막이판은 바닥면 등으로부터 ( ) 이상의 높이를 유지할 것. 다만, 물체가 떨어지거나 날아올 위험이 없거나 그 위험을 방지할 수 있는 망을 설치하는 등 필요한 예방 조치를 한 장소는 제외할 것
3) 난간대는 지름 ( ) 이상의 금속제 파이프나 그 이상의 강도를 가진 재료일 것
4) 안전 난간은 구조적으로 가장 취약한 지점에서 가장 취약한 방향으로 작용하는 ( ) 이상의 하중에 견딜 수 있는 튼튼한 구조일 것

해답 1) 60cm
2) 10cm
3) 2.7cm
4) 100kg

12 다음은 법상 안전 검사에 관한 사항이다. 물음에 답하시오.

1) 며칠 전에 신청하여야 하는가?
2) 건설용 리프트의 검사 주기는? (단, 설치 후 최초 안전 검사)
3) 곤돌라의 검사 주기는? (단, 건설 현장 설치 시)

해답 1) 검사 만료일 30일 전
2) 사업장에 설치가 끝난 날부터 3년 이내
3) 최초 설치한 날부터 6개월마다

참고 안전 검사 주기

① 크레인, 리프트 및 곤돌라 : 사업장에 설치가 끝난 날부터 3년 이내에 최초 안전 검사를 실시하되, 그 이후부터 매 2년(건설 현장에서 사용하는 것은 최초로 설치한 날부터 매 6개월)

② 그 밖의 유해·위험 기계 등 : 사업장에 설치가 끝난 날부터 3년 이내에 최초 안전 검사를 실시하되, 그 이후부터 매 2년(공정 인진 보고서를 제출하여 확인을 받은 압력 용기는 4년)

13 다음이 설명하는 것을 쓰시오.

보기

흙막이 벽에 작용하는 토압에 의한 휨모멘트와 전단력에 저항하도록 설치하는 부재로서 흙막이 벽에 가해지는 토압을 버팀대 등에 전달하기 위해 흙막이 벽에 수평으로 설치하는 부재

해답 띠장

14 빗버팀대식 흙막이 공법의 순서를 쓰시오.

해답 1. 줄파기 2. 규준띠 대기 3. 널말뚝 박기
4. 중앙부 파기 5. 띠장 대기 6. 버팀대 대기
7. 주변부 흙파기

건설안전기사 2015.5.31 시행

01 터널 굴착 공사에서 터널 내 공기가 오염되는 주요 요인 5가지를 쓰시오.

(해답) 1. 작업원 자신의 호흡에 의한 탄산 가스
2. 화약 발파에 의해 발생되는 연기와 가스
3. 공사용 기계들의 배기 가스
4. 지반으로부터 용출되는 유해 가스
5. 산소 결핍 공기
6. 유기물의 부패, 발효에 의해 발생되는 가스
7. 착암기, 굴착 기계, 적재 기계들의 사용과 발파에 의하여 비산되는 분진

02 가설 통로 설치 시 준수하여야 할 사항 4가지를 쓰시오.

(해답) 1. 견고한 구조로 할 것
2. 경사는 30° 이하로 할 것
3. 경사가 15°를 초과하는 때에는 미끄러지지 아니하는 구조로 할 것
4. 추락의 위험이 있는 장소에는 안전 난간을 설치할 것
5. 수직갱에 가설된 통로의 길이가 15m 이상인 때에는 10m 이내마다 계단참을 설치할 것
6. 건설 공사에 사용하는 높이 8m 이상인 비계다리에는 7m 이내마다 계단참을 설치할 것

03 양중기에 사용하는 와이어 로프의 사용 제한 조건 4가지를 쓰시오.

(해답) 1. 이음매가 있는 것
2. 와이어 로프의 한 꼬임(스트랜드(strand)를 말한다. 이하 같다.)에서 끊어진 소선(素線)(필러(pillar)선은 제외한다.)의 수가 10퍼센트 이상(비자전 로프의 경우에는 끊어진 소선의 수가 와이어 로프 호칭 지름의 6배 길이 이내에서 4개 이상이거나 호칭 지름 30배 길이 이내에서 8개 이상)인 것
3. 지름의 감소가 공칭 지름의 7퍼센트를 초과하는 것
4. 꼬인 것
5. 심하게 변형되거나 부식된 것
6. 열과 전기 충격에 의해 손상된 것

04 **철골 작업 시 철골 작업을 중지해야 하는 조건을 쓰시오.**

해답 1. 풍속이 초당 10m 이상인 경우
2. 강우량이 시간당 1mm 이상인 경우
3. 강설량이 시간당 1cm 이상인 경우

05 **다음 물음에 알맞은 답을 쓰시오.**

1) 지중에 삭공을 사용하여 인장재를 삽입하고 그라우팅 등에 대한 저항부를 조성한 후 긴장 정착하여 구조물에 발생하는 토압, 수압 등의 외력에 저항하도록 하는 앵커 공법
2) 지하 구조물의 시공 순서를 지상에서부터 시작하여 깊은 지하로 진행하여 완성하는 구체 흙막이 공법으로 도심지나 공사 여건이 열악한 지역에서 실시하는 공법으로 고가이나 공기가 단축되는 공법

해답 1) 어스 앵커 공법
2) 역타 공법(Top－Down 공법)

06 **채석 작업 시 작업 계획을 작성하여야 한다. 작업 계획에 포함되어야 할 사항을 쓰시오.**

해답 1. 노천 굴착과 갱 내 굴착의 구별 및 채석 방법
2. 굴착면의 높이와 기울기
3. 굴착면의 소단 위치와 높이
4. 갱 내에서의 낙반 및 붕괴 방지의 방법
5. 발파 방법
6. 암석의 분할 방법
7. 암석의 가공 장소
8. 사용하는 굴착 기계, 분할 기계, 적재 기계 또는 운반 기계의 종류 및 능력
9. 토석 또는 암석의 적재 및 운반 방법과 운반 경로
10. 표토 또는 용수의 처리 방법

07 **산업안전보건법상 굴착면의 높이가 2m 이상이 되는 암석의 굴착 작업 시 특별 안전 보건 교육의 내용을 쓰시오. (단, 그 밖에 안전 · 보건 관리에 필요한 사항은 제외)**

해답 1. 폭발물 취급 요령과 대피 요령에 관한 사항
2. 안전 거리 및 안전 기준에 관한 사항
3. 방호물의 설치 및 기준에 관한 사항
4. 보호구 및 작업 신호 등에 관한 사항

08 연약 지반의 개량 공법을 점성토 지반과 사질토 지반으로 구분하여 분류하시오.

해답 1. 점성토 지반의 개량 공법

① 치환 공법
② 샌드 드레인 공법
③ 페이퍼 드레인 공법
④ 생석회 기둥 공법
⑤ 고결 공법
⑥ 전기 침투 공법

2. 사질토 지반의 개량 공법

① 다짐 말뚝 공법
② 진동 물다짐 공법
③ 전기 충격 공법
④ 폭파 다짐 공법
⑤ 약액 주입 공법
⑥ 다짐 모래 말뚝 공법

참고 일시적 지반 개량 공법

① 웰 포인트 공법
② 진동 공법
③ 전기 침투 공법
④ 동결 공법

09 산업안전보건법상 사업주가 사용하는 근로자와 그의 수급인이 사용하는 근로자가 동일한 장소에서 작업 시 발생하는 산업 재해 예방을 위해 사업주가 해야 할 조치 사항을 쓰시오.

해답 1. 안전 보건에 관한 협의체 구성 및 운영

① 작업의 시작 시간
② 작업 또는 작업장 간의 연락 방법
③ 재해 발생 위험 시의 대피 방법
④ 작업장에서의 위험성 평가의 실시에 관한 사항
⑤ 사업주와 수급인 또는 수급인 상호간의 연락 방법

협의체는 매월 1회 이상 정기적으로 회의를 개최하고 그 결과를 기록·보존해야 한다.

2. 작업장 순회 점검 등 안전 보건 관리

다음의 경우 2일에 1회 이상 순회 점검

① 건설업
② 제조업
③ 토사석 광업
④ 서적, 잡지 및 기타 인쇄물 출판업
⑤ 음악 및 기타 오디오물 출판업
⑥ 금속 및 비금속 원료 재생업

위 사업을 제외한 사업의 경우 1주일에 1회 이상 순회 점검

3. 관계 수급인이 근로자에게 하는 안전 보건 교육을 위한 장소 및 자료 제공 등의 지원
4. 관계 수급인이 근로자에게 하는 안전 보건 교육의 실시 확인
5. 경보 체계 운영과 대피 방법 훈련

10 **산업안전보건법상 안전 관리자를 두어야 할 수급인인 사업주는 도급인인 사업주가 안전 관리자를 선임하지 아니할 수 있는 조건을 쓰시오.**

해답
1. 도급인인 사업주 자신이 선임하여야 할 안전 관리자를 둔 경우
2. 안전 관리자를 두어야 할 수급인인 사업주의 업종별로 상시 근로자 수를 합계하여 그 근로자 수 또는 공사 금액에 해당하는 안전 관리자를 추가로 선임한 경우

11 **건설 공사 중 발생하는 보일링 현상과 파이핑 현상을 간략히 설명하시오.**

해답
1. 보일링(boiling) 현상
   모래질 지반에서 배수와 함께 터파기를 할 때, 흙막이 널 밖과 안의 수압차에 의해 상승하는 유수로 말미암아 모래 입자가 떠올라 지반이 부풀어 지반의 지지력이 없어지는 현상으로 흙막이를 하였을 때 흙파기 저면이 불룩하게 솟아오르는 현상
2. 파이핑(piping) 현상
   흙막이 벽 부실 공사로 흙막이 벽의 뚫린 구멍 또는 이음새를 통하여 물이 공사장 내부 바닥으로 파이프 작용을 하여 보일링 현상이 생기는 것

12 **A사의 근로자는 1,000명인데 연간 재해 건수는 53건이며, 작년에 납부된 산재 보험료는 18,000,000원이고 산재 보험금은 1,265,000원을 받았다. A사의 재해 건수 중 휴업 재해는 10건, 통원 상해 건수는 15건, 구급 조치 상해 건수는 8건, 무상해 사고 건수는 20건일 때 A사의 재해 손실 비용을 Heinrich 법칙과 Simonds 법칙에 따라 구하시오. (단, 상해 정도별 평균 손실액은 A : 90,000원, B : 290,000원, C : 150,000원, D : 200,000원이다.)**

해답
1. Heinrich 방식 : 직접비+간접비(직접비 : 간접비=1 : 4)
   총 cost=1,265,000+5,060,000=6,325,000원
2. Simonds 방식 : 보험 cost+비보험 cost
   총 cost=18,000,000+(90,000×10)+(290,000×15)+(150,000×8)+(200,000×20)
   =28,450,000원

13 **PS 콘크리트(Pre-Stressd concrete)에서 프리스트레스를 도입한 후 일어나는 시간적 손실의 원인을 쓰시오.**

해답
1. 콘크리트 건조 수축
2. 콘크리트 크리프
3. 강재의 릴랙세이션

14 욕구 저지(욕구 불만) 반응 중 적응 기제에서 도피 기제를 쓰시오.

해답 1. 퇴행 2. 억압 3. 고립 4. 환상

참고 자아 방위적 기제
① 합리화
② 승화
③ 투사
④ 보상

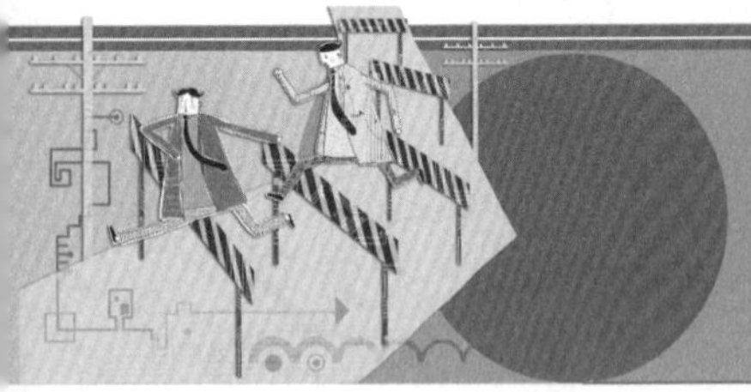

건설안전산업기사 2015.5.31 시행

01 **인체의 1L의 산소를 소모하는 데에는 5kcal의 에너지가 소모된다. 작업 시 산소 소모량의 측정 결과 분당 1.5L의 산소를 소비하였다면 60분 동안 작업 시 휴식 시간을 쓰시오. (단, 평균 에너지 소비량의 상한은 5kcal이다.)**

(해답) 휴식 시간 $= \dfrac{60(E-5)}{E-1.5} = \dfrac{60(7.5-5)}{7.5-1.5} = 25$분

참고 작업 시 평균 에너지 소비량=5kcal/L×1.5L/min=7.5kcal/min

02 **다음은 관리 책임자 등이 고용노동부 장관이 실시하는 선임 전후 3월 이내, 2년마다 보수 교육을 받아야 하는 교육 대상과 그에 따른 교육 시간이다. (　　) 안에 알맞게 쓰시오.**

교육 대상	교육 시간	
	신 규	보 수
관리 책임자	(①) 이상	(②) 이상
안전 관리자	(③) 이상	(④) 이상
보건 관리자	(⑤) 이상	(⑥) 이상
재해 예방 전문 지도 기관 종사자	–	24시간 이상

(해답) ① 6시간, ② 6시간, ③ 34시간, ④ 24시간, ⑤ 34시간, ⑥ 24시간

참고 1. 안전 보건 관리 책임자 등에 대한 교육

교육 대상	교육 시간	
	신규 교육	보수 교육
안전 보건 관리 책임자	6시간 이상	6시간 이상
안전 관리자	34시간 이상	24시간 이상
보건 관리자	34시간 이상	24시간 이상
재해 예방 전문 지도 기관 종사자	–	24시간 이상

2. 검사원 양성 교육(안전 검사 검사원)

교육 과정	교육 대상	교육 시간
양성 교육	–	28시간 이상

03 잠함 또는 우물통 등의 내부에서 굴착 작업을 하는 때 잠함 또는 우물통 등의 급격한 침하에 의한 위험 방지를 위한 조치 사항을 쓰시오.

해답 1. 침하 관계도에 따라 굴착 방법 및 재하량 등을 정할 것
2. 바닥으로부터 천장 또는 보까지의 높이는 1.8m 이상으로 할 것

04 양중기의 종류를 5가지만 쓰시오.

해답 1. 크레인
2. 곤돌라
3. 리프트(이삿짐 운반용 리프트의 경우 적재 하중이 0.1ton 이상)
4. 승강기
5. 이동식 크레인

05 작업 현장에서 작업자를 보호할 수 있는 안전대의 종류를 쓰시오.

해답 1. U자걸이 전용
2. 1개걸이 전용
3. 안전 블록
4. 추락 방지대

06 굴착 작업에 있어서 지반의 붕괴 또는 토석의 낙하에 의하여 근로자에게 위험을 미칠 우려가 있을 때에 해당 위험을 방지하기 위하여 사업주가 해야 할 필요한 조치에 대하여 3가지만 쓰시오.

해답 1. 흙막이 지보공 설치
2. 출입 금지 구역 설정
3. 방호망 설치

07 차량계 건설 기계를 사용하여 작업을 할 때 작업 계획서에 포함해야 할 사항 3가지를 쓰시오.

해답 1. 사용하는 차량계 건설 기계의 종류 및 능력
2. 차량계 건설 기계의 운행 경로
3. 차량계 건설 기계에 의한 작업 방법

08 건설 현장 안전 미팅 훈련으로 작업장 내 적당한 장소를 선정하여 작업 전 5~15분, 중식 후 5~15분, 작업 종료 후 3~5분 정도 실시하는 것을 무엇이라 하는지 쓰시오.

해답 TBM(Tool Box Meeting) 훈련

09 다음은 굴착 공사의 굴착면 기울기 기준표이다. 해당란에 적절한 기울기를 쓰시오.

구 분	지반의 종류	기울기 기준
보통 흙	습지	①
	건지	②
암반	풍화암	③
	연암	④
	경암	⑤

해답 ① 1 : 1~1 : 5, ② 1 : 0.5~1 : 1
③ 1 : 0.8, ④ 1 : 0.5, ⑤ 1 : 0.3

10 로프에 연결된 버킷을 낙하하여 굴착하며, 주로 수중의 모래 굴착이나 깊은 곳의 굴착을 하고 하천 부지의 자갈 채취에 적합한 셔블계 굴착기를 쓰시오.

해답 클램셸

11 다음 빈칸을 채우시오.

종 류	수 직(m)	수 평(m)
통나무 비계	①	②
단관 비계	③	④
틀 비계	⑤	⑥

해답 ① 5.5, ② 7.5, ③ 5, ④ 5, ⑤ 6, ⑥ 8

12 산업안전보건법상 터널 굴착 작업 시 낙반, 출수 및 가스 폭발 등에 의한 위험 방지를 위하여 사전 조사해야 할 사항을 쓰시오.

해답 1. 지형 조사
2. 지질 조사
3. 지층 상태

13 항타기, 항발기에 사용하는 권상용 와이어 로프의 사용 제한 조건 3가지를 쓰시오.

해답
1. 이음매가 있는 것
2. 와이어 로프의 한 꼬임(스트랜드(strand)를 말한다. 이하 같다.)에서 끊어진 소선(素線)(필러(pillar)선은 제외한다.)의 수가 10퍼센트 이상(비자전 로프의 경우에는 끊어진 소선의 수가 와이어 로프 호칭 지름의 6배 길이 이내에서 4개 이상이거나 호칭 지름 30배 길이 이내에서 8개 이상)인 것
3. 지름의 감소가 공칭 지름의 7퍼센트를 초과하는 것
4. 꼬인 것
5. 심하게 변형되거나 부식된 것
6. 열과 전기 충격에 의해 손상된 것

건설안전기사 2015.9.19 시행

01 다음은 산업안전보건법상 계단에 관한 사항이다. (　) 안에 알맞게 쓰시오.

계단 및 계단참을 설치하는 때에는 매m^2당 (①) 이상의 하중에 견딜 수 있는 강도를 가진 구조로 설치하여야 하며, 안전율은 (②) 이상이어야 하고, 계단의 폭은 (③) 이상으로 하여야 한다. 계단의 높이가 3m를 초과하는 계단에는 높이 (④) 이내마다 너비 (⑤) 이상의 계단참을 설치하여야 한다.

해답 ① 500kg, ② 4, ③ 1m, ④ 3m, ⑤ 1.2m

02 법상 전기 기계 · 기구 중 대지 전압이 150V를 초과하는 이동식, 휴대형 전기 기계 · 기구의 감전 방지를 위하여 누전 차단기를 설치하여야 하는 장소를 쓰시오.

해답 1. 물 등 도전성이 높은 액체에 의한 습윤한 장소
2. 철판, 철골 위 등 도전성이 높은 장소
3. 임시 배선의 전로가 설치되는 장소

03 법상 철골 작업 시 철골 작업을 중지하여야 하는 경우를 쓰시오.

해답 1. 풍속이 매초당 10m 이상인 경우
2. 강우량이 시간당 1mm 이상인 경우
3. 강설량이 시간당 1cm 이상인 경우

04 안전모의 종류에 따른 사용 용도를 간략히 설명하시오.

해답 1. AB : 물체의 낙하 또는 비래 및 추락에 의한 위험을 방지 또는 경감시키기 위한 것
2. AE : 물체의 낙하 및 비래에 의한 위험을 방지 또는 경감하고, 머리 부위 감전에 의한 위험을 방지하기 위한 것
3. ABE : 물체의 낙하 또는 비래 및 추락에 의한 위험을 방지 또는 경감하고 머리 부위 감전에 의한 위험을 방지하기 위한 것

05 산업안전보건법상 고용노동부 장관이 명예 산업 안전 감독관을 해촉할 수 있는 경우를 쓰시오.

해답 1. 근로자 대표가 사업주의 의견을 들어 위촉된 명예 산업 안전 감독관의 해촉을 요청한 경우
2. 명예 산업 안전 감독관이 해당 단체 또는 그 산하조직으로부터 퇴직하거나 해임된 경우
3. 명예 산업 안전 감독관의 업무와 관련하여 부정한 행위를 한 경우
4. 질병이나 부상 등의 사유로 명예 산업 안전 감독관의 업무 수행이 곤란하게 된 경우

참고 명예 산업 안전 감독관

1. 명예 감독관 위촉 대상 등 : 고용노동부 장관은 다음 각 호의 어느 하나에 해당하는 사람 중에서 명예 감독관을 위촉할 수 있다.
   ① 산업안전보건위원회 또는 노사협의체 설치 대상 사업의 근로자 중에서 근로자 대표가 사업주의 의견을 들어 추천하는 사람
   ② 「노동조합 및 노동관계조정법」 제10조에 따른 연합단체인 노동조합 또는 그 지역 대표 기구에 소속된 임직원 중에서 해당 연합단체인 노동조합 또는 그 지역 대표 기구가 추천하는 사람
   ③ 전국 규모의 사업주 단체 또는 그 산하조직에 소속된 임직원 중에서 해당 단체 또는 그 산하조직이 추천하는 사람
   ④ 산업 재해 예방 관련 업무를 하는 단체 또는 그 산하조직에 소속된 임직원 중에서 해당 단체 또는 그 산하조직이 추천하는 사람
2. 명예 감독관의 업무는 다음 각 호와 같다. 이 경우 제1항 제1호에 따라 위촉된 명예 감독관의 업무 범위는 해당 사업장에서의 업무(제8호의 경우는 제외한다.)로 한정하며, 제1항 제2호부터 제4호까지의 규정에 따라 위촉된 명예 감독관의 업무 범위는 제8호부터 제10호까지의 업무로 한정한다.
   ① 사업장에서 하는 자체점검 참여 및 근로 감독관이 하는 사업장 감독 참여
   ② 사업장 산업 재해 예방 계획 수립 참여 및 사업장에서 하는 기계·기구 자체 검사 입회
   ③ 법령을 위반한 사실이 있는 경우 사업주에 대한 개선 요청 및 감독 기관에의 신고
   ④ 산업 재해 발생의 급박한 위험이 있는 경우 사업주에 대한 작업 중지 요청
   ⑤ 작업 환경 측정, 근로자 건강진단 시의 입회 및 그 결과에 대한 설명회 참여
   ⑥ 직업성 질환의 증상이 있거나 질병에 걸린 근로자가 여러 명 발생한 경우 사업주에 대한 임시 건강진단 실시 요청
   ⑦ 근로자에 대한 안전 수칙 준수 지도
   ⑧ 법령 및 산업 재해 예방 정책 개선 건의
   ⑨ 안전·보건 의식을 북돋우기 위한 활동과 무재해 운동 등에 대한 참여와 지원
   ⑩ 그 밖에 산업 재해 예방에 대한 홍보·계몽 등 산업 재해 예방 업무와 관련하여 고용노동부 장관이 정하는 업무
3. 명예 감독관의 임기는 2년으로 하되, 연임할 수 있다.

06 **철골 공사 시 구조 안전의 위험이 큰 구조물로서 건립 중 강풍에 의한 풍압 등에 따른 내력이 설계에 고려되었는지를 확인해야 하는 구조물의 종류를 쓰시오.**

(해답) 1. 높이 20m 이상의 구조물
2. 구조물의 폭과 높이의 비가 1:4 이상인 구조물
3. 단면 구조에 현저한 차이가 있는 구조물
4. 연면적당 철골량이 $50kg/m^2$ 이하인 구조물
5. 기둥이 타이 플레이트(tie plate)형인 구조물
6. 이음부가 현장 용접인 구조물

07 **법상 간이 리프트를 사용하여 작업을 하는 때의 그 작업 시작 전 점검 사항을 쓰시오.**

(해답) 1. 방호 장치, 브레이크 및 클러치의 기능
2. 와이어 로프가 통하고 있는 곳의 상태

08 **굴착 공사 시 발생되는 보일링 현상에 대한 방지 대책을 쓰시오.**

(해답) 1. 굴착 저면 아래까지 지하수위를 낮춘다.
2. 흙막이 벽을 깊이 설치하여 지하수의 흐름을 막는다.
3. 코어 설치, 필터 설치, 지수벽 설치 등으로 투수 거리를 길게 한다.

09 **건설업 산업 안전 보건 관리비 계상 기준에 있어서 관리 감독자의 안전 보건 업무 수행 시 안전 관리비에서 업무 수당을 지급할 수 있는 작업의 종류를 쓰시오.**

(해답) 1. 건설용 리프트 · 곤돌라를 이용한 작업
2. 콘크리트 파쇄기를 사용하여 행하는 파쇄 작업(2미터 이상인 구축물 파쇄에 한함.)
3. 굴착 깊이가 2미터 이상인 지반의 굴착 작업
4. 흙막이 지보공의 보강, 동바리 설치 또는 해체 작업
5. 터널 안에서의 굴착 작업, 터널 거푸집의 조립 또는 콘크리트 작업
6. 굴착면의 깊이가 2미터 이상인 암석 굴착 작업
7. 거푸집 지보공의 조립 또는 해체 작업
8. 비계의 조립, 해체 또는 변경 작업
9. 건축물의 골조, 교량의 상부 구조 또는 탑의 금속제의 부재에 의하여 구성되는 것(5미터 이상에 한함.)의 조립, 해체 또는 변경 작업
10. 콘크리트 공작물(높이 2미터 이상에 한함.)의 해체 또는 파괴 작업

10 달비계 또는 높이 5m 이상의 비계를 조립, 해체하거나 변경 작업을 하는 때에 관리감독자의 직무 사항 4가지를 쓰시오.

해답
1. 재료의 결함 유무를 점검하고 불량품을 제거하는 일
2. 기구, 공구, 안전대 및 안전모 등의 기능을 점검하고 불량품을 제거하는 일
3. 작업 방법 및 근로자의 배치를 결정하고 작업 진행 상태를 감시하는 일
4. 안전대 및 안전모 등의 착용 상황을 감시하는 일

11 중건설 공사의 현장에서 공사 금액이 60억원인 경우 산업 안전 보건 관리비를 산정하시오.

해답 6,000,000,000×0.0244=146,400,000원

참고 공사의 종류 및 규모별 안전 관리비 계상 기준표

구분 / 공사의 종류	대상액 5억원 미만	대상액 5억원 이상 50억원 미만		대상액 50억원 이상인 경우 적용비율(%)
		비율(%)	기초액	
일반 건설 공사(갑)	2.93%	1.86%	5,349천원	1.97%
일반 건설 공사(을)	3.09%	1.99%	5,499천원	2.10%
중건설 공사	3.43%	2.35%	5,400천원	2.44%
철도 · 궤도 신설 공사	2.45%	1.57%	4,411천원	1.66%
특수 및 기타 건설 공사	1.85%	1.20%	3,250천원	1.27%

12 산업안전보건법상 안전 검사 대상 유해 위험 기계의 종류를 쓰시오.

해답
1. 프레스
2. 전단기
3. 크레인(이동식 크레인과 정격 하중 2톤 미만인 호이스트는 제외한다.)
4. 리프트
5. 압력 용기
6. 곤돌라
7. 국소 배기 장치(이동식은 제외한다.)
8. 원심기(산업용에 한정한다.)
9. 화학 설비 및 그 부속 설비
10. 건조 설비 및 그 부속 설비
11. 롤러기(밀폐형 구조는 제외한다.)
12. 사출 성형기(형체 결력 294킬로뉴턴(kN) 미만은 제외한다.)

13 **다음은 지반 붕괴, 구축물 붕괴 또는 토석의 낙하 등에 의하여 근로자가 위험할 경우 그 위험을 방지하기 위한 조치 사항이다. ( ) 안을 채우시오.**

지반은 안전한 경사로 하고 낙하의 위험이 있는 토석을 제거하거나 옹벽, (①) 등을 설치하고, 지반의 붕괴 또는 토석의 낙하 원인이 되는 빗물이나 (②) 등을 배제할 것

해답 ① 흙막이 지보공
② 지하수

건설안전산업기사 2015.9.19 시행

01 흙막이 벽 개굴착 공법의 장점 3가지를 쓰시오.

해답 1. 부지를 효율적으로 이용할 수 있다.
2. 굴착 토량을 최소화할 수 있다.
3. 토질 조건에 따른 제약이 비교적 적다.

02 차량계 건설 기계를 사용하는 작업을 함에 있어서 그 기계가 넘어지거나 굴러떨어짐으로써 근로자에게 위험을 미칠 우려가 있는 때에 필요한 조치 사항 3가지를 쓰시오.

해답 1. 유도자 배치
2. 지반의 부동 침하 방지
3. 갓길의 붕괴 방지
4. 도로의 폭 유지

03 산업안전보건법상 건설 공사 현장에서 사다리식 통로를 설치할 때의 안전 준수 사항 4가지를 쓰시오.

해답 1. 견고한 구조로 할 것
2. 발판의 간격은 일정하게 할 것
3. 발판과 벽과의 사이는 15cm 이상의 간격을 유지할 것
4. 사다리가 넘어지거나 미끄러지는 것을 방지하기 위한 조치를 할 것
5. 사다리의 상단은 걸쳐놓은 지점으로부터 60cm 이상 올라가도록 할 것
6. 사다리식 통로의 길이가 10m 이상인 때에는 5m 이내마다 계단참을 설치할 것
7. 사다리식 통로의 기울기는 75° 이하로 할 것. 다만, 고정식 사다리식 통로의 기울기는 90° 이하로 하고, 그 높이가 7m 이상인 경우에는 바닥으로부터 높이가 2.5m 되는 지점부터 등받이울을 설치할 것
8. 접이식 사다리 기둥은 사용 시 접혀지거나 펼쳐지지 않도록 철물 등을 사용하여 견고하게 조치할 것

04 **높이 2m 이상인 작업 발판의 끝이나 개구부로부터 추락에 의한 위험이 있을 때의 조치 사항을 쓰시오.**

해답 1. 안전 난간 설치
2. 울타리 설치
3. 덮개 설치
4. 수직형 추락 방망 설치

05 **주(主)로 연약성 점토 지반을 굴착할 때 발생되는 히빙(Heaving) 현상에 대하여 다음의 물음에 답하시오.**

1) 발생 이유를 공학적으로 간단히 설명하시오.

2) 발생 시 나타나는 현상을 2가지만 쓰시오.

3) 발생 방지 대책을 3가지만 쓰시오.

해답 1) 연약한 점토 지반 굴착 시 흙막이 벽 뒤쪽 흙의 중량이 굴착부 바닥의 지지력 이상이 되면 흙막이 벽 근입 부분의 지반이 부풀어 오르는 현상
2) ① 지보공 파괴
② 배면 토사 붕괴
③ 굴착 저면의 솟아오름
3) ① 흙막이판은 강성이 높은 것을 사용한다.
② 지반 개량을 한다.
③ 흙막이 벽의 근입 깊이를 깊게 한다.
④ 굴착 예정 부분을 부분 굴착하여 기초 콘크리트로 고정시킨다.

06 **지게차를 이용한 작업에 있어서 시작 전 점검 사항 3가지를 쓰시오.**

해답 1. 제동 장치 및 조종 장치 기능의 이상 유무
2. 하역 장치 및 유압 장치 기능의 이상 유무
3. 바퀴의 이상 유무
4. 전조등, 후미등, 방향 지시기 및 경보 장치 기능의 이상 유무

07 **다음은 양중기의 와이어 로프 또는 달기 체인의 안전 계수에 관한 사항이다. 다음 물음에 답하시오.**

1) 근로자가 탑승하는 운반구를 지지하는 경우

2) 화물의 하중을 직접 지지하는 경우

3) 1) 및 2) 외의 경우

해답 1) 10 이상 2) 5 이상 3) 4 이상

08 근로자 수가 500명인 어느 사업장에서 1일 9시간 작업, 연간 300일 근무 시 연간 8건의 재해가 발생하며 휴업 일수가 300일인 경우의 종합 재해 지수를 구하시오. (단, 종합 재해 지수= $\sqrt{도수율 \times 강도율}$)

해답 $도수율=\frac{재해\ 건수}{근로\ 총\ 시간수}\times 1{,}000{,}000=\frac{8}{500\times 9\times 300}\times 1{,}000{,}000=5.93$

$강도율=\frac{근로\ 손실\ 일수}{근로\ 총\ 시간수}\times 1{,}000=\frac{300\times\left(\frac{300}{365}\right)}{500\times 9\times 300}\times 1{,}000=0.18$

$\therefore$ 종합 재해 지수= $\sqrt{5.93\times 0.18}=1.03$

09 산업안전보건법상 다음 안전 보건 표지의 종류를 각각 3가지씩 쓰시오.

1) 금지 표지
2) 경고 표지
3) 지시 표지
4) 안내 표지

해답 1) 출입 금지, 보행 금지, 차량 통행 금지, 사용 금지, 탑승 금지
2) 인화성 물질 경고, 산화성 물질 경고, 고압 전기 경고, 낙하물 경고
3) 보안경 착용, 방독 마스크 착용, 방진 마스크 착용, 안전모 착용
4) 녹십자 표지, 응급 구호 표지, 들것, 세안 장치

10 산업안전보건법상 크레인의 조립 · 해체 작업 시 준수 사항을 쓰시오.

해답 1. 작업을 할 구역에 관계 근로자 외의 자의 출입을 금지시키고 그 취지를 보기 쉬운 곳에 표시할 것
2. 비, 눈, 그 밖의 기상 상태의 불안정으로 인하여 날씨가 몹시 나쁠 때에는 그 작업을 중지시킬 것
3. 작업 순서를 정하고 그 순서에 의하여 작업을 실시할 것
4. 작업 장소는 안전한 작업이 이루어질 수 있도록 충분한 공간을 확보하고 장애물이 없도록 할 것
5. 들어 올리거나 내리는 기자재는 균형을 유지하면서 작업을 실시하도록 할 것
6. 크레인의 능력, 사용 조건 등에 따라 충분한 응력을 갖는 구조로 기초를 설치하고 침하 등이 일어나지 않도록 할 것
7. 규격품인 조립용 볼트를 사용하며 대칭되는 곳을 순차적으로 결합하고 분해할 것

11 **산업안전보건법상 안전 보건 총괄 책임자를 선임하여 도급 작업 시의 안전 · 보건 조치 사항을 쓰시오.**

해답
1. 안전 보건에 관한 협의체 구성 및 운영
2. 작업장 순회 점검 등 안전 보건 관리
3. 수급인이 근로자에게 하는 안전 보건 교육을 위한 장소 및 자료 제공 등의 지원
4. 경보 체계 운영과 대피 방법 훈련

12 **산업안전보건법상 차량계 건설 기계 이송 시 전도 또는 전락에 의한 위험 방지를 위한 준수 사항을 쓰시오.**

해답
1. 싣거나 내리는 작업을 평탄하고 견고한 장소에서 할 것
2. 발판을 사용하는 때에는 충분한 길이 · 폭 및 강도를 가진 것을 사용하고 적당한 경사를 유지하기 위하여 견고하게 설치할 것
3. 가설대 등을 사용하는 때에는 충분한 폭 및 강도와 적당한 경사를 확보할 것
4. 지정 운전자의 성명, 연락처 등을 보기 쉬운 곳에 표시하고 지정 운전자 외에는 운전하지 않도록 할 것

13 **산업안전보건법상 산업 재해가 발생할 급박한 위험이 있을 때 또는 중대 재해가 발생하였을 때 사업주의 조치 사항을 쓰시오.**

해답
1. 즉시 작업을 중지시킨다.
2. 근로자를 작업 장소로부터 대피시키는 등 안전 · 보건 상의 조치를 한다.

건설안전기사

2016.4.16 시행

01 산업안전보건법상 특별 안전 보건 교육 중 거푸집 동바리의 조립 또는 해체 작업 시 실시해야 할 교육의 내용을 쓰시오.

해답
1. 동바리의 조립 방법 및 작업 절차에 관한 사항
2. 조립 재료의 취급 방법 및 설치 기준에 관한 사항
3. 조립 해체 시의 사고 예방에 관한 사항
4. 보호구 착용 및 점검에 관한 사항
5. 그 밖에 안전·보건 관리에 필요한 사항

02 굴착 공사 시 발생되는 보일링 현상에 대한 방지 대책을 쓰시오.

해답
1. 굴착 저면 아래까지 지하수위를 낮춘다.
2. 흙막이 벽을 깊이 설치하여 지하수의 흐름을 막는다.
3. 코어 설치, 필터 설치, 지수벽 설치 등으로 투수 거리를 길게 한다.

03 양중기의 종류를 5가지만 쓰시오.

해답
1. 크레인
2. 곤돌라
3. 리프트(이삿짐 운반용 리프트의 경우 적재 하중 0.1톤 이상)
4. 승강기
5. 이동식 크레인

04 건설업 환산 재해율 산정 시 상시 근로자 수의 산출 방법을 쓰시오.

해답

$$\text{상시 근로자 수} = \frac{\text{연간 국내 공사 실적액} \times \text{노무 비율}}{\text{건설업 월 평균 임금} \times 12}$$

05 작업으로 인하여 물체가 떨어지거나 날아올 위험이 있을 때의 안전 대책을 쓰시오.

해답
1. 낙하물 방지망 설치
2. 수직 보호망 또는 방호 선반 설치
3. 출입 금지 구역 설정
4. 보호구 착용

06 **산업안전보건법상 고용노동부 장관이 명예 산업 안전 감독관을 해촉할 수 있는 경우를 쓰시오.**

(해답) 1. 근로자 대표가 사업주의 의견을 들어 위촉된 명예 산업 안전 감독관의 해촉을 요청한 경우
2. 명예 산업 안전 감독관이 해당 단체 또는 그 산하조직으로부터 퇴직하거나 해임된 경우
3. 명예 산업 안전 감독관의 업무와 관련하여 부정한 행위를 한 경우
4. 질병이나 부상 등의 사유로 명예 산업 안전 감독관의 업무 수행이 곤란하게 된 경우

참고 명예 산업 안전 감독관

1. 명예 감독관 위촉 대상 등 : 고용노동부 장관은 다음 각 호의 어느 하나에 해당하는 사람 중에서 명예 감독관을 위촉할 수 있다.
   ① 산업안전보건위원회 또는 노사협의체 설치 대상 사업의 근로자 중에서 근로자 대표가 사업주의 의견을 들어 추천하는 사람
   ② 「노동조합 및 노동관계조정법」 제10조에 따른 연합단체인 노동조합 또는 그 지역 대표 기구에 소속된 임직원 중에서 해당 연합단체인 노동조합 또는 그 지역 대표 기구가 추천하는 사람
   ③ 전국 규모의 사업주 단체 또는 그 산하조직에 소속된 임직원 중에서 해당 단체 또는 그 산하조직이 추천하는 사람
   ④ 산업 재해 예방 관련 업무를 하는 단체 또는 그 산하조직에 소속된 임직원 중에서 해당 단체 또는 그 산하조직이 추천하는 사람
2. 명예 감독관의 업무는 다음 각 호와 같다. 이 경우 제1항 제1호에 따라 위촉된 명예 감독관의 업무 범위는 해당 사업장에서의 업무(제8호의 경우는 제외한다)로 한정하며, 제1항 제2호부터 제4호까지의 규정에 따라 위촉된 명예 감독관의 업무 범위는 제8호부터 제10호까지의 업무로 한정한다.
   ① 사업장에서 하는 자체점검 참여 및 근로 감독관이 하는 사업장 감독 참여
   ② 사업장 산업 재해 예방 계획 수립 참여 및 사업장에서 하는 기계·기구 자체검사 입회
   ③ 법령을 위반한 사실이 있는 경우 사업주에 대한 개선 요청 및 감독 기관에의 신고
   ④ 산업 재해 발생의 급박한 위험이 있는 경우 사업주에 대한 작업 중지 요청
   ⑤ 작업 환경 측정, 근로자 건강진단 시의 입회 및 그 결과에 대한 설명회 참여
   ⑥ 직업성 질환의 증상이 있거나 질병에 걸린 근로자가 여러 명 발생한 경우 사업주에 대한 임시 건강진단 실시 요청
   ⑦ 근로자에 대한 안전 수칙 준수 지도
   ⑧ 법령 및 산업 재해 예방 정책 개선 건의
   ⑨ 안전·보건 의식을 북돋우기 위한 활동과 무재해 운동 등에 대한 참여와 지원
   ⑩ 그 밖에 산업 재해 예방에 대한 홍보·계몽 등 산업 재해 예방 업무와 관련하여 고용노동부 장관이 정하는 업무
3. 명예 감독관의 임기는 2년으로 하되, 연임할 수 있다.

07 안전 보건 표지의 색채 기준에 관한 사항이다. 빈칸에 알맞게 쓰시오.

내 용	바탕색	기본 모형
금연	흰색	①
폭발성 물질 경고	무색	②
안전복 착용	③	–
비상용 기구	④	녹색

해답 ① 빨간색 ② 빨간색 ③ 파란색 ④ 흰색

08 토공사에서 비탈면 보호 방법(공법)의 종류를 3가지 쓰시오.

해답 1. 배토공 2. 압성토공 3. 배수공 4. 공작물의 설치

참 고 비탈면 보호 방법
① 콘크리트 타설
② 시멘트 모르타르 코팅
③ 아스팔트 코팅
④ 방수포 포설
⑤ 흙가마니 쌓기

09 다음은 법상 안전 관리자를 두어야 하는 사업이다. 다음 물음에 맞게 안전 관리자의 수를 쓰시오.

1) 상시 근로자 수 1,000인 미만인 운수업
2) 공사 금액 1,500억원 미만인 건설업

해답 1) 1명 2) 2명

10 200명이 근무하는 사업장에서 6개월간 안전 부서에서 불안전 행동 조치 건수 35건, 안전 PR 15건, 불안전 상태 지적 50건, 안전 회의를 6회 실시하였을 경우의 안전 활동률을 구하시오. (단, 1일 8시간 작업, 월 25일 작업)

해답

$$\text{안전 활동률} = \frac{\text{안전 활동 건수}}{\text{근로 총 시간수}} \times 1{,}000{,}000$$

$$= \frac{106}{200 \times 8 \times 25 \times 6} \times 1{,}000{,}000$$

$$= 441.67$$

11 **사업장 안전 보건 관리 규정의 작성 및 변경 절차에 관한 사항이다. ( ) 안에 알맞게 쓰시오.**

1) 안전 보건 관리 규정을 작성하여야 할 사업은 상시 근로자 ( ) 이상인 사업이다.
2) 안전 보건 관리 규정을 작성하여야 할 사유가 발생한 날부터 ( ) 이내에 작성하여야 한다.
3) 안전 보건 관리 규정을 작성하거나 변경할 때에는 ( )의 심의, 의결을 거쳐야 한다.
4) (①)가 설치되어 있지 아니한 사업장의 경우에는 (②)의 동의를 받아야 한다.

해답 1) 100명
2) 30일
3) 산업안전보건위원회
4) ① 산업안전보건위원회, ② 근로자 대표

12 **절연 손상 등에 의하여 위험 전압의 발생으로 인한 간접 접촉에 대한 방지 대책을 쓰시오.**

해답 1. 동시에 접촉 가능한 2개의 도전성 부분을 2m 이상 격리
2. 동시에 접촉 가능한 2개의 도전성 부분을 절연제로 된 방호울로 격리
3. 2,000V의 시험 전압에 견디고 누설 전류가 1mA 이하가 되도록 어느 한 부분을 절연시킬 것

13 **다음은 산업안전보건법상 산업 안전 보건 관리비에 관한 사항이다. 빈칸에 알맞게 쓰시오.**

1) 안전만을 전담하는 별도의 조직을 갖춘 건설업체의 본사에서 사용하는 사용 항목과 본사 안전 전담 부서의 안전 담당 직원의 인건비, 업무 수행 출장비로 계상된 안전 관리비의 ( )를 초과할 수 없다.
2) 본사에서 안전 관리비를 사용하는 경우 1년간 본사 안전 관리비 실행 예산과 사용 금액은 전년도 미사용 금액을 합하여 ( )을 초과할 수 없다.
3) 건설 재해 예방 기술 지도비가 계상된 안전 관리비 총액의 ( )를 초과하는 경우에는 그 이내에서 기술 지도 횟수를 조정할 수 있다.

해답 1) 5%
2) 5억원
3) 20%

14 콘크리트 펌프 또는 콘크리트 펌프카 사용 시 준수 사항을 쓰시오.

해답

1. 작업을 시작하기 전에 콘크리트 펌프용 비계를 점검하고 이상을 발견하면 즉시 보수할 것
2. 건축물의 난간 등에서 작업하는 근로자가 호스의 요동·선회로 인하여 추락하는 위험을 방지하기 위하여 안전 난간 설치 등 필요한 조치를 할 것
3. 콘크리트 펌프카의 붐을 조정하는 경우에는 주변의 전선 등에 의한 위험을 예방하기 위한 적절한 조치를 할 것
4. 작업 중에 지반의 침하, 아우트리거의 손상 등에 의하여 콘크리트 펌프카가 넘어질 우려가 있는 경우에는 이를 방지하기 위한 적절한 조치를 할 것

건설안전산업기사 2016.4.16 시행

01 건설 공사 중 유해 위험 방지 계획서를 제출해야 하는 사업의 종류를 쓰시오.

해답 1. 다음의 어느 하나에 해당하는 건축물 또는 시설 등의 건설·개조 또는 해체 공사
① 지상높이가 31미터 이상인 건축물 또는 인공구조물
② 연면적 3만제곱미터 이상인 건축물
③ 연면적 5천제곱미터 이상인 시설로서 다음의 어느 하나에 해당하는 시설
- 문화 및 집회시설(전시장 및 동물원·식물원은 제외한다)
- 판매시설, 운수시설(고속철도의 역사 및 집배송시설은 제외한다)
- 종교시설
- 의료시설 중 종합병원
- 숙박시설 중 관광숙박시설
- 지하도상가
- 냉동·냉장 창고시설

2. 연면적 5,000m^2 이상인 냉동·냉장 창고 시설의 설비 공사 및 단열 공사
3. 최대지간 길이 50m 이상인 교량 건설 등의 공사
4. 터널 건설 등의 공사
5. 다목적 댐, 발전용 댐 및 저수 용량 2천만톤 이상인 용수 전용 댐, 지방 상수도 전용 댐 건설 등의 공사
6. 깊이 10m 이상인 굴착 공사

02 이동식 비계를 조립하여 작업 시 준수 사항을 쓰시오.

해답 1. 이동식 비계의 바퀴에는 뜻밖의 갑작스러운 이동을 방지하기 위하여 브레이크, 쐐기 등으로 바퀴를 고정시킨 다음 비계의 일부를 견고한 시설물에 고정하거나 아우트리거를 설치하는 등의 조치를 할 것
2. 승강용 사다리는 견고하게 설치할 것
3. 비계의 최상부에서 작업을 할 때에는 안전 난간을 설치할 것
4. 작업 발판은 항상 수평을 유지하고 작업 발판 위에서 안전 난간을 딛고 작업을 하거나 받침대 또는 사다리를 사용하여 작업하지 않도록 할 것
5. 작업 발판의 최대 적재 하중은 250kg을 초과하지 않도록 할 것

03 연약한 점토 지반을 굴착할 때 흙막이 벽체 배면의 흙이 굴착 바닥면 흙의 중량보다 큰 경우 중량 차이로 인해 흙막이 벽체 배면의 흙이 안으로 밀려 들어와서 바닥면이 부풀어 오르는 현상을 무엇이라 하는지 쓰시오.

해답 히빙 현상

04 어느 사업장의 근로자 수가 500명, 1일 9시간 작업, 연간 300일 근무 시 연간 8건의 재해가 발생하여 휴업 일수가 300일일 때의 종합 재해 지수를 구하시오. (단, 종합 재해 지수= $\sqrt{도수율 \times 강도율}$)

해답

$$도수율 = \frac{재해\ 건수}{근로\ 총\ 시간수} \times 1,000,000 = \frac{8}{500 \times 9 \times 300} \times 1,000,000 = 5.93$$

$$강도율 = \frac{근로\ 손실\ 일수}{근로\ 총\ 시간수} \times 1,000 = \frac{300 \times \left(\frac{300}{365}\right)}{500 \times 9 \times 300} \times 1,000 = 0.18$$

$$\therefore\ 종합\ 재해\ 지수 = \sqrt{5.93 \times 0.18} = 1.03$$

05 해체 공사에 따른 소음 및 진동 공해의 방지 대책을 4가지만 쓰시오.

해답
1. 공기 압축기 등은 적당한 장소에 설치하여야 하며, 장비의 소음 진동 기준은 관계법에서 정하는 바에 따라서 처리하여야 한다.
2. 전도 공법의 경우 전도물 규모를 작게 하여 중량을 최소화하며, 전도 대상물의 높이도 되도록 작게 하여야 한다.
3. 철 해머 공법의 경우 해머의 중량과 낙하 높이를 가능한 한 낮게 하여야 한다.
4. 현장 내에서는 대형 부재로 해체하며, 장외에서 잘게 파쇄하여야 한다.
5. 인접 건물의 피해를 줄이기 위해 방음, 방진 목적의 가시설을 설치하여야 한다.

06 사다리식 통로를 설치 시에는 통로의 기울기를 몇 도 이하로 하여야 되는지 쓰시오.

해답 75°

07 다음은 강관 비계에 관한 사항이다. ( ) 안에 알맞게 쓰시오.

> 비계 기둥의 제일 윗부분으로부터 (①)되는 지점 밑 부분의 비계 기둥은 (②)의 강관으로 묶어 세울 것

해답 ① 31m
② 2개

08 법상 건설업 중 산업 안전 보건 관리비의 적용 최소 금액은 얼마인지 쓰시오.

해답 건설업은 총 공사 금액 2천만원 이상인 공사

09 산업안전보건법상 크레인에 설치해야 할 방호 장치의 종류를 쓰시오.

해답 1. 과부하 방지 장치
2. 권고 방지 장치
3. 비상 정지 장치
4. 제동 장치

10 산업안전보건법상 목재 가공용 둥근톱 기계의 방호 장치를 쓰시오.

해답 1. 톱날 접촉 예방 장치
2. 반발 예방 장치

11 다음은 안전 방망 설치 기준이다. ( ) 안에 알맞게 쓰시오.

1) 안전 방망의 설치 위치는 가능하면 작업면으로부터 가까운 지점에 설치하여야 하며, 작업면으로부터 망의 설치 지점까지의 수직 거리는 ( )를 초과하지 아니할 것
2) 안전 방망은 수평으로 설치하고, 망의 처짐은 짧은 변 길이의 ( ) 이상이 되도록 할 것
3) 건축물 등의 바깥쪽으로 설치하는 경우 망의 내민 길이는 벽면으로부터 ( ) 이상 되도록 할 것

해답 1) 10m 2) 12% 3) 3m

12 산업 안전 보건 관리비의 적용 범위는 산업재해보상보험법의 적용을 받는 공사 중 총 공사 금액이 얼마 이상인 공사에 적용되는지 쓰시오.

해답 2천만원

13 다음의 재해에 대한 기인물을 쓰시오.

1) 이동하는 차량에 치여 벽에 부딪히는 사고
2) 외부의 요인이 없는 상태에서 사람이 걷다가 발목이 접질러지는 사고
3) 트럭과 지게차가 운전 중 충돌하여 지게차 운전자가 사망하는 사고

해답 1) 차량 2) 사람 3) 지게차

건설안전기사

2016.6.25 시행

01 연약 지반 굴착 시 히빙의 방지 대책 3가지를 쓰시오.

해답
1. 흙막이판은 강성이 높은 것을 사용한다.
2. 지반 개량을 한다.
3. 흙막이벽의 전면 굴착을 남겨 두어 흙의 중량에 대항하게 한다.
4. 흙막이벽의 뒷면 지반에 약액을 주입하거나 탈수 공법으로 지반 개량을 실시하여 흙의 전단 강도를 높인다.
5. 굴착 예정 부분은 부분 굴착하여 기초 콘크리트로 고정시킨다.
6. 흙막이벽의 근입 깊이를 깊게 한다.
7. 설계 계획을 변경한다.

02 다음은 사다리식 통로 설치 시 준수 사항이다. ( ) 안에 알맞은 사항을 쓰시오.

1) 사다리의 상단은 걸쳐 놓은 지점으로부터 ( ) 이상 올라가도록 할 것
2) 사다리식 통로의 길이가 (①) 이상인 때에는 (②) 이내마다 계단참을 설치할 것
3) 사다리식 통로의 기울기는 ( ) 이내로 할 것

해답
1) 60cm
2) ① 10m, ② 5m
3) 75°

03 다음 ( ) 안에 알맞게 쓰시오.

1) 낙하물 방지망 설치 높이는 (①) 이내마다 설치하고, 내민 길이는 벽면으로부터 (②) 이상으로 하여야 한다.
2) 수평면과의 각도는 (①) 이상 (②) 이하로 할 것

해답
1) ① 10m, ② 2m
2) ① 20°, ② 30°

04 **구축물 또는 이와 유사한 시설물이 근로자에게 위험을 미칠 우려가 있는 경우 안전진단 등 안전성 평가를 실시해야 하는 조건 3가지를 쓰시오.**

해답
1. 구축물 또는 이와 유사한 시설물의 인근에서 굴착, 항타 작업 등으로 침하, 균열 등이 발생하여 붕괴의 위험이 예상될 경우
2. 구축물 또는 이와 유사한 시설물에 지진, 동해, 부동 침하 등으로 균열, 비틀림 등이 발생하였을 경우
3. 구조물, 건축물, 그 밖의 시설물이 그 자체의 무게, 적설, 풍압 또는 그 밖에 부가되는 하중 등으로 붕괴 등의 위험이 있는 경우
4. 화재 등으로 구축물 또는 이와 유사한 시설물의 내력이 현저히 저하된 경우
5. 오랜 기간 사용하지 아니하던 구축물 또는 이와 유사한 시설물을 재사용하게 되어 안전성을 검토하여야 할 경우
6. 그 밖에 잠재적 위험이 예상될 경우

05 **일반 건설 공사(갑)에서 재료비가 5억원이고, 직접 노무비가 3억원인 현장의 산업 안전 보건 관리비를 구하시오.**

해답 안전 관리비 = (5억원+3억원)×0.0186+5,349,000원 = 20,229,000원

06 **철골 공사 시 구조 안전의 위험이 큰 구조물로서 건립 중 강풍에 의한 풍압 등에 의한 내력이 설계에 고려되었는지를 확인해야 하는 구조물의 종류를 쓰시오.**

해답
1. 높이 20m 이상의 구조물
2. 구조물의 폭과 높이의 비가 1 : 4 이상인 구조물
3. 단면 구조에 현저한 차이가 있는 구조물
4. 연면적당 철골 양이 50kg/m^2 이하인 구조물
5. 기둥이 타이 플레이트(tie plate)형인 구조물
6. 이음부가 현장 용접인 구조물

07 **해체 작업 시 해체 계획을 작성하여야 한다. 그 포함 사항을 쓰시오.**

해답
1. 해체의 방법 및 해체 순서 도면
2. 가설 설비, 방호 설비, 환기 설비 및 방화 설비 등의 방법
3. 사업장 내 연락 방법
4. 해체물의 처분 계획
5. 해체 작업용 기계·기구 등의 작업 계획서
6. 해체 작업용 화약류 등의 사용 계획서
7. 기타 안전, 보건에 관련된 사항

08 다음은 달비계를 설치할 때 안전에 저촉되어 사용을 금해야 하는 달기 와이어 로프에 관한 기술이다. ( ) 안에 알맞은 내용을 쓰시오.

1) 와이어 로프의 한 꼬임에서 끊어진 소선(스트랜드를 의미한다)의 수가 ( )% 이상 절단된 것

2) 지름의 감소가 ( )의 7%를 넘는 것

해답 1) 10

2) 공칭 지름

09 차량계 건설 기계의 운전자가 운전 위치 이탈 시 조치 사항을 쓰시오.

해답 1. 포크, 버킷, 디퍼 등의 장치를 가장 낮은 위치 또는 지면에 내려둘 것

2. 원동기를 정지시키고 브레이크를 확실히 거는 등 갑작스러운 주행이나 이탈을 방지하기 위한 조치를 할 것

3. 운전석을 이탈하는 경우에는 시동키를 운전대에서 분리시킬 것

10 산업재해 발생 시 보고에 관한 사항이다. ( ) 안에 알맞게 쓰시오.

사업주는 산업재해로 사망자가 발생하거나 3일 이상의 요양이 필요한 부상을 입거나 질병에 걸린 사람이 발생한 경우에는 해당 산업재해가 발생한 날부터 (①) 이내에 (②)를 작성하여 관할 지방고용노동청장 또는 지청장에게 제출하여야 한다.

해답 ① 1개월

② 산업 재해 조사표

11 다음은 방진 마스크의 안면부 여과식 성능 시험에서 여과재 분진 포집 효율 성능 기준이다. 빈칸에 알맞게 쓰시오.

종 류	등 급	시험(%)
안면부 여과식	특급	①
	1급	②
	2급	③

해답 ① 99% 이상

② 94% 이상

③ 80% 이상

12 앞뒤 2개의 차륜이 있고, 각각의 차축이 평행 배치된 것으로 점성토 등의 두꺼운 흙과 머캐덤 롤러 다짐 후의 아스팔트 포장 다짐에 적당한 로드 롤러를 쓰시오.

해답 탠덤 롤러

13 산업안전보건법상 굴착면의 높이가 2m 이상인 암석의 굴착 작업 시 특별 안전 보건 교육의 내용을 쓰시오.

해답
1. 폭발물 취급 요령과 대피 요령에 관한 사항
2. 안전 거리 및 안전 기준에 관한 사항
3. 방호물의 설치 및 기준에 관한 사항
4. 보호구 및 작업 신호 등에 관한 사항
5. 그 밖에 안전 · 보건 관리에 필요한 사항

건설안전산업기사 2016.6.25 시행

01 보일링 현상의 정의를 간략히 쓰시오.

해답 지하수위가 높은 모래 지반(사질토)과 같은 투수성이 좋은 지반에서 지하수위보다 낮게 굴착하는 경우 부근의 피압수에 의해 널말뚝 아래를 침투해 올라오는 물때문에 토사가 굴착한 곳으로 밀려나와 굴착한 부분을 다시 메우는 현상을 말한다.

02 폭풍, 폭우, 폭설 등 악천후로 인하여 작업을 중지 또는 비계를 조립 해체, 변경한 후, 그 비계에서 작업을 시작하기 전에 비계의 점검, 보수해야 할 사항을 4가지만 쓰시오.

해답
1. 발판 재료의 손상 여부 및 부착 또는 걸림 상태
2. 해당 비계의 연결부 또는 접속부의 풀림 상태
3. 연결 재료 및 연결 철물의 손상 또는 부식 상태
4. 손잡이의 탈락 여부
5. 기둥의 침하, 변형, 변위 또는 흔들림 상태
6. 로프의 부착 상태 및 매단 장치의 흔들림 상태

03 항타기, 항발기에 사용하는 권상용 와이어 로프의 사용 제한 조건 3가지를 쓰시오.

해답
1. 이음매가 있는 것
2. 와이어 로프의 한 꼬임(스트랜드(strand)를 말한다. 이하 같다)에서 끊어진 소선(素線)(필러(pillar)선은 제외한다)의 수가 10퍼센트 이상(비자전 로프의 경우에는 끊어진 소선의 수가 와이어 로프 호칭 지름의 6배 길이 이내에서 4개 이상이거나 호칭 지름의 30배 길이 이내에서 8개 이상)인 것
3. 지름의 감소가 공칭 지름의 7퍼센트를 초과하는 것
4. 꼬인 것
5. 심하게 변형되거나 부식된 것
6. 열과 전기 충격에 의해 손상된 것

04 사업장 안전 관리 계획 4단계를 순서대로 쓰시오.

해답 1. 계획(Plan)　2. 실시(Do)　3. 검토(Check)　4. 조치(Action)

05 건설 공사 착공 시 유해 위험 방지 계획서를 제출해야 하는 대상 사업 5가지를 쓰시오.

해답 1. 다음의 어느 하나에 해당하는 건축물 또는 시설 등의 건설 · 개조 또는 해체 공사
① 지상높이가 31미터 이상인 건축물 또는 인공구조물
② 연면적 3만제곱미터 이상인 건축물
③ 연면적 5천제곱미터 이상인 시설로서 다음의 어느 하나에 해당하는 시설
- 문화 및 집회시설(전시장 및 동물원 · 식물원은 제외한다)
- 판매시설, 운수시설(고속철도의 역사 및 집배송시설은 제외한다)
- 종교시설
- 의료시설 중 종합병원
- 숙박시설 중 관광숙박시설
- 지하도상가
- 냉동 · 냉장 창고시설

2. 연면적 5,000m^2 이상인 냉동 · 냉장 창고 시설의 설비 공사 및 단열 공사
3. 최대지간 길이가 50m 이상인 교량 건설 등의 공사
4. 터널 건설 등의 공사
5. 다목적 댐, 발전용 댐 및 저수 용량 2천만톤 이상인 용수 전용 댐, 지방 상수도 전용 댐 건설 등의 공사
6. 깊이가 10m 이상인 굴착 공사

06 다음 ( ) 안에 알맞은 말을 넣으시오.

작업으로 인하여 물체가 떨어지거나 날아올 위험이 있을 때에는 (①), (②) 또는 (③), (④) 등 위험 방지를 위한 조치를 하여야 한다.

해답 ① 낙하물 방지방
② 수직 보호망
③ 방호 선반 설치
④ 출입 금지 구역 설정

07 사업장 안전 관리 조직의 유형 3가지를 쓰시오.

해답 1. Line(직계)형 안전 관리 조직
2. Staff(참모)형 안전 관리 조직
3. Line－Staff(직계－참모)형 안전 관리 조직

08 강관 비계의 이음 간격을 쓰시오.

1) 띠장
2) 장선

해답 1) 1.5m 이상 1.8m 이하
2) 1.5m 이하

09 다음은 강관틀 비계의 조립 시 준수 사항이다. (   ) 안에 알맞게 쓰시오.

1) 높이가 20m를 초과하거나 중량물의 적재를 수반하는 작업을 할 경우에는 주틀간의 간격을 (   ) 이하로 할 것
2) 수직 방향으로 (①), 수평 방향으로 (②) 이내마다 벽이음을 할 것
3) 길이가 띠장 방향으로 4m 이하이고 높이가 10m를 초과하는 경우에는 (   ) 이내마다 띠장 방향으로 버팀 기둥을 설치할 것

해답 1) 1.8m
2) ① 6m, ② 8m
3) 10m

10 기계가 서 있는 지반보다 높은 곳을 굴착할 때 사용하는 건설 기계를 쓰시오.

해답 파워 셔블

11 다음은 말비계를 조립하여 사용 시 준수 사항이다. (   ) 안에 알맞게 쓰시오.

1) 지주 부재의 하단에는 (   )를 하고 근로자가 양측 끝부분에서 작업하지 않도록 할 것
2) 지주 부재와 수평면의 기울기를 (   ) 이하로 하고, 지주 부재와 지주 부재 사이를 고정시키는 보조 부재를 설치할 것
3) 말비계의 높이가 (①) 초과하는 경우에는 작업 발판의 폭을 (②) 이상으로 할 것

해답 1) 미끄럼 방지 장치
2) 75°
3) ① 2m, ② 40cm

12 안전대 사용 작업 시 추락할 때에 로프의 지지점에서 최하단 거리(h)를 구하시오. (단, 로프의 길이 150cm, 로프의 신장율 30%, 근로자 신장 170cm)

해답

$$h = \text{로프의 길이} + \text{로프의 늘어난 길이} + \frac{\text{신장}}{2}$$

$$= 150 + (150 \times 0.3) + \frac{170}{2}$$

$$= 280\text{cm}$$

13 하인리히 재해 코스트 방식에 대한 다음 물음에 답하시오.

1) 직접비 : 간접비

2) 직접비에 해당하는 항목

해답

1) 직접비 : 간접비 = 직접비 : 직접비×4

2) ① 휴업 보상비
② 장애 보상비
③ 요양비
④ 유족 보상비
⑤ 치료비
⑥ 장의비

건설안전기사 2016.11.12 시행

01 차량계 건설 기계를 사용하여 작업을 하는 때에는 미리 작업 계획을 작성하고 그 작업 계획에 따라 작업을 실시하도록 하여야 한다. 이 작업 계획에 포함되어야 할 사항을 3가지 쓰시오.

해답
1. 사용하는 차량계 건설 기계의 종류 및 능력
2. 차량계 건설 기계의 운행 경로
3. 차량계 건설 기계에 의한 작업 방법

02 잠함 공법으로 지반을 굴착하고자 한다. 잠함 내부에서 굴착 작업을 하는 경우 사업주가 준수해야 할 사항을 쓰시오.

해답
1. 산소 결핍의 우려가 있는 때에는 산소의 농도를 측정하는 자를 지명하여 측정하도록 할 것
2. 근로자가 안전하게 승강하기 위한 설비를 설치할 것
3. 굴착 깊이가 20m를 초과하는 때에는 해당 작업 장소와 외부와의 연락을 위한 통신 설비 등을 설치할 것

03 해체 공사 시 사용하는 회전날 끝에 다이아몬드 입자를 혼합 경화하여 제조한 절단톱으로 기둥, 보, 바닥, 벽체 등을 절단하여 해체하는 작업 시 절단톱의 사용 준수 사항을 쓰시오.

해답
1. 작업 현장은 정리정돈이 잘 되어야 한다.
2. 절단기에 사용되는 전기 시설과 급·배수 설비를 수시로 정비·점검하여야 한다.
3. 회전날에는 접촉 방지 커버를 부착하여야 한다.
4. 회전날의 조임 상태는 안전한지 작업 전에 점검하여야 한다.
5. 절단 중 회전날을 냉각시키는 냉각수는 충분한지 점검하고, 불꽃이 많이 비산되거나 수증기 등이 발생되면 과열된 것이므로 일시 중단한 후 작업을 실시하여야 한다.
6. 절단 방향은 직선을 기준으로 하고 부재 중에 철근 등이 있어 절단이 안 될 경우에는 최소 단면으로 절단하여야 한다.
7. 절단기는 매일 점검하고 정비해 두어야 하며 회전 구조부에는 윤활유를 주유해 두어야 한다.

04 **산업안전보건법상 안전 보건 교육에 있어 건설업 기초 안전 보건 교육에 대한 다음 물음에 답하시오.**

1) 교육 대상의 교육 시간을 쓰시오.

2) 교육 내용 2가지를 쓰시오. (단, 산업안전보건법 주요 내용에 관한 사항은 제외)

3) 교육 대상별 교육 시간 중 시청각 또는 체험, 가상 실습을 포함하는 시간을 쓰시오.

해답 1) 4시간
2) ① 안전 의식 제고에 관한 사항
② 작업별 위험 요인과 안전 작업 방법
③ 건설 직공별 건강 장해 위험 요인과 건강 관리
3) 1시간 이상

참고 건설업 기초 안전 보건 교육에 대한 내용 및 시간

구 분	교육 내용
공통	산업안전보건법 주요 내용(건설 일용 근로자 관련 부분)
	안전 의식 제고에 관한 사항
교육 대상별	작업별 위험 요인과 안전 작업 방법(재해 사례 및 예방 대책)
	건설 직종별 건강 장해 위험 요인과 건강 관리

[비고]
교육 대상별 교육 시간 중 1시간 이상은 시청각 또는 체험 · 가상 실습을 포함한다.

05 **산업안전보건법상 차량계 하역 운반 기계에 화물 적재 시 준수 사항을 쓰시오.**

해답 1. 하중이 한쪽으로 치우치지 않도록 적재할 것
2. 구내 운반차 또는 화물 자동차에 있어서 화물의 붕괴 또는 낙하로 인한 근로자의 위험을 방지하기 위하여 화물에 로프를 거는 등 필요한 조치를 할 것
3. 운전자의 시야를 가리지 않도록 화물을 적재할 것

06 **산업안전보건법상 간이 리프트의 운반구에 근로자를 탑승시켜서는 안 되지만 탑승이 가능한 경우를 쓰시오.**

해답 리프트의 수리, 조정 및 점검 등의 작업을 하는 경우로서 그 작업에 종사하는 근로자에게 위험이 미치지 않도록 조치를 한 경우

07 다음 보기에 대한 산업 안전 보건 관리비를 계산하시오. (단, 일반 건설 공사(갑))

> **보기**
> ① 노무비 : 40억원(직접 노무비 30억원, 간접 노무비 10억원)
> ② 재료비 : 40억원
> ③ 기계 정비 : 10억원

해답 산업 안전 보건 관리비 = 재료비 + 직접 노무비
= 40억원 + 30억원
= 70억원

∴ 70억원×0.0197 = 137,900,000원

08 다음의 표는 건설업 산업 안전 보건 관리비 계상 및 사용 기준에 의해 수급인 또는 자기 공사자가 사용하여야 하는 공사의 진척에 따른 산업 안전 관리비의 사용 기준이다. ( ) 안에 알맞게 써 넣으시오.

공정률	50% 이상 70% 미만	70% 이상 90% 미만	90% 이상
사용 기준	(①)% 이상	(②)% 이상	(③)% 이상

해답 ① 50 ② 70 ③ 90

09 추락 방지용 방망의 그물코의 크기는 얼마인지 쓰시오.

해답 사각 또는 마름모로서 그 크기는 10cm 이하여야 한다.

10 셔블계 건설 기계 중 기계가 위치한 지면보다 높은 곳의 작업에 적합한 굴착 기계를 쓰시오.

해답 파워 셔블

11 산업안전보건법상 근로 감독관이 사업장에서 관련 서류 등을 요구할 수 있는 경우를 쓰시오.

해답 1. 정기 감독
2. 수시 감독
3. 특별 감독

12 **와이어 로프의 안전 계수를 설명하시오.**

해답 와이어 로프 등의 절단 하중값을 그 와이어 로프 등에 걸리는 하중의 최대값으로 나눈 값

13 **산업안전보건법상 특별 안전 보건 교육 중 거푸집 동바리 조립 또는 해체 작업 시 교육 내용을 쓰시오.**

해답 1. 동바리의 조립 방법 및 작업 절차에 관한 사항
2. 조립 재료의 취급 방법 및 설치 기준에 관한 사항
3. 조립 해체 시의 사고 예방에 관한 사항
4. 보호구 착용 및 점검에 관한 사항
5. 그 밖에 안전 · 보건 관리에 필요한 사항

14 **산업안전보건법상 근로자의 추락 방지를 위하여 작업 발판을 설치하여야 하나 작업 발판 설치가 곤란한 경우 안전 방망을 설치하여야 한다. 안전 방망의 설치 기준을 쓰시오.**

해답 1. 안전 방망의 설치 위치는 가능하면 작업면으로부터 가까운 지점에 설치하여야 하며, 작업면으로부터 망의 설치 지점까지의 수직 거리는 10미터를 초과하지 아니할 것
2. 안전 방망은 수평으로 설치하고, 망의 처짐은 짧은 변 길이의 12퍼센트 이상이 되도록 할 것
3. 건축물 등의 바깥쪽으로 설치하는 경우 망의 내민 길이는 벽면으로부터 3미터 이상이 되도록 할 것. 다만, 그물코가 20밀리미터 이하인 망을 사용한 경우에는 낙하물 방지망을 설치한 것으로 본다.

건설안전산업기사 2016.11.12 시행

01 **거푸집 동바리 조립 시 준수 사항 중 동바리로 사용하는 파이프 서포트를 사용할 때의 안전상 조치를 쓰시오.**

해답
1. 파이프 서포트를 3본 이상 이어서 사용하지 아니하도록 할 것
2. 파이프 서포트를 이어서 사용할 때에는 4개 이상의 볼트 또는 전용 철물을 사용하여 이을 것
3. 높이가 3.5m를 초과하는 때에는 높이 2m 이내마다 수평 연결재를 2개의 방향으로 만들고 수평 연결재의 변위를 방지할 것

02 **건설업체 산업재해 발생률 및 산업재해 발생 보고 의무 산정 기준 중 건설업의 산업재해 발생률은 사고사망만인율로 산출한다. 사고사망만인율 산출 중 상시 근로자 산출 공식을 쓰시오.**

해답

$$\text{상시 근로자 수} = \frac{\text{연간 국내 공사 실적액} \times \text{노무 비율}}{\text{건설업 월평균 임금} \times 12}$$

참고

$$\text{사고사망만인율(‱)} = \frac{\text{사고 사망자 수}}{\text{상시 근로자 수}} \times 10{,}000$$

03 **다음 안전 · 보건 표지의 색채 · 색도 기준 및 용도에서 빈칸에 알맞은 내용을 쓰시오.**

색 채	색 도	용 도	사용 예
빨간색	7.5R 4/14	금지	정지 신호, 소화 설비 및 그 장소, 유해 행위의 금지
노란색	①	경고	위험 경고 · 주의 표시 또는 기계 방호물
파란색	2.5PB 4/10	③	특정 행위의 지시 및 사실의 고지
녹색	2.5G 4/10	안내	비상구 및 피난소, 사람 또는 차량의 통행 표지
흰색	②	–	(④) 또는 (⑤)에 대한 보조색
검정색	No.5	–	문자 및 (⑥) 또는 (⑦)에 대한 보조색

해답
① 5Y 8.5/12　② N9.5　③ 지시　④ 파란색
⑤ 녹색　⑥ 빨간색　⑦ 노란색

04 다음 물음에 대한 안전 보건 교육 시간을 쓰시오.

1) 사무직 종사 근로자 정기 교육

2) 일용 근로자 기초 안전 보건 교육

3) 일용 근로자 작업 내용 변경 시 교육

4) 특수 작업 일용 근로자 특별 교육

해답 1) 매 분기 3시간 이상

2) 4시간

3) 1시간 이상

4) 2시간 이상

참고 산업 안전 보건 관련 교육 과정별 교육 시간

<table>
<tr><th>교육 과정</th><th colspan="2">교육 대상</th><th>교육 시간</th></tr>
<tr><td rowspan="4">정기 교육</td><td colspan="2">사무직 종사 근로자</td><td>매 분기 3시간 이상</td></tr>
<tr><td rowspan="2">사무직 종사 근로자 외의 근로자</td><td>판매 업무에 직접 종사하는 근로자</td><td>매 분기 3시간 이상</td></tr>
<tr><td>판매 업무에 직접 종사하는 근로자 외의 근로자</td><td>매 분기 6시간 이상</td></tr>
<tr><td colspan="2">관리 감독자의 지위에 있는 사람</td><td>연간 16시간 이상</td></tr>
<tr><td rowspan="2">채용 시의 교육</td><td colspan="2">일용 근로자</td><td>1시간 이상</td></tr>
<tr><td colspan="2">일용 근로자를 제외한 근로자</td><td>8시간 이상</td></tr>
<tr><td rowspan="2">작업 내용 변경 시의 교육</td><td colspan="2">일용 근로자</td><td>1시간 이상</td></tr>
<tr><td colspan="2">일용 근로자를 제외한 근로자</td><td>2시간 이상</td></tr>
<tr><td rowspan="3">특별 교육</td><td colspan="2">특별 안전 보건 교육 대상 작업의 어느 하나에 해당하는 작업에 종사하는 일용 근로자</td><td>2시간 이상</td></tr>
<tr><td colspan="2">타워 크레인 신호작업에 종사하는 일용 근로자</td><td>8시간 이상</td></tr>
<tr><td colspan="2">특별 안전 보건 교육 대상 작업의 어느 하나에 해당하는 작업에 종사하는 일용 근로자를 제외한 근로자</td><td>• 16시간 이상(최초 작업에 종사하기 전 4시간 이상 실시하고 12시간은 3개월 이내에서 분할하여 실시 가능)
• 단기간 작업 또는 간헐적 작업인 경우에는 2시간 이상</td></tr>
<tr><td>건설업 기초 안전 보건 교육</td><td colspan="2">건설 일용 근로자</td><td>4시간</td></tr>
</table>

05 하인리히의 재해 예방 5단계를 쓰시오.

해답
1. 제1단계 : 안전 조직
2. 제2단계 : 사실의 발견
3. 제3단계 : 분석
4. 제4단계 : 시정책 선정
5. 제5단계 : 시정책 적용

06 사업장 안전 보건 관리의 4사이클을 순서대로 쓰시오.

해답 1. 계획(Plan) 2. 실시(Do) 3. 검토(Check) 4. 조치(Action)

07 공사 현장의 중량물 취급 작업 시 작업 지휘자의 준수 사항을 쓰시오.

해답
1. 작업 순서 및 그 순서마다의 작업 방법을 정하고 작업을 지휘할 것
2. 기구 및 공구를 점검하고 불량품을 제거할 것
3. 해당 작업을 행하는 장소에 관계 근로자 외의 자의 출입을 금지시킬 것
4. 로프를 풀거나 덮개를 벗기는 작업을 행하는 때에는 적재함의 화물이 낙하할 위험이 없음을 확인한 후에 해당 작업을 하도록 할 것

08 와이어 로프를 4개의 클립(U볼트)을 사용하여 체결하고자 한다. 답지의 그림에 클립을 바르게 그려 넣으시오. (단, 조임 너트의 위치와 클립의 간격에 관한 사항이 명시되어야 한다.)

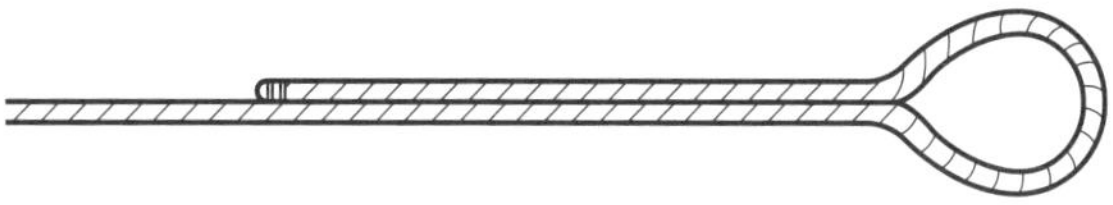

해답
1. 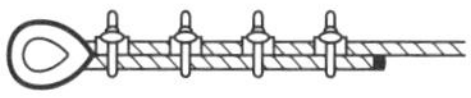
2. 클립과의 간격은 와이어 로프 직경의 6배 이상

참고 클립 고정 개수

와이어 로프의 지름(mm)	클립 수
16 이하	4개
16 초과 ~ 28 이하	5개
28 초과	6개

09 **다음 유해 위험 기계 · 기구의 방호 장치를 쓰시오.**

1) 예초기

2) 원심기

3) 공기 압축기

해답 1) 날 접촉 예방 장치
2) 회전체 접촉 예방 장치
3) 압력 방출 장치

참고 위험 기계 · 기구의 방호 장치명
① 예초기에는 날 접촉 예방 장치
② 원심기에는 회전체 접촉 예방 장치
③ 공기 압축기에는 압력 방출 장치
④ 금속 절단기에는 날 접촉 예방 장치
⑤ 지게차에는 헤드 가드, 백레스트, 전조등, 후미등, 안전벨트
⑥ 포장 기계에는 구동부 방호 연동 장치

※ 위험 기계 · 기구의 방호 장치명(**법 개정 전**)
① 프레스 및 전단기 : 방호 장치
② 아세틸렌 용접 장치 또는 가스 집합 용접 장치 : 안전기
③ 교류 아크 용접기 : 자동 전격 방지 장치
④ 크레인, 승강기, 곤돌라, 리프트 : 과부하 방지 장치 및 고용노동부 장관이 고시하는 방호 장치
⑤ 보일러 : 압력 방출 장치 및 압력 제한 스위치
⑥ 롤러기 : 급정지 장치
⑦ 추락 및 붕괴 등의 위험 방지 및 보호에 필요한 가설 기자재의 경우에는 고용노동부 장관이 정하는 규격에 적합한 제품
⑧ 연삭기 : 덮개
⑨ 목재 가공용 둥근톱 기계 : 반발 예방 장치 및 날 접촉 예방 장치
⑩ 동력식 수동 대패기 : 칼날 접촉 예방 장치
⑪ 복합 동작을 할 수 있는 산업용 로봇 : 안전 매트, 방호울
⑫ 방폭용 전기 기계 · 기구 : 방폭 구조 전기 기계 · 기구
⑬ 정전 및 활선 작업에 필요한 절연용 기구 : 절연용 방호구 및 활선 작업용 기구
⑭ 압력 용기 : 압력 방출 장치

10 **산업안전보건법상 물체가 낙하 또는 비래할 위험이 있는 때의 조치 사항을 쓰시오.**

해답 1. 낙하물 방지망 설치
2. 수직 보호망 설치
3. 방호 선반 설치
4. 출입금지 구역 설정

11 차량계 건설 기계 중 도저형 건설 기계와 천공형 건설 기계를 쓰시오.

해답 1. 도저형 건설 기계 : 불도저, 틸트 도저, 앵글 도저
2. 천공형 건설 기계 : 어스 오거, 점보 드릴, 어스 드릴

12 다음은 사다리식 통로의 안전 기준이다. ( ) 안에 알맞게 쓰시오.

1) 사다리의 상단은 걸쳐 놓은 지점으로부터 ( ) 이상 올라가도록 할 것
2) 사다리식 통로의 길이가 10m 이상인 경우에는 ( ) 이내마다 계단참을 설치할 것

해답 1) 60cm
2) 5m

13 다음은 통나무 비계에 관한 사항이다. ( ) 안에 알맞게 쓰시오.

통나무 비계는 지상 높이 (①) 이하 또는 (②) 이하인 건축물, 공작물 등의 건조, 해체 및 조립 등의 작업에만 사용할 수 있다.

해답 ① 4층 ② 12m

건설안전기사

2017.3.5 시행

01 **달비계(곤돌라의 달비계 제외)의 최대 적재 하중을 정함에 있어 그 안전 계수는 다음과 같다. 다음 (   ) 안에 알맞은 숫자를 쓰시오.**

1) 달기 와이어 로프 및 달기 강선의 안전 계수는 (   ) 이상
2) 달기 체인 및 달기 훅의 안전 계수는 (   ) 이상
3) 달기 강대와 달비계의 하부 및 상부 지점의 안전 계수는 강재의 경우 (①) 이상, 목재의 경우 (②) 이상

해답 1) 10
2) 5
3) ① 2.5, ② 5

02 **다음은 굴착 공사의 굴착면 기울기 기준표이다. 해당란에 적절한 기울기를 쓰시오.**

구 분	지반의 종류	기울기 기준
보통 흙	습지	①
	건지	②
암반	풍화암	③
	연암	④
	경암	⑤

해답 ① 1 : 1~1 : 5
② 1 : 0.5~1 : 1
③ 1 : 0.8
④ 1 : 0.5
⑤ 1 : 0.3

03 **안전 교육의 형태 중 O.J.T(On the Job Training) 교육에 대하여 설명하시오.**

해답 주로 회사 내에서 직장 상사가 강사가 되어 작업 현장에서 현장의 기계, 설비 등을 대상으로 필요시 수시로 진행하므로 교육의 효과가 바로 나타나며 상호 신뢰도를 높일 수 있는 교육이나, 계획적이고 체계적으로 실시할 수 없는 단점이 있다.

04 흙막이 도괴 재해 중 다음 용어에 대하여 설명하시오.

1) 히빙 파괴(heaving failure)

2) 보일링(boiling)

해답 1) 점성토 시반 또는 연약 점토 지반 굴착 시 어느 정도 깊이까지 굴착을 해 흙막이벽 뒤쪽의 흙 중량이 굴착부 바닥 지지력 이상이 되면 지지력이 약해져서 흙막이벽 근입 부분의 지반이 부풀어 올라오는 현상을 말하며, 연약한 점토 지반의 굴착 공사에서는 흙막이의 전면 파괴를 일으키게 되므로 특히 주의해야 한다.

2) 지하수위가 높은 모래 지반(사질토)과 같은 투수성이 좋은 지반에서 지하수위보다 낮게 굴착하는 경우, 부근의 피압수에 의해 널말뚝 아래를 침투해 올라오는 물때문에 토사가 굴착한 곳으로 밀려나와 굴착한 부분을 다시 메우는 현상을 뜻한다.

05 다음 표지판의 명칭을 쓰시오.

1) 

2) 

3) 

4) 

해답 1) 방사성 물질 경고

2) 사용 금지

3) 폭발성 물질 경고

4) 낙하물 경고

06 산업안전보건법상 안전 보건 진단을 받아 안전 보건 개선 계획을 수립 · 제출해야 하는 대상 사업장의 종류를 쓰시오.

해답 1. 중대 재해 발생 사업장

2. 산업 재해율이 같은 업종 평균 산업 재해율의 2배 이상인 사업장

3. 직업병에 걸린 사람이 연간 2명 이상 발생한 사업장

4. 작업 환경 불량 · 화재 · 폭발 또는 누출 사고 등으로 사회적 물의를 일으킨 사업장

5. 고용노동부 장관이 정하는 사업장

07 다음은 Safe-T-Score의 계산식이다. (   ) 안에 알맞게 쓰고, 만약 그 값이 1.5라면 무엇을 뜻하는지 판정하시오.

$$\text{Safe-T-Score} = \frac{(\ \text{A}\ ) - (\ \text{B}\ )}{\sqrt{\dfrac{(\ \text{C}\ )}{\text{근로 총 시간수(현재)}} \times 10^6}}$$

해답 1. A : 현재 빈도율
B : 과거 빈도율
C : 과거 빈도율
2. 그 값이 1.5라면 과거보다 아주 많이 나빠졌음을 의미한다.

08 산업안전보건법상 1ton 이상의 크레인을 사용하는 작업 시 특별 안전 보건 교육의 내용을 쓰시오.

해답 1. 방호 장치의 종류, 기능 및 취급에 관한 사항
2. 갈고리, 와이어 로프 및 비상 정지 장치 등의 기계 · 기구 점검에 관한 사항
3. 화물의 취급 및 작업 방법에 관한 사항
4. 신호 방법 및 공동 작업에 관한 사항
5. 그 밖에 안전 · 보건 관리에 필요한 사항

09 인력 하역 운반 작업을 할 때에 인양 작업 시 몸의 자세를 쓰시오.

해답 1. 한쪽 발은 들어올리는 물체를 향하여 안전하게 고정시키고, 다른 발은 그 뒤에 안전하게 고정시킬 것
2. 등은 항상 직립을 유지하여 가능한 한 지면과 수직이 되도록 할 것
3. 무릎은 직각 자세를 취하고 몸은 가능한 한 인양물에 근접하여 정면에서 인양할 것
4. 턱은 안으로 당겨 척추와 일직선이 되도록 할 것
5. 팔은 몸에 밀착시키고 끌어당기는 자세를 취하며 가능한 한 수평 거리를 짧게 할 것
6. 손가락으로만 인양물을 잡아서는 아니되며 손바닥으로 인양물 전체를 잡을 것
7. 체중의 중심은 항상 양다리 중심에 있게 하여 균형을 유지할 것
8. 인양하는 최초의 힘은 뒷발쪽에 두고 인양할 것

10 양중기(승강기는 제외) 및 달기구를 사용하여 작업하는 운전자 또는 작업자가 보기 쉬운 곳에 부착하여야 할 사항을 쓰시오.

해답 1. 정격 하중
2. 운전 속도
3. 경고 표시

11 다음은 토공 기계인 도저에 관한 사항이다. 다음 설명에 알맞은 도저를 쓰시오.

1) 블레이드가 길고 낮으며 블레이드의 좌우를 25~30° 각을 지을 수 있고, 경사지에서 절토 작업·제설 작업, 파이프 매설 작업 등에 주로 사용되는 도저

2) 블레이드를 좌우·상하 25~30° 경사를 지어 작업할 수 있으며, 주로 굳은 땅, 언 땅을 파는 작업과 배수로 및 제방 경사 작업을 하는 데 사용되는 도저

해답 1) 앵글 도저
2) 틸트 도저

12 이동식 크레인의 종류를 쓰시오.

해답 1. 트럭 크레인
2. 크롤러 크레인
3. 휠 크레인

13 산업 재해의 위험 장소로서 산업 재해의 예방을 위하여 필요한 조치를 해야 하는 장소를 쓰시오.

해답 1. 안전 난간의 설치가 필요한 장소
2. 비계 또는 거푸집을 설치하거나 해체하는 장소
3. 건설용 리프트를 운행하는 장소
4. 지반을 굴착하거나 발파하는 장소
5. 물체가 떨어지거나 날아올 위험이 있는 장소
6. 프레스 또는 절단기를 사용하여 작업하는 장소

건설안전산업기사 2017.3.5 시행

01 중대 재해란 어떠한 재해를 말하는지 3가지를 쓰시오.

해답 1. 사망자가 1명 이상 발생한 재해
2. 3개월 이상의 요양이 필요한 부상자가 동시에 2명 이상 발생한 재해
3. 부상 또는 직업성 질병자가 동시에 10명 이상 발생한 재해

02 다음은 지주로 사용하는 파이프 서포트에 대한 사항이다. 다음 ( ) 안에 알맞게 쓰시오.

1) 파이프 받침은 ( )본 이상 이어서 사용하지 않도록 할 것
2) 높이가 (①)m를 초과할 때는 (②)m 이내마다 수평 연결재를 설치하고, 이음 부분은 단단히 연결하여 (③)를 방지하는 등의 조치를 할 것

해답 1) 3
2) ① 3.5
② 2
③ 변위

03 크레인의 작업 시작 전 점검 사항을 쓰시오.

해답 1. 권과 방지 장치, 브레이크, 클러치 및 운전 장치의 기능
2. 주행로 상측 및 트롤리가 횡행하고 있는 레일의 상태
3. 와이어 로프가 통하고 있는 곳의 상태

04 사업장 안전 관리 조직의 유형 3가지를 쓰시오.

해답 1. 라인형
2. 스태프형
3. 라인-스태프 혼합형

05 건설업 중 공사 착공 전일까지 유해 위험 방지 계획서를 제출하여야 하는 사업의 종류 5가지를 쓰시오.

(해답) 1. 다음의 어느 하나에 해당하는 건축물 또는 시설 등의 건설·개조 또는 해체 공사
① 지상높이가 31미터 이상인 건축물 또는 인공구조물
② 연면적 3만제곱미터 이상인 건축물
③ 연면적 5천제곱미터 이상인 시설로서 다음의 어느 하나에 해당하는 시설
- 문화 및 집회시설(전시장 및 동물원·식물원은 제외한다)
- 판매시설, 운수시설(고속철도의 역사 및 집배송시설은 제외한다)
- 종교시설
- 의료시설 중 종합병원
- 숙박시설 중 관광숙박시설
- 지하도상가
- 냉동·냉장 창고시설

2. 연면적 5,000m^2 이상인 냉동·냉장 창고 시설의 설비 공사 및 단열 공사
3. 최대지간 길이가 50m 이상인 교량 건설 등의 공사
4. 터널 건설 등의 공사
5. 다목적 댐, 발전용 댐 및 저수 용량 2천만톤 이상인 용수 전용 댐, 지방 상수도 전용 댐 건설 등의 공사
6. 깊이가 10m 이상인 굴착 공사

06 다음 내용 중 ( ) 안을 알맞게 채우시오.

1) 달기 와이어 로프 및 달기 강선의 안전 계수는 ( ) 이상
2) 달기 체인 및 달기 훅의 안전 계수는 ( ) 이상
3) 달기 강대와 달비계의 하부 및 상부 지점의 안전 계수는 강재의 경우 (①) 이상, 목재의 경우 (②) 이상

(해답) 1) 10
2) 5
3) ① 2.5, ② 5

07 항타기 또는 항발기의 권상용 와이어 로프의 사용 제한 조건을 3가지만 쓰시오.

(해답) 1. 이음매가 있는 것
2. 와이어 로프의 한 꼬임(스트랜드(strand)를 말한다. 이하 같다)에서 끊어진 소선(素線)(필러(pillar)선은 제외한다)의 수가 10% 이상(비자전 로프의 경우에는 끊어진 소선의 수가 와이어 로프 호칭 지름의 6배 길이 이내에서 4개 이상이거나 호칭 지름 30배 길이 이내에서 8개 이상)인 것

3. 지름의 감소가 공칭 지름의 7%를 초과하는 것
4. 꼬인 것
5. 심하게 변형되거나 부식된 것
6. 열과 전기 충격에 의해 손상된 것

08 흙막이 도괴 재해 중 다음 용어에 대하여 설명하시오.

1) 히빙 파괴(heaving failure)
2) 보일링(boiling)

해답 1) 점성토 지반 또는 연약 점토 지반 굴착 시 어느 정도 깊이까지 굴착을 해 흙막이벽 뒤쪽의 흙 중량이 굴착부 바닥 지지력 이상이 되면 지지력이 약해져서 흙막이벽 근입 부분의 지반이 부풀어 올라오는 현상을 말하며, 연약한 점토 지반의 굴착 공사에서는 흙막이의 전면 파괴를 일으키게 되므로 특히 주의해야 한다.
2) 지하수위가 높은 모래 지반(사질토)과 같은 투수성이 좋은 지반에서 지하수위보다 낮게 굴착하는 경우, 부근의 피압수에 의해 널말뚝 아래를 침투해 올라오는 물때문에 토사가 굴착한 곳으로 밀려나와 굴착한 부분을 다시 메우는 현상을 뜻한다.

09 양중기의 종류를 쓰시오.

해답 1. 크레인
2. 곤돌라
3. 리프트(이삿짐 운반용 리프트의 경우 적재 하중이 0.1ton 이상)
4. 승강기
5. 이동식 크레인

10 청각 장치와 시각 장치 중 청각 장치를 사용하는 것이 더 좋은 경우를 쓰시오.

해답 1. 전언이 짧은 경우
2. 전언이 간단한 경우
3. 전언이 후에 재참조되지 않는 경우
4. 전언이 시간적인 사상을 다룬 경우

참고 청각 장치와 시각 장치의 사용 경위

아래와 같은 경우 청각 장치를 사용	아래와 같은 경우 시각 장치를 사용
① 전언이 간단한 경우 ② 전언이 짧은 경우 ③ 전언이 후에 재참조되지 않는 경우	① 전언이 복잡한 경우 ② 전언이 긴 경우 ③ 전언이 후에 재참조되는 경우

아래와 같은 경우 청각 장치를 사용	아래와 같은 경우 시각 장치를 사용
④ 전언이 시간적인 사상(event)을 다루는 경우 ⑤ 전언이 즉각적인 행동을 요구하는 경우 ⑥ 수신자의 시각 계통이 과부하 상태일 경우 ⑦ 수신 장소가 너무 밝거나 암조응(暗調應) 유지가 필요할 경우 ⑧ 직무상 수신자가 자주 움직이는 경우	④ 전언이 공간적인 위치를 다루는 경우 ⑤ 전언이 즉각적인 행동을 요구하지 않는 경우 ⑥ 수신자의 청각 계통이 과부하 상태일 경우 ⑦ 수신 장소가 너무 시끄러울 경우 ⑧ 직무상 수신자가 한 곳에 머무르는 경우

11 **어느 사업장의 근로자 수가 500명, 1일 9시간 작업, 연간 300일 근무 시 연간 8건의 재해가 발생하여 휴업 일수가 300일일 때의 종합 재해 지수를 구하시오. (단, 종합 재해 지수=** $\sqrt{도수율 \times 강도율}$ **)**

해답

$$도수율 = \frac{재해\ 건수}{근로\ 총\ 시간수} \times 1{,}000{,}000 = \frac{8}{500 \times 9 \times 300} \times 1{,}000{,}000 = 5.93$$

$$강도율 = \frac{근로\ 손실\ 일수}{근로\ 총\ 시간수} \times 1{,}000 = \frac{300 \times \left(\frac{300}{365}\right)}{500 \times 9 \times 300} \times 1{,}000 = 0.18$$

$$\therefore\ 종합\ 재해\ 지수 = \sqrt{5.93 \times 0.18} = 1.03$$

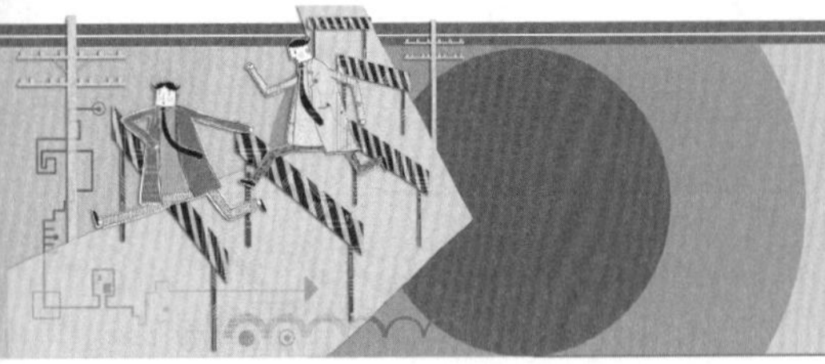

건설안전기사 2017.5.7 시행

01 이동식 사다리의 구조 기준이다. 다음 ( ) 안을 채우시오.

1) 길이가 (   )m를 초과해서는 안 된다.

2) 다리의 벌림은 벽 높이의 (①) 정도 또는 경사각은 (②) 정도가 적당하다.

3) 벽면 상부로부터 최소한 (   )m 이상의 여장 길이가 있다.

해답 1) 6

2) ① $\frac{1}{4}$, ② 75°

3) 1

02 차량계 건설 기계를 사용하여 작업을 할 때 작업 계획서에 포함해야 할 사항 3가지를 쓰시오.

해답 1. 사용하는 차량계 건설 기계의 종류 및 능력
2. 차량계 건설 기계의 운행 경로
3. 차량계 건설 기계에 의한 작업 방법

03 다음은 굴착면의 기울기 기준이다. 빈칸에 알맞게 쓰시오.

구 분	지반의 종류	기울기
보통 흙	습지	①
	건지	1 : 0.5 ~ 1 : 1
암반	풍화암	②
	연암	1 : 0.5
	경암	③

해답 ① 1 : 1~1 : 1.5
② 1 : 0.8
③ 1 : 0.3

04 차량계 건설 기계를 사용하는 작업을 함에 있어서 그 기계가 넘어지거나 굴러 떨어짐으로써 근로자에게 위험을 미칠 우려가 있는 때에 필요한 조치 사항 3가지를 쓰시오.

해답 1. 유도자 배치
2. 지반의 부동 침하 방지
3. 갓길의 붕괴 방지
4. 도로의 폭 유지

05 다음은 양중기의 와이어 로프 또는 달기 체인의 안전 계수에 관한 사항이다. 다음 물음에 답하시오.

1) 근로자가 탑승하는 운반구를 지지하는 경우

2) 화물의 하중을 직접 지지하는 경우

3) 1) 및 2) 외의 경우

해답 1) 10 이상
2) 5 이상
3) 4 이상

06 어느 건설 현장의 지난해 근무 상황이 아래와 같다. 물음에 답하시오.

보기
- 연평균 근로자 수 : 200명, 1일 8시간 작업
- 연간 작업 일수 : 300일, 평균 출근율 90%
- 연간 재해 발생 건수 : 9건, 잔업 20,000시간
- 휴업 일수 : 125일, 지각 · 조퇴 2,000시간

1) 도수율

2) 강도율

해답 1) $\text{도수율} = \dfrac{\text{재해 발생 건수}}{\text{근로 총 시간수}} \times 10^6$

$$= \frac{9}{200 \times 8 \times 300 \times 0.9 + 20,000 - 2,000} \times 10^6 = 20.00$$

2) $\text{강도율} = \dfrac{\text{근로 손실 일수}}{\text{근로 총 시간수}} \times 1,000$

$$= \frac{125 \times \dfrac{300}{365}}{200 \times 8 \times 300 \times 0.9 + 20,000 - 2,000} \times 1,000 = 0.2283 = 0.23$$

07 다음 표지판의 명칭을 쓰시오.

1)

2)

3)

4)

해답
1) 방사성 물질 경고
2) 사용 금지
3) 폭발성 물질 경고
4) 낙하물 경고

08 NATM(무지보공 터널 굴착) 공사에서 재해 방지를 위하여 지질 및 지층에 관한 조사 사항을 쓰시오.

해답
1. 시추(보링) 위치
2. 토층 분포 상태
3. 투수 계수
4. 지하수위
5. 지반의 지지력

참고 발파에 의한 굴착 작업을 할 때 NATM 공사 시 계측 관리 사항
① 내공 변위 측정
② 천단 침하 측정
③ 지중, 지표 침하 측정
④ 록 볼트 축력 측정
⑤ 숏크리트 응력 측정

09 다음은 양중기의 와이어 로프 또는 달기 체인의 안전 계수에 관한 사항이다. 다음 물음에 답하시오.

1) 근로자가 탑승하는 운반구를 지지하는 경우
2) 화물의 하중을 직접 지지하는 경우
3) 1) 및 2) 외의 경우

해답
1) 10 이상
2) 5 이상
3) 4 이상

10 작업자가 계단에서 굴러떨어져 바닥에 머리를 부딪히는 사고가 발생하였다. 발생 형태, 기인물, 가해물을 분석하시오. (단, 계단에 물이 남아 있었다.)

해답
1. 발생 형태 : 전도 전락
2. 기인물 : 물
3. 가해물 : 바닥

11 법상 크레인 또는 타워 크레인에 설치해야 하는 방호 장치의 종류를 쓰시오.

해답
1. 과부하 방지 장치
2. 권과 방지 장치
3. 비상 정지 장치
4. 브레이크

12 산업안전보건법상 사업주는 거푸집, 동바리 등에 사용되는 동바리 · 멍에 등 주요 부분의 강재를 기준에 맞는 것을 사용하여야 한다. 다음 빈칸을 채우시오.

강재의 종류	인장강도(kg/mm²)	신장률(%)
강관	34 이상 41 미만	25 이상
	41 이상 50 미만	20 이상
	50 이상	(　　)

해답 10 이상

참고 강재의 사용 기준

강재의 종류	인장강도(kg/mm²)	신장률(%)
강관	34 이상 41 미만	25 이상
	41 이상 50 미만	20 이상
	50 이상	10 이상
강판, 형강, 평강, 경량 형강	34 이상 41 미만	21 이상
	41 이상 50 미만	16 이상
	50 이상 60 미만	12 이상
	60 이상	8 이상
봉강	34 이상 41 미만	25 이상
	41 이상 50 미만	20 이상
	50 미만	18 이상

13 **다음 (　　) 안에 알맞게 쓰시오.**

터널 건설 현장의 내부에 배기가스나 (①)에 의하여 시계가 현저하게 불량할 때에는 (②)를 하거나 물을 뿌려 시계를 양호하게 유지시켜야 한다.

해답 ① 분진
② 환기

14 **온도가 하강함에 따라 흙속의 물이 얼어 부피가 증대하게 되어 지표면이 부풀어 오르는 현상을 동상 현상이라고 하며, 특히 겨울철의 토목 공사 시 많은 문제가 되고 있다. 이러한 동상 현상을 방지하기 위한 대책 3가지를 쓰시오.**

해답 1. 배수구를 설치하여 지하수위를 낮춘다.
2. 지하수 상승을 방지하기 위하여 차단층(콘크리트, 아스팔트, 모래 등)을 설치한다.
3. 흙속에 단열 재료를 넣는다.
4. 동결 심도 상부의 흙을 비동결 흙으로 치환한다.
5. 흙을 화학 약품으로 처리하여 동결 온도를 내린다.

건설안전산업기사 2017.5.7 시행

01 **근로자가 500명인 사업장에서 연간 6명의 재해자가 발생하였다. 연천인율과 도수율을 구하시오.**

해답 1. 연천인율 $= 6 \div 500 \times 1,000 = 12.00$

2. 도수율 $= \dfrac{6}{500 \times 8 \times 300} \times 1,000,000 = 5.00$

02 **이동식 크레인을 이용하는 작업 중 크레인의 달기구에 전용 탑승 설비를 설치하여 작업 시 탑승 설비에서 추락에 의한 근로자의 위험을 방지하기 위한 조치 사항을 쓰시오.**

해답 1. 탑승 설비가 뒤집히거나 떨어지지 않도록 필요한 조치를 할 것

2. 안전대나 구명줄을 설치하고, 안전 난간의 설치가 가능한 구조인 경우 안전 난간을 설치할 것

3. 탑승 설비와 탑승자의 총 중량의 1.3배에 상당하는 중량에 500kg을 가산한 수치가 이동식 크레인의 정격 하중을 초과하지 아니하도록 할 것

03 **건설 현장 안전 미팅 훈련으로 작업장 내 적당한 장소를 선정하여 작업 전 5~15분, 중식 후 5~15분, 작업 종료 후 3~5분 정도 실시하는 것을 무엇이라 하는지 쓰시오.**

해답 TBM(Tool Box Meeting) 훈련

04 **법상 흙막이 지보공 설치 시 흙막이 지보공의 점검 사항 3가지를 쓰시오.**

해답 1. 부재의 손상 · 변형 · 부식 · 변위 및 탈락의 유무와 상태

2. 버팀대의 긴압 정도

3. 부재의 접속부 · 부착부 및 교차부의 상태

4. 침하의 정도

05 **법상 채석 작업을 하고자 하는 때에는 지반 붕괴, 굴착 기계의 전도, 전락 등에 의하여 근로자에게 위험 방지를 위하여 작업 계획을 세워야 한다. 채석 작업 시 작업 계획서에 포함해야 할 사항을 쓰시오.**

해답
1. 노천 굴착과 갱내 굴착의 구별 및 채석 방법
2. 굴착면의 높이와 기울기
3. 굴착면의 소단 위치와 넓이
4. 갱내에서의 낙반 및 붕괴 방지 방법
5. 발파 방법
6. 암석의 분할 방법
7. 암석의 가공 장소
8. 사용하는 굴착 기계, 분할 기계, 적재 기계 또는 운반 기계의 종류 및 능력
9. 토석 또는 암석의 적재 및 운반 방법과 운반 경로
10. 표토 또는 용수의 처리 방법

06 **터널 등의 건설 작업 시 낙반 등에 의하여 근로자에게 위험이 미칠 수 있는 우려가 있는 때의 조치 사항을 쓰시오.**

해답
1. 터널 지보공 설치
2. 록 볼트 설치
3. 부석 제거

07 **다음은 작업 발판의 폭에 관한 사항이다. 물음에 답하시오.**

1) 슬레이트 지붕 위에서 작업 시 작업 발판의 폭은?
2) 비계의 높이가 2m 이상인 작업 장소에서 작업 시 작업 발판의 폭은?
3) 비계의 높이가 5m 이상인 달비계 조립 · 해체 변경 시 작업 발판의 폭은?

해답
1) 30cm 이상
2) 40cm 이상
3) 20cm 이상

08 **산업안전보건법상 부적격한 섬유 로프의 사용 금지 사항을 쓰시오.**

해답
1. 꼬임이 끊어진 것
2. 심하게 손상 또는 부식된 것

09 흙막이 도괴 재해 중 다음 용어에 대하여 설명하시오.

1) 히빙 파괴(heaving failure)

2) 보일링(boiling)

해답 1) 점성토 지반 또는 연약 점토 지반 굴착 시 어느 정도 깊이까지 굴착을 해 흙막이벽 뒤쪽의 흙 중량이 굴착부 바닥 지지력 이상이 되면 지지력이 약해져서 흙막이벽 근입 부분의 지반이 부풀어 올라오는 현상을 말하며, 연약한 점토 지반의 굴착 공사에서는 흙막이의 전면 파괴를 일으키게 되므로 특히 주의해야 한다.

2) 지하수위가 높은 모래 지반(사질토)과 같은 투수성이 좋은 지반에서 지하수위보다 낮게 굴착하는 경우, 부근의 피압수에 의해 널말뚝 아래를 침투해 올라오는 물때문에 토사가 굴착한 곳으로 밀려나와 굴착한 부분을 다시 메우는 현상을 뜻한다.

10 산업안전보건법상 안전 관리자의 증원 및 교체임명 사유를 쓰시오.

해답 1. 해당 사업장의 연간 재해율이 동종업종 평균 재해율의 2배 이상인 때

2. 중대 재해가 연간 2건 이상 발생한 때

3. 관리자가 질병, 기타의 사유로 3개월 이상 직무를 수행할 수 없게 된 때

11 차량계 건설 기계의 붐, 암 등을 올리고 그 밑에서 수리, 점검 등 작업 시 붐, 암 등이 갑자기 하강하여 발생하는 위험을 방지하기 위한 조치 사항을 쓰시오.

해답 1. 안전 지주 사용

2. 안전 블록 사용

12 셔블계 건설 기계 사용 시 안전 수칙을 쓰시오.

해답 1. 작업 시에는 항상 사람의 접근에 특별히 주의하여야 한다.

2. 자신의 위치와 주위를 완전히 파악한 후 스윙 붐의 상하 작동을 행한다.

3. 운전 반경 내 사람이 있는 경우 회전하여서는 안된다.

4. 배관 및 지하 배선 지역 굴착 시 정확한 배관 및 배선 지역을 알고 작업해야 한다.

5. 전선(고압) 밑에서는 주의하여 작업해야 하며, 특히 전선과 장치의 안전 간격을 반드시 유지해야 한다.

6. 버킷이나 다른 부수 장치 혹은 뒷부분에 사람을 태우지 말아야 한다.

7. 상치의 주차 시는 경사지나 굴작 작업장으로부터 충분히 이격시켜 주차하고, 버킷은 반드시 지면에 놓아야 한다.

13 중량물을 인력으로 인양 시 발생하는 재해의 유형을 쓰시오.

해답
1. 요통
2. 전도
3. 협착
4. 낙하
5. 충돌

건설안전기사 2017.9.23 시행

01 안전 관리자가 수행해야 할 법적 직무 사항을 4가지 기술하시오.

해답
1. 산업안전보건위원회 또는 안전·보건에 관한 노사협의체에서 심의·의결한 직무와 사업장 안전 보건 관리 규정 및 취업 규칙에서 정한 직무
2. 의무 안전 인증 대상 기계·기구 등과 자율 안전 확인 대상 기계·기구 등 구입 시 적격품 선정
3. 해당 사업장 안전 교육 계획의 수립 및 실시
4. 사업장 순회 점검, 지도 및 조치의 건의
5. 산업 재해 발생의 원인 조사 및 재발 방지를 위한 기술적 지도, 조언
6. 법 또는 법에 의한 명령이나 안전 보건 관리 규정 및 취업 규칙 중 안전에 관한 사항을 위반한 근로자에 대한 조치의 건의
7. 산업 재해에 관한 통계의 유지, 관리를 위한 지도, 조언
8. 그 밖에 안전에 관한 사항으로서 고용노동부 장관이 정하는 사항

02 지게차를 이용한 작업에 있어서 시작 전 점검 사항 3가지를 쓰시오.

해답
1. 제동 장치 및 조종 장치 기능의 이상 유무
2. 하역 장치 및 유압 장치 기능의 이상 유무
3. 바퀴의 이상 유무
4. 전조등, 후미등, 방향 지시기 및 경보 장치 기능의 이상 유무

03 암질 변화 구간 및 이상 암질의 출현 시 암질을 판별하는 방법 3가지를 쓰시오.

해답
1. R.Q.D(%)
2. 탄성파 속도(m/sec)
3. R.M.R
4. 일축 압축 강도(kg/cm^2)
5. 진동치 속도(cm/sec=Kine)

04 안전 보건 관리 조직 유형 중 라인 스태프 혼합형을 간략히 설명하시오.

해답 1,000명 이상의 사업장에 적합한 조직 유형으로 안전에 관한 각종 계획은 staff에서, 수립된 계획은 line에서 실시하므로 전 종업원을 안전 요원화할 수 있다. 다만, line의 staff에 대한 의존도가 높으므로 staff의 line에 대한 월권 행위의 우려가 있다.

05 산업안전보건법상 고용노동부령에 의하여 안전 관리자의 증원 · 교체임명을 명할 수 있는 경우를 쓰시오.

해답 1. 해당 사업장의 연간 재해율이 같은 업종의 평균 재해율의 2배 이상인 경우
2. 중대 재해가 연간 2건 이상 발생한 경우
3. 관리자가 질병이나 그 밖의 사유로 3개월 이상 직무를 수행할 수 없게 된 경우

06 공사용 가설 도로 설치 시 준수 사항을 쓰시오.

해답 1. 도로는 장비와 차량이 안전하게 운행할 수 있도록 견고하게 설치할 것
2. 도로와 작업장이 접하여 있을 경우에는 울타리 등을 설치할 것
3. 도로는 배수를 위하여 경사지게 설치하거나 배수 시설을 설치할 것
4. 차량의 속도 제한 표지를 부착할 것

07 고소 작업대를 이용하는 작업 시 고소 작업대를 이동하는 경우 준수 사항을 쓰시오.

해답 1. 작업대를 가장 낮게 내릴 것
2. 작업대를 올린 상태에서 작업자를 태우고 이동하지 말 것. 다만, 이동 중 전도 등의 위험 예방을 위하여 유도하는 사람을 배치하고, 짧은 구간을 이동하는 경우에는 그러하지 아니하다.
3. 이동 통로의 요철 상태 또는 장애물의 유무 등을 확인할 것

08 산업안전보건법상 산업안전보건위원회 위원장 선출 방법과 의결되지 아니한 사항의 처리 방법을 쓰시오.

해답 1. 위원장 선출 : 산업안전보건위원회의 위원장은 위원 중에서 선출한다. 이 경우 근로자 위원과 사용자 위원 중 각 1명을 공동 위원장으로 선출할 수 있다.
2. 처리 방법
① 산업안전보건위원회에서 의결하지 못한 경우
② 산업안전보건위원회에서 의결된 사항의 해석 또는 이행 방법 등에 관하여 의견이 일치하지 않는 경우

위 사항의 하나에 해당하는 경우 근로자 위원과 사용자 위원의 합의에 따라 산업안전보건위원회에 중재 기구를 두어 해결하거나 제3자에 의한 중재를 받아야 한다.

09 산업안전보건법상 특별 안전 보건 교육 중 거푸집, 동바리의 조립 또는 해체 작업 시 실시해야 할 교육의 내용을 쓰시오.

해답
1. 동바리의 조립 방법 및 작업 절차에 관한 사항
2. 조립 재료의 취급 방법 및 설치 기준에 관한 사항
3. 조립 해체 시의 사고 예방에 관한 사항
4. 보호구 착용 및 점검에 관한 사항
5. 그 밖에 안전・보건 관리에 필요한 사항

10 다음 보기에 대한 산업안전보건관리비를 계산하시오. (단, 일반 건설 공사(갑))

보기
① 노무비 : 40억원(직접 노무비 30억원, 간접 노무비 10억원)
② 재료비 : 40억원
③ 기계 정비 : 10억원

해답 산업안전보건관리비 = 재료비 + 직접 노무비= 40억원 + 30억원= 70억원
∴ 70억원×0.0197 = 137,900,000원

11 연약지반에 하중을 가하여 흙을 압밀시키는 방법의 한 가지로, 구조물 축조 장소에 사전에 성토하여 침하시켜 흙의 전단 강도를 증가시킨 후 성토 부분을 제거하는 공법의 명칭을 쓰시오.

해답 프리 로딩 공법

12 산업안전보건법상 안전 보건 개선 계획 수립 대상 사업장에 관한 사항이다. (　　) 안에 알맞게 쓰시오.

1) 안전 보건 개선 계획의 수립, 시행 명령을 받은 사업주는 고용노동부 장관이 정하는 바에 따라 안전보건계획서를 작성하여 그 명령을 받은 날로부터 (　　) 이내에 관할 지방노동관서의 장에게 제출하여야 한다.
2) 안전보건개선계획서는 시설, (①), (②), 산업 재해 예방 및 작업 환경 개선을 위하여 필요한 사항 등이 포함되어야 한다.

해답
1) 60일
2) ① 안전 보건 관리 체제
② 안전 보건 교육

13 **다음은 근로자의 추락을 방지하기 위한 안전 난간에 관한 사항이다. (　　) 안에 알맞게 쓰시오.**

1) 상부 난간대, 중간 난간대, 발끝막이판 및 난간 기둥으로 구성할 것. 다만, 중간 난간대, 발끝막이판 및 난간 기둥은 이와 비슷한 구조와 성능을 가진 것으로 대체할 수 있다.
2) 상부 난간대는 바닥면 · 발판 또는 경사로의 표면으로부터 (①) 이상 지점에 설치하고, 상부 난간대를 120cm 이하에 설치하는 경우에는 중간 난간대는 상부 난간대와 바닥면 등의 중간에 설치하여야 하며, 120cm 이상 지점에 설치하는 경우에는 중간 난간대를 2단 이상으로 균등하게 설치하고 난간의 상하 간격은 (②) 이하가 되도록 할 것
3) 발끝막이판은 바닥면 등으로부터 (③) 이상의 높이를 유지할 것. 다만, 물체가 떨어지거나 날아올 위험이 없거나 그 위험을 방지할 수 있는 망을 설치하는 등 필요한 예방 조치를 한 장소는 제외한다.

해답 ① 90cm
② 60cm
③ 10cm

14 **콘크리트 공사 시 사용하는 외부 비계의 종류를 쓰시오.**

해답 1. 강관 비계
2. 달 비계
3. 통나무 비계
4. 강관틀 비계
5. 이동식 비계
6. 시스템 비계

건설안전산업기사 2017.9.23 시행

01 **다음의 ( ) 안에 적합한 것을 쓰시오.**

1) 달기 와이어 로프 및 달기 강선의 안전 계수는 (   ) 이상
2) 달기 체인 및 달기 훅의 안전 계수는 (   ) 이상
3) 달기 강대와 달비계의 하부 및 상부 지점의 안전 계수는 강재의 경우 (①) 이상, 목재의 경우 (②) 이상

해답
1) 10
2) 5
3) ① 2.5, ② 5

02 **폭풍, 폭우 및 폭설 등 악천후로 인하여 작업 중지 후 비계의 점검 사항 4가지를 쓰시오.**

해답
1. 발판 재료의 손상 여부 및 부착 또는 걸림 상태
2. 해당 비계의 연결부 또는 접속부의 풀림 상태
3. 연결 재료 및 연결 철물의 손상 또는 부식 상태
4. 손잡이의 탈락 여부
5. 기둥의 침하, 변형, 변위 또는 흔들림 상태
6. 로프의 부착 상태 및 매단 장치의 흔들림 상태

03 **200명이 근무하는 어느 작업장에서 사망 재해가 1건, 재해로 인한 50일의 휴무 일수가 2건 발생되고, 20일의 가료(加療)가 발생하였다. 이 작업장의 강도율을 구하시오. (단, 근로자들의 근로 일수는 305일이다.)**

해답

$$\text{강도율} = \frac{\text{근로 손실 일수}}{\text{근로 총 시간수}} \times 1,000$$

$$= \frac{7,500 + \left(120 \times \dfrac{300}{365}\right)}{200 \times 8 \times 305} \times 1,000$$

$$= 15.57$$

04 지반의 굴착 작업 시 일일 준비 작업을 할 때 준수하여야 할 사항을 쓰시오.

해답
1. 작업 전에 반드시 작업 장소의 불안전한 상태 유무를 점검하고 미비점이 있을 경우 즉시 조치하여야 한다.
2. 근로자를 적절히 배치하여야 한다.
3. 사용하는 기기, 공구 등을 근로자에게 확인시켜야 한다.
4. 근로자의 안전모 착용 및 복장 상태, 또 추락의 위험이 있는 고소 작업자는 안전대를 착용하고 있는가 등을 확인하여야 한다.
5. 근로자에게 당일의 작업량, 작업 방법을 설명하고, 작업의 단계별 순서와 안전상의 문제점에 대하여 교육하여야 한다.
6. 작업 장소에는 관계자 이외의 출입을 금하고, 또 위험 장소에는 근로자가 접근하지 않도록 출입 금지 조치를 하여야 한다.
7. 굴착된 흙이 차량으로 운반될 경우 통로를 확보하고 굴착자와 차량 운전자가 상호 연락할 수 있도록 하되, 그 신호는 고용노동부 장관이 고시한 크레인 작업 표준신호지침에서 정하는 바에 의한다.

참고 공사 전 준비 시 준수 사항

① 작업 계획, 작업 내용을 충분히 검토하고 이해하여야 한다.
② 공사 물량 및 공기에 따른 근로자의 소요 인원을 계획하여야 한다.
③ 굴착 예정지의 주변 상황을 조사하여 조사 결과 작업에 지장을 주는 장애물이 있는 경우 이설, 제거, 거치 보전 계획을 수립하여야 한다.
④ 시가지 등에서 공중 재해에 대한 위험이 수반될 경우 예방 대책을 수립하여야 하며, 가스관, 상하수도관, 지하 케이블 등의 지하 매설물에 대한 방호 조치를 하여야 한다.
⑤ 작업에 필요한 기기, 공구 및 자재의 수량을 검토, 준비하고 반입 방법에 대하여 계획하여야 한다.
⑥ 예정된 굴착 방법에 적절한 토사 반출 방법을 계획하여야 한다.
⑦ 관련 작업(굴착 기계 · 운반 기계 등의 운전자, 흙막이공, 형틀공, 철근공, 배관공 등)의 책임자 상호간의 긴밀한 협조와 연락을 충분히 하여야 하며, 수기 신호, 무선 통신, 유선 통신 등의 신호 체제를 확립한 후 작업을 진행시켜야 한다.
⑧ 지하수 유입에 대한 대책을 수립하여야 한다.

05 법상 중대 재해의 종류를 쓰시오.

해답
1. 사망자가 1명 이상 발생한 재해
2. 3개월 이상의 요양이 필요한 부상자가 동시에 2명 이상 발생한 재해
3. 부상자 또는 직업성 질병자가 동시에 10명 이상 발생한 재해

06 전기 작업 중 감전에 영향을 주는 1차적인 요인을 쓰시오.

(해답) 1. 통전 전류의 세기
2. 통전 경로
3. 통전 시간
4. 통전 전원의 종류
5. 주파수 및 파형

07 거푸집 지보공 설계 시 여러 가지 시공 조건에 따른 고려해야 할 하중의 종류를 쓰시오.

(해답) 1. 연직 방향 하중
2. 횡방향 하중
3. 콘크리트 측압
4. 특수 하중
5. 상기 1~4호의 하중에 안전율을 고려한 하중

참고 거푸집 지보공 재료 선정 시 고려해야 할 사항
① 강도
② 강성
③ 내구성
④ 작업성
⑤ 타설 콘크리트에 대한 영향력
⑥ 경제성

08 건설물, 기계 · 기구 및 설비 등을 설치, 이전하거나 그 주요 부분을 변경할 때에는 유해 · 위험방지계획서를 작성하여 첨부 서류와 같이 제출하여야 한다. 첨부 서류의 내용을 쓰시오.

(해답) 1. 건축물 각 층의 평면도
2. 기계, 설비의 개요를 나타내는 도면
3. 기계, 설비의 배치도면
4. 원재료 및 제품의 취급, 제조 등의 작업 방법 개요

09 다음은 강관 비계에 관한 사항이다. (   ) 안에 알맞게 쓰시오.

비계 기둥의 간격은 띠장 방향에서는 (①) 이상 (②) 이하, 장선(長線) 방향에서는 (③) 이하로 할 것. 다만, 선박 및 보트 건조 작업의 경우 안전성에 대한 구조 검토를 실시하고 조립도를 작성하면 띠장 방향 및 장선 방향으로 각각 2.7m 이하로 할 수 있다.

(해답) ① 1.5m, ② 1.8m, ③ 1.5m

10 **현장에서 발생된 재해로 인하여 의도치 않게 손실된 비용을 무엇이라 하는지 쓰시오.**

해답 총 재해 손실비

11 **다음은 누전 차단기에 관한 사항이다. (   ) 안에 알맞게 쓰시오.**

> 전기 기계 · 기구에 설치되어 있는 누전 차단기는 정격 감도 전류 (①) 이하, 작동 시간 (②) 이내, 정격 부하 전류가 50A 이상인 전기 기계 · 기구에 접속되는 누전 차단기에는 정격 감도 전류 (③) 이하, 작동 시간 (④) 이내

해답 ① 30mA
② 0.03초
③ 200mA
④ 0.1초

12 **터널 건설 작업에서 터널 등 내부에서 금속의 용접 · 용단 또는 가열 작업 시 화재 예방을 위한 조치 사항을 쓰시오.**

해답 1. 부근에 있는 넝마, 나무 부스러기, 종이 부스러기, 그 밖의 가연성 물질을 제거하거나, 또는 그 가연성 물질에 불연성 물질의 덮개를 하거나, 그 작업에 수반하는 불티 등이 날아 흩어지는 것을 방지하기 위한 격벽을 설치할 것
2. 해당 작업에 종사하는 근로자에게 소화 설비의 설치 장소 및 사용 방법을 주지시킬 것
3. 해당 작업 종료 후 불티 등에 의하여 화재가 발생할 위험 유무를 확인할 것

13 **다음 (   ) 안에 알맞게 쓰시오.**

1) (   )란 착용자의 머리부위를 덮는 주된 물체로서 단단하고 매끄럽게 마감된 재료를 말한다.
2) (   )란 머리받침끈, 머리고정대 및 머리받침고리로 구성되어 추락 및 감전 위험 방지용 안전모 머리부위에 고정시켜 주며, 안전모에 충격이 가해졌을 때 착용자의 머리부위에 전해지는 충격을 완화시켜 주는 기능을 갖는 부품을 말한다.

해답 1) 모체
2) 착장체

건설안전기사 2018.4.15 시행

01 재해 예방 4원칙을 쓰시오.

(해답) 1. 예방 가능의 원칙　2. 원인 계기의 원칙
3. 손실 우연의 원칙　4. 대책 선정의 원칙

02 가설 통로 설치 시 준수하여야 할 사항을 쓰시오.

(해답) 1. 견고한 구조로 할 것
2. 경사는 30° 이하로 할 것
3. 경사가 15°를 초과하는 때에는 미끄러지지 아니하는 구조로 할 것
4. 추락의 위험이 있는 장소에는 안전 난간을 설치할 것
5. 수직 갱에 가설된 통로의 길이가 15m 이상인 때에는 10m 이내마다 계단참을 설치할 것
6. 건설 공사에 사용하는 높이 8m 이상인 비계 다리에는 7m 이내마다 계단참을 설치할 것

03 폭풍, 폭우 및 폭설 등의 악천후로 인하여 작업을 중지시킨 후 또는 비계를 조립, 해체하거나 변경한 후 비계의 점검 사항 5가지를 쓰시오.

(해답) 1. 발판 재료의 손상 여부 및 부착 또는 걸림 상태
2. 해당 비계의 연결부 또는 접속부의 풀림 상태
3. 연결 재료 및 연결 철물의 손상 또는 부식 상태
4. 손잡이의 탈락 여부
5. 기둥의 침하, 변형, 변위 또는 흔들림 상태
6. 로프의 부착 상태 및 매단 장치의 흔들림 상태

04 굴착 공사에서 토사 붕괴의 예방을 위한 안전 점검 사항 5가지를 쓰시오.

(해답) 1. 전 표면의 답사
2. 법면 지층의 변화부 상황 확인
3. 부석의 상황 변화 확인
4. 용수의 발생 유무 또는 용수량의 변화 확인
5. 결빙과 해빙에 대한 상황의 확인
6. 각종 법면 보호공의 변화 확인

05 연약 지반 굴착 시 히빙의 방지 대책 3가지를 쓰시오.

해답
1. 흙막이판은 강성이 높은 것을 사용한다.
2. 지반 개량을 한다.
3. 흙막이벽의 전면 굴착을 남겨 두어 흙의 중량에 대항하게 한다.
4. 흙막이벽의 뒷면 지반에 약액을 주입하거나 탈수 공법으로 지반 개량을 실시하여 흙의 전단 강도를 높인다.
5. 굴착 예정 부분은 부분 굴착하여 기초 콘크리트로 고정시킨다.
6. 흙막이벽의 근입 깊이를 깊게 한다.
7. 설계 계획을 변경한다.

06 다음 표는 법에 의한 사업장 내 안전 보건 교육에 관한 사항이다. 해당하는 번호의 빈칸을 채우시오.

교육 과정	교육 대상	교육 시간
정기 교육	②	매월 2시간 이상
①	일용 근로자	1시간 이상
작업 내용 변경 시 교육	일용 근로자를 제외한 근로자	③
특별 안전 교육	특별안전보건교육대상 작업에 종사하는 일용 근로자	④

해답
① 채용 시 교육　② 생산직 종사 근로자, 사무직 종사 근로자
③ 2시간 이상　④ 2시간 이상

07 옹벽의 안정 조건 검토 시 고려해야 할 3가지 사항을 쓰시오.

해답
1. 지지력에 대한 안정
2. 활동에 대한 안정
3. 전도에 대한 안정

08 건설 현장에서 흔히 발생하는 히빙 발생에 대한 대책 3가지를 쓰시오.

해답
1. 흙막이판은 강성이 높은 것을 사용한다.
2. 지반을 개량한다.
3. 흙막이벽의 근입 깊이를 깊게 한다.
4. 굴착 예정 부분을 부분 굴착하여 기초 콘크리트로 고정시킨다.
5. 흙막이벽의 전면 굴착을 남겨 두어 흙의 중량에 대항하게 한다.
6. 흙막이벽의 뒷면 지반에 약액을 주입하거나 탈수 공법으로 지반 개량을 하여 흙의 전단 강도를 높인다.

09 산업안전보건법상 산업 재해 발생 시 기록 보존해야 할 사항을 쓰시오.

해답 1. 사업장의 개요 및 근로자의 안전 사항
2. 재해 발생의 일시 및 장소
3. 재해 발생의 원인 및 과정
4. 재해 재발 방지 계획

10 다음은 산업안전보건법상 안전 보건 총괄 책임자 지정 대상 사업에 관한 사항이다. ( ) 안에 알맞게 쓰시오.

수급인과 하수급인에게 고용된 근로자를 포함한 상시 근로자가 100명(선박 및 보트 건조업, 1차 금속 제조업 및 토사석 광업의 50명) 이상인 사업 및 수급인과 하수급인의 공사금액을 포함한 해당 공사의 총 공사 금액이 (   ) 이상인 건설업

해답 20억원

11 흙의 동상 방지 대책을 쓰시오.

해답 1. 배수구를 설치하여 지하수위를 낮춘다.
2. 지하수 상승을 방지하기 위해 차단층(콘크리트, 아스팔트, 모래 등)을 설치한다.
3. 흙 속에 단열 재료를 넣는다.
4. 동결 심도 상부의 흙을 비동결 흙으로 치환한다. (비동결 흙 : 자갈, 석탄재 등)
5. 흙을 화학 약품으로 처리하여 동결 온도를 내린다. (약품 : $CaCl_2$, $MgCl_2$, NaCl)

12 다음은 터널 작업면에 대한 조명 장치 및 설비의 조도 기준에 관한 사항이다. ( ) 안에 알맞게 쓰시오.

작업 구분	기 준
막장 구간	(①) 이상
터널 중간 구간	(②) 이상
터널 입·출구, 수직구 구간	(③) 이상

해답 ① 60lux
② 50lux
③ 30lux

13 산업안전보건법상 고용노동부 장관이 명예 산업 안전 감독관을 해촉할 수 있는 경우를 쓰시오.

해답
1. 근로자 대표가 사업주의 의견을 들어 위촉된 명예 산업 안전 감독관의 해촉을 요청한 경우
2. 명예 산업 안전 감독관이 해당 단체 또는 그 산하조직으로부터 퇴직하거나 해임된 경우
3. 명예 산업 안전 감독관의 업무와 관련하여 부정한 행위를 한 경우
4. 질병이나 부상 등의 사유로 명예 산업 안전 감독관의 업무 수행이 곤란하게 된 경우

참고 명예 산업 안전 감독관

1. 명예 감독관 위촉 대상 등 : 고용노동부 장관은 다음 각 호의 어느 하나에 해당하는 사람 중에서 명예 감독관을 위촉할 수 있다.
   ① 산업안전보건위원회 또는 노사협의체 설치 대상 사업의 근로자 중에서 근로자 대표가 사업주의 의견을 들어 추천하는 사람
   ② 「노동조합 및 노동관계조정법」 제10조에 따른 연합단체인 노동조합 또는 그 지역 대표 기구에 소속된 임직원 중에서 해당 연합단체인 노동조합 또는 그 지역 대표 기구가 추천하는 사람
   ③ 전국 규모의 사업주 단체 또는 그 산하조직에 소속된 임직원 중에서 해당 단체 또는 그 산하조직이 추천하는 사람
   ④ 산업 재해 예방 관련 업무를 하는 단체 또는 그 산하조직에 소속된 임직원 중에서 해당 단체 또는 그 산하조직이 추천하는 사람
2. 명예 감독관의 업무는 다음 각 호와 같다. 이 경우 제1항 제1호에 따라 위촉된 명예 감독관의 업무 범위는 해당 사업장에서의 업무(제8호의 경우는 제외한다)로 한정하며, 제1항 제2호부터 제4호까지의 규정에 따라 위촉된 명예 감독관의 업무 범위는 제8호부터 제10호까지의 업무로 한정한다.
   ① 사업장에서 하는 자체점검 참여 및 근로 감독관이 하는 사업장 감독 참여
   ② 사업장 산업 재해 예방 계획 수립 참여 및 사업장에서 하는 기계 · 기구 자체 검사 입회
   ③ 법령을 위반한 사실이 있는 경우 사업주에 대한 개선 요청 및 감독 기관에의 신고
   ④ 산업 재해 발생의 급박한 위험이 있는 경우 사업주에 대한 작업 중지 요청
   ⑤ 작업 환경 측정, 근로자 건강진단 시의 입회 및 그 결과에 대한 설명회 참여
   ⑥ 직업성 질환의 증상이 있거나 질병에 걸린 근로자가 여러 명 발생한 경우 사업주에 대한 임시 건강진단 실시 요청
   ⑦ 근로자에 대한 안전 수칙 준수 지도
   ⑧ 법령 및 산업 재해 예방 정책 개선 건의
   ⑨ 안전 · 보건 의식을 북돋우기 위한 활동과 무재해 운동 등에 대한 참여와 지원
   ⑩ 그 밖에 산업 재해 예방에 대한 홍보 · 계몽 등 산업 재해 예방 업무와 관련하여 고용노동부 장관이 정하는 업무
3. 명예 감독관의 임기는 2년으로 하되, 연임할 수 있다.

14 **다음은 크레인에 관한 사항이다. (   ) 안에 알맞게 쓰시오.**

> 사업주는 순간 풍속이 (   )를 초과하는 바람이 불어올 경우 옥외에 설치되어 있는 주행 크레인에 대하여 이탈 방지 장치를 작동시키는 등 이탈 방지를 위한 조치를 하여야 한다.

해답 30m/s

건설안전산업기사 2018.4.15 시행

01 **일반 기술 지도는 월 1회 이상, 전문 기술 지도는 매 3개월에 1회 이상 실시한다. 다만, 전담 기술 지도 또는 정기 기술 지도를 실시하지 않아도 되는 공사 3가지를 쓰시오.**

해답
1. 공사 기간이 1개월 미만인 공사
2. 육지와 연결되지 아니한 섬 지역(제주특별자치도를 제외한다)에서 이루어지는 공사
3. 안전 관리자를 선임하여 안전 관리자의 직무만을 전담하도록 하는 공사
4. 유해 위험 방지 계획서를 제출하여야 하는 공사

02 **차량계 건설 기계를 사용하는 작업을 함에 있어서 그 기계가 넘어지거나 굴러 떨어짐으로써 근로자에게 위험을 미칠 우려가 있는 때에 필요한 조치 사항 3가지를 쓰시오.**

해답
1. 유도자 배치
2. 지반의 부동 침하 방지
3. 갓길의 붕괴 방지
4. 도로의 폭 유지

03 **깊이 10.5m 이상의 굴착 공사의 경우 계측 기기의 설치에 의하여 흙막이 구조의 안전을 예측하여야 한다. 흙막이 구조 안전을 위해 설치해야 할 계측기의 종류 3가지를 쓰시오.**

해답
1. 수위계
2. 경사계
3. 하중 및 침하계
4. 응력계

04 **철골 작업 시 악천후에 의한 작업 중지 사항을 쓰시오.**

해답
1. 풍속이 초당 10m 이상인 경우
2. 강우량이 시간당 1mm 이상인 경우
3. 강설량이 시간당 1cm 이상인 경우

05 법상 양중기에 설치해야 할 방호 장치의 종류를 쓰시오. (단, 과부하 방지 장치는 제외)

해답 1. 권과 방지 장치
2. 브레이크 장치
3. 파이널 리밋 스위치
4. 비상 정지 장치
5. 출입문 인터록

참고 ① 크레인 방호 장치 : 과부하 방지 장치, 권과 방지 장치, 비상 정지 장치, 브레이크 장치
② 이동식 크레인 : 과부하 방지 장치, 권과 방지 장치, 브레이크 장치
③ 리프트 : 권과 방지 장치
④ 승강기 : 과부하 방지 장치, 파이널 리밋 스위치, 비상 정지 장치, 조속기, 출입문 인터록
⑤ 곤돌라 : 권과 방지 장치, 과부하 방지 장치, 제동 장치

06 어느 작업자가 시야가 확보되지 않은 큰 물건을 운반하다가 덮개가 설치되어 있지 아니한 개구부에 추락하는 사고가 발생하였다. 이 재해를 다음 물음에 맞게 분석하시오.

1) 재해 발생 형태
2) 기인물
3) 가해물
4) 불안전 상태
5) 불안전 행동

해답 1) 추락
2) 시야가 미확보된 큰 물건
3) 덮개가 미설치된 개구부
4) 덮개 미설치, 개구부에 안전 난간, 울 등 미설치
5) 시야의 미확보

07 토공사에서 비탈면 보호 방법(공법)의 종류를 3가지 쓰시오.

해답 1. 배토공
2. 압성토공
3. 배수공
4. 공작물의 설치

참고 비탈면 보호 방법
① 콘크리트 타설
② 시멘트 모르타르 코팅
③ 아스팔트 코팅
④ 방수포 포설
⑤ 흙가마니 쌓기

08 **산업안전보건법상 목재 가공용 둥근톱 기계의 방호 장치를 쓰시오.**

해답 1. 반발 예방 장치
2. 날접촉 예방 장치

09 **다음 물음에 대하여 (   ) 안에 알맞게 쓰시오.**

> 계단 및 계단참을 설치하는 때에는 매제곱미터당 (①) 이상의 하중에 견딜 수 있는 강도를 가진 구조로 설치하여야 하며, 안전율(안전의 정도를 표시하는 것으로서 재료의 파괴 응력도와 허용 응력도와의 비를 말한다)은 (②) 이상으로 하여야 한다.

해답 ① 500kg
② 4

10 **다음은 강관 비계에 관한 내용이다. (   ) 안에 알맞게 쓰시오.**

> 비계 기둥의 제일 윗부분으로부터 (①)되는 지점 밑부분의 비계 기둥은 (②)의 강관으로 묶어 세울 것

해답 ① 31m
② 2개

11 **어느 사업장의 근로자 수가 500명, 1일 9시간 작업, 연간 300일 근무 시 연간 8건의 재해가 발생하여 휴업 일수가 300일이라면 종합 재해 지수를 구하시오. (단, 종합 재해 지수= $\sqrt{\text{도수율} \times \text{강도율}}$)**

해답
1. 도수율 $= \dfrac{\text{재해 건수}}{\text{근로 총 시간수}} \times 1{,}000{,}000 = \dfrac{8}{500 \times 9 \times 300} \times 1{,}000{,}000 = 5.93$

2. 강도율 $= \dfrac{\text{근로 손실 일수}}{\text{근로 총 시간수}} \times 1{,}000 = \dfrac{300 \times \left(\dfrac{300}{365}\right)}{500 \times 9 \times 300} \times 1{,}000 = 0.18$

3. 종합 재해 지수 $= \sqrt{5.93 \times 0.18} = 1.03$

12 **양중기의 화물 하역 작업 시 사용하는 섬유 로프 또는 섬유 벨트의 사용할 수 없는 조건을 쓰시오.**

해답 1. 꼬임이 끊어진 것
2. 심하게 손상 또는 부식된 것

13 **산업안전보건법상 밀폐 공간에서 작업 시 특별 안전 보건 교육의 내용을 쓰시오. (단, 그 밖에 안전 작업 방법에 필요한 사항은 제외)**

(해답) 1. 산소 농도 측정 및 작업 환경에 관한 사항
2. 사고 시의 응급 처치 및 비상시의 구출에 관한 사항
3. 보호구 착용 및 사용 방법에 관한 사항
4. 밀폐 공간 작업의 안전 작업 방법에 관한 사항

건설안전기사

2018.7.1 시행

01 **건설 공사에 있어 구조물의 콘크리트 타설 전에 거푸집, 동바리를 충분히 검토하지 아니하면 붕괴, 전도 등의 위험이 유발된다. 점검 내용 중 동바리 하중 지지 조건의 중요한 요소를 4가지만 쓰시오.**

해답
1. 연직 방향 하중
2. 횡방향 하중
3. 콘크리트 측압
4. 특수 하중
5. 1~4 외에 안전율을 고려한 하중

02 **화물 취급 시 섬유 로프의 사용 금지 조건 2가지를 쓰시오.**

해답
1. 꼬임이 끊어진 것
2. 심하게 손상 또는 부식된 것

03 **토공사 착공 전 일반적인 안전 점검 사항 중 사전 조사 사항을 3가지만 쓰시오.**

해답
1. 형상, 지질 및 지층의 상태
2. 균열, 함수, 용수 및 동결의 유무 또는 상태
3. 매설물 등의 유무 또는 상태
4. 지반의 지하수위 상태

04 **흙막이 공사 주변이 침하를 일으키는 주요 원인을 쓰시오.**

해답
1. 흙막이가 측압을 견디지 못할 때
2. 점성토 지반인 경우 히빙 현상
3. 사질토 지반인 경우 보일링 현상
4. 배수구의 처리 미비
5. 흙막이 버팀 기둥 또는 버팀대의 시공 불량
6. 지하수위의 저하로 인한 토압 변화에 의한 침하

05 다음 표는 안전 보건 표지의 색채, 색도 기준에 관한 사항이다. ( ) 안에 알맞게 쓰시오.

색 채	색 도	용 도	사용 예
빨간색	7.5R 4/14	①	정지 신호, 소화 설비 및 그 장소 유해 행위의 금지
②	5Y 8.5/12	경고	위험 경고, 주의 표지 또는 기계 방호물
파란색	2.5PB 4/10	③	특정 행위의 지시 및 사실의 고지
④	2.5G 4/10	안내	비상구 및 피난소, 사람 또는 차량의 통행 표지
흰색	⑤	-	파란색 또는 녹색에 대한 보조색
검정색	NO.5	-	⑥

해답 ① 금지　② 노란색　③ 지시　④ 녹색　⑤ N9.5
⑥ 문자 및 빨간색 또는 노란색에 대한 보조색

06 다음은 관리 책임자 등이 고용노동부 장관이 실시하는 선임 전후 3월 이내, 2년마다 보수 교육을 받아야 하는 교육 대상과 그에 따른 교육 시간이다. ( ) 안에 알맞게 쓰시오.

교육 대상	교육 시간	
	신 규	보 수
관리 책임자	①	②
안전 관리자	③	④
보건 관리자	⑤	⑥
재해 예방 전문 지도 기관 종사자	-	24시간

해답 ① 6시간　② 6시간　③ 34시간
④ 24시간　⑤ 34시간　⑥ 24시간

참고 1. 안전 보건 관리 책임자 등에 대한 교육

교육 대상	교육 시간	
	신규 교육	보수 교육
안전 보건 관리 책임자	6시간 이상	6시간 이상
안전 관리자	34시간 이상	24시간 이상
보건 관리자	34시간 이상	24시간 이상
재해 예방 전문 지도 기관 종사자	-	24시간 이상

2. 검사원 양성 교육(안전 검사 검사원)

교육 과정	교육 대상	교육 시간
양성 교육	-	28시간 이상

07 건설업 중 유해 위험 방지 계획서 제출 대상 건설 공사의 종류를 쓰시오.

해답 1. 다음의 어느 하나에 해당하는 건축물 또는 시설 등의 건설 · 개조 또는 해체 공사
① 지상높이가 31미터 이상인 건축물 또는 인공구조물
② 연면적 3만제곱미터 이상인 건축물
③ 연면적 5천제곱미터 이상인 시설로서 다음의 어느 하나에 해당하는 시설
- 문화 및 집회시설(전시장 및 동물원 · 식물원은 제외한다)
- 판매시설, 운수시설(고속철도의 역사 및 집배송시설은 제외한다)
- 종교시설
- 의료시설 중 종합병원
- 숙박시설 중 관광숙박시설
- 지하도상가
- 냉동 · 냉장 창고시설

2. 연면적 5,000m^2 이상의 냉동 · 냉장 창고 시설의 설비 공사 및 단열 공사
3. 최대지간 길이가 50m 이상인 교량 건설 등 공사
4. 터널 건설 등의 공사
5. 다목적 댐, 발전용 댐 및 저수 용량 2천만톤 이상의 용수 전용 댐, 지방 상수도 전용 댐 건설 등의 공사
6. 깊이가 10m 이상인 굴착 공사

08 법상 양중기의 종류 중 승강기에 해당하는 종류를 쓰시오.

해답 1. 승용 승강기 2. 인화 공용 승강기
3. 화물 승강기 4. 에스컬레이터

09 채석 작업 시 작업 계획을 작성하여야 한다. 작업 계획에 포함되어야 할 사항을 쓰시오.

해답 1. 노천 굴착과 갱내 굴착의 구별 및 채석 방법
2. 굴착면의 높이와 기울기
3. 굴착면의 소단 위치와 높이
4. 갱 내에서의 낙반 및 붕괴 방지의 방법
5. 발파 방법
6. 암석의 분할 방법
7. 암석의 가공 장소
8. 사용하는 굴착 기계, 분할 기계, 적재 기계 또는 운반 기계의 종류 및 능력
9. 토석 또는 암석의 적재 및 운반 방법과 운반 경로
10. 표토 또는 용수의 처리 방법

10 흙의 동상 방지 대책을 쓰시오.

해답 1. 배수구를 설치하여 지하수위를 낮춘다.
2. 지하수 상승을 방지하기 위해 차단 층(콘크리트, 아스팔트, 모래 등)을 설치한다.
3. 흙 속에 단열 재료를 넣는다.
4. 동결 심도 상부의 흙을 비동결 흙으로 치환한다.
5. 흙을 화학 약품으로 처리하여 동결 온도를 내린다.

11 다음 물음에 답하시오.

1) 하인리히가 말한 사고 방지에 대한 5단계는?
2) 안전 점검에 있어서 어떤 기간을 두고서 행하는 정밀 점검을 무엇이라 하는가?
3) 페일 세이프란 무엇인가?

해답 1) 1단계 : 안전 관리 조직
2단계 : 사실의 발견
3단계 : 분석
4단계 : 시정 방법의 선정
5단계 : 시정책의 적용
2) 정기 점검
3) 인간 또는 기계에 과오나 동작상의 실수가 있어도 사고를 발생시키지 않도록 2중, 3중으로 통제를 가하는 것을 말한다.

12 산업안전보건법상 고소 작업대를 사용하는 경우 준수해야 할 사항을 쓰시오.

해답 1. 작업자가 안전모·안전대 등의 보호구를 착용하도록 할 것
2. 관계자가 아닌 사람이 작업 구역에 들어오는 것을 방지하기 위하여 필요한 조치를 할 것
3. 안전한 작업을 위하여 적정 수준의 조도를 유지할 것
4. 전로(電路)에 근접하여 작업을 하는 경우에는 작업 감시자를 배치하는 등 감전 사고를 방지하기 위하여 필요한 조치를 할 것
5. 작업대를 정기적으로 점검하고 붐·작업대 등 각 부위의 이상 유무를 확인할 것
6. 전환 스위치는 다른 물체를 이용하여 고정하지 말 것
7. 작업대는 정격 하중을 초과하여 물건을 싣거나 탑승하지 말 것
8. 작업대의 붐대를 상승시킨 상태에서 탑승자는 작업대를 벗어나지 말 것. 다만, 작업대에 안전대 부착 설비를 설치하고 안전대를 연결하였을 때에는 그러하지 아니하다.

13 다음 (   ) 안에 알맞게 쓰시오.

건설 공사에서 공사 금액이 (①) 미만이면 안전 관리자 2인 이상을 선임하여야 하고, 공사 금액 1,500억원 이상 2,200억원 미만이면 (②) 명의 안전 관리자를 선임하여야 한다.

해답 ① 800억원 이상 1,500억원　　② 3명

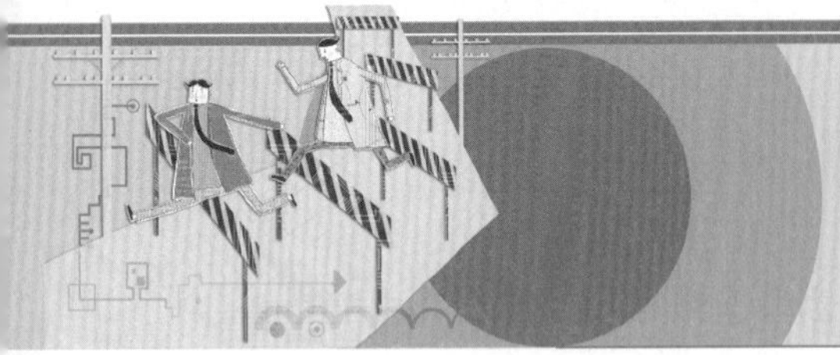

건설안전산업기사 2018.7.1 시행

01 굴착 작업에 있어서 지반의 붕괴 또는 토석의 낙하에 의하여 근로자에게 위험을 미칠 우려가 있을 때에 해당 위험을 방지하기 위하여 사업주가 해야 할 필요한 조치에 대하여 3가지만 쓰시오.

해답
1. 흙막이 지보공 설치
2. 출입 금지 구역 설정
3. 방호망 설치

02 작업장에서 크레인을 이용한 작업을 하려고 한다. 크레인의 작업 시작 전 점검 사항을 쓰시오.

해답
1. 권과 방지 장치, 브레이크, 클러치 및 운전 장치의 기능
2. 주행로의 상측 및 트롤리가 횡행하는 레일의 상태
3. 와이어 로프가 통하고 있는 곳의 상태

03 법상 중량물을 취급하는 작업 시 작업 계획에 포함하여야 할 내용을 쓰시오.

해답
1. 중량물의 종류 및 형상
2. 취급 방법 및 순서
3. 작업 장소의 넓이 및 지형

참고 중량물 취급 작업 시 작업 지휘자가 준수해야 할 사항
① 작업 순서 및 그 순서마다의 작업 방법을 정하고 작업을 지휘할 것
② 기구 및 공구를 점검하고 불량품을 제거하는 일
③ 해당 작업을 행하는 장소에 관계 근로자 외의 자의 출입을 금지시킬 것
④ 로프를 풀거나 덮개를 벗기는 작업을 행하는 때에는 적재함의 화물이 낙하할 위험이 없음을 확인한 후에 해당 작업을 하도록 할 것

04 소음을 통제하는 일반적인 소음 대책을 쓰시오.

해답
1. 기계 · 기구의 대체　　2. 시설의 밀폐
3. 흡음 장치 설치　　4. 격리

05 건설업 중 유해 위험 방지 계획서를 제출해야 하는 공사의 종류를 쓰시오.

해답 1. 다음의 어느 하나에 해당하는 건축물 또는 시설 등의 건설·개조 또는 해체 공사
① 지상높이가 31미터 이상인 건축물 또는 인공구조물
② 연면적 3만제곱미터 이상인 건축물
③ 연면적 5천제곱미터 이상인 시설로서 다음의 어느 하나에 해당하는 시설
- 문화 및 집회시설(전시장 및 동물원·식물원은 제외한다)
- 판매시설, 운수시설(고속철도의 역사 및 집배송시설은 제외한다)
- 종교시설
- 의료시설 중 종합병원
- 숙박시설 중 관광숙박시설
- 지하도상가
- 냉동·냉장 창고시설

2. 연면적 5,000m^2 이상의 냉동·냉장 창고 시설의 설비 공사 및 단열 공사
3. 최대지간 길이가 50m 이상인 교량 건설 등 공사
4. 터널 건설 등의 공사
5. 다목적 댐, 발전용 댐 및 저수 용량 2천만톤 이상의 용수 전용 댐, 지방 상수도 전용 댐 건설 등의 공사
6. 깊이가 10m 이상인 굴착 공사

06 근로자의 추락 등에 의한 위험을 방지하기 위하여 설치하는 안전 난간의 구성 요소를 쓰시오.

해답 1. 상부 난간대　　2. 중간 난간대
3. 난간 기둥　　4. 발끝막이판

07 다음은 산업안전보건법상 적정 공기에 관한 사항이다. (　) 안에 알맞게 쓰시오.

> 적정 공기라 함은 산소 농도의 범위가 (①) 이상 (②) 미만, 탄산가스의 농도가 (③) 미만, 황화수소의 농도가 (④) 미만인 수준의 공기를 말한다.

해답 ① 18%　② 23.5%　③ 1.5%　④ 10ppm

참고 관련 용어의 설명
① 밀폐 공간 : 산소 결핍, 유해가스로 인한 화재·폭발 등의 위험이 있는 장소
② 유해가스 : 밀폐 공간에서 탄산가스·황화수소 등의 유해 물질이 가스 상태로 공기 중에 발생되는 것
③ 적정 공기 : 산소 농도의 범위가 18% 이상 23.5% 미만, 탄산가스의 농도가 1.5% 미만, 황화수소의 농도가 10ppm 미만인 수준의 공기
④ 산소 결핍 : 공기 중의 산소 농도가 18% 미만인 상태
⑤ 산소 결핍증 : 산소가 결핍된 공기를 들이마심으로써 생기는 증상

08 로프에 연결된 버킷을 낙하하여 굴착하며, 주로 수중의 모래 굴착이나 깊은 곳의 굴착을 하고 하천 부지의 자갈 채취에 적합한 셔블계 굴착기를 쓰시오.

해답 클램셸

09 근로자 수가 500명인 어느 사업장에서 1일 9시간 작업, 연간 300일 근무 시 연간 8건의 재해가 발생하여 휴업 일수가 300일인 경우의 종합 재해 지수를 구하시오. (단, 종합 재해 지수= $\sqrt{\text{도수율} \times \text{강도율}}$)

해답 1. $\text{도수율} = \dfrac{\text{재해 건수}}{\text{근로 총 시간수}} \times 1{,}000{,}000 = \dfrac{8}{500 \times 9 \times 300} \times 1{,}000{,}000 = 5.93$

2. $\text{강도율} = \dfrac{\text{근로 손실 일수}}{\text{근로 총 시간수}} \times 1{,}000 = \dfrac{300 \times \left(\dfrac{300}{365}\right)}{500 \times 9 \times 300} \times 1{,}000 = 0.18$

3. $\text{종합 재해 지수} = \sqrt{5.93 \times 0.18} = 1.03$

10 200명이 근무하는 사업장에서 6개월간 안전 부서에서 불안전 행동 조치 건수 35건, 안전 PR 15건, 불안전 상태 지적 50건, 안전 회의를 6회 실시하였을 경우의 안전 활동률을 구하시오. (단, 1일 8시간 작업, 월 25일 작업)

해답 $\text{안전 활동률} = \dfrac{\text{안전 활동 건수}}{\text{근로 총 시간수}} \times 1{,}000{,}000$

$= \dfrac{106}{200 \times 8 \times 25 \times 6} \times 1{,}000{,}000$

$= 441.67$

11 다음은 안전모에 관한 사항이다. (　　) 안에 알맞게 쓰시오.

종류(기호)	사용 구분	비 고
①	물체의 낙하 또는 비래와 추락에 의한 위험 방지 또는 경감시키기 위해 사용	–
②	물체의 낙하 또는 비래와 머리 부분의 감전 위험을 방지 또는 경감시키기 위해 사용	내전압성
③	물체의 낙하 또는 비래와 추락, 머리 부분의 감전 위험을 방지 또는 경감시키기 위해 사용	내전압성

해답 ① AB　② AE　③ ABE

12 옹벽의 붕괴 방지를 위하여 외력에 대한 안정 조건 3가지를 쓰시오.

해답 1. 전도에 의한 안정
2. 활동에 대한 안정
3. 지지력에 대한 안정

13 어느 건설 현장의 지난해 근무 상황이 아래와 같다. 물음에 답하시오.

보기
① 연평균 근로자 수 : 200명, 1일 8시간 작업
② 연간 작업 일수 : 300일, 평균 출근율 90%
③ 연간 재해 발생 건수 : 9건, 잔업 20,000시간
④ 휴업 일수 : 125일, 지각 · 조퇴 2,000시간

1) 도수율　　2) 강도율

해답 1) 도수율 $= \dfrac{\text{재해 발생 건수}}{\text{근로 총 시간수}} \times 10^6$

$= \dfrac{9}{200 \times 8 \times 300 \times 0.9 + 20{,}000 - 2{,}000} \times 10^6$

$= 20.00$

2) 강도율 $= \dfrac{\text{근로 손실 일수}}{\text{근로 총 시간수}} \times 1{,}000$

$= \dfrac{125 \times \dfrac{300}{365}}{200 \times 8 \times 300 \times 0.9 + 20{,}000 - 2{,}000} \times 1{,}000$

$= 0.2283 = 0.23$

건설안전기사

2018.11.11 시행

01 전기 기계, 기구에 의한 감전 방지 대책 중 직접 접촉에 의한 감전 방지 대책을 쓰시오.

해답 1. 충전부가 노출되지 않도록 폐쇄형 외함이 있는 구조로 할 것
2. 충전부에 충분한 절연 효과가 있는 방호망 또는 절연 덮개를 설치할 것
3. 충전부는 내구성이 있는 절연물로 완전히 덮어 감쌀 것
4. 발전소 · 변전소 및 개폐소 등 구획되어 있는 장소로서 관계 근로자 외의 자의 출입이 금지되는 장소에 충전부를 설치하고 위험 표시 등의 방법으로 방호를 강화할 것
5. 전주 위 및 철탑 위 등 격리되어 있는 장소로서 관계 근로자 외의 자가 접근할 우려가 없는 장소에 충전부를 설치할 것

참고 간접 접촉에 의한 방지 대책
① 보호 절연 ② 안전 전압 이하의 전기 기기 사용 ③ 보호 접지

02 사업주는 가연성 가스가 발생할 우려가 있는 지하 작업장에서 작업하는 때에는 폭발 또는 화재를 방지하기 위한 조치로서 가스의 농도를 측정하는 자를 지명하고 해당 가스의 농도를 측정하도록 하여야 한다. 이때 가스 농도를 측정하여야 하는 시점에 대하여 3가지를 쓰시오.

해답 1. 해당 작업 시작 전
2. 해당 가스 발생의 이상 징후 시
3. 장시간에 걸쳐 작업 시
4. 해당 가스의 발생 또는 정체 우려 시

03 굴착 작업 시 발생하는 보일링 현상과 히빙 현상을 간략히 기술하시오.

해답 1. 보일링 현상 : 지하수위가 높은 모래 지반과 같은 투수성이 좋은 지반에서 지하수위보다 낮게 굴착하는 경우, 부근의 피압수에 의해 널말뚝 아래를 침투해 올라오는 물 때문에 토사가 굴착한 곳으로 밀려나와 굴착한 부분을 다시 메우는 현상
2. 히빙 현상 : 점성토 지반 또는 연약 지반 굴착 시 어느 정도 깊이까지 굴착을 해 흙막이벽 뒤쪽의 흙 중량이 굴착부 바닥 지지력 이상이 되면 지지력이 약해져서 흙막이벽 근입 부분의 지반이 부풀어 올라오는 현상

04 철골 작업 시 구조 안전의 위험이 큰 철골 구조물을 건립 중 강풍에 의한 풍압 등 외압에 대한 내력이 고려되었는지를 확인하여야 하는 철골 구조물의 종류를 쓰시오.

해답 1. 높이 20m 이상의 구조물
2. 구조물의 폭과 높이의 비가 1:4 이상인 구조물
3. 단면 구조에 현저한 차이가 있는 구조물
4. 연면적당 철골량이 $50kg/m^2$ 이하인 구조물
5. 기둥이 타이 플레이트형인 구조물
6. 이음부가 현장 용접인 구조물

05 하인리히의 사고 예방 기본 원칙 5단계 중 시정책 적용의 단계에서 적용할 3E를 쓰시오.

해답 1. 안전 교육(Safety Education)
2. 안전 기술(Safety Engineering)
3. 안전 독려(Safety Enforcement)

06 산업안전보건법상 부적격한 섬유 로프의 사용 금지 사항을 쓰시오.

해답 1. 꼬임이 끊어진 것
2. 심하게 손상 또는 부식된 것

07 토공사에서 비탈면 보호 방법(공법)의 종류를 3가지 쓰시오.

해답 1. 배토공 2. 압성토공 3. 배수공 4. 공작물의 설치

참고 비탈면 보호 방법
① 콘크리트 타설
② 시멘트 모르타르 코팅
③ 아스팔트 코팅
④ 방수포 포설
⑤ 흙가마니 쌓기

08 산업안전보건법상 안전 관리자를 두어야 할 수급인인 사업주는 도급인인 사업주가 안전 관리자를 선임하지 아니할 수 있는 조건을 쓰시오.

해답 1. 도급인인 사업주 자신이 선임하여야 할 안전 관리자를 둔 경우
2. 안전 관리자를 두어야 할 수급인인 사업주의 업종별로 상시 근로자 수를 합계하여 그 근로자 수 또는 공사 금액에 해당하는 안전 관리자를 추가로 선임한 경우

09 **어느 사업장의 근로자 수가 500명, 1일 9시간 작업, 연간 300일 근무 시 연간 8건의 재해가 발생하여 휴업 일수가 300일일 때의 종합 재해 지수를 구하시오. (단, 종합 재해 지수= $\sqrt{도수율 \times 강도율}$)**

해답

1. 도수율 $= \dfrac{재해\ 건수}{근로\ 총\ 시간수} \times 1,000,000 = \dfrac{8}{500 \times 9 \times 300} \times 1,000,000 = 5.93$

2. 강도율 $= \dfrac{근로\ 손실\ 일수}{근로\ 총\ 시간수} \times 1,000 = \dfrac{300 \times \left(\dfrac{300}{365}\right)}{500 \times 9 \times 300} \times 1,000 = 0.18$

3. 종합 재해 지수 $= \sqrt{5.93 \times 0.18} = 1.03$

10 **다음은 T.B.M에 대하여 설명한 것이다. ( ) 안에 알맞은 말을 보기에서 골라 쓰시오.**

T.B.M이란 직장에서 행하는 안전 미팅으로 작업 시작 전 (①)간, 작업이 끝난 후 (②)간 실시하며, 근로자는 (③) 정도가 1개조가 되어 실시한다.
실시 단계로는 도입 → (④) → 작업 지시 → (⑤) → 확인 단계를 거친다.

보기

3~5분, 5~15분, 15~30분, 25~40분, 3~4명, 5~6명, 9~10명, 12~13명, 계획 작성, 점검 정비, 위험 예측, 행동 개시, 작업 보고, 사고 예방

해답

① 5~15분　② 3~5분
③ 5~6명　④ 점검 정비
⑤ 위험 예측

11 **다음은 안전방망에 관한 사항이다. 물음에 답하시오.**

추락 방지용 방망의 테두리 로프, 달기 로프의 인장 속도가 매분 20cm 이상 30cm 이하 등속 인장 시험을 행할 경우 인장 강도 (①) 이상이어야 한다.

▌추락 방지망의 인장 강도▐

그물코의 크기	매듭 방망의 인장 강도
10cm	②
5cm	③

해답

① 1,500kg
② 200kg
③ 110kg

12 건설 현장에서 사용하는 지게차의 안전 장치의 종류를 쓰시오.

해답 1. 전조등
2. 후미등
3. 안전벨트
4. 헤드 가드
5. 백레스트

13 산업안전보건법상 1ton 이상 크레인을 사용하는 작업 시 특별 안전 보건 교육의 내용을 쓰시오.

해답 1. 방호 장치의 종류, 기능 및 취급에 관한 사항
2. 갈고리, 와이어로프 및 비상 정지 장치 등의 기계·기구 점검에 관한 사항
3. 화물의 취급 및 작업 방법에 관한 사항
4. 신호 방법 및 공동 작업에 관한 사항
5. 그 밖에 안전·보건 관리에 필요한 사항

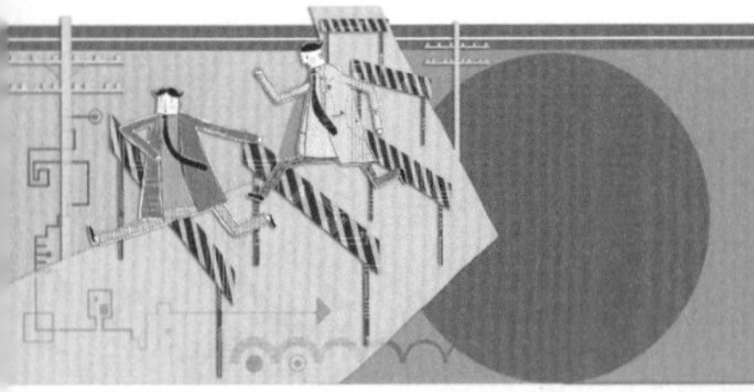

건설안전산업기사 2018.11.11 시행

01 다음 빈칸을 채우시오.

구 분	수직(m)	수평(m)
단관 비계	①	②
틀 비계	③	④

해답 ① 5 ② 5 ③ 6 ④ 8

02 굴착 작업에 있어서 지반의 붕괴 또는 토석의 낙하에 의하여 근로자에게 위험을 미칠 우려가 있을 때 사업주가 취할 조치에 대하여 4가지만 쓰시오.

해답 1. 흙막이 지보공 설치
2. 방호망 설치
3. 근로자 출입 금지
4. 비가 올 경우 측구 설치

03 다음 표는 법에 의한 사업장 내 안전 보건 교육에 관한 사항이다. 해당하는 번호의 빈칸을 채우시오.

교육 과정	교육 대상	교육 시간
정기 교육	②	매월 1시간 이상 또는 매분기 3시간 이상
①	일용 근로자	1시간 이상
작업 내용 변경 시 교육	일용 근로자를 제외한 근로자	③
특별 안전 교육	특별안전보건교육대상 작업에 종사하는 일용 근로자	④

해답 ① 채용 시 교육
② 생산직 종사 근로자, 사무직 종사 근로자
③ 2시간 이상
④ 2시간 이상

04 **안전대 사용 작업 시 추락할 때에 로프의 지지점에서 최하단 거리(h)를 구하시오. (단, 로프의 길이 150cm, 로프의 신장률 30%, 근로자 신장 170cm)**

해답 $h = \text{로프의 길이} + \text{로프의 늘어난 길이} + \frac{\text{신장}}{2}$

$= 150 + (150 \times 0.3) + \frac{170}{2}$

$= 280\text{cm}$

05 **법상 다음의 기계 · 기구에 설치해야 할 방호 장치를 쓰시오.**

1) 아세틸렌 용접 장치, 가스 집합 용접 장치
2) 교류 아크 용접기
3) 동력식 수동 대패기
4) 롤러기
5) 목재 가공용 둥근톱 기계

해답 1) 안전기
2) 자동 전격 방지 장치
3) 칼날 접촉 예방 장치
4) 급정지 장치
5) 반발 예방 장치 및 날접촉 예방 장치

06 **다음은 굴착 공사의 굴착면 기울기에 관한 표이다. 빈칸에 적당한 기울기를 쓰시오.**

구 분	지반의 종류	기울기 기준
보통 흙	습지	①
	건지	②
암반	풍화암	③
	연암	④
	경암	⑤

해답 ① 1 : 1~1 : 1.5
② 1 : 0.5~1 : 1
③ 1 : 0.8
④ 1 : 0.5
⑤ 1 : 0.3

07 굴착 공사 시 발생되는 보일링 현상에 대한 방지 대책을 쓰시오.

해답 1. 굴착 저면 아래까지 지하수위를 낮춘다.
2. 흙막이벽을 깊이 설치하여 지하수의 흐름을 막는다.
3. 코어 설치, 필터 설치, 지수벽 설치 등으로 투수 거리를 길게 한다.

08 근로자가 500명인 어느 작업장에서 재해가 2건이 발생하여 사망 1명, 110일 요양의 근로자 1명과 30일 요양의 근로자가 1명 발생 시 이 사업장의 연천인율과 강도율을 구하시오. (단, 1일 10시간 작업)

해답 1. $연천인율=\dfrac{사상자\ 수}{연평균\ 근로자\ 수}\times 1{,}000$

$$=\frac{3}{500}\times 1{,}000=6.00$$

2. $강도율=\dfrac{근로\ 손실\ 일수}{근로\ 총\ 시간수}\times 1{,}000$

$$=\frac{7{,}500+\left(140\times\dfrac{300}{365}\right)}{500\times 10\times 300}\times 1{,}000=5.08$$

09 산업안전보건법상 승강기의 종류를 쓰시오.

해답 1. 승용 승강기
2. 인화공용 승강기
3. 화물용 승강기
4. 에스컬레이터

10 토공 기계 중 기계가 있는 위치보다 높은 곳을 굴착 작업 시 알맞은 기계를 쓰시오.

해답 파워 셔블

11 산업안전보건법상 고소 작업대를 사용하여 작업 시 그 작업 시작 전 점검 사항을 쓰시오.

해답 1. 비상 정지 장치 및 비상 하강 방지 장치 기능의 이상 유무
2. 과부하 방지 장치의 작동 유무(와이어 로프 또는 체인 구동 방식의 경우)
3. 아웃트리거 또는 바퀴의 이상 유무
4. 작업면의 기울기 또는 요철 유무
5. 활성 작업용 장치의 경우 홈, 균열, 파손 등 그 밖의 손상 유무

12 다음은 안전 보건 표지 중 응급 구호 표지이다. 다음에 해당하는 색을 쓰시오.

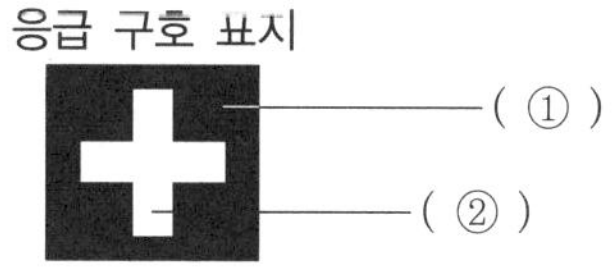

해답 ① 녹색
② 백색

13 산업안전보건법상 명예 산업 안전 감독관의 임기를 쓰시오.

해답 2년

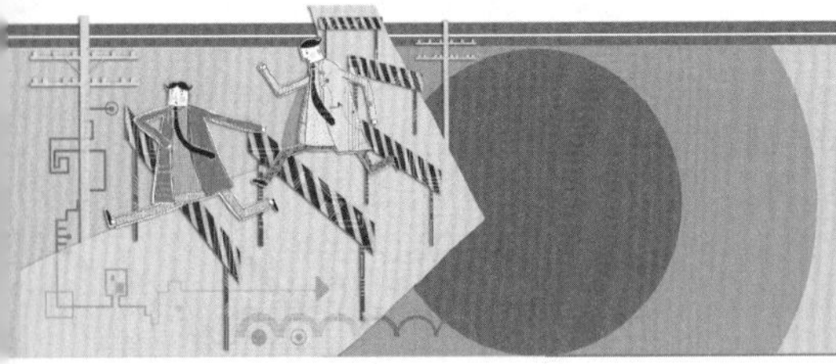

건설안전기사 2019.4.13 시행

01 **감전의 위험을 결정하는 1차적인 요인을 4가지 쓰시오.**

해답 1. 통전 전류의 세기
2. 통전 경로
3. 통전 시간
4. 통전 전원의 종류
5. 주파수 및 파형

02 **작업자가 계단에서 굴러떨어져 바닥에 머리를 부딪치는 사고가 발생하였다. 발생 형태, 기인물, 가해물을 분석하시오. (단, 계단에 물이 남아 있었다.)**

해답 1. 발생 형태 : 전도 전락
2. 기인물 : 물
3. 가해물 : 바닥

03 **다음 표지판의 명칭을 쓰시오.**

1) 

2) 

3) 

4) 

해답 1) 방사성 물질 경고 2) 사용 금지
3) 폭발성 물질 경고 4) 낙하물 경고

04 **다음 ( ) 안에 알맞은 말을 넣으시오.**

작업으로 인하여 물체가 떨어지거나 날아올 위험이 있을 때에는 (①), (②) 또는 (③), (④) 등 위험 방지를 위한 조치를 하여야 한다.

해답 ① 낙하물 방지망 ② 수직 보호망
③ 방호 선반 설치 ④ 출입 금지 구역 설정

05 **건설 공사 중 유해 위험 방지 계획서를 제출해야 하는 사업의 종류이다. (　) 안에 알맞게 쓰시오.**

1. 지상 높이 (①) 이상인 건축물, 종교 시설, 의료 시설 중 종합병원, 숙박 시설 중 관광 숙박 시설, 지하도 상가 또는 냉동 · 냉장 창고 시설의 건설 · 개조 또는 해체(이하 "건설 등"이라 한다)
2. 연면적 (②) 이상인 냉동 · 냉장 창고 시설의 설비 공사 및 단열 공사
3. 최대 지간 길이 (③) 이상인 교량 건설 등의 공사
4. 터널 건설 등의 공사
5. 다목적 댐, 발전용 댐 및 저수 용량 (④)톤 이상인 용수 전용 댐, 지방 상수도 전용 댐 건설 등의 공사
6. 깊이 (⑤) 이상인 굴착 공사

해답 ① 31m
② 5,000m^2
③ 50m
④ 20,000,000(2천만)
⑤ 10m

06 **근로자 수가 500명인 어느 사업장에서 1일 9시간 작업, 연간 300일 근무 시 연간 8건의 재해가 발생하며 휴업 일수가 300일인 경우의 종합 재해 지수를 구하시오. (단, 종합 재해 지수 = $\sqrt{\text{도수율} \times \text{강도율}}$)**

해답 $$\text{도수율} = \frac{\text{재해 건수}}{\text{근로 총 시간 수}} \times 1,000,000 = \frac{8}{500 \times 9 \times 300} \times 1,000,000 = 5.93$$

$$\text{강도율} = \frac{\text{근로 손실 일수}}{\text{근로 총 시간 수}} \times 1,000 = \frac{300 \times \left(\frac{300}{365}\right)}{500 \times 9 \times 300} \times 1,000 = 0.18$$

$$\therefore \text{종합 재해 지수} = \sqrt{5.93 \times 0.18} = 1.03$$

07 **폭풍, 폭우, 폭설 등 악천후로 인하여 작업을 중지 또는 비계를 조립 해체, 변경한 후, 그 비계에서 작업을 시작하기 전에 비계의 점검, 보수해야 할 사항을 4가지만 쓰시오.**

해답 1. 발판 재료의 손상 여부 및 부착 또는 걸림 상태
2. 해당 비계의 연결부 또는 접속부의 풀림 상태
3. 연결 재료 및 연결 철물의 손상 또는 부식 상태
4. 손잡이의 탈락 여부
5. 기둥의 침하, 변형, 변위 또는 흔들림 상태
6. 로프의 부착 상태 및 매단 장치의 흔들림 상태

08 staff형 안전 조직의 장 · 단점을 간략하게 기술하시오.

1) 장점

2) 단점

해답 1) 장점 : 사업장의 특수성에 적합한 안전 시책을 강구할 수 있으며 안전에 관한 전문 지식 및 기술의 축적이 용이하다.

2) 단점 : 생산과 안전에 관한 명령이 두 가지 계통을 통하여 하달되므로 안전에 관한 계획 및 명령이 신속, 정확하지 않으며 staff와 line의 마찰이 있을 수 있다.

09 연약 지반을 흙막이벽 개착 공법으로 굴착 작업 시 발생하는 히빙의 현상을 설명하고, 대책 3가지를 쓰시오.

해답 1. 히빙 현상 : 연약한 점토 지반의 굴착 시 흙막이벽 뒤쪽의 흙의 중량이 굴착부 바닥의 지지력 이상이 되면 흙막이벽 근입 부분의 지반 이동이 발생하여 굴착부 저면이 솟아오르는 현상이다.

2. 대책

① 지반 개량을 한다.

② 흙막이벽의 근입 깊이를 깊게 한다.

③ 흙막이판은 강성이 높은 것을 사용한다.

10 산업안전보건법상 건설업체 산업 재해율은 환산 재해율로 산출한다. 사망사고 만인율 공식을 쓰시오.

해답

$$사망사고\ 만인율(‱) = \frac{사고\ 사망자\ 수}{상시\ 근로자\ 수} \times 10{,}000$$

참고 사망사고 만인율 산정 시 상시 근로자 수 산출식

$$상시\ 근로자\ 수 = \frac{연간\ 국내\ 공사\ 실적액 \times 노무\ 비율}{건설업\ 월평균\ 임금 \times 12}$$

11 다음 빈칸을 채우시오.

	수 직(m)	수 평(m)
통나무 비계	(①)	(②)
단관 비계	(③)	(④)
틀 비계	(⑤)	(⑥)

해답 ① 5.5 ② 7.5 ③ 5 ④ 5 ⑤ 6 ⑥ 8

12 **철근 콘크리트 또는 철골, 철근 콘크리트 구조물 해체 공법의 종류를 4가지만 쓰시오.**

해답 1. 압쇄 공법
2. 팽창압 공법
3. 대형 브레이커 공법
4. 전도 공법
5. 철 해머 공법
6. 절단 공법
7. 화약 발파 공법

13 **구조물을 해체할 때에는 미리 해체 구조물의 조사 결과에 따른 해체 계획을 작성하고 그 해체 계획에 의하여 작업하도록 하여야 한다. 이때 해체 계획에 포함되어야 할 사항을 3가지만 쓰시오.**

해답 1. 해체의 방법 및 해체 순서 도면
2. 사업장 내 연락 방법
3. 해체물의 처분 계획

14 **산업안전보건법상 근로자 정기 안전 보건 교육의 내용을 쓰시오.**

해답 1. 산업 안전 및 사고 예방에 관한 사항
2. 산업 보건 및 직업병 예방에 관한 사항
3. 건강 증진 및 질병 예방에 관한 사항
4. 유해·위험 작업 환경 관리에 관한 사항
5. 「산업안전보건법」 및 일반 관리에 관한 사항
6. 산업재해 보상보험제도에 관한 사항

건설안전산업기사 2019.4.13 시행

01 하인리히 및 버드의 재해 발생 비율을 쓰시오.

해답 1. 하인리히의 재해 비율

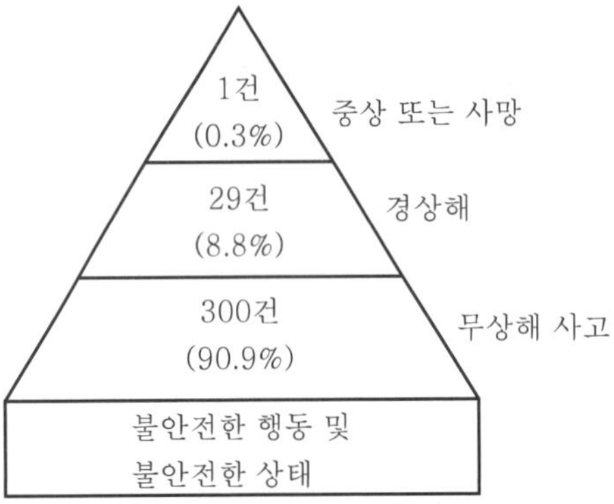

2. 버드의 재해 비율

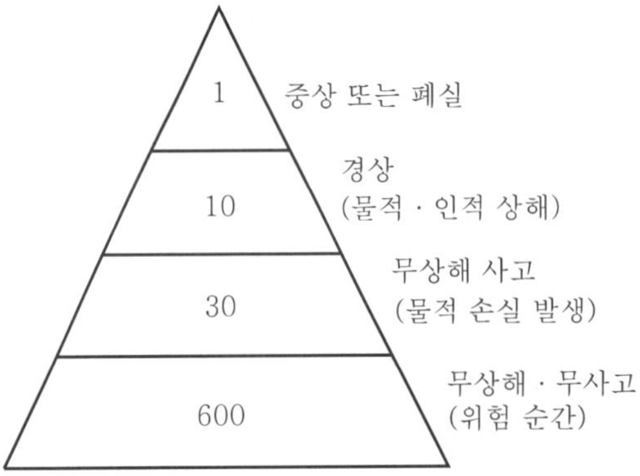

02 강관 비계의 이음 간격을 쓰시오.

1) 띠장

2) 장선

해답 1) 1.5m 이상 1.8m 이하

2) 1.5m 이하

03 깊이 10.5m 이상의 굴착을 할 경우 흙막이 구조의 안전을 예측하기 위하여 설치하여야 하는 계측 기기의 종류를 쓰시오.

해답
1. 수위계
2. 경사계
3. 하중 및 침하계
4. 응력계

04 근로자가 500명인 어느 작업장에서 재해가 2건이 발생하여 사망 1명, 110일 요양의 근로자 1명과 30일 요양의 근로자가 1명 발생 시 이 사업장의 연천인율과 강도율을 구하시오. (단, 1일 10시간 작업)

해답

1. $\text{연천인율} = \dfrac{\text{사상자 수}}{\text{연평균 근로자 수}} \times 1{,}000 = \dfrac{2}{500} \times 1{,}000 = 4.00$

2. $\text{강도율} = \dfrac{\text{근로 손실 일수}}{\text{근로 총 시간 수}} \times 1{,}000 = \dfrac{7{,}500 + \left(140 \times \dfrac{300}{365}\right)}{500 \times 10 \times 300} \times 1{,}000 = 5.08$

05 다음 안전 · 보건 표지의 색채 · 색도 기준 및 용도에서 빈칸에 알맞는 내용을 쓰시오.

색 채	색 도	용 도	사용 예
빨간색	7.5R 4/14	금지	정지 신호, 소화 설비 및 그 장소, 유해 행위의 금지
노란색	(①)	경고	위험 경고 · 주의 표시 또는 기계 방호물
파란색	2.5PB 4/10	(③)	특정 행위의 지시 및 사실의 고지
녹색	2.5G 4/10	안내	비상구 및 피난소, 사람 또는 차량의 통행 표지
흰색	(②)		(④) 또는 (⑤)에 대한 보조색
검정색	NO.5		문자 및 (⑥) 또는 (⑦)에 대한 보조색

해답
① 5Y 8.5/12
② N9.5
③ 지시
④ 파란색
⑤ 녹색
⑥ 빨간색
⑦ 노란색

06 다음 내용 중 ( ) 안을 채우시오.

1) 달기 와이어 로프 및 달기 강선의 안전 계수는 (①) 이상
2) 달기 체인 및 달기 훅의 안전 계수는 (②) 이상
3) 달기 강대와 달비계의 하부 및 상부 지점의 안전 계수는 강재의 경우 (③) 이상, 목재의 경우 (④) 이상

해답 ① 10 ② 5 ③ 2.5 ④ 5

07 다음은 굴착 공사의 굴착면 기울기 기준표이다. 해당란에 적절한 기울기를 쓰시오.

구 분	지반의 종류	기울기 기준
보통 흙	습지	①
	건지	②
암반	풍화암	③
	연암	④
	경암	⑤

해답
① 1 : 1~1 : 5
② 1 : 0.5~1 : 1
③ 1 : 0.8
④ 1 : 0.5
⑤ 1 : 0.3

08 보일링 현상의 정의를 간략히 쓰시오.

해답 지하수위가 높은 모래 지반(사질토)과 같은 투수성이 좋은 지반에서 지하수위보다 낮게 굴착하는 경우 부근의 피압수에 의해 널말뚝 아래를 침투해 올라오는 물 때문에 토사가 굴착한 곳으로 밀려나와 굴착한 부분을 다시 메우는 현상을 말한다.

09 위험 예지 훈련의 기초 단계를 순서대로 쓰시오.

해답
1. 현상 파악
2. 본질 추구
3. 대책 수립
4. 행동 목표 달성

10 항타기 및 항발기에 사용하는 권상용 와이어 로프의 사용 금지 조건을 쓰시오.

해답
1. 이음매가 있는 것
2. 와이어로프의 한 꼬임(스트랜드(strand)를 말한다. 이하 같다)에서 끊어진 소선(素線)(필러(pillar)선은 제외한다)의 수가 10% 이상(비자전 로프의 경우에는 끊어진 소선의 수가 와이어로프 호칭 지름의 6배 길이 이내에서 4개 이상이거나 호칭 지름 30배 길이 이내에서 8개 이상)인 것
3. 지름의 감소가 공칭 지름의 7%를 초과하는 것
4. 꼬인 것
5. 심하게 변형되거나 부식된 것
6. 열과 전기 충격에 의해 손상된 것

11 산업안전보건법상 터널 굴착 작업 시 사전 조사 후 작업 계획서 작성 시 그 내용을 쓰시오.

해답
1. 굴착의 방법
2. 터널 지보공 및 복공의 시공 방법과 용수의 처리 방법
3. 환기 또는 조명 시설을 설치할 때에는 그 방법

12 건설현장에서 발파 작업 시 발파공의 충진 재료로 사용될 수 있는 것을 쓰시오.

해답
1. 점토
2. 모래

13 차량계 건설 기계 중 도저형 건설 기계의 종류를 쓰시오.

해답
1. 앵글 도저
2. 틸트 도저
3. 힌지 도저
4. 트리 도저

참고 천공형 건설 기계
1. 파일 드라이버
2. 항타기, 항발기

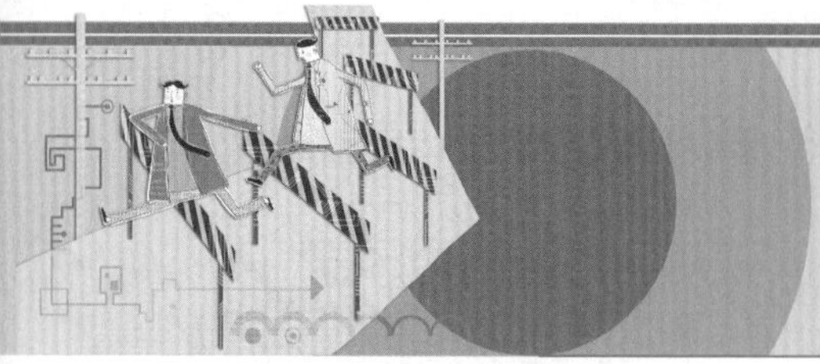

건설안전기사 2019.6.29 시행

01 안전모의 종류와 그 종류에 따른 특성을 간략히 쓰시오.

해답 1. AB : 물체의 낙하 또는 비래 및 추락에 의한 위험 방지 또는 경감시키기 위한 것
2. AE : 물체의 낙하 및 비래에 의한 위험을 방지 또는 경감하고 머리부위에 감전에 의한 위험을 방지하기 위한 것
3. ABE : 물체의 낙하 또는 비래 및 추락에 의한 위험을 방지 또는 경감하고 머리부위 감전에 의한 위험을 방지하기 위한 것

02 사업장에서 중대 재해가 발생한 때에는 산업안전보건법 규정에 의거 지정된 기한 안에 관할 지방노동관서의 장에게 전화, 모사 전송, 기타 적절한 방법에 의하여 보고하여야 한다. 이때 보고 기한과 보고 사항 2가지를 쓰시오.

해답 1. 보고 기한 : 재해 발생 일시로부터 즉시
2. 보고 사항
① 발생 개요 및 피해 사항
② 조치 및 전망
③ 그 밖에 중요한 사항

03 구축물 또는 이와 유사한 시설물의 안전 진단 등 안전성 평가를 실시해야 할 사항을 쓰시오.

해답 1. 구축물 또는 이와 유사한 시설물의 인근에서 굴착, 항타 작업 등으로 침하, 균열 등이 발생하여 붕괴의 위험이 예상될 경우
2. 구축물 또는 이와 유사한 시설물에 지진, 동해, 부동 침하 등으로 균열, 비틀림 등이 발생하였을 경우
3. 구조물, 건축물, 그 밖의 시설물이 그 자체의 무게, 적설, 풍압 또는 그 밖에 부가되는 하중 등으로 붕괴 등의 위험이 있을 경우
4. 화재 등으로 구축물 또는 이와 유사한 시설물의 내력이 현저히 저하된 경우
5. 오랜 기간 사용하지 아니하던 구축물 또는 이와 유사한 시설물을 재사용하게 되어 안전성을 재검토하여야 할 경우
6. 기타 잠재 위험이 예상될 경우

04 다음은 건설 현장의 산업안전보건관리비로 사용할 수 있는 사항이다. 다음 사항 중 안전관리비로 사용할 수 없는 것을 고르시오.

보기
① 전기 안전 대행 수수료
② 대기 오염 방지 시설
③ 흙막이 지보공 계측 관리 시설
④ 현장 작업자의 작업복
⑤ 작업자 보호를 위한 작업 환경 측정 장비
⑥ 지하 매설물 탐지 비용

해답 ①, ②, ④, ⑥

05 건설 현장에서 사용하는 안전 표지 중 금지 표지의 종류를 쓰시오.

해답
1. 출입 금지
2. 보행 금지
3. 차량 통행 금지
4. 사용 금지
5. 탑승 금지
6. 금연
7. 화기 엄금
8. 물체 이동 금지

06 비계의 높이가 2m 이상인 작업 장소에서 설치해야 할 작업 발판의 설치 기준 4가지를 쓰시오.

해답
1. 발판 재료는 작업 시의 하중을 견딜 수 있도록 견고한 것으로 할 것
2. 작업 발판의 폭은 40cm 이상으로 하고 발판 재료 간의 틈은 3cm 이하로 할 것
3. 추락의 위험이 있는 장소에는 안전 난간을 설치할 것
4. 작업 발판의 지지물은 하중에 의하여 파괴될 우려가 없는 것을 사용할 것
5. 작업 발판 재료는 뒤집히거나 떨어지지 아니하도록 2개소 이상의 지지물에 부착시킬 것
6. 작업 발판을 작업에 따라 이동시킬 때에는 위험 방지에 필요한 조치를 할 것

07 차량계 건설 기계를 사용하여 작업을 할 때 작업 계획서에 포함해야 할 사항 3가지를 쓰시오.

해답
1. 사용하는 차량계 건설 기계의 종류 및 능력
2. 차량계 건설 기계의 운행 경로
3. 차량계 건설 기계에 의한 작업 방법

08 토공사에서 비탈면 보호 방법(공법)의 종류를 3가지 쓰시오.

해답
1. 배토공
2. 압성토공
3. 배수공
4. 공작물의 설치

참고 비탈면 보호 방법
① 콘크리트 타설
② 시멘트 모르타르 코팅
③ 아스팔트 코팅
④ 방수포 포설
⑤ 흙가마니 쌓기

09 산업안전보건법상 양중기의 종류 4가지를 쓰시오.

해답
1. 크레인
2. 리프트
3. 곤돌라
4. 승강기

10 크레인의 작업 시작 전 점검 사항을 쓰시오.

해답
1. 권과 방지 장치, 브레이크, 클러치 및 운전 장치의 기능
2. 주행로 상측 및 트롤리가 횡행하고 있는 레일의 상태
3. 와이어 로프가 통하고 있는 곳의 상태

11 산업안전보건법상 고용노동부 장관이 명예 산업 안전 감독관을 해촉할 수 있는 경우를 쓰시오.

해답
1. 근로자 대표가 사업주의 의견을 들어 위촉된 명예 산업 안전 감독관의 해촉을 요청한 경우
2. 명예 산업 안전 감독관이 해당 단체 또는 그 산하조직으로부터 퇴직하거나 해임된 경우
3. 명예 산업 안전 감독관의 업무와 관련하여 부정한 행위를 한 경우
4. 질병이나 부상 등의 사유로 명예 산업 안전 감독관의 업무 수행이 곤란하게 된 경우

참고 명예 산업 안전 감독관

1. 명예 감독관 위촉 대상 등 : 고용노동부 장관은 다음 각 호의 어느 하나에 해당하는 사람 중에서 명예 감독관을 위촉할 수 있다.
   ① 산업안전보건위원회 또는 노사협의체 설치 대상 사업의 근로자 중에서 근로자 대표가 사업주의 의견을 들어 추천하는 사람
   ② 「노동조합 및 노동관계조정법」 제10조에 따른 연합단체인 노동조합 또는 그 지역 대표 기구에 소속된 임직원 중에서 해당 연합단체인 노동조합 또는 그 지역 대표 기구가 추천하는 사람
   ③ 전국 규모의 사업주 단체 또는 그 산하조직에 소속된 임직원 중에서 해당 단체 또는 그 산하조직이 추천하는 사람
   ④ 산업 재해 예방 관련 업무를 하는 단체 또는 그 산하조직에 소속된 임직원 중에서 해당 단체 또는 그 산하조직이 추천하는 사람

2. 명예 감독관의 업무는 다음 각 호와 같다. 이 경우 제1항 제1호에 따라 위촉된 명예 감독관의 업무 범위는 해당 사업장에서의 업무(제8호의 경우는 제외한다)로 한정하며, 제1항 제2호부터 제4호까지의 규정에 따라 위촉된 명예 감독관의 업무 범위는 제8호부터 제10호까지의 업무로 한정한다.
① 사업장에서 하는 자체점검 참여 및 근로 감독관이 하는 사업장 감독 참여
② 사업장 산업 재해 예방 계획 수립 참여 및 사업장에서 하는 기계·기구 자체 검사 입회
③ 법령을 위반한 사실이 있는 경우 사업주에 대한 개선 요청 및 감독 기관에의 신고
④ 산업 재해 발생의 급박한 위험이 있는 경우 사업주에 대한 작업 중지 요청
⑤ 작업 환경 측정, 근로자 건강진단 시의 입회 및 그 결과에 대한 설명회 참여
⑥ 직업성 질환의 증상이 있거나 질병에 걸린 근로자가 여러 명 발생한 경우 사업주에 대한 임시 건강진단 실시 요청
⑦ 근로자에 대한 안전 수칙 준수 지도
⑧ 법령 및 산업 재해 예방 정책 개선 건의
⑨ 안전·보건 의식을 북돋우기 위한 활동과 무재해 운동 등에 대한 참여와 지원
⑩ 그 밖에 산업 재해 예방에 대한 홍보·계몽 등 산업 재해 예방 업무와 관련하여 고용노동부 장관이 정하는 업무
3. 명예 감독관의 임기는 2년으로 하되, 연임할 수 있다.

12 굴착 공사 표준 작업 안전 지침 중 토사 붕괴 예방을 위한 조치 사항을 쓰시오.

해답 1. 적절한 경사면의 기울기를 계획하여야 한다.
2. 경사면의 기울기가 당초 계획과 차이가 발생하면 즉시 재검토하여 계획을 변경시켜야 한다.
3. 활동할 가능성이 있는 토석은 제거하여야 한다.
4. 경사면의 하단부에 압성토 등 보강 공법으로 활동에 대한 저항 대책을 강구하여야 한다.
5. 말뚝(강관, H형강, 철근 콘크리트)을 타입하여 지반을 강화시킨다.

13 산업안전보건법상 유해 위험 방지 계획서 작성 시 첨부 서류 중 공사 개요 및 안전 보건 관리 계획서의 해당 내용을 쓰시오.

해답 1. 공사 개요서
2. 공사 현장의 주변 현황 및 주변과의 관계를 나타내는 도면(매설물 현황 포함)
3. 건설물·사용 기계 설비 등의 배치를 나타내는 도면 및 서류
4. 전체 공정표
5. 산업 안전 보건 관리비 사용 계획서
6. 안전 관리 조직표
7. 재해 발생 위험 시 연락 및 대피 방법

건설안전산업기사 2019.6.29 시행

01 **높이가 2m 이상인 기계 설비의 바닥, 작업 발판 및 통로의 끝이나 개구부로부터 근로자가 추락 위험이 있는 경우 추락 방지를 위한 조치 사항을 쓰시오.**

해답 1. 안전 난간 설치 2. 울, 손잡이 설치 3. 충분한 강도의 덮개 설치

02 **다음은 동바리로 사용하는 파이프 서포트에 관한 사항이다. ( ) 안에 알맞게 쓰시오.**

1) 파이프 서포트를 (①) 이상 이어서 사용하지 아니하도록 할 것
2) 파이프 서포트를 이어서 사용할 때에는 (②) 이상의 볼트 또는 전용의 철물을 사용하여 이을 것
3) 높이가 3.5m를 초과하는 때에는 높이 (③) 이내마다 수평 연결재를 (④)개 방향으로 만들고 수평 연결재의 변위를 방지할 것

해답 ① 3본 ② 4개 ③ 2m ④ 2개

03 **산업안전보건법상 크레인 또는 타워 크레인에 설치해야 하는 방호 장치의 종류를 쓰시오.**

해답 1. 과부하 방지 장치 2. 권과 방지 장치
3. 비상 정지 장치 4. 브레이크

04 **산업안전보건법상 채석 작업을 하고자 하는 때에는 지반 붕괴, 굴착 기계의 전도, 전락 등에 의하여 근로자에게 위험 방지를 위하여 작업 계획을 세워야 한다. 채석 작업 시 작업 계획서에 포함해야 할 사항을 쓰시오.**

해답 1. 노천 굴착과 갱내 굴착의 구별 및 채석 방법
2. 굴착면의 높이와 기울기
3. 굴착면 소단의 위치와 넓이
4. 갱내에서의 낙반 및 붕괴 방지 방법
5. 발파 방법
6. 암석의 분할 방법
7. 암석의 가공 장소
8. 사용하는 굴착 기계, 분할 기계, 적재 기계 또는 운반 기계의 종류 및 능력
9. 토석 또는 암석의 적재 및 운반 방법과 운반 경로
10. 표토 또는 용수의 처리 방법

05 사업장에서 실시하는 위험 예지 훈련의 4단계를 쓰시오.

해답 1. 1단계 : 현상 파악
2. 2단계 : 본질 추구
3. 3단계 : 대책 수립
4. 4단계 : 목표 설정

06 200명이 근무하는 어느 작업장에서 사망 재해가 1건, 재해로 인한 50일의 휴무 일수가 2건 발생되고, 20일의 가료(加療)가 발생하였다. 이 작업장의 강도율을 구하시오. (단, 근로자들의 근로 일수는 305일이다.)

해답

$$\text{강도율} = \frac{\text{근로 손실 일수}}{\text{근로 총 시간 수}} \times 1{,}000 = \frac{7{,}500 + \left(120 \times \frac{300}{365}\right)}{200 \times 8 \times 305} \times 1{,}000 = 15.57$$

07 다음은 사다리식 통로에 관한 사항이다. ( ) 안에 알맞게 쓰시오.

1) 사다리의 상단은 걸쳐놓은 지점으로부터 (①) 이상 올라오도록 할 것
2) 사다리식 통로의 길이가 (②) 이상인 때에는 (③) 이내마다 계단참을 설치할 것
3) 사다리식 통로의 기울기는 (④) 이하로 할 것

해답 ① 60cm ② 10m ③ 5m ④ 75°

08 잠함, 우물통, 수직갱 등의 내부에서 굴착 작업 시 준수 사항을 쓰시오

해답 1. 산소 결핍의 우려가 있는 때에는 산소의 농도를 측정하는 자를 지명하여 측정하도록 할 것
2. 근로자가 안전하게 승강하기 위한 설비를 설치할 것
3. 굴착 깊이가 20m를 초과하는 때에는 해당 작업 장소와 외부와의 연락을 위한 통신 설비를 설치할 것

09 굴착 작업 시 발생하는 히빙 현상을 간략히 설명하고 방지 대책을 쓰시오.

해답 1. 히빙 현상 : 점성토 지반 또는 연약 점토 지반 굴착 시 어느 정도 깊이 굴착을 해 흙막이벽 뒤쪽의 흙 중량이 굴착부 바닥 지지력 이상이 되면 지지력이 약해져서 흙막이벽 근입 부분의 지반이 부풀어 올라오는 현상
2. 방지 대책
① 흙막이판은 강성이 높은 것을 사용한다.
② 지반을 개량한다.
③ 흙막이벽의 근입 깊이를 깊게 한다.
④ 굴착 예정 부분을 부분 굴착하여 기초 콘크리트로 고정시킨다.
⑤ 흙막이벽의 전면 굴착을 남겨두어 흙의 중량에 대항하게 한다.
⑥ 흙막이벽의 뒷면 지반에 약액을 주입하거나 탈수 공법을 사용하여 지반을 개량하여 흙의 전단 강도를 높인다.

10 **유해 위험 방지 계획서를 산업안전보건공단이 심사한 후 심사 결과를 구분, 판정하여야 한다. 판정 구분 3가지를 쓰시오.**

해답 1. 적정
2. 조건부 적정
3. 부적정

11 **다음은 양중기의 와이어 로프 또는 달기 체인의 안전 계수에 관한 사항이다. 다음 물음에 답하시오.**

1) 근로자가 탑승하는 운반구를 지지하는 경우
2) 화물의 하중을 직접 지지하는 경우
3) 1) 및 2) 외의 경우

해답 1) 10 이상
2) 5 이상
3) 4 이상

12 **거푸집 동바리의 조립 또는 해체 작업 시 특별 안전 보건 교육의 내용을 쓰시오.**

해답 1. 동바리의 조립 방법 및 작업 절차에 관한 사항
2. 조립 재료의 취급 방법 및 설치 기준에 관한 사항
3. 조립 해체 시의 사고 예방에 관한 사항
4. 보호구 착용 및 점검에 관한 사항
5. 그 밖에 안전·보건 관리에 필요한 사항

13 **산업안전보건법상 고용노동부 장관이 명예 산업 안전 감독관을 해촉할 수 있는 경우를 쓰시오.**

해답 1. 근로자 대표가 사업주의 의견을 들어 위촉된 명예 산업 안전 감독관의 해촉을 요청한 경우
2. 명예 산업 안전 감독관이 해당 단체 또는 그 산하조직으로부터 퇴직하거나 해임된 경우
3. 명예 산업 안전 감독관의 업무와 관련하여 부정한 행위를 한 경우
4. 질병이나 부상 등의 사유로 명예 산업 안전 감독관의 업무 수행이 곤란하게 된 경우

참고 명예 산업 안전 감독관
1. 명예 감독관 위촉 대상 등 : 고용노동부 장관은 다음 각 호의 어느 하나에 해당하는 사람 중에서 명예 감독관을 위촉할 수 있다.
① 산업안전보건위원회 또는 노사협의체 설치 대상 사업의 근로자 중에서 근로자 대표가 사업주의 의견을 들어 추천하는 사람

② 「노동조합 및 노동관계조정법」 제10조에 따른 연합단체인 노동조합 또는 그 지역 대표 기구에 소속된 임직원 중에서 해낭 연합단체인 노동조합 또는 그 지역 대표 기구가 추천하는 사람
③ 전국 규모의 사업주 단체 또는 그 산히조직에 소속된 임직원 중에서 해당 단체 또는 그 산하조직이 추천하는 사람
④ 산업 재해 예방 관련 업무를 하는 단체 또는 그 산하조직에 소속된 임직원 중에서 해당 단체 또는 그 산하조직이 추천하는 사람

2. 명예 감독관의 업무는 다음 각 호와 같다. 이 경우 제1항 제1호에 따라 위촉된 명예 감독관의 업무 범위는 해당 사업장에서의 업무(제8호의 경우는 제외한다)로 한정하며, 제1항 제2호부터 제4호까지의 규정에 따라 위촉된 명예 감독관의 업무 범위는 제8호부터 제10호까지의 업무로 한정한다.
① 사업장에서 하는 자체점검 참여 및 근로 감독관이 하는 사업장 감독 참여
② 사업장 산업 재해 예방 계획 수립 참여 및 사업장에서 하는 기계 · 기구 자체 검사 입회
③ 법령을 위반한 사실이 있는 경우 사업주에 대한 개선 요청 및 감독 기관에의 신고
④ 산업 재해 발생의 급박한 위험이 있는 경우 사업주에 대한 작업 중지 요청
⑤ 작업 환경 측정, 근로자 건강진단 시의 입회 및 그 결과에 대한 설명회 참여
⑥ 직업성 질환의 증상이 있거나 질병에 걸린 근로자가 여러 명 발생한 경우 사업주에 대한 임시 건강진단 실시 요청
⑦ 근로자에 대한 안전 수칙 준수 지도
⑧ 법령 및 산업 재해 예방 정책 개선 건의
⑨ 안전 · 보건 의식을 북돋우기 위한 활동과 무재해 운동 등에 대한 참여와 지원
⑩ 그 밖에 산업 재해 예방에 대한 홍보 · 계몽 등 산업 재해 예방 업무와 관련하여 고용노동부 장관이 정하는 업무

3. 명예 감독관의 임기는 2년으로 하되, 연임할 수 있다.

건설안전기사 2019.11.9 시행

01 **연평균 근로자수가 500명인 현장에서 추락하여 3건의 재해가 발생하여 1명이 사망, 2명이 110일과 30일의 휴업을 요하는 재해가 발생하였다. 연천인율과 강도율을 구하시오. (단, 근로 시간은 1일 10시간 30일 근무한다.)**

1) 연천인율을 구하시오.

2) 강도율을 구하시오.

해답

1) $\text{연천인율} = \dfrac{\text{사상자 수}}{\text{근로자 수}} \times 10^3$

$= \dfrac{3}{500} \times 10^3 = 6.00$

2) $\text{강도율} = \dfrac{\text{근로 손실 일수}}{\text{연근로 시간 수}} \times 10^3$

$= \dfrac{7{,}500 + \left(140 \times \dfrac{300}{365}\right)}{500 \times 10 \times 300} \times 10^3 = 5.08$

02 **전기 기계, 기구에 의한 감전 방지 대책 중 직접 접촉에 의한 감전 방지 대책을 쓰시오.**

해답

1. 충전부가 노출되지 않도록 폐쇄형 외함이 있는 구조로 할 것
2. 충전부에 충분한 절연 효과가 있는 방호망 또는 절연 덮개를 설치할 것
3. 충전부는 내구성이 있는 절연물로 완전히 덮어 감쌀 것
4. 발전소 · 변전소 및 개폐소 등 구획되어 있는 장소로서 관계 근로자 외의 자의 출입이 금지되는 장소에 충전부를 설치하고 위험 표시 등의 방법으로 방호를 강화할 것
5. 전주 위 및 철탑 위 등 격리되어 있는 장소로서 관계 근로자 외의 자가 접근할 우려가 없는 장소에 충전부를 설치할 것

참고 간접 접촉에 의한 방지 대책

① 보호 절연

② 안전 전압 이하의 전기 기기 사용

③ 보호 접지

03 다음은 지반 굴착 시 기울기 기준이다. 빈칸을 채우시오.

구 분	지반의 종류	기울기
보통 흙	습지	①
	건지	②
암반	풍화암	③
	연암	④
	경암	⑤

해답 ① 1 : 1~1 : 1.5 ② 1 : 0.5~1 : 1
③ 1 : 0.8 ④ 1 : 0.5
⑤ 1 : 0.3

04 차량계 건설 기계를 사용하여 작업을 하는 때에는 미리 작업 계획을 작성하고 그 작업 계획에 따라 작업을 실시하도록 하여야 한다. 이 작업 계획에 포함되어야 할 사항을 3가지 쓰시오.

해답 1. 사용하는 차량계 건설 기계의 종류 및 능력
2. 차량계 건설 기계의 운행 경로
3. 차량계 건설 기계에 의한 작업 방법

05 산업안전보건법상 고용노동부 장관이 명예 산업 안전 감독관을 해촉할 수 있는 경우를 쓰시오.

해답 1. 근로자 대표가 사업주의 의견을 들어 위촉된 명예 산업 안전 감독관의 해촉을 요청한 경우
2. 명예 산업 안전 감독관이 해당 단체 또는 그 산하조직으로부터 퇴직하거나 해임된 경우
3. 명예 산업 안전 감독관의 업무와 관련하여 부정한 행위를 한 경우
4. 질병이나 부상 등의 사유로 명예 산업 안전 감독관의 업무 수행이 곤란하게 된 경우

참고 명예 산업 안전 감독관

1. 명예 감독관 위촉 대상 등 : 고용노동부 장관은 다음 각 호의 어느 하나에 해당하는 사람 중에서 명예 감독관을 위촉할 수 있다.
   ① 산업안전보건위원회 또는 노사협의체 설치 대상 사업의 근로자 중에서 근로자 대표가 사업주의 의견을 들어 추천하는 사람
   ② 「노동조합 및 노동관계조정법」 제10조에 따른 연합단체인 노동조합 또는 그 지역 대표 기구에 소속된 임직원 중에서 해당 연합단체인 노동조합 또는 그 지역 대표 기구가 추천하는 사람
   ③ 전국 규모의 사업주 단체 또는 그 산하조직에 소속된 임직원 중에서 해당 단체 또는 그 산하조직이 추천하는 사람

④ 산업재해 예방 관련 업무를 하는 단체 또는 그 산하조직에 소속된 임직원 중에서 해당 단체 또는 그 산하조직이 추천하는 사람

2. 명예 감독관의 업무는 다음 각 호와 같다. 이 경우 제1항 제1호에 따라 위촉된 명예 감독관의 업무 범위는 해당 사업장에서의 업무(제8호의 경우는 제외한다)로 한정하며, 제1항 제2호부터 제4호까지의 규정에 따라 위촉된 명예 감독관의 업무 범위는 제8호부터 제10호까지의 업무로 한정한다.
   ① 사업장에서 하는 자체점검 참여 및 근로 감독관이 하는 사업장 감독 참여
   ② 사업장 산업재해 예방 계획 수립 참여 및 사업장에서 하는 기계·기구 자체 검사 입회
   ③ 법령을 위반한 사실이 있는 경우 사업주에 대한 개선 요청 및 감독 기관에의 신고
   ④ 산업재해 발생의 급박한 위험이 있는 경우 사업주에 대한 작업 중지 요청
   ⑤ 작업 환경 측정, 근로자 건강진단 시의 입회 및 그 결과에 대한 설명회 참여
   ⑥ 직업성 질환의 증상이 있거나 질병에 걸린 근로자가 여러 명 발생한 경우 사업주에 대한 임시 건강진단 실시 요청
   ⑦ 근로자에 대한 안전 수칙 준수 지도
   ⑧ 법령 및 산업재해 예방 정책 개선 건의
   ⑨ 안전·보건 의식을 북돋우기 위한 활동과 무재해 운동 등에 대한 참여와 지원
   ⑩ 그 밖에 산업재해 예방에 대한 홍보·계몽 등 산업재해 예방 업무와 관련하여 고용노동부 장관이 정하는 업무
3. 명예 감독관의 임기는 2년으로 하되, 연임할 수 있다.

06 주(主)로 연약성 점토 지반을 굴착할 때 발생되는 히빙(heaving) 현상에 대하여 다음의 물음에 답하시오.

1) 발생 이유를 공학적으로 간단히 설명하시오.

2) 발생 시 나타나는 현상을 2가지만 쓰시오.

3) 발생 방지 대책을 3가지만 쓰시오.

해답 1) 연약한 점토 지반 굴착 시 흙막이벽 뒤쪽 흙의 중량이 굴착부 바닥의 지지력 이상이 되면 흙막이벽 근입 부분의 지반이 부풀어 오르는 현상

2) ① 지보공 파괴
   ② 배면 토사 붕괴
   ③ 굴착 저면의 솟아오름

3) ① 흙막이판은 강성이 높은 것을 사용한다.
   ② 지반 개량을 한다.
   ③ 흙막이벽의 근입 깊이를 깊게 한다.
   ④ 굴착 예정 부분을 부분 굴착하여 기초 콘크리트로 고정시킨다.

07 철골 공사 시 구조 안전의 위험이 큰 구조물로서 건립 중 강풍에 의한 풍압 등에 의한 내력이 설계에 고려되었는지를 확인해야 하는 구조물의 종류를 쓰시오.

해답
1. 높이 20m 이상의 구조물
2. 구조물의 폭과 높이의 비가 1:4 이상인 구조물
3. 단면 구조에 현저한 차이가 있는 구조물
4. 연면적당 철골량이 $50kg/m^2$ 이하인 구조물
5. 기둥이 타이 플레이트(tie plate)형인 구조물
6. 이음부가 현장 용접인 구조물

08 법상 달비계 또는 높이 5m 이상의 비계를 조립, 해체, 변경 작업 시에 사업주가 준수해야 할 사항 4가지를 쓰시오.

해답
1. 근로자가 관리 감독자의 지휘에 따라 작업하도록 할 것
2. 조립, 해체 또는 변경의 시기, 범위 및 절차를 해당 작업 근로자에게 교육할 것
3. 조립, 해체 또는 변경 작업 구역 내에는 해당 작업에 종사하는 근로자 외의 자의 출입을 금지시키고 그 내용을 보기 쉬운 장소에 게시할 것
4. 비, 눈, 그 밖의 기상 상태의 불안정으로 인하여 날씨가 몹시 나쁠 때에는 그 작업을 중지시킬 것
5. 비계 재료의 연결, 해체 작업을 하는 때에는 폭 20cm 이상의 발판을 설치하고 근로자로 하여금 안전대를 사용하도록 하는 등 근로자의 추락 방지를 위한 조치를 할 것
6. 재료, 기구 또는 공구 등을 올리거나 내리는 때에는 근로자로 하여금 달줄 또는 달포대를 사용하도록 할 것

09 도급 사업 중 산업 재해 발생 위험이 있는 곳에서 작업 시 고용노동부령이 정하는 산업 재해 예방을 위하여 필요한 조치를 하여야 할 장소를 쓰시오.

해답
1. 토사, 구축물, 공작물 등이 붕괴될 우려가 있는 장소
2. 기계, 기구 등이 전도 또는 도괴될 우려가 있는 장소
3. 안전 난간의 설치가 필요한 장소
4. 비계 또는 거푸집을 설치하거나 해체하는 장소
5. 건설용 리프트를 운행하는 장소
6. 지반을 굴착하거나 발파 작업을 하는 장소
7. 산소 결핍 위험이 있는 작업장
8. 엘리베이터 등 근로자가 추락할 위험이 있는 장소
9. 도급 금지 작업을 하는 장소
10. 물체가 낙하하거나 날아올 위험이 있는 장소

10 산업안전보건법상 자율 안전 확인 대상 기계 · 기구를 쓰시오.

해답
1. 아세틸렌 용접 장치용 또는 가스 집합 용접 장치용 안전기
2. 교류 아크 용접기용 자동 전격 방지기
3. 롤러기 급정지 장치
4. 연삭기 덮개
5. 목재 가공용 둥근톱 반발 예방 장치 및 날 접촉 예방 장치
6. 동력식 수동 대패용 칼날 접촉 방지 장치
7. 산업용 로봇 안전 매트
8. 추락 · 낙하 및 붕괴 등의 위험 방호에 필요한 가설 기자재로서 고용노동부 장관이 정하여 고시하는 것

11 굴착 작업 시 토사 붕괴의 외적 원인을 쓰시오.

해답
1. 사면, 법면의 경사 및 기울기의 증가
2. 절토 및 성토 높이의 증가
3. 공사에 의한 진동 및 반복 하중의 증가
4. 지표수 및 지하수의 침투에 의한 토사 중량의 증가
5. 지진, 차량, 구조물의 하중
6. 토사 및 암석의 혼합층 두께

참고 토사 붕괴의 내적 원인
1. 절토 사면의 토질, 암질
2. 성토 사면의 토질 구성 및 분포
3. 토석의 강도 저하

12 사업장 무재해 운동 추진의 3기둥을 쓰시오.

해답
1. 최고 경영자의 경영 자세
2. 안전 활동의 라인화의 철저
3. 직장 자주 활동의 활성화

13 다음은 강관 비계에 관한 사항이다. ( ) 안에 알맞게 쓰시오.

1) 비계 기둥의 간격은 띠장 방향 (①) 이상
2) 장선 방향 (②) 이하
3) 띠장 간격 (③) 이하

해답
① 1.85m
② 1.5m
③ 2m

14 굴착 작업 시 발생하는 사면 파괴의 종류를 간략히 설명하시오.

해답 1. 사면 전단부 파괴 : 사면이 급하고 점착성이 적은 흙의 사면에서 발생한다.
2. 사면 중심부 파괴 : 사면 전단부 파괴의 일부로서 성토층이 여러 층일 때 발생한다.
3. 사면 하단부 파괴 : 사면의 기울기가 비교적 완만한 점성토에서 발생한다.

건설안전산업기사 2019.11.9 시행

01 안전 교육의 형태 중 O.J.T(On the Job Training) 교육에 대하여 설명하시오.

해답 주로 회사 내에서 직장 상사가 강사가 되어 작업 현장에서 현장의 기계, 설비 등을 대상으로 필요시 수시로 진행하므로 교육의 효과가 바로 나타나며 상호 신뢰도를 높일 수 있는 교육이나, 계획적이고 체계적으로 실시할 수 없는 단점이 있다.

02 작업으로 인하여 물체가 떨어지거나 날아올 위험이 있을 때의 안전 대책을 쓰시오.

해답 1. 낙하물 방지망 설치
2. 수직 보호망 또는 방호 선반 설치
3. 출입 금지 구역 설정
4. 보호구 착용

03 산업안전보건법상 다음 안전 보건 표지의 종류를 각각 3가지씩 쓰시오.

1) 금지 표지
2) 경고 표지
3) 지시 표지
4) 안내 표지

해답 1) 출입 금지, 보행 금지, 차량 통행 금지, 사용 금지, 탑승 금지
2) 인화성 물질 경고, 산화성 물질 경고, 고압 전기 경고, 낙하물 경고
3) 보안경 착용, 방독 마스크 착용, 방진 마스크 착용, 안전모 착용
4) 녹십자 표지, 응급 구호 표지, 들것, 세안 장치

04 다음은 사다리식 통로 설치 시 준수 사항이다. ( ) 안에 알맞은 사항을 쓰시오.

1) 사다리의 상단은 걸쳐 놓은 지점으로부터 (①) 이상 올라가도록 할 것
2) 사다리식 통로의 길이가 (②) 이상인 때에는 (③) 이내마다 계단참을 설치할 것
3) 사다리식 통로의 기울기는 (④) 이내로 할 것

해답 ① 60cm
② 10m
③ 5m
④ 75°

05 어느 사업장의 근로자 수가 500명, 1일 9시간 작업, 연간 300일 근무 시 연간 8건의 재해가 발생하여 휴업 일수가 300일이라면 종합 재해 지수를 구하시오. (단, 종합 재해 지수= $\sqrt{도수율 \times 강도율}$)

해답

1. 도수율 $= \dfrac{재해\ 건수}{근로\ 총\ 시간\ 수} \times 1,000,000 = \dfrac{8}{500 \times 9 \times 300} \times 1,000,000 = 5.93$

2. 강도율 $= \dfrac{근로\ 손실\ 일수}{근로\ 총\ 시간\ 수} \times 1,000 = \dfrac{300 \times \left(\dfrac{300}{365}\right)}{500 \times 9 \times 300} \times 1,000 = 0.18$

3. 종합 재해 지수 $= \sqrt{5.93 \times 0.18} = 1.03$

06 잠함 등 내부에서 작업 시 작업을 중지해야 하는 경우를 쓰시오.

해답

1. 근로자가 안전하게 오르내리기 위한 설비에 고장이 있는 경우
2. 굴착 깊이가 20m를 초과하는 경우에는 해당 작업 장소와 외부와의 연락을 위한 통신 설비에 고장이 있는 경우
3. 잠함 등 내부에 많은 양의 물 등이 스며들 우려가 있는 경우
4. 산소 농도 측정 결과 산소 결핍이 인정되거나 굴착 깊이가 20m를 초과하는 경우 송기를 위한 설비를 설치 시 설비의 고장이 있는 경우

07 작업자가 계단에서 굴러떨어져 바닥에 머리를 부딪치는 사고가 발생하였다. 발생 형태, 기인물, 가해물을 분석하시오. (단, 계단에 물이 남아 있었다.)

해답

1. 발생 형태 : 전도 전락
2. 기인물 : 물
3. 가해물 : 바닥

08 연약 지반을 흙막이 벽 개착 공법으로 굴착 작업 시 발생하는 히빙 현상을 설명하고, 대책을 3가지 쓰시오.

해답

1. 히빙 현상

   연약한 점토 지반의 굴착 시 흙막이 벽 뒤쪽 흙의 중량이 굴착부 바닥 지지력 이상이 되면 흙막이 벽 근입 부분의 지반 이동이 발생하여 굴착부 저면이 솟아오르는 현상이다.

2. 대책

   ① 지반 개량을 한다.

   ② 흙막이 벽의 근입 깊이를 깊게 한다.

   ③ 흙막이 판은 강성이 높은 것을 사용한다.

09 크레인 작업 시작 전의 점검 사항을 쓰시오.

해답
1. 권과 방지 장치, 브레이크, 클러치 및 운전 장치의 기능
2. 주행로의 상측 및 트롤리가 횡행하고 있는 레일의 상태
3. 와이어 로프가 통하고 있는 곳의 상태

10 다음은 건설 공사 시 유해 위험 방지 계획서 제출 사업장이다. 다음 빈칸에 알맞게 쓰시오.

1) 높이 (①)m 이상인 건축물
2) 연면적 (②)m^2 이상인 건축물
3) 연면적 (③)m^2 이상인 문화 및 집회 시설
4) 최대 지간이 (④)m 이상인 교량 건설 공사
5) 깊이가 (⑤)m 이상인 굴착 공사

해답
① 31
② 3만
③ 5천
④ 50
⑤ 10

11 양중기의 종류를 5가지만 쓰시오.

해답
1. 크레인
2. 곤돌라
3. 리프트(이삿짐 운반용 리프트의 경우 적재 하중이 0.1톤 이상)
4. 승강기
5. 이동식 크레인

12 지게차를 이용한 작업에 있어서 시작 전 점검 사항 3가지를 쓰시오.

해답
1. 제동 장치 및 조종 장치 기능의 이상 유무
2. 하역 장치 및 유압 장치 기능의 이상 유무
3. 바퀴의 이상 유무
4. 전조등, 후미등, 방향 지시기 및 경보 장치 기능의 이상 유무

13 **다음은 비계의 높이가 2m 이상인 작업 장소에서의 작업 발판에 관한 사항이다. (   ) 안에 알맞게 쓰시오.**

1) 작업발판의 폭은 (①) 이상으로 하고 재료 간의 틈새는 (②) 이하일 것
2) 작업의 성질상 (③)을 설치하는 것이 곤란한 때 작업의 필요상 임시로 (④)을 해체함에 있어서 (⑤)을 치거나 근로자로 하여금 (⑥)를 사용하도록 하는 등 추락에 의한 위험 방지 조치를 하여야 한다.

해답 ① 40cm
② 3cm
③ 안전 난간
④ 안전 난간
⑤ 추락방호망
⑥ 안전대

건설안전기사 · 산업기사 실기

1999. 8. 13. 초 판 1쇄 발행
2020. 4. 28. 개정증보 20판 1쇄(통산 24쇄) 발행

지은이 | 김희연
펴낸이 | 이종춘
펴낸곳 | BM (주)도서출판 **성안당**
주소 | 04032 서울시 마포구 양화로 127 첨단빌딩 3층(출판기획 R&D 센터)
10881 경기도 파주시 문발로 112 출판문화정보산업단지(제작 및 물류)
전화 | 02) 3142-0036
031) 950-6300
팩스 | 031) 955-0510
등록 | 1973. 2. 1. 제406-2005-000046호
출판사 홈페이지 | **www.cyber.co.kr**
ISBN | 978-89-315-3907-3 (13500)
정가 | 40,000원

이 책을 만든 사람들
기획 | 최옥현
진행 | 이용화, 이경희
교정 · 교열 | 이경희
전산편집 | 이다혜, 방영미
표지 디자인 | 박원석, 임진영
홍보 | 김계향, 유미나
국제부 | 이선민, 조혜란, 김혜숙
마케팅 | 구본철, 차정욱, 나진호, 이동후, 강호묵
제작 | 김유석

www.cyber.co.kr
성안당 Web 사이트

이 책의 어느 부분도 저작권자나 BM (주)도서출판 **성안당** 발행인의 승인 문서 없이 일부 또는 전부를 사진 복사나 디스크 복사 및 기타 정보 재생 시스템을 비롯하여 현재 알려지거나 향후 발명될 어떤 전기적, 기계적 또는 다른 수단을 통해 복사하거나 재생하거나 이용할 수 없음.

※ 잘못된 책은 바꾸어 드립니다.